高等代数

杨　胜　高利新
陈希镇　刘纪彩◎编著

ADVANCED
ALGEBRA

ZHEJIANG UNIVERSITY PRESS
浙江大学出版社
·杭州·

图书在版编目（CIP）数据

高等代数/杨胜等编著. --杭州：浙江大学出版社，2024. 6. -- ISBN 978-7-308-25135-8

Ⅰ. O15

中国国家版本馆 CIP 数据核字第 2024X2P366 号

高等代数

杨 胜 高利新 陈希镇 刘纪彩 编著

责任编辑 王 波
责任校对 吴昌雷
封面设计 雷建军
出版发行 浙江大学出版社
（杭州市天目山路 148 号 邮政编码 310007）
（网址：http://www.zjupress.com）
排　　版 杭州晨特广告有限公司
印　　刷 杭州捷派印务有限公司
开　　本 787mm×1092mm 1/16
印　　张 20
字　　数 475 千
版 印 次 2024 年 6 月第 1 版 2024 年 6 月第 1 次印刷
书　　号 ISBN 978-7-308-25135-8
定　　价 59.00 元

前　言

“高等代数”是数学类各专业的基础课程。综观“高等代数”课程，其特点可以用“三点一线”加以概括。何谓“三点”？即逻辑推理的严密性，研究方法的公理性，代数系统的结构性。这三点层层递进、螺旋上升，可以说是代数系统研究的“三部曲”。而“一线”就是矩阵表示，利用矩阵理论把前后知识串联起来，把抽象的研究对象化为具体的研究对象。这就为研究抽象的代数问题找到了一个统一而简便的方法，也使人们更清楚地认识到抽象和具体的辩证统一。

本书写作的体例如下：在每章开始给出教学目的和要求，同时给出学习的注意点。有关注意点可能是具体的学习重点、难点分析，也可能是抽象的学习方法、数学思想的介绍，这部分内容并非面面俱到，事实上就是点到为止，给读者留下思考、发挥的空间。每节的介绍采用“研究问题—基本概念—主要结论—例子剖析—练习与探究”这种体例进行编写。本书最大的特色是例子多。通过大量的例子，特别是几何例子，使原本较抽象的数学概念变得直观易懂。通过例子，展示定理的数学思想、证明过程，通过看得见的论证方式，解释高等代数的理论。因此本书更适合引领普通院校数学类专业学生走进“高等代数”大门。

本书配套的数字资源非常丰富。我们希望借助教育数字化手段，致力于立体化开放式教学空间的开发和建设，突破“高等代数”抽象难懂这一难点，注重学生能力培养。配套的信息化资源包括慕课课程、知识图谱以及教学课件等。可视化教学资源：作者团队建设了丰富的图形图像、动画视频、思维导图、知识地图等可视化教学资源，让概念定理可视化、抽象对象可视化、计算结果可视化。例如，通过动画展示和空间的每一个向量可以分解成子空间两个向量的和，更好地阐释了“子空间的和”这个抽象概念。前沿案例库：作者团队尝试将本课程由理科向人工智能、大数据等新工科延伸，推动学科交叉融合和跨界整合，积累了很多高等代数与人工智能、计算机图形学、生物数学等学科融合前沿的案例。例如，利用正定二次型进行模式识别；利用线性变换做计算机图形；利用线性相关性做人脸识别；等等。此外，还有丰富的开放性思考题、数学历史名题，作为学生线上学习、课后思考、小组讨论、小组论文的素材。例如，用行列式的几何意义去解决欧拉提出的四面体体积问题。

本书是温州大学数学系“高等代数”教学团队几十年教学经验的总结，是团队智慧的结晶。作者在温州大学数学系、统计与信息科学系多年教学实践基础上编写了本书初稿，并根据教学实践做了多次改进。尽管如此，由于作者水平有限，错误和不当之处在所难免，敬请各位专家和读者提出宝贵意见。

本书是作者主持的浙江省线下一流课程“高等代数”与浙江省线上线下混合一流课程“高等代数”的建设成果，得到了浙江省普通本科高校“十四五”重点教材建设项目的资助，本书的出版也得到了温州大学数理学院和浙江大学出版社的大力支持，在此表示衷心的感谢。

杨　胜　高利新　陈希镇　刘纪彩

2024 年 3 月于温州大学

MOOC 课程　　教学课件　　知识图谱

目　录

第1章　多项式 …… 1

1.1　数环和数域 …… 2

1.2　一元多项式的定义和运算 …… 5

1.3　整除性理论 …… 8

1.4　多项式的最大公因式 …… 11

1.5　多项式的因式分解 …… 16

1.6　重因式及其判定 …… 19

1.7　多项式函数与多项式的根 …… 22

1.8　复数域和实数域上的多项式 …… 27

1.9　有理数域上的多项式 …… 31

1.10　多元多项式 …… 35

1.11　对称多项式 …… 39

第2章　行列式 …… 44

2.1　线性方程组的公式解 …… 45

2.2　排列与奇偶性 …… 48

2.3　n 阶行列式的定义 …… 50

2.4　行列式的基本性质 …… 55

2.5　行列式按行(列)展开 …… 61

2.6　行列式的计算 …… 67

2.7　克拉默法则 …… 75

2.8　拉普拉斯展开和行列式相乘 …… 79

第3章　线性方程组 …… 84

3.1　线性方程组的矩阵解法 …… 86

3.2　n 维向量空间 …… 93

3.3　线性相关性 …… 95

3.4　矩阵的秩 …… 100

3.5 线性方程组有解判别定理 …… 106
3.6 线性方程组的解结构 …… 109
3.7 二元高次方程组 …… 120
第 4 章 矩阵 …… 125
4.1 矩阵的概念 …… 126
4.2 矩阵的运算 …… 130
4.3 矩阵乘积的行列式与秩 …… 135
4.4 可逆矩阵及其求法 …… 138
4.5 初等矩阵 …… 143
4.6 矩阵的分块 …… 148
4.7 分块矩阵的初等变换及应用 …… 154
第 5 章 二次型 …… 160
5.1 二次型及矩阵表示 …… 161
5.2 化二次型为标准形 …… 165
5.3 **C** 与 **R** 上的二次型 …… 173
5.4 正定二次型 …… 178
第 6 章 线性空间 …… 185
6.1 集合与映射 …… 187
6.2 线性空间的定义与性质 …… 191
6.3 基、维数与坐标 …… 194
6.4 基变换与坐标变换 …… 199
6.5 线性子空间 …… 202
6.6 子空间的交与和 …… 206
6.7 子空间的直和 …… 210
6.8 线性空间的同构 …… 214
第 7 章 线性变换 …… 218
7.1 线性变换的定义和性质 …… 219
7.2 线性变换的运算 …… 222
7.3 线性变换和矩阵 …… 225
7.4 特征值与特征向量 …… 232
7.5 线性变换的对角化 …… 239
7.6 线性变换的值域与核 …… 245
7.7 不变子空间 …… 248

7.8 若当标准形简介 …… 253
7.9 最小多项式 …… 255
第 8 章 欧几里得空间 …… 260
8.1 欧氏空间的定义和性质 …… 262
8.2 标准正交基 …… 267
8.3 欧氏空间的同构 …… 272
8.4 正交变换与正交矩阵 …… 274
8.5 正交子空间 …… 277
8.6 对称变换与实对称矩阵的对角化 …… 279
8.7 向量到子空间的距离 …… 286
8.8 酉空间简介 …… 291
第 9 章 双线性函数 …… 296
9.1 线性函数 …… 296
9.2 对偶空间 …… 299
9.3 双线性函数 …… 304
9.4 对称双线性函数 …… 307

高等代数简介

第 1 章　多项式

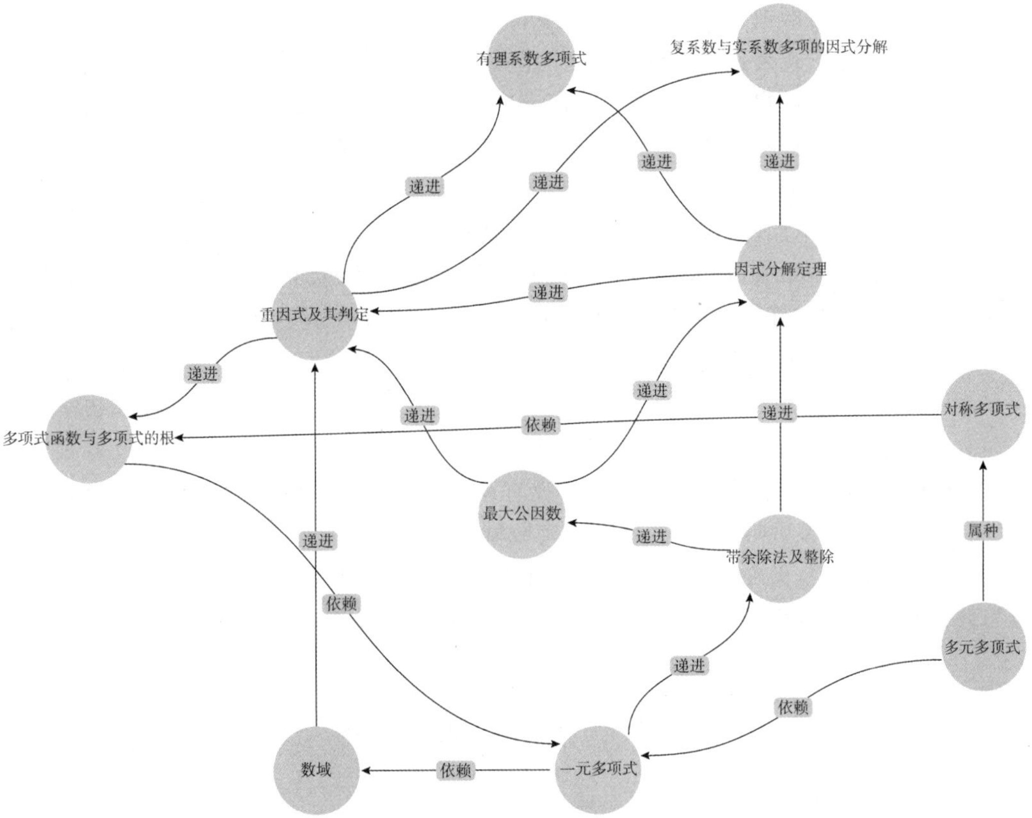

多项式知识图谱

多项式理论是高等代数的重要内容，是中学数学有关知识的加深和扩充，它不但与方程论有关，而且是进一步学习代数和其他数学分支的必要基础．本章主要介绍数域 F 上一元多项式的概念、运算、整除性、因式分解和有理系数多项式有理根的求法．本章的重点是多项式的因式分解理论；难点是最大公因式的定义，多项式的整除、互素、不可约等概念的联系和区别，以及因式分解定理的证明．本章的学习要求如下：

（1）掌握数域 F 上一元多项式的概念、运算及多项式和与积的次数；

（2）正确理解多项式整除的概念和性质，掌握带余除法；

（3）掌握最大公因式的概念、性质、求法以及多项式互素的概念和性质；

（4）理解不可约多项式的概念，掌握多项式唯一因式分解定理；

（5）理解多项式的导数和重因式的概念，掌握多项式有无重因式的判别方法；

(6) 掌握多项式函数及多项式根的概念；

(7) 掌握复数和实数域上多项式因式分解定理；

(8) 熟练掌握有理系数多项式的有理根的求法和艾森斯坦判别法；

(9) 了解多元多项式的定义、次数和分解，对称多项式的定义、基本定理，把对称多项式表示为初等对称多项式的方法.

学习多项式理论首先要注意高等代数中多项式的定义与中学代数中多项式的定义的联系和区别.中学代数是通过用字母表示数先得到代数式的概念，再对代数式分类得到多项式.因为其中的变量是数量，从而多项式也可看作函数表达式.而在高等代数中，多项式定义为形式表达式，即把变量看作一个抽象符号，并在运算中满足与数相同的基本运算规律.把多项式看作形式表达式，比把它看作函数表达式更具一般性，当然在应用上也就更具广泛性.其次，虽然中学代数基本上是用函数观点研究多项式，但函数概念却出现在多项式定义之后，而且在不需要讨论多项式中变量的意义时，实际上又把它作为形式表达式来处理，因此中学代数中的多项式并没有真正严格的定义，而且对它究竟是形式表达式还是函数表达式也是不加严格区分的，这样做有没有不妥之处?在学了多项式函数与多项式的根之后，我们就会知道:数域上多项式这两种定义是一致的，从而保证了中学代数这样处理多项式不会引起矛盾.高等代数对多项式的定义实际是从更高的观点来理解数域 F 上的多项式，同时赋予多项式更广泛的应用.

多项式 $f(x)$ 与其导数 $f'(x)$ 互素是多项式 $f(x)$ 没有重因式的充要条件.初学者常认为它也是多项式 $f(x)$ 没有重根的充要条件，其实不然.多项式 $f(x)$ 与 $f'(x)$ 互素不是 $f(x)$ 没有重根的必要条件，因为 $f(x)$ 有没有重因式不随系数域的改变而改变，而 $f(x)$ 有没有重根却会受系数域的影响.例如在实数域上，$f(x)=(x^2+1)^2$ 有重因式但没有实根，当然更没有重根，但在复数域上，$f(x)$ 有重根 $\pm \mathrm{i}$，考虑多项式之间的某种关系会不会因为数域的扩大而改变是读者在学习中经常要思考的问题，这里就不再一一指出.

1.1 数环和数域

研究数学问题常常需要明确规定所考虑的数的范围，学习数学也是如此.比如，先学习自然数，然后学整数，再学有理数、实数、复数.再比如，讨论多项式的因式分解、方程根的情况，都跟数的范围有关.例如，x^2-2 在有理数范围内不能分解，在实数范围内就可以分解；$x^2+1=0$ 在实数范围内没有根，在复数范围内就有根，等等.

与高等代数同时学习的课程 —— 解析几何、数学分析都是在实数范围内来讨论问题的.但在高等代数中，通常不做这样的限制.在高等代数中，我们主要考虑的是:集合中元素的加、减、乘、除运算(即代数运算)是否还在这个集合之中(即运算是否封闭).例如两个整数的和、差、积仍是整数，但两个整数的商就不一定是整数，这说明整数集对加、减、乘三种运算封闭，但对除法并不封闭.而有理数集对加、减、乘、除(除数不为零)四种运算都封闭.同样，实数集、复数集对加、减、乘、除四种运算都封闭.根据数集对运算的封闭情况，这里把数集分为两类:数环和数域.

1.1.1 研究问题

数域

(1) 何谓数环?何谓数域?

(2) 如何判别给定的数集是数环还是数域?

(3) 数环、数域必须包含何种元素?最小的数环、数域是什么?

1.1.2 基本概念

✲ **定义 1.1.1** 设 S 是由一些复数组成的一个非空集合,如果 $\forall a,b \in S$,总有 $a+b,a-b,ab \in S$,则称 S 是一个**数环**.

例如:整数集 $\mathbf{Z}$、有理数集 $\mathbf{Q}$、实数集 $\mathbf{R}$、复数集 $\mathbf{C}$ 都是数环.

✲ **定义 1.1.2** 设 F 是一个含有非零数的数集,如果 F 中任意两个数的和、差、积、商(除数不为零)仍在 F 中,则称 F 是一个**数域**.

例如:有理数集 $\mathbf{Q}$、实数集 $\mathbf{R}$、复数集 $\mathbf{C}$ 都是数域,且是三个最重要的数域.

1.1.3 主要结论

✲ **定理 1.1.1** 设 S 是一个非空数集,S 是数环的充要条件是:S 中任意两个数的差和积仍在 S 中.

必要性显然.充分性只要证明由 S 中任意两个数的差和积属于 S 可推出 S 中任意两个数的和、差和积仍在 S 中即可.

✲ **定理 1.1.2** 设 F 是一个含有非零数的数集,则 F 是数域的充要条件是:F 中任意两个数的差与商(除数不为零)仍属于 F.

必要性显然.充分性只要证明由 F 中任意两个数的差和商属于 F 可推出 F 中任意两个数的和、差、积和商仍在 F 中即可.

✲ **定理 1.1.3** 任何数域都包含有理数域 $\mathbf{Q}$.

证明 设 F 是一个数域,则 $\exists a \in F, a \neq 0$. 于是

$$a-a=0 \in F, a/a=1 \in F.$$

$$1+1=2, 1+2=3, 1+3=4, \cdots \Rightarrow \mathbf{N} \subset F.$$

又

$$0-1=-1, 0-2=-2, 0-3=-3, \cdots \Rightarrow \mathbf{Z} \subset F.$$

$$\forall x \in \mathbf{Q}, x \neq 0, x=a/b, a,b \in \mathbf{Z}, b \neq 0,$$

故 $x \in F \Rightarrow \mathbf{Q} \subset F$.

因此,一个数域必包含 0 和 1 这两个元素. 最小的数域是 $\mathbf{Q}$.

一个数环一定包含 0 这个元素. 设 S 是一个数环,$\forall a \in S$,由 $0=a-a \in S$ 即知.

1.1.4 例子剖析

问题 1 除了 $\mathbf{Z},\mathbf{Q},\mathbf{R},\mathbf{C}$ 外,是否还有其他数环?有没有最小的数环?

例 1.1.1 设 a 是一个确定的整数,令 $S=\{na \mid n \in \mathbf{Z}\}$,则 S 是一个数环.

证明 $\forall x,y \in S$,则 $x=n_1a, y=n_2a, n_1,n_2 \in \mathbf{Z}$. 于是

$$x \pm y = a(n_1 \pm n_2) \in S, n_1 \pm n_2 \in \mathbf{Z}(\text{只要验证减法封闭就可以}),$$

$$xy = a(n_1 n_2 a) \in S, n_1 n_2 a \in \mathbf{Z},$$

故 S 是一个数环.

特别地，当 $a = 2$ 时，S 是全体偶数组成的数环，称为偶数环.

当 $a = 0$ 时，$S = \{0\}$ 是只包含一个零组成的数环，这是最小的数环，称为**零环**.

评注 这个例子不但给出了判别一个数集是不是数环的方法，而且回答了上面提出的问题：除了 $\mathbf{Z}, \mathbf{Q}, \mathbf{R}, \mathbf{C}$ 外，还有其他数环，如 $S = \{na \mid n \in \mathbf{Z}\}$ 是含于 $\mathbf{Z}$ 的数环. 零环是最小的数环.

问题 2 除了 $\mathbf{Q}, \mathbf{R}, \mathbf{C}$ 外，是否还有其他数域？

例 1.1.2 证明：$Q(\sqrt{2}) = \{a + b\sqrt{2} \mid a, b \in \mathbf{Q}\}$ 是一个数域.

证明 先证 $Q(\sqrt{2})$ 有一个非零元 $1 = 1 + 0\sqrt{2}$，对加、减、乘法封闭. 再证其对除法封闭：设 $c + d\sqrt{2} \neq 0 \Rightarrow c - d\sqrt{2} \neq 0$（否则当 $d = 0$ 时，$c = 0$，矛盾；当 $d \neq 0$ 时，$\sqrt{2} = \frac{c}{d} \in \mathbf{Q}$，也矛盾）. 于是

$$\frac{a + b\sqrt{2}}{c + d\sqrt{2}} = \frac{(a + b\sqrt{2})(c - d\sqrt{2})}{(c + d\sqrt{2})(c - d\sqrt{2})} = a_1 + b_1\sqrt{2}, a_1, b_1 \in \mathbf{Q}.$$

评注 本例说明除了 $\mathbf{Q}, \mathbf{R}, \mathbf{C}$ 外，还有其他的数域，例如 $Q(\sqrt{2}) = \{a + b\sqrt{2} \mid a, b \in \mathbf{Q}\}$ 就是介于 $\mathbf{Q}$ 与 $\mathbf{R}$ 之间的一个数域. 这类数域很多，如对任意素数 p，$Q(p) = \{a + b\sqrt{p} \mid a, b \in \mathbf{Q}\}$ 是一个数域，且 $\mathbf{Q} \subset Q(p) \subset \mathbf{R}$.

1.1.5 练习与探究

1.1.5.1 练习

1. 除了零环外，是否还有只含有限个元素的数环？

2. 证明：$S = \{\frac{m}{2^n} \mid m, n \in \mathbf{Z}\}$ 是一个数环. S 是不是数域？

3. 在数环的基础上定义数域，从而给出定义 1.1.2 的等价定义.

4. 证明：$Z(\mathrm{i}) = \{a + b\mathrm{i} \mid a, b \in \mathbf{Q}, \mathrm{i}^2 = -1\}$ 是一个数域.

1.1.5.2 探究

1. 设 S_1 和 S_2 是数环，试问：$S_1 \cap S_2$，$S_1 \cup S_2$ 是不是数环？若是，给出证明；若不是，给出反例.

2. 两个数域 F_1, F_2 的并是不是数域？找出两个数域的并是数域的充要条件，并证明之.

3. 在 $\mathbf{Q}$ 与 $\mathbf{R}$ 之间有其他的数域. 试问：在 $\mathbf{R}$ 与 $\mathbf{C}$ 之间是否也有别的数域？为什么？

4. 令 $K = Q(\sqrt{2})$，那么 $K(\sqrt{3}) = \{a + b\sqrt{3} \mid a, b \in K\}$ 是一个数域吗？

5. 包含 $\sqrt{2}$ 与 $\sqrt{5}$ 的最小的数域是什么？

1.2　一元多项式的定义和运算

一元多项式的定义及运算

中学代数对多项式先后有两种定义. 其一是：n 个单项式(不含加法或减法运算的整式)的代数和叫作多项式. 例如：$4a+3b$，$3x^2+2x+1$，$\frac{3}{2}y-\frac{1}{5}$. 在多项式中，每个单项式叫作多项式的项，这是形式表达式. 其后又把多项式定义为函数：$f(x)=a_0+a_1x+\cdots+a_nx^n$. 这两种定义之间有什么联系？有没有矛盾？在中学代数中并没有交代. 这就留下两个问题需要解决：在高等代数中会采用什么观点来定义多项式？多项式的形式定义与多项式的函数定义是否一致？本节围绕以下问题展开讨论.

1.2.1　研究问题

(1) 一元多项式的形式定义.

(2) 一元多项式的相等、加法(减法)和乘法的定义及其运算性质.

(3) 一元多项式的次数及次数定理.

1.2.2　基本概念

✲ **定义 1.2.1**　设 x 是一个文字(或符号)，n 是一个非负整数，**形式表达式**

$$f(x)=a_0+a_1x+\cdots+a_nx^n=\sum_{i=0}^{n}a_ix^i \tag{1.2.1}$$

称为数域 F 上的**一元多项式**. 其中 $a_0,a_1,\cdots,a_n\in F$. a_0 称为**常数项**或零次项，a_i 称为 i 次项系数，a_nx^n 称为**首项**，a_n 称为首项系数，$a_n\neq 0$.

显然，在高等代数中采用形式观点定义多项式，它在两方面推广了中学代数的多项式定义：

(1) x 不再局限于实数，而是任意的文字或符号.

(2) 系数可以是任意数域中的数.

✲ **定义 1.2.2**　设 $f(x)$，$g(x)$ 是数域 F 上的两个多项式. 若除系数为0的项之外，同次项的系数都相等，则称多项式 $f(x)$ 与 $g(x)$ 相等.

定义 1.2.2 表明：

(1) 多项式的表法唯一.

(2) 方程 $a_0+a_1x+\cdots+a_nx^n=0$ 是一个条件等式而不是两个多项式相等.

✲ **定义 1.2.3**　设 $f(x)=a_0+a_1x+\cdots+a_nx^n$，$a_n\neq 0$，非负整数 n 称为多项式 $f(x)$ 的**次数**，记为 $\partial(f(x))=n$.

✲ **定义 1.2.4**　设 $f(x)=a_0+a_1x+\cdots+a_nx^n$，$g(x)=b_0+b_1x+\cdots+b_mx^m$ 是数域 F 上次数分别为 n 和 m 的两个多项式($m\leqslant n$)，则多项式 $f(x)$ 与 $g(x)$ 的和 $f(x)+g(x)$ 为

$$f(x)+g(x)=(a_0+b_0)+\cdots+(a_m+b_m)x^m+\cdots+(a_n+b_n)x^n=\sum_{i=0}^{n}(a_i+b_i)x^i,$$

当 $m < n$ 时，取 $b_{m+1} = \cdots = b_n = 0$.

多项式的减法可化为加法：

$$f(x) - g(x) = f(x) + [-g(x)] = \sum_{i=0}^{n} (a_i - b_i)x^i.$$

✻ **定义 1.2.5** 设 $f(x) = a_0 + a_1 x + \cdots + a_n x^n$，$g(x) = b_0 + b_1 x + \cdots + b_m x^m$，多项式 $f(x)$ 与 $g(x)$ 的积为

$$f(x)g(x) = c_0 + c_1 x + \cdots + c_{n+m} x^{n+m},$$

其中 $c_k = a_0 b_k + a_1 b_{k-1} + \cdots + a_{k-1} b_1 + a_k b_0 = \sum\limits_{i+j=k} a_i b_j$；$k = 0, 1, \cdots, n+m$.

由定义可知，求多项式 $f(x)$，$g(x)$ 的积实际上就是把 $f(x)$，$g(x)$ 中两个下标之和为 k 的对应项相乘积的和作为 x^k 的系数，即有

$$f(x)g(x) = \sum_{k=0}^{n+m} \Big(\sum_{i+j=k} a_i b_j\Big) x^k.$$

以下是几个特殊的多项式.

零次多项式：次数为零的多项式，即非零常数.

零多项式：系数全为零的多项式. 零多项式不定义次数（因此，在谈论多项式的次数时，意味着这个多项式不是零多项式）.

首一多项式：首项系数为 1 的多项式.

1.2.3 主要结论

✻ **定理 1.2.1** 设 $f(x) \neq 0$，$g(x) \neq 0$，则

(1) 当 $f(x) + g(x) \neq 0$ 时，有

$$\partial(f(x) + g(x)) \leqslant \max[\partial(f(x)), \partial(g(x))];$$

(2) $\partial(f(x)g(x)) = \partial(f(x)) + \partial(g(x))$.

证明 设 $f(x) = a_0 + a_1 x + \cdots + a_n x^n$，$a_n \neq 0$，$\partial(f(x)) = n$，

$g(x) = b_0 + b_1 x + \cdots + b_m x^m$，$b_m \neq 0$，$\partial(g(x)) = m$.

(1) 不妨设 $m \leqslant n$，令 $b_{m+1} = \cdots = b_n = 0$，则

$$f(x) + g(x) = \sum_{i=0}^{n} (a_i + b_i) x^i,$$

于是

$$\partial(f(x) + g(x)) \leqslant n = \max[\partial(f(x)), \partial(g(x))].$$

(2) 由于

$$f(x)g(x) = \sum_{k=0}^{n+m} \Big(\sum_{i+j=k} a_i b_j\Big) x^k,$$

且 $a_n \neq 0$，$b_m \neq 0$，故首项系数 $a_n b_m \neq 0$. 于是 $\partial(f(x)g(x)) = n + m$.

多项式乘法没有零因子.

推论 1 $f(x)g(x) = 0$ 的充要条件是：$f(x) = 0$ 或 $g(x) = 0$.

证明 若 $f(x) = 0$ 或 $g(x) = 0$，则必有 $f(x)g(x) = 0$. 反之，若 $f(x)g(x) = 0$ 而 $f(x) \neq 0$，且 $g(x) \neq 0$，则 $\partial(f(x)g(x)) = \partial(f(x)) + \partial(g(x)) \geqslant 0$，于是 $f(x)g(x) \neq 0$，矛盾. 故结论成立.

在多项式乘法中消去律成立.

推论 2　若 $f(x)g(x)=f(x)h(x)$，且 $f(x)\neq 0$，则 $g(x)=h(x)$.

证明　由 $f(x)g(x)=f(x)h(x)$，得 $f(x)(g(x)-h(x))=0$. 由于 $f(x)\neq 0$，故 $g(x)-h(x)=0$.

多项式的运算（加、减、乘）满足以下运算规律：

(1) 加法交换律：$f(x)+g(x)=g(x)+f(x)$；

(2) 加法结合律：$(f(x)+g(x))+h(x)=f(x)+(g(x)+h(x))$；

(3) 乘法交换律：$f(x)g(x)=g(x)f(x)$；

(4) 乘法结合律：$(f(x)g(x))h(x)=f(x)(g(x)h(x))$；

(5) 乘法对加法的分配律：

$$f(x)(g(x)+h(x))=f(x)g(x)+f(x)h(x).$$

下面证明多项式乘法满足结合律.

证明　设 $f(x)=\sum\limits_{i=0}^{n}a_ix^i,g(x)=\sum\limits_{j=0}^{m}b_jx^j,h(x)=\sum\limits_{k=0}^{l}c_kx^k$，

现证

$$(f(x)g(x))h(x)=f(x)(g(x)h(x)).$$

根据多项式相等的定义，只要比较两边同次项系数（比如 t 次项系数）相等即可.

因为左边 $f(x)g(x)$ 中 s 次项系数是 $\sum\limits_{i+j=s}a_ib_j$，所以左边 $(f(x)g(x))h(x)$ 的 t 次项系数是

$$\sum_{k+s=t}\left(\sum_{i+j=s}a_ib_j\right)c_k=\sum_{i+j+k=t}a_ib_jc_k.$$

因为右边 $g(x)h(x)$ 中 r 次项系数是 $\sum\limits_{j+k=r}b_jc_k$，所以右边 $f(x)(g(x)h(x))$ 的 t 次项系数是

$$\sum_{i+r=t}a_i\left(\sum_{j+k=r}b_jc_k\right)=\sum_{i+j+k=t}a_ib_jc_k.$$

由于左、右两边同次项的系数相等，故乘法满足结合律.

令 $F[x]=\{$数域 F 上所有一元多项式全体$\}$，由于 $F[x]$ 对多项式的加法、减法和乘法封闭，因此称 $F[x]$ 为数域 F 上的多项式环.

1.2.4　例子剖析

例 1.2.1　以下给出的表达式：$1-2x+3x^2+9x^3,3+\sqrt{2}x+x^2,3+\mathrm{i}x+5x^2,ax^{-3}$，$x^2-\dfrac{1}{x},\dfrac{x^3+3x+2}{x+1}$ 是不是某数域 F 上的多项式？

解　$f_1(x)=1-2x+3x^2+9x^3$ 是 $\mathbf{Q}$ 上的多项式；$f_2(x)=3+\sqrt{2}x+x^2$ 是 $\mathbf{R}$ 上的多项式；$f_3(x)=3+\mathrm{i}x+5x^2$ 是 $\mathbf{C}$ 上的多项式. 但 $ax^{-3},x^2-\dfrac{1}{x},\dfrac{x^3+3x+2}{x+1}$ 都不是多项式.

例 1.2.2　$f(x)=1+x+x^2+\cdots+x^n+\cdots$ 是否为 $\mathbf{Q}$ 上的多项式？$f(x)=\dfrac{1}{1-x}$ 是否为 $\mathbf{R}$ 上的多项式？

解　否；否.

例 1.2.3 求多项式 $f_1(x)=3x^2+2x+1$ 和 $f_2(x)=3$ 的次数.

解 $f_1(x)=3x^2+2x+1, \partial(f_1(x))=2$; $f_2(x)=3, \partial(f_2(x))=0$.

例 1.2.4 设 $f(x)=3x^2+4x+5, g(x)=x^3+2x^2+x+1$,求 $f(x)+g(x)$, $f(x)g(x)$,以及它们的次数.

解 $f(x)+g(x)=x^3+5x^2+5x+6, \partial(f(x)+g(x))=3$.

$$
\begin{aligned}
f(x)g(x) &= 3x^5+(4+6)x^4+(5+8+3)x^3+(10+4+3)x^2+(5+4)x+5 \\
&= 3x^5+10x^4+16x^3+17x^2+9x+5,
\end{aligned}
$$

$\partial(f(x)g(x))=5$.

1.2.5 练习与探究

1.2.5.1 练习

1. 设 $f(x)=x^3-3x^2-1, g(x)=3x^2+1$,求 $f(x)+g(x)$, $f(x)g(x)$,以及它们的次数.

2. 令 $F[x]_n=\{$数域 F 上次数小于 n 的一元多项式全体+零多项式$\}$,其对多项式的加法、减法和乘法是否封闭?为什么?

3. 设 $f(x)$, $g(x)$ 和 $h(x)$ 是实数域上的多项式,证明:若 $f^2(x)=xg^2(x)+xh^2(x)$,则有 $f(x)=g(x)=h(x)=0$.

4. 若 $f(x)$, $g(x)$ 和 $h(x)$ 是复数域上的多项式,则题 3 的结论是否成立?为什么?

1.2.5.2 探究

多项式的加法、减法和乘法的定义与整数的加法、减法和乘法的定义相同,那么多项式的除法该如何定义?能不能类比整数的除法来定义?

1.3 整除性理论

在一元多项式中,可以做加、减、乘三种运算,但是乘法的逆运算——除法却不是普遍可以做的,例如 $(x^2+2x+1)/(x-1)$ 就不是多项式.因此,整除就成了两个多项式之间一种有待研究的关系.当然,以下各节的讨论均在某固定的数域 F 中进行,即在一元多项式环 $F[x]$ 中进行.本节围绕以下问题展开讨论.

1.3.1 研究问题

(1) 一元多项式整除的定义.

(2) 一元多项式整除的性质.

(3) 多项式的带余除法,一个多项式整除另一个多项式的充要条件.

带余除法及整除

1.3.2 基本概念

✽定义 1.3.1 设 $f(x), g(x)\in F[x]$,若存在 $h(x)\in F[x]$,使 $f(x)=g(x)h(x)$,

则说 $g(x)$ 整除 $f(x)$，记为 $g(x) \mid f(x)$；否则就说 $g(x)$ 不能整除 $f(x)$，记为 $g(x) \nmid f(x)$. 当 $g(x) \mid f(x)$ 时，$g(x)$ 就称为 $f(x)$ 的因式，$f(x)$ 称为 $g(x)$ 的倍式.

1.3.3　主要结论

性质 1(整除的传递性)　若 $h(x) \mid g(x)$，$g(x) \mid f(x)$，则 $h(x) \mid f(x)$.

证明　因为 $h(x) \mid g(x)$，$g(x) \mid f(x)$，所以 $\exists\, m_1(x), m_2(x) \in F[x]$，使 $g(x) = h(x)m_1(x)$，$f(x) = g(x)m_2(x) = h(x)m_1(x)m_2(x)$，故 $h(x) \mid f(x)$.

性质 2　若 $h(x) \mid g(x)$，$h(x) \mid f(x)$，则 $h(x) \mid (f(x) \pm g(x))$.

证明　因为 $g(x) = h(x)m_1(x)$，$f(x) = h(x)m_2(x)$，其中 $m_1(x), m_2(x) \in F(x)$，$(f(x) \pm g(x)) = h(x)(m_1(x) \pm m_2(x))$，所以 $h(x) \mid (f(x) \pm g(x))$.

推论 1　若 $h(x) \mid f_i(x)$，$i = 1,2,\cdots,m$，则对 $g_i(x) \in F[x]$，$i = 1,2,\cdots,m$，有

$$h(x) \mid (f_1(x)g_1(x) \pm f_2(x)g_2(x) \pm \cdots \pm f_m(x)g_m(x)).$$

性质 3　若 $h(x) \mid f(x)$，则 $\forall\, g(x) \in F[x]$，有

$$h(x) \mid f(x)g(x).$$

证明　因为 $f(x) = h(x)m(x)$，$m(x) \in F[x]$，$f(x)g(x) = h(x)g(x)m(x)$，所以 $h(x) \mid f(x)g(x)$.

性质 4　若 $f(x) \mid g(x)$，且 $g(x) \mid f(x)$，则

$$f(x) = cg(x), c \in F, c \neq 0.$$

证明　因为 $g(x) = h(x)f(x)$，$f(x) = g(x)l(x)$，所以

$$f(x) = g(x)l(x) = f(x)(h(x)l(x)).$$

若 $f(x) = 0$，则 $g(x) = 0$，故有 $f(x) = cg(x)$，$\forall\, c \in F$；

若 $f(x) \neq 0$，则 $\partial(h(x)l(x)) = 0$，故 $h(x)$，$l(x)$ 为非零常数，令 $h(x) = c \neq 0$，知结论成立.

性质 5　$\forall\, f(x) \in F[x]$，$c \in F$ 且 $c \neq 0$，则

$$c \mid f(x), cf(x) \mid f(x).$$

性质 6　$\forall\, f(x) \in F[x]$，$f(x)$ 整除零多项式.

✼ **定理 1.3.1(带余除法定理)**　设 $f(x), g(x) \in F[x]$，且 $g(x) \neq 0$，则存在 $q(x) \in F[x]$，$r(x) \in F[x]$，使得 $f(x) = g(x)q(x) + r(x)$. 这里 $\partial(r(x)) < \partial(g(x))$ 或 $r(x) = 0$. 满足条件的 $q(x)$ 和 $r(x)$ 唯一确定，$q(x)$ 称为商式，$r(x)$ 称为余式.

证明　先证存在性.

(1) 若 $f(x) = 0$，则取 $q(x) = 0$，$r(x) = 0$，即知结论成立.

(2) 若 $f(x) \neq 0$，设 $\partial(f(x)) = n$，$\partial(g(x)) = m$，对 $f(x)$ 的次数 n 利用数学归纳法.

当 $n < m$ 时，显然取 $q(x) = 0$，$r(x) = f(x)$，即知结论成立.

下面讨论 $n \geqslant m$ 的情况.

假设当次数小于 n 时，$q(x)$，$r(x)$ 的存在性已证，现考虑次数为 n 的情况. 令 ax^n，bx^m 分别是 $f(x)$，$g(x)$ 的首项，因而多项式 $f(x) - b^{-1}ax^{n-m}g(x) = f_1(x)$，其次数小于 n 或为 0.

若 $f_1(x) = 0$，取 $q(x) = b^{-1}ax^{n-m}$，$r(x) = 0$，结论成立；

若 $\partial(f_1(x)) < n$，由归纳法假设，对 $f_1(x)$，$g(x)$，存在 $q_1(x)$，$r_1(x)$，使

$$f_1(x)=q_1(x)g(x)+r_1(x),$$

其中　$\partial(r_1(x))<\partial(g(x))$ 或者 $r_1(x)=0$.

于是　$f(x)=(q_1(x)+b^{-1}ax^{n-m})g(x)+r_1(x)$.

取 $q(x)=q_1(x)+b^{-1}ax^{n-m}$，$r(x)=r_1(x)$，就有 $f(x)=q(x)g(x)+r(x)$，其中 $\partial(r(x))<\partial(g(x))$ 或者 $r(x)=0$.

再证唯一性，若有

$$f(x)=g(x)q_1(x)+r_1(x),\partial(r_1(x))<\partial(g(x)) \text{ 或 } r_1(x)=0,$$

$$f(x)=g(x)q_2(x)+r_2(x),\partial(r_2(x))<\partial(g(x)) \text{ 或 } r_2(x)=0,$$

则

$$g(x)(q_1(x)-q_2(x))=r_2(x)-r_1(x).$$

若 $q_1(x)\neq q_2(x)$，则 $r_2(x)\neq r_1(x)$，

$$\partial(r_2(x)-r_1(x))=\partial(g(x))+\partial(q_1(x)-q_2(x))\geqslant\partial(g(x)),$$

这与 $\partial(g(x))>\partial(r_2(x)-r_1(x))$ 矛盾，故 $q_1(x)=q_2(x)$，从而 $r_1(x)=r_2(x)$.

推论 1　若 $f(x),g(x)\in F[x]$，且 $g(x)\neq 0$，则 $g(x)\mid f(x)$ 的充要条件是：$g(x)$ 除 $f(x)$ 的余式 $r(x)=0$.

证明　充分性. 若 $f(x)=g(x)q(x)+r(x)$，且 $r(x)=0$，则有 $g(x)\mid f(x)$.

必要性. 若 $g(x)\mid f(x)$，则 $f(x)=g(x)q(x)$，故 $r(x)=0$.

1.3.4　例子剖析

例 1.3.1　设 $f(x)=5x^4+2x^3+3x^2+7x+1$，$g(x)=x^2+2x+3$，求 $g(x)$ 除 $f(x)$ 所得的余式和商式.

解　（注意除法格式）

x^2+2x+3	$5x^4+2x^3+3x^2+7x+1$	$5x^2-8x+4$
除式	$5x^4+10x^3+15x^2$	商式
	$-8x^3-12x^2+7x+1$	
	$-8x^3-16x^2-24x$	
	$4x^2+31x+1$	
	$4x^2+8x+12$	
	余式　$23x-11$	

因此，$g(x)$ 除 $f(x)$ 的余式为 $r(x)=23x-11$，商式为 $q(x)=5x^2-8x+4$.

例 1.3.2　证明 $x\mid f^k(x)$，$k\geqslant 1$ 的充要条件是 $x\mid f(x)$.

证　充分性显然. 下证必要性. 设 $f(x)=xq(x)+c$，于是 $f^k(x)=(xq(x)+c)^k=xq_1(x)+c^k$. 由于 $x\mid f^k(x)$，故 $c^k=0$，即 $c=0$，因此 $x\mid f(x)$.

1.3.5 练习与探究

1.3.5.1 练习

1. 求用 $g(x)=x^2-x+1$ 去除 $f(x)=x^4-x^3+2x+1$ 所得的商式 $q(x)$ 和余式 $r(x)$.

2. 求 k,l,使 $x^2+x-l \mid x^3+kx+2$.

3. 证明:若 $g(x)\mid(f_1(x)+f_2(x))$,$g(x)\mid(f_1(x)-f_2(x))$,则有 $g(x)\mid f_1(x)$,$g(x)\mid f_2(x)$.

4. 证明:若 $g(x)\mid f(x)$,$g(x)\mid h(x)$,则 $g(x)\mid(f(x)+h(x))$.

1.3.5.2 探究

多项式的整除性是否会因数域的扩大而改变?为什么?

最大公因式

1.4 多项式的最大公因式

如果多项式 $h(x)$ 既是 $f(x)$ 的因式,又是 $g(x)$ 的因式,那么 $h(x)$ 就是 $f(x)$ 与 $g(x)$ 的一个公因式.在讨论多项式的公因式时,我们感兴趣的是次数最大的公因式.本节围绕以下问题展开讨论.

1.4.1 研究问题

(1) 类比两个整数的最大公因数,给出两个多项式的最大公因式.

(2) 类比两个整数互素,给出两个多项式互素的定义和性质.

(3) 类比多个整数互素,给出多个多项式互素的定义和性质.

1.4.2 基本概念

✻ 定义 1.4.1 设多项式 $f(x),g(x),h(x)\in F[x]$,若 $h(x)\mid g(x)$,$h(x)\mid f(x)$,则称 $h(x)$ 是 $f(x),g(x)$ 的一个公因式.

例如,$h(x)=x-1$ 是 $f(x)=x^3-x$,$g(x)=x^3-x^2-x+1$ 的一个公因式.

又如,已知 $f(x)=x^2(x+1)$ 和 $g(x)=x(x+1)^2$,且 $f(x),g(x)\in\mathbf{R}[x]$,公因式为:$a(a\neq0)$,$ax(a\neq0)$,$a(x+1)(a\neq0)$,$ax(x+1)(a\neq0)$,$a\in\mathbf{R}$.

✻ 定义 1.4.2 设多项式 $d(x)$ 是 $f(x),g(x)$ 的一个公因式.若对 $f(x),g(x)$ 的任一公因式 $h(x)$,均有 $h(x)\mid d(x)$,则称 $d(x)$ 是 $f(x),g(x)$ 的**最大公因式**.

用 $(f(x),g(x))$ 表示首项系数为1的最大公因式.若 $d(x)$ 是 $f(x),g(x)$ 的最大公因式,则 $(f(x),g(x))=ad(x)$,$ad(x)$ 是首一多项式,下同.

✻ 定义 1.4.3 设 $f(x),g(x)\in F[x]$,若 $(f(x),g(x))=1$,则称 $f(x),g(x)$ **互素**.

✻ 定义 1.4.4 设 $f_1(x),f_2(x),\cdots,f_n(x)\in F[x]$,$h(x)\mid f_i(x)$,$i=1,2,\cdots,n$,则

称 $h(x)$ 是这组多项式的公因式. 若 $d(x)$ 是 $f_1(x), f_2(x), \cdots, f_n(x)$ 的公因式，且这组多项式的任一公因式都能整除 $d(x)$，则称 $d(x)$ 是 $f_1(x), f_2(x), \cdots, f_n(x)$ 的**最大公因式**.

用 $(f_1(x), f_2(x), \cdots, f_n(x))$ 表示首项系数为 1 的最大公因式，则

$$(f_1(x), \cdots, f_{n-1}(x), f_n(x)) = ((f_1(x), \cdots, f_{n-1}(x)), f_n(x)) = ad(x).$$

✲ 定义 1.4.5 若 $(f_1(x), f_2(x), \cdots, f_n(x)) = 1$，则称 $f_1(x), f_2(x), \cdots, f_n(x)$ **互素**.

✲ 定义 1.4.6 若 $(f_i(x), f_j(x)) = 1, i \neq j, i, j = 1, \cdots, n$，则称 $f_1(x), f_2(x), \cdots, f_n(x)$ **两两互素**.

1.4.3 主要结论

引理 若 $f(x) = g(x)q(x) + r(x)$，则两对多项式 $f(x), g(x)$ 与 $g(x), r(x)$ 有相同的公因式和最大公因式.

证明 (1) 设 $h(x)$ 是 $f(x), g(x)$ 的公因式，则 $h(x) \mid g(x), h(x) \mid f(x)$，故 $h(x) \mid r(x)$. 又 $h(x) \mid g(x) \Rightarrow h(x)$ 是 $g(x), r(x)$ 的公因式；反之，设 $h(x)$ 是 $g(x), r(x)$ 的公因式 $\Rightarrow h(x)$ 是 $f(x), g(x)$ 的公因式.

(2) 设 $d(x)$ 是 $f(x), g(x)$ 的最大公因式 $\Rightarrow d(x)$ 是 $g(x), r(x)$ 的公因式，对 $g(x), r(x)$ 的任一公因式 $m(x) \Rightarrow m(x)$ 是 $f(x), g(x)$ 的公因式 $\Rightarrow m(x) \mid d(x)$，故 $d(x)$ 是 $g(x), r(x)$ 的最大公因式. 反之同样成立.

由引理知，为求 $f(x), g(x)$ 的最大公因式，可以转化为求 $g(x)$ 与 $r(x)$ 的最大公因式. 由于 $\partial(r(x)) < \partial(g(x))$，根据这种思想，我们可以对 $f(x), g(x)$ 进行如下的**辗转相除**：

$$\begin{cases} f(x) = g(x)q_1(x) + r_1(x), & \partial(r_1(x)) < \partial(g(x)), \\ g(x) = r_1(x)q_2(x) + r_2(x), & \partial(r_2(x)) < \partial(r_1(x)), \\ r_1(x) = r_2(x)q_3(x) + r_3(x), & \partial(r_3(x)) < \partial(r_2(x)), \\ \quad \cdots\cdots \\ r_{k-2}(x) = r_{k-1}(x)q_k(x) + r_k(x), & \partial(r_k(x)) < \partial(r_{k-1}(x)), \\ r_{k-1}(x) = r_k(x)q_{k+1}(x) + 0, & r_{k+1}(x) = 0。 \end{cases} \tag{1.4.1}$$

当辗转相除法进行到某步时，余式为 0(例如 $r_{k+1}(x) = 0$)，则上一个式子的余式 $r_k(x) = 0$ 就是最大公因式. 事实上

$$\begin{aligned}(f(x), g(x)) &= (g(x), r_1(x)) = (r_1(x), r_2(x)) = \cdots \\ &= (r_{k-1}(x), r_k(x)) = (r_k(x), 0) = ar_k(x)\end{aligned}$$

由于余式的次数不断降低，而 $g(x)$ 的次数是有限的，故经过有限次辗转相除后，必有余式 $r_{k+1}(x) = 0$，于是得到下面的定理.

✲ 定理 1.4.1 若两个多项式 $f(x), g(x)$ 经辗转相除后得到一系列等式(1.4.1)，则 $f(x)$ 与 $g(x)$ 的最大公因式是 $r_k(x)$.

✲ 定理 1.4.2 $F[x]$ 中任意两个多项式 $f(x)$ 与 $g(x)$ 的最大公因式必存在；且若 $d(x)$ 是 $f(x), g(x)$ 的最大公因式，则必存在 $u(x), v(x) \in F[x]$，使

$$d(x) = f(x)u(x) + g(x)v(x).$$

证明　(1) 若 $f(x)=g(x)=0$，则 $f(x),g(x)$ 的最大公因式是 0. 显然有

$$d(x)=f(x)u(x)+g(x)v(x), u(x), v(x) \text{ 可任意.}$$

(2) 若 $f(x)\neq 0, g(x)=0$，则 $f(x),g(x)$ 的最大公因式是

$$f(x)=f(x)\cdot 1+g(x)v(x), u(x)=1, v(x) \text{ 可任意.}$$

(3) 若 $f(x)\neq 0, g(x)\neq 0$，则由定理 1.4.1 知，经辗转相除后可求出它们的最大公因式为 $r_k(x)$. 由式(1.4.1) 可求得 $u(x),v(x)$，使 $d(x)=r_k(x)=f(x)u(x)+g(x)v(x)$.

设 $d_1(x),d_2(x)$ 都是 $f(x),g(x)$ 的最大公因式，则有 $d_1(x)\mid d_2(x), d_2(x)\mid d_1(x)$，于是 $d_2(x)=cd_1(x)$，即两个最大公因式之间仅差一个零次因子. 若用 $(f(x),g(x))$ 表示 $f(x),g(x)$ 中首项系数为 1 的最大公因式，则 $(f(x),g(x))$ 唯一确定.

✻ **定理 1.4.3**　设 $f(x),g(x)\in F[x]$，则 $(f(x),g(x))=1$ 的充要条件是：存在 $u(x),v(x)\in F[x]$，使

$$f(x)u(x)+g(x)v(x)=1.$$

必要性是定理 1.4.2 结论的特例. 充分性也是显然的.

两个多项式互素的性质：

性质 1　若 $(f(x),h(x))=1, (g(x),h(x))=1$，则

$$(f(x)g(x),h(x))=1.$$

证明　因为 $(f(x),h(x))=1$，所以存在 $u(x),v(x)$ 使

$$f(x)u(x)+h(x)v(x)=1,$$

两边同乘 $g(x)$，得

$$f(x)g(x)u(x)+h(x)g(x)v(x)=g(x).$$

设 $(f(x)g(x),h(x))=d(x)$，则有 $d(x)\mid f(x)g(x), d(x)\mid h(x)$，于是得 $d(x)\mid g(x)$，又 $(g(x),h(x))=1$，因此 $d(x)\mid 1$，故 $d(x)=1$.

性质 2　若 $h(x)\mid f(x)g(x)$，且 $(h(x),f(x))=1$，则 $h(x)\mid g(x)$.

证明　因为 $(h(x),f(x))=1$，故有

$$h(x)u(x)+f(x)v(x)=1,$$

于是有

$$h(x)g(x)u(x)+f(x)g(x)v(x)=g(x),$$

因此　$h(x)\mid g(x)$.

性质 3　若 $g(x)\mid f(x), h(x)\mid f(x)$，又 $(g(x),h(x))=1$，则 $g(x)h(x)\mid f(x)$.

证明　由于 $(g(x),h(x))=1$，故得

$$g(x)u(x)+h(x)v(x)=1.$$

于是有

$$g(x)f(x)u(x)+f(x)h(x)v(x)=f(x).$$

又

$$f(x)=g(x)g_1(x), f(x)=h(x)h_1(x),$$

代入上式，得

$$g(x)h(x)h_1(x)u(x)+g(x)g_1(x)h(x)v(x)=f(x),$$

故得 $g(x)h(x)\mid f(x)$.

1.4.4 例子剖析

问题 1 如何求两个多项式的最大公因式？

例 1.4.1 设 $f(x)=x^4+3x^3-x^2-4x-3$，$g(x)=3x^3+10x^2+2x-3$，求 $(f(x),g(x))$ 和 $u(x)$，$v(x)$，使

$$(f(x),g(x))=u(x)f(x)+v(x)g(x).$$

解 利用辗转相除法：

$-\frac{27}{5}x+9$	$3x^3+10x^2+2x-3$	$x^4+3x^3-x^2-4x-3$	$\frac{1}{3}x-\frac{1}{9}$
$=q_2(x)$	$3x^3+15x^2+18x$	$x^4+\frac{10}{3}x^3+\frac{2}{3}x^2-x$	$=q_1(x)$
	$-5x^2-16x-3$	$-\frac{1}{3}x^3-\frac{5}{3}x^2-3x-3$	
	$-5x^2-25x-30$	$-\frac{1}{3}x^3-\frac{10}{3}x^2-\frac{2}{9}x+\frac{1}{3}$	
	$r_2(x)=9x+27$	$r_1(x)=-\frac{5}{9}x^2-\frac{25}{9}x-\frac{10}{3}$	$-\frac{5}{81}x-\frac{10}{81}$
		$-\frac{5}{9}x^2-\frac{5}{3}x$	$=q_3(x)$
		$-\frac{10}{9}x-\frac{10}{3}$	
		$-\frac{10}{9}x-\frac{10}{3}$	
		$r_3(x)=0$	

于是得
$$(f(x),g(x))=x+3.$$

由辗转相除法得

$$f(x)=\left(\frac{1}{3}x-\frac{1}{9}\right)g(x)+\left(-\frac{5}{9}x^2-\frac{25}{9}x-\frac{10}{3}\right),$$

$$g(x)=\left(-\frac{27}{5}x+9\right)r_1(x)+(9x+27),$$

$$r_1(x)=\left(-\frac{5}{81}x-\frac{10}{81}\right)r_2(x),$$

$$\begin{aligned}r_2(x)&=g(x)-\left(-\frac{27}{5}x+9\right)\left(-\frac{5}{9}x^2-\frac{25}{9}x-\frac{10}{3}\right)\\&=g(x)-\left(-\frac{27}{5}x+9\right)\left[f(x)-\left(\frac{1}{3}x-\frac{1}{9}\right)g(x)\right]\\&=\left(\frac{27}{5}x-9\right)f(x)+\left(-\frac{9}{5}x^2+\frac{18}{5}x\right)g(x)\\&=9(x+3)=9(f(x),g(x)).\end{aligned}$$

于是 $(f(x),g(x))=\left(\frac{3}{5}x-1\right)f(x)+\left(-\frac{1}{5}x^2+\frac{2}{5}x\right)g(x)$.

所以
$$u(x)=\frac{3}{5}x-1,v(x)=-\frac{1}{5}x^2+\frac{2}{5}x.$$

评注　(1) 若仅仅是求 $(f(x),g(x))$，为了避免辗转相除时出现分数运算，可用某个非零数乘以除式或被除式，这是因为 $f(x)$ 和 $cf(x)$ 具有完全相同的因式，即

$(f(x),g(x))=(c_1f(x),g(x))=(f(x),c_2g(x))=(c_1f(x),c_2g(x))$. 其中 c,c_1,c_2 均不为零.

于是可进行如下运算：

$3x-5$ $=q_2(x)$	$3x^3+10x^2+2x-3$	$x^4+3x^3-x^2-4x-3$	$\frac{1}{3}x-\frac{1}{9}$ $=q_1(x)$
	$3x^3+15x^2+18x$	$x^4+\frac{10}{3}x^3+\frac{2}{3}x^2-x$	
	$-5x^2-16x-3$	$-\frac{1}{3}x^3-\frac{5}{3}x^2-3x-3$	
	$-5x^2-25x-30$	$-\frac{1}{3}x^3-\frac{10}{3}x^2-\frac{2}{9}x+\frac{1}{3}$	
	$r_2(x)=9x+27$	$r_1(x)=-\frac{5}{9}x^2-\frac{25}{9}x-\frac{10}{3}$	$x+2$ $=q_3(x)$
	$\frac{1}{9}r_2(x)=x+3$	$-\frac{9}{5}r_1(x)=x^2+5x+6$	
		x^2+3x	
		$2x+6$	
		$2x+6$	
		0	

同样可得
$$(f(x),g(x))=x+3.$$

(2) 若不仅要求 $(f(x),g(x))$，而且要求 $u(x),v(x)$，使
$$(f(x),g(x))=u(x)f(x)+v(x)g(x),$$
这时在辗转相除的过程中，不可用任意非零数乘以除式或被除式.

问题 2　在多个多项式的关系中，有没有与两个多项式相似的性质？

结论　若 $(f_1(x),f_2(x),\cdots,f_n(x))=d(x)$，则 $\exists\, u_1(x),u_2(x),\cdots,u_n(x)\in F[x]$，使
$$f_1(x)u_1(x)+f_2(x)u_2(x)+\cdots+f_n(x)u_n(x)=d(x).$$

问题 3　多个多项式互素与两两互素之间有何关系？

1. $f_1(x),f_2(x),\cdots,f_n(x)$ 互素不能推出 $f_1(x),f_2(x),\cdots,f_n(x)$ 两两互素.

例如，设 $f_1(x)=x^2-4x+3,f_2(x)=x^2+6x+8,f_3(x)=x^2-3x-10$. $f_1(x),f_2(x),f_3(x)$ 互素，但 $(f_2(x),f_3(x))=x+2$.

2. $f_1(x),f_2(x),\cdots,f_n(x)$ 两两互素可推得 $f_1(x),f_2(x),\cdots,f_n(x)$ 互素.

1.4.5　练习与探究

1.4.5.1　练习

1. 求 $f(x)=x^4+x^3-2x^2-3x-1$ 与 $g(x)=x^3+x^2-x-1$ 的最大公因式.

2. 设 $f(x)=4x^4-2x^3-16x^2+5x+9$，$g(x)=2x^3-x^2-5x+4$，求 $u(x)$，$v(x)$，使 $u(x)f(x)+v(x)g(x)=(f(x),g(x))$.

3. 证明：若 $d(x)\mid f(x)$，$d(x)\mid g(x)$，且 $d(x)$ 为 $f(x)$ 与 $g(x)$ 的一个多项式组合，则 $d(x)$ 是 $f(x)$ 与 $g(x)$ 的一个最大公因式.

4. 设 $f(x)$，$g(x)$ 不全为零，$d(x)=(f(x),g(x))=f(x)u(x)+g(x)v(x)$，证明：$u(x)$ 与 $v(x)$ 互素.

5. 证明：若 $(f(x),g(x))=1$，则有

$$(f(x),f(x)+g(x))=1;(f(x)g(x),f(x)+g(x))=1.$$

1.4.5.2 探究

$F[x]$ 中任意两个多项式 $f(x)$ 与 $g(x)$；若 $d(x)$ 是 $f(x)$，$g(x)$ 的一个公因式，是否一定存在 $u(x)$，$v(x)\in F[x]$，使 $d(x)=f(x)u(x)+g(x)v(x)$？

若多项式 $f(x)\mid m(x)$，$g(x)\mid m(x)$，则称多项式 $m(x)$ 是 $f(x)$，$g(x)$ 的一个公倍式. 若对 $f(x)$，$g(x)$ 的任一个公倍式 $h(x)$ 均有 $m(x)\mid h(x)$，则称 $m(x)$ 是 $f(x)$，$g(x)$ 的最小公倍式. 用 $[f(x),g(x)]$ 表示首项系数为 1 的最小公倍式.

1. 试求两个多项式 $f(x)$，$g(x)$ 的最大公因式和最小公倍式之间的关系.

2. $n(n\geqslant 2)$ 个多项式的最大公因式（互素）是否随数域的扩大而改变？

1.5 多项式的因式分解

在中学代数里我们学过因式分解，就是把一个多项式逐次分解成一些次数较低的多项式的乘积. 在分解过程中，有时感到不能再分解了，也就认为它不能再分了，但是当时没有理论依据，到底能不能再分下去？这里我们将系统地讨论多项式的因式分解问题. 对于 $F[x]$ 中任一个多项式 $f(x)$，$c\in F$ 及 $cf(x)(c\neq 0)$ 总是 $f(x)$ 的因式，这样的因式称为平凡因式. 我们感兴趣的是：除了平凡因式外，$f(x)$ 还有没有其他的因式？本节围绕以下问题展开讨论.

1.5.1 研究问题

(1) 不可约多项式的定义和性质.

(2) 如何把多项式分解成不可约多项式的乘积？

(3) 多项式的标准分解式及其作用.

1.5.2 基本概念

✲ **定义 1.5.1** 设 $f(x)$ 是 $F[x]$ 中次数大于零的多项式，如果在 $F[x]$ 中，$f(x)$ 只有平凡因式，则称 $f(x)$ 在数域 F 上**不可约**. 若 $f(x)$ 除平凡因式外，在 $F[x]$ 中还有其他因式，则称 $f(x)$ 在数域 F 上**可约**.

等价定义 如果 $F[x]$ 中一个 $n(n>0)$ 次多项式 $f(x)$ 可分解成 $F[x]$ 中两个次数

都小于 n 的多项式 $g(x)$,$h(x)$ 的积,即 $f(x)=g(x)h(x)$,且 $\partial(g(x))<n$,$\partial(h(x))<n$ 则称 $f(x)$ 在数域 F 上可约;否则称为不可约.

由定义可得:

(1) 一次多项式是不可约多项式(二次及二次以上多项式是否可约是重点讨论的对象);

(2) 多项式的可约性与数域有关(例如 x^2+2 在 $\mathbf{C}$ 上可约,在 $\mathbf{R}$ 上不可约);

(3) 对于零多项式与零次多项式,不讨论它们的可约性.

1.5.3　主要结论

不可约多项式

1.5.3.1　不可约多项式的性质

性质 1　若 $p(x)$ 不可约,则 $cp(x)$ 也不可约,$c\neq 0$,$c\in F$.

性质 2　若 $p(x)$ 是不可约多项式,则 $\forall f(x)\in F[x]$,$(p(x),f(x))=1$ 或 $p(x)\mid f(x)$.

证明　设 $(p(x),f(x))=d(x)$,由 $d(x)\mid p(x)\Rightarrow d(x)=1$,或 $d(x)=cp(x)$.若 $d(x)=1$,则 $(p(x),f(x))=1$;若 $d(x)=cp(x)$,则 $p(x)\mid f(x)$.

性质 3　若 $p(x)$ 不可约,且 $p(x)\mid f(x)g(x)$,则 $p(x)\mid f(x)$ 或 $p(x)\mid g(x)$.

证明　若 $p(x)\nmid f(x)$,则结论成立;若 $p(x)\mid f(x)$,由于 $p(x)$ 是不可约多项式,由性质 2 知,$(p(x),f(x))=1$,于是有 $p(x)u(x)+f(x)v(x)=1$,两边同乘 $g(x)$ 得

$$p(x)g(x)u(x)+f(x)g(x)v(x)=g(x),$$

所以 $p(x)\mid g(x)$.

推论　若 $p(x)$ 不可约,且 $p(x)\mid f_1(x)\cdots f_s(x)$,则 $p(x)$ 必整除某个 $f_i(x)$,$1\leqslant i\leqslant s$.

1.5.3.2　因式分解

问题 1　$\forall f(x)\in F[x]$,$\partial(f(x))>0$,$f(x)$ 是否可分解为不可约多项式的乘积?

✲ 定理 1.5.1　$F[x]$ 中任一个 $n(n>0)$ 次多项式 $f(x)$ 都可以分解成 $F[x]$ 中不可约多项式的乘积.

证明(归纳法)　当 $n=1$ 时,命题显然成立.假设命题对一切小于 n 的多项式成立.

当 $\partial(f(x))=n$ 时,若 $f(x)$ 不可约,则结论已成立;若 $f(x)$ 可约,$f(x)=g(x)h(x)$,$\partial(f(x))<n$,$\partial(h(x))<n$,由假设知 $g(x)$,$h(x)$ 均可分解为不可约多项式的乘积,故 $f(x)$ 都可以分解成 $F[x]$ 中不可约多项式的乘积.

问题 2　多项式 $f(x)$ 分解成不可约多项式的乘积是否唯一?

若 $f(x)=p_1(x)p_2(x)\cdots p_r(x)$,取 $c_1c_2\cdots c_r=1$,则 $f(x)=c_1p_1(x)c_2p_2(x)\cdots c_rp_r(x)$,可见 $f(x)$ 分解式不唯一.若对不可约多项式的分解式作适当规定,则分解式唯一.

✲ 定理 1.5.2　$F[x]$ 中任一次数大于零的多项式 $f(x)$ 都可分解成不可约多项式的乘积:$f(x)=p_1(x)p_2(x)\cdots p_r(x)$.若不计零次多项式的差异和因式的顺序,则 $f(x)$ 分解成不可约多项式的分解式是唯一的,即若 $f(x)$ 还有分解式 $f(x)=q_1(x)q_2(x)\cdots q_s(x)$,则有:① $r=s$;② 适当调整 $q_i(x)$ 的位置后由 $q_i(x)=c_ip_i(x)$,$i=1$,

$2,\cdots,r$.

证明 （对分解式中的因式个数用数学归纳法证明）当 $r=1$ 时，结论显然成立.

假设当 $f(x)$ 分解成 $r-1$ 个不可约因式时结论成立，则当 $f(x)$ 分解成 r 个因式时，设 $f(x)=p_1(x)p_2(x)\cdots p_r(x)=q_1(x)q_2(x)\cdots q_s(x)$，由于 $p_1(x)\mid q_1(x)q_2(x)\cdots q_s(x)$，故存在某个 $q_i(x)$ 使 $p_1(x)\mid q_i(x)$. 为方便起见，不妨设 $q_i(x)$ 就是 $q_1(x)$，于是 $q_1(x)=c_1p_1(x)$. 故 $p_2(x)\cdots p_r(x)=c_1q_2(x)\cdots q_s(x)$，由归纳假设知，这时有 $r-1=s-1$，故 $r=s$，且 $q_2(x)=c_1^{-1}c'_2p_2(x)=c_2p_2(x)$，$q_i(x)=c_ip_i(x)$，$i=3,4,\cdots,r$. 因此结论成立.

1.5.3.3　标准(典型)分解式

在 $f(x)$ 的分解式中，可以把每个不可约因式的首项系数提出来，使之成为首一不可约多项式，并把相同的因式合并，于是，$f(x)$ 的分解式就变成

$$f(x)=a_np_1^{k_1}(x)p_2^{k_2}(x)\cdots p_l^{k_l}(x).$$

其中 a_n 是 $f(x)$ 的首项系数，$p_1(x),p_2(x),\cdots,p_l(x)$ 为 $F[x]$ 中首一不可约多项式，$k_1,k_2,\cdots,k_l$ 为自然数，这种分解式称为 $f(x)$ 的**标准分解式**.

多项式的标准分解式是唯一的.

多项式的标准分解式上

1.5.4　例子剖析

问题 1　如何判断 $x-a$ 是不是 $f(x)$ 的一个因式？

例 1.5.1　$x-a$ 是 $f(x)$ 的一个因式的充要条件是：$f(a)=0$.

解　设 $f(x)=(x-a)g(x)+r$，则 $f(a)=r$. 因此，当 $f(a)=0$ 时，$x-a\mid f(x)$；反之，若 $x-a$ 是 $f(x)$ 的一个因式，则 $f(a)=r=0$.

多项式的标准分解式下

问题 2　如何求 $f(x)$ 的标准分解式？

例 1.5.2　求 $f(x)=x^4-3x^2+2$ 在 $\mathbf{Q}[x]$，$\mathbf{R}[x]$ 中的标准分解式.

解　利用带余除法，知 $x+1$，$x-1$ 都是 $f(x)$ 的因式，故有 $(x^2-1)\mid f(x)$.

在 $\mathbf{Q}[x]$ 上：

$f(x)=(x^2-1)(x^2-2)=(x-1)(x+1)(x^2-2)$；

在 $\mathbf{R}[x]$ 上：

$f(x)=(x^2-1)(x^2-2)=(x-1)(x+1)(x-\sqrt{2})(x+\sqrt{2})$.

例 1.5.3　求 $f(x)=x^4-4$ 在 $\mathbf{Q}[x]$，$\mathbf{R}[x]$，$\mathbf{C}[x]$ 上的标准分解式.

解　在 $\mathbf{Q}[x]$ 上：$f(x)=(x^2-2)(x^2+2)$；

在 $\mathbf{R}[x]$ 上：$f(x)=(x-\sqrt{2})(x+\sqrt{2})(x^2+2)$；

在 $\mathbf{C}[x]$ 上：$f(x)=(x-\sqrt{2})(x+\sqrt{2})(x-\sqrt{2}\mathrm{i})(x+\sqrt{2}\mathrm{i})$.

1.5.5　练习与探究

1.5.5.1　练习

1. 求 $f(x)=x^4-6x^2+1$ 在 $\mathbf{R}$ 上的标准分解式.

2. 分别求多项式 $f(x)=x^8-1$ 在 $\mathbf{Q},\mathbf{R},\mathbf{C}$ 上的标准分解式.

3. 设 $f(x)=x^4+2x^2+9, g(x)=x^4-4x^3+4x^2-9$. 求这两个多项式在 $\mathbf{C}$ 上的标准分解式和公共根.

1.5.5.2　探究

1. 多项式的因式分解是否与数域有关?

2. 多项式的最大公因式是否与数域有关?

3. 不可约多项式的概念是否与数域有关?

4. 多项式互素是否与数域有关?

问题 3　多项式的标准分解式有何作用?

1. 利用多项式的标准分解式可以判断一个多项式是否整除另一个多项式;

2. 利用多项式的标准分解式可以直接写出 $(f(x),g(x))$.

例如,

$$f(x)=5(x-3)^5(x+2)^3(x+1),$$
$$g(x)=7(x-3)^3(x+1)^4(x-1),$$

则有

$$(f(x),g(x))=(x-3)^3(x+1).$$

一般地,若 $f(x),g(x)$ 的标准分解式分别为 $f(x)=ap_1^{r_1}(x)p_2^{r_2}(x)\cdots p_s^{r_s}(x)$ 和 $g(x)=bp_1^{l_1}(x)p_2^{l_2}(x)\cdots p_s^{l_s}(x)$,则

$$(f(x),g(x))=p_1^{\lambda_1}(x)p_2^{\lambda_2}(x)\cdots p_s^{\lambda_s}(x),$$

其中 $\lambda_i=\min(r_i,l_i), i=1,2,\cdots,s$.

虽然根据多项式的标准分解式写出 $(f(x),g(x))$ 是简单的,但由于任意多项式的标准分解式并不容易求得,故求最大公因式的一般方法还是采用辗转相除法.

1.6　重因式及其判定

1.6.1　研究问题

(1) 何谓多项式的重因式?

(2) 何谓多项式的导数?

(3) 多项式重因式的判定和求法.

1.6.2　基本概念

✲ **定义 1.6.1**　不可约多项式 $p(x)$ 称为 $f(x)$ 的 k **重因式**($k\in\mathbf{N}$),如果 $p^k(x)\mid f(x)$ 而 $p^{k+1}(x)\nmid f(x)$,当 $k=1$ 时,$p(x)$ 就称为 $f(x)$ 的**单因式**;当 $k>1$ 时,$p(x)$ 称为 $f(x)$ 的**重因式**.

若 $f(x)$ 的标准分解式为 $f(x)=a_np_1^{k_1}(x)p_2^{k_2}(x)\cdots p_s^{k_s}(x)$,则 $p_1(x),p_2(x),\cdots,p_s(x)$ 分别是 $f(x)$ 的因式,且分别是 k_1 重因式、k_2 重因式、…、k_s 重因式.

要求 $f(x)$ 的重因式，只要把 $f(x)$ 的标准分解式写出即可. 但我们还没有能够把一个多项式分解为不可约因式的乘积的一般方法，因此应该找出一种直接判断多项式是否有重因式的方法. 为此目的要引入多项式导数的概念.

✻ 定义 1.6.2 多项式 $f(x)=a_0+a_1x+\cdots+a_nx^n$ 的**一阶导数**指的是多项式：$f'(x)=a_1+2a_2x+\cdots+na_nx^{n-1}$（形式定义，不是数学分析中的导数概念）.

一阶导数 $f'(x)$ 的导数称为 $f(x)$ 的**二阶导数**，记为 $f''(x)$. $f''(x)$ 的导数称为 $f(x)$ 的**三阶导数**，记为 $f'''(x)$，…，$f(x)$ 的 k **阶导数**记为 $f^{(k)}(x)$.

1.6.3 主要结论

多项式函数上

多项式函数下

多项式的求导法则：

(1) $(f(x)+g(x))'=f'(x)+g'(x)$；

(2) $(cf(x))'=cf'(x)$；

(3) $(f(x)g(x))'=f'(x)g(x)+f(x)g'(x)$；

(4) $[f^m(x)]'=mf^{m-1}(x)f'(x)$.

✻ 定理 1.6.1 若不可约多项式 $p(x)$ 是 $f(x)$ 的 $k(k>1)$ 重因式，则 $p(x)$ 是 $f'(x)$ 的 $k-1$ 重因式，特别地，多项式 $f(x)$ 的单因式不是 $f'(x)$ 的因式.

证明 因为多项式 $p(x)$ 是 $f(x)$ 的 k 重因式，所以

$$f(x)=p^k(x)g(x),\ p(x)\nmid g(x),$$

$$f'(x)=kp^{k-1}(x)p'(x)g(x)+p^k(x)g'(x)=p^{k-1}(x)[kp'(x)g(x)+p(x)g'(x)].$$

由于 $p(x)\nmid g(x)$，$p(x)\nmid p'(x)\Rightarrow p(x)\nmid p'(x)g(x)$，故 $p(x)\nmid[kp'(x)g(x)+p(x)g'(x)]$. 因此，$p(x)$ 是 $f'(x)$ 的 $k-1$ 重因式.

推论 1 若不可约多项式 $p(x)$ 是 $f(x)$ 的 $k(k>1)$ 重因式，则 $p(x)$ 是 $f(x)$，$f'(x)$，…，$f^{(k-1)}(x)$ 的因式，但不是 $f^{(k)}(x)$ 的因式.

证明 由定理 1.6.1 知 $p(x)$ 是 $f'(x)$ 的 $k-1$ 重因式，因此 $p(x)$ 是 $f''(x)$ 的 $k-2$ 重因式，…，$p(x)$ 是 $f^{(k-1)}(x)$ 的 $(k-(k-1)=1)$ 单因式，而不是 $f^{(k)}(x)$ 的因式.

推论 2 不可约多项式 $p(x)$ 是 $f(x)$ 的重因式的充要条件是：$p(x)$ 是 $f(x)$ 与 $f'(x)$ 的公因式.

证明 必要性由推论 1 立得.

充分性. 若 $p(x)$ 是 $f(x)$ 与 $f'(x)$ 的公因式，则 $p(x)$ 不是 $f(x)$ 的单因式（否则，由推论 1 知 $p(x)$ 不是 $f'(x)$ 的因式），故 $p(x)$ 是 $f(x)$ 的重因式.

推论 3 多项式 $f(x)$ 无重因式的充要条件是：$f(x)$ 与 $f'(x)$ 互素.

推论 3 表明，判别一个多项式有没有重因式，可以利用辗转相除法得到. 在讨论与解方程有关的问题时，常常要讨论多项式有没有重因式.

1.6.4 例子剖析

例 1.6.1 $f(x)=(x+1)^3x^4\in\mathbf{R}[x]$，则它的重因式有哪些？

解 $x+1$ 为 3 重因式；

x 为 4 重因式.

例 1.6.2　$f(x)=(x^2+1)^7\cdot x^3\in\mathbf{C}[x]$，$x^2+1$ 为 $f(x)$ 的 7 重因式？

解　错．x^2+1 不为 $\mathbf{C}$ 上不可约多项式．

问题 1　如何把一个多项式分解为标准分解式？

例 1.6.3　在 $\mathbf{Q}[x]$ 中分解 $f(x)=x^4+2x^3-11x^2-12x+36$．

解　$f'(x)=4x^3+6x^2-22x-12$，利用辗转相除法，先把 $f(x)$ 乘以 4 变为 $4f(x)$，同时在运算的过程中也随时根据需要乘以适当倍数，这样做不改变 $f(x)$，$f'(x)$ 的最大公因式为 $(f(x),f'(x))$．

$4x+2$	$4x^3+6x^2-22x-12$	$4x^4+8x^3-44x^2-48x+144$	$x+1$
$=q_1(x)$	$4x^3+4x^2-24x$	$4x^4+6x^3-22x^2-12x$	$=q(x)$
	$2x^2+2x-12$	$2x^3-22x^2-36x+144$	
	$2x^2+2x-12$	2 倍：$4x^3-44x^2-72x+288$	
	$r_2(x)=0$	$4x^3+6x^2-22x-12$	
		$r_1(x)=-50x^2-50x+300$	
		$r_1(x)/(-50)=x^2+x-6$	

故
$$(f(x),f'(x))=x^2+x-6=d(x).$$
因此 $f(x)$ 有 2 个 2 重因式：$(x-2)$ 和 $(x+3)$．

由于
$$\frac{f(x)}{d(x)}=x^2+x-6=(x-2)(x+3),$$
因此
$$f(x)=(x-2)^2(x+3)^2.$$

例 1.6.4　求多项式 $f(x)=x^3+px+q$ 有重因式的条件．

解　先求得 $f'(x)=3x^2+p$，再做辗转相除法：

$3x-\dfrac{9q}{2p}$	$3x^2+p$	x^3+px+q	$\dfrac{1}{3}x$
$(p\neq 0)$	$3x^2+\dfrac{9q}{2p}x$	$x^3+\dfrac{p}{3}x$	
	$-\dfrac{9q}{2p}x+p$	$r_1(x)=\dfrac{2p}{3}x+q$	
	$-\dfrac{9q}{2p}x-\dfrac{27q^2}{4p^2}$	$\dfrac{3}{2p}\times r_1(x)=x+\dfrac{3q}{2p}$	
	$p+\dfrac{27q^2}{4p^2}$		

(1) 当 $r_1(x)=0$ 时，即 $p=q=0$，这时 $f(x)$ 有 3 重因式：x；

(2) 当 $p\neq 0$ 时，即 $4p^3+27q^2=0$，$f(x)=x^3+px+q$ 有 2 重因式：$x+\dfrac{3q}{2p}$．

一般来说，若多项式 $f(x)$ 的标准分解式为
$$f(x)=a_np_1^{k_1}(x)p_2^{k_2}(x)\cdots p_s^{k_s}(x),$$
由定理 1.6.1 得
$$f'(x)=p_1^{k_1-1}(x)p_2^{k_2-1}(x)\cdots p_s^{k_s-1}(x)g(x),$$
故
$$(f(x),f'(x))=p_1^{k_1-1}(x)p_2^{k_2-1}(x)\cdots p_s^{k_s-1}(x).$$

评注　(1) 判别 $f(x)$ 有没有重因式，只要求 $f(x)$，$f'(x)$ 的最大公因式 $d(x)$，$f(x)$

的重因式的重数恰好是 $d(x)$ 中不可约因式的指数加 1. 注意：此法无法求出 $f(x)$ 的单因式.

(2) 要把多项式分解为标准分解式，必须先把它的重因式分离，即求 $f(x)$ 的所有不可约的单因式：

$$f^*(x)=\frac{f(x)}{a_n(f(x),f'(x))}=p_1(x)p_2(x)\cdots p_s(x).$$

(3) 求 $f(x)$ 标准分解式的步骤：

① 先求 $f(x)$ 与 $f'(x)$ 的最大公因式并分解：

$$(f(x),f'(x))=p_1^{k_1-1}(x)p_2^{k_2-1}(x)\cdots p_r^{k_r-1}(x);$$

② 分离重因式，即求 $f(x)$ 所有不可约的单因式：

$$f^*(x)=\frac{f(x)}{a_n(f(x),f'(x))}=p_1(x)p_2(x)\cdots p_r(x)p_{r+1}(x)\cdots p_s(x);$$

③ 写出 $f(x)$ 的标准分解式：

$$f(x)=a_np_1^{k_1}(x)p_2^{k_2}(x)\cdots p_r^{k_r}(x)p_{r+1}(x)\cdots p_s(x).$$

1.6.5 练习与探究

1.6.5.1 练习

1. 用分离因式法(单因式化法)求多项式 $f(x)=x^5-3x^4+x^3+5x^2-6x+2$ 在 $\mathbf{Q}$ 上的标准分解式.

2. 判别下列多项式在 $\mathbf{R}$ 上有没有重因式?若有，请求出所有的重因式及相应重数.

(1) $f(x)=x^5-5x^4+7x^3-2x^2+4x-8$;

(2) $f(x)=x^5-3x^4+2x^3+2x^2-3x+1$.

1.6.5.2 探究

多项式 $f(x)$ 在 $F[x]$ 中没有重因式，$f(x)$ 在 $\overline{F}[x]$ 中是否也没有重因式?$\overline{F}$ 是包含 F 的数域.

若 $x-\alpha$ 为 $(f(x),f'(x))$ 的 k 重因式，则 $x-\alpha$ 为 $f(x)$ 的 $k+1$ 重因式($k\geqslant 1$)?

1.7 多项式函数与多项式的根

到目前为止，我们还是在多项式形式定义的基础上讨论多项式及其性质. 在这一节，我们将用另一个观点，即函数的观点来讨论多项式，并研究多项式的形式定义与多项式的函数定义是否一致. 本节围绕以下问题展开讨论.

实数域上不可约多项式上

1.7.1 研究问题

(1) 多项式的函数定义；k 重根的定义.

(2) 如何寻找重根?如何确定重根的重数?
(3) 多项式的根(或零点)及根的个数定理.
(4) 多项式的余式定理、因式定理和综合除法.
(5) 多项式的形式定义和多项式的函数定义的一致性.

实数域上不可约多项式下

1.7.2　基本概念

✲ 定义 1.7.1　设 $f(x)=a_0+a_1x+\cdots+a_nx^n\in F[x]$,$\forall c\in F$,$f(c)=a_0+a_1c+\cdots+a_nc^n\in F$ 称为当 $x=c$ 时 $f(x)$ 的值.若 $f(c)=0$,则称 c 为 $f(x)$ 在 F 中的**根或零点**.

✲ 定义 1.7.2　设 $f(x)\in F[x]$,$\forall c\in F$,作映射 $f:c\to f(c)\in F$.映射 f 确定了数域 F 上的一个函数 $f(x)$.$f(x)$ 被称为 F 上的多项式函数.当 $F=\mathbf{R}$ 时,$f(x)$ 就是数学分析中常讨论的多项式函数.

$\forall f(x),g(x)\in F[x]$,若 $u(x)=f(x)\pm g(x)$,$v(x)=f(x)g(x)$,则有

$$u(c)=f(c)\pm g(c),v(c)=f(c)g(c).$$

✲ 定义 1.7.3　若 $x-c$ 是 $f(x)$ 的一个 k 重因式,即 $(x-c)^k\mid f(x)$,但 $(x-c)^{k+1}\nmid f(x)$,则称 $x=c$ 是 $f(x)$ 的一个 k **重根**.当 $k>1$ 时,称 α 为 $f(x)$ 的重根;当 $k=1$ 时,称 α 为 $f(x)$ 的单根.

1.7.3　主要结论

✲ 定理 1.7.1　α 为 $f(x)$ 的 k 重根 $(k\geqslant 1)$,则 α 为 $f'(x)$ 的 $k-1$ 重根.

推论 1　如果 α 为 $f(x)$ 的 k 重根 $(k\geqslant 1)$,则 α 为 $f(x),f'(x),\cdots,f^{(k-1)}(x)$ 的根,但不是 $f^{(k)}(x)$ 的根.

推论 2　α 为 $f(x)$ 的重根 $\Leftrightarrow\alpha$ 为 $f(x),f'(x)$ 的公共根.

推论 3　$f(x)$ 无重根 $\Leftarrow(f(x),f'(x))=1$.

注意:$f(x)$ 无重根,推不出 $(f(x),f'(x))=1$.

反例:$f(x)=(x^2+1)^3\in\mathbf{R}[x]$ 在 $\mathbf{R}$ 上无根,但 $f'(x)=3(x^2+1)^2\cdot 2x$

$(f(x),f'(x))=(x^2+1)^2$　矛盾于 $(f(x),f'(x))=1$.

定理 1.7.1 的逆命题不成立,反例如下:$f(x)=(x-1)^4+1$.

✲ 定理 1.7.2　α 为 $f'(x)$ 的 k 重根,且 $f(\alpha)=0$,则 α 为 $f(x)$ 的 $k+1$ 重根 $(k\geqslant 0)$.

证明:由 $f(\alpha)=0$,故 α 为 $f(x)$ 的 t 重根 $(t\geqslant 1)$.

由定理 1.7.1,α 为 $f'(x)$ 的 $t-1$ 重根。又 α 为 $f'(x)$ 的 k 重根,

$\Rightarrow t-1=k$,故 $t=k+1$,

α 为 $f(x)$ 的 $k+1$ 重根.

✲ 定理 1.7.3(余式定理)　用一次多项式 $x-c$ 去除多项式 $f(x)$,所得的余式是 $f(c)$.

证明　由带余除法,设 $f(x)=(x-c)q(x)+r$,把 c 代入即得 $r=f(c)$.

✲ 定理 1.7.4(因式定理)　多项式 $f(x)$ 有一个因式 $(x-c)$ 的充要条件是 $f(c)=0$.

证明　设 $f(x)=(x-c)q(x)+r$,若 $f(c)=0$,即 $r=0$,则 $(x-c)$ 是 $f(x)$ 的一个

因式.若 $f(x)$ 有一个因式 $(x-c)$,即 $(x-c)\mid f(x)$,则 $r=0$,此即 $f(c)=0$.

由此定理可知,要判断一个数 c 是不是 $f(x)$ 的根,可以直接代入多项式函数,看 $f(c)$ 是否等于零;也可以利用综合除法来判断其余数是否为零.

✻ **定理 1.7.5**(根的个数定理) 数域 F 上的 $n(n\geqslant 0)$ 次多项式至多有 n 个根(重根按重数计算).

证明(用归纳法) 当 $n=0$ 时,结论显然成立.

假设当 $f(x)$ 是 $n-1$ 次多项式时结论成立,则当 $f(x)$ 是 n 次多项式时,设 $c\in F$ 是 $f(x)$ 的一个根,于是有 $f(x)=(x-c)q(x)$.由于 $q(x)$ 是 $n-1$ 次多项式,由归纳知 $q(x)$ 至多只有 $n-1$ 个根,故 $f(x)$ 至多只有 n 个根.

✻ **定理 1.7.6** 设 $f(x),g(x)\in F[x]$,它们的次数都不超过 n,若在 F 中有 $n+1$ 个不同的数使 $f(x)$ 与 $g(x)$ 的值相等,则 $f(x)=g(x)$.

证明 令 $u(x)=f(x)-g(x)$,若 $u(x)\neq 0$,则 $\partial(u(x))\leqslant n$.由于 F 中有 $n+1$ 个不同的数,使 $f(x)$ 与 $g(x)$ 的值相等,故 $u(x)$ 有 $n+1$ 个不同的根,这与定理 1.7.5 矛盾,故 $u(x)\equiv 0$,此即 $f(x)=g(x)$.

多项式相等与多项式函数相等有如下关系:

(1) 多项式相等,即 $f(x)=g(x)\Leftrightarrow f(x)$ 和 $g(x)$ 对应项的系数相同;

(2) 多项式函数相等,即 $f(x)=g(x)\Leftrightarrow \forall c\in F$,有 $f(c)=g(c)$.

结论 $F[x]$ 中两个多项式 $f(x)$ 和 $g(x)$ 相等的充要条件是:它们所确定的 F 上的多项式函数相等.

综合除法:确定带余除法 $f(x)=(x-c)q(x)+r$ 中 $q(x)$ 和 r 的简单方法.

设
$$f(x)=a_0x^n+a_1x^{n-1}+\cdots+a_{n-1}x+a_n,$$
$$q(x)=b_0x^{n-1}+b_1x^{n-2}+\cdots+b_{n-2}x+b_{n-1},$$
把 $f(x)$,$q(x)$ 表达式代入 $f(x)=(x-c)q(x)+r$ 中,得
$$f(x)=(x-c)q(x)+r=b_0x^n+(b_1-cb_0)x^{n-1}+\cdots+(b_{n-1}-cb_{n-2})x+r-cb_{n-1},$$
比较两边方程的系数,得
$$\begin{aligned}&a_0=b_0, && b_0=a_0,\\ &a_1=b_1-cb_0, && b_1=a_1+cb_0,\\ &a_2=b_2-cb_1, \quad \text{由此得} && b_2=a_2+cb_1,\\ &\cdots\cdots && \cdots\cdots\\ &a_{n-1}=b_{n-1}-cb_{n-2}, && b_{n-1}=a_{n-1}+cb_{n-2},\\ &a_n=r-cb_{n-1}, && r=a_n+cb_{n-1}.\end{aligned}$$

因此,利用 $f(x)$ 与 $q(x)$ 之间的系数关系可以方便地求得 $q(x)$ 和 r,这就是下面的综合除法:

$$\begin{array}{cccccc|c} & a_0 & a_1 & a_2 & \cdots & a_{n-1} & a_n & c\\ + & & cb_0 & cb_1 & \cdots & cb_{n-2} & cb_{n-1} & \\ \hline & b_0=a_0 & b_1 & b_2 & \cdots & b_{n-1} & r & \end{array}$$

于是得：$q(x)=b_0x^{n-1}+b_1x^{n-2}+\cdots+b_{n-2}x+b_{n-1}$，$r=a_n+cb_{n-1}$.

1.7.4　例子剖析

例 1.7.1　求用 $x+2$ 去除 $f(x)=x^5+x^3+2x^2+8x-5$ 所得的商式和余式.

解　由综合除法得

	1	0	1	2	8	-5	-2
+		-2	4	-10	16	-48	
	1	-2	5	-8	24	-53	

因此 $q(x)=x^4-2x^3+5x^2-8x+24$，$r=-53$.

评注　利用综合除法求 $q(x)$ 与 r 时应注意：

(1) 多项式系数按降幂排列，有缺项必须补上零；

(2) 除式 $x+b$ 要变为 $x-(-b)$.

例 1.7.2　把 $f(x)=x^5+x^3+2x^2+8x-5$ 表示成 $x+2$ 的方幂和.

解　连续利用综合除法得

	1	0	1	2	8	-5	-2
+		-2	4	-10	16	-48	
	1	-2	5	-8	24	-53	
+		-2	8	-26	68		
	1	-4	13	-34	92		
+		-2	12	-50			
	1	-6	25	-84			
+		-2	16				
	1	-8	41				
+		-2					
	1	-10					

$$f(x)=(x+2)q(x)-53,\ q(x)=x^4-2x^3+5x^2-8x+24,$$
$$q(x)=(x+2)q_1(x)+92,\ q_1(x)=x^3-4x^2+13x-34,$$
$$f(x)=(x+2)^2q_1(x)+92(x+2)-53,$$
$$q_1(x)=(x+2)q_2(x)-84,\ q_2(x)=x^2-6x+25,$$
$$q_2(x)=(x+2)q_3(x)+41,\ q_3(x)=(x+2)-10$$

所以 $f(x)=(x+2)^5-10(x+2)^4+41(x+2)^3-84(x+2)^2+92(x+2)-53$.

例 1.7.3　判断 $x=1$ 是不是 $f(x)=x^5-3x^4+x^3+5x^2-6x+2$ 的根，若是，判断它是几重根，并在 **Q** 上分解之.

解 连续利用综合除法得

	1	-3	1	5	-6	2	1
$+$		1	-2	-1	4	-2	
	1	-2	-1	4	-2	0	
$+$		1	-1	-2	2		
	1	-1	-2	2	0		
$+$		1	0	-2			
	1	0	-2	0			
$+$		1	1				
	1	1	-1				

故 $x=1$ 是 $f(x)$ 的根,且是 $f(x)$ 的三重根. $f(x)=(x-1)^3(x^2-2)$.

1.7.5 练习与探究

1.7.5.1 练习

1. 把 $f(x)=x^4+x^2+4x-9$ 表示成 $x+1$ 的方幂和.

2. 求 k,使 $f(x)=x^4-5x^3+5x^2+kx+3$ 能被 $x-3$ 整除.

3. 求一个次数小于 3 的多项式 $f(x)$,使 $f(-2)=7, f(-1)=2, f(2)=1$.

4. 证明:如果 $(x-1)\mid f(x^n)$,那么 $(x^n-1)\mid f(x^n)$.

5. 证明:若 $(x^2+x+1)\mid f_1(x^3)+xf_2(x^3)$,则 $f_1(1)=0, f_2(1)=0$.

6. 求 t 值,使 $f(x)=x^3-3x^2+tx-1$ 有重根.

7. 如果 a 是 $f'''(x)$ 的一个 k 重根,证明 a 是 $g(x)=\dfrac{x-a}{2}(f'(x)+f'(a))-f(x)+f(a)$ 的一个 $k+3$ 重根.

1.7.5.2 探究

1. 若多项式 $f(x)$ 有重根,能否推出 $f(x)$ 有重因式?反之,若 $f(x)$ 有重因式,能否说 $f(x)$ 有重根?

2. 设 $a_1, a_2, \cdots, a_n$ 是 F 中 n 个不同的数, $b_1, b_2, \cdots, b_n$ 是 F 中任意 n 个数,试确定一个 $n-1$ 次多项式 $f(x)$,使 $f(a_i)=b_i, i=1,2,\cdots,n$.

3. 多项式的形式定义与多项式的函数定义是否一致?若一致,写出结论并证明.

结论 $F[x]$ 中两个多项式 $f(x)$ 和 $g(x)$ 相等的充要条件是:它们所确定的 F 上的多项式函数相等.

证明 必要性. 若 $f(x)=g(x)$,则它们对应项的系数相同,于是 $\forall c\in F, f(c)=g(c)$. 故这两个多项式函数相同.

充分性. 若 $\forall c \in F$,有 $f(c)=g(c)$,令 $u(x)=f(x)-g(x)$,则此时 $u(x)$ 有无穷多个根,故 $u(x)\equiv 0$,此时 $f(x)=g(x)$.

1.8　复数域和实数域上的多项式

前面讨论的是一般数域 F 上多项式的根与因式分解等方面的问题,而 **C**,**R** 和 **Q** 是经常用到的三个重要的数域. 在这一节我们先讨论 **C** 与 **R** 上的多项式,下节讨论 **Q** 上的多项式. 本节围绕以下问题展开讨论.

有理系数多项式

1.8.1　研究问题

(1) 代数基本定理和复数域上多项式根的个数定理.

(2) 复数域上多项式的根与系数的关系;找出复数域上所有不可约多项式.

(3) 实数域上多项式的虚根成对;找出实数域上所有不可约多项式.

(4) 实数域上多项式的标准分解式.

1.8.2　基本概念

共轭复数:设 $\alpha=a+bi$ 是个复数,称 $\bar{\alpha}=a-bi$ 是 α 的共轭复数.

共轭复根:设 α 是 **C** 上多项式 $f(x)$ 的根,即有 $f(\alpha)=0$,若有 $f(\bar{\alpha})=0$,则称 $\bar{\alpha}$ 是 $f(x)$ 的共轭复根.

对于 $F[x]$ 上的多项式 $f(x)$,它在 F 上未必有根,那么它在 **C** 上是否有根?

1.8.3　主要结论

✲ **定理 1.8.1**(代数基本定理)　每一个次数大于零的多项式在复数域上至少有一个根.

这个定理很重要,但现阶段要想证明却相当困难,待以后利用复变函数论中的结论可轻而易举地证明.

✲ **定理 1.8.2**　任意 $n(n>0)$ 次多项式在 **C** 上必有 n 个根(重根按重数计算).

证明　当 $n=1$ 时,结论显然成立. 假设结论对 $n-1$ 次多项式成立,当 $f(x)$ 是 n 次多项式时,由于 $f(x)$ 在 **C** 上至少有一个根,设为 α,则 $f(x)=(x-\alpha)f_1(x)$,$f_1(x)$ 是 **C** 上的 $n-1$ 次多项式,由归纳假设知 $f_1(x)$ 在 **C** 上有 $n-1$ 个根,它们也是 $f(x)$ 在 **C** 上的根,所以 $f(x)$ 在 **C** 上有 n 个根.

推论 1　复数域上任意一个次数大于1的多项式都是可约的,即 **C** 上不可约多项式只能是一次多项式.

推论 2　任何一个 $n(n>0)$ 次多项式 $f(x)$ 在 $\mathbf{C}[x]$ 上都能分解成一次因式的乘积,即 $f(x)=a_0+a_1x+\cdots+a_nx^n$ 的标准分解式是

$$f(x)=a_n(x-\alpha_1)^{k_1}(x-\alpha_2)^{k_2}\cdots(x-\alpha_r)^{k_r},$$

其中 $\alpha_1,\alpha_2,\cdots,\alpha_r$ 是不同的复数，$k_1,k_2,\cdots,k_r$ 是自然数，且 $\sum_{i=1}^{r}k_i=n$.

韦达定理：设 α_1,α_2 是 ax^2+bx+c 的两个根，则有

$$\alpha_1+\alpha_2=-\frac{b}{a},\alpha_1\alpha_2=\frac{c}{a}.$$

下面把这个在中学代数里熟知的结论推广到**C**上多项式，得**C**上 n 次多项式的根与系数的关系.

设
$$f(x)=x^n+a_1x^{n-1}+\cdots+a_{n-1}x+a_n \tag{1.8.1}$$
是**C**上一个 $n(n>0)$ 次多项式，则它在**C**中有 n 个根，记为 $\alpha_1,\alpha_2,\cdots,\alpha_n$，则有

$$\begin{aligned}f(x)&=(x-\alpha_1)(x-\alpha_2)\cdots(x-\alpha_n)\\&=x^n-(\alpha_1+\alpha_2+\cdots+\alpha_n)x^{n-1}+\sum_{1\leqslant i<j\leqslant n}\alpha_i\alpha_jx^{n-2}+\cdots+(-1)^n\alpha_1\alpha_2\cdots\alpha_n.\end{aligned} \tag{1.8.2}$$

比较式(1.8.1)与(1.8.2)的展开式中同次项的系数，得根与系数的关系如下：

$$\begin{aligned}&a_1=-(\alpha_1+\alpha_2+\cdots+\alpha_n),\\&a_2=(\alpha_1\alpha_2+\alpha_1\alpha_3+\cdots+\alpha_1\alpha_n+\cdots+\alpha_{n-1}\alpha_n),\\&\cdots\cdots\\&a_{n-1}=(-1)^{n-1}(\alpha_2\alpha_3\cdots\alpha_n+\alpha_1\alpha_3\cdots\alpha_n+\cdots+\alpha_1\alpha_2\cdots\alpha_{n-1}),\\&a_n=(-1)^n\alpha_1\alpha_2\cdots\alpha_n.\end{aligned}$$

如果多项式 $f(x)=a_0x^n+a_1x^{n-1}+\cdots+a_{n-1}x+a_n$，则根与系数的关系又如何？

$$\begin{aligned}f(x)&=a_0x^n+a_1x^{n-1}+\cdots+a_{n-1}x+a_n\\&=a_0(x^n+\frac{a_1}{a_0}x^{n-1}+\cdots+\frac{a_{n-1}}{a_0}x+\frac{a_n}{a_0})=a_0(x-\alpha_1)\cdots(x-\alpha_n),\end{aligned}$$

所以

$$\begin{aligned}&a_1/a_0=-(\alpha_1+\alpha_2+\cdots+\alpha_n),\\&a_2/a_0=\sum_{i\neq j}\alpha_i\alpha_j,\\&\cdots\cdots\\&a_k/a_0=(-1)^k\sum_{\substack{r_1,\cdots,r_k\\ \text{互不相同}}}\alpha_{r_1}\alpha_{r_2}\cdots\alpha_{r_k},\\&\cdots\cdots\\&a_n/a_0=(-1)^n\prod_{i=1}^{n}\alpha_i.\end{aligned}$$

✽ **定理 1.8.3** 如果 α 是实系数多项式 $f(x)$ 的虚根，则 α 的共轭复数 $\bar{\alpha}$ 也是 $f(x)$ 的根，且 α 与 $\bar{\alpha}$ 有相同的重数.

证明 设 $f(x)=a_0x^n+a_1x^{n-1}+\cdots+a_n$，由于 α 是 $f(x)$ 的根，故有 $a_0\alpha^n+a_1\alpha^{n-1}+\cdots+a_n=0$. 两边取共轭复数，注意到 $a_0,a_1,\cdots,a_n$ 和 0 都是实数，所以 $a_0\bar{\alpha}^n+a_1\bar{\alpha}^{n-1}+\cdots+a_n=0$，可见 $\bar{\alpha}$ 也是 $f(x)$ 的根. 多项式

$$g(x)=(x-\alpha)(x-\bar{\alpha})=x^2-(\alpha+\bar{\alpha})x+\alpha\bar{\alpha}$$

能整除 $f(x)$，即存在多项式 $h(x)$，使 $f(x)=g(x)h(x)$. 设 $\alpha=a+bi$，则 $\bar{\alpha}=a-bi$，$\alpha+\bar{\alpha}=2a\in\mathbf{R}$，$\alpha\bar{\alpha}=a^2+b^2\in\mathbf{R}$. $g(x)=x^2-(\alpha+\bar{\alpha})x+\alpha\bar{\alpha}$ 是一个二次实系数不可约多项式，因此 $g(x)$ 是实系数多项式，$h(x)$ 也是实系数多项式. 若 α 是 $f(x)$ 的重根，由于 $\alpha\neq\bar{\alpha}$，故 α 必是 $h(x)$ 的根. $h(x)$ 是实系数，$\bar{\alpha}$ 也是 $h(x)$ 的根，$\bar{\alpha}$ 是 $f(x)$ 的重根. 重复应用这个推理方法，可知 α 与 $\bar{\alpha}$ 的重数相同.

✲ **定理 1.8.4**　每个次数 $\geqslant 1$ 的实系数多项式都可唯一地分解为实系数一次和二次不可约多项式的乘积.

证明　对 $f(x)$ 的次数用数学归纳法.

若 $\partial(f(x))=1$，$f(x)$ 就是一次因式，结论成立.

假设结论对次数小于 n 的多项式成立. 现考虑 $\partial(f(x))=n$，由代数基本定理，$f(x)$ 有一复根 α.

若 α 为实数，则 $f(x)=(x-\alpha)f_1(x)$，其中 $\partial(f_1(x))=n-1$，由归纳假设知结论成立.

若 α 不为实数，则 $\bar{\alpha}$ 也是 $f(x)$ 的复根，于是

$$f(x)=(x-\alpha)(x-\bar{\alpha})f_2(x)=(x^2-(\alpha+\bar{\alpha})x+\alpha\bar{\alpha})f_2(x).$$

由于 $x^2-(\alpha+\bar{\alpha})x+\alpha\bar{\alpha}$ 是一个二次实系数不可约多项式，故 $f_2(x)$ 是实系数多项式且 $\partial(f_2(x))=n-2$. 由归纳假设知 $f_2(x)$ 可分解成一次因式与二次不可约多项式的乘积，故结论成立.

推论 3　$\mathbf{R}[x]$ 中不可约多项式除一次多项式外，只有含非实共轭复根的二次多项式.

推论 4　$n(n>0)$ 次实系数多项式 $f(x)$ 在 $\mathbf{R}$ 上具有标准分解式

$$f(x)=a_0(x-b_1)^{k_1}\cdots(x-b_r)^{k_r}(x^2+p_1x+q_1)^{l_1}\cdots(x^2+p_tx+q_t)^{l_t},$$

其中 $x^2+p_ix+q_i$ 不可约，即满足 $p_i{}^2-4q_i<0$，$i=1,2,\cdots,t$，$\sum_{j=1}^{r}k_j+2\sum_{i=1}^{t}l_i=n$.

1.8.4　例子剖析

问题 1　能否构造一个 n 次多项式，使其恰好以 $\alpha_1,\alpha_2,\cdots,\alpha_n$ 为根?

提示　可以利用根与系数的关系构造一个 n 次多项式，使其恰以 $\alpha_1,\alpha_2,\cdots,\alpha_n$ 为根.

例 1.8.1　求一个首项系数为 1 的 4 次多项式，使它以 1 和 4 为单根，以 -2 为 2 重根.

解　设 $f(x)=x^4+a_1x^3+a_2x^2+a_3x+a_4$ 是所求多项式，则由根与系数的关系可得

$$\begin{aligned}
a_1&=-(1+4-2-2)=-1,\\
a_2&=(4-2-2-8-8+4)=-12,\\
a_3&=-(-8-8+16+4)=-4,\\
a_4&=(-1)^4\times16=16.
\end{aligned}$$

故
$$f(x)=x^4-x^3-12x^2-4x+16.$$

例 1.8.2　设 $\alpha_1,\alpha_2,\alpha_3,\alpha_4$ 是多项式 $f(x)=a_0x^4+a_1x^3+a_2x^2+a_3x+a_4$ 的非零根，

求以$\frac{1}{\alpha_1},\frac{1}{\alpha_2},\frac{1}{\alpha_3},\frac{1}{\alpha_4}$为根的四次多项式.

解 设$g(x)=x^4+b_1x^3+b_2x^2+b_3x+b_4$为所求多项式.

因为

$$\frac{a_1}{a_0}=-(\alpha_1+\alpha_2+\alpha_3+\alpha_4),$$

$$\frac{a_2}{a_0}=(\alpha_1\alpha_2+\alpha_1\alpha_3+\alpha_1\alpha_4+\alpha_2\alpha_3+\alpha_2\alpha_4+\alpha_3\alpha_4),$$

$$\frac{a_3}{a_0}=-(\alpha_1\alpha_2\alpha_3+\alpha_1\alpha_2\alpha_4+\alpha_2\alpha_3\alpha_4+\alpha_1\alpha_3\alpha_4),$$

$$\frac{a_4}{a_0}=\alpha_1\alpha_2\alpha_3\alpha_4,$$

所以$\frac{1}{\alpha_1}+\frac{1}{\alpha_2}+\frac{1}{\alpha_3}+\frac{1}{\alpha_4}=\frac{\alpha_2\alpha_3\alpha_4+\alpha_1\alpha_3\alpha_4+\alpha_1\alpha_2\alpha_4+\alpha_1\alpha_2\alpha_3}{\alpha_1\alpha_2\alpha_3\alpha_4}=\frac{-a_3/a_0}{a_4/a_0}=-\frac{a_3}{a_4}=-b_1$,

$$\frac{1}{\alpha_1\alpha_2}+\frac{1}{\alpha_1\alpha_3}+\frac{1}{\alpha_1\alpha_4}+\frac{1}{\alpha_2\alpha_3}+\frac{1}{\alpha_2\alpha_4}+\frac{1}{\alpha_3\alpha_4}=\frac{a_2/a_0}{a_4/a_0}=\frac{a_2}{a_4}=b_2,$$

$$\frac{1}{\alpha_1\alpha_2\alpha_3}+\frac{1}{\alpha_1\alpha_2\alpha_4}+\frac{1}{\alpha_2\alpha_3\alpha_4}+\frac{1}{\alpha_1\alpha_3\alpha_4}=\frac{-a_1/a_0}{a_4/a_0}=-\frac{a_1}{a_4}=-b_3,$$

$$\frac{1}{\alpha_1\alpha_2\alpha_3\alpha_4}=\frac{a_0}{a_4}=b_4.$$

所求多项式是

$$g(x)=x^4+\frac{a_3}{a_4}x^3+\frac{a_2}{a_4}x^2+\frac{a_1}{a_4}x+\frac{a_0}{a_4}$$

或

$$a_4x^4+a_3x^3+a_2x^2+a_1x+a_0.$$

1.8.5 练习与探究

1.8.5.1 练习

1. 已知$\alpha_1,\alpha_2,\alpha_3$是$x^3+2x^2+2$的三个根,求以$\alpha_1^2+1,\alpha_2^2+1,\alpha_3^2+1$为根的三次多项式.

2. 设$f_n(x)=x^{n+2}-(x+1)^{2n+1}$.证明:对任意非负整数$n$,均有

$$(x^2+x+1,f_n(x))=1.$$

3. 证明:实系数奇数次多项式必有一个实根.

1.8.5.2 探究

1. 求x^n-1在$\mathbf{R}$和$\mathbf{C}$上的标准分解式.

2. 设$p(x)$是数域F上的一个不可约多项式,若有$g(x)\in F[x]$,使$g(x)$与$p(x)$有一个公共复根,则在F上有$p(x)\mid g(x)$.

3. $f(x),g(x)\in\mathbf{C}[x]$,尝试给出两个多项式整除和互素的判定定理.

1.9　有理数域上的多项式

由上一节知，复数域上只有一次多项式才是不可约的，而在实数域上只有一次多项式和含非实共轭复根的二次多项式才是不可约的. 那么在有理数域上，不可约多项式除了上述那些之外，又该如何判别呢？本节就来讨论有理数域上多项式的可约性，以及如何求 **Q** 上多项式的有理根. 由于 $f(x)$ 与 $cf(x)$ 在 $\mathbf{Q}[x]$ 上的可约性相同，因此讨论 $f(x)$ 在 **Q** 上的可约性可转化为求整系数多项式在 **Q** 上的可约性，本节围绕以下问题展开讨论.

1.9.1　研究问题

(1) 本原多项式的概念；高斯定理.

(2) 判别整系数多项式不可约的定理 —— 艾森斯坦判别法.

(3) 整系数多项式有理根的特征及求法.

1.9.2　基本概念

✲ **定义 1.9.1**　若整系数多项式 $f(x)$ 的系数互素，则称 $f(x)$ 是一个**本原多项式**. 例如 $f(x)=3x^2+6x-4$, $g(x)=5x^2+1$ 是本原多项式.

例如　$$f(x)=\frac{2}{3}x^4-2x^2-\frac{2}{5}x=\frac{10x^4-30x^2-6x}{15}=\frac{2(5x^4-15x^2-3x)}{15}$$

$$f(x)=\frac{2}{15}(5x^4-15x^2-3x)=\left(-\frac{2}{15}\right)(-5x^4+15x^2+3x)$$

有理根和整根：若有理数 a 使多项式 $f(x)$ 的值 $f(a)=0$，则称 a 为 $f(x)$ 的有理根；若 a 是整数，则称 a 为 $f(x)$ 的整根.

1.9.3　主要结论

本原多项式的加、减运算所得的结果未必是本原多项式，但相乘之后必是本原多项式.

引理 1（高斯定理）　两个本原多项式的乘积仍是本原多项式.

证明　设 $f(x)=a_0+a_1x+\cdots+a_ix^i+\cdots+a_nx^n$, $a_n\neq 0$, $g(x)=b_0+b_1x+\cdots+b_jx^j+\cdots+b_mx^m$, $b_m\neq 0$，都是本原多项式，则

$$f(x)g(x)=c_0+c_1x+\cdots+c_{i+j}x^{i+j}+\cdots+c_{m+n}x^{m+n}$$

也是本原多项式.

若 $f(x)g(x)$ 不是本原多项式，则存在素数 p，使 $p\mid c_k$, $k=0,1,2,\cdots,m+n$. 但由于 $f(x)$, $g(x)$ 都是本原多项式，故 $f(x)$ 的系数不能都被 p 整除. $g(x)$ 的系数也不能被 p 整除，不妨设 $p\mid a_r$, $r=0,1,\cdots,i-1$，但 $p\nmid a_i$；$p\mid b_s$, $s=0,1,\cdots,j-1$，但 $p\nmid b_j$. 现考虑 $c_{i+j}=a_0b_{i+j}+\cdots+a_{i-1}b_{j+1}+a_ib_j+a_{i+1}b_{j-1}+\cdots+a_{i+j}b_0$，除了 a_ib_j 这一项外，p 能整除其余各项，因此 $p\nmid c_{i+j}$. 这是一个矛盾，故 $f(x)g(x)$ 是本原多项式.

✽ **定理 1.9.1** 一个整系数 $n(n>0)$ 次多项式 $f(x)$ 在有理数域上可约的充要条件是它在整数环上可约.

证明 充分性显然.下证必要性.设 $f(x)$ 可分解成 $\mathbf{Q}[x]$ 中两个次数都小于 n 的多项式 $g(x)$ 与 $h(x)$ 的乘积,即有 $f(x)=g(x)h(x),\partial(g(x))<n,\partial(h(x))<n$.

设 $g(x)$ 各系数的公分母为 m,则 $mg(x)$ 是一个整系数多项式,把 $mg(x)$ 系数的公因式 n 提出来,得 $mg(x)=ng_1(x)$,$g_1(x)$ 是本原多项式,即 $g(x)=\frac{n}{m}g_1(x)=rg_1(x)$;同理,存在有理数 s,使 $h(x)=sh_1(x)$,$h_1(x)$ 也是本原多项式.于是

$$f(x)=g(x)h(x)=rsg_1(x)h_1(x).$$

下证 rs 是一个整数.设 $rs=\frac{q}{p}$(p,q 互素,且 $p>0$),由于 $\frac{q}{p}g_1(x)h_1(x)$ 是整系数多项式,故 p 能整除 q 与 $g_1(x)h_1(x)$ 的每一系数的乘积.但 p,q 互素,故 p 能整除 $g_1(x)h_1(x)$ 的每一系数.由引理 1 知,$g_1(x)h_1(x)$ 是本原多项式,故 $p=1$,从而 rs 是一个整数.

有关性质: $\forall f(x)\in\mathbf{Q}[x]$,$\exists r\in\mathbf{Q}$,使 $f(x)=rg(x)$,其中 $g(x)$ 为本原多项式.(除了相差一个正负号外,这种表示法是唯一的.)

问题 1 $\mathbf{C}$ 上不可约多项式只能是一次,$\mathbf{R}$ 上不可约多项式只能是一次和含非实共轭复根的二次多项式.那么,$\mathbf{Q}$ 上不可约多项式的特征是什么?下面的艾森斯坦判别法回答了这个问题.

✽ **定理 1.9.2**(艾森斯坦判别法) 设 $f(x)=a_0+a_1x+\cdots+a_nx^n$ 是整系数多项式.若存在素数 p,使 ①$p\nmid a_n$;②$p\mid a_0,a_1,\cdots,a_{n-1}$;③$p^2\nmid a_0$,则 $f(x)$ 在 $\mathbf{Q}$ 上不可约.

证明(反证法) 设 $f(x)$ 在 $\mathbf{Q}$ 上可约 $\Rightarrow f(x)$ 在 $\mathbf{Z}$ 上可约,即存在整系数多项式:

$$g(x)=b_0+b_1x+\cdots+b_kx^k \text{ 和 } h(x)=c_0+c_1x+\cdots+c_lx^l,$$

使 $f(x)=g(x)h(x)$,其中 $k+l=n,0<k,l<n$.

因 $a_0=b_0c_0$,$p\mid a_0$,故 $p\mid b_0$ 或 $p\mid c_0$,但两者不能同时成立.不妨设 $p\mid b_0$ 但 $p\nmid c_0$,由于 $a_n=b_kc_l$,由 $p\nmid a_n$ 知 $g(x)$ 的系数不能都被 p 整除.假设 b_s 是第一个不能被 p 整除的系数,即 $p\mid b_0,p\mid b_1,\cdots,p\mid b_{s-1}$,但 $p\nmid b_s$.现考虑 $a_s=b_sc_0+b_{s-1}c_1+\cdots+b_0c_s$,$s<n$,由于 $p\nmid b_s$,及 $p\nmid c_0\Rightarrow p\nmid b_sc_0$,但 p 能整除其他项,故 $p\nmid a_s$,矛盾.因此,$f(x)$ 在 $\mathbf{Z}[x]$ 上不可约,于是 $f(x)$ 在 $\mathbf{Q}[x]$ 上不可约.

由艾森斯坦判别法知,$\mathbf{Q}$ 上存在任意次的不可约多项式.

推论 设 $f(x)=g(x)h(x)$,若 $f(x),g(x)$ 都是整系数多项式,且 $g(x)$ 是本原的,则 $h(x)$ 必是整系数多项式.特别地,若 $f(x)$ 是本原的,则 $h(x)$ 也是本原的.

若不是,$h(x)=qh_1(x)\Rightarrow q\mid f(x)$ 的所有系数.

✽ **定理 1.9.3** 设 $f(x)=a_nx^n+a_{n-1}x^{n-1}+\cdots+a_1x+a_0$ 是一个整系数多项式,若有理数 $\frac{u}{v}$ 是整系数多项式 $f(x)$ 的一个根,这里 u,v 是互素的整数,则

(1) $f(x)=(x-\frac{u}{v})q(x),q(x)\in\mathbf{Z}[x]$;

(2)$v \mid a_n, u \mid a_0$.

证明　(1) 因为$\frac{u}{v}$是$f(x)$的根,所以$f(x)$有一次因式$\left(x-\frac{u}{v}\right)$,即

$$f(x)=(x-\frac{u}{v})q(x)=(vx-u)\frac{1}{v}q(x)=(vx-u)q_1(x).$$

因为$vx-u$是本原多项式,故$q_1(x)$是整系数多项式,于是$q(x)=vq_1(x)$是整系数多项式.

(2) 设$q_1(x)=b_{n-1}x^{n-1}+\cdots+b_1x+b_0$,其中$b_0,b_1,\cdots,b_{n-1}$都是整数.比较$f(x)=(vx-u)q_1(x)$两边$n$次项与常数项系数得:$a_n=vb_{n-1}, a_0=ub_0$,故$v \mid a_n, u \mid a_0$.

评注　由定理1.9.3,要求整系数多项式$f(x)$的有理根,只要求出最高次项系数的因数$v_1,v_2,\cdots,v_k$,以及常数项a_0的因数$u_1,u_2,\cdots,u_t$.然后对所有形如$\pm\frac{u_i}{v_j}$这样的有理数用综合除法来检验哪一个是$f(x)$的根,如果最高次项系数为1,则整系数多项式$f(x)$的有理根只能是整根.

1.9.4　例子剖析

问题2　对给定的多项式,如何判别它在$\mathbf{Q}$上不可约?

第一种情况:可以直接找到素数p,这时判别是容易的.

例1.9.1　x^n+p是$\mathbf{Q}$上不可约多项式(p是素数).

解　取这个素数p,由艾森斯坦判别法即知x^n+p是$\mathbf{Q}$上的不可约多项式.

评注　由此例知,$\mathbf{Q}$上存在任意次的不可约多项式.

例1.9.2　判断$f(x)=x^6-10x^3+2, g(x)=5x^4-6x^3+12x+6$在$\mathbf{Q}$上是否可约.

解　分别取$p=2, p=3$,由艾森斯坦判别法即知.

注意　艾森斯坦条件是判别多项式在$\mathbf{Q}$上不可约的充分条件,但不是必要条件.

第二种情况:不能直接找到素数p,这时要进行变量替换.为此先给出理论依据:

✼ **定理1.9.4**　在变换$x=ay+b(a\neq 0, a,b\in\mathbf{Z})$下,整系数多项式$f(x)$与$f(ay+b)=g(y)$在$\mathbf{Q}$上的可约性相同.

具体证明由读者自己完成.

例1.9.3　设p为奇素数,证明$f(x)=x^p+px+1$在$\mathbf{Q}$上不可约.

解　令$x=y-1$,代入$f(x)$得

$$\begin{aligned}f(y-1)&=(y-1)^p+p(y-1)+1\\&=y^p-C_p^1y^{p-1}+C_p^2y^{p-2}+\cdots+(-1)^{p-1}C_p^{p-1}y+py-p\\&=g(y).\end{aligned}$$

其中$C_p^k=\frac{p(p-1)\cdots(p-k+1)}{k!}$,$C_p^k$是一个整数,故$p(p-1)\cdots(p-k+1)$能被$k!$整除,但$k!$与$p$互素,因此$k! \mid (p-1)\cdots(p-k+1)$,$p \mid C_p^k, k=1,2,\cdots,p-1$,但$p\nmid a_n=1$,$p^2\nmid p$.由艾森斯坦判别法知$g(y)$在$\mathbf{Q}$上不可约,故$f(x)=x^p+px+1$在$\mathbf{Q}$上不可约.

问题3　如何求多项式的有理根?

例 1.9.4 求 $f(x)=2x^4+5x^3+7x^2-7x+1$ 的有理根.

解 2 的因数是 $\pm 1,\pm 2$,1 的因数是 ± 1,故 $f(x)$ 可能的有理根只能是 $\pm 1,\pm\frac{1}{2}$. 对 $\pm 1,\pm\frac{1}{2}$ 用综合除法逐一检验,可知,$f(x)$ 的有理根只能是$\frac{1}{2}$.

1.9.5 练习与探究

1.9.5.1 练习

1. 下列多项式在有理数域上是否可约?

(1)$x^5+2x^4-4x^2+6$;

(2)$2x^4-9x^3+12x^2-27x+6$;

(3)x^6+x^3+1.

2. 在有理数域上把 $f(x)=x^4+x^3-3x^2-2x+1$ 分解为标准分解式.

3. 求下列多项式的有理根:

(1)$x^3-6x^2+15x-14$;

(2)$3x^4+5x^3+x^2+5x-2$.

4. 设 $f(x)$ 是整系数多项式,若 $f(0)$ 和 $f(1)$ 都是奇数,则 $f(x)$ 不可能有整根.

5. 设 $a_1,a_2,\cdots,a_n$ 是两两不同的整数,证明:$f(x)=(x-a_1)(x-a_2)\cdots(x-a_n)-1$ 是不可约的有理多项式.

6. 证明 $f(x)=1+x+\frac{x^2}{2!}+\cdots+\frac{x^p}{p!}$ 在 $\mathbf{Q}$ 上不可约,p 为一素数.

1.9.5.2 探究

1. 证明定理 1.9.4.

证明 先证充分性. 设 $f(x)$ 在 $\mathbf{Q}$ 上可约,则存在次数大于零的有理系数多项式 $h_1(x),h_2(x)$,使 $f(x)=h_1(x)h_2(x)$. 于是 $g(y)=f(ay+b)=h_1(ay+b)h_2(ay+b)=g_1(y)g_2(y)$,故 $g(y)$ 在 $\mathbf{Q}$ 上可约.

再证必要性. 设 $g(y)$ 在 $\mathbf{Q}$ 上可约,则存在次数大于零的有理系数多项式 $m_1(y)$, $m_2(y)$,使 $g(y)=m_1(y)m_2(y)$.

由于
$$g\left(\frac{x-b}{a}\right)=f\left(a\frac{x-b}{a}+b\right)=f(x),$$

于是
$$f(x)=g\left(\frac{x-b}{a}\right)=m_1\left(\frac{x-b}{a}\right)m_2\left(\frac{x-b}{a}\right)=f_1(x)f_2(x),$$

故 $f(x)$ 在 $\mathbf{Q}$ 上可约.

2. 当多项式待判定的有理根较多时,有没有其他更好的判别方法?

命题 设 u,v 是互素的整数,且$\frac{u}{v}$ 是整系数多项式 $f(x)$ 的根,则

$$(v-u)\mid f(1),(v+u)\mid f(-1).$$

证明　由 $f(x)=(vx-u)g(x), g(x)\in \mathbf{Z}[x]$，把 ± 1 代入得

$$f(1)=(v-u)g(1), g(1)\in \mathbf{Z},$$

$$f(-1)=-(v+u)g(-1), g(-1)\in \mathbf{Z},$$

因此

$$(v-u)\mid f(1), (v+u)\mid f(-1).$$

利用这个结论可简化有理根的检验过程.

3. 求 $f(x)=x^3-6x^2+15x-14$ 的有理根.

解　$f(x)$ 的有理根只可能是 $\pm 1, \pm 2, \pm 7, \pm 14$，又 $f(1)=-4\neq 0, f(-1)=-36\neq 0$，故 ± 1 不是原方程的根. 又 $1-(-2)=3\nmid f(1), 1-(-7)=8\nmid f(1), 1-(-14)=15\nmid f(1), 1+7=8\nmid f(-1), 1+14=15\nmid f(-1)$，故 $-2, \pm 7, \pm 14$ 都不是原方程的根. 经检验，$x=2$ 是 $f(x)$ 的根.

1.10　多元多项式

前面介绍了一元多项式的基本性质，但是除了一元多项式以外，还有含多个文字的多项式，即多元多项式，如 $x^2-y^2+2xy, x^3+y^3+3x^2y+3xy^2$. 下面简单介绍有关多元多项式的一些概念.

1.10.1　研究问题

(1) 何谓 n 元多项式？

(2) n 元多项式的相等、运算及其性质.

(3) n 元多项式的次数及相关定理.

1.10.2　基本概念

✲ **定义 1.10.1**　设 F 是一个数域，$x_1, x_2, \cdots, x_n$ 是 n 个文字，形如

$$ax_1^{k_1}x_2^{k_2}\cdots x_n^{k_n} \tag{1.10.1}$$

的式子称为 n 元单项式，其中 $a\in F, k_1, k_2, \cdots, k_n$ 是非负整数. 如果两个单项式中相同文字的幂完全一样，那么称它们为同类项. 一些单项式的和

$$\sum_{k_1, k_2, \cdots, k_n} a_{k_1, k_2, \cdots, k_n} x_1^{k_1}x_2^{k_2}\cdots x_n^{k_n} \tag{1.10.2}$$

就称为 n 元多项式，简称多项式，记为 $f(x_1, x_2, \cdots, x_n)$.

和一元多项式一样，n 元多项式也可以定义相等、相加、相减、相乘.

(1) **相等**：如果 F 上两个 n 元多项式有完全相同的项(或者只差一些系数为零的项)，则称这两个多项式是相等的.

(2) **相加**：F 上两个 n 元多项式 $f(x_1, x_2, \cdots, x_n)$ 与 $g(x_1, x_2, \cdots, x_n)$ 的和指的是把分别出现在这两个多项式中对应的同类项的系数相加所得的 n 元多项式.

例如：设 $f(x_1, x_2, x_3)=x_1^3+3x_1^2x_2^2-2x_1x_2^3+x_2x_3^2+x_3^3, g(x_1, x_2, x_3)=2x_1^2x_2^2+3x_1x_2^3-3x_2x_3^2-2x_3^3$，则 f 与 g 的和是

$$f(x_1,x_2,x_3)+g(x_1,x_2,x_3)=x_1^3+5x_1^2x_2^2+x_1x_2^3-2x_2x_3^2-x_3^3.$$

设 $g(x_1,x_2,\cdots,x_n)$ 是 n 元多项式，把 $g(x_1,x_2,\cdots,x_n)$ 的系数都换成各自的相反数，所得的多项式叫作 $g(x_1,x_2,\cdots,x_n)$ 的负多项式，记为 $-g(x_1,x_2,\cdots,x_n)$，并且 $-g(x_1,x_2,\cdots,x_n)$ 也是 n 元多项式.

(3) **相减**：$f(x_1,x_2,\cdots,x_n)-g(x_1,x_2,\cdots,x_n)=f(x_1,x_2,\cdots,x_n)+[-g(x_1,x_2,\cdots,x_n)]$.

(4) **相乘**：F 上两个 n 元多项式 $f(x_1,x_2,\cdots,x_n)$ 与 $g(x_1,x_2,\cdots,x_n)$ 的乘积指的是，先把 $f(x_1,x_2,\cdots,x_n)$ 的每一项与 $g(x_1,x_2,\cdots,x_n)$ 的每一项相乘，然后把这些乘积相加（合并同类项）所得的多项式称为 $f(x_1,x_2,\cdots,x_n)$ 与 $g(x_1,x_2,\cdots,x_n)$ 的积，记为 $f\cdot g$.

例如 $f(x_1,x_2,x_3)=2x_1^2x_2x_3^2+x_1x_2^2-x_2x_3^2$，$g(x_1,x_2,x_3)=x_1^3x_2+3x_1^2x_2^3-x_2^3x_3^4$，则 $f\cdot g=2x_1^5x_2^2x_3^2+6x_1^4x_2^4x_3^2+x_1^4x_2^3+3x_1^3x_2^5-x_1^3x_2^2x_3^2-3x_1^2x_2^4x_3^2-2x_1^2x_2^3x_3^4-x_1x_2^3x_3^4+x_2^3x_3^4$.

这样定义的 n 元多项式的加法和乘法与一元多项式的运算一致.

我们把 F 上一切 n 个文字 $x_1,x_2,\cdots,x_n$ 的多项式所成的集合，连同以上定义的加法和乘法叫作 F 上 n 个文字 $x_1,x_2,\cdots,x_n$ 的**多项式环**，记作 $F[x_1,x_2,\cdots,x_n]$.

同一元多项式一样，也可以定义 n 元多项式的次数.

✲ 定义 1.10.2 设 $f(x_1,x_2,\cdots,x_n)=\sum\limits_{k_1,k_2,\cdots,k_n}a_{k_1,k_2,\cdots,k_n}x_1^{k_1}x_2^{k_2}\cdots x_n^{k_n}$，$k_1+k_2+\cdots+k_n$ 称为单项式 $a_{k_1,k_2,\cdots,k_n}x_1^{k_1}x_2^{k_2}\cdots x_n^{k_n}$ 的次数. 对 f 来说，其中系数不为零的单项式的最高次数就称为这个多项式 f 的**次数**，记为 $\partial(f)$.

齐次多项式：设 $f(x_1,x_2,\cdots,x_n)$ 是一个 n 元多项式，如果 $f(x_1,x_2,\cdots,x_n)$ 中各项的次数都是 k，则称 f 是一个 k 次齐次多项式.

例如 $f(x_1,x_2,x_3)=x_1^4+x_1^3x_2+x_1^2x_2^2+x_1x_2^2x_3+x_2^2x_3^2$ 就是一个 4 次齐次多项式.

多项式函数和零点：设 $f(x_1,x_2,\cdots,x_n)$ 是数域 F 上一个 n 元多项式，对 F 中任意 n 个数 $c_1,c_2,\cdots,c_n$，在 $f(x_1,x_2,\cdots,x_n)$ 中，用 c_i 代替 x_i 可得数域 F 中一个确定的数，称为 $x_i=c_i$，$i=1,2,\cdots,n$ 时多项式 $f(x_1,x_2,\cdots,x_n)$ 的值，用 $f(c_1,c_2,\cdots,c_n)$ 来表示. 如果 $f(c_1,c_2,\cdots,c_n)=0$，则称数组 $(c_1,c_2,\cdots,c_n)$ 为 $f(x_1,x_2,\cdots,x_n)$ 的一个**零点**.

$\forall(c_1,c_2,\cdots,c_n)\in F^n=\{(c_1,c_2,\cdots,c_n)\mid c_i\in F,i=1,2,\cdots,n\}$，作映射：

$$(c_1,c_2,\cdots,c_n)\mapsto f(c_1,c_2,\cdots,c_n).$$

这个映射就确定一个由 F^n 到 F 的**多项式函数**.

1.10.3 主要结论

(1) 设 $f(x_1,x_2,\cdots,x_n),g(x_1,x_2,\cdots,x_n),h(x_1,x_2,\cdots,x_n)\in F[x_1,x_2,\cdots,x_n]$，则 n 元多项式的运算满足以下运算规律：

① 加法满足结合律：$(f+g)+h=f+(g+h)$；

② 加法满足交换律：$f+g=g+f$；

③ 乘法满足结合律：$(fg)h=f(gh)$；

④ 乘法满足交换律：$fg=gf$；

⑤ 乘法满足分配律：$(f+g)h = fh + gh$.

(2) 设 f,g 是 F 上两个不等于零的 n 元多项式，则 f 与 g 的和与积的次数与 f,g 的次数有如下关系：

①$\partial(f+g) \leqslant \max(\partial f, \partial g)$；

②$\partial(f \cdot g) = \partial f + \partial g$.

结论 ① 是显然的，但要证明结论 ②，需要考虑多元多项式的排列顺序. 在一元多项式中，多项式的升幂(或降幂) 排列对许多问题的讨论是方便的. 为此，对多元多项式也引入一种排列顺序的方法，这种方法是模仿字典排列的原则得出的，因而称为**字典排列法**.

每一类单项式(1.10.1) 都对应一个 n 元数组$(k_1,k_2,\cdots,k_n)$，其中 k_i 为非负整数，这个对应是一一对应的. 因此，为了给单项式之间确定一个排列顺序的方法，我们只要对 n 元数组定义一个先后顺序就可以了.

设两个单项式分别对应两个 n 元数组$(k_1,k_2,\cdots,k_n)$ 和$(l_1,l_2,\cdots,l_n)$. 我们考虑：$k_i - l_i, i = 1,2,\cdots,n$. 如果有 $j \leqslant n$，使得 $k_1 - l_1 = 0,\cdots,k_{j-1} - l_{j-1} = 0$，而 $k_j - l_j > 0$，则称 n 元数组$(k_1,k_2,\cdots,k_n)$ 先于 n 元数组$(l_1,l_2,\cdots,l_n)$，记为$(k_1,k_2,\cdots,k_n) > (l_1,l_2,\cdots,l_n)$. 于是对应于$(k_1,k_2,\cdots,k_n)$ 的单项式就排在对应于$(l_1,l_2,\cdots,l_n)$ 的单项式前面. 例如，对多项式

$$f(x_1,\cdots,x_4) = 3x_1^2x_2^3x_3 - x_1^2x_2^3x_4^2 + x_1^4 + x_3^2x_4^4 - 2x_4^6,$$

按字典排列法写出来就是

$$f(x_1,\cdots,x_4) = x_1^4 + 3x_1^2x_2^3x_3 - x_1^2x_2^3x_4^2 + x_3^2x_4^4 - 2x_4^6.$$

注意，把一个多项式按字典排列法书写后，次数较高的项并不一定排在次数较低的项的前面，例如上面的首项次数为 4，第二项的次数为 6，而 $\partial f = 7$.

关于多项式的首项有以下定理，这个定理在下一节讨论对称多项式时要用到.

✲ 定理 1.10.1　数域 F 上两个非零的 n 元多项式 $f(x_1,x_2,\cdots,x_n)$ 和 $g(x_1,x_2,\cdots,x_n)$ 乘积的首项等于这两个多项式首项的乘积.

证明　设 $f(x_1,x_2,\cdots,x_n)$ 的首项为 $ax_1^{p_1}x_2^{p_2}\cdots x_n^{p_n}, a \neq 0$，$g(x_1,x_2,\cdots,x_n)$ 的首项为 $bx_1^{q_1}x_2^{q_2}\cdots x_n^{q_n}, b \neq 0$.

为了证明它们的积 $abx_1^{p_1+q_1}x_2^{p_2+q_2}\cdots x_n^{p_n+q_n}$ 为 $f \cdot g$ 的首项，只要证明数组

$$(p_1+q_1, p_2+q_2, \cdots, p_n+q_n)$$

先于乘积中其他单项式所对应的有序数组就行了.

$f(x_1,x_2,\cdots,x_n)g(x_1,x_2,\cdots,x_n)$ 中其他单项式所对应的有序数组有三类：

①$(p_1+k_1, p_2+k_2, \cdots, p_n+k_n)$；

②$(l_1+q_1, l_2+q_2, \cdots, l_n+q_n)$；

③$(l_1+k_1, l_2+k_2, \cdots, l_n+k_n)$.

其中$(p_1,p_2,\cdots,p_n) > (l_1,l_2,\cdots,l_n)$，$(q_1,q_2,\cdots,q_n) > (k_1,k_2,\cdots,k_n)$.

于是有
$$(p_1+q_1,\cdots,p_n+q_n) > (p_1+k_1,\cdots,p_n+k_n),$$
$$(p_1+q_1,\cdots,p_n+q_n) > (l_1+q_1,\cdots,l_n+q_n).$$

由于$(l_1+q_1,\cdots,l_n+q_n) > (l_1+k_1,\cdots,l_n+k_n)$，由传递性知：

$$(p_1+q_1,\cdots,p_n+q_n) > (l_1+k_1,\cdots,l_n+k_n).$$

这说明 $abx_1^{p_1+q_1}x_2^{p_2+q_2}\cdots x_n^{p_n+q_n}$ 的确是乘积 $f\cdot g$ 的首项.

推论 1 如果 $f_i\neq 0, i=1,2\cdots,m$,则 $f_1f_2\cdots f_m$ 的首项等于每个 f_i 的首项的乘积.

推论 2 如果 $f(x_1,\cdots,x_n)\neq 0, g(x_1,\cdots,x_n)\neq 0$,则 $f(x_1,\cdots,x_n)g(x_1,\cdots,x_n)\neq 0$.

现在回到两个 n 元多项式的乘积的次数上来. 首先知道,两个齐次多项式的乘积仍是齐次多项式,它的次数就等于这两个多项式的次数之和.

任何一个 m 次多项式 $f(x_1,x_2,\cdots,x_n)$ 都可以唯一地表示成若干组齐次多项式的和,即

$$f(x_1,x_2,\cdots,x_n)=\sum_{i=0}^{m}f_i(x_1,x_2,\cdots,x_n),$$

其中 $f_i(x_1,x_2,\cdots,x_n)$ 是 i 次齐次多项式. 若 $f_i(x_1,x_2,\cdots,x_n)\neq 0$,则称 f_i 是 f 的一个 i 次齐次成分.

✲ 定理 1.10.2 数域 F 上两个不为零的 n 元多项式乘积的次数等于这两个多项式次数的和.

证明 设 $f,g\in F[x_1,x_2,\cdots,x_n]$,且 $f\neq 0, g\neq 0$,它们的次数分别为 m 和 s. 把 f 与 g 分别写成齐次多项式的和:$f=f_0+f_1+\cdots+f_m, g=g_0+g_1+\cdots+g_s$. 这里 f_i,g_j 或者都等于零,或者分别是 i 次或 j 次齐次($i=0,1,\cdots,m; j=0,1,\cdots,s$),并且 $f_m\neq 0, g_s\neq 0$. 于是 $fg=f_0g_0+f_0g_1+\cdots+f_0g_s+\cdots+f_mg_s$. 由推论 2 知 $f_mg_s\neq 0$,且是一个 $m+s$ 次齐式,其余各项 f_ig_j 或者等于零,或者是次数低于 $m+s$ 的齐式. 因此,

$$\partial(f\cdot g)=m+s=\partial(f)+\partial(g).$$

(3) 同一元多项式一样,F 上 n 元多项式与多项式函数是一致的.

设 $f(x_1,x_2,\cdots,x_n), g(x_1,x_2,\cdots,x_n)\in F[x_1,x_2,\cdots,x_n]$,若作为形式表达式,有

$$f(x_1,x_2,\cdots,x_n)=g(x_1,x_2,\cdots,x_n),$$

则 $\forall(c_1,c_2,\cdots,c_n)\in F^n$,都有 $f(c_1,c_2,\cdots,c_n)=g(c_1,c_2,\cdots,c_n)$. 这说明相等的多项式确定相同的多项式函数.

下面证明其反面也成立.

✲ 定理 1.10.3 设 $f(x_1,x_2,\cdots,x_n)\in F[x_1,x_2,\cdots,x_n]$,如果对任意$(c_1,c_2,\cdots,c_n)\in F^n$,都有 $f(c_1,c_2,\cdots,c_n)=0$,则 $f(x_1,x_2,\cdots,x_n)=0$.

定理1.10.3的证明思路是:当 $n=1$ 时,结论显然成立. 假设对于 F 上 $n-1$ 个文字的多项式结论成立. 现考虑 n 个文字的多项式 $f(x_1,x_2,\cdots,x_n)$,把含有 x_n 同一次幂的项归在一起并把 x_n 的幂提到括号外,则 $f(x_1,x_2,\cdots,x_n)=u_0+u_1x_n+\cdots+u_rx_n^r$,这里 $u_i=u_i(x_1,\cdots,x_{n-1})\in F[x_1,x_2,\cdots,x_{n-1}], i=0,1,\cdots,r$. 任意取定 $c=(c_1,\cdots,c_{n-1})\in F^{n-1}$,代入得

$$g_c(x_n)=f(c_1,\cdots,c_{n-1},x_n)=u_0(c)+u_1(c)x_n+\cdots+u_r(c)x_n^r,$$

其中 $u_i(c)=u_i(c_1,\cdots,c_{n-1})\in F, i=0,1,\cdots,r$.

已知 $\forall(c_1,\cdots,c_{n-1},c_n)\in F^n$,有 $f(c_1,\cdots,c_{n-1},c_n)=0$,取 $c=(c_1,\cdots,c_{n-1})\in F^{n-1}, c_n\in F$,则有 $f(c_1,\cdots,c_{n-1},c_n)=0$. 由于定理对关于 x_n 的一元多项式成立,故 $u_i(c)=u_i(c_1,\cdots,c_{n-1})=0, i=0,1,\cdots,r$. 这说明对 F^{n-1} 中的 $\forall c=(c_1,\cdots,c_{n-1})$,有 $u_i(c)=0$. 由归纳假设知,$u_i(x_1,\cdots,x_{n-1})=0, i=0,1,\cdots,r$,从而得 $f(x_1,x_2,\cdots,x_n)=0$.

1.10.4 例子剖析

例 1.10.1 按字典排列法排列 4 元多项式 $f(x_1,x_2,x_3,x_4)=x_3^4x_4^4-x_1^3x_2+5x_2x_3x_4+2x_2^4x_3x_4$ 各单项式的顺序.

解 按字典排列法排列 4 元多项式各单项式的顺序是

$$f(x_1,x_2,x_3,x_4)=-x_1^3x_2+2x_2^4x_3x_4+5x_2x_3x_4+x_3^4x_4^4.$$

例 1.10.2 设 $f(x_1,x_2,\cdots,x_n),g(x_1,x_2,\cdots,x_n)\in F[x_1,x_2,\cdots,x_{n-1}]$,若 $\forall(c_1,c_2,\cdots,c_n)\in F^n$,都有 $f(c_1,c_2,\cdots,c_n)=g(c_1,c_2,\cdots,c_n)$,则 $f(x_1,x_2,\cdots,x_n)=g(x_1,x_2,\cdots,x_n)$.

证明 令 $h(x_1,x_2,\cdots,x_n)=f(x_1,x_2,\cdots,x_n)-g(x_1,x_2,\cdots,x_n)$, $\forall(c_1,c_2,\cdots,c_n)\in F^n$,由题设条件知 $h(c_1,c_2,\cdots,c_n)=0$. 故由定理 1.10.3 知:$h(x_1,x_2,\cdots,x_n)=0$,因此有 $f(x_1,x_2,\cdots,x_n)=g(x_1,x_2,\cdots,x_n)$.

评注 本例回答了上面的问题:如果由 $f(x_1,x_2,\cdots,x_n),g(x_1,x_2,\cdots,x_n)$ 确定的多项式函数相等,则这两个多项式也相等.

1.10.5 练习与探究

1. 按字典排列法排列 4 元多项式 $f(x_1,x_2,x_3,x_4)=x_1^3x_2+5x_1x_3x_4^2+2x_2^3x_3^2+x_3^4+3x_1x_2^3x_3$ 各单项式的顺序.

2. 把多项式 $x_1^3+x_2^3+x_3^3-3x_1x_2x_3$ 写成两个多项式的乘积.

3. 设 $f(x_1,x_2,\cdots,x_n)$ 是一个 r 次齐次多项式,k 为任意数,则有

$$f(kx_1,kx_2,\cdots,kx_n)=k^rf(x_1,x_2,\cdots,x_n).$$

4. 设 $f(x_1,x_2,\cdots,x_n),g(x_1,x_2,\cdots,x_n)$ 是两个 n 元多项式,且 $g(x_1,x_2,\cdots,x_n)\neq 0$. 如果对使 $g(a_1,a_2,\cdots,a_n)\neq 0$ 的 $a_1,a_2,\cdots,a_n\in F$,有 $f(a_1,a_2,\cdots,a_n)=0$,则 $f(x_1,x_2,\cdots,x_n)=0$.

1.11 对称多项式

对称多项式是多元多项式中常见的一种,也是一类比较重要的多元多项式,它的应用比较广泛. 对称多项式的来源之一以及它应用的一个重要方面,是有关一元多项式根的研究. 本节围绕以下问题展开讨论.

1.11.1 研究问题

(1) 何谓对称多项式、初等对称多项式?

(2) 对称多项式的基本定理.

(3) 用初等对称多项式表示对称多项式的方法.

1.11.2 基本概念

设 $f(x)=x^n+a_1x^{n-1}+\cdots+a_{n-1}x+a_n$ 是 $F[x]$ 的一个多项式，如果 $f(x)$ 在 F 中有 n 个根 $\alpha_1,\alpha_2,\cdots,\alpha_n$（重根按重数计算），则 $f(x)$ 可分解为 $f(x)=(x-\alpha_1)(x-\alpha_2)\cdots(x-\alpha_n)$. 把上式展开，比较两边系数，得根与系数的关系如下：

$$\begin{cases}-a_1=\alpha_1+\alpha_2+\cdots+\alpha_n,\\ a_2=\alpha_1\alpha_2+\alpha_1\alpha_3+\cdots+\alpha_{n-1}\alpha_n,\\ \cdots\cdots\\ (-1)^i a_i=\sum\limits_{\substack{k_1,k_2,\cdots,k_i\\ \text{互不相同}}}\alpha_{k_1}\alpha_{k_2}\cdots\alpha_{k_i},\text{（所有可能的 } i \text{ 个不同的 } \alpha_{k_j} \text{ 的乘积之和）}\\ \quad\cdots\cdots\\ (-1)^n a_n=\alpha_1\alpha_2\cdots\alpha_n,\end{cases}$$

由此看出，多项式的系数是对称地依赖于方程的根的，改写上述方程组得

$$\begin{cases}\sigma_1=x_1+x_2+\cdots+x_n,\\ \sigma_2=x_1x_2+x_1x_3+\cdots+x_{n-1}x_n,\\ \quad\cdots\cdots\\ \sigma_n=x_1x_2\cdots x_n.\end{cases}\tag{1.11.1}$$

所得 n 个 n 元多项式是对称地依赖于文字 $x_1,x_2,\cdots,x_n$ 的. 下面给出对称多项式的概念.

✲ 定义 1.11.1 对于 n 元多项式 $f(x_1,x_2,\cdots,x_n)$，如果对任意的 $i,j,1\leqslant i<j\leqslant n$，都有 $f(x_1,\cdots,x_i,\cdots,x_j,\cdots,x_n)=f(x_1,\cdots,x_j,\cdots,x_i,\cdots,x_n)$，则称这个多项式为对称多项式.

例如 $f(x_1,x_2,x_3)=x_1^2x_2+x_1^2x_3+x_1x_2^2+x_1x_3^2+x_2^2x_3+x_2x_3^2$ 是一个三元对称多项式，$f(x_1,x_2,\cdots,x_n)=x_1^2+x_2^2+\cdots+x_n^2$ 是一个 n 元对称多项式.

初等对称多项式：式(1.11.1)中的 $\sigma_1,\sigma_2,\cdots,\sigma_n$ 都是 n 元对称多项式，称为初等对称多项式.

并非每一个多项式都是对称多项式，例如 $f(x_1,x_2,x_3)=x_1^3+x_2x_3$，这时

$$f(x_3,x_2,x_1)=x_3^3+x_2x_1\neq x_1^3+x_2x_3=f(x_1,x_2,x_3).$$

1.11.3 主要结论

(1) n 元对称多项式的和、差、积仍是 n 元对称多项式.

(2) 如果一个对称多项式 $f(x_1,x_2,\cdots,x_n)$ 含有一项 $ax_1^{k_1}x_2^{k_2}\cdots x_n^{k_n}$，则 $f(x_1,x_2,\cdots,x_n)$ 也一定含有一切形如 $ax_1^{k_{i_1}}x_2^{k_{i_2}}\cdots x_n^{k_{i_n}}$ 的项. 这里 $(k_{i_1},k_{i_2},\cdots,k_{i_n})$ 是 $(k_1,k_2,\cdots,k_n)$ 的任意一个排列.

(3) 如果 $f_1,f_2,\cdots,f_m$ 是 n 元对称多项式，而 $g(y_1,y_2,\cdots,y_n)$ 是任一多项式，那么

$$g(f_1,f_2,\cdots,f_m)=h(x_1,x_2,\cdots,x_n)$$

也是 n 元对称多项式.

(4) 在对称多项式的理论中，初等对称多项式占有一个很重要的地位. 对称多项式的

基本定理是：每一个 n 元对称多项式都可以唯一地表示成初等对称多项式 $\sigma_1,\sigma_2,\cdots,\sigma_n$ 的多项式.

引理 1　设 $f(x_1,x_2,\cdots,x_n)=\sum a_{i_1i_2\cdots i_n}x_1^{i_1}x_2^{i_2}\cdots x_n^{i_n}$ 是数域 F 上的一个 n 元多项式，以 σ_i 代替 x_i，$1\leqslant i\leqslant n$，得到关于 $\sigma_1,\sigma_2,\cdots,\sigma_n$ 的一个多项式：

$$f(\sigma_1,\sigma_2,\cdots,\sigma_n)=\sum a_{i_1i_2\cdots i_n}\sigma_1^{i_1}\sigma_2^{i_2}\cdots\sigma_n^{i_n}.$$

如果 $f(\sigma_1,\sigma_2,\cdots,\sigma_n)=0$，则有 $f(x_1,x_2,\cdots,x_n)=0$.

✲ 定理 1.11.1　数域 F 上每个 n 元对称多项式 $f(x_1,x_2,\cdots,x_n)$ 都可以表示成关于初等对称多项式 $\sigma_1,\sigma_2,\cdots,\sigma_n$ 的多项式 $g(\sigma_1,\sigma_2,\cdots,\sigma_n)$，且这种表示方法是唯一的.

证明　(1) 设对称多项式 $f(x_1,x_2,\cdots,x_n)$ 按字典排列的首项是

$$ax_1^{k_1}x_2^{k_2}\cdots x_n^{k_n},a\neq 0 \tag{1.11.2}$$

则这一项的幂指数 $k_1,k_2,\cdots,k_n$ 必满足不等式：$k_1\geqslant k_2\geqslant\cdots\geqslant k_n$. 不然，设有某个 i，使 $k_i<k_{i+1}$，由于 $f(x_1,x_2,\cdots,x_n)$ 是对称多项式，故 $f(x_1,x_2,\cdots,x_n)$ 也含有项

$$ax_1^{k_1}\cdots x_i^{k_{i+1}}x_{i+1}^{k_i}\cdots x_n^{k_n} \tag{1.11.3}$$

而按字典排列法，(1.11.3) 项应在(1.11.2) 项之前，这与(1.11.2) 项是首项矛盾.

(2) 令 $g_1=a\sigma_1^{k_1-k_2}\sigma_2^{k_2-k_3}\cdots\sigma_{n-1}^{k_{n-1}-k_n}\sigma_n^{k_n}$，由 $k_1\geqslant k_2\geqslant\cdots\geqslant k_n$ 知，每一个 σ_i 的幂指数都是非负整数. 而作为一些初等对称多项式的幂的乘积，g_1 是 $x_1,x_2,\cdots,x_n$ 的一个对称多项式，g_1 的首项是

$$ax_1^{k_1-k_2}(x_1x_2)^{k_2-k_3}\cdots(x_1x_2\cdots x_{n-1})^{k_{n-1}-k_n}(x_1x_2\cdots x_n)^{k_n}=ax_1^{k_1}\cdots x_i^{k_{i+1}}x_{i+1}^{k_i}\cdots x_n^{k_n}.$$

它等于 f 的首项. 因此令 $f_1=f-g_1$，f_1 是一个 n 元对称多项式，且 f_1 的首项小于 f 的首项，对 f_1 重复上述消去首项的方法，我们得到对称多项式 $f_2=f_1-g_2$，g_2 是 F 上的初等对称多项式的幂的乘积，f_2 的首项小于 f_1 的首项.

如此继续作下去，这个过程一定在有限步后终止，即存在一个自然数 m，使 $f_m=0$.

这是因为，若

$$bx_1^{l_1}x_2^{l_2}\cdots x_n^{l_n} \tag{1.11.4}$$

是某个 f_i 的首项，由于 f_i 是对称多项式，所以这一项的幂指数 $l_1,l_2,\cdots,l_n$ 必须满足不等式 $l_1\geqslant l_2\geqslant\cdots\geqslant l_n$. 另一方面，(1.11.4) 项小于(1.11.2) 项，故 $k_1\geqslant l_1$，且 $k_1\geqslant l_i$，$i=2,\cdots,n$. k_1 是有限数，满足这样的数组只能是有限多数组，因此经过有限步后，必有某个 $f_m=0$. 于是我们得到一串等式：

$$\begin{aligned}f_1&=f-g_1,\\f_2&=f_1-g_2,\\&\cdots\cdots\\f_{m-1}&=f_{m-2}-g_{m-1},\\f_m&=f_{m-1}-g_m.\end{aligned}$$

把这一串等式相加，即得 $f=g_1+g_2+\cdots+g_m$.

这里每一 g_i 都是 F 上关于初等对称多项式 σ_i 的幂的乘积，可见 f 可以表示成 $\sigma_1,\sigma_2,\cdots,\sigma_n$ 的多项式.

下证表示法是唯一的. 如果多项式 $f(x_1,x_2,\cdots,x_n)$ 有两种表达式：

$$f(x_1,x_2,\cdots,x_n)=g(\sigma_1,\sigma_2,\cdots,\sigma_n),$$
$$f(x_1,x_2,\cdots,x_n)=h(\sigma_1,\sigma_2,\cdots,\sigma_n),$$

则 $g(\sigma_1,\sigma_2,\cdots,\sigma_n)$ 和 $h(\sigma_1,\sigma_2,\cdots,\sigma_n)$ 都是 $\sigma_1,\sigma_2,\cdots,\sigma_n$ 的多项式.

令

$$u(\sigma_1,\sigma_2,\cdots,\sigma_n)=g(\sigma_1,\sigma_2,\cdots,\sigma_n)-h(\sigma_1,\sigma_2,\cdots,\sigma_n)=0,$$

由引理 1 知 $u(x_1,x_2,\cdots,x_n)=0$,故 $g(x_1,x_2,\cdots,x_n)=h(x_1,x_2,\cdots,x_n)$,因此

$$g(\sigma_1,\sigma_2,\cdots,\sigma_n)=h(\sigma_1,\sigma_2,\cdots,\sigma_n).$$

评注 基本定理 1.11.1 的证明过程给出了用初等对称多项式来表示对称多项式的方法.

1.11.4 例子剖析

例 1.11.1 用初等对称多项式表示 n 元对称多项式 $f=x_1^2+x_2^2+\cdots+x_n^2$.

解 f 的首项是 x_1^2,对应的 n 元数组为$(2\quad 0\quad \cdots\quad 0)$,故取 $g_1=\sigma_1^{2-0}\sigma_2^0\cdots\sigma_n^0=\sigma_1^2$.于是

$$\begin{aligned}f_1=f-g_1&=x_1^2+x_2^2+\cdots+x_n^2-(x_1+x_2+\cdots+x_n)^2\\&=-2(x_1x_2+\cdots+x_{n-1}x_n)=-2\sigma_2,\end{aligned}$$

故 $f=g_1+f_1=\sigma_1^2-2\sigma_2$.

对于复杂的对称多项式,可以利用待定系数法来求.

设 $ax_1^{k_1}x_2^{k_2}\cdots x_n^{k_n}$ 是 F 上一个单项式,用符号

$$\sum_{x_1,x_2,\cdots,x_n}ax_1^{k_1}x_2^{k_2}\cdots x_n^{k_n}\tag{1.11.5}$$

表示这个单项式经过 $x_1,x_2,\cdots,x_n$ 的一切置换所得的所有不同项的和,则式(1.11.5)是一个对称多项式,并且是齐次的.例如

$$\sum_{x_1,x_2,\cdots,x_n}x_1^2=x_1^2+x_2^2+\cdots+x_n^2,$$

$$\begin{aligned}\sum_{x_1,x_2,\cdots,x_n}x_1^2x_2=&x_1^2x_2+x_1^2x_3+\cdots+x_1^2x_n+x_2^2x_1+x_2^2x_3+\cdots+x_2^2x_n\\&+\cdots+x_n^2x_1+x_n^2x_2+\cdots+x_n^2x_{n-1}.\end{aligned}$$

例 1.11.2 用初等对称多项式表示 n 元对称多项式 $f=\sum\limits_{x_1,x_2,\cdots,x_n}x_1^2x_2x_3$.

解法 1 消去首项法.

由于 $\sum x_1^2x_2x_3$ 的首项为 $x_1^2x_2x_3$,对应的 n 元数组为$(2\quad 1\quad 1\quad 0\quad \cdots\quad 0)$,故取

$$g_1=\sigma_1^{2-1}\sigma_2^{1-1}\sigma_3^{1-0}\sigma_4^0\cdots\sigma_n^0=\sigma_1\sigma_3,$$

于是

$$\begin{aligned}f_1&=\sum x_1^2x_2x_3-g_1\\&=\sum x_1^2x_2x_3-\left(\sum x_1\right)\left(\sum x_1x_2x_3\right)\\&=-4\sum x_1x_2x_3x_4=-4\sigma_4\end{aligned}$$

因此得 $f=\sum x_1^2x_2x_3=\sigma_1\sigma_3-4\sigma_4$.

解法 2 待定系数法.

由 f 的首项的指数组开始，写出满足条件的一切可能的指数组，以及对应的 $\sigma_1,\sigma_2,\cdots,\sigma_n$ 的幂的乘积，列表如下：

可能的指数组	对应的 σ_i 的幂的乘积
21100⋯0	$\sigma_1^{2-1}\sigma_2^{1-1}\sigma_3^{1-0}\sigma_4^{0}\cdots\sigma_n^{0}=\sigma_1\sigma_3$
11100⋯0	$\sigma_1^{1-1}\sigma_2^{1-1}\sigma_3^{1-1}\sigma_4^{1-0}\sigma_5^{0-0}\cdots\sigma_n^{0}=\sigma_4$

于是多项式 f 可以表示成：$f=\sigma_1\sigma_3+a\sigma_4$，其中 a 是待定系数. 要确定 a 的值，只要对 $x_1,x_2,\cdots,x_n$ 取一些特殊值代入即可求出. 在本例中取 $x_1=x_2=x_3=x_4=1,x_5=\cdots=x_n=0$. 对于这组值，算得 $f=12$，而 $\sigma_1=4,\sigma_3=4,\sigma_4=1$. 由于 $12=16+1a$，得 $a=-4$.

于是得
$$f=\sum x_1^2x_2x_3=\sigma_1\sigma_3-4\sigma_4.$$

评注　对于 n 元对称多项式，一般用待定系数法较方便.

如果所给的对称多项式不是齐次多项式，则可以先把它写成一些齐次多项式的和，然后再对每一齐次多项式应用待定系数法.

考虑 $x_1,x_2,\cdots,x_n$ 的差积的平方 $D=\prod\limits_{i<j}(x_i-x_j)^2$. D 是一个重要的对称多项式. 由基本定理，D 可以表示成 $a_1=-\sigma_1,a_2=\sigma_2,\cdots,a_k=(-1)^k\sigma_k,\cdots,a_n=(-1)^n\sigma_n$ 的多项式：$D(a_1,a_2,\cdots,a_n)$. 由根与系数的关系知，$x_1,x_2,\cdots,x_n$ 是 $f(x)=x^n+a_1x^{n-1}+\cdots+a_{n-1}x+a_n$ 的根. 于是若 $D(a_1,a_2,\cdots,a_n)=0$，则 $f(x)$ 在 $\mathbf{C}$ 上有重根；反之，若 $f(x)$ 在 $\mathbf{C}$ 上有重根，则 $D(a_1,a_2,\cdots,a_n)=0$. 故 $D(a_1,a_2,\cdots,a_n)$ 为一元多项式 $f(x)$ 的判别式.

例 1.11.3　设 $f(x)=x^2+a_1x+a_2$，求 $f(x)$ 的判别式.

解　设 $f(x)$ 的根为 x_1,x_2.

$D=(x_1-x_2)^2=x_1^2+x_2^2-2x_1x_2=(x_1+x_2)^2-4x_1x_2=\sigma_1^2-4\sigma_2=a_1^2-4a_2$.

1.11.5　练习与探究

1. 用初等对称多项式表示下列对称多项式：
$$f(x_1,x_2,x_3)=x_1^2x_2+x_1x_2^2+x_1^2x_3+x_1x_3^2+x_2^2x_3+x_2x_3^2+2x_1x_2x_3.$$

2. 用初等对称多项式表出 n 元对称多项式：$f=\sum x_1^4$.

3. 证明：三次方程 $x^3+a_1x^2+a_2x+a_3=0$ 的三个根成等差数列的充分必要条件为
$$2a_1^3-9a_1a_2+27a_3=0.$$

多项式复习

第 2 章　行列式

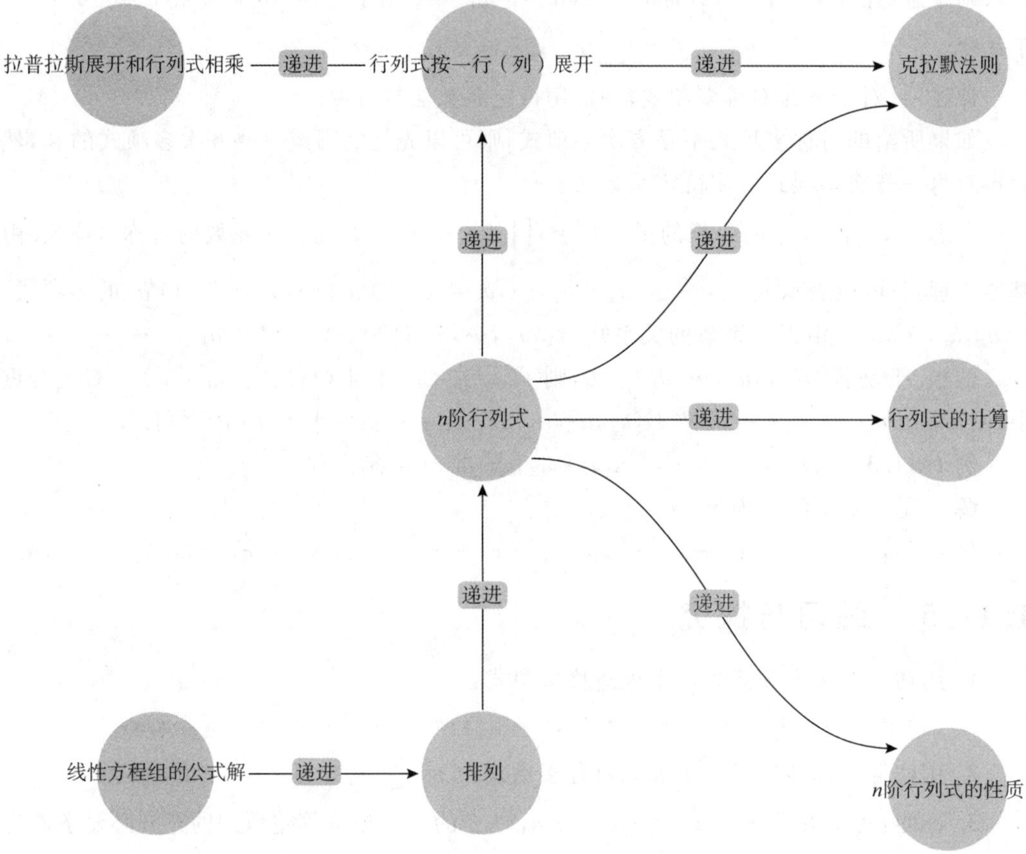

行列式知识图谱

行列式是人们从解线性方程组的需要中建立起来的概念，是线性方程组理论的一个组成部分. 行列式起源于求解线性方程组，在 17 世纪末就有行列式的概念，19 世纪德国数学家高斯(Gauss) 等建立了行列式的系统理论. 它不仅是研究线性方程组的重要工具，而且在讨论向量、矩阵和二次型时也有广泛的应用. 由于在理论推导和实际应用中的重要作用，行列式的理论早已越出求解线性方程组的范围而广泛应用于力学、工程数学及其他科学领域.

本章以二阶、三阶行列式知识为基础，引出 n 阶行列式的定义，并讨论它的性质和计算，同时讨论它在解线性方程组中的作用. 本章重点是行列式的计算；难点是 n 阶行列式的定义以及用定义证明 n 阶行列式的性质. 本章的学习要求如下：

（1）掌握 n 阶行列式的概念和性质；

（2）会使用行列式的性质，通过降阶和三角化等方法较熟练地计算行列式；

（3）掌握行列式按行（列）展开的公式；

（4）掌握行列式常见的计算技巧；

（5）理解拉普拉斯定理，掌握行列式的乘法规则；

（6）掌握克拉默法则.

考虑二阶、三阶行列式在解二元一次、三元一次线性方程组中的作用，以及对它们的结构进行认真的分析有助于引出讨论 n 阶行列式的必要性，并更好地掌握 n 阶行列式的定义. 对二阶、三阶行列式主对角线上元素的乘积为正而次对角线上元素的乘积为负这个特点，其主对角线元素的乘积为正这一规则可以推广到任意 n 阶行列式上，但次对角线上元素的乘积为负则不能推广到任意 n 阶行列式次对角线元素的乘积上. 例如，四阶行列式的次对角线上的元素乘积就为正. 这就告诉我们，推广要有度、有根据，否则会出错. 通过认识 n 阶行列式定义在推导 n 阶行列式性质上的巨大作用，我们能更好地领会在高等代数中定义理解和应用的重要性. 这一章从问题的提出 ——n 元一次线性方程组是否有类似于二元一次、三元一次线性方程组的公式解，到问题的解决 ——n 个方程 n 个未知量的一次线性方程组在系数行列式不为零时有唯一解（克拉默法则），我们应能深刻领会到归纳思想、类比思想的重要作用. 在这一过程中，我们不但圆满解决了问题，而且得到重要的"副产品"—— 行列式这个很有用的工具. 从这个意义上说，本章是归纳法应用的一个典范，值得我们好好学习、认真领会.

2.1　线性方程组的公式解

解方程是代数中的一个基本问题，特别是在中学所学代数中，解方程占有重要地位. 在中学我们学过一元、二元、三元一次线性方程组. 在中学解线性方程组时，我们使用的是代入消元法和加减消元法. 我们要问：解二元、三元一次线性方程组有没有公式解？若有，能不能把它推广到一般的 n 元一次线性方程组上？为此，需要引入行列式的概念. 本节围绕以下问题展开讨论.

2.1.1　研究问题

（1）二元一次线性方程组的公式解.

（2）三元一次线性方程组的公式解.

（3）n 元一次线性方程组有没有类似的公式解.

2.1.2　基本概念

（1）**二阶行列式**：由两行两列四个元素组成的表达式 $\begin{vmatrix} a_{11} & a_{12} \\ a_{21} & a_{22} \end{vmatrix}$，它表示一个运算式子：$a_{11}a_{22}-a_{12}a_{21}$.

三阶行列式:由三行三列九个元素组成的表达式 $\begin{vmatrix} a_{11} & a_{12} & a_{13} \\ a_{21} & a_{22} & a_{23} \\ a_{31} & a_{32} & a_{33} \end{vmatrix}$,它表示一个运算式子:$a_{11}a_{22}a_{33}+a_{12}a_{23}a_{31}+a_{13}a_{21}a_{32}-a_{13}a_{22}a_{31}-a_{11}a_{23}a_{32}-a_{12}a_{21}a_{33}$.

(2)二元或三元一次线性方程组的**系数行列式**:由二元或三元一次线性方程组的系数按照原来顺序所成的二阶或三阶行列式.

(3)二元、三元一次线性方程组的**公式解**:由二阶或三阶行列式表示线性方程组的解.

2.1.3 主要结论

2.1.3.1 二元一次线性方程组的公式解

对二元一次方程组$\begin{cases} a_{11}x+a_{12}y=b_1, \cdots\cdots ① \\ a_{21}x+a_{22}y=b_2, \cdots\cdots ② \end{cases}$ (2.1.1)

若用 D 表示方程组的系数行列式,即

$$D=\begin{vmatrix} a_{11} & a_{12} \\ a_{21} & a_{22} \end{vmatrix}=a_{11}a_{22}-a_{12}a_{21},$$

$$D_1=\begin{vmatrix} b_1 & a_{12} \\ b_2 & a_{22} \end{vmatrix}=a_{22}b_1-a_{12}b_2,$$

$$D_2=\begin{vmatrix} a_{11} & b_1 \\ a_{21} & b_2 \end{vmatrix}=a_{11}b_2-a_{21}b_1,$$

则当 $D\neq 0$ 时,$x=\dfrac{D_1}{D}$,$y=\dfrac{D_2}{D}$ 是方程组(2.1.1)的公式解.

证明 利用加减消元法,由 ①$\times a_{22}-$②$\times a_{12}$ 和 ②$\times a_{11}-$①$\times a_{21}$ 得

$$\begin{cases} (a_{11}a_{22}-a_{21}a_{12})x=a_{22}b_1-a_{12}b_2, \\ (a_{11}a_{22}-a_{21}a_{12})y=a_{11}b_2-a_{21}b_1. \end{cases}$$

由于 $a_{11}a_{22}-a_{21}a_{12}\neq 0$,则得$\begin{cases} x=\dfrac{a_{22}b_1-a_{12}b_2}{a_{11}a_{22}-a_{12}a_{21}}, \\ y=\dfrac{a_{11}b_2-a_{21}b_1}{a_{11}a_{22}-a_{12}a_{21}} \end{cases}$ 是方程组(2.1.1)的解.

利用 $D=\begin{vmatrix} a_{11} & a_{12} \\ a_{21} & a_{22} \end{vmatrix}=a_{11}a_{22}-a_{12}a_{21}$,用$(b_1,b_2)'$代替 D 中第 1 列、第 2 列所得的行列式为

$$D_1=\begin{vmatrix} b_1 & a_{12} \\ b_2 & a_{22} \end{vmatrix}=a_{22}b_1-a_{12}b_2,D_2=\begin{vmatrix} a_{11} & b_1 \\ a_{21} & b_2 \end{vmatrix}=a_{11}b_2-a_{21}b_1.$$

代入得:$x=\dfrac{D_1}{D}$,$y=\dfrac{D_2}{D}$ 是方程组(2.1.1)的公式解.

2.1.3.2　三元一次线性方程组的公式解

对三元一次线性方程组
$$\begin{cases} a_{11}x_1 + a_{12}x_2 + a_{13}x_3 = b_1, \\ a_{21}x_1 + a_{22}x_2 + a_{23}x_3 = b_2, \\ a_{31}x_1 + a_{32}x_2 + a_{33}x_3 = b_3, \end{cases} \tag{2.1.2}$$

若系数行列式 $D = \begin{vmatrix} a_{11} & a_{12} & a_{13} \\ a_{21} & a_{22} & a_{23} \\ a_{31} & a_{32} & a_{33} \end{vmatrix} \neq 0$，则 $x_1 = \frac{D_1}{D}, x_2 = \frac{D_2}{D}, x_3 = \frac{D_3}{D}$ 是方程组(2.1.2)的公式解. 这里 D_1, D_2, D_3 是分别用 $(b_1, b_2, b_3)'$ 代替 D 中第 1 列、第 2 列、第 3 列所得的行列式.

通过引入二阶行列式和三阶行列式的定义，利用加减消元法，我们得到二元一次和三元一次线性方程组的公式解. 我们自然要问，对于 n 元一次线性方程组
$$\begin{cases} a_{11}x_1 + a_{12}x_2 + \cdots + a_{1n}x_n = b_1, \\ a_{21}x_1 + a_{22}x_2 + \cdots + a_{2n}x_n = b_2, \\ \cdots\cdots \\ a_{n1}x_1 + a_{n2}x_2 + \cdots + a_{nn}x_n = b_n, \end{cases} \tag{2.1.3}$$
是否也有类似于式(2.1.1) 和式(2.1.2) 的公式解？

要回答这个问题，首先必须解决：能否把二阶、三阶行列式推广到 n 阶行列式？而要解决这个问题，必须回答以下一系列问题：这样的 n 阶行列式如何定义？即 n 阶行列式中一共应包含多少项？每一项由哪些元素组成？哪些项应该带正号？哪些项应该带负号？有了 n 阶行列式的定义后，我们才有可能研究方程组(2.1.3) 有没有类似于二元、三元一次线性方程组的公式解.

2.1.4　例子剖析

例 2.1.1　求三元一次方程组的公式解：
$$\begin{cases} 3x_1 + 2x_2 + 6x_3 = 6, \\ 3x_1 + 5x_2 + 9x_3 = 9, \\ 6x_1 + 4x_2 + 15x_3 = 6. \end{cases}$$

解　由于系数行列式
$$D = \begin{vmatrix} 3 & 2 & 6 \\ 3 & 5 & 9 \\ 6 & 4 & 15 \end{vmatrix} = 225 + 72 + 108 - 180 - 90 - 108 = 27 \neq 0,$$

且 $D_1 = \begin{vmatrix} 6 & 2 & 6 \\ 9 & 5 & 9 \\ 6 & 4 & 15 \end{vmatrix} = 108, D_2 = \begin{vmatrix} 3 & 6 & 6 \\ 3 & 9 & 9 \\ 6 & 6 & 15 \end{vmatrix} = 81, D_3 = \begin{vmatrix} 3 & 2 & 6 \\ 3 & 5 & 9 \\ 6 & 4 & 6 \end{vmatrix} = -54.$

故
$$x_1 = \frac{D_1}{D} = 4, x_2 = \frac{D_2}{D} = 3, x_3 = \frac{D_3}{D} = -2.$$

2.1.5 练习和探究

2.1.5.1 练习

求以下三元一次方程组的公式解：

(1) $\begin{cases} x_1+2x_2+3x_3=1, \\ 2x_1+5x_2+3x_3=2, \\ x_1+3x_2+4x_3=3. \end{cases}$ (2) $\begin{cases} x_1+2x_2+x_3=2, \\ x_1+5x_2+2x_3=3, \\ 2x_1+3x_2+2x_3=1. \end{cases}$

2.1.5.2 探究

试回答：二阶、三阶行列式的展开式中，项数与阶数有何关系？每一项如何组成？每一项的正、负号如何确定？

2.2 排列与奇偶性

为了定义 n 阶行列式，我们必须研究 n 元排列及其性质. 本节围绕以下问题展开讨论.

2.2.1 研究问题

(1) 排列和排列的递序数.

(2) 排列的奇偶性；对换与排列奇偶性的关系.

(3) 两个 n 元排列可经一系列对换互化.

2.2.2 基本概念

✲ **定义 2.2.1** n 个数码 $1,2,\cdots,n$ 组成的一个无重复的有序数组称为这 n 个数码的一个排列，简称为 n 元排列.

例如，312 是一个 3 元排列，2341 是一个 4 元排列，45321 是一个 5 元排列，等等.

3 元排列共有多少种不同的排列？

3 元排列共有 3!种不同的排列：123，132，213，231，312，321.

n 元排列共有多少种不同的排列？

n 元排列共有 $n!$ 种不同的排列.

✲ **定义 2.2.2** 在一个 n 元排列中，如果有一个较大的数码排在一个较小的数码前面，则称这两个数码在这个排列中构成一个**逆序**. 一个 n 元排列中所有逆序的总和称为这个排列的**逆序数**，记为 $\tau(j_1j_2\cdots j_n)$.

自然顺序排列：在所有的 n 元排列中，只有 $12\cdots n$ 这个排列是按自然顺序排列的，其他排列或多或少都破坏了自然排列.

✲ **定义 2.2.3** 在一个 n 元排列 $j_1j_2\cdots j_n$ 中，如果交换某两个数码的位置而别的数码不动，则称对这个排列施行了一个**对换**. 如果交换的两个数码是 i 和 j，就把这个对换记为 (i,j).

例如：$341625 \xrightarrow{(1,5)} 345621$.

排列的奇偶性：如果一个 n 元排列的逆序数是一个奇数，则称该排列为**奇排列**，逆序数是偶数的排列称为**偶排列**.

例如：(321)，(45321) 是奇排列，而 (3241) 是偶排列.

2.2.3　主要结论

问题 1　任意两个 n 元排列是否可经一系列对换而互变？

引理 1　任意一个 n 元排列 $j_1j_2\cdots j_n$ 可经一系列对换变为自然排列 $12\cdots n$.

证明(用归纳法)

(1) 当 $n=2$ 时，结论显然成立.

(2) 假设结论对 $n-1$ 元排列成立.

对任一个 n 元排列 $j_1j_2\cdots j_n$，若 $j_n=n$，则由归纳假设知 $j_1j_2\cdots j_{n-1}$ 可经一系列对换变为 $12\cdots(n-1)$. 于是经相同的一系列又换，$j_1j_2\cdots j_{n-1}n$ 变为 $12\cdots(n-1)n$；假如 $j_n\neq n$，设 $j_k=n(1\leqslant k\leqslant n-1)$，于是经一次对换 (j_k,j_n)，得

$$j_1\cdots j_k\cdots j_n \xrightarrow{(j_k,j_n)} j_1\cdots j_n\cdots n.$$

由前面知，经一系列对换，可把 $j_1\cdots j_n\cdots n$ 变为 $12\cdots n$. 因而 $j_1\cdots j_k\cdots j_n$ 可经对换 (j_k,j_n) 和一系列相同的变换变为 $12\cdots n$.

由于对换是可逆的，因此有下面的推论.

推论 1　自然排列 $12\cdots n$ 可经一系列对换变到任意一个 n 元排列 $j_1j_2\cdots j_n$.

由引理 1 和推论 1，我们圆满地解决了上面提出的问题 1，这就是定理 2.2.1 的内容.

✲ 定理 2.2.1　任意两个 n 元排列可经一系列对换互化.

问题 2　对 n 元排列施行一次对换，对排列的奇偶性有没有影响？

对换对排列的奇偶性有影响. 例如，$\tau(321)=3$，$\tau(123)=0$. 一般来说，我们有下面的定理.

✲ 定理 2.2.2　每一个对换均改变排列的奇偶性.

证明　(1) 先考虑特殊情况，即对换的两个数在 n 元排列中是相邻的.

设排列 ①：$\cdots jk\cdots$ 经对换 (j,k) 化为排列 ②：$\cdots kj\cdots$，在排列 ① 中，若 j,k 与其他数构成逆序，则在排列 ② 中仍然构成逆序；若 j,k 与其他数不构成逆序，则在排列 ② 中也不构成逆序. 不同的是 j,k 的顺序发生变化，若在 ① 中 j,k 构成一个逆序，则在 ② 中 k,j 不构成逆序，或在 ① 中 j,k 不构成一个逆序，则在 ② 中 k,j 构成一个逆序. 无论是减少还是增加一个逆序，排列反序数的奇偶性均发生变化，因此结论成立.

(2) 再考虑一般情况，设排列为 ③：$\cdots ji_1i_2\cdots i_sk\cdots$，经 (j,k) 对换后化为排列 ④：$\cdots ki_1i_2\cdots i_sj\cdots$. 这样一个对换可以经由一系列相邻数码的对换来实现. 从 ③ 出发，依次把 k 与 i_s 对换，与 i_{s-1} 对换，…，与 j 对换. 经过 $s+1$ 次相邻数码的对换，排列 ③ 化为排列 ⑤：$\cdots kji_1i_2\cdots i_s\cdots$，再把 j 依次与 $i_1,i_2,\cdots i_s$ 对换，则经 s 次相邻数码的对换，排列 ⑤ 就化为排列 ④. 故经 $2s+1$ 次相邻数码的对换，就把排列 ③ 化为排列 ④. 由(1) 知每一次相邻位置的对换均改变排列的奇偶性，因此，奇数次对换的最终结果仍然改变排列的奇偶性.

问题 3　在全体 n 元排列中，究竟是奇排列多还是偶排列多？

✻ **定理 2.2.3**　当 $n \geqslant 2$ 时，在 $n!$ 个 n 元排列中，奇、偶排列各占一半，即各有 $\frac{n!}{2}$ 个.

证明　由于 $n \geqslant 2$，故由定理 2.2.2 知，在 n 元排列中总有奇排列和偶排列，设在 $n!$ 个 n 元排列中，有 s 个奇排列和 t 个偶排列. 把 s 个奇排列中的每一个排列的任两个数码对换，这 s 个奇排列就都变成偶排列，但总共只有 t 个偶排列，故 $s \leqslant t$. 同理对 t 个偶排列中每一个进行对换，得 $t \leqslant s$. 因此 $s = t$，又 $s + t = n!$，所以 $s = t = \frac{n!}{2}$.

2.2.4　例子剖析

例 2.2.1　计算排列 321，3241，45321 的逆序数.

解　$\tau(321) = 2 + 1 = 3$，$\tau(3241) = 3 + 1 = 4$，
$\tau(45321) = 4 + 3 + 2 = 9$.

评注　计算 n 元排列的逆序数的一般方法是：$\tau(j_1 j_2 \cdots j_n) = m_1 + m_2 + \cdots + m_{n-1}$. 这里，$m_i (i = 1, 2, \cdots, n-1)$ 表示数码 i 的反序数. 这样做一不易出错，二在证明题中有用.

例 2.2.2　选择 i 与 k，使 $13i564k97$ 成奇排列.

解　取 $i = 2$，$k = 8$，由于 $\tau(132564897) = 5$，故可使 $13i564k97$ 成奇排列.

评注　在数码的选取中，如果所取的一对数码使排列为偶排列，那么这时只要交换这两个数码的位置即可.

2.2.5　练习与探究

2.2.5.1　练习

1. 求下列各排列的逆序数，再判定各排列的奇偶性.

(1)4132；(2)217986354；(3)$13\cdots(2n-1)24\cdots 2n$.

2. 选择 i 与 k，使 $1i7485k39$ 成偶排列.

3. 在一个 n 元排列中，从左至右任两个数码构成的数对共有多少个？如果在其中构成逆序的共有 k 个，则构成顺序的共有多少个？

4. 如果排列 $x_1 x_2 \cdots x_{n-1} x_n$ 的逆序数为 k，则排列 $x_n x_{n-1} \cdots x_2 x_1$ 的逆序数是多少？

2.2.5.2　探究

排列的奇偶性在 n 阶行列式的定义中会起什么作用？

2.3　n 阶行列式的定义

上一节讨论了 n 元排列的概念和性质，现在可以定义 n 阶行列式. 从本节开始，所讨论的数均在某固定的数域 F 上，所考虑的行列式也是数域 F 上的行列式. 本节围绕以下问题

展开讨论.

2.3.1　研究问题

(1) 二阶与三阶行列式的构造.

(2) n 阶行列式的定义.

(3) 按定义计算 n 阶行列式的值.

n 阶行列式的定义上

2.3.2　基本概念

n 阶行列式的定义下

为了定义 n 阶行列式,我们先分析二阶与三阶行列式的构造.

2.3.2.1　二阶与三阶行列式的构造

$$\begin{vmatrix} a_{11} & a_{12} \\ a_{21} & a_{22} \end{vmatrix} = a_{11}a_{22} - a_{12}a_{21} = (-1)^{\tau(12)} a_{11}a_{22} + (-1)^{\tau(21)} a_{12}a_{21} = \sum_{j_1 j_2} (-1)^{\tau(j_1 j_2)} a_{1j_1} a_{2j_2}$$

特点:(1) 二阶行列式是一个含有 2!项的代数和;

(2) 每一项都是两个元素的乘积,这两个元素既位于不同的行,又位于不同的列,并且展开式恰好由所有这些可能元素的乘积组成;

(3) 任意项中每个元素都带有两个下标,第一个下标表示该元素所在行的位置,第二个下标表示该元素所在列的位置.当把每一项乘积的元素按行下标排成自然顺序后,每一项乘积的符号由这一项元素的列下标所成排列的奇偶性决定,奇排列取负号,偶排列取正号.

2.3.2.2　三阶行列式也有相同的特点

$$\begin{vmatrix} a_{11} & a_{12} & a_{13} \\ a_{21} & a_{22} & a_{23} \\ a_{31} & a_{32} & a_{33} \end{vmatrix} = a_{11}a_{22}a_{33} + a_{12}a_{23}a_{31} + a_{13}a_{21}a_{32} - a_{13}a_{22}a_{31} - a_{12}a_{21}a_{33} - a_{11}a_{23}a_{32}$$

$$= \sum_{j_1 j_2 j_3} (-1)^{\tau(j_1 j_2 j_3)} a_{1j_1} a_{2j_2} a_{3j_3}$$

特点:(1) 共有 3!项的代数和;

(2) 每一项都是三个元素的乘积,这三个元素既位于不同的行,又位于不同的列,展开式恰由所有这些可能元素的乘积组成;

(3) 当把每一项乘积的元素按行下标排成自然顺序后,每一项的符号由这一项元素的列下标所成排列的奇偶性决定.

2.3.3　主要结论

n 阶行列式的定义:

(1) $D = \begin{vmatrix} a_{11} & a_{12} & \cdots & a_{1n} \\ a_{21} & a_{22} & \cdots & a_{2n} \\ \vdots & \vdots & \ddots & \vdots \\ a_{n1} & a_{n2} & \cdots & a_{nn} \end{vmatrix}$ 为一个 n 阶行列式,它等于所有取自不同行不同列的 n

个元素的乘积 $a_{1j_1}a_{2j_2}\cdots a_{nj_n}$ 的代数和，这里 $j_1,j_2,\cdots,j_n$ 是 $1,2,\cdots,n$ 的一个排列，当把每一项 $a_{1j_1}a_{2j_2}\cdots a_{nj_n}$ 中的行下标按自然顺序排列后，其符号由列下标排列 $j_1,j_2,\cdots,j_n$ 的奇偶性决定. 当 $j_1,j_2,\cdots,j_n$ 是偶排列时取正号，当 $j_1,j_2,\cdots,j_n$ 是奇排列时取负号，即

$$D=\sum_{j_1j_2\cdots j_n}(-1)^{\tau(j_1j_2\cdots j_n)}a_{1j_1}a_{2j_2}\cdots a_{nj_n}.$$

(2) 根据定义可知：

①n 阶行列式共由 $n!$ 项组成；

② 其中每一项均由所有可能的位于不同行不同列的 n 个元素的乘积构成；

③ 把构成每一项乘积中的元素的行下标排成自然顺序，其符号由列下标所成排列的奇偶性决定.

因此，n 阶行列式的定义是二、三阶行列式的推广.

在一般情况下，把 n 阶行列式中第 i 行与第 j 列交叉位置上的元素记为 a_{ij}.

在行列式 D 中，从左上角到右下角这条对角线称为**主对角线**，从右上角到左下角这条对角线称为**次对角线**.

✽**定理 2.3.1** 在 n 阶行列式 D 中，项 $a_{i_1j_1}a_{i_2j_2}\cdots a_{i_nj_n}$ 所带的符号是 $(-1)^{\tau(i_1i_2\cdots i_n)+\tau(j_1j_2\cdots j_n)}$.

证明 (1) 交换项

$$a_{i_1j_1}\cdots a_{i_sj_s}\cdots a_{i_tj_t}\cdots a_{i_nj_n} \qquad ①$$

中任意两个元素 $a_{i_sj_s}$ 与 $a_{i_tj_t}$ 的位置，不改变 $\tau(i_1i_2\cdots i_n)+\tau(j_1j_2\cdots j_n)$ 的奇偶性.

把 ① 中 $a_{i_sj_s}$ 与 $a_{i_tj_t}$ 对换后变成**排列**

$$a_{i_1j_1}\cdots a_{i_tj_t}\cdots a_{i_sj_s}\cdots a_{i_nj_n}. \qquad ②$$

由于对换改变排列的奇偶性，因此 $\tau(i_1\cdots i_s\cdots i_t\cdots i_n)$ 与 $\tau(i_1\cdots i_t\cdots i_s\cdots i_n)$ 及 $\tau(j_1\cdots j_s\cdots j_t\cdots j_n)$ 与 $\tau(j_1\cdots j_t\cdots j_s\cdots j_n)$ 的奇偶性互化，故

$$\tau(i_1\cdots i_s\cdots i_t\cdots i_n)+\tau(j_1\cdots j_s\cdots j_t\cdots j_n) \qquad ③$$

与 $\tau(i_1\cdots i_t\cdots i_s\cdots i_n)+\tau(j_1\cdots j_t\cdots j_s\cdots j_n)$ 有相同的奇偶性.

(2) 逐次交换 ① 中元素的次序，可以把 ① 中的行下标化为自然顺序：

$$a_{1k_1}a_{2k_2}\cdots a_{nk_n}$$

而 ④ 的行下标与列下标所成排列的逆序数的和 $\tau(12\cdots n)+\tau(k_1k_2\cdots k_n)=\tau(k_1k_2\cdots k_n)$，其奇偶性与 ③ 相同，于是

$$(-1)^{\tau(i_1\cdots i_s\cdots i_t\cdots i_n)+\tau(j_1\cdots j_s\cdots j_t\cdots j_n)}=(-1)^{\tau(k_1k_2\cdots k_n)},$$

因此项 $a_{i_1j_1}a_{i_2j_2}\cdots a_{i_nj_n}$ 所带的符号是 $(-1)^{\tau(i_1i_2\cdots i_n)+\tau(j_1j_2\cdots j_n)}$.

评注 本定理说明在确定行列式中某项应取的符号时，可以同时考虑该项行下标与列下标的逆序数之和，而不一定要把行下标排成自然顺序.

2.3.4 例子剖析

利用定义可有效地计算一些特殊行列式的值.

n阶行列式的计算

例 2.3.1 计算行列式 $D=\begin{vmatrix}0&0&0&1\\0&0&2&0\\0&3&0&0\\4&0&0&0\end{vmatrix}$.

解

$$D=\begin{vmatrix}0&0&0&1\\0&0&2&0\\0&3&0&0\\4&0&0&0\end{vmatrix}=(-1)^{\tau(4321)}a_{14}a_{23}a_{32}a_{41}=24.$$

这是特殊的行列式——对角形行列式,它等于次对角线元素的连乘积再乘上所带的符号.

例 2.3.2　计算行列式 $D=\begin{vmatrix}a&0&0&b\\0&c&d&0\\0&e&f&0\\g&0&0&h\end{vmatrix}$.

解

$$D=\begin{vmatrix}a&0&0&b\\0&c&d&0\\0&e&f&0\\g&0&0&h\end{vmatrix}=\sum_{j_1j_2j_3j_4}(-1)^{\tau(j_1j_2j_3j_4)}a_{1j_1}a_{2j_2}a_{3j_3}a_{4j_4}$$

$$=acfh-adeh+bdeg-bcfg.$$

例 2.3.3　用行列式定义计算

$$D_1=\begin{vmatrix}a_{11}&0&\cdots&0\\a_{21}&a_{22}&\cdots&0\\\vdots&\vdots&\ddots&\vdots\\a_{n1}&a_{n2}&\cdots&a_{nn}\end{vmatrix},$$

$$D_2=\begin{vmatrix}a_{11}&a_{12}&\cdots&a_{1n}\\0&a_{22}&\cdots&a_{2n}\\\vdots&\vdots&\ddots&\vdots\\0&0&\cdots&a_{nn}\end{vmatrix}.$$

解

$$D_1=\begin{vmatrix}a_{11}&0&\cdots&0\\a_{21}&a_{22}&\cdots&0\\\vdots&\vdots&\ddots&\vdots\\a_{n1}&a_{n2}&\cdots&a_{nn}\end{vmatrix}=a_{11}a_{22}\cdots a_{nn},$$

$$D_2=\begin{vmatrix}a_{11}&a_{12}&\cdots&a_{1n}\\0&a_{22}&\cdots&a_{2n}\\\vdots&\vdots&\ddots&\vdots\\0&0&\cdots&a_{nn}\end{vmatrix}=a_{11}a_{22}\cdots a_{nn}.$$

评注　这也是特殊的行列式,D_1 称为**下三角行列式**,D_2 称为**上三角行列式**.它们等于主对角线上元素的连乘积.行列式的计算方法之一,就是想方设法把行列式化为上(下)三角行列式来计算.

例 2.3.4 设 $D_1=\begin{vmatrix} a_{11} & a_{12} & a_{13} & a_{14} \\ a_{21} & a_{22} & a_{23} & a_{24} \\ a_{31} & a_{32} & a_{33} & a_{34} \\ a_{41} & a_{42} & a_{43} & a_{44} \end{vmatrix}$. 试问：$a_{12}a_{24}a_{32}a_{41}$，$a_{14}a_{21}a_{32}a_{43}$，$a_{23}a_{12}a_{41}a_{34}$ 是不是四阶行列式 D_1 的项？如果是，应取何符号？

解 $a_{14}a_{21}a_{32}a_{43}$ 是，取符号 -1；$a_{23}a_{12}a_{41}a_{34}$ 是，取符号 -1；其余不是.

例 2.3.5 设 $D_2=\begin{vmatrix} a & b & c & d \\ g & h & p & q \\ s & t & u & v \\ w & x & y & z \end{vmatrix}$. 问：

(1) $dhsy$ 与 $ptaz$ 是否为 D_2 的项？若是，应取何符号？

(2) D_2 中含有 t 的项有多少？

解 (1) $dhsy$ 与 $ptaz$ 都是 D_2 中的项，前者取正号，后者取负号.

(2) D_2 中含有 t 的项共有 6 项.

评注 在一个行列式中，通常所写的元素本身不一定有下标，即使有下标，其下标也不一定与这个元素本身真正所在的行与列的位置完全一致，因此要确定一项的符号，必须按照各元素在行列式中实际所在的行与列的序数计算.

例 2.3.6 写出四阶行列式中所有带有负号并且包含因子 a_{23} 的项.

解 四阶行列式中包含因子 a_{23} 的项共有六项：

$$a_{11}a_{23}a_{32}a_{44},\ a_{11}a_{23}a_{34}a_{42},\ a_{12}a_{23}a_{31}a_{44},$$

$$a_{12}a_{23}a_{34}a_{41},\ a_{14}a_{23}a_{31}a_{42},\ a_{14}a_{23}a_{32}a_{41}.$$

其中带有负号且包含因子 a_{23} 的有三项：

$$a_{11}a_{23}a_{32}a_{44},\ a_{12}a_{23}a_{34}a_{41},\ a_{14}a_{23}a_{31}a_{42}.$$

2.3.5 练习和探究

2.3.5.1 练习

1. 试确定四阶行列式中项 $a_{31}a_{24}a_{12}a_{43}$ 的符号，写出四阶行列式中包含 a_{24} 且取正号的所有项.

2. 写出四阶行列式 $|a_{ij}|$ 中所有带正号且包含因子 a_{32} 的项.

3. 计算下列行列式：

(1) $D_n=\begin{vmatrix} a_n & 0 & \cdots & 0 & 0 \\ 0 & 0 & \cdots & 0 & a_1 \\ 0 & 0 & \cdots & a_2 & 0 \\ \vdots & \vdots & \ddots & \vdots & \vdots \\ 0 & a_{n-1} & \cdots & 0 & 0 \end{vmatrix}$，

$$(2)D_n=\begin{vmatrix} 0 & 0 & \cdots & 0 & a_n \\ a_1 & 0 & \cdots & 0 & 0 \\ 0 & a_2 & \cdots & 0 & 0 \\ \vdots & \vdots & \ddots & \vdots & \vdots \\ 0 & 0 & \cdots & a_{n-1} & 0 \end{vmatrix},$$

4. 行列式 $D_4=\begin{vmatrix} 3x & 2 & 1 & x \\ x & 2x & 2 & -1 \\ 2 & 3 & x & 1 \\ 1 & -1 & 1 & 2x \end{vmatrix}$是关于 x 的几次多项式?试确定 x^3 的系数.

5. 由$\begin{vmatrix} 1 & 1 & \cdots & 1 \\ 1 & 1 & \cdots & 1 \\ \vdots & \vdots & \ddots & \vdots \\ 1 & 1 & \cdots & 1 \end{vmatrix}=0$ 证明:所有的 n 元排列中,奇偶排列各半.

2.3.5.2　探究

按定义只能计算低阶(例如二阶、三阶)行列式或特殊的高阶行列式,若要计算一般的行列式,你认为可以从哪几个方向进行思考?

2.4　行列式的基本性质

行列式的计算是一个重要的问题,也是一个很复杂的问题. 由上一节可知,用定义计算特殊的行列式是方便的. 但若要计算一般的 n 阶行列式,由于 n 阶行列式一共有 $n!$ 项,计算它就需做 $n!$ 个乘法. 当 n 较大时,$n!$ 是一个相当大的数字,因此直接用定义来计算一般行列式是很繁杂的事. 这就有必要讨论行列式的性质,利用这些性质以达到简化行列式计算的目的. 本节围绕以下问题展开讨论.

2.4.1　研究问题

(1) n 阶行列式的性质;

(2) 行列式的常规算法.

2.4.2　基本概念

转置行列式:把 n 阶行列式 $D=\begin{vmatrix} a_{11} & a_{12} & \cdots & a_{1n} \\ a_{21} & a_{22} & \cdots & a_{2n} \\ \vdots & \vdots & \ddots & \vdots \\ a_{n1} & a_{n2} & \cdots & a_{nn} \end{vmatrix}$ 的第 i 行变为第 i 列,$i=(1,2,\cdots,n)$,所得的行列式

$$D=\begin{vmatrix} a_{11} & a_{21} & \cdots & a_{n1} \\ a_{12} & a_{22} & \cdots & a_{n2} \\ \vdots & \vdots & \ddots & \vdots \\ a_{1n} & a_{2n} & \cdots & a_{nn} \end{vmatrix}$$

称为 D 的转置行列式,用 D' 表示.

对称行列式和反对称行列式:在一个 n 阶行列式 D_n 中,若有 $a_{ij}=a_{ji}, i,j=1,2,\cdots,n$,则称 D_n 为**对称行列式**;若有 $a_{ij}=-a_{ji}, i,j=1,2,\cdots,n$,则称 D_n 为**反对称行列式**.

2.4.3　主要结果

性质 1　行列式 D 与它的转置行列式 D' 相等.(**转置变换**)

证明　考察 D 的任意项①:$a_{1j_1}a_{2j_2}\cdots a_{nj_n}$,它是取自 D 的 $1,2,\cdots,n$ 行和 $j_1,j_2,\cdots,j_n$ 列的 n 个元素的乘积,因而它也是取自 D' 的第 $j_1,j_2,\cdots,j_n$ 行和 $1,2,\cdots,n$ 列的 n 个元素的乘积,因而也是 D' 中的一项②:$a_{j_1 1}a_{j_2 2}\cdots a_{j_n n}$. ① 项所带的符号是 $(-1)^{\tau(12\cdots n)+\tau(j_1j_2\cdots j_n)}$,② 项所带的符号也是 $(-1)^{\tau(j_1j_2\cdots j_n)+\tau(12\cdots n)}$. 因而 D 中的任一项均为 D' 中的项,而且所带的符号也相同,同理可知,D' 中的任一项也是 D 中的项,且所带的符号相同,因此 $D=D'$.

评注　性质1表明,在行列式中,行与列的地位是相当的,凡是对行成立的性质,对列也同样成立.

性质 2　把行列式 D 中某一行(列)的所有元素同乘以常数 k,相当于用数 k 乘这个行列式,即

$$\begin{vmatrix} a_{11} & a_{12} & \cdots & a_{1n} \\ \vdots & \vdots & \ddots & \vdots \\ ka_{i1} & ka_{i2} & \cdots & ka_{in} \\ \vdots & \vdots & \ddots & \vdots \\ a_{n1} & a_{n2} & \cdots & a_{nn} \end{vmatrix}=kD.\text{(**倍法变换**)}$$

证明

$$\begin{vmatrix} a_{11} & a_{12} & \cdots & a_{1n} \\ \vdots & \vdots & \ddots & \vdots \\ ka_{i1} & ka_{i2} & \cdots & ka_{in} \\ \vdots & \vdots & \ddots & \vdots \\ a_{n1} & a_{n2} & \cdots & a_{nn} \end{vmatrix}=\sum(-1)^{\tau(j_1j_2\cdots j_n)}a_{1j_1}a_{2j_2}\cdots(ka_{ij_i})\cdots a_{nj_n}$$

$$=k\sum(-1)^{\tau(j_1j_2\cdots j_n)}a_{1j_1}a_{2j_2}\cdots a_{ij_i}\cdots a_{nj_n}$$

$$=k\begin{vmatrix} a_{11} & a_{12} & \cdots & a_{1n} \\ \vdots & \vdots & \ddots & \vdots \\ a_{i1} & a_{i2} & \cdots & a_{in} \\ \vdots & \vdots & \ddots & \vdots \\ a_{n1} & a_{n2} & \cdots & a_{nn} \end{vmatrix}=kD.$$

推论 1　行列式中某一行(列)所有元素的公因子可以提到行列式的符号外面.

推论 2　如果行列式中某一行(列)所有元素都为零,则这个行列式的值等于零.

在性质 2 中，取 $k=0$ 即知结论成立.

性质 3　交换行列式 D 中的某两行(列)，行列式变号(**换法变换**)，即若把

$$D=\begin{vmatrix} a_{11} & a_{12} & \cdots & a_{1n} \\ \vdots & \vdots & \ddots & \vdots \\ a_{i1} & a_{i2} & \cdots & a_{in} \\ \vdots & \vdots & \ddots & \vdots \\ a_{j1} & a_{j2} & \cdots & a_{jn} \\ \vdots & \vdots & \ddots & \vdots \\ a_{n1} & a_{n2} & \cdots & a_{nn} \end{vmatrix}$$

的第 i 行与第 j 行交换得 $\begin{vmatrix} a_{11} & a_{12} & \cdots & a_{1n} \\ \vdots & \vdots & \ddots & \vdots \\ a_{j1} & a_{j2} & \cdots & a_{jn} \\ \vdots & \vdots & \ddots & \vdots \\ a_{i1} & a_{i2} & \cdots & a_{in} \\ \vdots & \vdots & \ddots & \vdots \\ a_{n1} & a_{n2} & \cdots & a_{nn} \end{vmatrix}=D_1$，则有 $D=-D_1$.

证明　取 D 中任一项，不妨记为 ①：$a_{1k_1}\cdots a_{ik_i}\cdots a_{jk_j}\cdots a_{nk_n}$，则它所带的符号就是 $(-1)^{\tau(k_1\cdots k_i\cdots k_j\cdots k_n)}$，显然 $a_{1k_1}\cdots a_{jk_j}\cdots a_{ik_i}\cdots a_{nk_n}$ 也是 D_1 中的一项，它所带符号应是 $(-1)^{\tau(k_1\cdots k_j\cdots k_i\cdots k_n)}$，由于对换改变排列的奇偶性，故 D 中的任一项恰好与 D_1 中的对应项相差一个符号，故 $D=-D_1$.

推论 3　如果行列式中有两行(列)的元素对应相同，则这个行列式等于零.

交换这两行(列)即知 $D=-D$，因此 $D=0$.

推论 4　如果行列式中有两行(列)的元素对应成比例，则这个行列式等于零，利用性质 2 和推论 3 即知.

性质 4　如果行列式中某一行(列)的所有元素都可表成两项之和，则该行列式可拆成两个行列式之和，它们的这一行(列)分别由第一项元素和第二项元素组成，而其余行(列)不变(**拆法变换**)，即

$$D=\begin{vmatrix} a_{11} & a_{12} & \cdots & a_{1n} \\ \vdots & \vdots & \ddots & \vdots \\ a_{i1}+b_{i1} & a_{i2}+b_{i2} & \cdots & a_{in}+b_{in} \\ \vdots & \vdots & \ddots & \vdots \\ a_{n1} & a_{n2} & \cdots & a_{nn} \end{vmatrix}$$

$$=\begin{vmatrix} a_{11} & a_{12} & \cdots & a_{1n} \\ \vdots & \vdots & \ddots & \vdots \\ a_{i1} & a_{i2} & \cdots & a_{in} \\ \vdots & \vdots & \ddots & \vdots \\ a_{n1} & a_{n2} & \cdots & a_{nn} \end{vmatrix}+\begin{vmatrix} a_{11} & a_{12} & \cdots & a_{1n} \\ \vdots & \vdots & \ddots & \vdots \\ b_{i1} & b_{i2} & \cdots & b_{in} \\ \vdots & \vdots & \ddots & \vdots \\ a_{n1} & a_{n2} & \cdots & a_{nn} \end{vmatrix}.$$

证明 $D=\sum(-1)^{\tau(j_1j_2\cdots j_n)}a_{1j_1}\cdots(a_{ij_i}+b_{ij_i})\cdots a_{nj_n}$

$$=\sum(-1)^{\tau(j_1j_2\cdots j_n)}a_{1j_1}\cdots a_{ij_i}\cdots a_{nj_n}+\sum(-1)^{\tau(j_1j_2\cdots j_n)}a_{1j_1}\cdots b_{ij_i}\cdots a_{nj_n}$$

$$=\begin{vmatrix}a_{11}&a_{12}&\cdots&a_{1n}\\ \vdots&\vdots&\ddots&\vdots\\ a_{i1}&a_{i2}&\cdots&a_{in}\\ \vdots&\vdots&\ddots&\vdots\\ a_{n1}&a_{n2}&\cdots&a_{nn}\end{vmatrix}+\begin{vmatrix}a_{11}&a_{12}&\cdots&a_{1n}\\ \vdots&\vdots&\ddots&\vdots\\ b_{i1}&b_{i2}&\cdots&b_{in}\\ \vdots&\vdots&\ddots&\vdots\\ a_{n1}&a_{n2}&\cdots&a_{nn}\end{vmatrix}.$$

性质 5 把行列式中某一行(列)的所有元素同乘上一个数 k,再加到另一行(列)的对应元素上,所得行列式与原行列式相等(**消法变换**),即

$$\begin{vmatrix}a_{11}&a_{12}&\cdots&a_{1n}\\ \vdots&\vdots&\ddots&\vdots\\ a_{i1}&a_{i2}&\cdots&a_{in}\\ \vdots&\vdots&\ddots&\vdots\\ a_{j1}&a_{j2}&\cdots&a_{jn}\\ \vdots&\vdots&\ddots&\vdots\\ a_{n1}&a_{n2}&\cdots&a_{nn}\end{vmatrix}=\begin{vmatrix}a_{11}&a_{12}&\cdots&a_{1n}\\ \vdots&\vdots&\ddots&\vdots\\ a_{i1}+ka_{j1}&a_{i2}+ka_{j2}&\cdots&a_{in}+ka_{jn}\\ \vdots&\vdots&\ddots&\vdots\\ a_{j1}&a_{j2}&\cdots&a_{jn}\\ \vdots&\vdots&\ddots&\vdots\\ a_{n1}&a_{n2}&\cdots&a_{nn}\end{vmatrix}.$$

证明 利用性质 4 和推论 4 即知.

✲ 定理 2.4.1 任一个 n 阶行列式都可以利用性质 5 中的行或列变换化为一个与其相等的上三角或下三角行列式.

证明 设 $D=\begin{vmatrix}a_{11}&a_{12}&\cdots&a_{1n}\\ a_{21}&a_{22}&\cdots&a_{2n}\\ \vdots&\vdots&\ddots&\vdots\\ a_{n1}&a_{n2}&\cdots&a_{nn}\end{vmatrix}$.

若 D 中第一列元素不全为零,不妨设 $a_{11}\neq0$. 不然,若 $a_{11}=0,a_{i1}\neq0$,则把第 i 行加到第一行上得 $a_{11}'=a_{i1}\neq0$,考虑消法变换后的行列式知 $a_{11}\neq0$. 把第一行依次乘以 $-a_{11}^{-1}a_{21},\cdots,-a_{11}^{-1}a_{n1}$ 后分别加到第 2 行,…,第 n 行,得

$$D=\begin{vmatrix}a_{11}&a_{12}&\cdots&a_{1n}\\ 0&b_{22}&\cdots&b_{2n}\\ \vdots&\vdots&\ddots&\vdots\\ 0&b_{n2}&\cdots&b_{nn}\end{vmatrix}\qquad①$$

若 D 中第一列元素全为零,则 D 已经是 ① 的形式.

现对 ① 中第二列的 $b_{22},\cdots,b_{n2}$ 进行考虑. 同上类似,先设它们不全为零,不妨设 $b_{22}\neq0$,则利用与上面相似的方法,可得

$$D=\begin{vmatrix} a_{11} & a_{12} & a_{13} & \cdots & a_{1n} \\ 0 & b_{22} & b_{23} & \cdots & b_{2n} \\ 0 & 0 & c_{33} & \cdots & c_{3n} \\ \vdots & \vdots & \vdots & \ddots & \vdots \\ 0 & 0 & c_{n3} & \cdots & c_{nn} \end{vmatrix}.$$

仿此不断进行下去，就可把 D 化为上三角行列式.

2.4.4　例子剖析

例 2.4.1　计算行列式 $D_3=\begin{vmatrix} a+x_1 & b+x_1 & c+x_1 \\ a+x_2 & b+x_2 & c+x_2 \\ a+x_3 & b+x_3 & c+x_3 \end{vmatrix}$.

解　先利用列消法变换把行列式化为其中有两列成比例，然后利用推论 4 即得.

$$D_3=\begin{vmatrix} a+x_1 & b+x_1 & c+x_1 \\ a+x_2 & b+x_2 & c+x_2 \\ a+x_3 & b+x_3 & c+x_3 \end{vmatrix}=\begin{vmatrix} a+x_1 & b-a & c-a \\ a+x_2 & b-a & c-a \\ a+x_3 & b-a & c-a \end{vmatrix}=0.$$

例 2.4.2　计算行列式 $D_4=\begin{vmatrix} 1 & -1 & 3 & 4 \\ 0 & 1 & -1 & 3 \\ 1 & 2 & 0 & 2 \\ 3 & 0 & 4 & 1 \end{vmatrix}$.

解　利用行消法变换把行列式化为上三角行列式.

$$D_4=\begin{vmatrix} 1 & -1 & 3 & 4 \\ 0 & 1 & -1 & 3 \\ 0 & 3 & -3 & -2 \\ 0 & 3 & -5 & -11 \end{vmatrix}=\begin{vmatrix} 1 & -1 & 3 & 4 \\ 0 & 1 & -1 & 3 \\ 0 & 0 & 0 & -11 \\ 0 & 0 & -2 & -20 \end{vmatrix}=-\begin{vmatrix} 1 & -1 & 3 & 4 \\ 0 & 1 & -1 & 3 \\ 0 & 0 & -2 & -20 \\ 0 & 0 & 0 & -11 \end{vmatrix}=-22.$$

例 2.4.3　计算 n 阶行列式

$$D_n=\begin{vmatrix} a & b & b & \cdots & b \\ b & a & b & \cdots & b \\ b & b & a & \cdots & b \\ \vdots & \vdots & \vdots & \ddots & \vdots \\ b & b & b & \cdots & a \end{vmatrix}.$$

解　把行列式化为上三角行列式：

$$D_n=\begin{vmatrix} a & b & b & \cdots & b \\ b & a & b & \cdots & b \\ b & b & a & \cdots & b \\ \vdots & \vdots & \vdots & \ddots & \vdots \\ b & b & b & \cdots & a \end{vmatrix}=\begin{vmatrix} a & b & b & \cdots & b \\ b-a & a-b & 0 & \cdots & 0 \\ b-a & 0 & a-b & \cdots & 0 \\ \vdots & \vdots & \vdots & \ddots & \vdots \\ b-a & 0 & 0 & \cdots & a-b \end{vmatrix}$$

$$
=\begin{vmatrix} a+(n-1)b & b & b & \cdots & b \\ 0 & a-b & 0 & \cdots & 0 \\ 0 & 0 & a-b & \cdots & 0 \\ \vdots & \vdots & \vdots & \ddots & \vdots \\ 0 & 0 & 0 & \cdots & a-b \end{vmatrix}
$$

$$
=[a+(n-1)b](a-b)^{n-1}.
$$

例 2.4.4　证明：奇数阶的反对称行列式等于 0.

证明　设 $D_n=|a_{ij}|$ 为奇数阶的反对称行列式.

由于 $a_{ij}=-a_{ji}$，得 $a_{ii}=0, i=1,2,\cdots,n$. 于是

$$
D_n=\begin{vmatrix} 0 & a_{12} & a_{13} & \cdots & a_{1n} \\ -a_{12} & 0 & a_{23} & \cdots & a_{2n} \\ -a_{13} & -a_{23} & 0 & \cdots & a_{3n} \\ \vdots & \vdots & \vdots & \ddots & \vdots \\ -a_{1n} & -a_{2n} & -a_{3n} & \cdots & 0 \end{vmatrix} \xlongequal{\text{转置}} \begin{vmatrix} 0 & -a_{12} & -a_{13} & \cdots & -a_{1n} \\ a_{12} & 0 & -a_{23} & \cdots & -a_{2n} \\ a_{13} & a_{23} & 0 & \cdots & -a_{3n} \\ \vdots & \vdots & \vdots & \ddots & \vdots \\ a_{1n} & a_{2n} & a_{3n} & \cdots & 0 \end{vmatrix}
$$

$$
\xlongequal[\text{推论 1}]{\text{性质 2}} (-1)^n \begin{vmatrix} 0 & a_{12} & a_{13} & \cdots & a_{1n} \\ -a_{12} & 0 & a_{23} & \cdots & a_{2n} \\ -a_{13} & -a_{23} & 0 & \cdots & a_{3n} \\ \vdots & \vdots & \vdots & \ddots & \vdots \\ -a_{1n} & -a_{2n} & -a_{3n} & \cdots & 0 \end{vmatrix} \xlongequal{n\text{ 为奇数}} -D_n.
$$

因此 $D_n=0$.

2.4.5　练习与探究

2.4.5.1　练习

1. 计算下面的行列式：

(1) $D_3=\begin{vmatrix} x & y & x+y \\ y & x+y & x \\ x+y & x & y \end{vmatrix}$；　(2) $D_4=\begin{vmatrix} 1 & 2 & 3 & 4 \\ 2 & 3 & 4 & 1 \\ 3 & 4 & 1 & 2 \\ 4 & 1 & 2 & 3 \end{vmatrix}$；

(3) $D_4=\begin{vmatrix} a^2 & (a+1)^2 & (a+2)^2 & (a+3)^2 \\ b^2 & (b+1)^2 & (b+2)^2 & (b+3)^2 \\ c^2 & (c+1)^2 & (c+2)^2 & (c+3)^2 \\ d^2 & (d+1)^2 & (d+2)^2 & (d+3)^2 \end{vmatrix}$.

2. 计算 n 阶行列式 $D_n=\begin{vmatrix} 0 & 1 & 1 & \cdots & 1 \\ 1 & 0 & 1 & \cdots & 1 \\ 1 & 1 & 0 & \cdots & 1 \\ \vdots & \vdots & \vdots & \ddots & \vdots \\ 1 & 1 & 1 & \cdots & 0 \end{vmatrix}$.

3. 证明：$\begin{vmatrix} b+c & c+a & a+b \\ b_1+c_1 & c_1+a_1 & a_1+b_1 \\ b_2+c_2 & c_2+a_2 & a_2+b_2 \end{vmatrix} = 2\begin{vmatrix} a & b & c \\ a_1 & b_1 & c_1 \\ a_2 & b_2 & c_2 \end{vmatrix}$.

4. 若行列式 $\begin{vmatrix} a_{11} & a_{12} & a_{13} & a_{14} \\ a_{21} & a_{22} & a_{23} & a_{24} \\ a_{31} & a_{32} & a_{33} & a_{34} \\ a_{41} & a_{42} & a_{43} & a_{44} \end{vmatrix} = d$，计算行列式：$\begin{vmatrix} ka_{14} & ka_{12} & ka_{13} & ka_{11} \\ 2a_{24} & 2a_{22} & 2a_{23} & 2a_{21} \\ 3a_{34} & 3a_{32} & 3a_{33} & 3a_{31} \\ -a_{44} & -a_{42} & -a_{43} & -a_{41} \end{vmatrix}$.

2.4.5.2　探究

1. 计算行列式 $D_4 = \begin{vmatrix} a & b & c & d \\ -b & a & -d & c \\ -c & d & a & -b \\ -d & -c & b & a \end{vmatrix}$.

2. 除利用行列式性质把 n 阶行列式化为上(下)三角行列式的方法外，你还有其他的计算思路吗？

2.5　行列式按行(列)展开

上一节我们利用行列式的性质把一个行列式化为上三角或下三角行列式，然后根据定义算出行列式的值，或者把一个行列式化成其中含有尽量多个零的行列式，然后算出行列式的值. 本节我们沿着另一条思路来计算行列式的值，即通过把高阶行列式转化为低阶行列式来计算行列式的值. 如果我们能把 n 阶行列式转化为 $n-1$ 阶行列式，把 $n-1$ 阶行列式转化为 $n-2$ 阶行列式……而行列式的阶数越小越容易计算，我们就可以化繁为简，化难为易，从而尽快算出行列式的值. 本节围绕以下问题展开讨论.

2.5.1　研究问题

(1) 行列式元素的余子式和代数余子式.

(2) 行列式的依行(列)展开方法.

(3) 利用行列式依行(列)展开进行行列式的计算.

行列式按一行(列)展开

2.5.2　基本概念

✲ **定义 2.5.1**　在一个 n 阶行列式 D_n 中，划去元素 a_{ij} 所在的行和列，余下的元素按原来顺序构成的 $n-1$ 阶行列式，称为元素 a_{ij} 的**余子式**，记为 M_{ij}.

✲ **定义 2.5.2**　元素 a_{ij} 的余子式 M_{ij} 附以符号 $(-1)^{i+j}$ 后，称为元素 a_{ij} 的**代数余子式**，记为 A_{ij}，$A_{ij} = (-1)^{i+j}M_{ij}$.

2.5.3 主要结论

2.5.3.1 特殊情况

先考虑比较特殊的情况，即一个 n 阶行列式中某一行(列) 除一个元素外，其余元素都为零的情况，这时有以下引理.

引理 如果在行列式 $D=\begin{vmatrix} a_{11} & \cdots & a_{1j} & \cdots & a_{1n} \\ \vdots & \ddots & \vdots & \ddots & \vdots \\ a_{i1} & \cdots & a_{ij} & \cdots & a_{in} \\ \vdots & \ddots & \vdots & \ddots & \vdots \\ a_{n1} & \cdots & a_{nj} & \cdots & a_{nn} \end{vmatrix}$ 中，第 i 行(或第 j 列) 中元素除了 a_{ij} 外其余都为零，则 $D=a_{ij}A_{ij}$.

证明 (1) 假设 D 中第一行元素除 a_{11} 外其余皆为零，这时

$$D=\begin{vmatrix} a_{11} & 0 & \cdots & 0 \\ a_{21} & a_{22} & \cdots & a_{2n} \\ \vdots & \vdots & \ddots & \vdots \\ a_{n1} & a_{n2} & \cdots & a_{n} \end{vmatrix}=\sum_{1j_2\cdots j_n}(-1)^{\tau(1j_2\cdots j_n)}a_{11}a_{2j_2}\cdots a_{nj_n}$$

$$=a_{11}\sum_{j_2\cdots j_n}(-1)^{\tau(j_2\cdots j_n)}a_{2j_2}\cdots a_{nj_n}$$

$$=a_{11}\begin{vmatrix} a_{22} & a_{23} & \cdots & a_{2n} \\ a_{32} & a_{33} & \cdots & a_{3n} \\ \vdots & \vdots & \ddots & \vdots \\ a_{n2} & a_{n3} & \cdots & a_{nn} \end{vmatrix}$$

$$=a_{11}(-1)^{1+1}M_{11}=a_{11}A_{11}.$$

(2) 假设 D 中第 i 行除 a_{ij} 外其余皆为零，这时

$$D=\begin{vmatrix} a_{11} & \cdots & a_{1j-1} & a_{1j} & a_{1j+1} & \cdots & a_{1n} \\ \vdots & \ddots & \vdots & \vdots & \vdots & \ddots & \vdots \\ 0 & \cdots & 0 & a_{ij} & 0 & \cdots & 0 \\ \vdots & \ddots & \vdots & \vdots & \vdots & \ddots & \vdots \\ a_{n1} & \cdots & a_{nj-1} & a_{nj} & a_{nj+1} & \cdots & a_{nn} \end{vmatrix},$$

此时 $M_{ij}=\begin{vmatrix} a_{11} & \cdots & a_{1j-1} & a_{1j+1} & \cdots & a_{1n} \\ \vdots & \ddots & \vdots & \vdots & \ddots & \vdots \\ a_{n1} & \cdots & a_{nj-1} & a_{nj+1} & \cdots & a_{nn} \end{vmatrix}$，$A_{ij}=(-1)^{i+j}M_{ij}$.

把 D 中的第 i 行依次与第 $i-1$ 行，第 $i-2$ 行，…，第 1 行对换，再把第 j 列依次与第 $j-1$ 列，第 $j-2$ 列，…，第 1 列对换，这样共经过 $(i-1)+(j-1)$ 次行与列的对换，则 D 转化为 D_1，而 a_{ij} 的余子式 M_{ij} 位于 D_1 的右下角. 这时，

$$D_1=\begin{vmatrix} a_{ij} & 0 & \cdots & 0 \\ a_{1j} & a_{11} & \cdots & a_{1n} \\ \vdots & \vdots & \ddots & \vdots \\ a_{nj} & a_{n1} & \cdots & a_{nn} \end{vmatrix}=a_{ij}M_{ij}.$$

注意到行列式中任两行(列)的对换改变行列式的符号,故

$$D=(-1)^{(i-1)+(j-1)}D_1=(-1)^{i+j}a_{ij}M_{ij}=a_{ij}A_{ij}.$$

2.5.3.2 行列式依行(列)展开

✽ **定理 2.5.1** 行列式 D_n 等于它的任意一行(列)中所有元素与代数余子式乘积的和,即有 $D_n=a_{i1}A_{i1}+a_{i2}A_{i2}+\cdots+a_{in}A_{in}$,$1\leqslant i\leqslant n$,或 $D_n=a_{1j}A_{1j}+a_{2j}A_{2j}+\cdots+a_{nj}A_{nj}$,$1\leqslant j\leqslant n$.

证明 $$D_n=\begin{vmatrix} a_{11} & a_{12} & \cdots & a_{1n} \\ \vdots & \vdots & \ddots & \vdots \\ a_{i1} & a_{i2} & \cdots & a_{in} \\ \vdots & \vdots & \ddots & \vdots \\ a_{n1} & a_{n2} & \cdots & a_{nn} \end{vmatrix}$$

$$=\begin{vmatrix} a_{11} & a_{12} & \cdots & a_{1n} \\ \vdots & \vdots & \ddots & \vdots \\ a_{i1}+0+\cdots+0 & 0+a_{i2}+\cdots+0 & \cdots & 0+\cdots+a_{in} \\ \vdots & \vdots & \ddots & \vdots \\ a_{n1} & a_{n2} & \cdots & a_{nn} \end{vmatrix}$$

$$=\begin{vmatrix} a_{11} & a_{12} & \cdots & a_{1n} \\ \vdots & \vdots & \ddots & \vdots \\ a_{i1} & 0 & \cdots & 0 \\ \vdots & \vdots & \ddots & \vdots \\ a_{n1} & a_{n2} & \cdots & a_{nn} \end{vmatrix}+\begin{vmatrix} a_{11} & a_{12} & \cdots & a_{1n} \\ \vdots & \vdots & \ddots & \vdots \\ 0 & a_{i2} & \cdots & 0 \\ \vdots & \vdots & \ddots & \vdots \\ a_{n1} & a_{n2} & \cdots & a_{nn} \end{vmatrix}+\cdots+\begin{vmatrix} a_{11} & a_{12} & \cdots & a_{1n} \\ \vdots & \vdots & \ddots & \vdots \\ 0 & 0 & \cdots & a_{in} \\ \vdots & \vdots & \ddots & \vdots \\ a_{n1} & a_{n2} & \cdots & a_{nn} \end{vmatrix}$$

$$=a_{i1}A_{i1}+a_{i2}A_{i2}+\cdots+a_{in}A_{in},1\leqslant i\leqslant n.$$

同理可证另一等式.

✽ **定理 2.5.2** 在行列式 $D_n=\begin{vmatrix} a_{11} & a_{12} & \cdots & a_{1n} \\ \vdots & \vdots & \ddots & \vdots \\ a_{i1} & a_{i2} & \cdots & a_{in} \\ \vdots & \vdots & \ddots & \vdots \\ a_{j1} & a_{j2} & \cdots & a_{jn} \\ \vdots & \vdots & \ddots & \vdots \\ a_{n1} & a_{n2} & \cdots & a_{nn} \end{vmatrix}$ 中,某一行(列)所有元素与另一行(列)对应元素的代数余子式乘积之和等于零,即有

$$a_{i1}A_{j1}+a_{i2}A_{j2}+\cdots+a_{in}A_{jn}=0,i\neq j,$$

$$a_{1s}A_{1t}+a_{2s}A_{2t}+\cdots+a_{ns}A_{nt}=0,s\neq t.$$

实际上，

$$a_{i1}A_{j1}+a_{i2}A_{j2}+\cdots+a_{in}A_{jn}=\begin{vmatrix} a_{11} & a_{12} & \cdots & a_{1n} \\ \vdots & \vdots & \ddots & \vdots \\ a_{i1} & a_{i2} & \cdots & a_{in} \\ \vdots & \vdots & \ddots & \vdots \\ a_{i1} & a_{i2} & \cdots & a_{in} \\ \vdots & \vdots & \ddots & \vdots \\ a_{n1} & a_{n2} & \cdots & a_{nn} \end{vmatrix}=0,i\neq j.$$

同理可证另一等式成立.

这两组公式可合并为行列式依行(列) 展开公式：

$$a_{i1}A_{j1}+a_{i2}A_{j2}+\cdots+a_{in}A_{jn}=\begin{cases} D_n, i=j, \\ 0, i\neq j. \end{cases}$$

$$a_{1s}A_{1t}+a_{2s}A_{2t}+\cdots+a_{ns}A_{nt}=\begin{cases} D_n, s=t, \\ 0, s\neq t. \end{cases}$$

2.5.4 例子剖析

例 2.5.1 在行列式 $D=\begin{vmatrix} a & b & c & d \\ g & h & p & q \\ s & t & u & v \\ w & x & y & z \end{vmatrix}$ 中,求元素 p 和 s 的余子式及代数余子式.

解 p 的余子式和代数余子式分别是

$$M_p=\begin{vmatrix} a & b & d \\ s & t & v \\ w & x & z \end{vmatrix}, A_p=(-1)^{2+3}\begin{vmatrix} a & b & d \\ s & t & v \\ w & x & z \end{vmatrix};$$

s 的余子式和代数余子式分别是

$$M_s=\begin{vmatrix} b & c & d \\ h & p & q \\ x & y & z \end{vmatrix}, A_s=(-1)^{3+1}\begin{vmatrix} b & c & d \\ h & p & q \\ x & y & z \end{vmatrix}.$$

评注 在求行列式某元素的余子式和代数余子式时,要特别注意这个元素真正所在的行和列.

例 2.5.2 计算行列式 $D_4=\begin{vmatrix} 3 & 1 & 0 & 2 \\ -1 & 0 & 6 & 2 \\ 1 & 0 & 1 & 1 \\ -3 & -2 & 0 & 1 \end{vmatrix}$.

解 按第 2 列展开：

$$D_4=1\times(-1)^{1+2}\begin{vmatrix} -1 & 6 & 2 \\ 1 & 1 & 1 \\ -3 & 0 & 1 \end{vmatrix}+(-2)\times(-1)^{4+2}\begin{vmatrix} 3 & 0 & 2 \\ -1 & 6 & 2 \\ 1 & 1 & 1 \end{vmatrix}$$

$$=-\begin{vmatrix}-7 & 0 & -4\\ 1 & 1 & 1\\ -3 & 0 & 1\end{vmatrix}-2\begin{vmatrix}3 & 0 & 2\\ -7 & 0 & -4\\ 1 & 1 & 1\end{vmatrix}$$

$$=(-1)\begin{vmatrix}-7 & -4\\ -3 & 1\end{vmatrix}+2\begin{vmatrix}3 & 2\\ -7 & -4\end{vmatrix}$$

$$=19+4=23.$$

评注　利用行列式依行(列)展开公式来计算行列式,应选择适当的行或列,若其中某行(列)的零元素较多,可直接选这一行(列)展开.

例 2.5.3　计算行列式 $D_4=\begin{vmatrix}1 & 1 & 1 & 1\\ 1 & 2 & 3 & 4\\ 1 & 3 & 6 & 10\\ 1 & 4 & 10 & 20\end{vmatrix}$.

解　先把第一列化为只有第一个元素非零,再降阶:

$$D_4=\begin{vmatrix}1 & 1 & 1 & 1\\ 0 & 1 & 2 & 3\\ 0 & 1 & 3 & 6\\ 0 & 1 & 4 & 10\end{vmatrix}=\begin{vmatrix}1 & 2 & 3\\ 1 & 3 & 6\\ 1 & 4 & 10\end{vmatrix}=\begin{vmatrix}1 & 2 & 3\\ 0 & 1 & 3\\ 0 & 1 & 4\end{vmatrix}=1.$$

评注　计算行列式的一个**基本原则**是:先利用行列式的性质把某行(列)化成有尽可能多的零,然后把行列式按该行(列)展开降阶,这样计算要简单些.如果不分青红皂白地把行列式降阶,由于要计算的行列式个数成倍增多,这时计算量未必减少.

例 2.5.4　计算范德蒙行列式

$$D_n=\begin{vmatrix}1 & 1 & \cdots & 1 & 1\\ a_1 & a_2 & \cdots & a_{n-1} & a_n\\ a_1^2 & a_2^2 & \cdots & a_{n-1}^2 & a_n^2\\ \vdots & \vdots & \ddots & \vdots & \vdots\\ a_1^{n-1} & a_2^{n-1} & \cdots & a_{n-1}^{n-1} & a_n^{n-1}\end{vmatrix}.$$

解

$$D_n\xlongequal[(-a_n)\text{加到下一行}]{\text{依次从第 }n-1\text{ 行起到第一行,每行乘以}}\begin{vmatrix}1 & 1 & \cdots & 1 & 1\\ a_1-a_n & a_2-a_n & \cdots & a_{n-1}-a_n & 0\\ a_1^2-a_1a_n & a_2^2-a_2a_n & \cdots & a_{n-1}^2-a_{n-1}a_n & 0\\ \vdots & \vdots & \ddots & \vdots & \vdots\\ a_1^{n-1}-a_1^{n-2}a_n & a_2^{n-1}-a_2^{n-2}a_n & \cdots & a_{n-1}^{n-1}-a_{n-1}^{n-2}a_n & 0\end{vmatrix}_n$$

$$=(-1)^{n+1}\begin{vmatrix}a_1-a_n & a_2-a_n & \cdots & a_{n-1}-a_n\\ a_1(a_1-a_n) & a_2(a_2-a_n) & \cdots & a_{n-1}(a_{n-1}-a_n)\\ a_1^2(a_1-a_n) & a_2^2(a_2-a_n) & \cdots & a_{n-1}^2(a_{n-1}-a_n)\\ \vdots & \vdots & \ddots & \vdots\\ a_1^{n-2}(a_1-a_n) & a_2^{n-2}(a_2-a_n) & \cdots & a_{n-1}^{n-2}(a_{n-1}-a_n)\end{vmatrix}_{n-1}$$

$$= (-1)^{n+1} \times (-1)^{n-1} \prod_{i=1}^{n-1} (a_n - a_i) \begin{vmatrix} 1 & 1 & \cdots & 1 & 1 \\ a_1 & a_2 & \cdots & a_{n-2} & a_{n-1} \\ a_1^2 & a_2^2 & \cdots & a_{n-2}^2 & a_{n-1}^2 \\ \vdots & \vdots & \ddots & \vdots & \vdots \\ a_1^{n-2} & a_2^{n-2} & \cdots & a_{n-2}^{n-2} & a_{n-1}^{n-2} \end{vmatrix}_{n-1}$$

$$= \prod_{i=1}^{n-1} (a_n - a_i) D_{n-1} = \prod_{i=1}^{n-1} (a_n - a_i) \prod_{i=1}^{n-2} (a_{n-1} - a_i) D_{n-2} = \cdots$$

$$= \prod_{i=1}^{n-1} (a_n - a_i) \cdots \prod_{i=1}^{2} (a_3 - a_i) \begin{vmatrix} 1 & 1 \\ a_1 & a_2 \end{vmatrix} = \prod_{1 \leqslant i < j \leqslant n} (a_j - a_i).$$

评注　计算行列式的这种方法称为**递推法**. 也可利用**归纳法**计算. 先计算二、三阶行列式:

$$D_2 = a_2 - a_1, D_3 = (a_3 - a_2)(a_3 - a_1)(a_2 - a_1),$$

然后猜测 $D_n = \prod\limits_{1 \leqslant i < j \leqslant n} (a_j - a_i)$. 最后用归纳法证之.

2.5.5　练习与探究

2.5.5.1　练习

1. 设 $D_4 = \begin{vmatrix} 1 & -2 & 1 & 3 \\ 0 & 2 & 5 & 2 \\ 0 & 0 & 3 & 1 \\ 0 & 0 & 0 & 2 \end{vmatrix}$, 计算 $A_{21} + A_{22} + A_{23} + A_{24}$.

2. 设 $a_1, a_2, \cdots, a_{n-1}$ 是互不相同的数, 令

$$f(x) = \begin{vmatrix} 1 & x & x^2 & \cdots & x^{n-1} \\ 1 & a_1 & a_1^2 & \cdots & a_1^{n-1} \\ \vdots & \vdots & \vdots & \ddots & \vdots \\ 1 & a_{n-1} & a_{n-1}^2 & \cdots & a_{n-1}^{n-1} \end{vmatrix}.$$

证明: $f(x)$ 是一个 $(n-1)$ 次多项式, 并求出 $f(x)$ 的所有根.

3. 计算下面的行列式:

$$(1) D_5 = \begin{vmatrix} 0 & 1 & 2 & -1 & 4 \\ 2 & 0 & 1 & 2 & 1 \\ -1 & 3 & 5 & 1 & 2 \\ 3 & 3 & 1 & 2 & 1 \\ 2 & 1 & 0 & 3 & 5 \end{vmatrix};$$

$$(2) D_n = \begin{vmatrix} x & y & 0 & \cdots & 0 & 0 \\ 0 & x & y & \cdots & 0 & 0 \\ \vdots & \vdots & \vdots & \ddots & \vdots & \vdots \\ 0 & 0 & 0 & \cdots & x & y \\ y & 0 & 0 & \cdots & 0 & x \end{vmatrix}.$$

2.5.5.2　探究

1. 计算：$D_n=\begin{vmatrix}1&1&1&\cdots&1\\x_1&x_2&x_3&\cdots&x_n\\\vdots&\vdots&\vdots&\ddots&\vdots\\x_1^{n-2}&x_2^{n-2}&x_3^{n-2}&\cdots&x_n^{n-2}\\x_1^n&x_2^n&x_3^n&\cdots&x_n^n\end{vmatrix}$.

2. 计算：$D_n=\begin{vmatrix}a_1&a_2&a_3&\cdots&a_{n-1}&a_n\\1&-1&0&\cdots&0&0\\0&2&-2&\cdots&0&0\\\vdots&\vdots&\vdots&\ddots&\vdots&\vdots\\0&0&0&\cdots&n-1&1-n\end{vmatrix}$.

2.6　行列式的计算

对一般的数字行列式，如果它的元素之间没有特定的规律，其计算方法是：

(1) 利用行列式性质把它化为上三角或下三角行列式，这时行列式之值等于其主对角线上的元素的连乘积；

(2) 选定某一行(列)，利用行列式性质把其中的元素尽可能多地化为零；然后按这一行(列)展开，如此继续下去可得结果.

如果行列式的元素之间有某种规律，特别是含字母或式子的行列式，则需根据不同情况采用不同方法加以计算，这方面的计算颇有技巧性. 下面介绍一些典型方法.

2.6.1　研究问题

介绍计算含字母或式子的行列式的八种技巧.

2.6.2　主要结论

2.6.2.1　各行(列)倍数总加法

方法简介：各行(列)倍数总加法就是把每行(列)分别乘以某个倍数(可以不相等)，然后一齐加到第一行(列)，使第一行(列)的元素全相等，把这个共同因子提取出来后可使行列式易于简化.

例 2.6.1　计算 $D_n=\begin{vmatrix}x&a&a&\cdots&a\\a&x&a&\cdots&a\\\vdots&\vdots&\vdots&\ddots&\vdots\\a&a&a&\cdots&x\end{vmatrix}$.

解

$$D_n \xlongequal[\text{每行乘以1加到第1行}]{\text{从第2行起到第}n\text{行,}} \begin{vmatrix} x+(n-1)a & x+(n-1)a & x+(n-1)a & \cdots & x+(n-1)a \\ a & x & a & \cdots & a \\ \vdots & \vdots & \vdots & \ddots & \vdots \\ a & a & a & \cdots & x \end{vmatrix}$$

$$= [x+(n-1)a] \begin{vmatrix} 1 & 1 & 1 & \cdots & 1 \\ a & x & a & \cdots & a \\ \vdots & \vdots & \vdots & \ddots & \vdots \\ a & a & a & \cdots & x \end{vmatrix}$$

$$\xlongequal[\text{第3行},\cdots,\text{第}n\text{行}]{\text{用}-a\text{乘第1行分别加到第2行,}} [x+(n-1)a] \begin{vmatrix} 1 & 1 & 1 & \cdots & 1 \\ 0 & x-a & 0 & \cdots & 0 \\ 0 & 0 & x-a & \cdots & 0 \\ \vdots & \vdots & \vdots & \ddots & \vdots \\ 0 & 0 & 0 & \cdots & x-a \end{vmatrix}$$

$$= [x+(n-1)a](x-a)^{n-1}.$$

2.6.2.2 逐行(列)倍数依次相加法

方法简介:依次用某个倍数(可以不相等)乘以后(前)行(列)然后加到前(后)行(列),达到把行列式化简的目的.

例 2.6.2 计算 $D_n = \begin{vmatrix} x & -1 & 0 & \cdots & 0 & 0 \\ 0 & x & -1 & \cdots & 0 & 0 \\ \vdots & \vdots & \vdots & \ddots & \vdots & \vdots \\ 0 & 0 & 0 & \cdots & x & -1 \\ a_n & a_{n-1} & a_{n-2} & \cdots & a_2 & x+a_1 \end{vmatrix}$.

解 依次把第 n 列,第 $n-1$ 列,…,第 2 列乘 x 加到第 $n-1$ 列,…,第 2 列,第 1 列得

$D_n =$

$$\begin{vmatrix} 0 & -1 & 0 & \cdots & 0 & 0 \\ 0 & 0 & -1 & \cdots & 0 & 0 \\ \vdots & \vdots & \vdots & \ddots & \vdots & \vdots \\ 0 & 0 & 0 & \cdots & 0 & -1 \\ x^n + \sum_{i=1}^{n} a_i x^{n-i} & x^{n-1} + \sum_{i=1}^{n-1} a_i x^{n-1-i} & x^{n-2} + \sum_{i=1}^{n-2} a_i x^{n-2-i} & \cdots & x^2 + \sum_{i=1}^{2} a_i x^{2-i} & x+a_1 \end{vmatrix}$$

$$= (-1)^{n+1}\left(x^n + \sum_{i=1}^{n} a_i x^{n-i}\right) \begin{vmatrix} -1 & 0 & \cdots & 0 & 0 \\ 0 & -1 & \cdots & 0 & 0 \\ \vdots & \vdots & \ddots & \vdots & \vdots \\ 0 & 0 & \cdots & 0 & -1 \end{vmatrix}$$

$$= x^n + \sum_{i=1}^{n} a_i x^{n-i}.$$

2.6.2.3 递推法

方法简介:利用行列式的性质找出 n 阶行列式与 $n-1$ 阶行列式(结构相同)的递推关系式,根据这个递推关系式和二阶(或三阶)初始行列式的值即可求出原行列式的值.

例 2.6.3　计算范德蒙行列式

$$D_n=\begin{vmatrix}1 & 1 & \cdots & 1 & 1\\ a_1 & a_2 & \cdots & a_{n-1} & a_n\\ a_1^2 & a_2^2 & \cdots & a_{n-1}^2 & a_n^2\\ \vdots & \vdots & \ddots & \vdots & \vdots\\ a_1^{n-1} & a_2^{n-1} & \cdots & a_{n-1}^{n-1} & a_n^{n-1}\end{vmatrix}.$$

见例 2.5.4 的计算过程，请读者细细体会.

对例 2.6.2 也可使用递推法求解.

把 D_n 按第一列展开得

$$D_n=xD_{n-1}+a_n,$$

于是

$$\begin{aligned}D_n&=x(xD_{n-2}+a_{n-1})+a_n\\&=x^2D_{n-2}+a_{n-1}x+a_n\\&=\cdots\\&=x^{n-2}D_2+\cdots+a_{n-1}x+a_n\\&=x^n+a_1x^{n-1}+\cdots+a_{n-1}x+a_n.\end{aligned}$$

2.6.2.4　加边法

方法简介：在 n 阶行列式的基础上再增加一行一列，使之构成与原行列式相等的 $n+1$ 阶行列式，通过加边使行列式易于简化.

例 2.6.4　计算 $D_n=\begin{vmatrix}x+a_1 & a_2 & a_3 & \cdots & a_n\\ a_1 & x+a_2 & a_3 & \cdots & a_n\\ \vdots & \vdots & \vdots & \ddots & \vdots\\ a_1 & a_2 & a_3 & \cdots & x+a_n\end{vmatrix}$.

解

$$D_n=\begin{vmatrix}1 & a_1 & a_2 & a_3 & \cdots & a_n\\ 0 & x+a_1 & a_2 & a_3 & \cdots & a_n\\ 0 & a_1 & x+a_2 & a_3 & \cdots & a_n\\ \vdots & \vdots & \vdots & \vdots & \ddots & \vdots\\ 0 & a_1 & a_2 & a_3 & \cdots & x+a_n\end{vmatrix}_{n+1}\xlongequal[\text{第 3 行},\cdots,\text{第 } n \text{ 行}]{\text{第 1 行乘以}(-1)\text{分别加到第 2 行},}$$

$$\begin{vmatrix}1 & a_1 & a_2 & a_3 & \cdots & a_n\\ -1 & x & 0 & 0 & \cdots & 0\\ -1 & 0 & x & 0 & \cdots & 0\\ \vdots & \vdots & \vdots & & \ddots & \vdots\\ -1 & 0 & 0 & 0 & \cdots & x\end{vmatrix}_{n+1}\xlongequal[\text{分别用}\frac{1}{x}\text{乘第 2,3,}\cdots,n\text{ 列，加到第 1 列}]{\text{当 } x\neq 0 \text{ 时，}}\begin{vmatrix}1+\sum\limits_{i=1}^{n}\frac{a_i}{x} & a_1 & a_2 & a_3 & \cdots & a_n\\ 0 & x & 0 & 0 & \cdots & 0\\ 0 & 0 & x & 0 & \cdots & 0\\ \vdots & \vdots & \vdots & \vdots & \ddots & \vdots\\ 0 & 0 & 0 & 0 & \cdots & x\end{vmatrix}_{n+1}$$

$$=x^n\left(1+\sum_{i=1}^{n}\frac{a_i}{x}\right)=x^n+x^{n-1}\sum_{i=1}^{n}a_i.$$

当 $x=0$ 时，也有 $D_n=0=x^n+x^{n-1}\sum\limits_{i=1}^{n}a_i$.

综上所述 $D_n=x^n+x^{n-1}\sum\limits_{i=1}^{n}a_i$.

2.6.2.5 配对法

方法简介:根据行列式的结构把某些行(列)结合在一起,使所列式易于简化.

例 2.6.5 计算 $D_{2n}=\begin{vmatrix} x & 0 & 0 & \cdots & 0 & 0 & y \\ 0 & x & 0 & \cdots & 0 & y & 0 \\ 0 & 0 & x & \cdots & y & 0 & 0 \\ \vdots & \vdots & \vdots & \ddots & \vdots & \vdots & \vdots \\ 0 & 0 & y & \cdots & x & 0 & 0 \\ 0 & y & 0 & \cdots & 0 & x & 0 \\ y & 0 & 0 & \cdots & 0 & 0 & x \end{vmatrix}$.

解

$$D_{2n}\xlongequal[\substack{2n,\cdots,n+1\text{ 行},\text{分别}\\ \text{加到第 }1,2,\cdots,n\text{ 行}}]{\text{用 1 乘第}}\begin{vmatrix} x+y & 0 & 0 & \cdots & 0 & 0 & x+y \\ 0 & x+y & 0 & \cdots & 0 & x+y & 0 \\ 0 & 0 & x+y & \cdots & x+y & 0 & 0 \\ \vdots & \vdots & \vdots & \ddots & \vdots & \vdots & \vdots \\ 0 & 0 & y & \cdots & x & 0 & 0 \\ 0 & y & 0 & \cdots & 0 & x & 0 \\ y & 0 & 0 & \cdots & 0 & 0 & x \end{vmatrix}$$

$$=(x+y)^n\begin{vmatrix} 1 & 0 & 0 & \cdots & 0 & 0 & 1 \\ 0 & 1 & 0 & \cdots & 0 & 1 & 0 \\ 0 & 0 & 1 & \cdots & 1 & 0 & 0 \\ \vdots & \vdots & \vdots & \ddots & \vdots & \vdots & \vdots \\ 0 & 0 & y & \cdots & x & 0 & 0 \\ 0 & y & 0 & \cdots & 0 & x & 0 \\ y & 0 & 0 & \cdots & 0 & 0 & x \end{vmatrix}$$

$$\xlongequal[\substack{n\text{ 行},\text{分别加到}\\ \text{第 }2n,\cdots,n+1\text{ 行}}]{\text{用 }-y\text{ 乘第 }1,\cdots,}(x+y)^n\begin{vmatrix} 1 & 0 & 0 & \cdots & 0 & 0 & 1 \\ 0 & 1 & 0 & \cdots & 0 & 1 & 0 \\ 0 & 0 & 1 & \cdots & 1 & 0 & 0 \\ \vdots & \vdots & \vdots & \ddots & \vdots & \vdots & \vdots \\ 0 & 0 & 0 & \cdots & x-y & 0 & 0 \\ 0 & 0 & 0 & \cdots & 0 & x-y & 0 \\ 0 & 0 & 0 & \cdots & 0 & 0 & x-y \end{vmatrix}$$

$$=(x+y)^n(x-y)^n.$$

2.6.2.6 拆项法

方法简介:把原行列式拆成两个或多个同阶行列式的和,使拆后的行列式易于简化.

例 2.6.6　计算 $D_n = \begin{vmatrix} 1 & 1 & \cdots & 1 \\ x_1(x_1-1) & x_2(x_2-1) & \cdots & x_n(x_n-1) \\ x_1^2(x_1-1) & x_2^2(x_2-1) & \cdots & x_n^2(x_n-1) \\ \vdots & \vdots & \ddots & \vdots \\ x_1^{n-1}(x_1-1) & x_2^{n-1}(x_2-1) & \cdots & x_n^{n-1}(x_n-1) \end{vmatrix}$.

解

$$D_n = \begin{vmatrix} x_1-(x_1-1) & x_2-(x_2-1) & \cdots & x_n-(x_n-1) \\ x_1(x_1-1) & x_2(x_2-1) & \cdots & x_n(x_n-1) \\ x_1^2(x_1-1) & x_2^2(x_2-1) & \cdots & x_n^2(x_n-1) \\ \vdots & \vdots & \ddots & \vdots \\ x_1^{n-1}(x_1-1) & x_2^{n-1}(x_2-1) & \cdots & x_n^{n-1}(x_n-1) \end{vmatrix}$$

$$= \begin{vmatrix} x_1 & x_2 & \cdots & x_n \\ x_1(x_1-1) & x_2(x_2-1) & \cdots & x_n(x_n-1) \\ x_1^2(x_1-1) & x_2^2(x_2-1) & \cdots & x_n^2(x_n-1) \\ \vdots & \vdots & \ddots & \vdots \\ x_1^{n-1}(x_1-1) & x_2^{n-1}(x_2-1) & \cdots & x_n^{n-1}(x_n-1) \end{vmatrix}$$

$$- \begin{vmatrix} x_1-1 & x_2-1 & \cdots & x_n-1 \\ x_1(x_1-1) & x_2(x_2-1) & \cdots & x_n(x_n-1) \\ x_1^2(x_1-1) & x_2^2(x_2-1) & \cdots & x_n^2(x_n-1) \\ \vdots & \vdots & \ddots & \vdots \\ x_1^{n-1}(x_1-1) & x_2^{n-1}(x_2-1) & \cdots & x_n^{n-1}(x_n-1) \end{vmatrix}$$

$$\xlongequal[n-1\text{ 行,加到第 }2,3,\cdots,n\text{ 行}]{\text{对第一个行列式,依次把第 }1,2,\cdots,} \begin{vmatrix} x_1 & x_2 & \cdots & x_n \\ x_1^2 & x_2^2 & \cdots & x_n^2 \\ x_1^3 & x_2^3 & \cdots & x_n^3 \\ \vdots & \vdots & \ddots & \vdots \\ x_1^n & x_2^n & \cdots & x_n^n \end{vmatrix} - \sum_{i=1}^{n}(x_i-1) \begin{vmatrix} 1 & 1 & \cdots & 1 \\ x_1 & x_2 & \cdots & x_n \\ x_1^2 & x_2^2 & \cdots & x_n^2 \\ \vdots & \vdots & \ddots & \vdots \\ x_1^{n-1} & x_2^{n-1} & \cdots & x_n^{n-1} \end{vmatrix}$$

$$= \prod_{i=1}^{n} x_i \prod_{1 \leqslant i < j \leqslant n}(x_j - x_i) - \prod_{i=1}^{n}(x_i-1) \prod_{1 \leqslant i < j \leqslant n}(x_j - x_i)$$

$$= \left[\prod_{i=1}^{n} x_i - \prod_{i=1}^{n}(x_i-1)\right] \prod_{1 \leqslant i < j \leqslant n}(x_j - x_i).$$

2.6.2.7　归纳法

方法简介:先计算低阶(如一、二阶)行列式的值,然后根据规律进行猜测,最后用归纳法证明之.

例 2.6.7

$$
计算 D_n = \begin{vmatrix} \cos\alpha & 1 & 0 & \cdots & 0 & 0 \\ 1 & 2\cos\alpha & 1 & \cdots & 0 & 0 \\ 0 & 1 & 2\cos\alpha & \cdots & 0 & 0 \\ \vdots & \vdots & \vdots & \ddots & \vdots & \vdots \\ 0 & 0 & 0 & \cdots & 1 & 2\cos\alpha \end{vmatrix}
$$

解 $D_2 = \begin{vmatrix} \cos\alpha & 1 \\ 1 & 2\cos\alpha \end{vmatrix} = 2\cos^2\alpha - 1 = \cos 2\alpha$,

$$
D_3 = \begin{vmatrix} \cos\alpha & 1 & 0 \\ 1 & 2\cos\alpha & 1 \\ 0 & 1 & 2\cos\alpha \end{vmatrix} = \begin{vmatrix} 0 & 1 - 2\cos^2\alpha & -\cos\alpha \\ 1 & 2\cos\alpha & 1 \\ 0 & 1 & 2\cos\alpha \end{vmatrix}
$$

$$
= \begin{vmatrix} 2\cos^2\alpha - 1 & \cos\alpha \\ 1 & 2\cos\alpha \end{vmatrix} = 4\cos^3\alpha - 3\cos\alpha = \cos 3\alpha.
$$

我们猜测 $D_n = \cos n\alpha$.

证明 当 $n = 2,3$ 时,结论成立.

假设结论对 $n-1$ 阶、$n-2$ 阶行列式成立,即

$$
D_{n-1} = \cos(n-1)\alpha, D_{n-2} = \cos(n-2)\alpha,
$$

则对 n 阶行列式,有

$$
D_n = 2\cos\alpha \begin{vmatrix} \cos\alpha & 1 & 0 & \cdots & 0 & 0 \\ 1 & 2\cos\alpha & 1 & \cdots & 0 & 0 \\ 0 & 1 & 2\cos\alpha & \cdots & 0 & 0 \\ \vdots & \vdots & \vdots & \ddots & \vdots & \vdots \\ 0 & 0 & 0 & \cdots & 1 & 2\cos\alpha \end{vmatrix}_{n-1}
$$

$$
+ (-1)^{n+n-1} \begin{vmatrix} \cos\alpha & 1 & 0 & \cdots & 0 & 0 \\ 1 & 2\cos\alpha & 1 & \cdots & 0 & 0 \\ 0 & 1 & 2\cos\alpha & \cdots & 0 & 0 \\ \vdots & \vdots & \vdots & \ddots & \vdots & \vdots \\ 0 & 0 & 0 & \cdots & 1 & 1 \end{vmatrix}_{n-1}
$$

$$
\begin{aligned}
&= 2\cos\alpha D_{n-1} - D_{n-2} \\
&= 2\cos\alpha\cos(n-1)\alpha - \cos(n-2)\alpha \\
&= \cos n\alpha + \cos(n-2)\alpha - \cos(n-2)\alpha \\
&= \cos n\alpha.
\end{aligned}
$$

2.6.2.8 联立方程求解法

方法简介:先寻找 D_n 与 D_{n-1} 之间的两个关系式,然后消去 D_{n-1} 从而得到原行列式 D_n 的值.

例 2.6.8　计算 $D_n=\begin{vmatrix} a+b & ab & 0 & \cdots & 0 & 0 \\ 1 & a+b & ab & \cdots & 0 & 0 \\ 0 & 1 & a+b & \cdots & 0 & 0 \\ \vdots & \vdots & \vdots & \ddots & \vdots & \vdots \\ 0 & 0 & 0 & \cdots & 1 & a+b \end{vmatrix}$

解

$$D_n=\begin{vmatrix} a & ab & 0 & \cdots & 0 & 0 \\ 1 & a+b & ab & \cdots & 0 & 0 \\ 0 & 1 & a+b & \cdots & 0 & 0 \\ \vdots & \vdots & \vdots & \ddots & \vdots & \vdots \\ 0 & 0 & 0 & \cdots & 1 & a+b \end{vmatrix}+\begin{vmatrix} b & ab & 0 & \cdots & 0 & 0 \\ 0 & a+b & ab & \cdots & 0 & 0 \\ 0 & 1 & a+b & \cdots & 0 & 0 \\ \vdots & \vdots & \vdots & \ddots & \vdots & \vdots \\ 0 & 0 & 0 & \cdots & 1 & a+b \end{vmatrix}$$

$$\xlongequal[(-b)\text{加到下一列}]{\substack{\text{从第 1 列起}\\\text{每列依次乘}}}\begin{vmatrix} a & 0 & 0 & \cdots & 0 & 0 \\ 1 & a & 0 & \cdots & 0 & 0 \\ 0 & 1 & a & \cdots & 0 & 0 \\ \vdots & \vdots & \vdots & \ddots & \vdots & \vdots \\ 0 & 0 & 0 & \cdots & 1 & a \end{vmatrix}+b\begin{vmatrix} a+b & ab & \cdots & 0 & 0 \\ 1 & a+b & \cdots & 0 & 0 \\ \vdots & \vdots & \ddots & \vdots & \vdots \\ 0 & 0 & \cdots & 1 & a+b \end{vmatrix}$$

$$=a^n+bD_{n-1}. \qquad ①$$

又

$$D_n=\begin{vmatrix} b & ab & 0 & \cdots & 0 & 0 \\ 1 & a+b & ab & \cdots & 0 & 0 \\ 0 & 1 & a+b & \cdots & 0 & 0 \\ \vdots & \vdots & \vdots & \ddots & \vdots & \vdots \\ 0 & 0 & 0 & \cdots & 1 & a+b \end{vmatrix}+\begin{vmatrix} a & ab & 0 & \cdots & 0 & 0 \\ 0 & a+b & ab & \cdots & 0 & 0 \\ 0 & 1 & a+b & \cdots & 0 & 0 \\ \vdots & \vdots & \vdots & \ddots & \vdots & \vdots \\ 0 & 0 & 0 & \cdots & 1 & a+b \end{vmatrix}$$

$$=b^n+aD_{n-1}. \qquad ②$$

① $\times a-$ ② $\times b$ 得　　$(a-b)D_n=a^{n+1}-b^{n+1}$.

当 $a=b$ 时，$D_n=a^n+a(a^{n-1}+aD_{n-2})=(n+1)a^n$；

当 $a\neq b$ 时，$D_n=\dfrac{a^{n+1}-b^{n+1}}{a-b}=a^n+a^{n-1}b+\cdots+ab^{n-1}+b^n$.

综上，　$D_n=a^n+a^{n-1}b+\cdots+ab^{n-1}+b^n$.

2.6.3　练习与探究

2.6.3.1　练习

1. 计算：$D_n=\begin{vmatrix} 1 & 3 & 3 & \cdots & 3 \\ 3 & 3 & 3 & \cdots & 3 \\ 3 & 3 & 3 & \cdots & 3 \\ \vdots & \vdots & \vdots & \ddots & \vdots \\ 3 & 3 & 3 & \cdots & n \end{vmatrix}$.

2. 计算：$D_n=\begin{vmatrix} x_1-m & x_2 & \cdots & x_n \\ x_1 & x_2-m & \cdots & x_n \\ \vdots & \vdots & \ddots & \vdots \\ x_1 & x_2 & \cdots & x_n-m \end{vmatrix}$.

3. 计算：$D_n=\begin{vmatrix} a+x_1 & a & a & \cdots & a \\ a & a+x_2 & a & \cdots & a \\ a & a & a+x_3 & \cdots & a \\ \vdots & \vdots & \vdots & \ddots & \vdots \\ a & a & a & \cdots & a+x_n \end{vmatrix}$.

4. 计算：$D_n=\begin{vmatrix} a+b & ab & 0 & \cdots & 0 & 0 \\ 1 & a+b & ab & \cdots & 0 & 0 \\ 0 & 1 & a+b & \cdots & 0 & 0 \\ \vdots & \vdots & \vdots & \ddots & \vdots & \vdots \\ 0 & 0 & 0 & \cdots & 1 & a+b \end{vmatrix}$.

2.6.3.2 探究

1. 用多种方法计算行列式

$$D_n=\begin{vmatrix} x & -1 & 0 & \cdots & 0 & 0 \\ 0 & x & -1 & \cdots & 0 & 0 \\ \vdots & \vdots & \vdots & \ddots & \vdots & \vdots \\ 0 & 0 & 0 & \cdots & x & -1 \\ a_n & a_{n-1} & a_{n-2} & \cdots & a_2 & x \end{vmatrix}.$$

2. 计算行列式

$$D_n=\begin{vmatrix} 1-x_1 & x_2 & 0 & 0 & \cdots & 0 & 0 \\ -1 & 1-x_2 & x_3 & 0 & \cdots & 0 & 0 \\ 0 & -1 & 1-x_3 & x_4 & \cdots & 0 & 0 \\ \vdots & \vdots & \vdots & \vdots & \vdots & \vdots & \vdots \\ 0 & 0 & 0 & 0 & \cdots & -1 & 1-x_n \end{vmatrix}.$$

3. 计算行列式

$$D_n=\begin{vmatrix} 1 & 1 & 1 & \cdots & 1 & 1 \\ 1 & C_2^1 & C_3^1 & \cdots & C_{n-1}^1 & C_n^1 \\ 1 & C_3^2 & C_4^2 & \cdots & C_n^2 & C_{n+1}^2 \\ \vdots & \vdots & \vdots & \ddots & \vdots & \vdots \\ 1 & C_{n-1}^{n-2} & C_n^{n-2} & \cdots & C_{2n-4}^{n-2} & C_{2n-3}^{n-2} \\ 1 & C_n^{n-1} & C_{n+1}^{n-1} & \cdots & C_{2n-3}^{n-1} & C_{2n-2}^{n-1} \end{vmatrix}.$$

提示：$C_n^i=C_{n-1}^{i-1}+C_{n-1}^i$.

2.7　克拉默法则

在2.1节我们曾提出下面的问题：对于 n 元一次线性方程组，是否也有类似于式(2.1.1)、式(2.1.2)的公式解？在给出行列式的定义及性质，并讨论行列式的计算后，现在可以解决这个问题．这就是下面要介绍的克拉默(Cramer)法则．本节围绕以下问题展开讨论．

克拉默法则

2.7.1　研究问题

(1) n 元一次线性方程组及系数行列式．

(2) 解 n 元一次线性方程组的克拉默法则．

(3) 齐次线性方程组有非零解的必要条件．

2.7.2　基本概念

设 n 元一次线性方程组为

$$\begin{cases} a_{11}x_1 + a_{12}x_2 + \cdots + a_{1n}x_n = b_1, \\ a_{21}x_1 + a_{22}x_2 + \cdots + a_{2n}x_n = b_2, \\ \cdots\cdots \\ a_{n1}x_1 + a_{n2}x_2 + \cdots + a_{nn}x_n = b_n. \end{cases} \tag{2.7.1}$$

其中 $a_{ij}, b_i \in F, i, j, = 1, 2, \cdots, n$．称

$$D = \begin{vmatrix} a_{11} & a_{12} & \cdots & a_{1n} \\ a_{21} & a_{22} & \cdots & a_{2n} \\ \vdots & \vdots & \ddots & \vdots \\ a_{n1} & a_{n2} & \cdots & a_{nn} \end{vmatrix}$$

为这个方程组的**系数行列式**．把 D 中的第 j 列换成常数列 $(b_1, b_2, \cdots, b_n)'$ 后所得行列式记为

$$D_j = \begin{vmatrix} a_{11} & \cdots & a_{1j-1} & b_1 & a_{1j+1} & \cdots & a_{1n} \\ a_{21} & \cdots & a_{2j-1} & b_2 & a_{2j+1} & \cdots & a_{2n} \\ \vdots & & \vdots & \vdots & \vdots & \ddots & \vdots \\ a_{n1} & \cdots & a_{nj-1} & b_n & a_{nj+1} & \cdots & a_{nn} \end{vmatrix},$$

则
$$D_j = b_1A_{1j} + b_2A_{2j} + \cdots + b_nA_{nj}, \quad j = 1, 2, \cdots, n.$$

如果在线性方程组(2.7.1)中常数项全为零，即有

$$\begin{cases} a_{11}x_1 + a_{12}x_2 + \cdots + a_{1n}x_n = 0, \\ a_{21}x_1 + a_{22}x_2 + \cdots + a_{2n}x_n = 0, \\ \cdots\cdots \\ a_{n1}x_1 + a_{n2}x_2 + \cdots + a_{nn}x_n = 0. \end{cases} \tag{2.7.2}$$

称方程组(2.7.2)为齐次线性方程组,这种方程组显然有解 $x_i = 0, i = 1,2,\cdots,n$,称其为零解.齐次线性方程组如果有其他的解,则称为非零解.我们关心的是方程组(2.7.2)什么时候有非零解.

2.7.3 主要结论

✻ 定理 2.7.1(克拉默法则) 如果线性方程组(2.7.1)的系数行列式 $D \neq 0$,则这个方程组有唯一解,其解为

$$x_1 = \frac{D_1}{D}, x_2 = \frac{D_2}{D}, \cdots, x_n = \frac{D_n}{D}. \tag{2.7.3}$$

其中 D_j 是把 D 中的第 j 列换成常数列 $(b_1, b_2, \cdots, b_n)'$ 所得的行列式, $j = 1,2,\cdots,n$.

该定理包括三个结论:

(1) 方程组在 $D \neq 0$ 时有解;

(2) 解是唯一的;

(3) 解由公式(2.7.3)给出.

这三个结论相互之间有联系,因此证明的步骤是:

(1) 把式(2.7.3)代入方程组,验证它是方程组(2.7.1)的解;

(2) 假设方程组有解,则它的解必可由公式(2.7.3)给出.

证明 把方程组简写成 $\sum\limits_{j=1}^{n} a_{ij} x_j = b_i, i = 1,2,\cdots,n$.

首先证明公式(2.7.3)确是方程组(2.7.1)的解,把 $x_j = \dfrac{D_j}{D}, j = 1,2,\cdots,n$ 代入第 i 个方程得

$$\begin{aligned}
\sum_{j=1}^{n} a_{ij} \frac{D_j}{D} &= \frac{1}{D} \sum_{j=1}^{n} a_{ij} D_j \\
&= \frac{1}{D} \sum_{j=1}^{n} a_{ij} (b_1 A_{1j} + b_2 A_{2j} + \cdots + b_n A_{nj}) \\
&= \frac{1}{D} [a_{i1}(b_1 A_{11} + b_2 A_{21} + \cdots + b_n A_{n1}) + a_{i2}(b_1 A_{12} + b_2 A_{22} \\
&\quad + \cdots + b_n A_{n2}) + \cdots + a_{in}(b_1 A_{1n} + b_2 A_{2n} + \cdots + b_n A_{nn})] \\
&= \frac{1}{D} [b_1(a_{i1} A_{11} + a_{i2} A_{12} + \cdots + a_{in} A_{1n}) + \cdots + b_i(a_{i1} A_{i1} + a_{i2} A_{i2} \\
&\quad + \cdots + a_{in} A_{in}) + \cdots + b_n(a_{i1} A_{n1} + a_{i2} A_{n2} + \cdots + a_{in} A_{nn})] \\
&= \frac{1}{D} b_i D = b_i, i = 1,2,\cdots,n.
\end{aligned}$$

因此, $x_j = \dfrac{D_j}{D}, j = 1,2,\cdots,n$ 是方程组(2.7.1)的解.

再证方程组(2.7.1)的解必由公式(2.7.3)给出.设 $x_1 = k_1, x_2 = k_2, \cdots, x_n = k_n$ 是方程组(2.7.1)的任一解,则有

$$\sum_{j=1}^{n} a_{ij} k_j = b_i, i = 1,2,\cdots,n. \tag{2.7.4}$$

用 D 中第 j 列元素 $a_{1j},a_{2j},\cdots,a_{nj}$ 的代数余子式 $A_{1j},A_{2j},\cdots,A_{nj}$ 依次乘以式(2.7.4)中的每个方程得

$$A_{ij}\sum_{j=1}^{n}a_{ij}k_j = b_iA_{ij},i=1,2,\cdots,n.$$

把这 n 个恒等式相加得

$$\sum_{i=1}^{n}(A_{ij}\sum_{j=1}^{n}a_{ij}k_j)=\sum_{i=1}^{n}b_iA_{ij}=D_j.$$

而

$$\begin{aligned}\sum_{i=1}^{n}(A_{ij}\sum_{j=1}^{n}a_{ij}k_j) &= \sum_{i=1}^{n}[A_{ij}(a_{i1}k_1+a_{i2}k_2+\cdots+a_{in}k_n)]\\ &= A_{1j}(a_{11}k_1+a_{12}k_2+\cdots+a_{1n}k_n)+A_{2j}(a_{21}k_1+a_{22}k_2\\ &\quad+\cdots+a_{2n}k_n)+\cdots+A_{nj}(a_{n1}k_1+a_{n2}k_2+\cdots+a_{nn}k_n)\\ &= k_1(a_{11}A_{1j}+a_{21}A_{2j}+\cdots+a_{n1}A_{nj})+\cdots+k_j(a_{1j}A_{1j}\\ &\quad+a_{2j}A_{2j}+\cdots+a_{nj}A_{nj})+\cdots+k_n(a_{1n}A_{1j}+a_{2n}A_{2j}+\cdots+a_{nn}A_{nj})\\ &= k_jD,j=1,2,\cdots,n,\end{aligned}$$

故

$$k_j=\frac{D_j}{D},j=1,2,\cdots,n.$$

✲ **定理 2.7.2**　若齐次线性方程组(2.7.2)的系数行列式 $D\neq 0$,则方程组(2.7.2)只有零解.

事实上,由克拉默法则,方程组(2.7.2)只有唯一解:$x_i=\dfrac{D_i}{D}$,但由于 $D_i=0$,所以 $x_i=0,i=1,2,\cdots,n$.

推论　齐次线性方程组(2.7.2)有非零解的充要条件是其系数行列式等于零.

必要性显然.充分性的证明留待下一章介绍.

2.7.4　例子剖析

例 2.7.1　解线性方程组 $\begin{cases}2x_1+x_2-5x_3+x_4=8,\\ x_1-3x_2-6x_4=9,\\ 2x_2-x_3+2x_4=-5,\\ x_1+4x_2-7x_3+6x_4=0.\end{cases}$

解　由于方程组的系数行列式

$$D=\begin{vmatrix}2&1&-5&1\\1&-3&0&-6\\0&2&-1&2\\1&4&-7&6\end{vmatrix}=\begin{vmatrix}0&7&-5&13\\1&-3&0&-6\\0&2&-1&2\\0&7&-7&12\end{vmatrix}=-\begin{vmatrix}7&-5&13\\2&-1&2\\7&-7&12\end{vmatrix}$$

$$=-\begin{vmatrix}-3&-5&3\\0&-1&0\\-7&-7&-2\end{vmatrix}=\begin{vmatrix}-3&3\\-7&-2\end{vmatrix}=6+21=27\neq 0,$$

故方程组有唯一解.

又算得 $D_1=81,D_2=-108,D_3=-27,D_4=27$,故方程组的解是 $x_1=3,x_2=-4$,

$x_3=-1, x_4=1$.

评注 克拉默法则只适用于方程个数与未知量个数相等,且系数行列式不等于零的线性方程组,如果方程个数与未知量个数不相等或虽相等,但系数行列式等于零,则克拉默法则失效.

例 2.7.2 当 λ 取何值时,齐次线性方程组$\begin{cases}\lambda x_1+x_2+x_3=0\\ x_1+\lambda x_2+x_3=0\\ x_1+x_2+\lambda x_3=0\end{cases}$有非零解?

解 $$D=\begin{vmatrix}\lambda & 1 & 1\\ 1 & \lambda & 1\\ 1 & 1 & \lambda\end{vmatrix}=\begin{vmatrix}0 & 1-\lambda & 1-\lambda^2\\ 0 & \lambda-1 & 1-\lambda\\ 1 & 1 & \lambda\end{vmatrix}$$

$$=\begin{vmatrix}1-\lambda & 1-\lambda^2\\ 0 & 2-\lambda-\lambda^2\end{vmatrix}=(1-\lambda)^2(2+\lambda).$$

当 $\lambda=1$ 或 $\lambda=-2$ 时,方程组有非零解.

2.7.5 练习和探究

2.7.5.1 练习

1. 用克拉默法则解下列线性方程组:

(1)$\begin{cases}2x_1-x_2+3x_3+2x_4=6,\\ 3x_1-3x_2+3x_3+2x_4=5,\\ 3x_1-x_2-x_3+2x_4=3,\\ 3x_1-x_2+3x_3-x_4=4.\end{cases}$ (2)$\begin{cases}x_1+2x_2+3x_3-2x_4=6,\\ 2x_1-x_2-2x_3-3x_4=8,\\ 3x_1+2x_2-x_3+2x_4=4,\\ 2x_1-3x_2+2x_3+x_4=-8.\end{cases}$

2. 设 $a_1,a_2,\cdots,a_n$ 是数域 F 上互不相同的数,$b_1,b_2,\cdots,b_n$ 是数域 F 上任一组给定的数,用克拉默法则证明:存在唯一的数域 F 上的多项式 $f(x)=c_0x^{n-1}+c_1x^{n-2}+\cdots+c_{n-1}$,使

$$f(a_i)=b_i,\quad i=1,2,\cdots,n.$$

3. 当 λ,μ 取何值时,齐次线性方程组$\begin{cases}\lambda x_1+x_2+x_3=0\\ x_1+\mu x_2+x_3=0\\ x_1+2\mu x_2+x_3=0\end{cases}$ 有非零解?

2.7.5.2 探究

1. 设 $f(x)=c_0+c_1x+\cdots+c_nx^n$. 若 $f(x)$ 有 $n+1$ 个不同的根 $a_1,a_2,\cdots,a_{n+1}$,用克拉默法则证明,$f(x)$ 是零多项式.

2. 用行列式方法证明克拉默法则.

2.8　拉普拉斯展开和行列式相乘

利用行列式的依行(列)展开可以把 n 阶行列式化为 $n-1$ 阶行列式来处理,这在简化计算以及证明中都有很好的应用.但有时我们希望根据行列式的构造把 n 阶行列式一下降为 $n-k$ 阶行列式来处理,这时必须把行列式依行(列)展开公式进行推广,这就是本节要介绍的拉普拉斯(Laplace)展开定理.本节围绕以下问题展开讨论.

2.8.1　研究问题

(1) 行列式的子式、余子式和代数余子式.

(2) 拉普拉斯展开定理.

(3) 两个行列式的乘法规则.

2.8.2　基本概念

✲定义 2.8.1　在 n 阶行列式 D 中,任意取定 k 行和 k 列 $(1 \leqslant k \leqslant n)$,设为第 $i_1, i_2, \cdots, i_k$ 行和第 $j_1, j_2, \cdots, j_k$ 列.行列式中位于这些行列交叉位置上的元素按照原来顺序构成的行列式称为 k 阶子式,记为 N;而在 D 中划去这 k 行 k 列后,余下的元素按照原来相对位置所构成的 $n-k$ 阶子式 M_N 称为子式 N 的**余子式**.

✲定义 2.8.2　N 的余子式 M_N 带上符号 $(-1)^{(i_1 i_2 \cdots i_k)+(j_1 j_2 \cdots j_k)}$ 得 $(-1)^{(i_1 i_2 \cdots i_k)+(j_1 j_2 \cdots j_k)} M_N$,称为 N 的**代数余子式**,记为 A_N.

注意　(1) 当 $k=1$ 时,上面定义的余子式和代数余子式就是 2.5 节中关于一个元素的余子式和代数余子式.

(2) M 是 N 的余子式,N 便是 M 的余子式,M, N 互为余子式.

2.8.3　主要结论

引理　n 阶行列式 D 的任一个 k 阶子式 N 与它的代数余子式 A_N 乘积中的每一项都是行列式 D 的展开式中的一项,而且符号也一致.

证明　(1) 首先考虑 k 阶子式 N 位于行列式 D 的左上方,即第 $1,2,\cdots,k$ 行和第 $1,2,\cdots,k$ 列的情况,这时

$$D = \begin{vmatrix} a_{11} & a_{12} & \cdots & a_{1k} & a_{1k+1} & \cdots & a_{1n} \\ \vdots & \vdots & \ddots & \vdots & \vdots & \ddots & \vdots \\ a_{k1} & a_{k2} & \cdots & a_{kk} & a_{kk+1} & \cdots & a_{kn} \\ a_{k+1,1} & a_{k+1,2} & \cdots & a_{k+1,k} & a_{k+1,k+1} & \cdots & a_{k+1,n} \\ \vdots & \vdots & \ddots & \vdots & \vdots & \ddots & \vdots \\ a_{n1} & a_{n2} & \cdots & a_{nk} & a_{n,k+1} & \cdots & a_{nn} \end{vmatrix},$$

D 中 k 阶子式 N 的余子式 M_N 位于右下角,其代数余子式为 A_N,这时,

$$A_N = (-1)^{(1+\cdots+k)+(1+\cdots+k)} M_N = M_N.$$

N 的每一项可写作 $a_{1i_1}a_{2i_2}\cdots a_{ki_k}$，其中 $i_1,i_2,\cdots,i_k$ 是 $1,2,\cdots,k$ 的一个排列，所以这一项前面所带符号为 $(-1)^{\tau(i_1i_2\cdots i_k)}$. M_N 中每项可写为 $a_{k+1,i_{k+1}}a_{k+2,i_{k+2}}\cdots a_{n,i_n}$，其中 $i_{k+1},i_{k+2},\cdots,i_n$ 是 $k+1,k+2,\cdots,n$ 的一个排列，这一项在 M_N 中所带的符号是 $(-1)^{\tau((i_{k+1}-k)(i_{k+2}-k)\cdots(i_n-k))}$ 或 $(-1)^{\tau(i_{k+1}i_{k+2}\cdots i_n)}$.

这两项的乘积是 $a_{1i_1}a_{2i_2}\cdots a_{ki_k}a_{k+1,i_{k+1}}a_{k+2,i_{k+2}}\cdots a_{n,i_n}$，所带的符号是 $(-1)^{\tau(i_1i_2\cdots i_k)+\tau(i_{k+1}i_{k+2}\cdots i_n)}$，由于 $i_{k+1},\cdots,i_n$ 都比 k 大，所以上述符号等于 $(-1)^{\tau(i_1i_2\cdots i_ki_{k+1}i_{k+2}\cdots i_n)}$，因此，这个乘积是行列式 D 中的一项，而且符号相同.

(2) 现考虑 N 位于 D 的第 $i_1,i_2,\cdots,i_k$ 行，第 $j_1,j_2,\cdots,j_k$ 列. 这里

$$i_1<i_2<\cdots<i_k;\quad j_1<j_2<\cdots<j_k.$$

为了利用(1) 中的结论，我们先把第 i_1 行依次与 $i_1-1,i_1-2,\cdots,2,1$ 行对换，这样经过 i_1-1 次对换把第 i_1 行换到第 1 行，再把第 i_2 行依次与第 $i_2-1,i_2-2,\cdots,2$ 行对换而换到第 2 行，共经 i_2-2 次对换把第 i_2 行换到第 2 行，如此进行下去，共经

$$(i_1-1)+(i_2-2)+\cdots+(i_k-k)=(i_1+i_2+\cdots+i_k)-(1+2+\cdots+k)$$

次行对换把第 $i_1,i_2,\cdots,i_k$ 行换到第 $1,2,\cdots,k$ 行.

利用类似的列对换，可以把 N 的第 $j_1,j_2,\cdots,j_k$ 列换到 $1,2,\cdots,k$ 列，这时一共经过

$$(j_1-1)+(j_2-2)+\cdots+(j_k-k)=(j_1+j_2+\cdots+j_k)-(1+2+\cdots+k)$$

次列对换.

用 D_1 表示经上述行、列变换后得到的新行列式，由于一次行或列对换改变行列式的符号，故新、旧行列式之间有如下关系：

$$\begin{aligned}D_1&=(-1)^{(i_1+i_2+\cdots+i_k)-(1+2+\cdots+k)+(j_1+j_2+\cdots+j_k)-(1+2+\cdots+k)}D\\&=(-1)^{(i_1+i_2+\cdots+i_k)+(j_1+j_2+\cdots+j_k)}D.\end{aligned}$$

由此可知，D_1 和 D 的展开式中出现的项是一样的，只不过每一项都相差一个符号

$$(-1)^{(i_1+i_2+\cdots+i_k)+(j_1+j_2+\cdots+j_k)}.$$

现在 N 位于 D_1 的左上角，它的余子式 M_N 位于 D_1 的右下角，由(1) 知 $N\cdot M_N$ 中的每一项都是 D_1 中的一项且符号相同，这时

$$N\cdot A_N=(-1)^{(i_1+i_2+\cdots+i_k)+(j_1+j_2+\cdots+j_k)}N\cdot M_N,$$

故 $N\cdot A_N$ 中每一项都与 D 中的一项相等，且符号一致.

✽ **定理 2.8.1(拉普拉斯定理)** 设在行列式 D 中任意取定 $k(1\leqslant k\leqslant n-1)$ 行(列)，由这 k 行(列)元素所组成的一切 k 阶子式与它们的代数余子式的乘积的和等于行列式 D.

证明 设在 D 中取定 k 行后所得的子式为 $M_1,M_2,\cdots,M_t$，它的代数余子式分别为 $A_1,A_2,\cdots,A_t$. 下证

$$D=M_1A_1+M_2A_2+\cdots+M_tA_t. \tag{2.8.1}$$

由引理知，M_iA_i 中的每一项都是 D 中的一项且符号相同，而 M_iA_i 和 $M_jA_j(i\neq j)$ 无公共项. 因此要证明(2.8.1) 式成立，只要证明等式两边的项数相等就可以了. 由定义知 D 中共有 $n!$项，为了计算(2.8.1) 式右边的项数，先算出 t 等于多少. 由组合知识可知

$$t=C_n^k=\frac{n!}{k!(n-k)!}.$$

因此取出的 k 阶子式共有 $\frac{n!}{k!(n-k)!}$ 个，而 M_i 中共有 $k!$项，A_i 中共有 $(n-k)!$项，故

等式(2.8.1)右边的项数共有 $k!(n-k)!t=n!$.因此结论成立.

✽ 定理 2.8.2　两个 n 阶行列式 $D_1=\begin{vmatrix} a_{11} & a_{12} & \cdots & a_{1n} \\ a_{21} & a_{22} & \cdots & a_{2n} \\ \vdots & \vdots & \ddots & \vdots \\ a_{n1} & a_{n2} & \cdots & a_{nn} \end{vmatrix}$ 和 $D_2=\begin{vmatrix} b_{11} & b_{12} & \cdots & b_{1n} \\ b_{21} & b_{22} & \cdots & b_{2n} \\ \vdots & \vdots & \ddots & \vdots \\ b_{n1} & b_{n2} & \cdots & b_{nn} \end{vmatrix}$ 的乘积 D_1D_2 仍是一个 n 阶行列式 D,D 可表为

$D=\begin{vmatrix} c_{11} & c_{12} & \cdots & c_{1n} \\ c_{21} & c_{22} & \cdots & c_{2n} \\ \vdots & \vdots & \ddots & \vdots \\ c_{n1} & c_{n2} & \cdots & c_{nn} \end{vmatrix}$,其中 c_{ij} 为 D_1 中第 i 行元素与 D_2 中第 j 列对应元素的乘积之和,即

$$c_{ij}=a_{i1}b_{1j}+a_{i2}b_{2j}+\cdots+a_{in}b_{nj},\quad i,j=1,2,\cdots,n.$$

这就是行列式的乘法规则.

证明　构造一个 $2n$ 阶行列式:

$$D_{2n}=\begin{vmatrix} a_{11} & a_{12} & \cdots & a_{1n} & 0 & 0 & \cdots & 0 \\ a_{12} & a_{22} & \cdots & a_{2n} & 0 & 0 & \cdots & 0 \\ \vdots & \vdots & \ddots & \vdots & \vdots & \vdots & \ddots & \vdots \\ a_{n1} & a_{n2} & \cdots & a_{nn} & 0 & 0 & \cdots & 0 \\ -1 & 0 & \cdots & 0 & b_{11} & b_{12} & \cdots & b_{1n} \\ 0 & -1 & \cdots & 0 & b_{21} & b_{22} & \cdots & b_{2n} \\ \vdots & \vdots & \ddots & \vdots & \vdots & \vdots & \ddots & \vdots \\ 0 & 0 & \cdots & -1 & b_{n1} & b_{n2} & \cdots & b_{nn} \end{vmatrix},$$

取定前 n 行,根据拉普拉斯展开得 $D_{2n}=D_1D_2$.

对 D_{2n} 作消法变换,即分别用 $b_{11},b_{12},\cdots,b_{n1}$ 乘 D_{2n} 的第 $1,2,\cdots,n$ 列加到第 $n+1$ 列;分别用 $b_{12},b_{22},\cdots,b_{n2}$ 乘第 $1,2,\cdots,n$ 列加到第 $n+2$ 列;…;分别用 $b_{1n},b_{2n},\cdots,b_{nn}$ 乘第 $1,2,\cdots,n$ 列加到第 $2n$ 列,则 D_{2n} 化为

$$\begin{vmatrix} a_{11} & a_{12} & \cdots & a_{1n} & a_{11}b_{11}+a_{12}b_{21}+\cdots+a_{1n}b_{n1} & \cdots & a_{11}b_{1n}+a_{12}b_{2n}+\cdots+a_{1n}b_{nn} \\ a_{21} & a_{22} & \cdots & a_{2n} & a_{21}b_{11}+a_{22}b_{21}+\cdots+a_{2n}b_{n1} & \cdots & a_{21}b_{1n}+a_{22}b_{2n}+\cdots+a_{2n}b_{nn} \\ \vdots & \vdots & \ddots & \vdots & \vdots & \ddots & \vdots \\ a_{n1} & a_{n2} & \cdots & a_{nn} & a_{n1}b_{11}+a_{n2}b_{21}+\cdots+a_{nn}b_{n1} & \cdots & a_{n1}b_{1n}+a_{n2}b_{2n}+\cdots+a_{nn}b_{nn} \\ -1 & 0 & \cdots & 0 & 0 & \cdots & 0 \\ 0 & -1 & \cdots & 0 & 0 & \cdots & 0 \\ \vdots & \vdots & \ddots & \vdots & \vdots & \ddots & \vdots \\ 0 & 0 & \cdots & -1 & 0 & \cdots & 0 \end{vmatrix}$$

$$= (-1)^{1+2+\cdots+n+(n+1)+(n+2)+\cdots+2n}(-1)^n \begin{vmatrix} c_{11} & c_{12} & \cdots & c_{1n} \\ c_{21} & c_{22} & \cdots & c_{2n} \\ \vdots & \vdots & \ddots & \vdots \\ c_{n1} & c_{n2} & \cdots & c_{nn} \end{vmatrix}$$

$$= (-1)^{\frac{2n(2n+1)}{2}}(-1)^n D = (-1)^{2n^2+2n} D = D = D_1 D_2 .$$

由此可得两个 n 阶行列式的乘法规则是

$$D_1 D_2 = \begin{vmatrix} \sum_{i=1}^{n} a_{1i}b_{i1} & \sum_{i=1}^{n} a_{1i}b_{i2} & \cdots & \sum_{i=1}^{n} a_{1i}b_{in} \\ \sum_{i=1}^{n} a_{2i}b_{i1} & \sum_{i=1}^{n} a_{2i}b_{i2} & \cdots & \sum_{i=1}^{n} a_{1i}b_{in} \\ \vdots & \vdots & \ddots & \vdots \\ \sum_{i=1}^{n} a_{ni}b_{i1} & \sum_{i=1}^{n} a_{ni}b_{i2} & \cdots & \sum_{i=1}^{n} a_{ni}b_{in} \end{vmatrix}$$

$$= \begin{vmatrix} c_{11} & c_{12} & \cdots & c_{1n} \\ c_{21} & c_{22} & \cdots & c_{2n} \\ \vdots & \vdots & \ddots & \vdots \\ c_{n1} & c_{n2} & \cdots & c_{nn} \end{vmatrix},$$

其中 $c_{ij} = a_{i1}b_{1j} + a_{i2}b_{2j} + \cdots + a_{in}b_{nj}, \quad i,j = 1,2,\cdots,n.$

2.8.4 例子剖析

例 2.8.1 写出行列式 $D = \begin{vmatrix} a & b & c & d \\ g & h & p & q \\ s & t & u & v \\ w & x & y & z \end{vmatrix}$ 中取定第一行和第三行、第一列和第三列所得的二阶子式、它们的余子式以及代数余子式.

解 二阶子式是 $N_2 = \begin{vmatrix} a & c \\ s & u \end{vmatrix}$，余子式是 $M_N = \begin{vmatrix} h & q \\ x & z \end{vmatrix}$，代数余子式是 $A_N = (-1)^{1+3+1+3}\begin{vmatrix} h & q \\ x & z \end{vmatrix} = \begin{vmatrix} h & q \\ x & z \end{vmatrix}$.

例 2.8.2 计算行列式 $D = \begin{vmatrix} 2 & 0 & 3 & 0 & 0 \\ 3 & 1 & 2 & 3 & -1 \\ 7 & 1 & 4 & 1 & 2 \\ -1 & 0 & 2 & 0 & 0 \\ 5 & 2 & 0 & 0 & 1 \end{vmatrix}$.

解 取定第一、四两行，由拉普拉斯定理得

$$D = \begin{vmatrix} 2 & 3 \\ -1 & 2 \end{vmatrix} (-1)^{(1+4)+(1+3)} \begin{vmatrix} 1 & 3 & -1 \\ 1 & 1 & 2 \\ 2 & 0 & 1 \end{vmatrix}$$

$$=-7\begin{vmatrix} 3 & 3 & -1 \\ -3 & 1 & 2 \\ 0 & 0 & 1 \end{vmatrix}=-84.$$

评注　由上例可知，对特殊类型的行列式，拉普拉斯展开能使计算简化. 另外，定理还能用于理论证明.

例 2.8.3　设 $S_k = x_1^k + x_2^k + \cdots + x_n^k$，其中 k 是非负整数，证明：

$$D=\begin{vmatrix} S_0 & S_1 & \cdots & S_{n-1} \\ S_1 & S_2 & \cdots & S_n \\ \vdots & \vdots & \ddots & \vdots \\ S_{n-1} & S_n & \cdots & S_{2n-2} \end{vmatrix}=\prod_{1\leqslant i<j\leqslant n}(x_j-x_i)^2.$$

证明　由行列式乘法规则

$$D=\begin{vmatrix} 1 & 1 & \cdots & 1 \\ x_1 & x_2 & \cdots & x_n \\ x_1^2 & x_2^2 & \cdots & x_n^2 \\ \vdots & \vdots & \ddots & \vdots \\ x_1^{n-1} & x_2^{n-1} & \cdots & x_n^{n-1} \end{vmatrix}\begin{vmatrix} 1 & x_1 & x_1^2 & \cdots & x_1^{n-1} \\ 1 & x_2 & x_2^2 & \cdots & x_2^{n-1} \\ 1 & x_3 & x_3^2 & \cdots & x_3^{n-1} \\ \vdots & \vdots & \vdots & \ddots & \vdots \\ 1 & x_n & x_n^2 & \cdots & x_n^{n-1} \end{vmatrix}$$

$$=\prod_{1\leqslant i<j\leqslant n}(x_j-x_i)\prod_{1\leqslant i<j\leqslant n}(x_j-x_i)=\prod_{1\leqslant i<j\leqslant n}(x_j-x_i)^2.$$

2.8.5　练习和探究

1. 计算行列式 $D=\begin{vmatrix} 2 & 1 & 0 & 0 & 0 \\ 3 & 2 & 0 & 0 & 0 \\ 0 & 0 & 2 & 1 & 0 \\ 0 & 0 & 0 & 2 & 1 \\ 0 & 0 & 0 & 3 & 2 \end{vmatrix}$.

2. 用拉普拉斯展开计算 $D_{2n}=\begin{vmatrix} x & 0 & 0 & \cdots & 0 & 0 & y \\ 0 & x & 0 & \cdots & 0 & y & 0 \\ 0 & 0 & x & \cdots & y & 0 & 0 \\ \vdots & \vdots & \vdots & \ddots & \vdots & \vdots & \vdots \\ 0 & 0 & y & \cdots & x & 0 & 0 \\ 0 & y & 0 & \cdots & 0 & x & 0 \\ y & 0 & 0 & \cdots & 0 & 0 & x \end{vmatrix}$.

3. 设 n 阶行列式 $D_n=\begin{vmatrix} a_{11} & a_{12} & \cdots & a_{1n} \\ a_{21} & a_{22} & \cdots & a_{2n} \\ \vdots & \vdots & \ddots & \vdots \\ a_{n1} & a_{n2} & \cdots & a_{nn} \end{vmatrix}\neq 0$，证明线性方程组 $\sum\limits_{k=1}^{n}A_{ik}x_k=b_i$，$i=1,2,\cdots,n$ 有唯一解. 这里 A_{ik} 为 D_n 中元素 a_{ik} 的代数余子式.

第 3 章　线性方程组

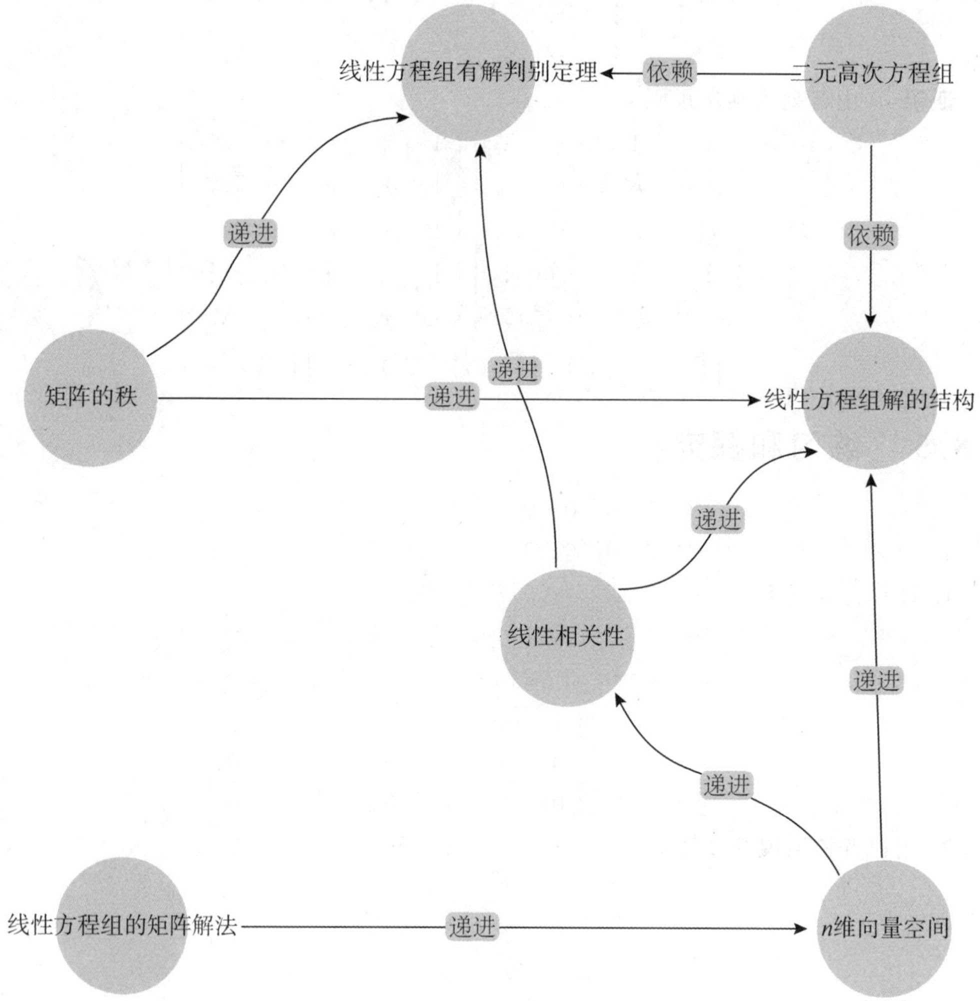

线性方程组知识图谱

线性方程组是线性代数中最基本的内容，在数学各分支及其他许多领域都有广泛应用．虽然克拉默法则解决了一类特殊线性方程组（系数行列式不为零的 n 元一次线性方程组）何时有解的问题，但是 n 元一次线性方程组的系数行列式可能等于零，更多的情况是方程个数与未知量个数不相等，这时如何求线性方程组的解？为了研究这个问题，需要建立向量和矩阵的概念，它们与行列式一样是研究线性代数其他部分的重要工具．对于线性方程组所提出的基本问题，在这一章得到了完满的解决. 本章引入的概念和方法都是基本的，在整个线性代数中要经常用到. 因此在学习时从概念到结论、从内容到方法，都要求学生掌握并熟练运用. 通过本章的学习，一是对本课程及数学其他分支提供理论基础和方法，二是对中学教学有直接的指导意义. 本章重点讨论以下问题：

(1) 线性方程组何时有解，何时无解？给出有解的判定方法.

(2) 当线性方程组有解时，判定有多少个解；在方程组有无穷解时，给出解的结构.

(3) 在有解时给出具体的求解方法.

本章难点是：向量组的线性相关性，极大线性无关组，矩阵秩以及基础解系的概念.

本章的学习要求如下：

(1) 掌握 n 元向量空间 F^n 的概念及其简单性质；

(2) 理解和掌握 F^n 中向量组线性相关性的概念和性质；

(3) 理解和掌握矩阵秩的概念，能够熟练运用矩阵的初等变换求矩阵的秩；

(4) 掌握线性方程组有解的判定定理；

(5) 掌握齐次线性方程组基础解系的概念和求解方法；

(6) 掌握非齐次线性方程组解的结构定理，能熟练求出线性方程组的一般解.

在线性方程组的理论中，中学代数只讨论利用代入法或消元法解二元、三元线性方程组，但对一般线性方程组是否有解、解有多少个、解之间有何联系等问题无法进行讨论. 而在高等代数中，通过引进 n 阶行列式的定义，然后根据行列式的定义推出行列式的性质，又根据定义、性质推出行列式按行(列) 展开定理，从而解决 n 个方程 n 个未知量的线性方程组有唯一解的表示定理(克拉默法则). 对一般线性方程组解的讨论，则通过引进矩阵，利用矩阵的初等变换来求线性方程组的解，给出求线性方程组的统一解法：矩阵解法；通过引进 n 元向量的定义，讨论向量组之间的线性相关性，得到一系列定理、推论；又引进矩阵秩的定义，讨论矩阵的初等变换与矩阵秩的关系，最后解决了一般线性方程组解的判定定理和线性方程组解的结构定理. 由此知道方程组在什么情况下有解，在什么情况下无解；在有解的情况下什么时候有唯一解，什么时候有无穷多解；在方程组有无穷多解时，又给出解的结构，从而圆满解决一般线性方程组解的问题. 从这个问题的讨论可以看出矩阵这一工具在解决问题中所起的重要作用. 实际上，在把线性方程组表示成增广矩阵之后，通过矩阵的行初等变换，我们就可以直接判断方程组有没有解，在有解的情况下把解求出来，从这个意义上说，解线性方程组就是解矩阵方程.

解线性方程组的统一解法是矩阵解法，它是按照以下规则来进行的：把线性方程组转化为(增广) 矩阵，通过矩阵行初等变换把(增广) 矩阵转化为阶梯形(规范形) 矩阵，把阶梯形(规范形) 矩阵又转化为与之对应的线性方程组，解之即得原方程组的解. 在线性方程组解的讨论中，比较麻烦的是含参数线性方程组解的讨论，如果方程的个数等于未知量的个数，那么有两种解法：其一是计算系数行列式，然后判断线性方程组何时有解，何时无解，在有解时求其解；另一是直接用矩阵解法来求，遇到问题要分别讨论. 前者通常在判断参数取何值时有解见长，后者在有解时可方便求解.

向量组的线性相关性是线性代数中最基本的概念之一，也是初学时不好掌握的概念，特别在判断向量组是线性相关还是线性无关时常使初学者犯难. 其实线性相关与线性表出有着密切的联系:所谓向量组线性相关就是零向量被它们表出时表法不唯一,而若零向量被它们表出时表法唯一,则向量组线性无关.这说明零向量表法唯一与否是判断向量组线性无关还是线性相关的试金石.这就难怪在判断一个向量组$\boldsymbol{\alpha}_1,\boldsymbol{\alpha}_2,\cdots,\boldsymbol{\alpha}_r$的线性相关性时,通常设$k_1\boldsymbol{\alpha}_1+k_2\boldsymbol{\alpha}_2+\cdots+k_r\boldsymbol{\alpha}_r=\mathbf{0}$,然后可以转化为线性方程组求解,也可以用其他特殊方法求解.若有零解,则向量组线性无关;若有非零解,则向量组线性相关.

向量的线性相关性在研究线性空间的结构时极为重要,学生在学习时感到困难的主要原因是没有很好地掌握线性相关性的实质.判断一组向量$\boldsymbol{\alpha}_1,\boldsymbol{\alpha}_2,\cdots,\boldsymbol{\alpha}_m$是线性相关还是线性无关时,总是先设$k_1\boldsymbol{\alpha}_1+k_2\boldsymbol{\alpha}_2+\cdots+k_m\boldsymbol{\alpha}_m=\mathbf{0}$,若由此推得$k_1=k_2=\cdots=k_m$,则$\boldsymbol{\alpha}_1,\boldsymbol{\alpha}_2,\cdots,\boldsymbol{\alpha}_m$线性无关,反之则线性相关.学生常常想到用反证法,但总是吃力不讨好.有的学生又认为"有不全为零的数"的反面是"有完全都是零的数",于是如果有完全是零的数$k_1,k_2,\cdots,k_m$,使$k_1\boldsymbol{\alpha}_1+k_2\boldsymbol{\alpha}_2+\cdots+k_m\boldsymbol{\alpha}_m=\mathbf{0}$,则说$\boldsymbol{\alpha}_1,\boldsymbol{\alpha}_2,\cdots,\boldsymbol{\alpha}_m$线性无关,这是错误的.事实上,有"不全为零的数"的反面是"没有不全为零的数",因此只有完全是零的数$k_1,k_2,\cdots,k_m$使$k_1\boldsymbol{\alpha}_1+k_2\boldsymbol{\alpha}_2+\cdots+k_m\boldsymbol{\alpha}_m=\mathbf{0}$,我们才能说$\boldsymbol{\alpha}_1,\boldsymbol{\alpha}_2,\cdots,\boldsymbol{\alpha}_m$线性无关.

3.1　线性方程组的矩阵解法

考虑一般线性方程组

$$\begin{cases}a_{11}x_1+a_{12}x_2+\cdots+a_{1n}x_n=b_1,\\a_{21}x_1+a_{22}x_2+\cdots+a_{2n}x_n=b_2,\\\qquad\cdots\cdots\\a_{m1}x_1+a_{m2}x_2+\cdots+a_{mn}x_n=b_m,\end{cases}\tag{3.1.1}$$

当$m=n$且系数行列式$D\neq0$时,由克拉默法则知方程组(3.1.1)有唯一解.但是若此时$D=0$,我们就无法知道此时方程组是否有解.同时,若$m\neq n$,我们也没有解此方程组(3.1.1)的有效方法.因此我们有必要对一般线性方程组(3.1.1)进行研究.本节围绕以下问题展开讨论.

3.1.1　研究问题

(1) 加减消元法和线性方程组的初等变换.

(2) 矩阵的定义和矩阵的初等变换.

(3) 线性方程组的矩阵解法.

高斯消元法

3.1.2　基本概念

在中学代数中,我们曾用加减消元法和代入消元法来解二元、三元线性方程组.实际上用加减消元法比用行列式解方程组更具有普遍性.下面利用类比法来研究线性方程组的解.

下面考虑解线性方程组：　　相应地把方程组写成一个数表：

$$\begin{cases}2x_1-x_2+3x_3=1\\4x_1+2x_2+5x_3=4\\2x_1+2x_3=6\end{cases}\to\begin{bmatrix}2&-1&3&1\\4&2&5&4\\2&0&2&6\end{bmatrix}$$

把第 1 个方程分别乘以 -2、-1 加到第 2 个、第 3 个方程(相应地，把右边数表的第 1 行分别乘以 -2、-1 加到第 2、第 3 行) 得

$$\begin{cases}2x_1-x_2+3x_3=1\\4x_2-x_3=2\\x_2-x_3=5\end{cases}\to\begin{bmatrix}2&-1&3&1\\0&4&-1&2\\0&1&-1&5\end{bmatrix}$$

把第 3 个方程分别乘以 -4、1，加到第 2 个、第 1 个方程(把右边第 3 行分别乘以 -4、1，加到第 2、第 1 行) 得

$$\begin{cases}2x_1+2x_3=6\\3x_3=-18\\x_2-x_3=5\end{cases}\to\begin{bmatrix}2&0&2&6\\0&0&3&-18\\0&1&-1&5\end{bmatrix}$$

把第 2 个方程与第 3 个方程互换位置(把第 2 行与第 3 行互换位置) 得

$$\begin{cases}2x_1+2x_3=6\\x_2-x_3=5\\3x_3=-18\end{cases}\to\begin{bmatrix}2&0&2&6\\0&1&-1&5\\0&0&3&-18\end{bmatrix}$$

把第 1 个方程和第 3 个方程分别乘以 $\frac{1}{2}$ 和 $\frac{1}{3}$ (分别用 $\frac{1}{2}$ 和 $\frac{1}{3}$ 乘第 1 行和第 3 行) 得

$$\begin{cases}x_1+x_3=3\\x_2-x_3=5\\x_3=-6\end{cases}\to\begin{bmatrix}1&0&1&3\\0&1&-1&5\\0&0&1&-6\end{bmatrix}$$

把第 3 个方程分别乘以 -1、1 加到第 1 个、第 2 个方程(分别把第 3 行乘以 -1、1 加到第 1、第 2 行) 得

$$\begin{cases}x_1=9\\x_2=-1\\x_3=-6\end{cases}\to\begin{bmatrix}1&0&0&9\\0&1&0&-1\\0&0&1&-6\end{bmatrix}$$

在用消元法解线性方程组时，我们实际上是对方程组进行如下三种变换：

(1) 用一个数乘某个方程的两边加到另一个方程上；

(2) 用一个非零数乘一个方程的两边；

(3) 互换两个方程的位置.

这三种变换总称为**线性方程组的初等变换**.

如果把方程组的未知量系数和常数项按原来顺序写成对应的“数表”形式，从上面可知：解线性方程组就相当于对这个数表做相应的三种变换，从而得到方程组的解. 这个数表称为**矩阵**，抛开具体的背景，下面引进矩阵的定义和它的初等变换.

✲ **定义 3.1.1** 数域 F 上 $m\times n$ 个元素排成如下的数表：

$$\begin{bmatrix} a_{11} & a_{12} & \cdots & a_{1n} \\ a_{21} & a_{22} & \cdots & a_{2n} \\ \vdots & \vdots & \ddots & \vdots \\ a_{m1} & a_{m2} & \cdots & a_{mn} \end{bmatrix},$$

称这种数表为数域 F 上的 m 行 n 列矩阵，简称 $m\times n$ **阶矩阵**，记为 $\boldsymbol{A}_{m\times n}$ 或 $(a_{ij})_{m\times n}$，a_{ij} 称为矩阵 $\boldsymbol{A}$ 的元素，i 是元素 a_{ij} 所在的行下标，j 是元素 a_{ij} 所在的列下标. 当 $m=n$ 时，$n\times n$ 矩阵亦称为**方阵**或 n **阶矩阵**.

由方程组未知量系数按原来的顺序组成的矩阵，称为方程组的**系数矩阵**，记为 $\boldsymbol{A}$. 由方程组未知量系数和常数组成的矩阵称为方程组的**增广矩阵**，记为 $\overline{\boldsymbol{A}}$.

若 $\boldsymbol{A}=\begin{bmatrix} a_{11} & a_{12} & \cdots & a_{1n} \\ a_{21} & a_{22} & \cdots & a_{2n} \\ \vdots & \vdots & \ddots & \vdots \\ a_{n1} & a_{n2} & \cdots & a_{nn} \end{bmatrix}$，则 $\begin{vmatrix} a_{11} & a_{12} & \cdots & a_{1n} \\ a_{21} & a_{22} & \cdots & a_{2n} \\ \vdots & \vdots & \ddots & \vdots \\ a_{n1} & a_{n2} & \cdots & a_{nn} \end{vmatrix}$ 称为矩阵 $\boldsymbol{A}$ 的行列式，记为 $|\boldsymbol{A}|$.

注意，行列式与矩阵在形式上与本质上的区别.

✲ **定义 3.1.2** 以下三种变换称为**矩阵的初等变换**：

(1) **消法变换**：用一个数乘矩阵的某一行(列)，然后加到另一行(列)上；

(2) **倍法变换**：用一个非零数乘矩阵的某一行(列)；

(3) **换法变换**：交换矩阵中某两行(列)的位置.

矩阵的行初等变换就是指对应的三种行变换，列初等变换就是指对应的三种列变换. 为了方便起见，我们给出以下记号：

(1) $[j(k)+i]$ 表示用 k 乘矩阵的第 j 行，然后加到第 i 行；

$(j(k)+i)$ 表示用 k 乘矩阵的第 j 列，然后加到第 i 列.

(2) $[j(k)]$ 表示用非零数 k 乘矩阵的第 j 行；

$(j(k))$ 表示用非零数 k 乘矩阵的第 j 列.

(3) $[i,j]$ 表示交换矩阵的第 i 行和第 j 行；

(i,j) 表示交换矩阵的第 i 列和第 j 列.

为了利用矩阵的行初等变换解线性方程组，我们要解决以下问题：一个线性方程组经行初等变换后所得线性方程组是否与原方程组同解.

3.1.3 主要结论

✲ **定理 3.1.1** 方程组的初等变换把一个线性方程组变为一个与它同解的线性方程组.

分别对上述三种初等变换证明之. 由读者自行完成.

对方程组进行初等变换，其实质就是对方程组中未知量系数和常数项组成的矩阵 $\overline{\boldsymbol{A}}$(增广矩阵) 进行相应的行初等变换. 因此由定理 3.1.1，我们有下面的定理.

✲ **定理 3.1.2** 对线性方程组(3.1.1) 的增广矩阵 $\overline{\boldsymbol{A}}$ 进行行初等变换化为 $\overline{\boldsymbol{B}}$，则以 $\overline{\boldsymbol{B}}$ 为增广矩阵的线性方程组与方程组(3.1.1) 同解.

由前面的讨论知，对一个线性方程组施行初等变换，相当于对它的增广矩阵施行一个对应的行初等变换，那么我们要问：一个矩阵在行初等变换下可以化为怎样的简单形式？

✻ 定理 3.1.3　一个 $m \times n$ 矩阵 $\boldsymbol{A}$ 可通过行初等变换及列换法变换化为以下阶梯形：

$$\boldsymbol{B}=\begin{bmatrix}1 & * & * & \cdots & * & * & \cdots & * \\ 0 & 1 & * & \cdots & * & * & \cdots & * \\ \vdots & \vdots & \vdots & \ddots & \vdots & \vdots & \ddots & \vdots \\ 0 & 0 & 0 & \cdots & 1 & * & \cdots & * \\ 0 & 0 & 0 & \cdots & 0 & 0 & \cdots & 0 \\ \vdots & \vdots & \vdots & \ddots & \vdots & \vdots & \ddots & \vdots \\ 0 & 0 & 0 & \cdots & 0 & 0 & \cdots & 0\end{bmatrix} \text{第 } r \text{ 行}.$$

这里 $0 \leqslant r \leqslant \min\{m,n\}$. 更进一步，通过行初等变换，$\boldsymbol{B}$ 可化为

$$\boldsymbol{C}=\begin{pmatrix}1 & 0 & \cdots & 0 & c_{1,r+1} & \cdots & c_{1n} \\ 0 & 1 & \cdots & 0 & c_{2,r+1} & \cdots & c_{2n} \\ \vdots & \vdots & \ddots & \vdots & \vdots & \ddots & \vdots \\ 0 & 0 & \cdots & 1 & c_{r,r+1} & \cdots & c_{rn} \\ 0 & 0 & \cdots & 0 & 0 & \cdots & 0 \\ \vdots & \vdots & \ddots & \vdots & \vdots & \ddots & \vdots \\ 0 & 0 & \cdots & 0 & 0 & \cdots & 0\end{pmatrix} \text{第 } r \text{ 行}.$$

所谓**阶梯形矩阵**是指：从它们的任一行看，从第一个元素起至该行的第一个非零元素止，它们所在位置的下方元素全为零；若该行全为零，则它的下方元素也全为零.

证明　若 $\boldsymbol{A}=\boldsymbol{O}$，则 $\boldsymbol{A}$ 已是阶梯形，结论当然成立.

若 $\boldsymbol{A} \neq \boldsymbol{O}$，则 $\boldsymbol{A}$ 至少有一个元素不为 0，不妨设 $a_{11} \neq 0$（否则，若 $a_{ij} \neq 0$，我们可经行、列变换，使 a_{ij} 位于左上角）. 把第一行分别乘以 $-a_{11}^{-1}a_{i1}(i=2,3,\cdots,m)$ 加到第 i 行，$i=2,3,\cdots,m$，则 $\boldsymbol{A}$ 化为

$$\boldsymbol{A}=\begin{bmatrix}a_{11} & a_{12} & \cdots & a_{1n} \\ a_{21} & a_{22} & \cdots & a_{2n} \\ \vdots & \vdots & \ddots & \vdots \\ a_{m1} & a_{m2} & \cdots & a_{mn}\end{bmatrix} \longrightarrow \begin{bmatrix}a_{11} & a_{12} & \cdots & a_{1n} \\ 0 & b_{22} & \cdots & b_{2n} \\ \vdots & \vdots & \ddots & \vdots \\ 0 & b_{m2} & \cdots & b_{mn}\end{bmatrix}=\boldsymbol{A}_1,$$

用 a_{11}^{-1} 乘 $\boldsymbol{A}_1$ 的第一行得

$$\boldsymbol{A}_1 \longrightarrow \begin{bmatrix}1 & b_{12} & \cdots & b_{1n} \\ 0 & b_{22} & \cdots & b_{2n} \\ \vdots & \vdots & \ddots & \vdots \\ 0 & b_{m2} & \cdots & b_{mn}\end{bmatrix}=\boldsymbol{A}_2,$$

对 $\boldsymbol{A}_2$ 中的右下角矩阵 $\begin{bmatrix}b_{22} & \cdots & b_{2n} \\ \vdots & \ddots & \vdots \\ b_{m2} & \cdots & b_{mn}\end{bmatrix}$ 作类似考虑，若 $\boldsymbol{A}_2$ 为 0，则结论已成立. 若 $\boldsymbol{A}_2$ 不为 0，不妨设 $b_{22} \neq 0$，用 $-b_{22}^{-1}b_{i2}(i=3,\cdots,m)$ 乘第 2 行加到第 $i(i=3,\cdots,m)$ 行，然后用 $-b_{22}^{-1}$

乘 $\boldsymbol{A}_2$ 的第 2 行得

$$\boldsymbol{A}_2 \longrightarrow \begin{bmatrix} 1 & b_{12} & b_{13} & \cdots & b_{1n} \\ 0 & 1 & c_{23} & \cdots & c_{2n} \\ 0 & 0 & c_{33} & \cdots & c_{3n} \\ \vdots & \vdots & \vdots & \ddots & \vdots \\ 0 & 0 & c_{m3} & \cdots & c_{mn} \end{bmatrix} = \boldsymbol{A}_3,$$

如此进行下去，直到 $\boldsymbol{A}$ 化为阶梯形 $\boldsymbol{B}$ 为止：

$$\boldsymbol{A} = \begin{bmatrix} a_{11} & a_{12} & \cdots & a_{1n} \\ a_{21} & a_{22} & \cdots & a_{2n} \\ \vdots & \vdots & \ddots & \vdots \\ a_{m1} & a_{m2} & \cdots & a_{mn} \end{bmatrix} \longrightarrow \begin{bmatrix} 1 & * & * & \cdots & * & * & \cdots & * \\ 0 & 1 & * & \cdots & * & * & \cdots & * \\ \vdots & \vdots & \vdots & \ddots & \vdots & \vdots & \ddots & \vdots \\ 0 & 0 & 0 & \cdots & 1 & * & \cdots & * \\ 0 & 0 & 0 & \cdots & 0 & 0 & \cdots & 0 \\ \vdots & \vdots & \vdots & \ddots & \vdots & \vdots & \ddots & \vdots \\ 0 & 0 & 0 & \cdots & 0 & 0 & \cdots & 0 \end{bmatrix} = \boldsymbol{B}.$$

同样，对 $\boldsymbol{B}$ 再进行一系列行消法变换，则可以把 $\boldsymbol{B}$ 化为 $\boldsymbol{C}$：

$$\boldsymbol{B} = \begin{bmatrix} 1 & * & * & \cdots & * & * & \cdots & * \\ 0 & 1 & * & \cdots & * & * & \cdots & * \\ \vdots & \vdots & \vdots & \ddots & \vdots & \vdots & \ddots & \vdots \\ 0 & 0 & 0 & \cdots & 1 & * & \cdots & * \\ 0 & 0 & 0 & \cdots & 0 & 0 & \cdots & 0 \\ \vdots & \vdots & \vdots & \ddots & \vdots & \vdots & \ddots & \vdots \\ 0 & 0 & 0 & \cdots & 0 & 0 & \cdots & 0 \end{bmatrix} \longrightarrow \begin{bmatrix} 1 & 0 & \cdots & 0 & c_{1,r+1} & \cdots & c_{1n} \\ 0 & 1 & \cdots & 0 & c_{2,r+1} & \cdots & c_{2n} \\ \vdots & \vdots & \ddots & \vdots & \vdots & \ddots & \vdots \\ 0 & 0 & \cdots & 1 & c_{r,r+1} & \cdots & c_{rn} \\ 0 & 0 & \cdots & 0 & 0 & \cdots & 0 \\ \vdots & \vdots & \ddots & \vdots & \vdots & \ddots & \vdots \\ 0 & 0 & \cdots & 0 & 0 & \cdots & 0 \end{bmatrix} = \boldsymbol{C}.$$

定理中的 r 是矩阵 $\boldsymbol{A}$ 的秩，它是一个确定的数，其意义以后再研究.

✲ 定理 3.1.4 线性方程组(3.1.1) 与以下形式的线性方程组同解：

$$\begin{cases} x_{i_1} + c_{1,r+1}x_{i_{r+1}} + \cdots + c_{1n}x_{i_n} = d_1 \\ x_{i_2} + c_{2,r+1}x_{i_{r+1}} + \cdots + c_{2n}x_{i_n} = d_2 \\ \qquad \cdots\cdots \\ x_{i_r} + c_{r,r+1}x_{i_{r+1}} + \cdots + c_{rn}x_{i_n} = d_r \\ \qquad 0 = d_{r+1} \\ \qquad 0 = 0 \\ \qquad \cdots\cdots \\ \qquad 0 = 0 \end{cases} \tag{3.1.2}$$

其中 $x_{i_1}, x_{i_2}, \cdots, x_{i_n}$ 是 $x_1, x_2, \cdots, x_n$ 的一个排列.

只要证明线性方程组(3.1.1) 的增广矩阵 $\overline{\boldsymbol{A}} = (\boldsymbol{A} \vdots b)$ 经一系列行初等变换及列换法变换(但最后常数列不能交换) 可化为矩阵：

$$\overline{C}=\begin{bmatrix}1 & 0 & \cdots & 0 & c_{1,r+1} & \cdots & c_{1n} & d_1\\ 0 & 1 & \cdots & 0 & c_{2,r+1} & \cdots & c_{2n} & d_2\\ \vdots & \vdots & \ddots & \vdots & \vdots & \ddots & \vdots & \vdots\\ 0 & 0 & \cdots & 1 & c_{r,r+1} & \cdots & c_{rn} & d_r\\ 0 & 0 & \cdots & 0 & 0 & \cdots & 0 & d_{r+1}\\ 0 & 0 & \cdots & 0 & 0 & \cdots & 0 & 0\\ \vdots & \vdots & \ddots & \vdots & \vdots & \ddots & \vdots & \vdots\\ 0 & 0 & \cdots & 0 & 0 & \cdots & 0 & 0\end{bmatrix},$$

以 $\overline{C}$ 为增广矩阵的线性方程组就是(3.1.2).

由定理 3.1.3 知,$\overline{A}$ 中的系数矩阵 A 经一系列行初等变换和列换法变换可化为 $\overline{C}$ 的前几列,这相应的一系列行初等变换和列换法变换就把 $\overline{A}$ 化为

$$\overline{C}_1=\begin{bmatrix}1 & 0 & \cdots & 0 & c_{1,r+1} & \cdots & c_{1n} & d_1\\ 0 & 1 & \cdots & 0 & c_{2,r+1} & \cdots & c_{2n} & d_2\\ \vdots & \vdots & \ddots & \vdots & \vdots & \ddots & \vdots & \vdots\\ 0 & 0 & \cdots & 1 & c_{r,r+1} & \cdots & c_{rn} & d_r\\ 0 & 0 & \cdots & 0 & 0 & \cdots & 0 & d_{r+1}\\ 0 & 0 & \cdots & 0 & 0 & \cdots & 0 & d_{r+2}\\ \vdots & \vdots & \ddots & \vdots & \vdots & \ddots & \vdots & \vdots\\ 0 & 0 & \cdots & 0 & 0 & \cdots & 0 & d_m\end{bmatrix}.$$

若 $d_{r+1},\cdots,d_m$ 中有一个不为零,不妨设 $d_{r+1}\neq 0$,否则可经行换法变换换到第 $r+1$ 行,然后对 $r+2,\cdots,m$ 行进行行消法变换,可使 $d_{r+2}=\cdots=d_m=0$. 于是 $\overline{C}_1$ 就化为 $\overline{C}$.

由定理 3.1.4 可知:

(1) 当 $d_{r+1}\neq 0$ 时,方程组无解;

(2) 当 $d_{r+1}=0$ 时,① 若 $r=n$,则方程组有唯一组解;② 当 $r<n$ 时,方程组有无穷多解,这时,把方程组(3.1.2) 改写为

$$\begin{cases}x_{i_1}=d_1-c_{1,r+1}x_{i_{r+1}}-\cdots-c_{1n}x_{i_n},\\ x_{i_2}=d_2-c_{2,r+1}x_{i_{r+1}}-\cdots-c_{2n}x_{i_n},\\ \qquad\cdots\cdots\\ x_{i_r}=d_r-c_{r,r+1}x_{i_{r+1}}-\cdots-c_{rn}x_{i_n}.\end{cases}$$

给 $x_{i_{r+1}},\cdots,x_{i_n}$ 一组值,就唯一确定 $x_{i_1},\cdots,x_{i_r}$ 的一组值,从而得方程组(3.1.1) 的一个解. 把 $x_{i_1},\cdots,x_{i_r}$ 通过 $x_{i_{r+1}},\cdots,x_{i_n}$ 表示出来,这样得到的解称为方程组(3.1.1) 的**一般解**,$x_{i_{r+1}},\cdots,x_{i_n}$ 称为方程组的一组**自由未知量**. 需要说明的是,在实际解线性方程组时,一般不做增广矩阵的列互换,特别严禁把常数列与其他列互换,以及对列进行其他变换.

✻ 定理 3.1.5　在齐次线性方程组

$$\begin{cases}a_{11}x_1+a_{12}x_2+\cdots+a_{1n}x_n=0,\\ a_{21}x_1+a_{22}x_2+\cdots+a_{2n}x_n=0,\\ \qquad\cdots\cdots\\ a_{s1}x_1+a_{s2}x_2+\cdots+a_{sn}x_n=0\end{cases}$$

中，如果 $s<n$，那么它必有非零解.

证明 显然，方程组在化成阶梯形方程组之后，方程的个数不会超过原方程组中方程的个数，即

$$r \leqslant s < n.$$

由 $r<n$ 得知，它的解不是唯一的，因而必有非零解.

3.1.4 例子剖析

例 3.1.1 解方程组 $\begin{cases} 2x_1 - x_2 + 3x_3 = 1, \\ 4x_1 - 2x_2 + 5x_3 = 4, \\ 2x_1 - x_2 + 4x_3 = -1. \end{cases}$

解 $\overline{\boldsymbol{A}} = \begin{bmatrix} 2 & -1 & 3 & 1 \\ 4 & -2 & 5 & 4 \\ 2 & -1 & 4 & -1 \end{bmatrix} \longrightarrow \begin{bmatrix} 2 & -1 & 3 & 1 \\ 0 & 0 & -1 & 2 \\ 0 & 0 & 1 & -2 \end{bmatrix} \longrightarrow \begin{bmatrix} 2 & -1 & 0 & 7 \\ 0 & 0 & 1 & -2 \\ 0 & 0 & 0 & 0 \end{bmatrix}.$

因此，原方程组与以下方程组同解：

$$\begin{cases} 2x_1 - x_2 = 7, \\ x_3 = -2. \end{cases}$$

故原方程的一般解是 $\begin{cases} x_1 = \dfrac{1}{2}x_2 + \dfrac{7}{2}, \\ x_3 = -2. \end{cases}$ x_2 是自由未知量.

例 3.1.2 解方程组 $\begin{cases} 5x_1 - x_2 + 2x_3 + x_4 = 7, \\ 2x_1 + x_2 + 4x_3 - 2x_4 = 1, \\ x_1 - 3x_2 - 6x_3 + 5x_4 = 0. \end{cases}$

解 $\overline{\boldsymbol{A}} = \begin{bmatrix} 5 & -1 & 2 & 1 & 7 \\ 2 & 1 & 4 & -2 & 1 \\ 1 & -3 & -6 & 5 & 0 \end{bmatrix} \longrightarrow \begin{bmatrix} 0 & 14 & 32 & -24 & 7 \\ 0 & 7 & 16 & -12 & 1 \\ 1 & -3 & -6 & 5 & 0 \end{bmatrix} \longrightarrow$

$\begin{bmatrix} 1 & -3 & -6 & 5 & 0 \\ 0 & 7 & 16 & -12 & 1 \\ 0 & 0 & 0 & 0 & 5 \end{bmatrix}.$

由于 $d_3 = 5 \neq 0$，故原方程组无解.

3.1.5 练习与探究

3.1.5.1 练习

解下列线性方程组：

(1) $\begin{cases} x_1 + 2x_2 + 3x_3 + x_4 = 5, \\ 2x_1 + 4x_2 - x_4 = -3, \\ x_1 + 2x_2 - 3x_3 - 2x_4 = -8, \\ x_1 + 2x_2 - 9x_3 - 5x_4 = -21; \end{cases}$

(2) $\begin{cases} x_1 - x_2 + 2x_3 + x_4 = 1, \\ -2x_1 + 2x_2 + 3x_3 - 3x_4 = 2, \\ x_1 - x_2 + 5x_3 + 2x_4 = -1, \\ -x_1 + x_2 + 2x_3 - 3x_4 = 4 \end{cases}$

(3) $\begin{cases} x_1 - 2x_2 + 3x_3 - 4x_4 = 4, \\ x_1 - x_2 + 2x_3 - 3x_4 = 1, \\ x_1 + 4x_2 - x_3 + 2x_4 = -2, \\ -7x_2 + 3x_3 + x_4 = -3. \end{cases}$

3.1.5.2　探究

为什么有的线性方程组有解，有的无解？有的是唯一解，有的是无穷多解？在把增广矩阵用行初等变换化为阶梯形矩阵时，阶梯形阵中不为零的 r（行数）会不会因不同的行初等变换而改变？

3.2　n 维向量空间

上一节讨论了解线性方程组的一种方法 —— 消元法，通过把线性方程组与增广矩阵对应起来，消元法就对应于矩阵的初等变换，对于解线性方程组来说，它是一种最基本和最有效的方法. 但有时候我们需要从原方程组直接判断它是否有解，这时，消元法就不能用了. 同时，在用消元法化方程组为阶梯形方程组时，剩下来的方程的个数是否是唯一确定的？这个问题前面也没有解决，因此对线性方程组我们还要做进一步的研究. 本节围绕以下问题展开讨论.

n 维向量空间上　**n 维向量空间下**

3.2.1　研究问题

(1) n 维向量及其运算.

(2) n 维向量空间.

3.2.2　基本概念

✲ **定义 3.2.1**　称数域 F 中 n 个数组成的**有序数组** $(a_1, a_2, \cdots, a_n)$ 为 n 维向量，其中 a_i 称为 n 维向量的第 i 个分量，常常用小写希腊字母 $\boldsymbol{\alpha}, \boldsymbol{\beta}, \boldsymbol{\gamma}, \cdots$ 表示向量.

向量通常写成一行 $\boldsymbol{\alpha} = (a_1, a_2, \cdots, a_n)$，称之为**行向量**；向量也可写成一列 $\boldsymbol{\alpha} = \begin{bmatrix} a_1 \\ a_2 \\ \vdots \\ a_n \end{bmatrix}$，称之为**列向量**，列向量也常写成 $\boldsymbol{\alpha} = (a_1, a_2, \cdots, a_n)'$.

有了向量，一个方程 $a_{i1}x_1 + a_{i2}x_2 + \cdots + a_{in}x_n = b_i$ 就可以用一个 $n+1$ 元向量来示：

$(a_{i1}, a_{i2}, \cdots, a_{in}, b_i)$.

向量的相等:如果两个 n 维向量 $\boldsymbol{\alpha} = (a_1, a_2, \cdots, a_n)$, $\boldsymbol{\beta} = (b_1, b_2, \cdots, b_n)$ 的对应量都相等,即 $a_i = b_i, i = 1, 2, \cdots, n$,则称这两个向量相等,记为 $\boldsymbol{\alpha} = \boldsymbol{\beta}$.

向量的和:向量 $\gamma = (a_1 + b_1, a_2 + b_2, \cdots, a_n + b_n)$ 称为向量 $\boldsymbol{\alpha} = (a_1, a_2, \cdots, a_n)$ 与 $\boldsymbol{\beta} = (b_1, b_2, \cdots, b_n)$ 的和,记为 $\boldsymbol{\gamma} = \boldsymbol{\alpha} + \boldsymbol{\beta}$.

零向量:分量全为零的 n 维向量,即 $(0, 0, \cdots, 0) = \mathbf{0}$ 称为零向量. 注意,为避免混淆,本书用 $\mathbf{0}$ 表示除 0 之外的零向量.

负向量:向量 $(-a_1, -a_2, \cdots, -a_n)$ 称为向量 $\boldsymbol{\alpha} = (a_1, a_2, \cdots, a_n)$ 的负向量,记为 $-\boldsymbol{\alpha}$.

向量的数量乘积:设 $\boldsymbol{\alpha} = (a_1, a_2, \cdots, a_n)$, $k \in F$,称向量 $(ka_1, ka_2, \cdots, ka_n)$ 为向量 $\boldsymbol{\alpha}$ 与数 k 的数量乘积,简称数乘,记为 $k\boldsymbol{\alpha}$.

向量的减法:$\boldsymbol{\alpha} - \boldsymbol{\beta} = \boldsymbol{\alpha} + (-\boldsymbol{\beta})$.

3.2.3 主要结论

向量的加法满足以下四条运算规律:

(1) 交换律成立:$\forall \boldsymbol{\alpha}, \boldsymbol{\beta}$,有 $\boldsymbol{\alpha} + \boldsymbol{\beta} = \boldsymbol{\beta} + \boldsymbol{\alpha}$;

(2) 结合律成立:$\forall \boldsymbol{\alpha}, \boldsymbol{\beta}, \boldsymbol{\gamma}$,有 $(\boldsymbol{\alpha} + \boldsymbol{\beta}) + \boldsymbol{\gamma} = \boldsymbol{\alpha} + (\boldsymbol{\beta} + \boldsymbol{\gamma})$;

(3) 有零元 $\mathbf{0}$:$\forall \boldsymbol{\alpha}$,有零向量 $\mathbf{0}$,使 $\boldsymbol{\alpha} + \mathbf{0} = \boldsymbol{\alpha}$;

(4) 有负元:$\forall \boldsymbol{\alpha}$,有负向量 $-\boldsymbol{\alpha}$,使 $\boldsymbol{\alpha} + (-\boldsymbol{\alpha}) = \mathbf{0}$.

向量的数乘满足以下四条运算规律:

(1) 数乘对向量加法的分配律:$k(\boldsymbol{\alpha} + \boldsymbol{\beta}) = k\boldsymbol{\alpha} + k\boldsymbol{\beta}$;

(2) 向量对数量加法的分配律:$(k + l)\boldsymbol{\alpha} = k\boldsymbol{\alpha} + l\boldsymbol{\alpha}$;

(3) 结合律:$k(l\boldsymbol{\alpha}) = (kl)\boldsymbol{\alpha}$;

(4) 有单位元:$1\boldsymbol{\alpha} = \boldsymbol{\alpha}$.

如果我们不考虑研究对象的具体性质和内容,只讨论那些与运算有关的性质,则可以抽象出向量空间的公理化定义.

✲ **定义 3.2.2**　F 是一个数域,V 是以 F 中的数为分量的 n 维向量组成的全体,考虑上面定义的向量加法和数量乘积,其加法和数乘分别满足以上四条规律,称 V 为 F 上的 n **维向量空间**,记为 F^n.

由向量的加法和数乘可以推出以下性质:

(1) $0 \cdot \boldsymbol{\alpha} = \mathbf{0}$;

(2) $(-1) \cdot \boldsymbol{\alpha} = -\alpha$;

(3) $k \cdot \mathbf{0} = \mathbf{0}$;

(4) 若 $k \neq 0, \boldsymbol{\alpha} \neq \mathbf{0}$,则 $k \cdot \boldsymbol{\alpha} \neq \mathbf{0}$.

3.2.4 例子剖析

例 3.2.1　在 n 维向量空间 F^n 中,零向量是唯一的.

事实上,设 $\mathbf{0}$ 和 $\mathbf{0}'$ 都是零向量,则 $\mathbf{0} = \mathbf{0} + \mathbf{0}' = \mathbf{0}'$.

例 3.2.2　能否找到 a, b, c,使 $a(1,2,2) + b(3,1,5) + c(2,1,3) = (1,3,1)$?

解　由已知得方程组 $\begin{cases} a+3b+2c=1, \\ 2a+b+c=3, \\ 2a+5b+3c=1, \end{cases}$ 解之得 $\begin{cases} a=1, \\ b=-2, \\ c=3. \end{cases}$

3.2.5　练习与探究

1. 计算：$5(2,0,3)+3(-2,1,-2)+2(2,1,3)$.

2. 证明：若 $a(2,1,2)+b(3,0,5)+c(1,2,3)=(0,0,0)$，则 $a=b=c=0$.

3. 证明性质(4)：若 $k\neq 0,\boldsymbol{\alpha}\neq \mathbf{0}$，则 $k\cdot\boldsymbol{\alpha}\neq \mathbf{0}$.

3.3　线性相关性

向量空间有两种运算：加法和数量乘法，合起来称为线性运算. 因此向量空间也可称为线性空间，向量空间元素之间的最基本的关系就体现在运算上，即所谓的线性关系上. 因此，讨论向量之间的线性关系在研究向量空间时起着极为重要的作用. 本节仅限于在 F^n 中进行讨论. 本节围绕以下问题展开.

线性相关性上

线性相关性下

3.3.1　研究问题

(1) 向量组的线性关系：线性相关，线性无关.

(2) 向量组的等价，向量组的极大线性无关组，向量组的秩.

(3) 向量组线性关系的简单性质.

(4) 替换定理.

3.3.2　基本概念

在解析几何中，向量空间 $\mathbf{R}^3$ 中的任一个向量 $\boldsymbol{\alpha}$ 可由 $\boldsymbol{i},\boldsymbol{j},\boldsymbol{k}$ 和 $\mathbf{R}$ 中的一组数 a_1,a_2,a_3 表示出来，即有 $\boldsymbol{\alpha}=a_1\boldsymbol{i}+a_2\boldsymbol{j}+a_3\boldsymbol{k}$. 在一般的 n 维向量空间是否有类似现象？在未研究之前，先考虑上述表达式的意义.

✲ **定义 3.3.1**　设 $\boldsymbol{\alpha}_1,\boldsymbol{\alpha}_2,\cdots,\boldsymbol{\alpha}_r,\boldsymbol{\beta}$ 是 F^n 中的向量，若存在 F 中的 r 个数 $k_1,k_2,\cdots,k_r$，使 $\boldsymbol{\beta}=k_1\boldsymbol{\alpha}_1+k_2\boldsymbol{\alpha}_2+\cdots+k_r\boldsymbol{\alpha}_r$，则称 $\boldsymbol{\beta}$ 是向量组 $\boldsymbol{\alpha}_1,\boldsymbol{\alpha}_2,\cdots,\boldsymbol{\alpha}_r$ 的一个**线性组合**，或称向量 $\boldsymbol{\beta}$ 可由 $\boldsymbol{\alpha}_1,\boldsymbol{\alpha}_2,\cdots,\boldsymbol{\alpha}_r$ **线性表出**.

✲ **定义 3.3.2**　对于 F^n 中 r 个向量 $\boldsymbol{\alpha}_1,\boldsymbol{\alpha}_2,\cdots,\boldsymbol{\alpha}_r$，若存在 F 中不全为零的数 $k_1,k_2,\cdots,k_r$，使 $k_1\boldsymbol{\alpha}_1+k_2\boldsymbol{\alpha}_2+\cdots+k_r\boldsymbol{\alpha}_r=\mathbf{0}$，则称 $\boldsymbol{\alpha}_1,\boldsymbol{\alpha}_2,\cdots,\boldsymbol{\alpha}_r$ **线性相关**，否则称 $\boldsymbol{\alpha}_1,\boldsymbol{\alpha}_2,\cdots,\boldsymbol{\alpha}_r$ **线性无关**（即不存在不全为零的数 $k_1,k_2,\cdots,k_r$，使 $k_1\boldsymbol{\alpha}_1+k_2\boldsymbol{\alpha}_2+\cdots+k_r\boldsymbol{\alpha}_r=\mathbf{0}$）.

✲ **定义 3.3.3**　设向量组（Ⅰ）：$\boldsymbol{\alpha}_1,\boldsymbol{\alpha}_2,\cdots,\boldsymbol{\alpha}_r$ 和向量组（Ⅱ）：$\boldsymbol{\beta}_1,\boldsymbol{\beta}_2,\cdots,\boldsymbol{\beta}_s$ 是向量空间 F^n 中的两个向量组，如果向量组（Ⅰ）中的任一向量 $\boldsymbol{\alpha}_i$ 都可由 $\boldsymbol{\beta}_1,\boldsymbol{\beta}_2,\cdots,\boldsymbol{\beta}_s$ 线性表示，且向量组（Ⅱ）中的任一向量 $\boldsymbol{\beta}_j$ 也可由 $\boldsymbol{\alpha}_1,\boldsymbol{\alpha}_2,\cdots,\boldsymbol{\alpha}_r$ 线性表示，则称这两个**向量组等价**.

✲ **定义 3.3.4**　如果向量组 $\boldsymbol{\alpha}_1,\boldsymbol{\alpha}_2,\cdots,\boldsymbol{\alpha}_n$ 的一个部分组 $\boldsymbol{\alpha}_{i1},\boldsymbol{\alpha}_{i2},\cdots,\boldsymbol{\alpha}_{ir}$ 满足以下两条：

(1)$\boldsymbol{\alpha}_{i1},\boldsymbol{\alpha}_{i2},\cdots,\boldsymbol{\alpha}_{ir}$ 线性无关;

(2)$\boldsymbol{\alpha}_1,\boldsymbol{\alpha}_2,\cdots,\boldsymbol{\alpha}_n$ 中任一向量可由 $\boldsymbol{\alpha}_{i1},\boldsymbol{\alpha}_{i2},\cdots,\boldsymbol{\alpha}_{ir}$ 线性表示;

则称向量组 $\boldsymbol{\alpha}_{i1},\boldsymbol{\alpha}_{i2},\cdots,\boldsymbol{\alpha}_{ir}$ 是向量组 $\boldsymbol{\alpha}_1,\boldsymbol{\alpha}_2,\cdots,\boldsymbol{\alpha}_n$ 的一个**极大线性无关组**,简称**极大无关组**.

✲ **定义 3.3.5** 一个向量组的极大线性无关组所含向量的个数叫作这个**向量组的秩**.

如果向量组中每个向量均为零向量,则这个向量组的秩为 0.

3.3.3 主要结论

向量组线性关系的简单性质:

性质 1 向量组 $\boldsymbol{\alpha}_1,\boldsymbol{\alpha}_2,\cdots,\boldsymbol{\alpha}_r$ 中的每一向量 $\boldsymbol{\alpha}_i$ 都可以由这一组向量线性表示.

性质 2 如果向量 γ 可由向量组 $\boldsymbol{\alpha}_1,\boldsymbol{\alpha}_2,\cdots,\boldsymbol{\alpha}_r$ 线性表示,而每一个向量 $\boldsymbol{\alpha}_i$ 又可由向量组 $\boldsymbol{\beta}_1,\boldsymbol{\beta}_2,\cdots,\boldsymbol{\beta}_s$ 线性表示,则向量 γ 可由向量组 $\boldsymbol{\beta}_1,\boldsymbol{\beta}_2,\cdots,\boldsymbol{\beta}_s$ 线性表示.

证明 设 $\gamma=\sum_{i=1}^{r}k_i\boldsymbol{\alpha}_i$,而 $\boldsymbol{\alpha}_i=\sum_{j=1}^{s}b_{ij}\boldsymbol{\beta}_j,i=1,2,\cdots,r$. 故

$$\gamma=\sum_{i=1}^{r}k_i(\sum_{j=1}^{s}b_{ij}\boldsymbol{\beta}_j)=\sum_{i=1}^{r}\sum_{j=1}^{s}(k_ib_{ij}\boldsymbol{\beta}_j)=\sum_{j=1}^{s}(\sum_{i=1}^{r}k_ib_{ij})\boldsymbol{\beta}_j.$$

性质 3 如果向量组 $\boldsymbol{\alpha}_1,\boldsymbol{\alpha}_2,\cdots,\boldsymbol{\alpha}_r$ 线性无关,则它的任一部分组也线性无关.

性质 3′ 如果向量组 $\boldsymbol{\alpha}_1,\boldsymbol{\alpha}_2,\cdots,\boldsymbol{\alpha}_r$ 有部分组线性相关,则向量组 $\boldsymbol{\alpha}_1,\boldsymbol{\alpha}_2,\cdots,\boldsymbol{\alpha}_r$ 也线性相关.

性质 4 设向量组 $\boldsymbol{\alpha}_1,\boldsymbol{\alpha}_2,\cdots,\boldsymbol{\alpha}_r$ 线性无关,而向量组 $\boldsymbol{\alpha}_1,\boldsymbol{\alpha}_2,\cdots,\boldsymbol{\alpha}_r,\boldsymbol{\beta}$ 线性相关,则 β 一定可由 $\boldsymbol{\alpha}_1,\boldsymbol{\alpha}_2,\cdots,\boldsymbol{\alpha}_r$ 线性表示.

设 $\boldsymbol{\alpha}_1=(a_{11},a_{12},\cdots,a_{1t}),\boldsymbol{\alpha}_2=(a_{21},a_{22},\cdots,a_{2t}),\cdots,\boldsymbol{\alpha}_r=(a_{r1},a_{r2},\cdots,a_{rt})$,称以下向量组 $\boldsymbol{\alpha}_1{}'=(a_{11},a_{12},\cdots,a_{1t},a_{1,t+1},\cdots,a_{1n}),\boldsymbol{\alpha}_2{}'=(a_{21},a_{22},\cdots,a_{2t},a_{2,t+1},\cdots,a_{2n}),\cdots,\boldsymbol{\alpha}_r{}'=(a_{r1},a_{r2},\cdots,a_{rt},a_{r,t+1},\cdots,a_{rn})$ 为向量组 $\boldsymbol{\alpha}_1,\boldsymbol{\alpha}_2,\cdots,\boldsymbol{\alpha}_r$ 的延长向量组.

性质 5 线性无关向量组 $\boldsymbol{\alpha}_1,\boldsymbol{\alpha}_2,\cdots,\boldsymbol{\alpha}_r$ 的延长向量组也线性无关.

证明 向量组 $\boldsymbol{\alpha}_1,\boldsymbol{\alpha}_2,\cdots,\boldsymbol{\alpha}_r$ 的延长向量组可表为

$$\boldsymbol{\alpha}_1{}'=(a_{11},a_{12},\cdots,a_{1t},a_{1,t+1},\cdots,a_{1n})=(\alpha_1;a_{1,t+1},\cdots,a_{1n}),$$

$$\boldsymbol{\alpha}_2{}'=(a_{21},a_{22},\cdots,a_{2t},a_{2,t+1},\cdots,a_{2n})=(\alpha_2;a_{2,t+1},\cdots,a_{2n}),$$

$$\cdots\cdots$$

$$\boldsymbol{\alpha}_r{}'=(a_{r1},a_{r2},\cdots,a_{rt},a_{r,t+1},\cdots,a_{rn})=(\alpha_r;a_{r,t+1},\cdots,a_{rn}).$$

设 $k_1\boldsymbol{\alpha}_1{}'+k_2\boldsymbol{\alpha}_2{}'+\cdots+k_r\boldsymbol{\alpha}_r{}'=0$,于是得 $k_1\boldsymbol{\alpha}_1+k_2\boldsymbol{\alpha}_2+\cdots+k_r\boldsymbol{\alpha}_r=0$. 因为 $\boldsymbol{\alpha}_1,\boldsymbol{\alpha}_2,\cdots,\boldsymbol{\alpha}_r$ 线性无关,所以 $k_1=k_2=\cdots=k_r=0$,故得 $\boldsymbol{\alpha}_1{}',\boldsymbol{\alpha}_2{}',\cdots,\boldsymbol{\alpha}_r{}'$ 也线性无关.

✲ **定理 3.3.1** 向量组 $\boldsymbol{\alpha}_1,\boldsymbol{\alpha}_2,\cdots,\boldsymbol{\alpha}_r(r\geqslant 2)$ 线性相关的充要条件是:其中有某一个向量是其他向量的线性组合.

这个条件常被作为线性相关的另一种等价定义.

向量组的等价满足以下三个性质:

(1) 反身性:任何向量组均与自己等价;

(2) 对称性:若 $\boldsymbol{\alpha}_1,\boldsymbol{\alpha}_2,\cdots,\boldsymbol{\alpha}_r$ 与 $\boldsymbol{\beta}_1,\boldsymbol{\beta}_2,\cdots,\boldsymbol{\beta}_s$ 等价,则 $\boldsymbol{\beta}_1,\boldsymbol{\beta}_2,\cdots,\boldsymbol{\beta}_s$ 也与 $\boldsymbol{\alpha}_1,\boldsymbol{\alpha}_2,\cdots,\boldsymbol{\alpha}_r$ 等

价；

(3) 传递性：若 $\boldsymbol{\alpha}_1,\boldsymbol{\alpha}_2,\cdots,\boldsymbol{\alpha}_r$ 与 $\boldsymbol{\beta}_1,\boldsymbol{\beta}_2,\cdots,\boldsymbol{\beta}_s$ 等价，而 $\boldsymbol{\beta}_1,\boldsymbol{\beta}_2,\cdots,\boldsymbol{\beta}_s$ 与 $\boldsymbol{\gamma}_1,\boldsymbol{\gamma}_2,\cdots,\boldsymbol{\gamma}_t$ 等价，则 $\boldsymbol{\alpha}_1,\boldsymbol{\alpha}_2,\cdots,\boldsymbol{\alpha}_r$ 与 $\boldsymbol{\gamma}_1,\boldsymbol{\gamma}_2,\cdots,\boldsymbol{\gamma}_t$ 等价.

具有以上三个性质的关系称为**等价关系**.

✲ **定理 3.3.2** 设 $\boldsymbol{\alpha}_1,\boldsymbol{\alpha}_2,\cdots,\boldsymbol{\alpha}_r$ 与 $\boldsymbol{\beta}_1,\boldsymbol{\beta}_2,\cdots,\boldsymbol{\beta}_s$ 是两个向量组. 如果

1) 向量组 $\boldsymbol{\alpha}_1,\boldsymbol{\alpha}_2,\cdots,\boldsymbol{\alpha}_r$ 可以经 $\boldsymbol{\beta}_1,\boldsymbol{\beta}_2,\cdots,\boldsymbol{\beta}_s$ 线性表出；

2) $r>s$,

那么向量组 $\boldsymbol{\alpha}_1,\boldsymbol{\alpha}_2,\cdots,\boldsymbol{\alpha}_r$ 必线性相关.

证明　由 1) 有

$$\boldsymbol{\alpha}_i=\sum_{j=1}^{s}t_{ji}\boldsymbol{\beta}_j,\quad i=1,2,\cdots,r.$$

为了证明 $\boldsymbol{\alpha}_1,\boldsymbol{\alpha}_2,\cdots,\boldsymbol{\alpha}_r$ 线性相关，只要证可以找到不全为零的数 $k_1,k_2,\cdots,k_r$，使

$$k_1\boldsymbol{\alpha}_1+k_2\boldsymbol{\alpha}_2+\cdots+k_r\boldsymbol{\alpha}_r=\mathbf{0}.$$

为此，我们作线性组合

$$x_1\boldsymbol{\alpha}_1+x_2\boldsymbol{\alpha}_2+\cdots+x_r\boldsymbol{\alpha}_r=\sum_{i=1}^{r}x_i\sum_{j=1}^{s}t_{ji}\boldsymbol{\beta}_j=\sum_{i=1}^{r}\sum_{j=1}^{s}t_{ji}x_i\boldsymbol{\beta}_j=\sum_{j=1}^{s}(\sum_{i=1}^{r}t_{ji}x_i)\boldsymbol{\beta}_j.$$

如果我们能找到不全为零的数 $x_1,x_2,\cdots,x_r$，使 $\boldsymbol{\beta}_1,\boldsymbol{\beta}_2,\cdots,\boldsymbol{\beta}_s$ 的系数全为零，那就证明了 $\boldsymbol{\alpha}_1,\boldsymbol{\alpha}_2,\cdots,\boldsymbol{\alpha}_r$ 的线性相关性. 这一点是能够做到的，因为由 2)，即 $r>s$，齐次方程组

$$\begin{cases}t_{11}x_1+t_{12}x_2+\cdots+t_{1r}x_r=0,\\ t_{21}x_1+t_{22}x_2+\cdots+t_{2r}x_r=0,\\ \qquad\cdots\cdots\\ t_{s1}x_1+t_{s2}x_2+\cdots+t_{sr}x_r=0\end{cases}$$

中未知量的个数大于方程的个数，根据定理 3.3.1，它有非零解.

把定理 3.3.2 换个说法，即得

推论 1　如果向量组 $\boldsymbol{\alpha}_1,\boldsymbol{\alpha}_2,\cdots,\boldsymbol{\alpha}_r$ 可以经向量组 $\boldsymbol{\beta}_1,\boldsymbol{\beta}_2,\cdots,\boldsymbol{\beta}_s$ 线性表出，且 $\boldsymbol{\alpha}_1,\boldsymbol{\alpha}_2,\cdots,\boldsymbol{\alpha}_r$ 线性无关，那么 $r\leqslant s$.

直接应用定理 3.3.2，即得

推论 2　任意 $n+1$ 个 n 维向量必线性相关.

事实上，每个 n 维向量都可以被 n 维单位向量 $\boldsymbol{\varepsilon}_1,\boldsymbol{\varepsilon}_2,\cdots,\boldsymbol{\varepsilon}_n$ 线性表出，且 $n+1>n$，因而必线性相关.

由推论 1，得

推论 3　两个线性无关的等价的向量组，必含有相同个数的向量.

定理 3.3.2 的几何意义是清楚的：在三维向量的情形，如果 $s=2$，那么可以由向量组 $\boldsymbol{\beta}_1,\boldsymbol{\beta}_2$ 线性表出的向量当然都在 $\boldsymbol{\beta}_1,\boldsymbol{\beta}_2$ 所在的平面上，因而这些向量是共面的，也就是，当 $r>2$ 时，这些向量线性相关. 两个向量组 $\boldsymbol{\alpha}_1,\boldsymbol{\alpha}_2$ 与 $\boldsymbol{\beta}_1,\boldsymbol{\beta}_2$ 等价，就意味着它们在同一平面上.

✲ **定理 3.3.3**　任意一个极大线性无关组都与向量组本身等价.

由极大线性无关组的定义和性质 4 立得.

✲ **定理 3.3.4**　等价向量组的极大无关组含有相同个数的向量，即等价向量组的秩

相等. 特别地,一个向量组的两个极大无关组含有的向量个数相同.

由等价的传递性和推论 1 立得.

✲ 定理 3.3.5 设 $\boldsymbol{\alpha}_1,\boldsymbol{\alpha}_2,\cdots,\boldsymbol{\alpha}_s$ 的秩为 r,则 $\boldsymbol{\alpha}_1,\boldsymbol{\alpha}_2,\cdots,\boldsymbol{\alpha}_s$ 中任意 r 个线性无关的向量都构成它的一个极大线性无关组.

证明留给读者.

极大线性无关组的定义及性质上

极大线性无关组的定义及性质下

3.3.4 例子剖析

例 3.3.1 在 F^3 中,$\boldsymbol{\alpha}_1=(1,-1,0)$,$\boldsymbol{\alpha}_2=(0,2,1)$,$\boldsymbol{\alpha}_3=(1,-1,2)$,$\boldsymbol{\beta}=(5,-7,5)$,$\boldsymbol{\beta}$ 可否有 $\boldsymbol{\alpha}_1,\boldsymbol{\alpha}_2,\boldsymbol{\alpha}_3$ 的线性组合?

解 因为 $\boldsymbol{\beta}=2\boldsymbol{\alpha}_1-\boldsymbol{\alpha}_2+3\boldsymbol{\alpha}_3$,所以 $\boldsymbol{\beta}$ 是 $\boldsymbol{\alpha}_1,\boldsymbol{\alpha}_2,\boldsymbol{\alpha}_3$ 的线性组合.

例 3.3.2 在 F^n 中,任一向量 $\boldsymbol{\alpha}=(a_1,a_2,\cdots,a_n)$ 可由向量组

$$\boldsymbol{\varepsilon}_1=(1,0,\cdots,0),\boldsymbol{\varepsilon}_2=(0,1,\cdots,0),\cdots,\boldsymbol{\varepsilon}_n=(0,0,\cdots,1)$$

线性表示,$\boldsymbol{\varepsilon}_i$ 称为 n 维单位向量.

因为 $\boldsymbol{\alpha}=a_1\boldsymbol{\varepsilon}_1+a_2\boldsymbol{\varepsilon}_2+\cdots+a_n\boldsymbol{\varepsilon}_n$,故向量 $\boldsymbol{\alpha}$ 可由向量组 $\boldsymbol{\varepsilon}_1,\boldsymbol{\varepsilon}_2,\cdots,\boldsymbol{\varepsilon}_n$ 线性表示.

评注 这回答了本段开头提出的问题,在一般的 n 维向量空间存在向量组 $\boldsymbol{\varepsilon}_1,\boldsymbol{\varepsilon}_2,\cdots,\boldsymbol{\varepsilon}_n$,$F^n$ 中任一向量都可由它线性表出. 因此,向量组 $\boldsymbol{\varepsilon}_1,\boldsymbol{\varepsilon}_2,\cdots,\boldsymbol{\varepsilon}_n$ 具有重要的作用,是否还有其他向量组也能起这样的作用?下面将给予回答.

零向量是任一向量组的线性组合. 因此,若向量组 $\boldsymbol{\alpha}_1,\boldsymbol{\alpha}_2,\cdots,\boldsymbol{\alpha}_r$ 中有一个零向量,则 $\boldsymbol{\alpha}_1,\boldsymbol{\alpha}_2,\cdots,\boldsymbol{\alpha}_r$ 必线性相关.

评注 单个零向量必线性相关,单个非零向量必线性无关.

例 3.3.3 向量 $\boldsymbol{\alpha}_1=(2,-3)$,$\boldsymbol{\alpha}_2=(6,-9)$ 是否线性相关?

因为 $3\boldsymbol{\alpha}_1-\boldsymbol{\alpha}_2=\mathbf{0}$,所以这两个向量线性相关.

评注 若两个向量的对应分量成比例,则这两个向量必线性相关.

例 3.3.4 向量组 $\boldsymbol{\alpha}_1=(1,-2,3)$,$\boldsymbol{\alpha}_2=(2,1,0)$,$\boldsymbol{\alpha}_3=(1,-7,9)$ 是否线性相关?

解 设有 k_1,k_2,k_3,使 $k_1\boldsymbol{\alpha}_1+k_2\boldsymbol{\alpha}_2+k_3\boldsymbol{\alpha}_3=\mathbf{0}$.

于是得
$$\begin{cases}k_1+2k_2+k_3=0,\\-2k_1+k_2-7k_3=0,\\3k_1+9k_3=0.\end{cases}$$

$$\boldsymbol{A}=\begin{bmatrix}1&2&1\\-2&1&-7\\3&0&9\end{bmatrix}\to\begin{bmatrix}1&2&1\\0&5&-5\\0&-6&6\end{bmatrix}\to\begin{bmatrix}1&0&3\\0&1&-1\\0&0&0\end{bmatrix},$$

取 $k_1=-3,k_2=1,k_3=1$,则有 $-3\boldsymbol{\alpha}_1+\boldsymbol{\alpha}_2+\boldsymbol{\alpha}_3=\mathbf{0}$,故 $\boldsymbol{\alpha}_1,\boldsymbol{\alpha}_2,\boldsymbol{\alpha}_3$ 线性相关.

由此可得,要判断 F^n 中的向量组:$\boldsymbol{\alpha}_1=(a_{11},a_{12},\cdots,a_{1n})$,$\boldsymbol{\alpha}_2=(a_{21},a_{22},\cdots,a_{2n})$,$\cdots$,$\boldsymbol{\alpha}_r=(a_{r1},a_{r2},\cdots,a_{rn})$ 是否线性相关,只要判断齐次线性方程组

$$\begin{cases}a_{11}x_1+a_{21}x_2+\cdots+a_{r1}x_r=0,\\a_{12}x_1+a_{22}x_2+\cdots+a_{r2}x_r=0,\\\qquad\cdots\cdots\\a_{1n}x_1+a_{2n}x_2+\cdots+a_{rn}x_r=0.\end{cases}$$

是否有非零解，若有非零解，则 $\boldsymbol{\alpha}_1,\boldsymbol{\alpha}_2,\cdots,\boldsymbol{\alpha}_r$ 线性相关；若只有零解，则 $\boldsymbol{\alpha}_1,\boldsymbol{\alpha}_2,\cdots,\boldsymbol{\alpha}_r$ 线性无关.

例 3.3.5　向量组 $\boldsymbol{\alpha}_1=(1,0,2),\boldsymbol{\alpha}_2=(1,2,3)$ 与向量组 $\boldsymbol{\beta}_1=(0,2,1),\boldsymbol{\beta}_2=(3,4,8),\boldsymbol{\beta}_3=(2,2,5)$ 是否等价？

解　因为 $\boldsymbol{\alpha}_1=2\boldsymbol{\beta}_3-\boldsymbol{\beta}_2,\boldsymbol{\alpha}_2=\boldsymbol{\beta}_2-\boldsymbol{\beta}_3$，而 $\boldsymbol{\beta}_1=\boldsymbol{\alpha}_2-\boldsymbol{\alpha}_1,\boldsymbol{\beta}_2=2\boldsymbol{\alpha}_2+\boldsymbol{\alpha}_1,\boldsymbol{\beta}_3=\boldsymbol{\alpha}_1+\boldsymbol{\alpha}_2$，所以 $\boldsymbol{\alpha}_1,\boldsymbol{\alpha}_2$ 与 $\boldsymbol{\beta}_1,\boldsymbol{\beta}_2,\boldsymbol{\beta}_3$ 等价.

例 3.3.6　求向量组 $\boldsymbol{\alpha}_1=(2,-1,3,1),\boldsymbol{\alpha}_2=(4,-2,5,4),\boldsymbol{\alpha}_3=(2,-1,2,3)$ 的一个极大线性无关组.

解　因为 $\boldsymbol{\alpha}_1,\boldsymbol{\alpha}_2$ 线性无关，而 $\boldsymbol{\alpha}_3=\boldsymbol{\alpha}_2-\boldsymbol{\alpha}_1$，故 $\boldsymbol{\alpha}_1,\boldsymbol{\alpha}_2$ 是 $\boldsymbol{\alpha}_1,\boldsymbol{\alpha}_2,\boldsymbol{\alpha}_3$ 的一个极大无关组. 又 $\boldsymbol{\alpha}_1,\boldsymbol{\alpha}_3$ 线性无关，而 $\boldsymbol{\alpha}_2=\boldsymbol{\alpha}_1+\boldsymbol{\alpha}_3$，故 $\boldsymbol{\alpha}_1,\boldsymbol{\alpha}_3$ 也是一个极大无关组.

可见一个向量组的极大无关组并不是唯一的.

例 3.3.7　求 $\boldsymbol{\alpha}_1=(1,4,1,0),\boldsymbol{\alpha}_2=(2,1,-1,-3),\boldsymbol{\alpha}_3=(1,0,-3,-1),\boldsymbol{\alpha}_4=(0,2,-6,3)$ 的秩.

解　因为 $\boldsymbol{\alpha}_1,\boldsymbol{\alpha}_2$ 线性无关，又 $\boldsymbol{\alpha}_3$ 不能被 $\boldsymbol{\alpha}_1,\boldsymbol{\alpha}_2$ 线性表示，所以 $\boldsymbol{\alpha}_1,\boldsymbol{\alpha}_2,\boldsymbol{\alpha}_3$ 线性无关. 但 $\boldsymbol{\alpha}_4=\boldsymbol{\alpha}_1-2\boldsymbol{\alpha}_2+3\boldsymbol{\alpha}_3$，因此，$\boldsymbol{\alpha}_1,\boldsymbol{\alpha}_2,\boldsymbol{\alpha}_3$ 是极大无关组. $\boldsymbol{\alpha}_1,\boldsymbol{\alpha}_2,\boldsymbol{\alpha}_3,\boldsymbol{\alpha}_4$ 的秩为 3.

3.3.5　练习与探究

3.3.5.1　练习

1. 设 $\boldsymbol{\alpha}_1=(1,1,1,1),\boldsymbol{\alpha}_2=(1,1,-1,-1),\boldsymbol{\alpha}_3=(1,-1,1,-1),\boldsymbol{\alpha}_4=(1,-1,-1,1)$；$\boldsymbol{\beta}=(4,2,1,1)$. 把向量 $\boldsymbol{\beta}$ 表成向量 $\boldsymbol{\alpha}_1,\boldsymbol{\alpha}_2,\boldsymbol{\alpha}_3,\boldsymbol{\alpha}_4$ 的线性组合.

2. 证明性质 4：如果向量组 $\boldsymbol{\alpha}_1,\boldsymbol{\alpha}_2,\cdots,\boldsymbol{\alpha}_r$ 线性无关，而 $\boldsymbol{\alpha}_1,\boldsymbol{\alpha}_2,\cdots,\boldsymbol{\alpha}_r,\boldsymbol{\beta}$ 线性相关，则向量 $\boldsymbol{\beta}$ 可以由 $\boldsymbol{\alpha}_1,\boldsymbol{\alpha}_2,\cdots,\boldsymbol{\alpha}_r$ 线性表出，且表法唯一.

3. 设 $\alpha_i=(a_{i1},a_{i2},\cdots,a_{in}),i=1,2,\cdots,n$. 如果 $|a_{ij}|\neq 0$，那么 $\boldsymbol{\alpha}_1,\boldsymbol{\alpha}_2,\cdots,\boldsymbol{\alpha}_n$ 线性无关.

4. 设 $t_1,t_2,\cdots,t_r$ 是互不相同的数，$r\leqslant n$. 证明：$\boldsymbol{\alpha}_i=(1,t_i,\cdots,t_i^{n-1}),i=1,2,\cdots,r$ 线性无关.

5. 求向量组 $\boldsymbol{\alpha}_1=(1,0,1,2),\boldsymbol{\alpha}_2=(-2,1,3,-2),\boldsymbol{\alpha}_3=(3,-1,0,3),\boldsymbol{\alpha}_4=(4,-1,1,5)$ 的秩和一个极大线性无关组；并把其他向量用极大线性无关组表出.

6. 设 $\boldsymbol{\alpha}_1,\boldsymbol{\alpha}_2,\cdots,\boldsymbol{\alpha}_s$ 的秩为 r，$\boldsymbol{\alpha}_{i_1},\boldsymbol{\alpha}_{i_2},\cdots,\boldsymbol{\alpha}_{i_r}$ 是 $\boldsymbol{\alpha}_1,\boldsymbol{\alpha}_2,\cdots,\boldsymbol{\alpha}_s$ 中的 r 个向量，使得 $\boldsymbol{\alpha}_1,\boldsymbol{\alpha}_2,\cdots,\boldsymbol{\alpha}_s$ 中每个向量都可被它们线性表出，证明：$\boldsymbol{\alpha}_{i_1},\boldsymbol{\alpha}_{i_2},\cdots,\boldsymbol{\alpha}_{i_r}$ 是 $\boldsymbol{\alpha}_1,\boldsymbol{\alpha}_2,\cdots,\boldsymbol{\alpha}_s$ 的一个极大线性无关组.

7. 设 $\boldsymbol{\alpha}_1,\boldsymbol{\alpha}_2,\cdots,\boldsymbol{\alpha}_n$ 是一组 n 维向量，证明：$\boldsymbol{\alpha}_1,\boldsymbol{\alpha}_2,\cdots,\boldsymbol{\alpha}_n$ 线性无关的充分必要条件是任一 n 维向量都可被它们线性表出.

8. 证明：方程组

$$\begin{cases} a_{11}x_1+a_{12}x_2+\cdots+a_{1n}x_n=b_1 \\ a_{21}x_1+a_{22}x_2+\cdots+a_{2n}x_n=b_2 \\ \cdots\cdots \\ a_{n1}x_1+a_{n2}x_2+\cdots+a_{nn}x_n=b_n \end{cases}$$

对任何 $b_1,b_2,\cdots,b_n$ 都有解的充分必要条件是系数行列式 $|a_{ij}|\neq 0$.

9. 已知 $\boldsymbol{\alpha}_1,\boldsymbol{\alpha}_2,\cdots,\boldsymbol{\alpha}_r$ 与 $\boldsymbol{\alpha}_1,\boldsymbol{\alpha}_2,\cdots,\boldsymbol{\alpha}_r,\boldsymbol{\alpha}_{r+1},\cdots,\boldsymbol{\alpha}_s$ 有相同的秩，证明：$\boldsymbol{\alpha}_1,\boldsymbol{\alpha}_2,\cdots,\boldsymbol{\alpha}_r$ 与 $\boldsymbol{\alpha}_1,\boldsymbol{\alpha}_2,\cdots,\boldsymbol{\alpha}_r,\boldsymbol{\alpha}_{r+1},\cdots,\boldsymbol{\alpha}_s$ 等价.

3.3.5.2 探究

求 $\boldsymbol{\alpha}_1=(1,4,1,0),\boldsymbol{\alpha}_2=(2,1,-1,-3),\boldsymbol{\alpha}_3=(1,0,-3,-1),\boldsymbol{\alpha}_4=(0,2,-6,3)$ 的秩可以如下进行：

$$\begin{array}{cccc}\boldsymbol{\alpha}_1 & \boldsymbol{\alpha}_2 & \boldsymbol{\alpha}_3 & \boldsymbol{\alpha}_4\end{array}$$
$$\begin{bmatrix}1 & 2 & 1 & 0\\ 4 & 1 & 0 & 2\\ 1 & -1 & -3 & -6\\ 0 & -3 & -1 & 3\end{bmatrix}\xrightarrow{\text{行变}}\begin{bmatrix}1 & 2 & 1 & 0\\ 0 & -7 & -4 & 2\\ 0 & -3 & -4 & -6\\ 0 & -3 & -1 & 3\end{bmatrix}$$

$$\rightarrow\begin{bmatrix}1 & 2 & 1 & 0\\ 0 & -1 & -2 & -4\\ 0 & 0 & -3 & -9\\ 0 & -3 & -1 & 3\end{bmatrix}\rightarrow\begin{bmatrix}1 & 0 & -3 & -8\\ 0 & 1 & 2 & 4\\ 0 & 0 & 1 & 3\\ 0 & 0 & 5 & 15\end{bmatrix}\rightarrow\begin{array}{c}\begin{array}{cccc}\boldsymbol{\beta}_1 & \boldsymbol{\beta}_2 & \boldsymbol{\beta}_3 & \boldsymbol{\beta}_4\end{array}\\ \begin{bmatrix}1 & 0 & 0 & 1\\ 0 & 1 & 0 & -2\\ 0 & 0 & 1 & 3\\ 0 & 0 & 0 & 0\end{bmatrix}\end{array}.$$

因为 $\boldsymbol{\beta}_1,\boldsymbol{\beta}_2,\boldsymbol{\beta}_3$ 线性无关，且 $\boldsymbol{\beta}_4=\boldsymbol{\beta}_1-2\boldsymbol{\beta}_2+3\boldsymbol{\beta}_3$，故 $\boldsymbol{\beta}_1,\boldsymbol{\beta}_2,\boldsymbol{\beta}_3$ 是一极大无关组. 由此可得 $\boldsymbol{\alpha}_1,\boldsymbol{\alpha}_2,\boldsymbol{\alpha}_3$ 线性无关，且 $\boldsymbol{\alpha}_4=\boldsymbol{\alpha}_1-2\boldsymbol{\alpha}_2+3\boldsymbol{\alpha}_3$，故 $\boldsymbol{\alpha}_1,\boldsymbol{\alpha}_2,\boldsymbol{\alpha}_3$ 是一极大无关组，$\boldsymbol{\alpha}_1,\boldsymbol{\alpha}_2,\boldsymbol{\alpha}_3,\boldsymbol{\alpha}_4$ 的秩为 3.

请读者想一想，为什么向量组 $\boldsymbol{\alpha}_1,\boldsymbol{\alpha}_2,\boldsymbol{\alpha}_3,\boldsymbol{\alpha}_4$ 与向量组 $\boldsymbol{\beta}_1,\boldsymbol{\beta}_2,\boldsymbol{\beta}_3,\boldsymbol{\beta}_4$ 有此对应关系？如果把向量 $\boldsymbol{\alpha}_1,\boldsymbol{\alpha}_2,\boldsymbol{\alpha}_3,\boldsymbol{\alpha}_4$ 按行排成一个矩阵，然后用行初等变换化为阶梯形，能不能得到同样的结论？

一个向量组的任何一个线性无关组都可以扩充成一个极大线性无关组？

已知两向量组有相同的秩，且其中之一可被另一个线性表出，这两个向量组等价吗？

3.4 矩阵的秩

上一节我们定义了向量组的秩，如果把矩阵的每一行看成一个向量，那么矩阵就是由这些行向量组成的. 同样，如果把矩阵的每一列看成一个向量，则矩阵也可以看作是由这些列向量组成的，因此，可以把矩阵行向量组的秩看作矩阵的行秩，把矩阵列向量组的秩看作矩阵的列秩. 那么，这两个秩是否相等？本节围绕以下问题展开讨论.

3.4.1 研究问题

矩阵的秩

(1) 矩阵的行秩、列秩和矩阵的秩.

(2) 矩阵的秩与行列式的关系.

(3) 如何求矩阵的秩？

3.4.2 基本概念

✲ **定义 3.4.1**　所谓矩阵的行秩是指矩阵的行向量所组成的向量组的秩，矩阵的列秩是由矩阵的列向量所组成的向量组的秩.

✲ **定义 3.4.2**　在一个 $m \times n$ 矩阵 $\boldsymbol{A}$ 中任意选定 k 行和 k 列，$1 \leqslant k \leqslant \min\{m, n\}$. 位于这些选定的行和列的交叉位置上的 k^2 个元素按照原来的顺序所组成的 k 阶行列式，称为 $\boldsymbol{A}$ 的一个 k **阶子式**.

3.4.3 主要结论

引理　如果齐次线性方程组

$$\begin{cases} a_{11}x_1 + a_{12}x_2 + \cdots + a_{1n}x_n = 0, \\ a_{21}x_1 + a_{22}x_2 + \cdots + a_{2n}x_n = 0, \\ \cdots\cdots \\ a_{m1}x_1 + a_{m2}x_2 + \cdots + a_{mn}x_n = 0 \end{cases} \tag{3.4.1}$$

的系数矩阵 $\boldsymbol{A} = \begin{bmatrix} a_{11} & a_{12} & \cdots & a_{1n} \\ a_{21} & a_{22} & \cdots & a_{2n} \\ \vdots & \vdots & \ddots & \vdots \\ a_{m1} & a_{m2} & \cdots & a_{mn} \end{bmatrix}$ 的行秩 $r < n$，那么它有非零解.

证明　用 $\boldsymbol{\alpha}_1, \boldsymbol{\alpha}_2, \cdots, \boldsymbol{\alpha}_m$ 表示矩阵 $\boldsymbol{A}$ 的行向量. 由于其秩为 r，故它的极大线性无关组是由 r 个向量组成. 不妨设 $\boldsymbol{\alpha}_1, \boldsymbol{\alpha}_2, \cdots, \boldsymbol{\alpha}_r$ 就是它的一个极大无关组(否则可以调换向量的位置，使之位于前 r 行，这相当于交换方程组的位置，显然不会改变方程组的解). 由于向量组 $\boldsymbol{\alpha}_1, \cdots, \boldsymbol{\alpha}_r, \boldsymbol{\alpha}_{r+1}, \cdots, \boldsymbol{\alpha}_m$ 与 $\boldsymbol{\alpha}_1, \cdots, \boldsymbol{\alpha}_r$ 是等价的，可以互相线性表示，故原方程组与以下方程组

$$\begin{cases} a_{11}x_1 + a_{12}x_2 + \cdots + a_{1n}x_n = 0, \\ a_{21}x_1 + a_{22}x_2 + \cdots + a_{2n}x_n = 0, \\ \cdots\cdots \\ a_{r1}x_1 + a_{r2}x_2 + \cdots + a_{rn}x_n = 0 \end{cases} \tag{3.4.2}$$

是同解的. 由于方程组(3.4.2)中方程的个数小于未知量的个数，把方程组(3.4.2)化为阶梯形方程组，则方程的个数也小于未知量个数，由定理 3.1.4 知方程组(3.4.2)有非零解，从而方程组(3.4.1)有非零解.

✲ **定理 3.4.1**　矩阵的行秩与列秩相等.

证明　设所讨论的矩阵为 $\boldsymbol{A} = \begin{bmatrix} a_{11} & a_{12} & \cdots & a_{1n} \\ a_{21} & a_{22} & \cdots & a_{2n} \\ \vdots & \vdots & \ddots & \vdots \\ a_{m1} & a_{m2} & \cdots & a_{mn} \end{bmatrix}$，

而 $\boldsymbol{A}$ 的行秩为 r，列秩为 s，我们要证 $r = s$. 先证 $r \leqslant s$.

用 $\boldsymbol{\alpha}_1, \boldsymbol{\alpha}_2, \cdots, \boldsymbol{\alpha}_m$ 表示矩阵 $\boldsymbol{A}$ 的行向量组，由于行秩为 r，不妨设 $\boldsymbol{\alpha}_1, \boldsymbol{\alpha}_2, \cdots, \boldsymbol{\alpha}_r$ 是它的一个极大线性无关组. 因为 $\boldsymbol{\alpha}_1, \boldsymbol{\alpha}_2, \cdots, \boldsymbol{\alpha}_r$ 线性无关，故线性方程组

$$x_1\boldsymbol{\alpha}_1+x_2\boldsymbol{\alpha}_2+\cdots+x_r\boldsymbol{\alpha}_r=\mathbf{0}$$

只有零解. 此即齐次线性方程组$\begin{cases}a_{11}x_1+a_{21}x_2+\cdots+a_{r1}x_r=0,\\a_{12}x_1+a_{22}x_2+\cdots+a_{r2}x_r=0,\\\cdots\cdots\\a_{1n}x_1+a_{2n}x_2+\cdots+a_{rn}x_r=0\end{cases}$只有零解.

由引理知,这个方程组的系数矩阵

$$\begin{bmatrix}a_{11}&a_{21}&\cdots&a_{r1}\\a_{12}&a_{22}&\cdots&a_{r2}\\\vdots&\vdots&\ddots&\vdots\\a_{1n}&a_{2n}&\cdots&a_{rn}\end{bmatrix}$$

的行秩 $\geqslant r$,因而在它的行向量中可以找到 r 个线性无关的向量,不妨设向量组$(a_{11},a_{21},\cdots,a_{r1})$,$(a_{12},a_{22},\cdots,a_{r2})$,$\cdots$,$(a_{1r},a_{2r},\cdots,a_{rr})$ 线性无关. 由上一节的性质 5 知,其延长向量组

$$(a_{11},a_{21},\cdots,a_{r1},a_{r+1,1},\cdots,a_{m1}),$$
$$(a_{12},a_{22},\cdots,a_{r2},a_{r+1,2},\cdots,a_{m2}),$$
$$\cdots\cdots$$
$$(a_{1r},a_{2r},\cdots,a_{rr},a_{r+1,r},\cdots,a_{mr})$$

也线性无关,而它们恰好是矩阵 $\boldsymbol{A}$ 的 r 个列向量. 由于它们线性无关,故知 $\boldsymbol{A}$ 的列秩 $s\geqslant r$.

同理可证 $s\leqslant r$,因此有 $r=s$.

由于矩阵的行秩等于列秩,因而统称为**矩阵的秩**.

✲ **定理 3.4.2** 初等变换不改变矩阵的秩.

分别对行的初等变换证明之,列的初等变换同理可证,下面只对行消法变换进行证明,换法变换和倍法变换可作类似证明.

设 $m\times n$ 阶矩阵 $\boldsymbol{A}$ 经消法变换$[j(k)+i]$化为 $\boldsymbol{B}$,即有

$$\boldsymbol{A}=\begin{bmatrix}a_{11}&a_{12}&\cdots&a_{1n}\\\vdots&\vdots&\ddots&\vdots\\a_{i1}&a_{i2}&\cdots&a_{in}\\\vdots&\vdots&\ddots&\vdots\\a_{j1}&a_{j2}&\cdots&a_{jn}\\\vdots&\vdots&\ddots&\vdots\\a_{m1}&a_{m2}&\cdots&a_{mn}\end{bmatrix}\xrightarrow{[j(k)+i]}\begin{bmatrix}a_{11}&a_{12}&\cdots&a_{1n}\\\vdots&\vdots&\ddots&\vdots\\a_{i1}+ka_{j1}&a_{2}+ka_{j2}&\cdots&a_{in}+ka_{jn}\\\vdots&\vdots&\ddots&\vdots\\a_{j1}&a_{j2}&\cdots&a_{jn}\\\vdots&\vdots&\ddots&\vdots\\a_{m1}&a_{m2}&\cdots&a_{mn}\end{bmatrix}=\boldsymbol{B}.$$

又设 $\boldsymbol{A}$ 的行向量组为(Ⅰ):$\boldsymbol{\alpha}_1,\cdots,\boldsymbol{\alpha}_i,\cdots,\boldsymbol{\alpha}_j,\cdots,\boldsymbol{\alpha}_m$;$\boldsymbol{B}$ 的行向量组为(Ⅱ):$\boldsymbol{\alpha}_1,\cdots,\boldsymbol{\alpha}_i+k\boldsymbol{\alpha}_j,\cdots,\boldsymbol{\alpha}_j,\cdots,\boldsymbol{\alpha}_m$. 由于向量组(Ⅰ)与向量组(Ⅱ)等价,故 $R(\boldsymbol{A})=R(\boldsymbol{B})$. 这说明行消法变换不改变矩阵的秩. 同理可证行倍法变换.

行换法变换和列初等变换都不改变矩阵的秩.

由这个定理可知,可以利用矩阵的初等变换来求矩阵的秩,参见例 3.4.3. 只要把矩阵化为阶梯形,则矩阵中不是零向量的 r 个阶梯就是矩阵的秩.

下面揭示矩阵的秩与行列式的关系.先考虑 n 阶方阵的情况.

✻定理3.4.3 $n\times n$ 矩阵 $\boldsymbol{A}=\begin{bmatrix} a_{11} & a_{12} & \cdots & a_{1n} \\ a_{21} & a_{22} & \cdots & a_{2n} \\ \vdots & \vdots & \ddots & \vdots \\ a_{n1} & a_{n2} & \cdots & a_{nn} \end{bmatrix}$ 的行列式为零的充要条件是 $\boldsymbol{A}$ 的秩小于 n.

证明 充分性.设 $\boldsymbol{A}$ 的秩为 $r(r\leqslant n)$.用 $\boldsymbol{\alpha}_1,\boldsymbol{\alpha}_2,\cdots,\boldsymbol{\alpha}_n$ 表示 $\boldsymbol{A}$ 的列向量组.不妨设 $\boldsymbol{\alpha}_1,\boldsymbol{\alpha}_2,\cdots,\boldsymbol{\alpha}_r$ 是列向量组的极大无关组,则有

$$\boldsymbol{\alpha}_n=k_1\boldsymbol{\alpha}_1+k_2\boldsymbol{\alpha}_2+\cdots+k_r\boldsymbol{\alpha}_r.$$

考虑 $\boldsymbol{A}$ 的行列式,得

$$|\boldsymbol{A}|=\begin{vmatrix} a_{11} & a_{12} & \cdots & a_{1n} \\ a_{21} & a_{22} & \cdots & a_{2n} \\ \vdots & \vdots & \ddots & \vdots \\ a_{n1} & a_{n2} & \cdots & a_{nn} \end{vmatrix}=\begin{vmatrix} a_{11} & a_{12} & \cdots & 0 \\ a_{21} & a_{22} & \cdots & 0 \\ \vdots & \vdots & \ddots & \vdots \\ a_{n1} & a_{n2} & \cdots & 0 \end{vmatrix}=0.$$

必要性.若 $|\boldsymbol{A}|=0$,我们对 n 用归纳法证明.

当 $n=1$ 时,由 $|\boldsymbol{A}|=0$ 知 $\boldsymbol{A}$ 仅有一个元素就是0,故 $\boldsymbol{A}$ 的秩为 $0<1$.

假设结论对 $n-1$ 阶矩阵成立,现在考虑 n 阶矩阵,用 $\boldsymbol{\alpha}_1,\boldsymbol{\alpha}_2,\cdots,\boldsymbol{\alpha}_n$ 表示 $\boldsymbol{A}$ 的列向量.查看 $\boldsymbol{A}$ 的第一列元素,若它们全为零,则 $\boldsymbol{A}$ 的列向量组中含有零向量,其秩当然小于 n;若这 n 个元素有一个不为0,不妨设 $a_{11}\neq 0$,则从第二列直到第 n 列分别加上第一列的倍数 $-a_{11}^{-1}a_{12},\cdots,-a_{11}^{-1}a_{1n}$.这样,在把 $a_{12},\cdots,a_{1n}$ 消为零的过程中,矩阵 $\boldsymbol{A}$ 化为 $\boldsymbol{B}$:

$$\boldsymbol{A}\longrightarrow\begin{bmatrix} a_{11} & 0 & \cdots & 0 \\ a_{21} & b_{22} & \cdots & b_{2n} \\ \vdots & \vdots & \ddots & \vdots \\ a_{n1} & b_{n2} & \cdots & b_{nn} \end{bmatrix}=\boldsymbol{B},$$

由于 $|\boldsymbol{A}|=|\boldsymbol{B}|=a_{11}\begin{vmatrix} b_{22} & \cdots\cdots & b_{2n} \\ \vdots & \ddots & \vdots \\ b_{n2} & \cdots & b_{nn} \end{vmatrix}=0$,又 $a_{11}\neq 0$,故 $n-1$ 阶矩阵的行列式 $\begin{vmatrix} b_{22} & \cdots\cdots & b_{2n} \\ \vdots & \ddots & \vdots \\ b_{n2} & \cdots & b_{nn} \end{vmatrix}=0$.由归纳假设知,这个矩阵的列向量线性相关,即列向量组 $(b_{22},\cdots,b_{n2})',\cdots,(b_{2n},\cdots,b_{nn})'$ 线性相关,于是向量组 $(0,b_{22},\cdots,b_{n2})',\cdots,(0,b_{2n},\cdots,b_{nn})'$ 也线性相关,因此矩阵 $\boldsymbol{B}$ 的秩小于 n.由定理3.4.2知,矩阵 $\boldsymbol{A}$ 的秩也小于 n.

推论 齐次线性方程组 $\begin{cases} a_{11}x_1+a_{12}x_2+\cdots+a_{1n}x_n=0, \\ a_{21}x_1+a_{22}x_2+\cdots+a_{2n}x_n=0, \\ \cdots\cdots \\ a_{n1}x_1+a_{n2}x_2+\cdots+a_{nn}x_n=0 \end{cases}$ 有非零解的充要条件是:

它的系数矩阵 $\boldsymbol{A}=\begin{bmatrix} a_{11} & a_{12} & \cdots & a_{1n} \\ a_{21} & a_{22} & \cdots & a_{2n} \\ \vdots & \vdots & \ddots & \vdots \\ a_{n1} & a_{n2} & \cdots & a_{nn} \end{bmatrix}$ 的行列式等于零.

结论的必要性由克拉默法则可得,结论的充分性是定理 3.4.3 的推论.

再考虑一般 $m\times n$ 矩阵的秩与行列式的关系.

✲ **定理 3.4.4** 矩阵 $\boldsymbol{A}$ 的秩为 r 的充要条件是:矩阵 $\boldsymbol{A}$ 中有一个 r 阶子式不为零,而所有的 $r+1$ 阶子式全为零.

证明 必要性. 设矩阵 $\boldsymbol{A}$ 的秩为 r,即矩阵 $\boldsymbol{A}$ 中行向量组的极大线性无关组的个数为 r. 因而任意 $r+1$ 个行向量必线性相关,线性相关向量组的"缩短"向量组也线性相关,故矩阵 $\boldsymbol{A}$ 的任意 $r+1$ 阶子式的行向量也线性相关. 由定理 3.4.3 知,这种子式全为零. 下证 $\boldsymbol{A}$ 中至少有一个 r 阶子式不为零.

设 $\boldsymbol{A}=\begin{bmatrix} a_{11} & a_{12} & \cdots & a_{1n} \\ a_{21} & a_{22} & \cdots & a_{2n} \\ \vdots & \vdots & \ddots & \vdots \\ a_{m1} & a_{m2} & \cdots & a_{mn} \end{bmatrix}$,秩 $R(\boldsymbol{A})=r$. $\boldsymbol{A}$ 中的行向量组的极大线性无关组的个数为 r,不妨设这 r 个向量正是前 r 个行向量(不然,可以交换行向量的位置,而矩阵的初等变换不改变矩阵的秩). 把这 r 个向量取出来,作成新的矩阵 $\boldsymbol{A}_1$:

$$\boldsymbol{A}_1=\begin{bmatrix} a_{11} & a_{12} & \cdots & a_{1n} \\ a_{21} & a_{22} & \cdots & a_{2n} \\ \vdots & \vdots & \ddots & \vdots \\ a_{r1} & a_{r2} & \cdots & a_{rn} \end{bmatrix},$$

矩阵 $\boldsymbol{A}_1$ 的行秩为 r. 因而其列秩也为 r,即 $\boldsymbol{A}_1$ 的列向量组的极大线性无关组的个数也是 r,不妨设前 r 列线性无关,因而 $\begin{vmatrix} a_{11} & a_{12} & \cdots & a_{1r} \\ a_{21} & a_{22} & \cdots & a_{2r} \\ \vdots & \vdots & \ddots & \vdots \\ a_{r1} & a_{r2} & \cdots & a_{rr} \end{vmatrix}\neq 0$,它是矩阵 $\boldsymbol{A}$ 的一个 r 阶子式.

充分性. 设在矩阵 $\boldsymbol{A}$ 中有一个 r 阶子式不为零,而所有的 $r+1$ 阶子式全为零. 不妨设这 r 阶子式在 $\boldsymbol{A}$ 的左上角,即

$$\begin{vmatrix} a_{11} & a_{12} & \cdots & a_{1r} \\ a_{21} & a_{22} & \cdots & a_{2r} \\ \vdots & \vdots & \ddots & \vdots \\ a_{r1} & a_{r2} & \cdots & a_{rr} \end{vmatrix}\neq 0$$

由定理 3.4.3 知,这 r 个行组成的向量组线性无关,又根据线性无关向量组的延长向量组也线性无关知,$\boldsymbol{A}$ 中前 r 个向量是线性无关的. 由于 $\boldsymbol{A}$ 中所有 $r+1$ 阶子式全为零,因此再增加任一个行向量均线性相关(否则会导出 $\boldsymbol{A}$ 中有一个 $r+1$ 阶子式不为零),可见矩阵 $\boldsymbol{A}$ 的其他行向量可由这 r 个向量线性表示. 故矩阵行向量的秩为 r,从而矩阵 $\boldsymbol{A}$ 的秩也为 r.

3.4.4 例子剖析

例 3.4.1　求矩阵 $\boldsymbol{A}=\begin{bmatrix}1&2&1&2\\0&2&3&2\\0&0&2&4\\0&0&1&2\end{bmatrix}$ 的行秩和列秩.

解　$\boldsymbol{A}$ 的行向量组是

$\boldsymbol{\alpha}_1=(1,2,1,2),\boldsymbol{\alpha}_2=(0,2,3,2)$,

$\boldsymbol{\alpha}_3=(0,0,2,4),\boldsymbol{\alpha}_4=(0,0,1,2)$,

其极大线性无关组是 $\boldsymbol{\alpha}_1,\boldsymbol{\alpha}_2,\boldsymbol{\alpha}_3$，故 $\boldsymbol{A}$ 的行秩为 3. 又 $\boldsymbol{A}$ 的列向量为

$\boldsymbol{\beta}_1=(1,0,0,0),\boldsymbol{\beta}_2=(2,2,0,0)$,

$\boldsymbol{\beta}_3=(1,3,2,1),\boldsymbol{\beta}_4=(2,2,4,2)$,

列向量组的极大线性无关组为 $\boldsymbol{\beta}_1,\boldsymbol{\beta}_2,\boldsymbol{\beta}_3$，故 $\boldsymbol{A}$ 的列秩也是 3.

这个例子验证了上述结论:矩阵的行秩等于列秩.

除了通过求矩阵的行秩或列秩来求矩阵的秩外，还可以利用子式来求矩阵的秩.

例 3.4.2　求 $\boldsymbol{A}=\begin{bmatrix}1&3&0&5&4\\0&-1&0&7&3\\7&9&5&3&5\\2&6&0&10&8\end{bmatrix}$ 的秩.

解　因为 $\boldsymbol{A}$ 中第一行与第四行对应元素成比例，因而任何四阶子式均为 0，故 $R(\boldsymbol{A})\leqslant 3$，由于找到一个三阶子式 $\begin{vmatrix}1&3&0\\0&-1&0\\7&9&5\end{vmatrix}\neq 0$，故知 $\boldsymbol{A}$ 的秩为 3.

从例 3.4.1 可以看出，根据定义来求矩阵的秩是繁杂的，下面利用矩阵的初等变换来求矩阵的秩.

例 3.4.3　求矩阵 $\boldsymbol{A}=\begin{bmatrix}2&1&11&2&3\\1&2&4&-1&2\\11&14&56&5&18\\2&-8&-10&-26&10\end{bmatrix}$ 的秩.

解

$$\boldsymbol{A}\rightarrow\begin{bmatrix}0&-3&3&4&-1\\1&2&4&-1&2\\0&-8&12&16&-4\\0&-12&-18&-24&6\end{bmatrix}\rightarrow\begin{bmatrix}1&2&4&-1&2\\0&-3&3&4&-1\\0&2&-3&-4&1\\0&2&3&4&-1\end{bmatrix}\rightarrow$$

$$\begin{bmatrix}1&0&7&3&1\\0&-1&0&0&0\\0&2&-3&-4&1\\0&0&6&8&-2\end{bmatrix}\rightarrow\begin{bmatrix}1&0&7&3&1\\0&1&0&0&0\\0&0&3&4&-1\\0&0&0&0&0\end{bmatrix}$$

故 $R(\boldsymbol{A})=3$.

3.4.5 练习和探究

1. 计算下列矩阵的秩：

(1) $\begin{bmatrix} 1 & 2 & 1 & 0 & 1 \\ 1 & 3 & -2 & -1 & -1 \\ 0 & 1 & -3 & -1 & 1 \\ 1 & 0 & -1 & 2 & 0 \end{bmatrix}$；(2) $\begin{bmatrix} 1 & -1 & 2 & 1 & 0 \\ 3 & -3 & 6 & -1 & 0 \\ 1 & 2 & 2 & 1 & 1 \\ 2 & 1 & 4 & -2 & 1 \end{bmatrix}$；(3) $\begin{bmatrix} 1 & 2 & 3 & 7 & 10 \\ 2 & 3 & 5 & 12 & 17 \\ 0 & 2 & 2 & 4 & 6 \\ 2 & 5 & 7 & 16 & 23 \end{bmatrix}$.

2. 设 $\boldsymbol{A}=\begin{bmatrix} a & 1 & 3 \\ 2 & 2 & 3 \\ 4 & b & 6 \end{bmatrix}$，要使 $\boldsymbol{A}$ 的秩为 2，试确定 a,b 的取值范围.

3. 设向量组 $\boldsymbol{\alpha}_1,\boldsymbol{\alpha}_2,\cdots,\boldsymbol{\alpha}_r$ 线性无关，且 $\boldsymbol{\beta}=\boldsymbol{\alpha}_1+\boldsymbol{\alpha}_2+\cdots+\boldsymbol{\alpha}_r(r>1)$. 令 $\boldsymbol{\beta}_1=\boldsymbol{\beta}-\boldsymbol{\alpha}_1$，$\boldsymbol{\beta}_2=\boldsymbol{\beta}-\boldsymbol{\alpha}_2,\cdots,\boldsymbol{\beta}_r=\boldsymbol{\beta}-\boldsymbol{\alpha}_r$. 问：$\boldsymbol{\beta}_1,\boldsymbol{\beta}_2,\cdots,\boldsymbol{\beta}_r$ 是否也线性无关？为什么？

3.5 线性方程组有解判别定理

在有了向量和矩阵的理论准备之后，下面给出线性方程组

$$\begin{cases} a_{11}x_1+a_{12}x_2+\cdots+a_{1n}x_n=b_1, \\ a_{21}x_1+a_{22}x_2+\cdots+a_{2n}x_n=b_2, \\ \cdots\cdots \\ a_{m1}x_1+a_{m2}x_2+\cdots+a_{mn}x_n=b_m \end{cases} \tag{3.5.1}$$

有解的判别定理. 本节围绕以下问题展开讨论.

线性方程组有解判别定理上

3.5.1 研究问题

(1) 线性方程组何时有解，何时无解？

(2) 线性方程组有解时，何时有唯一解，何时有无穷多解？

(3) 如何求线性方程组的解？

线性方程组有解判别定理下

3.5.2 基本概念

若在线性方程组的系数或常数中含有未定值，如

$$\begin{cases} 3x_1+cx_2+5x_3+5x_4+9x_5=6, \\ 3x_1+2x_2+x_3+x_4-3x_5=a, \\ 4x_1+3x_2+2x_3+2x_4-2x_5=a+1, \\ 5x_1+4x_2+3x_3+3x_4-x_5=b \end{cases}$$

中的 a,b,c，则称这样的方程组为含参数的线性方程组. 对含参数的方程组，着重讨论当参数取何值时，方程组有解、无解.

3.5.3 主要结论

✲ **定理 3.5.1(线性方程组有解的判别定理)**　线性方程组(3.5.1)有解的充要条件

是它的系数矩阵 $\mathbf{A}$ 与增广矩阵 $\overline{\mathbf{A}}$ 有相同的秩.

证法 1　对线性方程组(3.5.1)的增广矩阵 $\overline{\mathbf{A}}$ 施行行初等变换与前 n 列的换法变换得 $\overline{\mathbf{B}}$,即有

$$\overline{\mathbf{A}}=\begin{pmatrix} a_{11} & a_{12} & \cdots & a_{1n} & b_1 \\ a_{21} & a_{22} & \cdots & a_{2n} & b_2 \\ \vdots & \vdots & \ddots & \vdots & \vdots \\ a_{m1} & a_{m2} & \cdots & a_{mn} & b_n \end{pmatrix} \longrightarrow \begin{vmatrix} 1 & 0 & \cdots & 0 & c_{1,r+1} & \cdots & c_{1n} & d_1 \\ 0 & 1 & \cdots & 0 & c_{2,r+1} & \cdots & c_{1n} & d_2 \\ \vdots & \vdots & \ddots & \vdots & \vdots & \ddots & \vdots & \vdots \\ 0 & 0 & \cdots & 1 & c_{r,r+1} & \cdots & c_{rn} & d_r \\ 0 & 0 & \cdots & 0 & 0 & \cdots & 0 & d_{r+1} \\ \vdots & \vdots & \ddots & \vdots & \vdots & \ddots & \vdots & \vdots \\ 0 & 0 & \cdots & 0 & 0 & \cdots & 0 & 0 \end{vmatrix}=\overline{\mathbf{B}}.$$

$\overline{\mathbf{A}}$ 的前 n 列所成的矩阵是 $\mathbf{A}$,设 $\overline{\mathbf{B}}$ 的前 n 列所成的矩阵为 $\mathbf{B}$.

(1) 若 $R(\mathbf{A})=R(\overline{\mathbf{A}})$,则由定理 3.4.2 知,$R(\mathbf{B})=R(\overline{\mathbf{B}})$,故 $d_{r+1}=0$,因此原方程组有解.

(2) 若原方程组(3.5.1)有解,则以 $\overline{\mathbf{B}}$ 为增广矩阵的方程组也有解,故 $d_{r+1}=0$,于是 $R(\mathbf{B})=R(\overline{\mathbf{B}})$,因此 $R(\mathbf{A})=R(\overline{\mathbf{A}})$.

证法 2　设 $\boldsymbol{\alpha}_1=(a_{11},a_{21},\cdots,a_{m1})'$,$\boldsymbol{\alpha}_2=(a_{12},a_{22},\cdots,a_{m2})'$,$\cdots$,$\boldsymbol{\alpha}_n=(a_{1n},a_{2n},\cdots,a_{mn})'$,$\boldsymbol{\beta}=(b_1,b_2,\cdots,b_m)'$. 于是方程组(3.5.1)可表为

$$x_1\boldsymbol{\alpha}_1+x_2\boldsymbol{\alpha}_2+\cdots+x_n\boldsymbol{\alpha}_n=\boldsymbol{\beta}. \tag{3.5.2}$$

设方程组(3.5.1)有解,由式(3.5.2)知 $\boldsymbol{\beta}$ 可由 $\boldsymbol{\alpha}_1,\boldsymbol{\alpha}_2,\cdots,\boldsymbol{\alpha}_n$ 线性表示,因此向量组 $\boldsymbol{\alpha}_1,\boldsymbol{\alpha}_2,\cdots,\boldsymbol{\alpha}_n$ 与 $\boldsymbol{\alpha}_1,\boldsymbol{\alpha}_2,\cdots,\boldsymbol{\alpha}_n,\boldsymbol{\beta}$ 等价. 等价的向量组有相同的秩,而 $\boldsymbol{\alpha}_1,\boldsymbol{\alpha}_2,\cdots,\boldsymbol{\alpha}_n$ 是 $\mathbf{A}$ 的列向量组,$\boldsymbol{\alpha}_1,\boldsymbol{\alpha}_2,\cdots,\boldsymbol{\alpha}_n,\boldsymbol{\beta}$ 是 $\overline{\mathbf{A}}$ 的列向量组,故 $R(\mathbf{A})=R(\overline{\mathbf{A}})$.

充分性. 若 $R(\mathbf{A})=R(\overline{\mathbf{A}})$,则向量组 $\boldsymbol{\alpha}_1,\boldsymbol{\alpha}_2,\cdots,\boldsymbol{\alpha}_n$ 与 $\boldsymbol{\alpha}_1,\boldsymbol{\alpha}_2,\cdots,\boldsymbol{\alpha}_n,\boldsymbol{\beta}$ 有相同的秩,设为 r. 不妨设 $\boldsymbol{\alpha}_1,\boldsymbol{\alpha}_2,\cdots,\boldsymbol{\alpha}_r$ 是 $\boldsymbol{\alpha}_1,\boldsymbol{\alpha}_2,\cdots,\boldsymbol{\alpha}_n$ 的一个极大线性无关组. 显然 $\boldsymbol{\alpha}_1,\boldsymbol{\alpha}_2,\cdots,\boldsymbol{\alpha}_r$ 也是 $\boldsymbol{\alpha}_1,\boldsymbol{\alpha}_2,\cdots,\boldsymbol{\alpha}_n,\boldsymbol{\beta}$ 的一个极大无关组,$\boldsymbol{\beta}$ 可由 $\boldsymbol{\alpha}_1,\boldsymbol{\alpha}_2,\cdots,\boldsymbol{\alpha}_r$ 线性表示. 由传递性知,$\boldsymbol{\beta}$ 可由 $\boldsymbol{\alpha}_1,\boldsymbol{\alpha}_2,\cdots,\boldsymbol{\alpha}_n$ 线性表示,可见方程组(3.5.1)有解.

✲ 定理 3.5.2　设线性方程组(3.5.1)的系数矩阵 $\mathbf{A}$ 和增广矩阵 $\overline{\mathbf{A}}$ 有相同的秩 r,则当 $r=n$(n 为方程中未知量的个数)时,方程组有唯一解;当 $r<n$ 时,方程组有无穷多解.

证明　当 $R(\mathbf{A})=R(\overline{\mathbf{A}})=r$ 时(为方便计,这里假设 $\mathbf{A}$ 的左上角 r 阶子式不为零),由定理 3.5.1 知,方程组有解. 这时线性方程组的增广矩阵 $\overline{\mathbf{A}}$ 经行变换可化为如下阶梯形:

$$\overline{\mathbf{A}}\longrightarrow\begin{vmatrix} 1 & 0 & \cdots & 0 & c_{1,r+1} & \cdots & c_{1n} & d_1 \\ 0 & 1 & \cdots & 0 & c_{2,r+1} & \cdots & c_{1n} & d_2 \\ \vdots & \vdots & \ddots & \vdots & \vdots & \ddots & \vdots & \vdots \\ 0 & 0 & \cdots & 1 & c_{r,r+1} & \cdots & c_{rn} & d_r \\ 0 & 0 & \cdots & 0 & 0 & \cdots & 0 & 0 \\ \vdots & \vdots & \ddots & \vdots & \vdots & \ddots & \vdots & \vdots \\ 0 & 0 & \cdots & 0 & 0 & \cdots & 0 & 0 \end{vmatrix}=\overline{\mathbf{B}}.$$

因此方程组(3.5.1)与以下方程组同解：

$$\begin{cases} x_1 + c_{1,r+1}x_{r+1} + \cdots + c_{1n}x_n = d_1, \\ x_2 + c_{2,r+1}x_{r+1} + \cdots + c_{2n}x_n = d_2, \\ \cdots\cdots \\ x_r + c_{r,r+1}x_{r+1} + \cdots + c_{rn}x_n = d_r. \end{cases}$$

当 $r = n$ 时，方程组有唯一解：$x_i = d_i, i = 1, 2, \cdots, n$.

当 $r < n$ 时，方程组的解为：$\begin{cases} x_1 = d_1 - c_{1,r+1}x_{r+1} - \cdots - c_{1n}x_n, \\ x_2 = d_2 - c_{2,r+1}x_{r+1} - \cdots - c_{2n}x_n, \\ \cdots\cdots \\ x_r = d_r - c_{r,r+1}x_{r+1} - \cdots - c_{rn}x_n. \end{cases}$ 这里 $x_{r+1}, \cdots, x_n$ 是自由未知量，故方程组有无穷多解.

3.5.4 例子剖析

例 3.5.1 解线性方程组 $\begin{cases} 2x_1 + 2x_2 + 3x_3 = 1, \\ x_1 + ax_2 + 2x_3 + x_4 = 2, \\ 2x_1 + 3x_2 + 3x_3 - x_4 = 4, \\ x_1 + x_2 + x_3 - x_4 = 3, \\ 7x_1 + 9x_2 + 9x_3 - 5x_4 = 17. \end{cases}$ （a 为实常数）

解 $\overline{\boldsymbol{A}} = \begin{bmatrix} 2 & 2 & 3 & 0 & 1 \\ 1 & a & 2 & 1 & 2 \\ 2 & 3 & 3 & -1 & 4 \\ 1 & 1 & 1 & -1 & 3 \\ 7 & 9 & 9 & -5 & 17 \end{bmatrix} \to \begin{bmatrix} 0 & 0 & 1 & 2 & -5 \\ 0 & a-1 & 1 & 2 & -1 \\ 0 & 1 & 1 & 1 & -2 \\ 1 & 1 & 1 & -1 & 3 \\ 0 & 2 & 2 & 2 & -4 \end{bmatrix}$

$$\to \begin{bmatrix} 0 & 0 & 1 & 2 & -5 \\ 0 & a-1 & 0 & 0 & 4 \\ 0 & 1 & 1 & 1 & -2 \\ 1 & 0 & 0 & -2 & 5 \\ 0 & 0 & 0 & 0 & 0 \end{bmatrix} \to \begin{bmatrix} 0 & 0 & 1 & 2 & -5 \\ 0 & a-1 & 0 & 0 & 4 \\ 0 & 1 & 0 & -1 & 3 \\ 1 & 0 & 0 & -2 & 5 \\ 0 & 0 & 0 & 0 & 0 \end{bmatrix}$$

$$\xrightarrow{a \neq 1} \begin{pmatrix} 0 & 0 & 1 & 2 & -5 \\ 0 & 1 & 0 & 0 & \dfrac{4}{a-1} \\ 0 & 0 & 0 & -1 & 3 - \dfrac{4}{a-1} \\ 1 & 0 & 0 & -2 & 5 \\ 0 & 0 & 0 & 0 & 0 \end{pmatrix} \longrightarrow \begin{pmatrix} 0 & 0 & 1 & 0 & \dfrac{a-9}{a-1} \\ 0 & 1 & 0 & 0 & \dfrac{4}{a-1} \\ 0 & 0 & 0 & 1 & \dfrac{7-3a}{a-1} \\ 1 & 0 & 0 & 0 & \dfrac{9-a}{a-1} \\ 0 & 0 & 0 & 0 & 0 \end{pmatrix}.$$

当 $a = 1$ 时，方程组无解；当 $a \neq 1$ 时，原方程的解为

$$x_1=\frac{9-a}{a-1},x_2=\frac{4}{a-1},x_3=\frac{a-9}{a-1},x_4=\frac{7-3a}{a-1}.$$

例 3.5.2　当 a,b 取何值时，线性方程组

$$\begin{cases}3x_1+4x_2+5x_3+5x_4+9x_5=6,\\3x_1+2x_2+x_3+x_4-3x_5=a,\\4x_1+3x_2+2x_3+2x_4-2x_5=a+1,\\5x_1+4x_2+3x_3+3x_4-x_5=b.\end{cases}$$

无解？有解？在有解时求其一般解.

解　$$\overline{\boldsymbol{A}}\to\begin{bmatrix}3&4&5&5&9&6\\3&2&1&1&-3&a\\1&1&1&1&1&1\\5&4&3&3&-1&b\end{bmatrix}\to\begin{bmatrix}0&1&2&2&6&3\\0&-1&-2&-2&-6&a-3\\1&1&1&1&1&1\\0&-1&-2&-2&-6&b-5\end{bmatrix}$$

$$\to\begin{bmatrix}0&1&2&2&6&3\\0&0&0&0&0&a\\1&1&1&1&1&1\\0&0&0&0&0&b-2\end{bmatrix}\to\begin{bmatrix}0&1&2&2&6&3\\0&0&0&0&0&a\\1&0&-1&-1&-5&-2\\0&0&0&0&0&b-2\end{bmatrix}.$$

当 $a\neq 0$ 或 $b\neq 2$ 时，方程组无解；当 $a=0$ 且 $b=2$ 时，线性方程组有解，解为

$$\begin{cases}x_1=-2+x_3+x_4+5x_5,\\x_2=3-2x_3-2x_4-6x_5,\end{cases}$$ x_3,x_4,x_5 是自由未知量.

3.5.5　练习和探究

1. 当 λ,a,b 取何值时，下列方程组有解？在有解时求其解.

(1) $\begin{cases}\lambda x_1+x_2+x_3=1,\\x_1+\lambda x_2+x_3=\lambda,\\x_1+x_2+\lambda x_3=\lambda^2.\end{cases}$　(2) $\begin{cases}ax_1+x_2+x_3=4,\\x_1+bx_2+x_3=3,\\x_1+2bx_2+x_3=4.\end{cases}$

2. 设有方程组 $\begin{cases}x_1-x_2+x_3+x_4=a,\\2x_1-3x_2+3x_3+4x_4=b,\\x_1-2x_2+x_3+x_4=c.\end{cases}$ 问：此方程组对任意实数 a,b,c 是否都有解？若有解，试求其解.

3. 设 $x_1-x_2=a_1,x_2-x_3=a_2,x_3-x_4=a_3,x_4-x_5=a_4,x_5-x_1=a_5$. 证明：该方程组有解的充分必要条件为 $\sum_{i=1}^{5}a_i=0$. 在有解的情形下求出它的一般解.

3.6　线性方程组的解结构

上一节解决了线性方程组有没有解的判别条件问题. 在线性方程组有解且解不是唯一的情况下，有必要研究解与解之间的关系. 能不能用有限个解把无穷多解表示出来？这

就是本节要讨论的线性方程组解的结构问题.本节围绕以下问题展开讨论.

3.6.1 研究问题

(1) 齐次线性方程组的解结构.

(2) 一般线性方程组的解结构.

3.6.2 基本概念

设齐次线性方程组为

$$\begin{cases} a_{11}x_1+a_{12}x_2+\cdots+a_{1n}x_n=0, \\ a_{21}x_1+a_{22}x_2+\cdots+a_{2n}x_n=0, \\ \quad\cdots\cdots \\ a_{m1}x_1+a_{m2}x_2+\cdots+a_{mn}x_n=0. \end{cases} \tag{3.6.1}$$

✻ **定义 3.6.1** 如果:

(1) $\boldsymbol{\eta}_1,\boldsymbol{\eta}_2,\cdots,\boldsymbol{\eta}_r$ 线性无关;

(2) 方程组(3.6.1)的任一个解都能表成 $\boldsymbol{\eta}_1,\boldsymbol{\eta}_2,\cdots,\boldsymbol{\eta}_r$ 的线性组合,则齐次线性方程组(3.6.1)的一组解 $\boldsymbol{\eta}_1,\boldsymbol{\eta}_2,\cdots,\boldsymbol{\eta}_r$ 称为方程组(3.6.1)的一个**基础解系**.

这里,条件(1)保证基础解系中没有多余的解,而条件(2)则说明方程组(3.6.1)的任一解都能由 $\boldsymbol{\eta}_1,\boldsymbol{\eta}_2,\cdots,\boldsymbol{\eta}_r$ 线性表示,这说明 $\boldsymbol{\eta}_1,\boldsymbol{\eta}_2,\cdots,\boldsymbol{\eta}_r$ 中一个向量也不能少.

实际上,$\boldsymbol{\eta}_1,\boldsymbol{\eta}_2,\cdots,\boldsymbol{\eta}_r$ 是方程组(3.6.1)的所有解向量组的极大线性无关组.

对于一般线性方程组
$$\begin{cases} a_{11}x_1+a_{12}x_2+\cdots+a_{1n}x_n=b_1, \\ a_{21}x_1+a_{22}x_2+\cdots+a_{2n}x_n=b_2, \\ \quad\cdots\cdots \\ a_{m1}x_1+a_{m2}x_2+\cdots+a_{mn}x_n=b_m. \end{cases} \tag{3.6.2}$$

如果把一般线性方程组(3.6.2)中的常数项换为0,就得齐次线性方程组(3.6.1).这样得到的齐次线性方程组(3.6.1)称为一般线性方程组(3.6.2)的**导出组**.

在确定线性方程组是否有解的判别条件之后,我们知道在 $R(\mathbf{A})=R(\overline{\mathbf{A}})=n$(方程组未知量个数)时,方程组有唯一解.在 $R(\mathbf{A})=R(\overline{\mathbf{A}})<n$ 时,方程组有无穷多解,这时,我们要问,这些解之间有没有什么关系?能否用有限个解把全部解表示出来?研究用线性方程组有限个解把它所有的解表示出来的问题就是线性方程组的**解结构**问题.

在讨论线性方程组的解结构时,我们分两步来讨论:先讨论齐次线性方程组解的结构,再讨论一般线性方程组解的结构.

基础解系

非齐次线性方程组解的结构

3.6.3 主要结论

3.6.3.1 齐次线性方程组的解结构

设 $\boldsymbol{A}$ 是齐次线性方程组(3.6.1)的系数矩阵,即

$$\boldsymbol{A}=\begin{bmatrix} a_{11} & a_{12} & \cdots & a_{1n} \\ a_{21} & a_{22} & \cdots & a_{2n} \\ \vdots & \vdots & \ddots & \vdots \\ a_{m1} & a_{m2} & \cdots & a_{mn} \end{bmatrix}.$$

当线性方程组(3.6.1)系数矩阵 $\boldsymbol{A}$ 的秩等于未知量个数时，线性方程组有唯一解；当线性方程组(3.6.1)系数矩阵 $\boldsymbol{A}$ 的秩小于未知量个数时，线性方程组有无穷多解.下面分三步来讨论齐次线性方程组的解结构问题.

(1) 解的性质

性质 1　齐次线性方程组(3.6.1)的两个解的和仍是方程组(3.6.1)的解.

证明　设$(k_1,k_2,\cdots,k_n)$和$(l_1,l_2,\cdots,l_n)$分别是方程组(3.6.1)的两个解，即有

$$\sum_{j=1}^{n} a_{ij}k_j=0,\sum_{j=1}^{n} a_{ij}l_j=0,i=1,2,\cdots,m.$$

把这两个解的和$(k_1+l_1,k_2+l_2,\cdots,k_n+l_n)$代入方程组(3.6.1)得

$$\sum_{j=1}^{n} a_{ij}(k_j+l_j)=\sum_{j=1}^{n} a_{ij}k_j+\sum_{j=1}^{n} a_{ij}l_j=0,i=1,2,\cdots,m.$$

故两个解之和仍是方程组(3.6.1)的解.

性质 2　齐次线性方程组(3,6.1)解的倍数仍是方程组的解.

证明　设$(k_1,k_2,\cdots,k_n)$是方程组(3.6.1)的解，即有

$$\sum_{j=1}^{n} a_{ij}k_j=0,i=1,2,\cdots,m.$$

用 l 乘这个解得$(lk_1,lk_2,\cdots,lk_n)$，把它代入方程组(3.6.1)得

$$\sum_{j=1}^{n} a_{ij}lk_j=l\sum_{j=1}^{n} a_{ij}k_j=0,\quad i=1,2,\cdots,m.$$

故$(lk_1,lk_2,\cdots,lk_n)$是方程组(3.6.1)的解.

综合性质 1、性质 2 得性质 3.

性质 3　齐次线性方程组解的线性组合仍是这个方程组的解.

本性质表明，如果方程组(3.6.1)有 r 个解，则这 r 个解的所有可能的线性组合便给出了方程组(3.6.1)的无穷多解.我们想探讨的是以下问题.

问题 1　齐次线性方程组的全部解是否能够通过它的有限个解的线性组合表示出来?

答案是肯定的.能担当此重任的有限个解就是齐次线性方程组的基础解系.

(2) 基础解系

齐次线性方程组是否有基础解系?下面的定理回答了这个问题.

✲ 定理 3.6.1　在齐次线性方程组(3.6.1)有非零解的情况下，它有基础解系，且基础解系所含解向量的个数等于 $n-r$，这里 n 为未知量的个数，r 是 $\boldsymbol{A}$ 的秩.

证明　设齐次线性方程组(3.6.1)系数矩阵 $\boldsymbol{A}$ 的秩为 r，在方程组(3.6.1)有非零解的情况下，$r<n$，为方便计，不妨设 $\boldsymbol{A}$ 的左上角的 r 阶子式不为零.因此，$\boldsymbol{A}$ 中行向量组前 r 个向量线性无关，而后 $n-r$ 个向量可由前 r 个向量线性表示，于是，方程组(3.6.1)与以下

方程组同解：

$$\begin{cases} a_{11}x_1+\cdots+a_{1n}x_r+a_{1,r+1}x_{r+1}+\cdots+a_{1n}x_n=0, \\ a_{21}x_1+\cdots+a_{2n}x_r+a_{2,r+1}x_{r+1}+\cdots+a_{2n}x_n=0, \\ \cdots\cdots \\ a_{r1}x_1+\cdots+a_{rr}x_r+a_{r,r+1}x_{r+1}+\cdots+a_{rn}x_n=0. \end{cases}$$

把上式改写成

$$\begin{cases} a_{11}x_1+\cdots+a_{1n}x_r=-a_{1,r+1}x_{r+1}-\cdots-a_{1n}x_n, \\ a_{21}x_1+\cdots+a_{2r}x_r=-a_{2,r+1}x_{r+1}-\cdots-a_{2n}x_n, \\ \cdots\cdots \\ a_{r1}x_1+\cdots+a_{rr}x_r=-a_{r,r+1}x_{r+1}-\cdots-a_{rn}x_n. \end{cases} \tag{3.6.3}$$

把自由未知量的任一组值$(c_{r+1},c_{r+2},\cdots,c_n)$代入方程组(3.6.3)的右边，由Cramer法则可得方程组(3.6.3)的解，从而也是方程组(3.6.1)的解.

注意　对方程组(3.6.3)的任两个解，只要自由未知量的取值一样，这两个解就完全一样.

在方程组(3.6.3)中，分别用以下 $n-r$ 组数：

$$(1,0,\cdots,0),(0,1,\cdots,0),\cdots,(0,0,\cdots,1)$$

代替自由未知量$(x_{r+1},x_{r+2},\cdots,x_n)$，就得到方程组(3.6.1)，从而是(3.6.1)的 $n-r$ 个解：

$$\begin{cases} \boldsymbol{\eta}_1=(c_{11},\cdots,c_{1r},1,0,\cdots,0), \\ \boldsymbol{\eta}_2=(c_{21},\cdots,c_{2r},0,1,\cdots,0), \\ \cdots\cdots \\ \boldsymbol{\eta}_{n-r}=(c_{r1},\cdots,c_{rr},0,0,\cdots,1). \end{cases}$$

下证 $\boldsymbol{\eta}_1,\boldsymbol{\eta}_2,\cdots,\boldsymbol{\eta}_{n-r}$ 是一个基础解系，首先证 $\boldsymbol{\eta}_1,\boldsymbol{\eta}_2,\cdots,\boldsymbol{\eta}_{n-r}$ 线性无关，设有

$$\begin{aligned} k_1\eta_1+k_2\eta_2+\cdots+k_{n-r}\eta_{n-r} &= (*,\cdots,*,k_1,k_2,\cdots,k_{n-r}) \\ &= (0,\cdots,0,0,0,\cdots,0), \end{aligned}$$

于是得 $k_1=k_2=\cdots=k_{n-r}=0$，故 $\boldsymbol{\eta}_1,\boldsymbol{\eta}_2,\cdots,\boldsymbol{\eta}_{n-r}$ 线性无关.

方程组(3.6.1)的任一解可由 $\boldsymbol{\eta}_1,\boldsymbol{\eta}_2,\cdots,\boldsymbol{\eta}_{n-r}$ 线性表示，设 $\boldsymbol{\eta}=(c_1,\cdots,c_r,c_{r+1},c_{r+2},\cdots,c_n)$ 是方程组(3.6.1)的任一个解，由于 $\boldsymbol{\eta}_1,\boldsymbol{\eta}_2,\cdots,\boldsymbol{\eta}_{n-r}$ 是方程组(3.6.1)的解，故其线性组合

$$c_{r+1}\boldsymbol{\eta}_1+c_{r+2}\boldsymbol{\eta}_2+\cdots+c_n\boldsymbol{\eta}_{n-r}=(*,\cdots,*,c_{r+1},c_{r+2},\cdots,c_n)$$

也是方程组(3.6.1)的一个解. 比较这两个解的最后 $n-r$ 个分量知，这两个解完全一样，故 $\boldsymbol{\eta}=c_{r+1}\boldsymbol{\eta}_1+c_{r+2}\boldsymbol{\eta}_2+\cdots+c_n\boldsymbol{\eta}_{n-r}$. 由此可知 $\boldsymbol{\eta}_1,\boldsymbol{\eta}_2,\cdots,\boldsymbol{\eta}_{n-r}$ 确为方程组(3.6.1)的一个基础解系.

要注意的是齐次线性方程组(3.6.1)的基础解系并非一个.

推论1　任何一个线性无关且与某一基础解系等价的向量组都是其基础解系.

推论2　若齐次线性方程组系数矩阵的秩为 r，则齐次线性方程组任意 $n-r$ 个线性无关的解都是它的基础解系.

(3) 齐次线性方程组的解结构

线性方程组解的全体称为**解集**，解集中解的一般表达式称为**通解**；解集中一个特定的

解称为**特解**.

方程组(3.6.1)的通解可表为

$$\boldsymbol{\eta}=k_1\boldsymbol{\eta}_1+k_2\boldsymbol{\eta}_2+\cdots+k_{n-r}\boldsymbol{\eta}_{n-r},k_1,k_2,\cdots,k_{n-r}\text{ 是任意常数.}$$

定理的证明过程实际上就是具体求基础解系的方法.

3.6.3.2　一般线性方程组的解结构

问题 2　一般线性方程组(3.6.2)的解结构又是怎样的?如何求出?

一般线性方程组(3.6.2)的解与它的导出组(3.6.1)的解之间有密切联系.下面分两步解决——般线性方程组的解结构问题.

(1) 解的性质

性质 1　线性方程组(3.6.2)的两个解的差是它的导出组(3.6.1)的解.

证明　设$(k_1,k_2,\cdots,k_n)$和$(l_1,l_2,\cdots,l_n)$是方程组(3.6.2)的解,即有

$$\sum_{j=1}^{n}a_{ij}k_j=b_i,\sum_{j=1}^{n}a_{ij}l_j=b_i,\quad i=1,2,\cdots,m.$$

把这两个解的差$(k_1-l_1,k_2-l_2,\cdots,k_n-l_n)$代入方程组左边得

$$\sum_{j=1}^{n}a_{ij}(k_j-l_j)=\sum_{j=1}^{n}a_{ij}k_j-\sum_{j=1}^{n}a_{ij}l_j=b_i-b_i=0,\quad i=1,2,\cdots,m.$$

故这两个解的差是其导出组(3.6.1)的解.

性质 2　线性方程组(3.6.2)的一个解$\boldsymbol{\gamma}$与它的导出组(3.6.1)的一个解$\boldsymbol{\eta}$之和仍是这个方程组的解.

证明　设$\boldsymbol{\gamma}=(k_1,k_2,\cdots,k_n)$是方程组(3.6.2)的解,则有

$$\sum_{j=1}^{n}a_{ij}k_j=b_i,\quad i=1,2,\cdots,m.$$

又设$\boldsymbol{\eta}=(l_1,l_2,\cdots,l_n)$是其导出组(3.6.1)的解,则有

$$\sum_{j=1}^{n}a_{ij}l_j=0,\quad i=1,2,\cdots,m.$$

把$\boldsymbol{\gamma}+\boldsymbol{\eta}=(k_1+l_1,k_2+l_2,\cdots,k_n+l_n)$代入方程组(3.6.2)的左边得

$$\sum_{j=1}^{n}a_{ij}(k_j+l_j)=\sum_{j=1}^{n}a_{ij}k_j+\sum_{j=1}^{n}a_{ij}l_j=b_i+0=b_i,\quad i=1,2,\cdots,m.$$

故$\boldsymbol{\gamma}+\boldsymbol{\eta}$是方程组(3.6.2)的解.

注意　方程组(3.6.2)的两个解的和不一定是方程组(3.6.2)的解,方程组(3.6.2)的解的倍数也不一定是方程组(3.6.2)的解.

有了以上的准备工作,下面可以推出一般线性方程组(3.6.2)的解结构.

(2) 一般线性方程组的解结构

✽ **定理 3.6.2**　如果$\boldsymbol{\gamma}_0$是线性方程组(3.6.2)的一个特解,而$\boldsymbol{\eta}$是其导出组的一个解,则方程组(3.6.2)的任一解$\boldsymbol{\gamma}$可以表成

$$\boldsymbol{\gamma}=\boldsymbol{\gamma}_0+\boldsymbol{\eta},\tag{3.6.4}$$

当$\boldsymbol{\eta}$取遍它的导出组的全部解时,(3.6.4)式就给出方程组(3.6.2)的全部解.

证明　设$\boldsymbol{\gamma}_0$是方程组(3.6.2)的一个特解,$\boldsymbol{\gamma}$是(3.6.2)的任一解.由性质 1 知,$\boldsymbol{\gamma}-$

γ_0 是其导出组(3.6.1)的一个解.

令
$$\eta=\gamma-\gamma_0,$$
则
$$\gamma=\gamma_0+\eta.$$

可见方程组(3.6.2)的任一解都可表为式(3.6.4)的形式,当 η 取遍方程组(3.6.1)的全部解时,$\gamma=\gamma_0+\eta$ 就取遍(3.6.2)的全部解.

定理3.6.2表明,为了求一个线性方程组的全部解,只要找出它的一个特解以及它的导出组的全部解就可以了.导出组是齐次线性方程组,一个齐次线性方程组的解的全体可以用其基础解系表示出来.因此,若 γ_0 是方程组(3.6.2)的一个特解,$\eta_1,\eta_2,\cdots,\eta_{n-r}$ 是它的导出组(3.6.1)的一个基础解系,又 $\gamma-\gamma_0=\eta=k_1\eta_1+\cdots+k_{n-r}\eta_{n-r}$,因此,方程组(3.6.2)的全部解可表为

$$\gamma=\gamma_0+k_1\eta_1+\cdots+k_{n-r}\eta_{n-r},\quad k_1,\cdots,k_{n-r}\text{ 是任意常数.}$$

推论3 在方程组(3.6.2)有解的条件下,解是唯一的充要条件为其导出组(3.6.1)只有零解.

证明 充分性.如果方程组(3.6.2)的导出组(3.6.1)只有零解,设 γ_1,γ_2 是方程组(3.6.2)的两个解,则由于 $\gamma_1-\gamma_2=\eta$ 是其导出组的解,故 $\gamma_1-\gamma_2=\mathbf{0}$,此即 $\gamma_1=\gamma_2$,故方程组(3.6.2)的解是唯一的.

必要性.若方程组(3.6.2)有解,且解是唯一的,设为 γ_0,又设 η 是导出组(3.6.1)的一个解,则 $\gamma_0+\eta$ 也是(3.6.2)的解.由解的唯一性知,$\gamma_0+\eta=\gamma_0$,故 $\eta=\mathbf{0}$.此即其导出组只有零解.

3.6.4 例子剖析

例3.6.1 求齐次线性方程组 $\begin{cases}x_1+x_2+x_3+4x_4-3x_5=0,\\2x_1+x_2+3x_3+5x_4-5x_5=0,\\x_1-x_2+3x_3-2x_4-x_5=0,\\3x_1+x_2+5x_3+6x_4-7x_5=0\end{cases}$ 的一个基础解系和通解.

解
$$\boldsymbol{A}=\begin{bmatrix}1&1&1&4&-3\\2&1&3&5&-5\\1&-1&3&-2&-1\\3&1&5&6&-7\end{bmatrix}\xrightarrow[\substack{[1\times(-1)+3]\\ [1\times(-3)+4]}]{[1\times(-2)+2]}\begin{bmatrix}1&1&1&4&-3\\0&-1&1&-3&1\\0&-2&2&-6&2\\0&-2&2&-6&2\end{bmatrix}$$
$$\xrightarrow[\substack{[2\times(-2)+3]\\ [2\times(-2)+4]}]{[2\times(1)+1]}\begin{bmatrix}1&0&2&1&-2\\0&-1&1&-3&1\\0&0&0&0&0\\0&0&0&0&0\end{bmatrix}\xrightarrow{[2\times(-1)]}\begin{bmatrix}1&0&2&1&-2\\0&1&-1&3&-1\\0&0&0&0&0\\0&0&0&0&0\end{bmatrix}$$

因此,原方程组与以下方程组同解:
$$\begin{cases}x_1+2x_3+x_4-2x_5=0,\\x_2-x_3+3x_4+x_5=0.\end{cases}$$

把自由未知量移到右边得$\begin{cases} x_1 = -2x_3 - x_4 + 2x_5, \\ x_2 = x_3 - 3x_4 - x_5. \end{cases}$

让自由未知量 x_3, x_4, x_5 分别取(1,0,0),(0,1,0),(0,0,1),则得基础解系为

$$\begin{cases} \boldsymbol{\eta}_1 = (-2,1,1,0,0), \\ \boldsymbol{\eta}_2 = (-1,-3,0,1,0), \\ \boldsymbol{\eta}_3 = (2,-1,0,0,1). \end{cases}$$

故原方程组的通解为

$$\begin{aligned} \boldsymbol{\eta} &= k_1\boldsymbol{\eta}_1 + k_2\boldsymbol{\eta}_2 + k_3\boldsymbol{\eta}_3 \\ &= (-2k_1 - k_2 + 2k_3, k_1 - 3k_2 - k_3, k_1, k_2, k_3), \end{aligned}$$

k_1, k_2, k_3 是任意常数.

评注　求齐次线性方程组基础解系和通解的步骤:

(1) 把齐次线性方程组的系数矩阵 $\boldsymbol{A}$ 化为规范形(设 $R(\boldsymbol{A}) = r$):

$$\boldsymbol{A} = \begin{bmatrix} a_{11} & a_{12} & \cdots & a_{1n} \\ a_{21} & a_{22} & \cdots & a_{2n} \\ \vdots & \vdots & \ddots & \vdots \\ a_{m1} & a_{m2} & \cdots & a_{mn} \end{bmatrix} \longrightarrow \begin{bmatrix} 1 & 0 & \cdots & 0 & c_{1,r+1} & \cdots & c_{1n} \\ 0 & 1 & \cdots & 0 & c_{2,r+1} & \cdots & c_{2n} \\ \vdots & \vdots & \ddots & \vdots & \vdots & \ddots & \vdots \\ 0 & 0 & \cdots & 1 & c_{r,r+1} & \cdots & c_{rn} \\ 0 & 0 & \cdots & 0 & 0 & \cdots & 0 \\ \vdots & \vdots & \ddots & \vdots & \vdots & \ddots & \vdots \\ 0 & 0 & \cdots & 0 & 0 & \cdots & 0 \end{bmatrix}.$$

(2) 写出与原方程组同解的方程组,并把自由未知量移到方程右边:

$$\begin{cases} x_1 = -c_{1,r+1}x_{r+1} - c_{1,r+2}x_{r+2} - \cdots - c_{1n}x_n, \\ x_2 = -c_{2,r+1}x_{r+1} - c_{2,r+2}x_{r+2} - \cdots - c_{2n}x_n, \\ \qquad\cdots\cdots \\ x_r = -c_{r,r+1}x_{r+1} - c_{r,r+2}x_{r+2} - \cdots - c_{rn}x_n. \end{cases}$$

$x_{r+1}, x_{r+2}, \cdots, x_n$ 是自由未知量.

(3) 让自由未知量$(x_{r+1}, x_{r+2}, \cdots, x_n)$取线性无关的 $n-r$ 组值$(1,0,\cdots,0)$,$(0,1,\cdots,0)$,$\cdots$,$(0,0,\cdots,1)$,得基础解系:

$$\begin{cases} \boldsymbol{\eta}_1 = (-c_{1,r+1}, -c_{2,r+1}, \cdots, -c_{r,r+1}, 1, 0, \cdots, 0), \\ \boldsymbol{\eta}_2 = (-c_{1,r+2}, -c_{2,r+2}, \cdots, -c_{r,r+2}, 0, 1, \cdots, 0), \\ \qquad\cdots\cdots \\ \boldsymbol{\eta}_{n-r} = (-c_{1n}, -c_{2n}, \cdots, -c_{rn}, 0, 0, \cdots, 1). \end{cases}$$

(4) 齐次线性方程组的通解是

$$\boldsymbol{\eta} = k_1\boldsymbol{\eta}_1 + k_2\boldsymbol{\eta}_2 + \cdots + k_{n-r}\boldsymbol{\eta}_{n-r}, \quad k_1, \cdots, k_{n-r} \in F.$$

例 3.6.2　当 a, b 取何值时,线性方程组

$$\begin{cases} x_1 + x_2 + x_3 + x_4 + x_5 = 1, \\ 3x_1 + 2x_2 + x_3 + x_4 - 3x_5 = a, \\ x_2 + 2x_3 + 2x_4 + 6x_5 = 3, \\ 5x_1 + 4x_2 + 3x_3 + 3x_4 - x_5 = b \end{cases}$$

无解?有解?在有解时求其通解.

解 $\overline{A}=\begin{bmatrix}1&1&1&1&1&1\\3&2&1&1&-3&a\\0&1&2&2&6&3\\5&4&3&3&-1&b\end{bmatrix}\xrightarrow[{[1\times(-5)+4]}]{[1\times(-3)+2]}\begin{bmatrix}1&1&1&1&1&1\\0&-1&-2&-2&-6&a-3\\0&1&2&2&6&3\\0&-1&-2&-2&-6&b-5\end{bmatrix}$

$\xrightarrow[\substack{[3\times(1)+2]\\ [3\times(1)+4]}]{[3\times(-1)+1]}\begin{bmatrix}1&0&-1&-1&-5&-2\\0&0&0&0&0&a\\0&1&2&2&6&3\\0&0&0&0&0&b-2\end{bmatrix}\xrightarrow{[2,3]}\begin{bmatrix}1&0&-1&-1&-5&-2\\0&1&2&2&6&3\\0&0&0&0&0&a\\0&0&0&0&0&b-2\end{bmatrix}.$

故当 $a\neq 0$ 或 $b\neq 2$ 时,方程组无解;

当 $a=0$ 且 $b=2$ 时,方程组有解,其一般解是

$$\begin{cases}x_1=-2+x_3+x_4+5x_5,\\x_2=3-2x_3-2x_4-6x_5.\end{cases}\quad x_3,x_4,x_5\text{ 是自由未知量.}$$

分别让(x_3,x_4,x_5)取$(1,0,0),(0,1,0),(0,0,1)$,则得齐次线性方程组的一个基础解系:

$$\boldsymbol{\eta}_1=(1,-2,1,0,0),\boldsymbol{\eta}_2=(1,-2,0,1,0),\boldsymbol{\eta}_3=(5,-6,0,0,1).$$

再令 $x_3=x_4=x_5=0$,得方程组的一个特解:

$$\boldsymbol{\gamma}_0=(-2,3,0,0,0).$$

故原方程组的全部解为

$$\boldsymbol{\gamma}=\boldsymbol{\gamma}_0+k_1\boldsymbol{\eta}_1+k_2\boldsymbol{\eta}_2+k_3\boldsymbol{\eta}_3,$$

即 $\boldsymbol{\gamma}=(-2,3,0,0,0)+k_1(1,-2,1,0,0)+k_2(1,-2,0,1,0)+k_3(5,-6,0,0,1)$

$=(-2+k_1+k_2+5k_3,3-2k_1-2k_2-6k_3,k_1,k_2,k_3)$, k_1,k_2,k_3 为任意常数.

例 3.6.3 求齐次线性方程组$\begin{cases}x_1+2x_2-x_3+3x_4=0,\\2x_1+5x_2+x_3-2x_4=0,\\x_1-3x_2+2x_3+7x_4=0,\\3x_1+7x_2+x_4=0\end{cases}$的一个基础解系.

解 $A=\begin{bmatrix}1&2&-1&3\\2&5&1&-2\\1&-3&2&7\\3&7&0&1\end{bmatrix}\to\begin{bmatrix}1&2&-1&3\\0&1&3&-8\\0&-5&3&4\\0&1&3&-8\end{bmatrix}\to\begin{bmatrix}1&0&-7&19\\0&1&3&-8\\0&0&18&-36\\0&0&0&0\end{bmatrix}\to$

$\begin{bmatrix}1&0&-7&19\\0&1&3&-8\\0&0&1&-2\\0&0&0&0\end{bmatrix}\to\begin{bmatrix}1&0&0&5\\0&1&0&-2\\0&0&1&-2\\0&0&0&0\end{bmatrix}.$

因此,原方程组与方程组$\begin{cases}x_1+5x_4=0,\\x_2-2x_4=0,\\x_3-2x_4=0\end{cases}$同解.

令自由未知量 $x_4=1$,得方程组的一个解 $\boldsymbol{\eta}=(-5,2,2,1)$,$\boldsymbol{\eta}$ 是方程组的基础解系.

例 3.6.4　求方程组$\begin{cases} x_1+2x_2-x_3+3x_4=1, \\ 2x_1+5x_2+x_3-2x_4=0, \\ x_1-3x_2+2x_3+7x_4=-7, \\ 3x_1+7x_2+x_4=1 \end{cases}$的一般解.

解

$$\overline{\boldsymbol{A}}=\begin{bmatrix} 1 & 2 & -1 & 3 & 1 \\ 2 & 5 & 1 & -2 & 0 \\ 1 & -3 & 2 & 7 & -7 \\ 3 & 7 & 0 & 1 & 1 \end{bmatrix} \to \begin{bmatrix} 1 & 2 & -1 & 3 & 1 \\ 0 & 1 & 3 & -8 & -2 \\ 0 & -5 & 3 & 4 & -8 \\ 0 & 1 & 3 & -8 & -2 \end{bmatrix}$$

$$\to \begin{bmatrix} 1 & 0 & -7 & 19 & 5 \\ 0 & 1 & 3 & -8 & -2 \\ 0 & 0 & 18 & -36 & -18 \\ 0 & 0 & 0 & 0 & 0 \end{bmatrix} \to \begin{bmatrix} 1 & 0 & -7 & 19 & 5 \\ 0 & 1 & 3 & -8 & -2 \\ 0 & 0 & 1 & -2 & -1 \\ 0 & 0 & 0 & 0 & 0 \end{bmatrix}$$

$$\to \begin{bmatrix} 1 & 0 & 0 & 5 & -2 \\ 0 & 1 & 0 & -2 & 1 \\ 0 & 0 & 1 & -2 & -1 \\ 0 & 0 & 0 & 0 & 0 \end{bmatrix}.$$

由此得特解　$\boldsymbol{\gamma}_0=(-2,1,-1,0)$,

基础解系是　$\boldsymbol{\eta}_1=(-5,2,2,1)$,

故其一般解是　$\boldsymbol{\eta}=r_0+k\boldsymbol{\eta}_1, k\in\mathbf{R}$.

3.6.5　练习与探究

3.6.5.1　练习

1. 求下列齐次线性方程组的一个基础解系,并用它表出全部解:

(1)$\begin{cases} x_1+2x_2+3x_3+3x_4+7x_5=0, \\ 3x_1+x_2-x_3-x_4-9x_5=0, \\ 3x_1+2x_2+x_3+x_4-3x_5=0, \\ 5x_1+3x_2+x_3+x_4-7x_5=0; \end{cases}$

(2)$\begin{cases} x_1+3x_2-2x_3+7x_4-6x_5=0, \\ 3x_1-x_2+4x_3+4x_4-4x_5=0, \\ 2x_1+2x_3-4x_4-x_5=0, \\ x_1+5x_2-4x_3+5x_4-7x_5=0. \end{cases}$

2. 求下列线性方程组的全部解:

(1)$\begin{cases} x_1+2x_2+3x_3+3x_4+7x_5=1, \\ 3x_1+x_2-x_3-x_4-9x_5=-2, \\ 3x_1+2x_2+x_3+x_4-3x_5=-1, \\ 5x_1+3x_2+x_3+x_4-7x_5=-2; \end{cases}$

$$(2)\begin{cases}x_1+2x_2+3x_3-x_4=1,\\3x_1+2x_2+x_3-x_4=1,\\2x_1+3x_2+x_3+x_4=1,\\2x_1+2x_2+2x_3-x_4=1,\\5x_1+5x_2+2x_3=2.\end{cases}$$

3. 如果 $\boldsymbol{\eta}_1,\boldsymbol{\eta}_2,\cdots,\boldsymbol{\eta}_r$ 是一般线性方程组的解，设 $u_1,u_2,\cdots,u_r$ 是满足 $u_1+u_2+\cdots+u_r=1$ 的一组数，那么 $u_1\boldsymbol{\eta}_1+u_2\boldsymbol{\eta}_2+\cdots+u_r\boldsymbol{\eta}_r$ 也是这个线性方程组的一个解.

3.6.5.2　探究

线性方程组的理论与解析几何中有关平面与直线的讨论有着密切的联系.

1. 考虑线性方程组

$$\begin{cases}a_{11}x_1+a_{12}x_2+a_{13}x_3=b_1,\\a_{21}x_1+a_{22}x_2+a_{23}x_3=b_2.\end{cases}\tag{3.6.5}$$

(1) 试讨论线性方程组有解、无解的几何意义；

(2) 考虑方程组(3.6.5)的导出组，从几何上说明其解与方程组(3.6.5)的解的关系.

解　该方程组中的每一方程在几何上表示一个平面，因此方程组(3.6.5)有没有解的问题就相当于空间中两个平面有没有交点的问题.

(1) 若方程组无解，则说明两平面平行而不重合；

(2) 若方程组有无穷多解，则说明两平面相交或重合.

设方程组(3.6.5)的系数矩阵和增广矩阵分别为 $\mathbf{A}$ 和 $\overline{\mathbf{A}}$.

(1) 当 $R(\mathbf{A})\neq R(\overline{\mathbf{A}})$ 时，即 $R(\mathbf{A})=1,R(\overline{\mathbf{A}})=2$ 时，这时方程组无解，两个平面平行但不重合.

(2) 当 $R(\mathbf{A})=R(\overline{\mathbf{A}})$ 时，此时可能是：$R(\mathbf{A})=R(\overline{\mathbf{A}})=1$，这时 $\overline{\mathbf{A}}$ 两行成比例，故两平面重合，方程组有无穷多解；也可能是 $R(\mathbf{A})=R(\overline{\mathbf{A}})=2$，这时两个平面不平行，因而一定相交，方程组有无穷多解. 在这种情况下，这时解可表为(设 x_3 为自由未知量)：

$$\begin{cases}x_1=d_1+c_1x_3,\\x_2=d_2+c_2x_3.\end{cases}\tag{3.6.6}$$

从几何上看，这时平面相交成一直线，可以把(3.6.6)写成直线的点向式方程：

$$\frac{x_1-d_1}{c_1}=\frac{x_2-d_2}{c_2}=x_3.$$

若令 $x_3=t$，则方程组(3.6.6)变为直线的参数方程：

$$\begin{cases}x_1=d_1+c_1t,\\x_2=d_2+c_2t,\\x_3=t.\end{cases}\tag{3.6.7}$$

考虑方程组(3.6.5)的导出组：

$$\begin{cases}a_{11}x_1+a_{12}x_2+a_{13}x_3=0,\\a_{21}x_1+a_{22}x_2+a_{23}x_3=0.\end{cases}$$

从几何上看，这是两个分别与方程组(3.6.5)中平面平行且过原点的平面，导出组的解就

是它们的交线,它过原点且与直线(3.6.6)平行,这时直线的参数方程是

$$\begin{cases} x_1 = c_1 t, \\ x_2 = c_2 t, \\ x_3 = t. \end{cases} \tag{3.6.8}$$

直线(3.6.7)与直线(3.6.8)正好说明方程组(3.6.5)的解与它导出组的解之间的关系.

2. 分别求出下列 n 个平面

$$a_i x + b_i y + c_i z = d_i, \quad i = 1, 2, \cdots, n$$

通过同一点、同一直线与同一平面的条件.

解:(1)n 个平面通过同一点的条件是线性方程组 $a_i x + b_i y + c_i z = d_i$, $i = 1, 2, \cdots, n$ 有解,即其系数矩阵 $\mathbf{A}$ 与增广矩阵 $\overline{\mathbf{A}}$ 的秩相等:

$$R(\mathbf{A}) = R(\overline{\mathbf{A}}) \leqslant 3.$$

(2)n 个平面通过同一直线的条件是线性方程组有解,这时有

$$R(\mathbf{A}) = R(\overline{\mathbf{A}}) \leqslant 2.$$

(3)n 个平面重合的条件是 $R(\mathbf{A}) = R(\overline{\mathbf{A}}) = 1$.

3. 试求通过点(0,1),(1,0),(0,−1),(−1,0)与(1,1)的二次曲线方程.

解　设通过已知点的二次曲线方程为

$$ax^2 + bxy + cy^2 + dx + ey + f = 0.$$

把5个点代入,得线性方程组:

$$\begin{cases} c + e + f = 0, \\ a + d + f = 0, \\ c - e + f = 0, \\ a - d + f = 0, \\ a + b + c + d + e + f = 0. \end{cases}$$

对这个方程组的系数矩阵 $\mathbf{A}$ 进行行初等交换得矩阵:

$$\begin{bmatrix} 1 & 0 & 0 & 0 & 0 & 1 \\ 0 & 1 & 0 & 0 & 0 & -1 \\ 0 & 0 & 1 & 0 & 0 & 1 \\ 0 & 0 & 0 & 1 & 0 & 0 \\ 0 & 0 & 0 & 0 & 1 & 0 \end{bmatrix},$$

由于 $R(\mathbf{A}) = 5 < 6$,因此方程组有无穷多解.令 $f = -1$,得 $a = 1, b = -1, c = 1, d = 0, e = 0$,故所求二次曲线方程为

$$x^2 - xy + y^2 - 1 = 0.$$

4. 设 $\mathbf{A}$ 是齐次线性方程组

$$\begin{cases} a_{11} x_1 + a_{12} x_2 + \cdots + a_{1n} x_n = 0 \\ a_{21} x_1 + a_{22} x_2 + \cdots + a_{2n} x_n = 0 \\ \cdots\cdots \\ a_{n-1,1} x_1 + a_{n-1,2} x_2 + \cdots + a_{n-1,n} x_n = 0 \end{cases}$$

的系数矩阵，而 q_i 是 $\boldsymbol{A}$ 中划去第 i 列余下的 $(n-1)\times(n-1)$ 阶矩阵所构成的行列式. 证明：$(q_1, -q_2, \cdots, (-1)^{n+1}q_n)$ 是齐次线性方程组的一个解向量.

证明　构造 $n-1$ 个 n 阶行列式 D_k，其中 D_k 是在 $\boldsymbol{A}$ 的上边添加 $\boldsymbol{A}$ 中第 k 行所成的行列式，这时 $D_k=0$，此即

$$D_k=\begin{vmatrix} a_{k_1} & a_{k_2} & \cdots & a_{k_n} \\ a_{11} & a_{12} & \cdots & a_{1n} \\ \vdots & \vdots & \ddots & \vdots \\ a_{k1} & a_{k2} & \cdots & a_{kn} \\ \vdots & \vdots & \ddots & \vdots \\ a_{n-1,1} & a_{n-1,2} & \cdots & a_{n-1,n} \end{vmatrix}=0,\quad k=1,2,\cdots,n-1.$$

把 D_k 按第一行展开得

$$a_{k_1}q_1+a_{k_2}(-q_2)+\cdots+a_{k_n}(-1)^{n+1}q_n=0,\quad k=1,2,\cdots,n-1.$$

故 $(q_1, -q_2, \cdots, (-1)^{n+1}q_n)$ 是齐次线性方程组的解向量.

3.7　二元高次方程组

利用线性方程组的理论，可以给出解二元高次方程组的一般方法. 本节围绕以下问题展开讨论.

3.7.1　研究问题

(1) 何谓两个多项式的结式？

(2) 两个次数大于零的多项式的结式等于零的充要条件.

(3) 求两个次数大于零的多项式的公共根.

3.7.2　基本概念

设
$$f(x)=a_0x^n+a_1x^{n-1}+\cdots+a_n, \tag{3.7.1}$$
$$g(x)=b_0x^m+b_1x^{m-1}+\cdots+b_m, \tag{3.7.2}$$

称行列式

$$\begin{array}{r} m\text{ 行}\left\{\begin{array}{c}\\ \\ \\ \\ \end{array}\right. \\ n\text{ 行}\left\{\begin{array}{c}\\ \\ \\ \\ \end{array}\right. \end{array}\begin{vmatrix} a_0 & a_1 & a_2 & \cdots & a_n & & & \\ & a_0 & a_1 & \cdots & & a_n & & \\ & & \ddots & \ddots & & & \ddots & \\ & & & a_0 & a_1 & \cdots & & a_n \\ b_0 & b_1 & b_2 & \cdots & b_m & & & \\ & b_0 & b_1 & \cdots & & b_m & & \\ & & \ddots & \ddots & & & \ddots & \\ & & & b_0 & b_1 & \cdots & & b_m \end{vmatrix}$$

为 $f(x)$，$g(x)$ 的结式，记为 $R(f,g)$.

3.7.3　主要结果

3.7.3.1　多项式的结式等于零的充要条件

引理　设
$$f(x)=a_0x^n+a_1x^{n-1}+\cdots+a_n,$$
$$g(x)=b_0x^m+b_1x^{m-1}+\cdots+b_m,$$
是数域 F 上两个非零的多项式，它们的首项系数 a_0,b_0 不全为零，于是 $f(x)$ 与 $g(x)$ 在 $F[x]$ 中有非常数公因式的充要条件是：在 $F[x]$ 中存在非零的次数小于 m 的多项式 $u(x)$ 与次数小于 n 的多项式 $v(x)$，使 $u(x)f(x)=v(x)g(x)$.

证明　必要性. 设 $f(x),g(x)$ 有非常数的公因式 $d(x)$，则有
$$f(x)=d(x)f_1(x),g(x)=d(x)g_1(x),$$
其中 $\partial(f_1(x))<n,\partial(g_1(x))<m$. 于是取 $u(x)=g_1(x),v(x)=f_1(x)$，则有
$$u(x)f(x)=d(x)f_1(x)g_1(x)=v(x)g(x).$$

充分性. 由于首项系数 a_0,b_0 不全为零，不妨设 $a_0\neq 0$. 若有非零的次数小于 m 的多项式 $u(x)$ 与次数小于 n 的多项式 $v(x)$，使
$$u(x)f(x)=v(x)g(x),\tag{3.7.3}$$

设 $(f(x),v(x))=d(x)$，若 $\alpha(x)=1$，则 $f(x)\mid g(x)$，$f(x)$ 就是 $f(x)$ 与 $g(x)$ 的公因子，若 $a(x)\neq 1$，则
$$f(x)=d(x)f_1(x),\quad v(x)=d(x)v_1(x).$$
把它代入式(3.7.3)得
$$d(x)u(x)f_1(x)=d(x)v_1(x)g(x).$$
两边消去 $d(x)$ 得
$$u(x)f_1(x)=v_1(x)g(x).$$
由于 $0<\partial(f_1(x_1))<n$，又 $(f_1(x),v_1(x))=1$，因此 $f_1(x)\mid g(x)$.
这时 $f(x)$ 与 $g(x)$ 有非常数的公因式 $f_1(x)$.

若令
$$u(x)=u_0x^{m-1}+u_1x^{m-2}+\cdots+u_{m-1},$$
$$v(x)=v_0x^{n-1}+v_1x^{n-2}+\cdots+v_{n-1},$$
代入关系式
$$u(x)f(x)=v(x)g(x),$$

比较左右两边展开式的系数得关系式：
$$\begin{cases}a_0u_0=b_0v_0,\\ a_1u_0+a_0u_1=b_1v_0+b_0v_1,\\ a_2u_0+a_1u_1+a_0u_2=b_2v_0+b_1v_1+b_0v_2,\\ \quad\cdots\cdots\\ a_nu_{m-2}+a_{n-1}u_{m-1}=b_mv_{n-2}+b_{m-1}v_{n-1},\\ a_nu_{m-1}=b_mv_{n-1}.\end{cases}\tag{3.7.4}$$

把式(3.7.4)的右边移到左边得

$$\begin{cases} a_0u_0 - b_0v_0 = 0 \\ a_1u_0 + a_0u_1 - b_1v_0 - b_0v_1 = 0 \\ a_2u_0 + a_1u_1 + a_0u_2 - b_2v_0 - b_1v_1 - b_0v_2 = 0 \\ \qquad\qquad \cdots\cdots \\ a_nu_{m-2} + a_{n-1}u_{m-1} - b_mv_{n-2} - b_{m-1}v_{n-1} = 0 \\ a_nu_{m-1} - b_mv_{n-1} = 0 \end{cases} \tag{3.7.5}$$

把式(3.7.5)看成一个关于未知量 $u_0,u_1,\cdots,u_{m-1},v_0,v_1,\cdots,v_{n-1}$ 的方程组，那么它是一个含 $m+n$ 个未知量，$m+n$ 个方程的齐次线性方程组，根据引理："在 $F[x]$ 中存在非零的次数小于 m 的多项式 $u(x)$ 与次数小于 n 的多项式 $v(x)$，使方程(3.7.5)成立"可知，齐次线性方程组(3.7.5)有非零解.

既然齐次线性方程组(3.7.5)有非零解，那么方程组系数矩阵的行列式等于零，把线性方程组(3.7.5)系数矩阵的行列式转置，同时把后边与 b_i 有关的行反号，则这个行列式就是前面介绍的关于多项式 $f(x)$，$g(x)$ 的结式 $R(f,g)$：

$$\begin{matrix} m\text{ 行}\left\{\begin{matrix} \\ \\ \\ \\ \end{matrix}\right. \\ n\text{ 行}\left\{\begin{matrix} \\ \\ \\ \\ \end{matrix}\right. \end{matrix}\begin{vmatrix} a_0 & a_1 & a_2 & \cdots & a_n & & & \\ & a_0 & a_1 & \cdots & & a_n & & \\ & & \ddots & \ddots & & & \ddots & \\ & & & a_0 & a_1 & \cdots & & a_n \\ b_0 & b_1 & b_2 & \cdots & b_m & & & \\ & b_0 & b_1 & \cdots & & b_m & & \\ & & \ddots & \ddots & & & \ddots & \\ & & & b_0 & b_1 & \cdots & & b_m \end{vmatrix}.$$

当 a_0,b_0 全为零时，自然有 $R(f,g)=0$；当 a_0,b_0 不全为零时，我们得 $f(x)$，$g(x)$ 有公共根的一个充要条件：

✲ **定理 3.7.1** 设 $f(x)=a_0x^n+a_1x^{n-1}+\cdots+a_n$，$g(x)=b_0x^m+b_1x^{m-1}+\cdots+b_m$ 是 $F[x]$ 中两个非零的多项式，a_0,b_0 不全为零，则它们的结式 $R(f,g)=0$ 的充要条件是：$f(x)$ 与 $g(x)$ 在 $F[x]$ 中有非常数的公因式.

证明 充分性. 若 $f(x)$ 与 $g(x)$ 全不为零且有非常数的公因式，则由引理知，存在非零的次数小于 m 的多项式 $u(x)$ 与次数小于 n 的多项式 $v(x)$，使 $u(x)f(x)=v(x)g(x)$. 于是由前面的讨论知 $R(f,g)=0$.

必要性. 设 $R(f,g)=0$. 因为 $f(x)$ 与 $g(x)$ 均不为零，且 a_0,b_0 不全为零，由 $R(f,g)=0$ 知齐次线性方程组(3.7.5)有非零解，即有不全为零的多项式 $u(x)$ 和 $v(x)$，使 $u(x)f(x)=v(x)g(x)$. 但由于 $f(x)$ 和 $g(x)$ 均不为零，因此 $u(x)$ 和 $v(x)$ 也都不为零，故 $\partial(u(x))<m$，$\partial(v(x))\leqslant n$. 由引理知，$f(x)$ 与 $g(x)$ 有非常数的公因式.

当 F 是复数域时，两个多项式有非常数公因式与它们有公共根是一致的. 因此，复数域上多项式 $f(x)$，$g(x)$ 的结式 $R(f,g)=0$ 的充要条件是：$f(x)$，$g(x)$ 在复数域中有公共根. 利用这个结论可判别多项式 $f(x)$，$g(x)$ 在 $\mathbf{C}$ 上是否有公共根.

判别 $f(x)=2x^2-4x-6$，$g(x)=x^2+2x-15$ 在 $\mathbf{C}$ 上有没有公共根.

因为 $R(f,g)=0$，所有 $f(x)$ 与 $g(x)$ 在 $\mathbf{C}$ 上有公共根. 易知此公共根是 $x=3$.

3.7.3.2　结式在求解二元高次方程组中的应用

结式还提供了解二元高次方程组的一个一般的方法.

设 $f(x,y)$，$g(x,y)$ 是两个复系数的二元多项式，要求方程组

$$\begin{cases} f(x,y)=0 \\ g(x,y)=0 \end{cases} \tag{3.7.6}$$

在复数域中的全部解，先把 $f(x,y)$，$g(x,y)$ 写成关于 x 的降幂形式：

$$f(x,y)=a_0(y)x^n+a_1(y)x^{n-1}+\cdots+a_n(y),$$
$$g(x,y)=b_0(y)x^m+b_1(y)x^{m-1}+\cdots+b_m(y),$$

其中 $a_i(y)$，$b_j(y)$，$i=0,1,\cdots,n$，$j=0,1,\cdots,m$ 是关于 y 的多项式. 把 $f(x,y)$，$g(x,y)$ 看作是 x 的多项式，令

$$R_x(f,g)=\begin{vmatrix} a_0(y) & a_1(y) & \cdots & a_n(y) & & & \\ & a_0(y) & a_1(y) & \cdots & a_n(y) & & \\ & & \ddots & \ddots & & \ddots & \\ & & & a_0(y) & a_1(y) & \cdots & a_n(y) \\ b_0(y) & b_1(y) & \cdots & b_m(y) & & & \\ & b_0(y) & b_1(y) & \cdots & b_m(y) & & \\ & & \ddots & \ddots & & \ddots & \\ & & & b_0(y) & b_1(y) & \cdots & b_m(y) \end{vmatrix}.$$

这是一个关于 y 的复系数多项式. 由前面的讨论可得以下结论：

✲ **定理 3.7.2**　如果 (x_0,y_0) 是方程组(3.7.6)的一个复数解，那么 y_0 就是 $R_x(f,g)$ 的一个根；反过来，如果 y_0 是 $R_x(f,g)$ 的一个复根，那么 $a_0(y_0)=b_0(y_0)=0$，或者存在一个复数 x_0，使 (x_0,y_0) 是方程组(3.7.6)的一个解.

由此可知，为了解方程组(3.7.6)，可以先求高次方程 $R_x(f,g)=0$ 的全部根，然后把 $R_x(f,g)=0$ 的每个根代入方程组(3.7.6)，再求 x 的值. 这样就可得到方程组(3.7.6)的全部解.

3.7.4　例子剖析

例 3.7.1　λ 取何值时，多项式 $f(x)=x^3-\lambda x+2$ 与 $g(x)=x^2+\lambda x+2$ 有公共根？

解　多项式 $f(x)$，$g(x)$ 的结式是

$$R(f,g)=\begin{vmatrix} 1 & 0 & -\lambda & 2 & \\ & 1 & 0 & -\lambda & 2 \\ 1 & \lambda & 2 & & \\ & 1 & \lambda & 2 & \\ & & 1 & \lambda & 2 \end{vmatrix}=-4(\lambda+1)^2(\lambda-3).$$

令 $R(f,g)=0$，得 $\lambda=-1,3$. 故当 $\lambda=-1,3$ 时，$f(x)$ 与 $g(x)$ 有公共根.

例 3.7.2 求方程组

$$\begin{cases} f(x,y) = y^2 - 7xy + 4x^2 + 13x - 2y - 3 = 0 \\ g(x,y) = y^2 - 14xy + 9x^2 + 28x - 4y - 5 = 0 \end{cases}$$

的解.

解 把方程组改写为

$$\begin{cases} y^2 - (7x+2)y + (4x^2 + 13x - 3) = 0, \\ y^2 - (14x+4)y + (9x^2 + 28x - 5) = 0. \end{cases}$$

于是结式

$$R_x(f,g) = \begin{vmatrix} 1 & -7x-2 & 4x^2+13x-3 & 0 \\ 0 & 1 & -7x-2 & 4x^2+13x-3 \\ 1 & -14x-4 & 9x^2+28x-5 & 0 \\ 1 & 1 & -14x-4 & 9x^2+28x-5 \end{vmatrix}$$

$$= -24x(x-1)(x-2)(x+2).$$

故 $R_x(f,g)$ 的 4 个根是：$x = 0,1,2,-2$. 把它们分别代入方程组

$$\begin{cases} y^2 - (7x+2)y + (4x^2 + 13x - 3) = 0, \\ y^2 - (14x+4)y + (9x^2 + 28x - 5) = 0. \end{cases}$$

可得原方程组的解分别是$(0,-1)$，$(1,2)$，$(2,3)$，$(-2,1)$.

3.7.5 练习与探究

3.7.5.1 练习

1. λ 取何值时，多项式$\begin{cases} f(x) = \lambda x^2 + 3\lambda x + 2\lambda + 3, \\ g(x) = 2(\lambda - 1)x + 2\lambda + 3 \end{cases}$有公共根？

2. 解下列方程组：

(1)$\begin{cases} 5y^2 - 6xy + 5x^2 - 16 = 0, \\ y^2 - xy + 2x^2 - y - x - 4 = 0; \end{cases}$

(2)$\begin{cases} x^2 + y^2 + 4x - 2y + 3 = 0, \\ x^2 + 4xy - y^2 + 10y - 9 = 0. \end{cases}$

第 4 章　矩阵

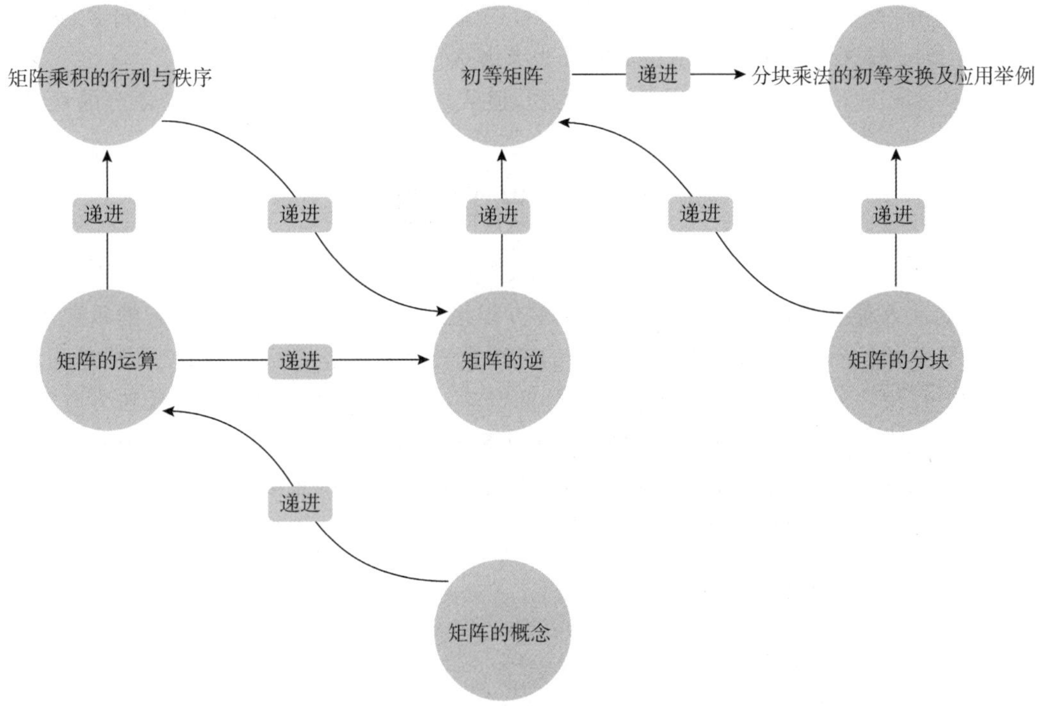

矩阵知识图谱

矩阵的计算和理论在数学及许多科学领域中皆有广泛的应用，它是线性代数的主要研究对象之一. 矩阵运算是矩阵理论研究的基础，本章主要讨论矩阵的计算，内容比较具体、计算较多. 本章重点是矩阵的乘法及逆矩阵的求法，难点是矩阵乘积的秩及逆矩阵存在的充要条件的证明. 本章的学习要求如下：

(1) 掌握矩阵的加法、数乘、转置及其运算规律，并能够熟练地应用；

(2) 掌握逆矩阵的概念、矩阵可逆的判定；

(3) 掌握初等矩阵的概念、初等矩阵与初等矩阵的关系以及用初等变换求逆矩阵的理论和方法；

(4) 掌握矩阵乘积的行列式及秩的定理；

(5) 掌握矩阵的分块运算及其应用.

矩阵的运算与整数及多项式的运算有很多相同的运算规律，但初学者特别要注意的是，它们之间有一些本质的差别. 首先，整数与多项式乘法满足交换律，但矩阵的乘法不满足交换律. 两个矩阵 $\boldsymbol{A},\boldsymbol{B}$,虽然可能 $\boldsymbol{AB}$ 有意义,但 $\boldsymbol{BA}$ 就不一定有意义;或者 $\boldsymbol{BA}$ 虽然也有意义,但却未必有 $\boldsymbol{AB}=\boldsymbol{BA}$. 其次,若两个整数或多项式的乘积为 0,则其中至少有一个整数或多项式为零,但两个不为零的矩阵相乘,其积却可能为零,这表示**矩阵乘法有零因子**. 于是,我们知道**矩阵乘法不满足消去律**,即由 $\boldsymbol{AB}=\boldsymbol{AC},\boldsymbol{A}\neq\boldsymbol{O}$,不一定能得出 $\boldsymbol{B}=\boldsymbol{C}$.

在求可逆矩阵的逆矩阵时,通常利用初等变换来求逆更方便,但也不可忽视公式法求逆矩阵的方法,该方法常在理论推导上起作用. 有时对某些特殊的矩阵,特别是二阶矩阵用公式法显得更简单. 矩阵初等变换还可以用来解矩阵方程 $\boldsymbol{AX}=\boldsymbol{B}$,先写出矩阵 $\boldsymbol{M}=(\boldsymbol{A}\vdots\boldsymbol{B})$,利用行初等变换把 $\boldsymbol{M}$ 的前半部分 $\boldsymbol{A}$ 变成 $\boldsymbol{E}$,则相同的行初等变换就把 $\boldsymbol{B}$ 化为 $\boldsymbol{A}^{-1}\boldsymbol{B}$,即用行变换把 $(\boldsymbol{A}\vdots\boldsymbol{B})$ 变成 $(\boldsymbol{E}\vdots\boldsymbol{A}^{-1}\boldsymbol{B})$. 由于矩阵乘法不满足交换律,请同学们想一想,对矩阵方程 $\boldsymbol{XA}=\boldsymbol{B}$,能否用类似的方法求出 $\boldsymbol{X}$?

矩阵乘积的秩不大于每个因子矩阵的秩,但若与可逆矩阵相乘则不改变矩阵的秩.

4.1 矩阵的概念

在线性方程组的讨论中可以看到,线性方程组的一些重要性质反映在它的系数矩阵和增广矩阵的性质上,并且解线性方程组的过程也表现为对这些矩阵进行变换的过程. 除了线性方程组之外,许多问题也都提出矩阵的概念,且这些问题的研究常常反映为有关矩阵的研究. 甚至于有些性质完全不同的、表面上看似没有联系的问题,在归结为矩阵问题以后却是相同的. 这就使矩阵成为数学中一个具有广泛应用的重要概念. 为了方便学习,本节把以前有关矩阵的知识作一梳理.

4.1.1 研究问题

(1) 矩阵的定义和相等.

(2) 矩阵的初等变换.

(3) 矩阵的秩.

(4) 矩阵的背景和应用.

4.1.2 基本概念

4.1.2.1 矩阵的基本概念

✽ **定义 4.1.1** 由数域 F 上 $m\times n$ 个数 $a_{ij}(i=1,2,\cdots,m;j=1,2,\cdots,n)$ 排成一个 m 行 n 列的数表:

$$\begin{bmatrix} a_{11} & a_{12} & \cdots & a_{1n} \\ a_{21} & a_{22} & \cdots & a_{2n} \\ \vdots & \vdots & \ddots & \vdots \\ a_{m1} & a_{m2} & \cdots & a_{mn} \end{bmatrix},$$

称为数域 F 上的 m 行 n 列矩阵,简称 $m\times n$ 阶矩阵,记为 $\boldsymbol{A}_{m\times n}$ 或 $\boldsymbol{A}=(a_{ij})_{m\times n}$. 矩阵 $\boldsymbol{A}$ 中元

素 a_{ij} 表示它是位于 $\boldsymbol{A}$ 中第 i 行、第 j 列位置上的元素，简称 (i,j) 元素，i 称为元素 a_{ij} 的行下标，j 称为元素 a_{ij} 的列下标.

(1) 当 $m=n$ 时，矩阵 $\boldsymbol{A}_{n\times n}$ 亦称为方阵.

(2) 当 $m=1$ 时，$\boldsymbol{A}_{1\times n}=(a_{11},a_{12},\cdots,a_{1n})$ 称为行矩阵或行向量；当 $n=1$ 时，$\boldsymbol{A}_{m\times 1}=(a_{11},a_{21},\cdots,a_{m1})'$ 称为列矩阵或列向量.

(3) $\boldsymbol{A}=(a_{ij})_{m\times n}$ 中元素全为零的矩阵称为零矩阵，记为 $\boldsymbol{O}_{m\times n}$，简记为 $\boldsymbol{O}$.

(4) $\boldsymbol{A}=\mathrm{diag}(d_1,d_2,\cdots,d_n)$ 称为对角矩阵.

(5) 在方阵 $\boldsymbol{A}_{n\times n}$ 中，若 $a_{ij}=a_{ji}$，$i,j=1,2,\cdots,n$，则称 $\boldsymbol{A}_{n\times n}$ 为对称矩阵；若 $a_{ij}=-a_{ji}$，$i,j=1,2,\cdots,n$，则称 $\boldsymbol{A}_{n\times n}$ 为反对称矩阵.

(6) 在方阵 $\boldsymbol{A}_{n\times n}$ 中，若 $a_{ij}=0$，$i>j$，$i,j=1,2,\cdots,n$，则称 $\boldsymbol{A}_{n\times n}$ 为上三角矩阵；若 $a_{ij}=0$，$i<j$，$i,j=1,2,\cdots,n$，则称 $\boldsymbol{A}_{n\times n}$ 为下三角矩阵.

矩阵的相等：称两个矩阵 $\boldsymbol{A}$，$\boldsymbol{B}$ 相等，当且仅当两个矩阵的行数与列数都相等，且对应元素也相等，即设 $\boldsymbol{A}=(a_{ij})_{mn}$，$\boldsymbol{B}=(b_{ij})_{ts}$，则 $\boldsymbol{A}=\boldsymbol{B}\Leftrightarrow m=t,n=s$，且 $a_{ij}=b_{ij}$；$i=1,2,\cdots,m$，$j=1,2,\cdots,n$.

矩阵 $\boldsymbol{A}$ 的负矩阵：把矩阵 $\boldsymbol{A}=(a_{ij})_{m\times n}$ 中每一个元素 a_{ij} 都变为它的相反数所得的矩阵称为 $\boldsymbol{A}$ 的负矩阵，记为 $-\boldsymbol{A}$：

$$-\boldsymbol{A}=\begin{bmatrix}-a_{11} & -a_{12} & \cdots & -a_{1n}\\ -a_{21} & -a_{22} & \cdots & -a_{2n}\\ \vdots & \vdots & & \vdots\\ -a_{m1} & -a_{m2} & \cdots & -a_{mn}\end{bmatrix}.$$

4.1.2.2　矩阵的初等变换

(1) 行(列)换法变换：交换矩阵中某两行(列)的位置.

(2) 行(列)倍法变换：用一个非零数乘矩阵的某一行(列).

(3) 行(列)消法变换：用一个数乘矩阵的某一行(列)加到另一行(列)上.

4.1.2.3　矩阵的秩

(1) 矩阵的行秩和列秩：矩阵的行秩就是矩阵的行向量所组成的向量组的秩，矩阵的列秩就是矩阵的列向量所组成的向量组的秩.

(2) 矩阵的秩：矩阵的行秩等于列秩，因而称为矩阵的秩.

(3) 矩阵的秩为 r 的充要条件是：矩阵 $\boldsymbol{A}$ 中有一个 r 阶子式不为零，而所有的 $r+1$ 阶子式全为零.

(4) 初等变换不改变矩阵的秩.

若 $m\times n$ 阶矩阵 $\boldsymbol{A}$ 的秩为 r，则在经过行初等变换化为阶梯形矩阵后，所得的阶梯形矩阵中有 r 行不为零，而其余各行皆为零；在经过初等变换化为标准形后，有 r 个元素不为零，其余元素全为零.

4.1.3　主要结论

(1) 一个 $m\times n$ 阶矩阵 $\boldsymbol{A}$ 经过行初等变换可化为以下**阶梯形**矩阵：

$$\begin{bmatrix} a_{11} & a_{12} & \cdots & a_{1n} \\ a_{21} & a_{22} & \cdots & a_{2n} \\ \vdots & \vdots & & \vdots \\ a_{m1} & a_{m2} & \cdots & a_{mn} \end{bmatrix} \xrightarrow{\text{行初等变换}}$$

$$\begin{bmatrix} 0 & \cdots & 0 & 1 & * & \cdots & * & * & * & \cdots & * & * & * & \cdots & * \\ 0 & \cdots & 0 & 0 & 0 & \cdots & 0 & 1 & * & \cdots & * & * & * & \cdots & * \\ \vdots & \ddots & \vdots & \vdots & \vdots & \ddots & \vdots & \vdots & \vdots & \ddots & \vdots & \vdots & \vdots & \ddots & \vdots \\ 0 & \cdots & 0 & 0 & 0 & \cdots & 0 & 0 & 0 & \cdots & 0 & 1 & * & \cdots & * \\ 0 & \cdots & 0 & 0 & 0 & \cdots & 0 & 0 & 0 & \cdots & 0 & 0 & 0 & \cdots & 0 \\ \vdots & \ddots & \vdots & \vdots & \vdots & \ddots & \vdots & \vdots & \vdots & \ddots & \vdots & \vdots & \vdots & \ddots & \vdots \\ 0 & \cdots & 0 & 0 & 0 & \cdots & 0 & 0 & 0 & \cdots & 0 & 0 & 0 & \cdots & 0 \end{bmatrix}$$

所谓阶梯形矩阵是指:矩阵中的任一行从第一个元素起到该行第一个非零元素止,这些元素所在列的下方元素全为零;若某行元素全为零,则该行下面的行也全为零.

进一步,$m\times n$ 阶矩阵 $\boldsymbol{A}$ 经过行初等变换可化为以下**规范形**:

$$\begin{bmatrix} a_{11} & a_{12} & \cdots & a_{1n} \\ a_{21} & a_{22} & \cdots & a_{2n} \\ \vdots & \vdots & \ddots & \vdots \\ a_{m1} & a_{m2} & \cdots & a_{mn} \end{bmatrix} \xrightarrow{\text{行初等变换}}$$

$$\begin{bmatrix} 0 & \cdots & 0 & 1 & * & \cdots & * & 0 & * & \cdots & * & 0 & * & \cdots & * \\ 0 & \cdots & 0 & 0 & 0 & \cdots & 0 & 1 & * & \cdots & * & 0 & * & \cdots & * \\ \vdots & \ddots & \vdots & \vdots & \vdots & \ddots & \vdots & \vdots & \vdots & \ddots & \vdots & \vdots & \vdots & \ddots & \vdots \\ 0 & \cdots & 0 & 0 & 0 & \cdots & 0 & 0 & 0 & \cdots & 0 & 1 & * & \cdots & * \\ 0 & \cdots & 0 & 0 & 0 & \cdots & 0 & 0 & 0 & \cdots & 0 & 0 & 0 & \cdots & 0 \\ \vdots & \ddots & \vdots & \vdots & \vdots & \ddots & \vdots & \vdots & \vdots & \ddots & \vdots & \vdots & \vdots & \ddots & \vdots \\ 0 & \cdots & 0 & 0 & 0 & \cdots & 0 & 0 & 0 & \cdots & 0 & 0 & 0 & \cdots & 0 \end{bmatrix}$$

(2) 一个 $m\times n$ 阶矩阵 $\boldsymbol{A}$ 经过初等变换可化为以下**标准形**:

$$\begin{bmatrix} a_{11} & a_{12} & \cdots & a_{1n} \\ a_{21} & a_{22} & \cdots & a_{2n} \\ \vdots & \vdots & \ddots & \vdots \\ a_{m1} & a_{m2} & \cdots & a_{mn} \end{bmatrix} \xrightarrow{\text{初等变换}} \begin{bmatrix} 1 & 0 & \cdots & 0 & 0 & \cdots & 0 \\ 0 & 1 & \cdots & 0 & 0 & \cdots & 0 \\ \vdots & \vdots & \ddots & \vdots & \vdots & \ddots & \vdots \\ 0 & 0 & \cdots & 1 & 0 & \cdots & 0 \\ 0 & 0 & \cdots & 0 & 0 & \cdots & 0 \\ \vdots & \vdots & \ddots & \vdots & \vdots & \ddots & \vdots \\ 0 & 0 & \cdots & 0 & 0 & \cdots & 0 \end{bmatrix}$$

4.1.4 例子剖析

例 4.1.1 在解析几何中考虑坐标变换时,把平面直角坐标系反时针方向旋转 φ 角,则坐标变换公式为

$$\begin{cases} x = x'\cos\varphi - y'\sin\varphi, \\ y = x'\sin\varphi + y'\cos\varphi. \end{cases} \tag{4.1.1}$$

其中 φ 是 x 轴与 x' 轴的夹角. 显然新旧坐标 $(x',y')'$ 和 $(x,y)'$ 之间的关系完全可以通过公式中系数所排成的 2×2 阶矩阵 $\begin{bmatrix} \cos\varphi & -\sin\varphi \\ \sin\varphi & \cos\varphi \end{bmatrix}$ 表示出来.

在空间的情形, 保持原点不动的仿射坐标系的变换有如下公式:

$$\begin{cases} x = a_{11}x' + a_{12}y' + a_{13}z', \\ y = a_{21}x' + a_{22}y' + a_{23}z', \\ z = a_{31}x' + a_{32}y' + a_{33}z'. \end{cases} \tag{4.1.2}$$

同样新旧坐标 $\begin{pmatrix} x \\ y \\ z \end{pmatrix}$ 和 $\begin{pmatrix} x' \\ y' \\ z' \end{pmatrix}$ 之间的关系完全可以通过三阶矩阵 $\begin{bmatrix} a_{11} & a_{12} & a_{13} \\ a_{21} & a_{22} & a_{23} \\ a_{31} & a_{32} & a_{33} \end{bmatrix}$ 表示出来.

例 4.1.2　二次曲线的一般方程为

$$ax^2 + 2bxy + cy^2 + 2dx + 2ey + f = 0. \tag{4.1.3}$$

式(4.1.3) 的左端可以简单地用矩阵

$$\begin{bmatrix} a & b & d \\ b & c & e \\ d & e & f \end{bmatrix} \tag{4.1.4}$$

来表示. 通常, 矩阵(4.1.4) 称为二次曲线(4.1.3) 的矩阵.

例 4.1.3　线性方程组

$$\begin{cases} a_{11}x_1 + a_{12}x_2 + \cdots + a_{1n}x_n = b_1, \\ a_{21}x_1 + a_{22}x_2 + \cdots + a_{2n}x_n = b_2, \\ \cdots\cdots \\ a_{m1}x_1 + a_{m2}x_2 + \cdots + a_{mn}x_n = b_m, \end{cases} \tag{4.1.5}$$

其系数按照原来的顺序排成的矩阵称为系数矩阵 $\mathbf{A}$:

$$\mathbf{A} = \begin{bmatrix} a_{11} & a_{12} & \cdots & a_{1n} \\ a_{21} & a_{22} & \cdots & a_{2n} \\ \vdots & \vdots & \ddots & \vdots \\ a_{m1} & a_{m2} & \cdots & a_{mn} \end{bmatrix} \tag{4.1.6}$$

其系数和常数项按照原来的顺序排成的矩阵称为增广矩阵 $\overline{\mathbf{A}}$:

$$\overline{\mathbf{A}} = \begin{bmatrix} a_{11} & a_{12} & \cdots & a_{1n} & b_1 \\ a_{21} & a_{22} & \cdots & a_{2n} & b_2 \\ \vdots & \vdots & \ddots & \vdots & \vdots \\ a_{m1} & a_{m2} & \cdots & a_{mn} & b_m \end{bmatrix}. \tag{4.1.7}$$

对增广矩阵进行行初等变换就可以求出线性方程组的解.

4.1.5　练习与探究

在讨论国民经济的数学问题中也常常用到矩阵. 假设某地区有某一种物资, 比如说煤.该地区有 s 个产地 $A_1,A_2,\cdots,A_s$ 生产煤,要运到 n 个销地 $B_1,B_2,\cdots,B_n$.若用 a_{ij} 表示由产地 A_i 运到销地 B_j 的数量,由于运费与路程和吨位有关,在这种问题中要考虑如何在产地和销地之间进行合理调配,使总运费最省.试用矩阵来表示这个调动方案.

4.2 矩阵的运算

本节讨论矩阵的运算,矩阵的运算是矩阵之间最基本的一些关系.本节围绕以下问题展开讨论.

4.2.1 研究问题

(1) 矩阵的加法和减法.

(2) 矩阵的乘法和数乘.

(3) 矩阵的转置.

4.2.2 基本概念

为了确定起见,以下所讨论的矩阵全是由数域 F 中的数组成的.

矩阵的运算上　矩阵的运算下

4.2.2.1 加法

✻ 定义 4.2.1 设

$$\boldsymbol{A}=(a_{ij})_{s\times n}=\begin{bmatrix} a_{11} & a_{12} & \cdots & a_{1n} \\ a_{21} & a_{22} & \cdots & a_{2n} \\ \vdots & \vdots & \ddots & \vdots \\ a_{s1} & a_{s2} & \cdots & a_{sn} \end{bmatrix},\boldsymbol{B}=(b_{ij})_{s\times n}=\begin{bmatrix} b_{11} & b_{12} & \cdots & b_{1n} \\ b_{21} & b_{22} & \cdots & b_{2n} \\ \vdots & \vdots & \ddots & \vdots \\ b_{s1} & b_{s2} & \cdots & b_{sn} \end{bmatrix}$$

是两个 $s\times n$ 矩阵,称矩阵

$$\boldsymbol{C}=(c_{ij})_{s\times n}=(a_{ij}+b_{ij})_{s\times n}=\begin{bmatrix} a_{11}+b_{11} & a_{12}+b_{12} & \cdots & a_{1n}+b_{1n} \\ a_{21}+b_{21} & a_{22}+b_{22} & \cdots & a_{2n}+b_{2n} \\ \cdots & \cdots & \ddots & \cdots \\ a_{s1}+b_{s1} & a_{s2}+b_{s2} & \cdots & a_{sn}+b_{sn} \end{bmatrix}$$

为矩阵 $\boldsymbol{A}$ 和 $\boldsymbol{B}$ 的和,记为

$$\boldsymbol{C}=\boldsymbol{A}+\boldsymbol{B}.$$

矩阵的加法就是矩阵对应的元素相加,因此,要相加的矩阵必须有相同的行数和列数.

显然,对所有的 $\boldsymbol{A}$,有
$$\boldsymbol{A}+\boldsymbol{O}=\boldsymbol{A},$$
以及
$$\boldsymbol{A}+(-\boldsymbol{A})=\boldsymbol{O}.$$

由此可给出矩阵的减法定义:

$$\boldsymbol{A}-\boldsymbol{B}=\boldsymbol{A}+(-\boldsymbol{B}).$$

4.2.2.2　乘法和数乘

✻ 定义 4.2.2　设　$\boldsymbol{A}=(a_{ik})_{s\times n},\boldsymbol{B}=(b_{kj})_{n\times m}$,

则矩阵　$\boldsymbol{C}=(c_{ij})_{s\times m}$,

其中

$$c_{ij}=a_{i1}b_{1j}+a_{i2}b_{2j}+\cdots+a_{in}b_{nj}=\sum_{k=1}^{n}a_{ik}b_{kj}, \tag{4.2.1}$$

称为矩阵 $\boldsymbol{A}$ 与 $\boldsymbol{B}$ 的乘积,记为　$\boldsymbol{C}=\boldsymbol{AB}$.

由矩阵乘法的定义可知,矩阵 $\boldsymbol{A}$ 与 $\boldsymbol{B}$ 的乘积 $\boldsymbol{C}$ 的第 i 行第 j 列的元素等于第一个矩阵 $\boldsymbol{A}$ 的第 i 行元素与第二个矩阵 $\boldsymbol{B}$ 的第 j 列对应元素相乘积的和.

因此,在矩阵相乘时,必须要求第一个矩阵的列数等于第二个矩阵的行数.

矩阵的方幂:设 $\boldsymbol{A}$ 是一个 $n\times n$ 矩阵,定义

$$\begin{cases}\boldsymbol{A}^1=\boldsymbol{A},\\ \boldsymbol{A}^{k+1}=\boldsymbol{A}^k\boldsymbol{A}.\end{cases}$$

这表明,$\boldsymbol{A}^k$ 就是 k 个 $\boldsymbol{A}$ 连乘. 矩阵的方幂是针对方阵来定义的. 由乘法的结合律,不难证明

$$\boldsymbol{A}^k\boldsymbol{A}^l=\boldsymbol{A}^{k+l},$$
$$(\boldsymbol{A}^k)^l=\boldsymbol{A}^{kl}.$$

✻ 定义 4.2.3　主对角线上的元素全是 1,其余元素全是 0 的 $n\times n$ 矩阵:

$$\begin{bmatrix}1&0&\cdots&0\\0&1&\cdots&0\\\vdots&\vdots&\ddots&\vdots\\0&0&\cdots&1\end{bmatrix}$$

称为 n 阶**单位矩阵**,记为$\boldsymbol{E}_n$,或者在不致引起含混的时候简单写为 $\boldsymbol{E}$.

矩阵

$$k\boldsymbol{E}=\begin{bmatrix}k&0&\cdots&0\\0&k&\cdots&0\\\vdots&\vdots&\ddots&\vdots\\0&0&\cdots&k\end{bmatrix}$$

称为**数量矩阵**. 数量矩阵有以下关系:

$$k\boldsymbol{E}+l\boldsymbol{E}=(k+l)\boldsymbol{E},$$
$$(k\boldsymbol{E})(l\boldsymbol{E})=(kl)\boldsymbol{E}.$$

这表明,数量矩阵的加法与乘法可完全归结为数的加法与乘法.

✻ 定义 4.2.4　矩阵

$$\begin{bmatrix}ka_{11}&ka_{12}&\cdots&ka_{1n}\\ka_{21}&ka_{22}&\cdots&ka_{2n}\\\vdots&\vdots&\ddots&\vdots\\ka_{s1}&ka_{s2}&\cdots&ka_{sn}\end{bmatrix}$$

称为矩阵 $\boldsymbol{A}=(a_{ij})_{s\times n}$ 与数 k 的数量乘积,简称**矩阵的数乘**,记为 $k\boldsymbol{A}$.

4.2.2.3　矩阵的转置

✻ 定义 4.2.5　把矩阵 $\boldsymbol{A}$ 的所有行与对应的列互换,所得的矩阵称为 **$\boldsymbol{A}$ 的转置**,记为

$\boldsymbol{A}'$,即设

$$\boldsymbol{A}=\begin{bmatrix}a_{11} & a_{12} & \cdots & a_{1n}\\ a_{21} & a_{22} & \cdots & a_{2n}\\ \vdots & \vdots & \ddots & \vdots\\ a_{s1} & a_{s2} & \cdots & a_{sn}\end{bmatrix},$$

$\boldsymbol{A}$ 的转置就是

$$\boldsymbol{A}'=\begin{bmatrix}a_{11} & a_{21} & \cdots & a_{s1}\\ a_{12} & a_{22} & \cdots & a_{s2}\\ \vdots & \vdots & \ddots & \vdots\\ a_{1n} & a_{2n} & \cdots & a_{sn}\end{bmatrix}.$$

显然,$s\times n$ 矩阵的转置是 $n\times s$ 矩阵.

4.2.3 主要结论

矩阵的加法归结为它们的元素的加法,也就是数的加法,所以可以验证它满足以下运算规律:

(1) 矩阵的加法满足交换律和结合律.

① 交换律成立:$\boldsymbol{A}+\boldsymbol{B}=\boldsymbol{B}+\boldsymbol{A}$;

② 结合律成立:$\boldsymbol{A}+(\boldsymbol{B}+\boldsymbol{C})=(\boldsymbol{A}+\boldsymbol{B})+\boldsymbol{C}$.

(2) 矩阵乘法满足结合律.设

$$\boldsymbol{A}=(a_{ij})_{s\times n},\boldsymbol{B}=(b_{jk})_{n\times m},\boldsymbol{C}=(c_{kl})_{m\times r},$$

则

$$(\boldsymbol{AB})\boldsymbol{C}=\boldsymbol{A}(\boldsymbol{BC}).$$

(3) 矩阵乘法不满足交换律.原因是:

① 矩阵 $\boldsymbol{A}$ 与 $\boldsymbol{B}$ 可乘,但矩阵 $\boldsymbol{B}$ 与 $\boldsymbol{A}$ 不一定可乘;

② 虽然矩阵 $\boldsymbol{A}$ 与 $\boldsymbol{B}$ 可乘,$\boldsymbol{B}$ 与 $\boldsymbol{A}$ 也可乘,但仍可能出现 $\boldsymbol{AB}\neq\boldsymbol{BA}$.

③ 因为矩阵乘法不适合交换律,所以 $(\boldsymbol{AB})^k$ 与 $\boldsymbol{A}^k\boldsymbol{B}^k$ 一般不相等.

(4) 矩阵乘法有零因子,即虽有 $\boldsymbol{A}\neq\boldsymbol{O},\boldsymbol{B}\neq\boldsymbol{O}$,但仍有 $\boldsymbol{AB}=\boldsymbol{O}$.

同样,矩阵乘法消去律不成立.

(5) 矩阵的乘法和加法满足分配律,即

$$\boldsymbol{A}(\boldsymbol{B}+\boldsymbol{C})=\boldsymbol{AB}+\boldsymbol{AC}, \tag{4.2.2}$$

$$(\boldsymbol{B}+\boldsymbol{C})\boldsymbol{A}=\boldsymbol{BA}+\boldsymbol{CA}. \tag{4.2.3}$$

由于矩阵乘法不满足交换律,所以式(4.2.2)与式(4.2.3)是两条不同的规律.

(6)

$$\boldsymbol{A}_{s\times n}\boldsymbol{E}_n=\boldsymbol{A}_{s\times n},$$

$$\boldsymbol{E}_s\boldsymbol{A}_{s\times n}=\boldsymbol{A}_{s\times n}.$$

(7) 矩阵多项式:设 $f(x)=a_0+a_1x+\cdots+a_nx^n$ 是任意一个多项式,$\boldsymbol{A}$ 是任意一个 n 阶方阵,则 $f(\boldsymbol{A})=a_0\boldsymbol{E}+a_1\boldsymbol{A}+\cdots+a_n\boldsymbol{A}^n$ 称为矩阵 $\boldsymbol{A}$ 的多项式.

由矩阵运算规律知,若

$$f(x)+g(x)=u(x),f(x)\cdot g(x)=v(x),$$

则有

$$f(\boldsymbol{A})+g(\boldsymbol{A})=u(\boldsymbol{A}),f(\boldsymbol{A})\cdot g(\boldsymbol{A})=v(\boldsymbol{A}).$$

(8) 矩阵数乘满足以下的运算规律：

$$(k+l)\boldsymbol{A}=k\boldsymbol{A}+l\boldsymbol{A}, \tag{4.2.4}$$

$$k(\boldsymbol{A}+\boldsymbol{B})=k\boldsymbol{A}+k\boldsymbol{B}, \tag{4.2.5}$$

$$k(l\boldsymbol{A})=(kl)\boldsymbol{A}, \tag{4.2.6}$$

$$1\boldsymbol{A}=\boldsymbol{A}, \tag{4.2.7}$$

$$k(\boldsymbol{AB})=(k\boldsymbol{A})\boldsymbol{B}=\boldsymbol{A}(k\boldsymbol{B}). \tag{4.2.8}$$

如果 $\boldsymbol{A}$ 是一 $n\times n$ 阶矩阵，则有 $k\boldsymbol{A}=(k\boldsymbol{E})\boldsymbol{A}=\boldsymbol{A}(k\boldsymbol{E})$. 这表明，数量矩阵与所有的 $n\times n$ 阶矩阵作乘法是可交换的. 反之，如果一个 n 阶矩阵与所有 n 阶矩阵作乘法是可交换的，那么这个矩阵一定是数量矩阵.

(9) 矩阵的转置满足以下的规律：

$$(\boldsymbol{A}')'=\boldsymbol{A}, \tag{4.2.9}$$

$$(\boldsymbol{A}+\boldsymbol{B})'=\boldsymbol{A}'+\boldsymbol{B}', \tag{4.2.10}$$

$$(\boldsymbol{AB})'=\boldsymbol{B}'\boldsymbol{A}', \tag{4.2.11}$$

$$(k\boldsymbol{A})'=k\boldsymbol{A}'. \tag{4.2.12}$$

根据矩阵加法的定义，应用向量组秩的性质可以推出：

$$R(\boldsymbol{A}+\boldsymbol{B})\leqslant R(\boldsymbol{A})+R(\boldsymbol{B}).$$

想一想，对称矩阵和反对称矩阵有何特征？

4.2.4　例子剖析

例 4.2.1　设 $\boldsymbol{A}=\begin{bmatrix}1&0&-1&2\\-1&1&3&0\\0&5&-1&4\end{bmatrix}, \boldsymbol{B}=\begin{bmatrix}0&3&4\\1&2&1\\3&1&-1\\-1&2&1\end{bmatrix}$,

那么 $\boldsymbol{AB}=\begin{bmatrix}1&0&-1&2\\-1&1&3&0\\0&5&-1&4\end{bmatrix}\begin{bmatrix}0&3&4\\1&2&1\\3&1&-1\\-1&2&1\end{bmatrix}=\begin{bmatrix}-5&6&7\\10&2&-6\\-2&17&10\end{bmatrix}$.

例 4.2.2　设 $\boldsymbol{A}=(a_{ij})_{m\times n}$ 是线性方程组

$$\begin{cases}a_{11}x_1+a_{12}x_2+\cdots+a_{1n}x_n=b_1,\\a_{21}x_1+a_{22}x_2+\cdots+a_{2n}x_n=b_2,\\\quad\cdots\cdots\\a_{m1}x_1+a_{m2}x_2+\cdots+a_{mn}x_n=b_m\end{cases}$$

的系数矩阵，而 $\boldsymbol{X}=(x_1,x_2,\cdots,x_n)'$，$\boldsymbol{B}=(b_1,b_2,\cdots,b_m)'$ 分别是未知量和常数项所成的 $n\times 1$ 和 $m\times 1$ 矩阵，那么线性方程组可以写成矩阵方程：

$$\boldsymbol{AX}=\boldsymbol{B}.$$

例 4.2.3　在空间中进行坐标系的转换. 设由坐标系 (x_1,y_1,z_1) 到 (x_2,y_2,z_2) 的坐

标变换的矩阵为 $\boldsymbol{A}=\begin{bmatrix}a_{11} & a_{12} & a_{13}\\ a_{21} & a_{22} & a_{23}\\ a_{31} & a_{32} & a_{33}\end{bmatrix}$. 如果令 $\boldsymbol{X}_1=\begin{bmatrix}x_1\\ y_1\\ z_1\end{bmatrix}$, $\boldsymbol{X}_2=\begin{bmatrix}x_2\\ y_2\\ z_2\end{bmatrix}$，那么坐标变换公式可以写成

$$\boldsymbol{X}_1=\boldsymbol{A}\boldsymbol{X}_2.$$

如果再作一次坐标系的转换，设由第二个坐标系(x_2,y_2,z_2)到第三个坐标系(x_3,y_3,z_3)的坐标变换公式为

$$\boldsymbol{X}_2=\boldsymbol{B}\boldsymbol{X}_3,$$

其中

$$\boldsymbol{B}=\begin{bmatrix}b_{11} & b_{12} & b_{13}\\ b_{21} & b_{22} & b_{23}\\ b_{31} & b_{32} & b_{33}\end{bmatrix},\boldsymbol{X}_3=\begin{bmatrix}x_3\\ y_3\\ z_3\end{bmatrix},$$

则由第一个坐标系到第三个坐标系的坐标变换的矩阵为 $\boldsymbol{C}=\boldsymbol{AB}$.

例 4.2.4 设 $\boldsymbol{A}=\begin{bmatrix}1 & 1\\ -1 & -1\end{bmatrix}$, $\boldsymbol{B}=\begin{bmatrix}1 & -1\\ -1 & 1\end{bmatrix}$,

$$\boldsymbol{AB}=\begin{bmatrix}1 & 1\\ -1 & -1\end{bmatrix}\begin{bmatrix}1 & -1\\ -1 & 1\end{bmatrix}=\begin{bmatrix}0 & 0\\ 0 & 0\end{bmatrix},$$

但 $$\boldsymbol{BA}=\begin{bmatrix}1 & -1\\ -1 & 1\end{bmatrix}\begin{bmatrix}1 & 1\\ -1 & -1\end{bmatrix}=\begin{bmatrix}2 & 2\\ -2 & -2\end{bmatrix}\neq\boldsymbol{AB}.$$

评注 由这个例子还可以发现，两个不为零的矩阵的乘积可以是零，这是矩阵乘法的一个特点，即上面指出的：矩阵乘法有零因子. 同样，矩阵乘法消去律不成立，即当 $\boldsymbol{AB}=\boldsymbol{AC}$ 时，不一定有 $\boldsymbol{B}=\boldsymbol{C}$.

例 4.2.5 设 $\boldsymbol{A}=[1\ \ -1\ \ 2]$, $\boldsymbol{B}=\begin{bmatrix}2 & -1 & 0\\ 1 & 1 & 3\\ 4 & 2 & 1\end{bmatrix}$，验证等式：$(\boldsymbol{AB})'=\boldsymbol{B}'\boldsymbol{A}'$.

解 $\boldsymbol{AB}=[9\ \ 2\ \ -1]$，故 $(\boldsymbol{AB})'=\begin{bmatrix}9\\ 2\\ -1\end{bmatrix}$.

又 $$\boldsymbol{B}'\boldsymbol{A}'=\begin{bmatrix}2 & 1 & 4\\ -1 & 1 & 2\\ 0 & 3 & 1\end{bmatrix}\begin{bmatrix}1\\ -1\\ 2\end{bmatrix}=\begin{bmatrix}9\\ 2\\ -1\end{bmatrix},$$

因此 $$(\boldsymbol{AB})'=\boldsymbol{B}'\boldsymbol{A}'.$$

4.2.5 练习与探究

1. 设 $\boldsymbol{A}=\begin{bmatrix}3 & 1 & 1\\ 2 & 1 & 2\\ 1 & 2 & 3\end{bmatrix}$, $\boldsymbol{B}=\begin{bmatrix}1 & 1 & -1\\ 2 & -1 & 0\\ 1 & 0 & 1\end{bmatrix}$. 计算 $\boldsymbol{AB}$ 和 $\boldsymbol{AB}-\boldsymbol{BA}$.

2. 计算：

(1) $\begin{bmatrix}4 & 3 & 1\\1 & -2 & 3\\2 & 6 & 0\end{bmatrix}\begin{bmatrix}3\\1\\-2\end{bmatrix}$；

(2) $\begin{bmatrix}2 & 1 & 3 & 0\\1 & -1 & 2 & 4\end{bmatrix}\begin{bmatrix}1 & 2 & 3\\0 & 1 & 2\\2 & -3 & 1\\3 & 1 & -2\end{bmatrix}$；

(3) $\begin{bmatrix}\cos\varphi & -\sin\varphi\\\sin\varphi & \cos\varphi\end{bmatrix}^n$；

(4) $[x, y, x]\begin{bmatrix}a_{11} & a_{12} & a_{13}\\a_{21} & a_{22} & a_{23}\\a_{31} & a_{32} & a_{33}\end{bmatrix}\begin{bmatrix}x\\y\\z\end{bmatrix}$.

3. 如果 $\boldsymbol{AB} = \boldsymbol{BA}$，矩阵 $\boldsymbol{B}$ 就称为与 $\boldsymbol{A}$ 可交换. 设 $\boldsymbol{A} = \begin{bmatrix}0 & 1 & 0\\0 & 0 & 1\\0 & 0 & 0\end{bmatrix}$，求所有与 $\boldsymbol{A}$ 可交换的矩阵.

4. 设 $f(\lambda) = 2\lambda^2 - 5\lambda + 6$，$\boldsymbol{A} = \begin{bmatrix}1 & -1\\-3 & 2\end{bmatrix}$，试求 $f(\boldsymbol{A})$.

5. 设 $\boldsymbol{A}$，$\boldsymbol{B}$ 都是 n 阶对称矩阵，证明 $\boldsymbol{AB}$ 是对称矩阵的充分必要条件是：$\boldsymbol{AB} = \boldsymbol{BA}$.

6. 设

$$\boldsymbol{A} = \begin{bmatrix}\lambda & 1 & 0\\0 & \lambda & 1\\0 & 0 & \lambda\end{bmatrix},$$

计算 $\boldsymbol{A}^2$，$\boldsymbol{A}^3$，$\boldsymbol{A}^n$ $(n > 3)$

7. 设 $\boldsymbol{A} = \begin{pmatrix}a_1 & 0 & \cdots & 0\\0 & a_2 & \cdots & 0\\\vdots & \vdots & \ddots & \vdots\\0 & 0 & \cdots & a_n\end{pmatrix}$，其中 $a_i \neq a_j (i \neq j, i, j = 1, 2, \cdots, n)$.

证明：与 $\boldsymbol{A}$ 可交换的矩阵只能是对角矩阵.

4.3　矩阵乘积的行列式与秩

矩阵乘积的行列式和秩与它的因子的行列式和秩有何关系是我们感兴趣的问题. 本节围绕以下问题展开讨论.

4.3.1 研究问题

(1) 矩阵乘积的行列式.

(2) 非退化矩阵.

(3) 矩阵乘积的秩.

4.3.2 基本概念

✽ **定义 4.3.1** 如果数域 F 上的 $n\times n$ 矩阵 $\boldsymbol{A}$ 有 $|\boldsymbol{A}|\neq 0$,则称 $\boldsymbol{A}$ 为**非退化矩阵**;否则称为**退化矩阵**.

4.3.3 主要结论

4.3.3.1 矩阵乘积的行列式

✽ **定理 4.3.1** 设 $\boldsymbol{A},\boldsymbol{B}$ 是数域 F 上的两个 $n\times n$ 矩阵,则有

$$|\boldsymbol{AB}|=|\boldsymbol{A}||\boldsymbol{B}| \tag{4.3.1}$$

即矩阵乘积的行列式等于它的因子的行列式的乘积.

证明 设 $\boldsymbol{A}=\begin{bmatrix}a_{11}&a_{12}&\cdots&a_{1n}\\a_{21}&a_{22}&\cdots&a_{2n}\\\vdots&\vdots&\ddots&\vdots\\a_{n1}&a_{n2}&\cdots&a_{nn}\end{bmatrix},\boldsymbol{B}=\begin{bmatrix}b_{11}&b_{12}&\cdots&b_{1n}\\b_{21}&b_{22}&\cdots&b_{2n}\\\vdots&\vdots&\ddots&\vdots\\b_{n1}&b_{n2}&\cdots&b_{nn}\end{bmatrix}$,由矩阵乘法的定义知

$$\boldsymbol{AB}=\boldsymbol{C}=(c_{ij})_{n\times n},$$

其中 $c_{ij}=a_{i1}b_{1j}+a_{i2}b_{2j}+\cdots+a_{in}b_{nj}=\sum\limits_{k=1}^{n}a_{ik}b_{kj};i=1,2,\cdots,n,j=1,2,\cdots,n.$

令 $D_1=|\boldsymbol{A}|,D_2=|\boldsymbol{B}|$,由定理 2.8.2(行列式相乘规则)知:两个 n 阶行列式

$$D_1=\begin{vmatrix}a_{11}&a_{12}&\cdots&a_{1n}\\a_{21}&a_{22}&\cdots&a_{2n}\\\vdots&\vdots&\ddots&\vdots\\a_{n1}&a_{n2}&\cdots&a_{nn}\end{vmatrix},D_2=\begin{vmatrix}b_{11}&b_{12}&\cdots&b_{1n}\\b_{21}&b_{22}&\cdots&b_{2n}\\\vdots&\vdots&\ddots&\vdots\\b_{n1}&b_{n2}&\cdots&b_{nn}\end{vmatrix}$$

的乘积等于行列式

$$D=\begin{vmatrix}c_{11}&c_{12}&\cdots&c_{1n}\\c_{21}&c_{22}&\cdots&c_{2n}\\\vdots&\vdots&\ddots&\vdots\\c_{n1}&c_{n2}&\cdots&c_{nn}\end{vmatrix},$$

其中 c_{ij} 为 D_1 中第 i 行元素与 D_2 中第 j 列对应元素的乘积之和,即

$$c_{ij}=a_{i1}b_{1j}+a_{i2}b_{2j}+\cdots+a_{in}b_{nj}=\sum_{k=1}^{n}a_{ik}b_{kj};$$
$$i=1,2,\cdots,n,j=1,2,\cdots,n.$$

于是
$$D=|\boldsymbol{AB}|,$$

故
$$|AB| = |A||B|.$$
用数学归纳法，定理 4.3.1 可以推广到多个矩阵相乘的情形，即有下面的推论.

推论 1　设 $\boldsymbol{A}_1,\boldsymbol{A}_2,\cdots,\boldsymbol{A}_m$ 都是数域 F 上的 $n\times n$ 矩阵，则
$$|\boldsymbol{A}_1\boldsymbol{A}_2\cdots\boldsymbol{A}_m| = |\boldsymbol{A}_1||\boldsymbol{A}_2|\cdots|\boldsymbol{A}_m|.$$

4.3.3.2　非退化矩阵

结论　一个 $n\times n$ 矩阵是非退化的充要条件是它的秩等于 n.

推论 2　设 $\boldsymbol{A},\boldsymbol{B}$ 都是数域 F 上的 $n\times n$ 矩阵，矩阵 $\boldsymbol{AB}$ 为退化的充要条件是 $\boldsymbol{A},\boldsymbol{B}$ 中至少有一个是退化的.

证明　$\boldsymbol{AB}$ 为退化 $\Leftrightarrow|\boldsymbol{AB}|=0\Leftrightarrow|\boldsymbol{A}||\boldsymbol{B}|=0\Leftrightarrow|\boldsymbol{A}|=0$ 或 $|\boldsymbol{B}|=0\Leftrightarrow\boldsymbol{A}$ 退化或 $\boldsymbol{B}$ 退化.

4.3.3.3　矩阵乘积的秩

✲ **定理 4.3.2**　设 $\boldsymbol{A}$ 是数域 F 上的 $n\times m$ 矩阵，$\boldsymbol{B}$ 是数域 F 上的 $m\times s$ 矩阵，于是
$$R(\boldsymbol{AB})\leqslant\min\{R(\boldsymbol{A}),R(\boldsymbol{B})\},\tag{4.3.2}$$
即矩阵乘积的秩不超过各因子矩阵的秩.

证明　设 $\boldsymbol{A}=\begin{bmatrix}a_{11}&a_{12}&\cdots&a_{1m}\\a_{21}&a_{22}&\cdots&a_{2m}\\\vdots&\vdots&\ddots&\vdots\\a_{n1}&a_{n2}&\cdots&a_{nm}\end{bmatrix},\boldsymbol{B}=\begin{bmatrix}b_{11}&b_{12}&\cdots&b_{1s}\\b_{21}&b_{22}&\cdots&b_{2s}\\\vdots&\vdots&\ddots&\vdots\\b_{m1}&b_{m2}&\cdots&b_{ms}\end{bmatrix}=\begin{bmatrix}\boldsymbol{B}_1\\\boldsymbol{B}_2\\\vdots\\\boldsymbol{B}_m\end{bmatrix}$.

$$\boldsymbol{AB}=(c_{ij})_{n\times s}=\begin{bmatrix}\boldsymbol{C}_1\\\boldsymbol{C}_2\\\vdots\\\boldsymbol{C}_n\end{bmatrix}=\begin{bmatrix}a_{11}&a_{12}&\cdots&a_{1m}\\a_{21}&a_{22}&\cdots&a_{2m}\\\vdots&\vdots&\ddots&\vdots\\a_{n1}&a_{n2}&\cdots&a_{nm}\end{bmatrix}\begin{bmatrix}\boldsymbol{B}_1\\\boldsymbol{B}_2\\\vdots\\\boldsymbol{B}_m\end{bmatrix},$$

故有
$$\boldsymbol{C}_i=a_{i1}\boldsymbol{B}_1+a_{i2}\boldsymbol{B}_2+\cdots+a_{im}\boldsymbol{B}_m,i=1,\cdots,n.$$

这说明 $\boldsymbol{AB}$ 的行向量组 $\boldsymbol{C}_1,\boldsymbol{C}_2,\cdots,\boldsymbol{C}_n$ 可由 $\boldsymbol{B}$ 的行向量组 $\boldsymbol{B}_1,\boldsymbol{B}_2,\cdots,\boldsymbol{B}_m$ 线性表示，从而可由 $\boldsymbol{B}$ 的行向量组的极大线性无关组线性表示，所以 $R(\boldsymbol{AB})\leqslant R(\boldsymbol{B})$.

同理可证，$R(\boldsymbol{AB})\leqslant R(\boldsymbol{A})$，故 $R(\boldsymbol{AB})\leqslant\min\{R(\boldsymbol{A}),R(\boldsymbol{B})\}$.

用数学归纳法，定理 4.3.2 可以推广到多个矩阵因子相乘的情形，即有下面的推论.

推论 3　如果 $\boldsymbol{A}=\boldsymbol{A}_1\boldsymbol{A}_2\cdots\boldsymbol{A}_t$，那么 $R(\boldsymbol{A})\leqslant\min\limits_{1\leqslant j\leqslant t}\{R(\boldsymbol{A}_j)\}$.

4.3.4　例子剖析

例 4.3.1　若 $\boldsymbol{AA}'=\boldsymbol{E}$，当 $|\boldsymbol{A}|$ 为何值时，必有 $|\boldsymbol{A}+\boldsymbol{E}|=0$?

解　$|\boldsymbol{A}+\boldsymbol{E}|=|\boldsymbol{A}+\boldsymbol{AA}'|=|\boldsymbol{A}(\boldsymbol{E}+\boldsymbol{A}')|=|\boldsymbol{A}||\boldsymbol{E}+\boldsymbol{A}'|$，于是得 $|\boldsymbol{A}+\boldsymbol{E}|(|\boldsymbol{A}|-1)=0$.

又 $|\boldsymbol{AA}'|=|\boldsymbol{A}||\boldsymbol{A}'|=|\boldsymbol{A}|^2=|\boldsymbol{E}|=1$，$|\boldsymbol{A}|=\pm1$，故当 $|\boldsymbol{A}|=-1$ 时，必有 $|\boldsymbol{A}+\boldsymbol{E}|=0$.

例 4.3.2　设 $\boldsymbol{A}$ 是 3×5 阶矩阵，$\boldsymbol{B}$ 是 5×8 阶矩阵，问 $\boldsymbol{AB}$ 的秩至多是多少?

解　由于 $R(\boldsymbol{A})\leqslant3$，$R(\boldsymbol{B})\leqslant5$，于是，$R(\boldsymbol{AB})\leqslant\min\{R(\boldsymbol{A}),R(\boldsymbol{B})\}\leqslant3$.

故 $\boldsymbol{AB}$ 的秩至多是 3.

4.3.5 练习和探究

4.3.5.1 练习

1. 证明:如果 $\boldsymbol{A}$ 是实对称矩阵且 $\boldsymbol{A}^2=\boldsymbol{O}$,那么 $\boldsymbol{A}=\boldsymbol{O}$.

2. 设 $\boldsymbol{A}$ 是 $m\times n$ 阶矩阵,$\boldsymbol{B}$ 是 $n\times m$ 阶矩阵. 当 $m>n$ 时,能否确定行列式 $|\boldsymbol{AB}|$ 的值?

3. 设方阵 $\boldsymbol{A}=\begin{bmatrix} a_1 & b_1 & c_1 \\ a_2 & b_2 & c_2 \\ a_3 & b_3 & c_3 \end{bmatrix}$,$\boldsymbol{B}=\begin{bmatrix} 2a_1 & 2a_2 & 2a_3 \\ -b_1 & -b_2 & -b_3 \\ 3c_1 & 3c_2 & 3c_3 \end{bmatrix}$. 若 $|\boldsymbol{A}|=3$,试计算 $|\boldsymbol{AB}|$.

4. 设方阵 $\boldsymbol{A}=\begin{bmatrix} a_1 & x_1 & c_1 \\ a_2 & x_2 & c_2 \\ a_3 & x_3 & c_3 \end{bmatrix}$,$\boldsymbol{B}=\begin{bmatrix} a_1 & y_1 & c_1 \\ a_2 & y_2 & c_2 \\ a_3 & y_3 & c_3 \end{bmatrix}$. 若 $|\boldsymbol{A}|=3$,$|\boldsymbol{B}|=-1$,试计算行列式 $|\boldsymbol{A}+\boldsymbol{B}|$.

4.3.5.2 探究

1. 设 $\boldsymbol{A}=(a_{ij})$ 是 n 阶矩阵,n 为奇数且有 $\boldsymbol{AA}'=\boldsymbol{E}$. 当 $|\boldsymbol{A}|$ 为何值时,必有 $\boldsymbol{E}-\boldsymbol{A}=\boldsymbol{O}$?

2. 设 $\boldsymbol{A}$ 是 $\mathbf{R}$ 上的 $m\times n$ 阶矩阵,证明:$R(\boldsymbol{A}'\boldsymbol{A})=R(\boldsymbol{AA}')=R(\boldsymbol{A})$.

4.4 可逆矩阵及其求法

在 4.2 节中我们看到,矩阵与复数相仿,有加、减、乘三种运算. 那么,矩阵的乘法是否也和复数一样有逆运算呢?这就是本节所要讨论的问题. 对这一节中的矩阵,如不特别声明,都是指 $n\times n$ 阶矩阵. 本节围绕以下问题展开讨论.

4.4.1 研究问题

(1) 可逆矩阵的概念.

(2) 可逆矩阵的性质.

(3) 矩阵可逆的判定和求法.

(4) 矩阵方程.

4.4.2 基本概念

对于任意 n 阶方阵 $\boldsymbol{A}$ 都有

$$\boldsymbol{AE}=\boldsymbol{EA}=\boldsymbol{A}.$$

这里 $\boldsymbol{E}$ 是 n 阶单位矩阵. 因此,从乘法的角度来看,n 阶单位矩阵在 n 阶方阵中的地位类似于 1 在复数中的地位. 对一个复数 $a\neq 0$,有 $b=a^{-1}\neq 0$,使

$$ab = aa^{-1} = 1.$$

那么对 n 阶方阵 $\boldsymbol{A} \neq \boldsymbol{O}$，是否也能找到方阵 $\boldsymbol{B} \neq \boldsymbol{O}$，使 $\boldsymbol{AB} = \boldsymbol{E}$？

遗憾的是，这个结论并不成立. 例如设 $\boldsymbol{A} = \begin{bmatrix} 0 & 0 \\ 0 & 1 \end{bmatrix} \neq \boldsymbol{O}$，我们无法找到 $\boldsymbol{B} \neq \boldsymbol{O}$，使 $\boldsymbol{AB} = \boldsymbol{E}$. 可见矩阵没有类似于数的除法运算. 于是我们想知道的是：什么样的矩阵 $\boldsymbol{A}$ 有类似于数的运算，即有 $\boldsymbol{AB} = \boldsymbol{E}$？这在应用上也很重要. 下面就来讨论这类矩阵.

✽ **定义 4.4.1**　设 $\boldsymbol{A}$ 是 n 阶方阵，如果存在 n 阶方阵 $\boldsymbol{B}$，使得

$$\boldsymbol{AB} = \boldsymbol{BA} = \boldsymbol{E}, \tag{4.4.1}$$

这里 $\boldsymbol{E}$ 是 n 阶单位矩阵，则称 $\boldsymbol{A}$ 是**可逆矩阵**，$\boldsymbol{B}$ 是 $\boldsymbol{A}$ 的**逆矩阵**.

✽ **定义 4.4.2**　设 A_{ij} 是矩阵

$$\boldsymbol{A} = \begin{bmatrix} a_{11} & a_{12} & \cdots & a_{1n} \\ a_{21} & a_{22} & \cdots & a_{2n} \\ \vdots & \vdots & \ddots & \vdots \\ a_{n1} & a_{n2} & \cdots & a_{nn} \end{bmatrix}$$

中元素 a_{ij} 的代数余子式，则称矩阵

$$\boldsymbol{A}^{*} = \begin{bmatrix} A_{11} & A_{21} & \cdots & A_{n1} \\ A_{12} & A_{22} & \cdots & A_{n2} \\ \vdots & \vdots & \ddots & \vdots \\ A_{1n} & A_{2n} & \cdots & A_{nn} \end{bmatrix}$$

为矩阵 $\boldsymbol{A}$ 的**伴随矩阵**.

设 $\boldsymbol{A}, \boldsymbol{B}, \boldsymbol{C}$ 是已知矩阵，$\boldsymbol{X}$ 是未知矩阵，形如下式的方程称为**矩阵方程**：

$$\boldsymbol{AX} = \boldsymbol{B}, \boldsymbol{XB} = \boldsymbol{C}, \boldsymbol{AXB} = \boldsymbol{C}.$$

4.4.3　主要结论

矩阵的逆上　矩阵的逆下

4.4.3.1　可逆矩阵的性质

性质 1　若矩阵 $\boldsymbol{A}$ 是可逆矩阵，则 $\boldsymbol{A}$ 的逆矩阵必唯一，记为 $\boldsymbol{A}^{-1}$.

证明　设 $\boldsymbol{B}$ 和 $\boldsymbol{B}_1$ 都是 $\boldsymbol{A}$ 的逆矩阵，则有 $\boldsymbol{AB} = \boldsymbol{BA} = \boldsymbol{E}, \boldsymbol{A}\boldsymbol{B}_1 = \boldsymbol{B}_1\boldsymbol{A} = \boldsymbol{E}$，于是

$$\boldsymbol{B} = \boldsymbol{BE} = \boldsymbol{BAB}_1 = \boldsymbol{E}\boldsymbol{B}_1 = \boldsymbol{B}_1.$$

性质 2　若矩阵 $\boldsymbol{A}$ 可逆，则 $\boldsymbol{A}$ 的逆矩阵 $\boldsymbol{A}^{-1}$ 也可逆，且 $(\boldsymbol{A}^{-1})^{-1} = \boldsymbol{A}$.

证明　由于矩阵 $\boldsymbol{A}$ 可逆，故存在 $\boldsymbol{A}$ 的逆矩阵 $\boldsymbol{A}^{-1}$，使 $\boldsymbol{A}\boldsymbol{A}^{-1} = \boldsymbol{A}^{-1}\boldsymbol{A} = \boldsymbol{E}$，故 $(\boldsymbol{A}^{-1})^{-1} = \boldsymbol{A}$.

性质 3　若矩阵 $\boldsymbol{A}$ 可逆，则 $\boldsymbol{A}$ 的转置矩阵 $\boldsymbol{A}'$ 也可逆，且 $(\boldsymbol{A}')^{-1} = (\boldsymbol{A}^{-1})'$.

证明　因为 $\boldsymbol{A}$ 可逆，所以 $\boldsymbol{A}\boldsymbol{A}^{-1} = \boldsymbol{A}^{-1}\boldsymbol{A} = \boldsymbol{E}$，于是 $(\boldsymbol{A}\boldsymbol{A}^{-1})' = (\boldsymbol{A}^{-1}\boldsymbol{A})' = \boldsymbol{E}' = \boldsymbol{E}$，也就是 $(\boldsymbol{A}^{-1})'\boldsymbol{A}' = \boldsymbol{A}'(\boldsymbol{A}^{-1})' = \boldsymbol{E}$，所以 $(\boldsymbol{A}')^{-1} = (\boldsymbol{A}^{-1})'$.

性质 4　若矩阵 $\boldsymbol{A}, \boldsymbol{B}$ 可逆，则 $\boldsymbol{AB}$ 也可逆，且 $(\boldsymbol{AB})^{-1} = \boldsymbol{B}^{-1}\boldsymbol{A}^{-1}$.

证明　若矩阵 $\boldsymbol{A}, \boldsymbol{B}$ 可逆，则有 $\boldsymbol{A}\boldsymbol{A}^{-1} = \boldsymbol{A}^{-1}\boldsymbol{A} = \boldsymbol{E}, \boldsymbol{B}\boldsymbol{B}^{-1} = \boldsymbol{B}^{-1}\boldsymbol{B} = \boldsymbol{E}$. 于是

$$(\boldsymbol{AB})(\boldsymbol{B}^{-1}\boldsymbol{A}^{-1}) = (\boldsymbol{B}^{-1}\boldsymbol{A}^{-1})(\boldsymbol{AB}) = \boldsymbol{E},$$

所以$(\boldsymbol{AB})^{-1}=\boldsymbol{B}^{-1}\boldsymbol{A}^{-1}$.

推论 s 个 n 阶可逆矩阵$\boldsymbol{A}_1,\boldsymbol{A}_2,\cdots,\boldsymbol{A}_s$ 的乘积$\boldsymbol{A}_1\boldsymbol{A}_2\cdots\boldsymbol{A}_s$ 也是 n 阶可逆矩阵,且有

$$(\boldsymbol{A}_1\boldsymbol{A}_2\cdots\boldsymbol{A}_s)^{-1}=\boldsymbol{A}_s^{-1}\cdots\boldsymbol{A}_2^{-1}\boldsymbol{A}_1^{-1}.$$

性质 5 若矩阵 $\boldsymbol{A}$ 可逆,则必有$|\boldsymbol{A}|\neq 0$.

由 $\boldsymbol{AA}^{-1}=\boldsymbol{E}$,得$|\boldsymbol{AA}^{-1}|=|\boldsymbol{A}||\boldsymbol{A}^{-1}|=|\boldsymbol{E}|=1$,故$|\boldsymbol{A}|\neq 0$.

问题 1 $\boldsymbol{A},\boldsymbol{B}$ 为方阵,若 $\boldsymbol{AB}$ 可逆,问 $\boldsymbol{A},\boldsymbol{B}$ 是否可逆?

性质 5 的逆命题是成立的,下面给出矩阵 $\boldsymbol{A}$ 可逆的充要条件,从而回答上面提出的问题.

4.4.3.2 矩阵可逆的判定和求法

下面要解决的问题是:在什么条件下,矩阵 $\boldsymbol{A}$ 是可逆的?如果 $\boldsymbol{A}$ 可逆,怎样求$\boldsymbol{A}^{-1}$?

✲ **定理 4.4.1** 矩阵 $\boldsymbol{A}$ 可逆的充要条件是$|\boldsymbol{A}|\neq 0$,且当 $\boldsymbol{A}$ 可逆时,

$$\boldsymbol{A}^{-1}=\frac{1}{|\boldsymbol{A}|}\boldsymbol{A}^*. \tag{4.4.2}$$

其中 $\boldsymbol{A}^*$ 是 $\boldsymbol{A}$ 的伴随矩阵.

证明 必要性就是性质 5 的结论.下证充分性.由行列式按行(列)展开的公式:

$$a_{i1}A_{j1}+a_{i2}A_{j2}+\cdots+a_{in}A_{jn}=\begin{cases}|\boldsymbol{A}|, & i=j\\ 0, & i\neq j\end{cases},$$

$$a_{1i}A_{1j}+a_{2i}A_{2j}+\cdots+a_{ni}A_{nj}=\begin{cases}|\boldsymbol{A}|, & i=j\\ 0, & i\neq j\end{cases}.$$

立即可得

$$\boldsymbol{AA}^*=\boldsymbol{A}^*\boldsymbol{A}=\begin{bmatrix}|\boldsymbol{A}| & 0 & \cdots & 0\\ 0 & |\boldsymbol{A}| & \cdots & 0\\ \vdots & \vdots & \ddots & \vdots\\ 0 & 0 & \cdots & |\boldsymbol{A}|\end{bmatrix}=|\boldsymbol{A}|\boldsymbol{E}. \tag{4.4.3}$$

由于$|\boldsymbol{A}|\neq 0$,于是由式(4.4.3)得

$$\boldsymbol{A}(\frac{1}{|\boldsymbol{A}|}\boldsymbol{A}^*)=(\frac{1}{|\boldsymbol{A}|}\boldsymbol{A}^*)\boldsymbol{A}=\boldsymbol{E}. \tag{4.4.4}$$

因此 $\boldsymbol{A}$ 可逆,且有$\boldsymbol{A}^{-1}=\frac{1}{|\boldsymbol{A}|}\boldsymbol{A}^*$.

这就回答了上面提出的问题:对于方阵 $\boldsymbol{A},\boldsymbol{B},\boldsymbol{AB}$ 可逆的充要条件是 $\boldsymbol{A},\boldsymbol{B}$ 皆可逆.

根据定理4.4.1容易看出,对于 n 阶方阵$\boldsymbol{A},\boldsymbol{B}$,如果$\boldsymbol{AB}=\boldsymbol{E}$,那么$\boldsymbol{A},\boldsymbol{B}$都是可逆矩阵,且它们互为逆矩阵.

设 $\boldsymbol{A},\boldsymbol{B},\boldsymbol{C}$ 是已知矩阵,$\boldsymbol{X}$ 是未知矩阵.若矩阵 $\boldsymbol{A},\boldsymbol{B}$ 可逆,则矩阵方程

$$\boldsymbol{AX}=\boldsymbol{B},\boldsymbol{XB}=\boldsymbol{C},\boldsymbol{AXB}=\boldsymbol{C}.$$

的解分别是

$$\boldsymbol{X}=\boldsymbol{A}^{-1}\boldsymbol{B},\boldsymbol{X}=\boldsymbol{CB}^{-1},\boldsymbol{X}=\boldsymbol{A}^{-1}\boldsymbol{CB}^{-1}.$$

4.4.3.3 与可逆矩阵相乘不改变原矩阵的秩

在 4.3 节,我们得到关于矩阵乘积的秩的不等式:

$$R(\boldsymbol{AB}) \leqslant \min\{R(\boldsymbol{A}), R(\boldsymbol{B})\}.$$

但是,如果在矩阵乘积中有一个是可逆矩阵,这时矩阵乘积的秩不变.

✽ **定理 4.4.2**　$\boldsymbol{A}$ 是一个 $s\times n$ 矩阵,如果 $\boldsymbol{P}$ 是 $s\times s$ 可逆矩阵,$\boldsymbol{Q}$ 是 $n\times n$ 可逆矩阵,那么

$$R(\boldsymbol{A}) = R(\boldsymbol{PA}) = R(\boldsymbol{AQ}) = R(\boldsymbol{PAQ}).$$

证明　令 $\boldsymbol{B}=\boldsymbol{PA}$,则 $\boldsymbol{P}^{-1}\boldsymbol{B}=\boldsymbol{A}$,由定理 4.3.2,$\begin{cases} R(\boldsymbol{B}) \leqslant R(\boldsymbol{A}) \\ R(\boldsymbol{A}) \leqslant R(\boldsymbol{B}) \end{cases} \Rightarrow R(\boldsymbol{A}) = R(\boldsymbol{B})$,于是有 $R(\boldsymbol{A}) = R(\boldsymbol{PA})$. 同理有 $R(\boldsymbol{A}) = R(\boldsymbol{AQ})$,因此 $R(\boldsymbol{A}) = R(\boldsymbol{PA}) = R(\boldsymbol{AQ})$. 又 $R(\boldsymbol{PA}) = R(\boldsymbol{PAQ})$,故 $R(\boldsymbol{A}) = R(\boldsymbol{PA}) = R(\boldsymbol{AQ}) = R(\boldsymbol{PAQ})$.

4.4.4　例子剖析

例 4.4.1　求 $\boldsymbol{A}=\begin{bmatrix} 1 & 2 \\ 0 & 1 \end{bmatrix}$的逆矩阵.

解　设 $\boldsymbol{B}=\begin{bmatrix} b_1 & b_2 \\ b_3 & b_4 \end{bmatrix}$是 $\boldsymbol{A}$ 的逆矩阵,由

$$\boldsymbol{AB} = \begin{bmatrix} b_1+2b_3 & b_2+2b_4 \\ b_3 & b_4 \end{bmatrix} = \begin{bmatrix} 1 & 0 \\ 0 & 1 \end{bmatrix}$$

可得　$b_3=0, b_4=1, b_1+2b_3=1, b_2+2b_4=0.$

故得　$b_1=1, b_2=-2, b_3=0, b_4=1.$

故 $\boldsymbol{A}$ 的逆矩阵是$\boldsymbol{A}^{-1}=\begin{bmatrix} 1 & -2 \\ 0 & 1 \end{bmatrix}$.

例 4.4.2　设方阵 $\boldsymbol{A}$ 满足 $\boldsymbol{A}^2-\boldsymbol{A}-2\boldsymbol{E}=\boldsymbol{O}$,证明 $\boldsymbol{A}$ 及 $\boldsymbol{A}+2\boldsymbol{E}$ 都可逆,并求 $\boldsymbol{A}^{-1}$ 及$(\boldsymbol{A}+2\boldsymbol{E})^{-1}$.

解　变形所给的等式,移项得 $\boldsymbol{A}^2-\boldsymbol{A}=2\boldsymbol{E}$

分解因式,得 $\boldsymbol{A}(\boldsymbol{A}-\boldsymbol{E})=2\boldsymbol{E}$

两边取行列式得

$$|\boldsymbol{A}(\boldsymbol{A}-\boldsymbol{E})| = |2\boldsymbol{E}| = 2^n \neq 0$$

由方阵的行列式的性质得

$$|\boldsymbol{A}|\,|\boldsymbol{A}-\boldsymbol{E}| = |\boldsymbol{A}(\boldsymbol{A}-\boldsymbol{E})| = 2^n \neq 0$$

所以 $|\boldsymbol{A}|\neq 0$,故 $\boldsymbol{A}$ 可逆.

又因为 $\boldsymbol{A}(\boldsymbol{A}-\boldsymbol{E})=2\boldsymbol{E}$

变形得 $\boldsymbol{A}\cdot\dfrac{\boldsymbol{A}-\boldsymbol{E}}{2}=\boldsymbol{E}$

由逆矩阵的定义知 $\boldsymbol{A}^{-1}=\dfrac{\boldsymbol{A}-\boldsymbol{E}}{2}$

现在再证 $\boldsymbol{A}+2\boldsymbol{E}$ 可逆. 由 $\boldsymbol{A}^2-\boldsymbol{A}-2\boldsymbol{E}=\boldsymbol{O}$

移项得　$\boldsymbol{A}+2\boldsymbol{E}=\boldsymbol{A}^2$

两边取行列式得$|\boldsymbol{A}+2\boldsymbol{E}|=|\boldsymbol{A}^2|=|\boldsymbol{A}|^2\neq 0$,所以$\boldsymbol{A}+2\boldsymbol{E}$可逆.

$$(\boldsymbol{A}+2\boldsymbol{E})^{-1}=\boldsymbol{A}^{-2}=(\boldsymbol{A}^{-1})^2=\left(\frac{\boldsymbol{A}-\boldsymbol{E}}{2}\right)^2=\frac{3\boldsymbol{E}-\boldsymbol{A}}{4}.$$

例 4.4.3 设$\boldsymbol{A}=\begin{bmatrix}a & b\\ c & d\end{bmatrix}$,若$|ad-bc|\neq 0$,则$\boldsymbol{A}$可逆,求其逆矩阵.

解 由于$|\boldsymbol{A}|=|ad-bc|\neq 0$,故$\boldsymbol{A}$可逆,

$$\boldsymbol{A}^{-1}=\frac{1}{|\boldsymbol{A}|}\begin{bmatrix}d & -b\\ -c & a\end{bmatrix}=\frac{1}{ad-bc}\begin{bmatrix}d & -b\\ -c & a\end{bmatrix}.$$

评注 若二阶矩阵$\boldsymbol{A}=\begin{bmatrix}a & b\\ c & d\end{bmatrix}$可逆,则其逆矩阵可直接给出:$\boldsymbol{A}^{-1}=\frac{1}{|\boldsymbol{A}|}\begin{bmatrix}d & -b\\ -c & a\end{bmatrix}$.

例 4.4.4 设$\boldsymbol{A}=\begin{bmatrix}1 & 2 & 3\\ 2 & 2 & 1\\ 3 & 4 & 3\end{bmatrix}$,问:$\boldsymbol{A}$是否可逆?若$\boldsymbol{A}$可逆,则求其逆.

解 因为$|\boldsymbol{A}|=2\neq 0$,故$\boldsymbol{A}$可逆.经计算:

$A_{11}=2,A_{12}=-3,A_{13}=2,A_{21}=6,A_{22}=-6,A_{23}=2,A_{31}=-4,A_{32}=5,A_{33}=-2.$

故
$$\boldsymbol{A}^{-1}=\frac{1}{2}\begin{bmatrix}2 & 6 & -4\\ -3 & -6 & 5\\ 2 & 2 & -2\end{bmatrix}.$$

评注 定理4.4.1不但给出了判定矩阵是否可逆的条件,同时也给出了求逆矩阵公式(4.4.4).按这个公式求二阶矩阵的逆矩阵是方便的,但对三阶及三阶以上矩阵的逆矩阵,其计算量一般是非常大的,因此有必要给出求逆矩阵的其他方法.

例 4.4.5 已知$\begin{bmatrix}2 & 5\\ 1 & 3\end{bmatrix}\boldsymbol{X}=\begin{bmatrix}4 & -6\\ 2 & 1\end{bmatrix}$,求$\boldsymbol{X}$.

解 因为$\begin{vmatrix}2 & 5\\ 1 & 3\end{vmatrix}=1\neq 0$,所以$\begin{bmatrix}2 & 5\\ 1 & 3\end{bmatrix}$可逆,且$\begin{bmatrix}2 & 5\\ 1 & 3\end{bmatrix}^{-1}=\begin{bmatrix}3 & -5\\ -1 & 2\end{bmatrix}$.

于是
$$\boldsymbol{X}=\begin{bmatrix}2 & 5\\ 1 & 3\end{bmatrix}^{-1}\begin{bmatrix}4 & -6\\ 2 & 1\end{bmatrix}=\begin{bmatrix}3 & -5\\ -1 & 2\end{bmatrix}\begin{bmatrix}4 & -6\\ 2 & 1\end{bmatrix}=\begin{bmatrix}2 & -23\\ 0 & 8\end{bmatrix}.$$

4.4.5 练习与探究

4.4.5.1 练习

1. 求下列矩阵的逆:

(1)$\boldsymbol{A}=\begin{bmatrix}1 & 1 & -1\\ 2 & 1 & 0\\ 1 & -1 & 0\end{bmatrix}$;(2)$\boldsymbol{A}=\begin{bmatrix}2 & 2 & 3\\ 1 & -1 & 0\\ -1 & 2 & 1\end{bmatrix}$.

2. 证明:如果$\boldsymbol{A}^k=\boldsymbol{O}$,那么$(\boldsymbol{E}-\boldsymbol{A})^{-1}=\boldsymbol{E}+\boldsymbol{A}+\boldsymbol{A}^2+\cdots+\boldsymbol{A}^{k-1}$.

3. 设 $\boldsymbol{A}=\begin{bmatrix}-1 & 0 & 0\\ 1 & -1 & 0\\ 1 & 1 & -1\end{bmatrix}$，试计算 $(\boldsymbol{A}+2\boldsymbol{E})^{-1}(\boldsymbol{A}^2-4\boldsymbol{E})$.

4. 设 $\boldsymbol{A}$ 是 $n\times n$ 矩阵，证明：存在一个 $n\times n$ 非零矩阵 $\boldsymbol{B}$，使 $\boldsymbol{AB}=\boldsymbol{O}$ 的充分必要条件是 $|\boldsymbol{A}|=0$.

5. 设 $\boldsymbol{A}$ 是 $n\times n$ 矩阵，如果对任一 n 维向量 $\boldsymbol{X}=(x_1,x_2,\cdots,x_n)'$ 都有 $\boldsymbol{AX}=\boldsymbol{O}$，那么 $\boldsymbol{A}=\boldsymbol{O}$.

4.4.5.2　探究

利用可逆矩阵推导克拉默法则.

设线性方程组为
$$\begin{cases}a_{11}x_1+a_{12}x_2+\cdots+a_{1n}x_n=b_1,\\ a_{21}x_1+a_{22}x_2+\cdots+a_{2n}x_n=b_2,\\ \cdots\cdots\\ a_{n1}x_1+a_{n2}x_2+\cdots+a_{nn}x_n=b_n,\end{cases}$$
用 $\boldsymbol{A}$ 表示方程组的系数矩阵，$\boldsymbol{X}$ 表示方程组的未知列向量，$\boldsymbol{B}$ 表示方程组的常数列向量，则有
$$\boldsymbol{AX}=\boldsymbol{B}.\tag{4.4.5}$$

如果 $|\boldsymbol{A}|\neq 0$，那么 $\boldsymbol{A}$ 可逆，于是得 $\boldsymbol{X}=\boldsymbol{A}^{-1}\boldsymbol{B}$，把它代入式(4.4.5)，得恒等式 $\boldsymbol{A}(\boldsymbol{A}^{-1}\boldsymbol{B})=\boldsymbol{B}$，这表明 $\boldsymbol{X}=\boldsymbol{A}^{-1}\boldsymbol{B}$ 是线性方程组的一个解.

如果 $\boldsymbol{X}=\boldsymbol{C}$ 是方程组(4.4.5)的一个解，那么由
$$\boldsymbol{AC}=\boldsymbol{B}$$
得
$$\boldsymbol{A}^{-1}(\boldsymbol{AC})=\boldsymbol{A}^{-1}\boldsymbol{B},$$
即
$$\boldsymbol{X}=\boldsymbol{C}=\boldsymbol{A}^{-1}\boldsymbol{B}.$$

这说明，解 $\boldsymbol{X}=\boldsymbol{A}^{-1}\boldsymbol{B}$ 是唯一的. 用 $\boldsymbol{A}^{-1}$ 的公式(4.4.4)代入得 $\boldsymbol{X}=\dfrac{1}{|\boldsymbol{A}|}\boldsymbol{A}^*\boldsymbol{B}$，乘出来就是
$$\boldsymbol{X}_i=\frac{1}{|\boldsymbol{A}|}(A_{1i},A_{2i},\cdots,A_{ni})\begin{bmatrix}b_1\\ b_2\\ \vdots\\ b_n\end{bmatrix}=\frac{1}{|\boldsymbol{A}|}\sum_{k=1}^{n}b_kA_{ki}=\frac{D_i}{D},i=1,2,\cdots,n.$$
其中 $D=|\boldsymbol{A}|$，$D_i=\sum\limits_{k=1}^{n}b_kA_{ki}$，$i=1,2,\cdots,n$. 这与第 3 章的结论一致.

4.5　初等矩阵

上一节我们得到用伴随矩阵求逆矩阵的公式，但当矩阵的阶数较高时，利用这种方法求逆矩阵的计算量并不小. 因此有必要另辟蹊径，寻找简单的求逆方法. 通过把矩阵的初等变换与初等矩阵对应起来，从而建立矩阵的初等变换与矩阵乘法的联系，最终给出用初

等变换求逆矩阵的方法. 本节围绕以下问题展开讨论.

4.5.1 研究问题

(1) 初等矩阵的定义和性质.

(2) 可逆矩阵的判定.

(3) 用初等变换求矩阵的逆.

4.5.2 基本概念

✲ **定义 4.5.1** 由单位矩阵 $\boldsymbol{E}$ 经过一次初等变换得到的矩阵,称为**初等矩阵**. 对应矩阵的三种初等行、列变换,有三种类型的初等矩阵.

(1) 把单位矩阵 $\boldsymbol{E}$ 的第 i 行(列) 与第 j 行(列) 互换所得的矩阵称为**初等换法矩阵**:

$$\boldsymbol{E}\xrightarrow[(i,j)]{[i,j]}\boldsymbol{P}[i,j]=\begin{bmatrix}1&&&&&&\\&\ddots&&&&&\\&&0&\cdots&1&&\\&&\vdots&\ddots&\vdots&&\\&&1&\cdots&0&&\\&&&&&\ddots&\\&&&&&&1\end{bmatrix}\begin{matrix}\\\\(i)\\\\(j)\\\\\\\end{matrix}. \tag{4.5.1}$$

其中 $[i,j]$ 表示把矩阵第 i 行与第 j 行互换, (i,j) 表示把矩阵第 i 列与第 j 列互换.

(2) 用非零数 k 乘单位矩阵 $\boldsymbol{E}$ 的第 i 行(列) 所得的矩阵称为**初等倍法矩阵**:

$$\boldsymbol{E}\xrightarrow[(i(k))]{[i(k)]}\boldsymbol{P}[i(k)]=\begin{bmatrix}1&&&&\\&\ddots&&&\\&&k&&\\&&&\ddots&\\&&&&1\end{bmatrix}(i), k\neq 0. \tag{4.5.2}$$

其中 $[i(k)]$ 表示用非零数 k 乘矩阵的第 i 行, $(i(k))$ 表示用非零数 k 乘矩阵的第 i 列.

(3) 把单位矩阵 $\boldsymbol{E}$ 的第 j 行乘上 k 倍加到第 i 行所得的矩阵称为**初等消法矩阵**:

$$\boldsymbol{E}\xrightarrow[(i(k)+j)]{[j(k)+i]}\boldsymbol{P}[j(k)+i]=\begin{bmatrix}1&&&&&\\&\ddots&&&&\\&&1&\cdots&k&&\\&&&\ddots&\vdots&&\\&&&&1&&\\&&&&&\ddots&\\&&&&&&1\end{bmatrix}\begin{matrix}\\\\(i)\\\\(j)\\\\\\\end{matrix}. \tag{4.5.3}$$

其中 $[j(k)+i]$ 表示把矩阵的第 j 行乘上 k 倍加到第 i 行, $(i(k)+j)$ 表示把矩阵的第 i 列乘上 k 倍加到第 j 列.

✲ **定义 4.5.2**(矩阵的等价) 若矩阵 $\boldsymbol{B}$ 可由矩阵 $\boldsymbol{A}$ 经过一系列初等变换得到,则称矩阵 $\boldsymbol{A}$ 与 $\boldsymbol{B}$ 等价.

4.5.3　主要结论

初等矩阵上　初等矩阵下

性质 1　初等矩阵皆可逆，且其逆矩阵是同一类的初等矩阵，即有

$$\boldsymbol{P}[i,j]^{-1}=\boldsymbol{P}[i,j],\boldsymbol{P}[i(k)]^{-1}=\boldsymbol{P}[i(1/k)],\boldsymbol{P}[j(k)+i]^{-1}=\boldsymbol{P}[j(-k)+i].$$

性质 2　对任一 $m\times n$ 矩阵 $\boldsymbol{A}$，对 $\boldsymbol{A}$ 的行(列) 施行某种初等变换相当于在 $\boldsymbol{A}$ 的左边(右边) 乘上相应的 m 阶(n 阶) 初等矩阵.

$\boldsymbol{P}[i,j]\boldsymbol{A}$ 相当于交换 $\boldsymbol{A}$ 的第 i 行和第 j 行，$\boldsymbol{AP}(i,j)$ 相当于交换 $\boldsymbol{A}$ 的第 i 列和第 j 列.

$\boldsymbol{P}[i(k)]\boldsymbol{A}$ 相当于用非零数 k 乘 $\boldsymbol{A}$ 的第 i 行，$\boldsymbol{AP}(i(k))$ 相当于用非零数 k 乘 $\boldsymbol{A}$ 的第 i 列.

$\boldsymbol{P}[j(k)+i]\boldsymbol{A}$ 相当于把 $\boldsymbol{A}$ 的第 j 行乘以 k 加到第 i 行，$\boldsymbol{AP}(i(k)+j)$ 相当于把 $\boldsymbol{A}$ 的第 i 列乘以 k 加到第 j 列.

矩阵等价的有关结论：

(1) 矩阵的等价具有反身性、对称性、传递性.

(2) 等价矩阵的秩相等.

$\boldsymbol{A}\xrightarrow{\text{一系列初等变化}}\boldsymbol{B}\Leftrightarrow$ 在 $\boldsymbol{A}$ 的左边乘上初等矩阵 $\boldsymbol{P}_1,\cdots,\boldsymbol{P}_s$，在 $\boldsymbol{A}$ 的右边乘上初等矩阵 $\boldsymbol{Q}_1,\cdots,\boldsymbol{Q}_t\Leftrightarrow\boldsymbol{B}=\boldsymbol{P}_s\cdots\boldsymbol{P}_1\boldsymbol{A}\boldsymbol{Q}_1\cdots\boldsymbol{Q}_t$. 由此可得：

(3) 矩阵 $\boldsymbol{A},\boldsymbol{B}$ 等价的充要条件是：存在一系列初等矩阵 $\boldsymbol{P}_1,\cdots,\boldsymbol{P}_s,\boldsymbol{Q}_1,\cdots,\boldsymbol{Q}_t$，使

$$\boldsymbol{B}=\boldsymbol{P}_s\cdots\boldsymbol{P}_1\boldsymbol{A}\boldsymbol{Q}_1\cdots\boldsymbol{Q}_t.$$

若令 $\boldsymbol{P}=\boldsymbol{P}_s\cdots\boldsymbol{P}_1,\boldsymbol{Q}=\boldsymbol{Q}_1\cdots\boldsymbol{Q}_t$，则 $\boldsymbol{P},\boldsymbol{Q}$ 可逆，且有 $\boldsymbol{B}=\boldsymbol{PAQ}$. 这说明：

推论 1　$m\times n$ 矩阵 $\boldsymbol{A},\boldsymbol{B}$ 等价的充要条件是：存在可逆矩阵 $\boldsymbol{P}_{m\times m},\boldsymbol{Q}_{n\times n}$，使 $\boldsymbol{B}=\boldsymbol{PAQ}$.

任一 $m\times n$ 矩阵 $\boldsymbol{A}$ 都可经初等变换化为以下标准形矩阵：

$$\begin{bmatrix}1&\cdots&0&0&\cdots&0\\\vdots&\ddots&\vdots&\vdots&\ddots&\vdots\\0&\ddots&1&0&\cdots&0\\0&\cdots&0&0&\cdots&0\\\vdots&\ddots&\vdots&\vdots&\ddots&\vdots\\0&\cdots&0&0&\cdots&0\end{bmatrix}\triangleq\begin{bmatrix}\boldsymbol{E}_r&\boldsymbol{O}\\\boldsymbol{O}&\boldsymbol{O}\end{bmatrix},$$

其中主对角线上 1 的个数 $r=R(\boldsymbol{A})$. 由此可得：

推论 2　对任一 $m\times n$ 矩阵 $\boldsymbol{A}$，存在可逆矩阵 $\boldsymbol{P}_{m\times m},\boldsymbol{Q}_{n\times n}$，使 $\boldsymbol{PAQ}=\begin{bmatrix}\boldsymbol{E}_r&\boldsymbol{O}\\\boldsymbol{O}&\boldsymbol{O}\end{bmatrix}$，其中 $r=R(\boldsymbol{A})$.

推论 3　可逆矩阵 $\boldsymbol{A}$ 与单位矩阵 $\boldsymbol{E}$ 等价.

可逆矩阵的判定条件：

(1)n 阶方阵 $\boldsymbol{A}$ 可逆的充要条件是：$|\boldsymbol{A}|\neq 0$.

(2)n 阶方阵 $\boldsymbol{A}$ 可逆的充要条件是：$R(\boldsymbol{A})=n$.

(3)n 阶方阵 $\boldsymbol{A}$ 可逆的充要条件是：$\boldsymbol{A}$ 与单位矩阵 $\boldsymbol{E}$ 等价.

✲ **定理 4.5.1**　n 阶方阵 $\boldsymbol{A}$ 可逆的充要条件是：$\boldsymbol{A}$ 能表成一些初等矩阵的乘积，即存

在一些初等矩阵$\boldsymbol{P}_1,\cdots,\boldsymbol{P}_s,\boldsymbol{P}_{s+1},\cdots,\boldsymbol{P}_{s+t}$,使$\boldsymbol{A}=\boldsymbol{P}_1\cdots\boldsymbol{P}_s\boldsymbol{P}_{s+1}\cdots\boldsymbol{P}_{s+t}$.

证明 充分性显然.若$\boldsymbol{A}$可逆,由推论3知,存在一些初等矩阵$\boldsymbol{P}_1,\cdots,\boldsymbol{P}_s,\boldsymbol{Q}_1,\cdots,\boldsymbol{Q}_t$,使$\boldsymbol{A}=\boldsymbol{P}_1\cdots\boldsymbol{P}_s\boldsymbol{E}\boldsymbol{Q}_1\cdots\boldsymbol{Q}_t$,令$\boldsymbol{P}_{s+1}=\boldsymbol{Q}_1,\cdots,\boldsymbol{P}_{s+t}=\boldsymbol{Q}_t$,故$\boldsymbol{A}=\boldsymbol{P}_1\cdots\boldsymbol{P}_s\boldsymbol{P}_{s+1}\cdots\boldsymbol{P}_{s+t}$.

由于$\boldsymbol{P}_{s+t}^{-1}\cdots\boldsymbol{P}_{s+1}^{-1}\boldsymbol{P}_s^{-1}\cdots\boldsymbol{P}_1^{-1}\boldsymbol{A}=\boldsymbol{E}$,而$\boldsymbol{P}_1^{-1},\cdots,\boldsymbol{P}_s^{-1},\boldsymbol{P}_{s+1}^{-1},\cdots,\boldsymbol{P}_{s+t}^{-1}$都是初等矩阵,且它们都在$\boldsymbol{A}$的左边,故有

结论 可逆矩阵$\boldsymbol{A}$可经一系列行初等变换化成单位矩阵$\boldsymbol{E}$.

由此可以得出求可逆矩阵$\boldsymbol{A}$的逆矩阵的另一种方法:初等变换法.

用初等变换求矩阵$\boldsymbol{A}$的逆矩阵:

若$\boldsymbol{A}$可逆,则$\boldsymbol{A}=\boldsymbol{Q}_1\boldsymbol{Q}_2\cdots\boldsymbol{Q}_k,\boldsymbol{Q}_i,i=1,2,\cdots,k$都是初等矩阵,于是

$$\boldsymbol{Q}_k^{-1}\cdots\boldsymbol{Q}_2^{-1}\boldsymbol{Q}_1^{-1}\boldsymbol{A}=\boldsymbol{E},\tag{4.5.4}$$

$$\boldsymbol{A}^{-1}=\boldsymbol{Q}_k^{-1}\cdots\boldsymbol{Q}_2^{-1}\boldsymbol{Q}_1^{-1}=\boldsymbol{Q}_k^{-1}\cdots\boldsymbol{Q}_2^{-1}\boldsymbol{Q}_1^{-1}\boldsymbol{E}.\tag{4.5.5}$$

设$\boldsymbol{P}_i=\boldsymbol{Q}_i^{-1},i=1,2,\cdots,k,\boldsymbol{P}_i,i=1,2,\cdots,k$是初等矩阵.由式(4.5.4)和式(4.5.5)得关系式:

$$\begin{cases}\boldsymbol{P}_k\cdots\boldsymbol{P}_2\boldsymbol{P}_1\boldsymbol{A}=\boldsymbol{E},\\ \boldsymbol{P}_k\cdots\boldsymbol{P}_2\boldsymbol{P}_1\boldsymbol{E}=\boldsymbol{A}^{-1}.\end{cases}\tag{4.5.6}$$

因此求可逆矩阵$\boldsymbol{A}$的逆矩阵的方法如下:

(1) 在$\boldsymbol{A}$的后面添上同阶单位矩阵$\boldsymbol{E}$,使之成$n\times 2n$矩阵$(\boldsymbol{A}\vdots\boldsymbol{E})$;

(2) 对矩阵$(\boldsymbol{A}\vdots\boldsymbol{E})$施行初等行变换,把$\boldsymbol{A}$化成单位矩阵$\boldsymbol{E}$的同时,相同的初等行变换就把$\boldsymbol{E}$化成$\boldsymbol{A}$的可逆矩阵$\boldsymbol{A}^{-1}$,即有$(\boldsymbol{A}\vdots\boldsymbol{E})\xrightarrow{\text{一系列初等行变换}}(\boldsymbol{E}\vdots\boldsymbol{A}^{-1})$.

理由 对$\boldsymbol{A}$施行初等行变换把它化成单位矩阵$\boldsymbol{E}$相当于用初等矩阵$\boldsymbol{P}_i,i=1,2,\cdots,k$左乘$\boldsymbol{A}$使之等于$\boldsymbol{E}$,即$\boldsymbol{P}_k\cdots\boldsymbol{P}_2\boldsymbol{P}_1\boldsymbol{A}=\boldsymbol{E}$.于是由式(4.5.6)知,相同的初等行变换就把$\boldsymbol{E}$化成$\boldsymbol{A}$的逆矩阵$\boldsymbol{A}^{-1}$,即$\boldsymbol{P}_k\cdots\boldsymbol{P}_2\boldsymbol{P}_1\boldsymbol{E}=\boldsymbol{A}^{-1}$.也就是

$$\boldsymbol{P}_k\cdots\boldsymbol{P}_2\boldsymbol{P}_1(\boldsymbol{A}\vdots\boldsymbol{E})=(\boldsymbol{P}_k\cdots\boldsymbol{P}_2\boldsymbol{P}_1\boldsymbol{A}\vdots\boldsymbol{P}_k\cdots\boldsymbol{P}_2\boldsymbol{P}_1\boldsymbol{E})=(\boldsymbol{E}\vdots\boldsymbol{A}^{-1}).$$

与之相对应,也可利用初等列变换来求$\boldsymbol{A}$的逆矩阵,表示式子如下,具体说明就省略了.

$$\begin{pmatrix}\boldsymbol{A}\\ \cdots\\ \boldsymbol{E}\end{pmatrix}\xrightarrow{\text{一系列初等列变换}}\begin{pmatrix}\boldsymbol{E}\\ \cdots\\ \boldsymbol{A}^{-1}\end{pmatrix}.$$

4.5.4 例子剖析

例 4.5.1 求$\boldsymbol{A}=\begin{bmatrix}0&1&2\\1&1&4\\2&-1&0\end{bmatrix}$的逆矩阵.

解 $$(\boldsymbol{A}\vdots\boldsymbol{E})=\begin{bmatrix}0&1&2&\vdots&1&0&0\\1&1&4&\vdots&0&1&0\\2&-1&0&\vdots&0&0&1\end{bmatrix}\xrightarrow{[1,2]}\begin{bmatrix}1&1&4&\vdots&0&1&0\\0&1&2&\vdots&1&0&0\\2&-1&0&\vdots&0&0&1\end{bmatrix}$$

$$\xrightarrow{[1\times(-2)+3]}\begin{bmatrix}1&1&4&\vdots&0&1&0\\0&1&2&\vdots&1&0&0\\0&-3&-8&\vdots&0&-2&1\end{bmatrix}\xrightarrow[{[2\times(3)+3]}]{[2\times(-1)+1]}\begin{bmatrix}1&0&2&\vdots&-1&1&0\\0&1&2&\vdots&1&0&0\\0&0&-2&\vdots&3&-2&1\end{bmatrix}$$

$$\xrightarrow{[3\times(-1/2)]}\begin{bmatrix}1&0&2&\vdots&-1&1&0\\0&1&2&\vdots&1&0&0\\0&0&1&\vdots&-3/2&1&-1/2\end{bmatrix}\xrightarrow[{[3\times(-2)+2]}]{[3\times(-2)+1]}\begin{bmatrix}1&0&0&\vdots&2&-1&1\\0&1&0&\vdots&4&-2&1\\0&0&1&\vdots&-3/2&1&-1/2\end{bmatrix}.$$

所以
$$A^{-1}=\begin{bmatrix}2&-1&1\\4&-2&1\\-3/2&1&-1/2\end{bmatrix}.$$

例 4.5.2　设 $A=\begin{bmatrix}1&2&3\\2&2&1\\3&4&3\end{bmatrix}$，$B=\begin{bmatrix}2&5\\3&1\\4&3\end{bmatrix}$，$AX=B$，求 X.

解法 1　先求 A 的逆矩阵 A^{-1}，然后求 $X=A^{-1}B$.

解法 2　利用关系式 $(A\vdots B)\xrightarrow{\text{一系列初等行变换}}(E\vdots A^{-1}B)$ 直接求

$$(A\vdots B)=\begin{bmatrix}1&2&3&\vdots&2&5\\2&2&1&\vdots&3&1\\3&4&3&\vdots&4&3\end{bmatrix}$$

$$\xrightarrow[{[1\times(-3)+3]}]{[1\times(-2)+2]}\begin{bmatrix}1&2&3&\vdots&2&5\\0&-2&-5&\vdots&-1&-9\\0&-2&-6&\vdots&-2&-12\end{bmatrix}\xrightarrow[{[2\times(-1)+3]}]{[2\times(1)+1]}\begin{bmatrix}1&0&-2&\vdots&1&-4\\0&-2&-5&\vdots&-1&-9\\0&0&-1&\vdots&-1&-3\end{bmatrix}$$

$$\xrightarrow[{[3\times(-5)+2]}]{[3\times(-2)+1]}\begin{bmatrix}1&0&0&\vdots&3&2\\0&-2&0&\vdots&4&6\\0&0&1&\vdots&1&3\end{bmatrix}\xrightarrow{[2\times(-1/2)]}\begin{bmatrix}1&0&0&\vdots&3&2\\0&1&0&\vdots&-2&-3\\0&0&1&\vdots&1&3\end{bmatrix}$$

故得
$$X=A^{-1}B=\begin{bmatrix}3&2\\-2&-3\\1&3\end{bmatrix}.$$

(1) 对矩阵方程 $AX=B$，A 可逆，要求 $X=A^{-1}B$，可用

$$(A\vdots B)\xrightarrow{\text{初等行变换}}(E\vdots A^{-1}B);$$

(2) 对矩阵方程 $XA=B$，A 可逆，要求 $X=BA^{-1}$，可用

$$\begin{pmatrix}A\\\cdots\\B\end{pmatrix}\xrightarrow{\text{一系列初等行变换}}\begin{pmatrix}E\\\cdots\\BA^{-1}\end{pmatrix}.$$

4.5.5　练习与探究

4.5.5.1　练习

1. 设 $A=\begin{bmatrix}0&2&1\\2&-1&3\\-3&3&-4\end{bmatrix}$，求 A 的逆矩阵.

2. 设 $\boldsymbol{A}=\begin{bmatrix}1 & 2 & -1\\ 3 & 4 & -2\\ 5 & -3 & 1\end{bmatrix}$，$\boldsymbol{B}=\begin{bmatrix}1 & 2 & 3\\ 2 & -3 & 1\end{bmatrix}$. 若 $\boldsymbol{XA}=\boldsymbol{B}$，求 $\boldsymbol{X}$.

3. 设 $\begin{bmatrix}1 & 1 & -1\\ 0 & 2 & 2\\ 1 & -1 & 0\end{bmatrix}\boldsymbol{X}=\begin{bmatrix}1 & -1 & 1\\ 1 & 1 & 0\\ 2 & 1 & 1\end{bmatrix}$，求矩阵 $\boldsymbol{X}$.

4. 设 $\boldsymbol{B}$ 为一 $r\times r$ 矩阵，$\boldsymbol{C}$ 为一 $r\times n$ 矩阵，且 $R(\boldsymbol{C})=r$. 证明：

(1) 如果 $\boldsymbol{BC}=\boldsymbol{O}$（零矩阵），那么 $\boldsymbol{B}=\boldsymbol{O}$；

(2) 如果 $\boldsymbol{BC}=\boldsymbol{C}$，那么 $\boldsymbol{B}=\boldsymbol{E}$.

4.5.5.2　探究

1. 设 $\boldsymbol{A}$ 是三阶单位矩阵，把 $\boldsymbol{A}$ 的第一列与第二列交换得 $\boldsymbol{B}$，再把 $\boldsymbol{B}$ 的第二列加到第三列得 $\boldsymbol{C}$，求满足 $\boldsymbol{AQ}=\boldsymbol{C}$ 的可逆矩阵 $\boldsymbol{Q}$.

2. 设 $\boldsymbol{A}=\begin{bmatrix}1 & 0 & 0 & 2\\ 0 & 0 & 0 & 1\\ -3 & 0 & 0 & 0\end{bmatrix}$，求三阶可逆矩阵 $\boldsymbol{P}$ 和四阶可逆矩阵 $\boldsymbol{Q}$ 使

$$\boldsymbol{A}=\boldsymbol{P}\begin{bmatrix}1 & 0 & 0 & 0\\ 0 & 1 & 0 & 0\\ 0 & 0 & 0 & 0\end{bmatrix}Q.$$

3. 设 $\boldsymbol{A}$ 是 $n\times n$ 矩阵，有秩 $R(\boldsymbol{A})=r$，证明：存在 $n\times n$ 可逆矩阵 $\boldsymbol{P}$ 使 $\boldsymbol{PAP}^{-1}$ 的后 $n-r$ 行全为零.

4.6　矩阵的分块

在前几节，我们根据需要已陆续用到矩阵的分块，只是没有明说而已. 本节专门介绍处理阶数较高的矩阵时常用的方法：矩阵的分块. 把一个大矩阵看成是由一些小矩阵组成，把这些小矩阵当作数一样来处理，就如矩阵是由数组成的一样，这在运算上或在表达上有其优越性. 本节围绕以下问题展开讨论.

4.6.1　研究问题

矩阵的分块上　矩阵的分块下

(1) 分块矩阵的概念.

(2) 分块矩阵的运算.

(3) 求可逆分块矩阵的逆.

4.6.2　基本概念

当处理阶数较高的矩阵，或者矩阵的结构比较特殊的时候，我们常常把矩阵进行分块处理. 在运算时就把这些小矩阵当作数一样来处理. 下面就来看矩阵是怎样分块和运

算的.

考察矩阵 $\boldsymbol{A}=\begin{bmatrix}1&0&0&0\\0&1&0&0\\-1&2&1&0\\1&1&0&1\end{bmatrix}$,它的结构就比较特殊,若用$\boldsymbol{E}_2$ 表示二阶单位矩阵,$\boldsymbol{A}_1=\begin{bmatrix}-1&2\\1&1\end{bmatrix}$,$\boldsymbol{O}_2=\begin{bmatrix}0&0\\0&0\end{bmatrix}$,则矩阵 $\boldsymbol{A}$ 可以表成分块矩阵如下:

$$\boldsymbol{A}=\begin{bmatrix}1&0&0&0\\0&1&0&0\\-1&2&1&0\\1&1&0&1\end{bmatrix}=\begin{bmatrix}\boldsymbol{E}_2&\boldsymbol{O}_2\\\boldsymbol{A}_1&\boldsymbol{E}_2\end{bmatrix}.$$

又如可把以下矩阵 $\boldsymbol{B}$ 表成分块矩阵:

$$\boldsymbol{B}=\begin{bmatrix}1&0&3&2\\-1&2&0&1\\1&0&4&1\\-1&-1&2&0\end{bmatrix}=\begin{bmatrix}\boldsymbol{B}_{11}&\boldsymbol{B}_{12}\\\boldsymbol{B}_{21}&\boldsymbol{B}_{22}\end{bmatrix},$$

其中,$\boldsymbol{B}_{11}=\begin{bmatrix}1&0\\-1&2\end{bmatrix}$,$\boldsymbol{B}_{12}=\begin{bmatrix}3&2\\0&1\end{bmatrix}$,$\boldsymbol{B}_{21}=\begin{bmatrix}1&0\\-1&-1\end{bmatrix}$,$\boldsymbol{B}_{22}=\begin{bmatrix}4&1\\2&0\end{bmatrix}$.

✽ **定义 4.6.1**　把 $s\times n$ 矩阵 $\boldsymbol{A}$ 分成以下形式:

$$\boldsymbol{A}=\begin{array}{c}\\ s_1\\ s_2\\ \vdots\\ s_t\end{array}\!\!\begin{array}{c}\begin{array}{cccc}n_1&n_2&\cdots&n_l\end{array}\\ \begin{bmatrix}\boldsymbol{A}_{11}&\boldsymbol{A}_{12}&\cdots&\boldsymbol{A}_{1l}\\\boldsymbol{A}_{21}&\boldsymbol{A}_{22}&\cdots&\boldsymbol{A}_{2l}\\\vdots&\vdots&\ddots&\vdots\\\boldsymbol{A}_{t1}&\boldsymbol{A}_{t2}&\cdots&\boldsymbol{A}_{tl}\end{bmatrix}\end{array},$$

其中每个$\boldsymbol{A}_{ij}$ 是 $s_i\times n_j$ 矩阵,$i=1,2,\cdots,t;j=1,2,\cdots,l,\sum\limits_{i=1}^{t}s_i=s,\sum\limits_{j=1}^{l}n_j=n$. $\boldsymbol{A}_{ij}$ 称为$\boldsymbol{A}$ 的子块,分为子块的矩阵就称为**分块矩阵**.

一个矩阵分成分块矩阵的方法有许多种,各子块的行、列也不必相等. 下面是一些特殊的分块矩阵.

设 $\boldsymbol{A}=(a_{ij})_{s\times n}$,把矩阵 $\boldsymbol{A}$ **按行分块**:$\boldsymbol{A}=\begin{bmatrix}\boldsymbol{A}_1\\\boldsymbol{A}_2\\\vdots\\\boldsymbol{A}_s\end{bmatrix}$,其中$\boldsymbol{A}_i=(a_{i1},a_{i2},\cdots,a_{in})$,$i=1,2,\cdots,s$;

把矩阵 $\boldsymbol{A}$ **按列分块**:$\boldsymbol{A}=[\boldsymbol{B}_1,\boldsymbol{B}_2,\cdots,\boldsymbol{B}_n]$,其中$\boldsymbol{B}_j=\begin{bmatrix}a_{1j}\\a_{2j}\\\vdots\\a_{sj}\end{bmatrix}$,$j=1,2,\cdots,n$.

形如$\begin{bmatrix} a_1 & 0 & \cdots & 0 \\ 0 & a_2 & \cdots & 0 \\ \vdots & \vdots & \ddots & \vdots \\ 0 & 0 & \cdots & a_n \end{bmatrix}$的矩阵，其中 $a_i(i=1,2,\cdots,n)$ 是数，称为对角矩阵，简记为 $\text{diag}(a_1,a_2,\cdots,a_n)$.

形如$\boldsymbol{A}=\begin{bmatrix} \boldsymbol{A}_1 & & & \boldsymbol{O} \\ & \boldsymbol{A}_2 & & \\ & & \ddots & \\ \boldsymbol{O} & & & \boldsymbol{A}_l \end{bmatrix}$的矩阵，其中$\boldsymbol{A}_i(i=1,2,\cdots,l)$ 是 $n_i \times n_i$ 矩阵，称为准对角矩阵. 准对角矩阵包括对角矩阵作为其特殊情形.

4.6.3 主要结论

4.6.3.1 加法

设 $\boldsymbol{A},\boldsymbol{B}$ 都是 $s \times n$ 矩阵，且对 $\boldsymbol{A},\boldsymbol{B}$ 有相同的分法：

$$\boldsymbol{A}=\begin{matrix} \\ s_1 \\ s_2 \\ \vdots \\ s_t \end{matrix}\begin{matrix} \begin{matrix} n_1 & n_2 & \cdots & n_l \end{matrix} \\ \begin{bmatrix} \boldsymbol{A}_{11} & \boldsymbol{A}_{12} & \cdots & \boldsymbol{A}_{1l} \\ \boldsymbol{A}_{21} & \boldsymbol{A}_{22} & \cdots & \boldsymbol{A}_{2l} \\ \vdots & \vdots & \ddots & \vdots \\ \boldsymbol{A}_{t1} & \boldsymbol{A}_{t2} & \cdots & \boldsymbol{A}_{tl} \end{bmatrix} \end{matrix},\boldsymbol{B}=\begin{matrix} \\ s_1 \\ s_2 \\ \vdots \\ s_t \end{matrix}\begin{matrix} \begin{matrix} n_1 & n_2 & \cdots & n_l \end{matrix} \\ \begin{bmatrix} \boldsymbol{B}_{11} & \boldsymbol{B}_{12} & \cdots & \boldsymbol{B}_{1l} \\ \boldsymbol{B}_{21} & \boldsymbol{B}_{22} & \cdots & \boldsymbol{B}_{2l} \\ \vdots & \vdots & \ddots & \vdots \\ \boldsymbol{B}_{t1} & \boldsymbol{B}_{t2} & \cdots & \boldsymbol{B}_{tl} \end{bmatrix} \end{matrix}$$

其中 $\sum_{i=1}^{t} s_i = s, \sum_{j=1}^{l} n_j = n$，则

$$\boldsymbol{A}+\boldsymbol{B}=\begin{bmatrix} \boldsymbol{A}_{11}+\boldsymbol{B}_{11} & \boldsymbol{A}_{12}+\boldsymbol{B}_{12} & \cdots & \boldsymbol{A}_{1l}+\boldsymbol{B}_{1l} \\ \boldsymbol{A}_{21}+\boldsymbol{B}_{21} & \boldsymbol{A}_{22}+\boldsymbol{B}_{22} & \cdots & \boldsymbol{A}_{2l}+\boldsymbol{B}_{2l} \\ \vdots & \vdots & \ddots & \vdots \\ \boldsymbol{A}_{t1}+\boldsymbol{B}_{t1} & \boldsymbol{A}_{t2}+\boldsymbol{B}_{t2} & \cdots & \boldsymbol{A}_{tl}+\boldsymbol{B}_{tl} \end{bmatrix}.$$

4.6.3.2 数乘

设 $\boldsymbol{A}$ 是分块矩阵 $\boldsymbol{A}=(\boldsymbol{A}_{ij})_{t\times l}$，$k$ 是一个数，则 $k\boldsymbol{A}=(k\boldsymbol{A}_{ij})_{t\times l}$.

4.6.3.3 乘法

设 $\boldsymbol{A}$ 是 $s \times n$ 矩阵，$\boldsymbol{B}$ 是 $n \times m$ 矩阵，且对 $\boldsymbol{A}$ 的列的分法与对 $\boldsymbol{B}$ 的行的分法一致，如下：

$$\boldsymbol{A}=\begin{matrix} \\ s_1 \\ s_2 \\ \vdots \\ s_t \end{matrix}\begin{matrix} \begin{matrix} n_1 & n_2 & \cdots & n_l \end{matrix} \\ \begin{bmatrix} \boldsymbol{A}_{11} & \boldsymbol{A}_{12} & \cdots & A_{1l} \\ \boldsymbol{A}_{21} & \boldsymbol{A}_{22} & \cdots & \boldsymbol{A}_{2l} \\ \vdots & \vdots & \ddots & \vdots \\ \boldsymbol{A}_{t1} & \boldsymbol{A}_{t2} & \cdots & \boldsymbol{A}_{tl} \end{bmatrix} \end{matrix},\boldsymbol{B}=\begin{matrix} \\ n_1 \\ n_2 \\ \vdots \\ n_l \end{matrix}\begin{matrix} \begin{matrix} m_1 & m_2 & \cdots & m_r \end{matrix} \\ \begin{bmatrix} \boldsymbol{B}_{11} & \boldsymbol{B}_{12} & \cdots & \boldsymbol{B}_{1r} \\ \boldsymbol{B}_{21} & \boldsymbol{B}_{22} & \cdots & \boldsymbol{B}_{2r} \\ \vdots & \vdots & \ddots & \vdots \\ \boldsymbol{B}_{l1} & \boldsymbol{B}_{l2} & \cdots & \boldsymbol{B}_{lr} \end{bmatrix} \end{matrix},$$

其中$\boldsymbol{A}_{ij}$ 是 $s_i \times n_j$ 小矩阵，$i=1,2,\cdots,t$；$j=1,2,\cdots,l$；$\boldsymbol{B}_{ij}$ 是 $n_i \times m_j$ 小矩阵，$i=1,2,\cdots,$

$l;j=1,2,\cdots,r.\ \sum_{i=1}^{t}s_i=s,\sum_{j=1}^{l}n_j=n,\sum_{k=1}^{r}m_k=m$. 于是有

$$\boldsymbol{AB}=\boldsymbol{C}=\begin{matrix} & m_1 & m_2 & \cdots & m_r \\ s_1 & \boldsymbol{C}_{11} & \boldsymbol{C}_{12} & \cdots & \boldsymbol{C}_{1r} \\ s_2 & \boldsymbol{C}_{21} & \boldsymbol{C}_{22} & \cdots & \boldsymbol{C}_{2r} \\ \vdots & \vdots & \vdots & \ddots & \vdots \\ s_t & \boldsymbol{C}_{t1} & \boldsymbol{C}_{t2} & \cdots & \boldsymbol{C}_{tr}\end{matrix},$$

其中$\boldsymbol{C}_{pq}=\boldsymbol{A}_{p1}\boldsymbol{B}_{1q}+\boldsymbol{A}_{p2}\boldsymbol{B}_{2q}+\cdots+\boldsymbol{A}_{pl}\boldsymbol{B}_{lq}=\sum_{k=1}^{l}\boldsymbol{A}_{pk}\boldsymbol{B}_{kq},p=1,2,\cdots,t;q=1,2,\cdots,r$. 分块矩阵的乘法法则与通常的矩阵乘法法则一致.

4.6.3.4 转置

设 $\boldsymbol{A}=\begin{matrix} & n_1 & n_2 & \cdots & n_l \\ s_1 & \boldsymbol{A}_{11} & \boldsymbol{A}_{12} & \cdots & \boldsymbol{A}_{1l} \\ s_2 & A_{21} & \boldsymbol{A}_{22} & \cdots & \boldsymbol{A}_{2l} \\ \vdots & \vdots & \vdots & \ddots & \vdots \\ s_t & \boldsymbol{A}_{t1} & \boldsymbol{A}_{t2} & \cdots & \boldsymbol{A}_{tl}\end{matrix}$,则 $\boldsymbol{A}'=\begin{matrix} & s_1 & s_2 & \cdots & s_t \\ n_1 & \boldsymbol{A}_{11}' & \boldsymbol{A}_{21}' & \cdots & \boldsymbol{A}_{t1}' \\ n_2 & \boldsymbol{A}_{12}' & \boldsymbol{A}_{22}' & \cdots & \boldsymbol{A}_{t2}' \\ \vdots & \vdots & \vdots & \ddots & \vdots \\ n_l & \boldsymbol{A}_{1l}' & \boldsymbol{A}_{2l}' & \cdots & \boldsymbol{A}_{tl}'\end{matrix}$.

4.6.4 例子剖析

例 4.6.1 设 $\boldsymbol{A}=\begin{bmatrix}1&0&0&0\\0&1&0&0\\-1&2&1&0\\1&1&0&1\end{bmatrix}=\begin{bmatrix}\boldsymbol{E}_2&\boldsymbol{O}_2\\\boldsymbol{A}_1&\boldsymbol{E}_2\end{bmatrix}$,

$$\boldsymbol{B}=\begin{bmatrix}1&0&3&2\\-1&2&0&1\\1&0&4&1\\-1&-1&2&0\end{bmatrix}=\begin{bmatrix}\boldsymbol{B}_{11}&\boldsymbol{B}_{12}\\\boldsymbol{B}_{21}&\boldsymbol{B}_{22}\end{bmatrix},$$

求 $\boldsymbol{A}+\boldsymbol{B},3\boldsymbol{A}+2\boldsymbol{B},\boldsymbol{AB},\boldsymbol{A}'$.

解 (1)$\boldsymbol{A}+\boldsymbol{B}=\begin{bmatrix}\boldsymbol{E}_2&\boldsymbol{O}_2\\\boldsymbol{A}_1&\boldsymbol{E}_2\end{bmatrix}+\begin{bmatrix}\boldsymbol{B}_{11}&\boldsymbol{B}_{12}\\\boldsymbol{B}_{21}&\boldsymbol{B}_{22}\end{bmatrix}=\begin{bmatrix}\boldsymbol{E}_2+\boldsymbol{B}_{11}&\boldsymbol{B}_{12}\\\boldsymbol{A}_1+\boldsymbol{B}_{21}&\boldsymbol{E}_2+\boldsymbol{B}_{22}\end{bmatrix}$

$$=\begin{bmatrix}2&0&3&2\\-1&3&0&1\\0&2&5&1\\0&0&2&1\end{bmatrix}.$$

(2)$3\boldsymbol{A}+2\boldsymbol{B}=\begin{bmatrix}3\boldsymbol{E}_2&\boldsymbol{O}_2\\3\boldsymbol{A}_1&3\boldsymbol{E}_2\end{bmatrix}+\begin{bmatrix}2\boldsymbol{B}_{11}&2\boldsymbol{B}_{12}\\2\boldsymbol{B}_{21}&2\boldsymbol{B}_{22}\end{bmatrix}=\begin{bmatrix}3\boldsymbol{E}_2+2\boldsymbol{B}_{11}&2\boldsymbol{B}_{12}\\3\boldsymbol{A}_1+2\boldsymbol{B}_{21}&3\boldsymbol{E}_2+2\boldsymbol{B}_{22}\end{bmatrix}$

$$=\begin{bmatrix}5&0&6&4\\-2&7&0&2\\-1&6&11&2\\1&1&4&3\end{bmatrix}.$$

(3) $\boldsymbol{AB}=\begin{bmatrix}\boldsymbol{E}_2&\boldsymbol{O}_2\\\boldsymbol{A}_1&\boldsymbol{E}_2\end{bmatrix}\begin{bmatrix}\boldsymbol{B}_{11}&\boldsymbol{B}_{12}\\\boldsymbol{B}_{21}&\boldsymbol{B}_{22}\end{bmatrix}=\begin{bmatrix}\boldsymbol{B}_{11}&\boldsymbol{B}_{12}\\\boldsymbol{A}_1\boldsymbol{B}_{11}+\boldsymbol{B}_{21}&\boldsymbol{A}_1\boldsymbol{B}_{12}+\boldsymbol{B}_{22}\end{bmatrix}$.

在计算 $\boldsymbol{AB}$ 时，把 $\boldsymbol{A},\boldsymbol{B}$ 都看成是由这些小矩阵组成的，即按二阶矩阵来运算，于是

$$\boldsymbol{A}_1\boldsymbol{B}_{11}+\boldsymbol{B}_{21}=\begin{bmatrix}-1&2\\1&1\end{bmatrix}\begin{bmatrix}1&0\\-1&2\end{bmatrix}+\begin{bmatrix}1&0\\-1&-1\end{bmatrix}=\begin{bmatrix}-2&4\\-1&1\end{bmatrix},$$

$$\boldsymbol{A}_1\boldsymbol{B}_{12}+\boldsymbol{B}_{22}=\begin{bmatrix}-1&2\\1&1\end{bmatrix}\begin{bmatrix}3&2\\0&1\end{bmatrix}+\begin{bmatrix}4&1\\2&0\end{bmatrix}=\begin{bmatrix}1&1\\5&3\end{bmatrix},$$

所以
$$\boldsymbol{AB}=\begin{bmatrix}1&0&3&2\\-1&2&0&1\\-2&4&1&1\\-1&1&5&3\end{bmatrix}.$$

不难验证，这个结果与直接按四阶矩阵乘积所得的结果相同.

(4)
$$\boldsymbol{A}'=\begin{bmatrix}\boldsymbol{E}_2{}'&\boldsymbol{A}_1{}'\\\boldsymbol{O}_2{}'&\boldsymbol{E}_2{}'\end{bmatrix}=\begin{bmatrix}1&0&-1&1\\0&1&2&1\\0&0&1&0\\0&0&0&1\end{bmatrix}.$$

评注 在利用分块矩阵进行运算时，零矩阵、单位矩阵常给计算带来方便，因此要充分利用零矩阵、单位矩阵等特殊矩阵的作用. 分块矩阵还有许多有用之处，常常在把矩阵分块之后，矩阵间相互之间的关系就能够看得更清楚.

实际上，在证明关于矩阵乘积的秩的定理时，已经用到矩阵分块的想法. 在那里，$\boldsymbol{A}$ 是 $n\times m$ 矩阵，$\boldsymbol{B}$ 是 $m\times s$ 矩阵. 用 $\boldsymbol{B}_1,\boldsymbol{B}_2,\cdots,\boldsymbol{B}_m$ 表示 $\boldsymbol{B}$ 的行向量，这时

$$\boldsymbol{B}=\begin{bmatrix}\boldsymbol{B}_1\\\boldsymbol{B}_2\\\vdots\\\boldsymbol{B}_m\end{bmatrix},$$

这是 $\boldsymbol{B}$ 的特殊分块. 按分块矩阵乘法，就有

$$\boldsymbol{AB}=\begin{bmatrix}a_{11}\boldsymbol{B}_1+a_{12}\boldsymbol{B}_2+\cdots+a_{1m}\boldsymbol{B}_m\\a_{21}\boldsymbol{B}_1+a_{22}\boldsymbol{B}_2+\cdots+a_{2m}\boldsymbol{B}_m\\\cdots\\a_{n1}\boldsymbol{B}_1+a_{n2}\boldsymbol{B}_2+\cdots+a_{nm}\boldsymbol{B}_m\end{bmatrix}.$$

用这个式子很容易看出 $\boldsymbol{AB}$ 的行向量是 $\boldsymbol{B}$ 的行向量的线性组合；将 $\boldsymbol{AB}$ 进行另一种分块乘法，可以得出 $\boldsymbol{AB}$ 的列向量是 $\boldsymbol{A}$ 的列向量的线性组合.

下面介绍求可逆分块矩阵的逆.

例 4.6.2　设矩阵 $\boldsymbol{D}=\begin{bmatrix}\boldsymbol{A} & \boldsymbol{O}\\ \boldsymbol{C} & \boldsymbol{B}\end{bmatrix}$,其中 $\boldsymbol{A},\boldsymbol{B}$ 分别是 k 阶和 r 阶的可逆矩阵，$\boldsymbol{C}$ 是 $r\times k$ 矩阵,$\boldsymbol{O}$ 是 $k\times r$ 零矩阵.证明 $\boldsymbol{D}$ 可逆,求 $\boldsymbol{D}$ 的逆矩阵.

解　因为 $\boldsymbol{A},\boldsymbol{B}$ 可逆,故 $|\boldsymbol{A}|\neq 0$, $|\boldsymbol{B}|\neq 0$. 于是 $|\boldsymbol{D}|=|\boldsymbol{A}|\,|\boldsymbol{B}|\neq 0$,故 $\boldsymbol{D}$ 可逆.

设
$$\boldsymbol{D}^{-1}=\begin{bmatrix}\boldsymbol{X}_{11} & \boldsymbol{X}_{12}\\ \boldsymbol{X}_{21} & \boldsymbol{X}_{22}\end{bmatrix},$$

于是
$$\begin{bmatrix}\boldsymbol{A} & \boldsymbol{O}\\ \boldsymbol{C} & \boldsymbol{B}\end{bmatrix}\begin{bmatrix}\boldsymbol{X}_{11} & \boldsymbol{X}_{12}\\ \boldsymbol{X}_{21} & \boldsymbol{X}_{22}\end{bmatrix}=\begin{bmatrix}\boldsymbol{E}_k & \boldsymbol{O}\\ \boldsymbol{O} & \boldsymbol{E}_r\end{bmatrix}.$$

这里 $\boldsymbol{E}_k,\boldsymbol{E}_r$ 分别表示 k 阶和 r 阶单位矩阵,把等式左边乘出来,比较等式两边可得以下矩阵方程:

$$\begin{cases}\boldsymbol{A}\boldsymbol{X}_{11}=\boldsymbol{E}_k,\\ \boldsymbol{A}\boldsymbol{X}_{12}=\boldsymbol{O},\\ \boldsymbol{C}\boldsymbol{X}_{11}+\boldsymbol{B}\boldsymbol{X}_{21}=\boldsymbol{O},\\ \boldsymbol{C}\boldsymbol{X}_{12}+\boldsymbol{B}\boldsymbol{X}_{22}=\boldsymbol{E}_r.\end{cases}$$

由第一、第二两式得　$\boldsymbol{X}_{11}=\boldsymbol{A}^{-1},\boldsymbol{X}_{12}=\boldsymbol{A}^{-1}\boldsymbol{O}=\boldsymbol{O}$,

代入第四式,得　$\boldsymbol{X}_{22}=\boldsymbol{B}^{-1}$,

代入第三式,得　$\boldsymbol{B}\boldsymbol{X}_{21}=-\boldsymbol{C}\boldsymbol{X}_{11}=-\boldsymbol{C}\boldsymbol{A}^{-1},\boldsymbol{X}_{21}=-\boldsymbol{B}^{-1}\boldsymbol{C}\boldsymbol{A}^{-1}$

因此
$$\boldsymbol{D}^{-1}=\begin{bmatrix}\boldsymbol{A}^{-1} & \boldsymbol{O}\\ -\boldsymbol{B}^{-1}\boldsymbol{C}\boldsymbol{A}^{-1} & \boldsymbol{B}^{-1}\end{bmatrix}.$$

特别地,当 $\boldsymbol{C}=\boldsymbol{O}$ 时,有
$$\begin{bmatrix}\boldsymbol{A} & \boldsymbol{O}\\ \boldsymbol{O} & \boldsymbol{B}\end{bmatrix}^{-1}=\begin{bmatrix}\boldsymbol{A}^{-1} & \boldsymbol{O}\\ \boldsymbol{O} & \boldsymbol{B}^{-1}\end{bmatrix}.$$

对于两个有相同分块的准对角矩阵:
$$\boldsymbol{A}=\begin{bmatrix}\boldsymbol{A}_1 & & & \boldsymbol{O}\\ & \boldsymbol{A}_2 & & \\ & & \ddots & \\ \boldsymbol{O} & & & \boldsymbol{A}_l\end{bmatrix},\boldsymbol{B}=\begin{bmatrix}\boldsymbol{B}_1 & & & \boldsymbol{O}\\ & \boldsymbol{B}_2 & & \\ & & \ddots & \\ \boldsymbol{O} & & & \boldsymbol{B}_l\end{bmatrix},$$

如果它们相应的分块是同阶的,那么它们的和、积:
$$\boldsymbol{A}+\boldsymbol{B}=\begin{bmatrix}\boldsymbol{A}_1+\boldsymbol{B}_1 & & & \boldsymbol{O}\\ & \boldsymbol{A}_2+\boldsymbol{B}_2 & & \\ & & \ddots & \\ \boldsymbol{O} & & & \boldsymbol{A}_l+\boldsymbol{B}_l\end{bmatrix},$$
$$\boldsymbol{A}\boldsymbol{B}=\begin{bmatrix}\boldsymbol{A}_1\boldsymbol{B}_1 & & & \boldsymbol{O}\\ & \boldsymbol{A}_2\boldsymbol{B}_2 & & \\ & & \ddots & \\ \boldsymbol{O} & & & \boldsymbol{A}_l\boldsymbol{B}_l\end{bmatrix}$$

仍是准对角矩阵.

如果$A_1,A_2,\cdots,A_l$都是可逆矩阵,则A可逆,且

$$A^{-1}=\begin{bmatrix}A_1 & & & O\\ & A_2 & & \\ & & \ddots & \\ O & & & A_l\end{bmatrix}^{-1}=\begin{bmatrix}A_1^{-1} & & & O\\ & A_2^{-1} & & \\ & & \ddots & \\ O & & & A_l^{-1}\end{bmatrix}.$$

4.6.5 练习与探究

4.6.5.1 练习

1. 设$A=\begin{bmatrix}5 & 0 & 0\\ 0 & 3 & 1\\ 0 & 2 & 1\end{bmatrix}$,求$A^{-1}$.

2. 设矩阵$M=\begin{bmatrix}A & B\\ O & D\end{bmatrix}$,其中$A,D$分别是$k$阶和$r$阶的可逆矩阵,$B$是$k\times r$矩阵,$O$是$r\times k$零矩阵,证明$M$可逆并求其逆矩阵.

3. 设$X=\begin{bmatrix}0 & a_1 & 0 & \cdots & 0 & 0\\ 0 & 0 & a_2 & \cdots & 0 & 0\\ \vdots & \vdots & \vdots & \ddots & \vdots & \vdots\\ 0 & 0 & 0 & \cdots & 0 & a_{n-1}\\ a_n & 0 & 0 & \cdots & 0 & 0\end{bmatrix}$,其中$a_i\neq 0,i=1,2,\cdots,n$,求$X^{-1}$.

4. 证明:如果A是$n\times n$矩阵$(n\geqslant 2)$,那么,

$$R(A^*)=\begin{cases}n, & 当R(A)=n时,\\ 1, & 当R(A)=n-1时,\\ 0, & 当R(A)<n-1时.\end{cases}$$

4.6.5.2 探究

1. 设A,B为n阶方阵,若$AB=O$,证明$R(A)+R(B)\leqslant n$.

2. 若$n\times r$阶矩阵A的秩为r,且其r个列向量是某个齐次线性方程组的一个基础解系,B是r阶非奇异矩阵,证明:AB的r个列向量也是该齐次线性方程组的一个基础解系.

4.7 分块矩阵的初等变换及应用

把分块矩阵与初等变换结合起来在矩阵运算中有重要而有趣的应用.这在处理一些矩阵运算时是方便的,因而成为矩阵运算中的一种重要手段.本节围绕以下问题展开讨论.

4.7.1　研究问题

(1) 分块矩阵与初等变换.

(2) 用分块乘法求分块矩阵的逆.

(3) 分块乘法的其他应用.

分块乘法的初等变换及应用举例

4.7.2　基本概念

分块矩阵与初等变换

把$(m+n)$阶的单位矩阵作如下分块：$\boldsymbol{E}_{m+n}=\begin{bmatrix}\boldsymbol{E}_m & \boldsymbol{O}_{mn}\\ \boldsymbol{O}_{nm} & \boldsymbol{E}_n\end{bmatrix}$，其中$\boldsymbol{E}_m$，$\boldsymbol{E}_n$分别是$m$阶和$n$阶的单位矩阵，$\boldsymbol{O}_{mn}$，$\boldsymbol{O}_{nm}$分别是$m\times n$阶和$n\times m$阶的零矩阵. 现把这个分块矩阵看作形式上的二阶矩阵，对它进行三种初等变换，可得三类初等矩阵.

(1) 对它进行两行(列)对换，可得

$$\begin{bmatrix}\boldsymbol{O}_{nm} & \boldsymbol{E}_n\\ \boldsymbol{E}_m & \boldsymbol{O}_{mn}\end{bmatrix},\begin{bmatrix}\boldsymbol{O}_{mn} & \boldsymbol{E}_m\\ \boldsymbol{E}_n & \boldsymbol{O}_{nm}\end{bmatrix};$$

(2) 用矩阵$\boldsymbol{P}_m(\boldsymbol{P}_n)$去乘它相应的行(列)，可得

$$\begin{bmatrix}\boldsymbol{P}_m & \boldsymbol{O}_{mn}\\ \boldsymbol{O}_{nm} & \boldsymbol{E}_n\end{bmatrix},\begin{bmatrix}\boldsymbol{E}_m & \boldsymbol{O}_{mn}\\ \boldsymbol{O}_{nm} & \boldsymbol{P}_n\end{bmatrix};$$

(3) 用矩阵$\boldsymbol{P}_{mn}(\boldsymbol{P}_{nm})$去乘它相应的行(列)再加到另一行(列)上，可得

$$\begin{bmatrix}\boldsymbol{E}_m & \boldsymbol{P}_{mn}\\ \boldsymbol{O}_{nm} & \boldsymbol{E}_n\end{bmatrix},\begin{bmatrix}\boldsymbol{E}_m & \boldsymbol{O}_{mn}\\ \boldsymbol{P}_{nm} & \boldsymbol{E}_n\end{bmatrix}.$$

和初等变换与初等矩阵的关系一样，用这些矩阵左乘(右乘)任一分块矩阵

$$\begin{bmatrix}\boldsymbol{A} & \boldsymbol{B}\\ \boldsymbol{C} & \boldsymbol{D}\end{bmatrix}$$

就相当于对这个分块矩阵施行相应的初等变换. 例如：

$$\begin{bmatrix}\boldsymbol{O}_{nm} & \boldsymbol{E}_n\\ \boldsymbol{E}_m & \boldsymbol{O}_{mn}\end{bmatrix}\begin{bmatrix}\boldsymbol{A} & \boldsymbol{B}\\ \boldsymbol{C} & \boldsymbol{D}\end{bmatrix}=\begin{bmatrix}\boldsymbol{C} & \boldsymbol{D}\\ \boldsymbol{A} & \boldsymbol{B}\end{bmatrix},\tag{4.7.1}$$

$$\begin{bmatrix}\boldsymbol{P} & \boldsymbol{O}_{mn}\\ \boldsymbol{O}_{nm} & \boldsymbol{E}_n\end{bmatrix}\begin{bmatrix}\boldsymbol{A} & \boldsymbol{B}\\ \boldsymbol{C} & \boldsymbol{D}\end{bmatrix}=\begin{bmatrix}\boldsymbol{PA} & \boldsymbol{PB}\\ \boldsymbol{C} & \boldsymbol{D}\end{bmatrix},\tag{4.7.2}$$

$$\begin{bmatrix}\boldsymbol{E}_m & \boldsymbol{O}_{mn}\\ \boldsymbol{P} & \boldsymbol{E}_n\end{bmatrix}\begin{bmatrix}\boldsymbol{A} & \boldsymbol{B}\\ \boldsymbol{C} & \boldsymbol{D}\end{bmatrix}=\begin{bmatrix}\boldsymbol{A} & \boldsymbol{B}\\ \boldsymbol{C}+\boldsymbol{PA} & \boldsymbol{D}+\boldsymbol{PB}\end{bmatrix}.\tag{4.7.3}$$

在式(4.7.3)中适当选择$\boldsymbol{P}$，可使$\boldsymbol{C}+\boldsymbol{PA}=\boldsymbol{O}$. 例如，当$\boldsymbol{A}$可逆时，选$\boldsymbol{P}=-\boldsymbol{CA}^{-1}$，则有$\boldsymbol{C}+\boldsymbol{PA}=\boldsymbol{O}$. 于是式(4.7.3)的右端成为

$$\begin{bmatrix}\boldsymbol{A} & \boldsymbol{B}\\ \boldsymbol{O} & \boldsymbol{D}-\boldsymbol{CA}^{-1}\boldsymbol{B}\end{bmatrix}.$$

这种形状的矩阵在求行列式、逆矩阵和解决其他问题时是比较方便的，因此式(4.7.3)在运算中非常有用.

4.7.3 主要结论

结论 1 设 $\boldsymbol{M}=\begin{bmatrix}\boldsymbol{A} & \boldsymbol{O}\\ \boldsymbol{O} & \boldsymbol{D}\end{bmatrix}$,其中 $\boldsymbol{A},\boldsymbol{D}$ 分别是 k 阶和 r 阶的可逆矩阵,则 $\boldsymbol{M}$ 可逆,且 $\boldsymbol{M}$ 的逆矩阵是 $\boldsymbol{M}^{-1}=\begin{bmatrix}\boldsymbol{A}^{-1} & \boldsymbol{O}\\ \boldsymbol{O} & \boldsymbol{D}^{-1}\end{bmatrix}$.

结论 2 设 $\boldsymbol{M}=\begin{bmatrix}\boldsymbol{A} & \boldsymbol{B}\\ \boldsymbol{O} & \boldsymbol{D}\end{bmatrix}$,其中 $\boldsymbol{A},\boldsymbol{D}$ 分别是 k 阶和 r 阶的可逆矩阵,$\boldsymbol{B}$ 是 $k\times r$ 阶矩阵,$\boldsymbol{O}$ 是 $r\times k$ 阶零矩阵,则 $\boldsymbol{M}$ 可逆,且 $\boldsymbol{M}$ 的逆矩阵是 $\boldsymbol{M}^{-1}=\begin{bmatrix}\boldsymbol{A}^{-1} & -\boldsymbol{A}^{-1}\boldsymbol{B}\boldsymbol{D}^{-1}\\ \boldsymbol{O} & \boldsymbol{D}^{-1}\end{bmatrix}$.

证明 因为 $\boldsymbol{D}$ 可逆,令 $\boldsymbol{P}=-\boldsymbol{B}\boldsymbol{D}^{-1}$,则有

$$\begin{bmatrix}\boldsymbol{E}_k & -\boldsymbol{B}\boldsymbol{D}^{-1}\\ \boldsymbol{O} & \boldsymbol{E}_r\end{bmatrix}\begin{bmatrix}\boldsymbol{A} & \boldsymbol{B}\\ \boldsymbol{O} & \boldsymbol{D}\end{bmatrix}=\begin{bmatrix}\boldsymbol{A} & \boldsymbol{O}\\ \boldsymbol{O} & \boldsymbol{D}\end{bmatrix},$$

由结论 1 知 $\begin{bmatrix}\boldsymbol{A} & \boldsymbol{O}\\ \boldsymbol{O} & \boldsymbol{D}\end{bmatrix}^{-1}=\begin{bmatrix}\boldsymbol{A}^{-1} & \boldsymbol{O}\\ \boldsymbol{O} & \boldsymbol{D}^{-1}\end{bmatrix}$,故

$$\begin{aligned}\boldsymbol{M}^{-1}&=\begin{bmatrix}\boldsymbol{A} & \boldsymbol{B}\\ \boldsymbol{O} & \boldsymbol{D}\end{bmatrix}^{-1}=\begin{bmatrix}\boldsymbol{A} & \boldsymbol{O}\\ \boldsymbol{O} & \boldsymbol{D}\end{bmatrix}^{-1}\begin{bmatrix}\boldsymbol{E}_k & -\boldsymbol{B}\boldsymbol{D}^{-1}\\ \boldsymbol{O} & \boldsymbol{E}_r\end{bmatrix}\\&=\begin{bmatrix}\boldsymbol{A}^{-1} & \boldsymbol{O}\\ \boldsymbol{O} & \boldsymbol{D}^{-1}\end{bmatrix}\begin{bmatrix}\boldsymbol{E}_k & -\boldsymbol{B}\boldsymbol{D}^{-1}\\ \boldsymbol{O} & \boldsymbol{E}_r\end{bmatrix}\\&=\begin{bmatrix}\boldsymbol{A}^{-1} & -\boldsymbol{A}^{-1}\boldsymbol{B}\boldsymbol{D}^{-1}\\ \boldsymbol{O} & \boldsymbol{D}^{-1}\end{bmatrix}.\end{aligned}$$

4.7.4 例子剖析

例 4.7.1 设 $\boldsymbol{T}=\begin{bmatrix}\boldsymbol{A} & \boldsymbol{B}\\ \boldsymbol{C} & \boldsymbol{D}\end{bmatrix}$,$\boldsymbol{A},\boldsymbol{D}$ 分别是 k 阶和 r 阶的可逆矩阵,证明:$\boldsymbol{T}$ 可逆的充要条件是 $\boldsymbol{D}-\boldsymbol{C}\boldsymbol{A}^{-1}\boldsymbol{B}$ 可逆. 在 $\boldsymbol{T}$ 可逆时求其逆矩阵.

解 由(4.7.3)式知,取 $\boldsymbol{P}=-\boldsymbol{C}\boldsymbol{A}^{-1}$,则

$$\begin{bmatrix}\boldsymbol{E}_k & \boldsymbol{O}\\ -\boldsymbol{C}\boldsymbol{A}^{-1} & \boldsymbol{E}_r\end{bmatrix}\begin{bmatrix}\boldsymbol{A} & \boldsymbol{B}\\ \boldsymbol{C} & \boldsymbol{D}\end{bmatrix}=\begin{bmatrix}\boldsymbol{A} & \boldsymbol{B}\\ \boldsymbol{O} & \boldsymbol{D}-\boldsymbol{C}\boldsymbol{A}^{-1}\boldsymbol{B}\end{bmatrix}.$$

两边取行列式得

$$\begin{vmatrix}\boldsymbol{A} & \boldsymbol{B}\\ \boldsymbol{C} & \boldsymbol{D}\end{vmatrix}=\begin{vmatrix}\boldsymbol{A} & \boldsymbol{B}\\ \boldsymbol{O} & \boldsymbol{D}-\boldsymbol{C}\boldsymbol{A}^{-1}\boldsymbol{B}\end{vmatrix}=|\boldsymbol{A}|\,|\boldsymbol{D}-\boldsymbol{C}\boldsymbol{A}^{-1}B|.$$

由于 $\boldsymbol{A}$ 可逆,故 $|\boldsymbol{A}|\neq 0$,于是

$$\begin{bmatrix}\boldsymbol{A} & \boldsymbol{B}\\ \boldsymbol{C} & \boldsymbol{D}\end{bmatrix}\text{可逆}\Leftrightarrow\begin{vmatrix}\boldsymbol{A} & \boldsymbol{B}\\ \boldsymbol{C} & \boldsymbol{D}\end{vmatrix}\neq 0\Leftrightarrow|\boldsymbol{D}-\boldsymbol{C}\boldsymbol{A}^{-1}\boldsymbol{B}|\neq 0\Leftrightarrow\boldsymbol{D}-\boldsymbol{C}\boldsymbol{A}^{-1}\boldsymbol{B}\text{ 可逆}.$$

当 $\boldsymbol{T}$ 可逆时,利用结论 2 可得 $\boldsymbol{T}$ 的逆矩阵是

$$\begin{bmatrix}\boldsymbol{A} & \boldsymbol{B}\\ \boldsymbol{C} & \boldsymbol{D}\end{bmatrix}^{-1}=\begin{bmatrix}\boldsymbol{A} & \boldsymbol{B}\\ \boldsymbol{O} & \boldsymbol{D}-\boldsymbol{C}\boldsymbol{A}^{-1}\boldsymbol{B}\end{bmatrix}^{-1}\begin{bmatrix}\boldsymbol{E}_k & \boldsymbol{O}\\ -\boldsymbol{C}\boldsymbol{A}^{-1} & \boldsymbol{E}_r\end{bmatrix}$$

$$= \begin{bmatrix} A^{-1} & -A^{-1}B(D-CA^{-1}B)^{-1} \\ O & (D-CA^{-1}B)^{-1} \end{bmatrix} \begin{bmatrix} E_k & O \\ -CA^{-1} & E_r \end{bmatrix}$$

$$=$$

$$\begin{bmatrix} A^{-1}+A^{-1}B(D-CA^{-1}B)^{-1}CA^{-1} & -A^{-1}B(D-CA^{-1}B)^{-1} \\ -(D-CA^{-1}B)^{-1}CA^{-1} & (D-CA^{-1}B)^{-1} \end{bmatrix}.$$

例 4.7.2 设 A,B,C,D 都是 $n \times n$ 矩阵，且 $|A| \neq 0, AC = CA$. 证明：

$$\begin{vmatrix} A & B \\ C & D \end{vmatrix} = |AD - CB|$$

证 $|A| \neq 0$，故 A 可逆.

$$\begin{bmatrix} E & O \\ -CA^{-1} & E \end{bmatrix} \begin{bmatrix} A & B \\ C & D \end{bmatrix} = \begin{bmatrix} A & B \\ O & D-CA^{-1}B \end{bmatrix}$$

将 C 化为 O，第一行乘以 $(-CA^{-1})$ 加到第二行.

两边取行列式

$$\begin{vmatrix} A & B \\ C & D \end{vmatrix} = \begin{vmatrix} A & B \\ O & D-CA^{-1}B \end{vmatrix} = |A|\,|D-CA^{-1}B|$$

$$= |AD - ACA^{-1}B| = |AD - CAA^{-1}B| = |AD - CB|$$

评注 我们的目标：$\begin{bmatrix} A & O \\ C & D \end{bmatrix}$或$\begin{bmatrix} A & B \\ O & D \end{bmatrix}$. 因为当 A,D 均为方阵时，$\begin{vmatrix} A & O \\ C & D \end{vmatrix} = |A| \cdot |D|$，$\begin{vmatrix} A & B \\ O & D \end{vmatrix} = |A| \cdot |D|$.

例 4.7.3 解矩阵方程 $AX = B$，其中

$$A = \begin{bmatrix} 1 & 2 & 0 & 0 \\ 3 & 1 & 0 & 0 \\ 0 & 0 & 2 & 1 \\ 0 & 0 & 1 & 2 \end{bmatrix}, X = \begin{bmatrix} x_1 \\ x_2 \\ x_3 \\ x_4 \end{bmatrix}, B = \begin{bmatrix} 1 \\ 2 \\ 3 \\ 0 \end{bmatrix}.$$

解 设$A_1 = \begin{bmatrix} 1 & 2 \\ 3 & 1 \end{bmatrix}, A_2 = \begin{bmatrix} 2 & 1 \\ 1 & 2 \end{bmatrix}, B_1 = \begin{bmatrix} 1 \\ 2 \end{bmatrix}, B_2 = \begin{bmatrix} 3 \\ 0 \end{bmatrix}, X_1 = \begin{bmatrix} x_1 \\ x_2 \end{bmatrix}, X_2 = \begin{bmatrix} x_3 \\ x_4 \end{bmatrix}$.
则由 $AX = B$ 可得两个矩阵方程：$A_1X_1 = B_1, A_2X_2 = B_2$. 解之得

$$X_1 = A_1^{-1}B_1 = \frac{-1}{5}\begin{bmatrix} 1 & -2 \\ -3 & 1 \end{bmatrix}\begin{bmatrix} 1 \\ 2 \end{bmatrix} = \frac{-1}{5}\begin{bmatrix} -3 \\ -1 \end{bmatrix} = \begin{bmatrix} 3/5 \\ 1/5 \end{bmatrix},$$

$$X_2 = A_2^{-1}B_2 = \frac{1}{3}\begin{bmatrix} 2 & -1 \\ -1 & 2 \end{bmatrix}\begin{bmatrix} 3 \\ 0 \end{bmatrix} = \frac{1}{3}\begin{bmatrix} 6 \\ -3 \end{bmatrix} = \begin{bmatrix} 2 \\ -1 \end{bmatrix}.$$

所以矩阵方程 $AX = B$ 的解是 $X = (3/5, 1/5, 2, -1)'$.

分块乘法的其他应用

例 4.7.4 证明行列式的乘积公式：$|AB| = |A|\,|B|$（A,B 为 n 阶方阵）.

证明 由$\begin{bmatrix} E_n & A \\ O & E_n \end{bmatrix}\begin{bmatrix} A & O \\ -E_n & B \end{bmatrix} = \begin{bmatrix} O & AB \\ -E_n & B \end{bmatrix}$，设 $A = (a_{ij})_n$，$P_{ij} = E[(n+j)a_{ij} +$

$i]$，$i,j=1,2,\cdots,n$. 由初等变换与初等矩阵的关系，有

$$\boldsymbol{P}_{11}\cdots\boldsymbol{P}_{1n}\cdots\boldsymbol{P}_{n1}\cdots\boldsymbol{P}_{nn}\begin{bmatrix}\boldsymbol{E}_n & \boldsymbol{O}\\ \boldsymbol{O} & \boldsymbol{E}_n\end{bmatrix}=\begin{bmatrix}1 & \cdots & \cdots & a_{11} & \cdots & a_{1n}\\ & \ddots & & \vdots & & \\ & & 1 & a_{n1} & \cdots & a_{nn}\\ & & & 1 & & \\ & & & & \ddots & \\ & & & & & 1\end{bmatrix},$$

即有

$$\boldsymbol{P}_{11}\cdots\boldsymbol{P}_{1n}\cdots\boldsymbol{P}_{n1}\cdots\boldsymbol{P}_{nn}\begin{bmatrix}\boldsymbol{E}_n & \boldsymbol{O}\\ \boldsymbol{O} & \boldsymbol{E}_n\end{bmatrix}=\begin{bmatrix}\boldsymbol{E}_n & \boldsymbol{A}\\ \boldsymbol{O} & \boldsymbol{E}_n\end{bmatrix}.$$

由于行消法变换不改变行列式的值，于是有

$$\begin{aligned}\left|\begin{bmatrix}\boldsymbol{E}_n & \boldsymbol{A}\\ \boldsymbol{O} & \boldsymbol{E}_n\end{bmatrix}\begin{bmatrix}\boldsymbol{A} & \boldsymbol{O}\\ -\boldsymbol{E}_n & \boldsymbol{B}\end{bmatrix}\right| &= \left|\boldsymbol{P}_{11}\cdots\boldsymbol{P}_{1n}\cdots\boldsymbol{P}_{n1}\cdots\boldsymbol{P}_{nn}\begin{bmatrix}\boldsymbol{A} & \boldsymbol{O}\\ -\boldsymbol{E}_n & \boldsymbol{B}\end{bmatrix}\right|\\ &= \left|\begin{bmatrix}\boldsymbol{A} & \boldsymbol{O}\\ -\boldsymbol{E}_n & \boldsymbol{B}\end{bmatrix}\right| = |\boldsymbol{A}|\,|\boldsymbol{B}|.\end{aligned}$$

同样，$\begin{bmatrix}\boldsymbol{O} & \boldsymbol{AB}\\ -\boldsymbol{E}_n & \boldsymbol{B}\end{bmatrix}$也可经 n 个列换法变换化为$\begin{bmatrix}\boldsymbol{AB} & \boldsymbol{O}\\ \boldsymbol{B} & -\boldsymbol{E}_n\end{bmatrix}$，而每一次列换法变换改变行列式的符号一次，因此：

$$\begin{vmatrix}\boldsymbol{O} & \boldsymbol{AB}\\ -\boldsymbol{E}_n & \boldsymbol{B}\end{vmatrix}=(-1)^n\begin{vmatrix}\boldsymbol{AB} & \boldsymbol{O}\\ \boldsymbol{B} & -\boldsymbol{E}_n\end{vmatrix}=(-1)^n|\boldsymbol{AB}|\,|-\boldsymbol{E}_n|=|\boldsymbol{AB}|.$$

于是得

$$|\boldsymbol{AB}|=|\boldsymbol{A}|\,|\boldsymbol{B}|.$$

例 4.7.5 设 $\boldsymbol{A}=(a_{ij})_{n\times n}$，且$\begin{vmatrix}a_{11} & \cdots & a_{1k}\\ \vdots & \ddots & \vdots\\ a_{k1} & \cdots & a_{kk}\end{vmatrix}\neq 0$，$1\leqslant k\leqslant n$，则有下三角矩阵$\boldsymbol{B}_{n\times n}$，使 $\boldsymbol{BA}$ 为上三角矩阵.

证明 （对 n 作归纳法）

当 $n=1$ 时，$\boldsymbol{A}=(a_{11})$，$\forall\,\boldsymbol{B}=(b_{11})$，$\boldsymbol{BA}=(a_{11}b_{11})$ 为上三角矩阵.

假设命题对 $n-1$ 阶矩阵成立，即当

$$\boldsymbol{A}_1=\begin{bmatrix}a_{11} & \cdots & a_{1,n-1}\\ \vdots & \ddots & \vdots\\ a_{n-1,1} & \cdots & a_{n-1,n-1}\end{bmatrix}$$

时，存在 $n-1$ 阶下三角矩阵$\boldsymbol{B}_1$，使得$\boldsymbol{B}_1\boldsymbol{A}_1$ 为上三角矩阵.

现考虑 n 阶矩阵 $\boldsymbol{A}=(a_{ij})_{n\times n}$，对 $\boldsymbol{A}$ 作如下分块：

$$\boldsymbol{A}=\begin{bmatrix}\boldsymbol{A}_1 & \boldsymbol{\beta}\\ \boldsymbol{\alpha} & a_{nn}\end{bmatrix},$$

其中 $\boldsymbol{\alpha}=(a_{n1},a_{n2},\cdots,a_{n,n-1})$，$\boldsymbol{\beta}=(a_{1n},a_{2n},\cdots,a_{n-1,n})'$，$\boldsymbol{A}_1$ 是 $n-1$ 阶矩阵. 由于$|\boldsymbol{A}_1|\neq 0$，故$\boldsymbol{A}_1$ 可逆，于是

$$\begin{bmatrix} \boldsymbol{E} & \boldsymbol{0} \\ -\boldsymbol{\alpha}\boldsymbol{A}_1^{-1} & 1 \end{bmatrix}\begin{bmatrix} \boldsymbol{A}_1 & \boldsymbol{\beta} \\ \boldsymbol{\alpha} & a_{nn} \end{bmatrix}=\begin{bmatrix} \boldsymbol{A}_1 & \boldsymbol{\beta} \\ \boldsymbol{0} & a_{nn}-\boldsymbol{\alpha}\boldsymbol{A}_1^{-1}\boldsymbol{\beta} \end{bmatrix},$$

故
$$\begin{bmatrix} \boldsymbol{B}_1 & \boldsymbol{0} \\ \boldsymbol{0} & 1 \end{bmatrix}\begin{bmatrix} \boldsymbol{A}_1 & \boldsymbol{\beta} \\ \boldsymbol{O} & a_{nn}-\boldsymbol{\alpha}\boldsymbol{A}_1^{-1}\boldsymbol{\beta} \end{bmatrix}=\begin{bmatrix} \boldsymbol{B}_1\boldsymbol{A}_1 & \boldsymbol{B}_1\boldsymbol{\beta} \\ \boldsymbol{0} & a_{nn}-\boldsymbol{\alpha}\boldsymbol{A}_1^{-1}\boldsymbol{\beta} \end{bmatrix}.$$

由于$\boldsymbol{B}_1\boldsymbol{A}_1$ 为上三角矩阵，$a_{nn}-\boldsymbol{\alpha}\boldsymbol{A}_1^{-1}\boldsymbol{\beta}$ 是一个数，故

$$\begin{bmatrix} \boldsymbol{B}_1\boldsymbol{A}_1 & \boldsymbol{B}_1\boldsymbol{\beta} \\ \boldsymbol{0} & a_{nn}-\boldsymbol{\alpha}\boldsymbol{A}_1^{-1}\boldsymbol{\beta} \end{bmatrix}$$

是上三角形矩阵，而

$$\boldsymbol{B}=\begin{bmatrix} \boldsymbol{B}_1 & \boldsymbol{0} \\ \boldsymbol{0} & 1 \end{bmatrix}\begin{bmatrix} \boldsymbol{E}_{n-1} & \boldsymbol{0} \\ -\boldsymbol{\alpha}\boldsymbol{A}_1^{-1} & 1 \end{bmatrix}=\begin{bmatrix} \boldsymbol{B}_1 & \boldsymbol{0} \\ -\boldsymbol{\alpha}\boldsymbol{A}_1^{-1} & 1 \end{bmatrix}$$

正是所求的下三角矩阵，命题得证.

4.7.5　练习与探究

1. 设 $\boldsymbol{A},\boldsymbol{B}$ 分别是 $n\times m$ 和 $m\times n$ 矩阵. 证明：

$$\begin{vmatrix} \boldsymbol{E}_m & \boldsymbol{B} \\ \boldsymbol{A} & \boldsymbol{E}_n \end{vmatrix}=|\boldsymbol{E}_n-\boldsymbol{AB}|=|\boldsymbol{E}_m-\boldsymbol{BA}|.$$

2. 设 $\boldsymbol{A},\boldsymbol{B}$ 分别是 $n\times m$ 和 $m\times n$ 矩阵，$\lambda\neq 0$. 证明：$|\lambda\boldsymbol{E}_n-\boldsymbol{AB}|=\lambda^{n-m}|\lambda\boldsymbol{E}_m-\boldsymbol{BA}|$.

3. 设 $\boldsymbol{A},\boldsymbol{B}$ 为 n 阶矩阵，证明矩阵$\begin{bmatrix} \boldsymbol{A} & \boldsymbol{B} \\ \boldsymbol{B} & \boldsymbol{A} \end{bmatrix}$可逆的充分必要条件是矩阵$\boldsymbol{A}+\boldsymbol{B},\boldsymbol{A}-\boldsymbol{B}$ 均可逆。

4. 设 $\boldsymbol{A}$ 是 n 阶矩阵，证明：$\boldsymbol{A}^2=\boldsymbol{A}$ 当且仅当 $R(\boldsymbol{A})+R(\boldsymbol{A}-\boldsymbol{E})=n$.

第5章　二次型

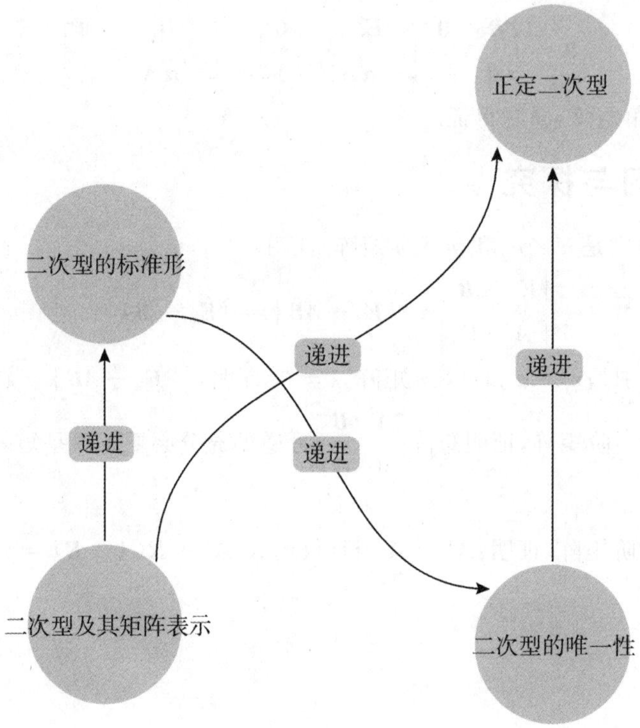

二次型知识图谱

二次型的理论起源于化二次曲线和二次曲面方程为标准形的问题,是中学有关教材的深化和提高,也是线性代数的一个主要研究对象. 二次型就是二次齐次多项式,本章以矩阵为工具,研究用非退化线性变换把二次型化为平方和(标准形)的方法,还证明了二次型在复数域上及实数域上规范形的唯一性. 根据规范形唯一性还可以把实二次型分类. 本章的重点是化二次型为平方和的概念和方法,难点是正定二次型的概念和判定以及惯性定理的证明. 本章的学习要求如下:

(1) 掌握二次型的概念及二次型与对称矩阵的一一对应关系;

(2) 掌握矩阵的合同概念及性质;

(3) 了解二次型的标准形,掌握化二次型为标准形的方法;

(4) 理解复数域和实数域上二次型规范形的唯一性;

(5) 掌握正定二次型和正定矩阵的概念和判定.

对惯性定理的证明,其思路大致分为以下三步来把握:

第一步：先假设秩为 r 的实二次型 f 通过非退化线性替换后有两种不同的规范形：

$$f = y_1^2 + y_2^2 + \cdots + y_k^2 - y_{k+1}^2 - \cdots - y_r^2 \qquad ①$$

$$f = z_1^2 + z_2^2 + \cdots + z_l^2 - z_{l+1}^2 - \cdots - z_r^2 \qquad ②$$

要证 $k = l$，为此先设 $k > l$，然后导出矛盾. 于是 $k \leqslant l$. 同理可证另一不等式.

第二步，设两个非退化线性替换分别是 $\boldsymbol{X} = \boldsymbol{C}_1\boldsymbol{Y}$，$\boldsymbol{X} = \boldsymbol{C}_2\boldsymbol{Z}$，于是建立 $\boldsymbol{Y}$ 与 $\boldsymbol{Z}$ 之间的线性关系式 $\boldsymbol{Z} = \boldsymbol{C}_2^{-1}\boldsymbol{C}_1\boldsymbol{Y}$.

第三步，构造以下齐次线性方程组：$z_1 = 0, \cdots, z_l = 0, y_{k+1} = 0, \cdots, y_n = 0$. 由于 $k > l$，这是关于 $y_1, y_2, \cdots, y_n$ 的齐次线性方程组，其未知量个数为 n，而方程个数为 $l + (n - k) < n$，故方程必有非零解. 把这个非零解代入 ① 式得 $f > 0$，代入 ② 式得 $f \leqslant 0$，从而导出矛盾，同理 $k < l$ 也不成立，于是惯性定理得到证明. 这个证明的要点是：假设同一个二次型经不同线性替换得到两个不同的规范形，这两个不同的线性替换之间存在线性关系，利用这个关系构造方程个数小于未知量个数的齐次线性方程组，把它的非零解代入两个不同的规范形，导出矛盾. 抓住上面概括的方法，认真加以思索，就可以化难为易，达到真正掌握的目的.

5.1　二次型及矩阵表示

在解析几何中，中心与坐标原点重合的有心二次曲线，即二元齐次多项式，通过把坐标轴逆时针旋转适当角度 φ，以化为只含平方项的标准方程. 能不能把这个结果推广到一般的 n 元齐次多项式？这是我们感兴趣的问题. 本节围绕以下问题展开讨论.

5.1.1　研究问题

(1) 二次型的概念及矩阵表示.

(2) 二次型的变量替换.

(3) 矩阵合同的概念.

二次型及其矩阵表示

5.1.2　基本概念

5.1.2.1　二次型的概念及矩阵表示

在解析几何中，中心与坐标原点重合的有心二次曲线：

$$f(x, y) = ax^2 + 2bxy + cy^2 \qquad (5.1.1)$$

通过选择适当角度 φ，把坐标轴作以下逆时针旋转：

$$\begin{cases} x = x'\cos\varphi - y'\sin\varphi \\ y = x'\sin\varphi + y'\cos\varphi \end{cases} \qquad (5.1.2)$$

可化为标准方程：

$$f(x, y) = a'x'^2 + c'y'^2 \qquad (5.1.3)$$

式(5.1.1)的右边是一个二元齐次多项式. 把它化为标准方程. 用代数的语言来说，就是用变量替换(5.1.2)把二元齐次多项式化为只含平方项的标准方程.能不能把这个结果推广到一般的 n 元齐次多项式?为此先介绍一般的 n 元齐次多项式的概念.

✻定义 5.1.1 设 F 是一个数域,系数在 F 中的 n 个文字 $x_1,x_2,\cdots,x_n$ 的二次齐次多项式

$$\begin{aligned} f(x_1,x_2,\cdots,x_n) = & a_{11}x_1^2+2a_{12}x_1x_2+\cdots+2a_{1n}x_1x_n \\ & +a_{22}x_2^2+2a_{23}x_2x_3+\cdots+2a_{2n}x_2x_n \\ & +\cdots+a_{nn}x_n^2 \end{aligned} \tag{5.1.4}$$

称为数域 F 上的一个 n **元二次型**,简称**二次型**.二次型是各项都为二次的一种特殊的多元多项式.为方便起见,其中 $x_ix_j(i<j)$ 的系数写成 $2a_{ij}$ 而不是 a_{ij}.

例如:$f(x_1)=3x_1^2$ 是1元二次型,$f(x_1,x_2)=2x_1^2-6x_1x_2+5x_2^2$ 是2元二次型,$f(x_1,x_2,x_3)=x_1^2+x_1x_2+3x_1x_3+2x_2^2+4x_2x_3+3x_3^2$ 是3元二次型,$f(x)=x^2+2x$ 不是1元二次型.

若在 n 元二次型中令 $a_{ij}=a_{ji}$,由于 $x_ix_j=x_jx_i$,故 n 元二次型(5.1.4)可表为

$$\begin{aligned} f(x_1,x_2,\cdots,x_n) = & a_{11}x_1^2+a_{12}x_1x_2+\cdots+a_{1n}x_1x_n \\ & +a_{21}x_2x_1+a_{22}x_2^2+\cdots+a_{2n}x_2x_n \\ & +\cdots \\ & +a_{n1}x_nx_1+a_{n2}x_nx_2+\cdots+a_{nn}x_n^2 \end{aligned} \tag{5.1.5}$$

令
$$\boldsymbol{A}=\begin{bmatrix} a_{11} & a_{12} & \cdots & a_{1n} \\ a_{21} & a_{22} & \cdots & a_{2n} \\ \vdots & \vdots & \ddots & \vdots \\ a_{n1} & a_{n2} & \cdots & a_{nn} \end{bmatrix},\boldsymbol{X}=\begin{bmatrix} x_1 \\ x_2 \\ \vdots \\ x_n \end{bmatrix} \tag{5.1.6}$$

则二次型(5.1.4)可以用矩阵的乘积来表示:

$$f(x_1,x_2,\cdots,x_n)=\boldsymbol{X}'\boldsymbol{A}\boldsymbol{X} \tag{5.1.7}$$

其中 $\boldsymbol{A}$ 是对称矩阵,称 $\boldsymbol{A}$ 为**二次型的矩阵**,$\boldsymbol{A}$ 的秩为**二次型的秩**.

例如:
$$\begin{aligned} f(x_1,x_2) &= 2x_1^2-6x_1x_2+5x_2^2=2x_1^2-3x_1x_2-3x_2x_1+5x_2^2 \\ &= [x_1,x_2]\begin{bmatrix} 2 & -3 \\ -3 & 5 \end{bmatrix}\begin{bmatrix} x_1 \\ x_2 \end{bmatrix}. \end{aligned}$$

评注 (1)二次型的矩阵一定是对称矩阵.若表达式 $f=\boldsymbol{X}'\boldsymbol{A}\boldsymbol{X}$,但是 $\boldsymbol{A}$ 不是对称矩阵,这时 f 仍表示一个二次型,但其中的 $\boldsymbol{A}$ 不能称为二次型 f 的矩阵.

例如:$f(x_1,x_2)=[x_1,x_2]\begin{bmatrix} 2 & -6 \\ 0 & 5 \end{bmatrix}\begin{bmatrix} x_1 \\ x_2 \end{bmatrix}$,这时 $\boldsymbol{A}=\begin{bmatrix} 2 & -6 \\ 0 & 5 \end{bmatrix}$ 不是 f 的矩阵.

例 5.1.1 写出下列二次型的矩阵:

(1) $-4x_1x_2+2x_1x_3+2x_2x_3$;

(2) $[x_1 \quad x_2 \quad x_3]\begin{bmatrix} 1 & 3 & 5 \\ 2 & 4 & 6 \\ 7 & 8 & 5 \end{bmatrix}\begin{bmatrix} x_1 \\ x_2 \\ x_3 \end{bmatrix}$;

(3) $\sum\limits_{i=1}^{n}x_i^2+\sum\limits_{1\leqslant i<j\leqslant n}x_ix_j$.

解　(1) $\begin{bmatrix} 0 & -2 & 1 \\ -2 & 0 & 1 \\ 1 & 1 & 0 \end{bmatrix}$；

(2) $\begin{bmatrix} 1 & \frac{5}{2} & 6 \\ \frac{5}{2} & 4 & 7 \\ 6 & 7 & 5 \end{bmatrix}$；

(3) $\begin{bmatrix} 1 & \frac{1}{2} & \frac{1}{2} & \cdots & \frac{1}{2} \\ \frac{1}{2} & 1 & \frac{1}{2} & \cdots & \frac{1}{2} \\ \vdots & \vdots & \vdots & \ddots & \vdots \\ \frac{1}{2} & \frac{1}{2} & \frac{1}{2} & \cdots & 1 \end{bmatrix}$.

(2) 二次型与它的矩阵是相互唯一决定的，即若 $f = \boldsymbol{X}'\boldsymbol{A}\boldsymbol{X} = \boldsymbol{X}'\boldsymbol{B}\boldsymbol{X}$，且 $\boldsymbol{A}' = \boldsymbol{A}$，$\boldsymbol{B}' = \boldsymbol{B}$，则 $\boldsymbol{A} = \boldsymbol{B}$.

(3) 二次型也可以用求和式表示：

$$f(x_1, x_2, \cdots, x_n) = \sum_{i=1}^{n}\sum_{j=1}^{n} a_{ij}x_i x_j \tag{5.1.8}$$

5.1.2.2　二次型的变量替换

二次型的标准形比较简单，为了能够通过对标准形的研究来了解原二次型的性质，我们希望把一般二次型化为标准形，这时需要运用如式(5.1.2) 所示的变量替换. 先把变量替换推广如下：

✽ **定义 5.1.2**　设 $x_1, x_2, \cdots, x_n$ 和 $y_1, y_2, \cdots, y_n$ 是两组文字，系数在数域 F 中的一组关系式：

$$\begin{cases} x_1 = c_{11}y_1 + c_{12}y_2 + \cdots + c_{1n}y_n \\ x_2 = c_{21}y_1 + c_{22}y_2 + \cdots + c_{2n}y_n \\ \cdots\cdots \\ x_n = c_{n1}y_1 + c_{n2}y_2 + \cdots + c_{nn}y_n \end{cases} \tag{5.1.9}$$

叫作由变量 $x_1, x_2, \cdots, x_n$ 到变量 $y_1, y_2, \cdots, y_n$ 的一个**线性替换**.

令

$$\boldsymbol{X} = (x_1, x_2, \cdots, x_n)', \boldsymbol{Y} = (y_1, y_2, \cdots, y_n)', \boldsymbol{C} = (c_{ij})_{n\times n},$$

则式(5.1.9) 可写成矩阵形式：$\boldsymbol{X} = \boldsymbol{C}\boldsymbol{Y}$. 如果式(5.1.9) 中的系数矩阵 $\boldsymbol{C}$ 的行列式 $|\boldsymbol{C}| \neq 0$，则称式(5.1.9) 是非退化线性替换.

例如，旋转变换(5.1.2) 可写为线性替换：

$$\begin{bmatrix} x \\ y \end{bmatrix} = \begin{bmatrix} \cos\theta & -\sin\theta \\ \sin\theta & \cos\theta \end{bmatrix}\begin{bmatrix} x' \\ y' \end{bmatrix},$$

由于 $\begin{vmatrix} \cos\theta & -\sin\theta \\ \sin\theta & \cos\theta \end{vmatrix} \neq 0$，故线性替换(5.1.2)是非退化线性替换.

✽ **定义 5.1.3** 设 $f(x_1,x_2,\cdots,x_n)=\boldsymbol{X}'\boldsymbol{A}\boldsymbol{X}$ 是数域 F 上的二次型，若经非退化线性替换 $\boldsymbol{X}=\boldsymbol{C}\boldsymbol{Y}$ 后变为二次型 $g(y_1,y_2,\cdots,y_n)=\boldsymbol{Y}'\boldsymbol{C}'\boldsymbol{A}\boldsymbol{C}\boldsymbol{Y}=\boldsymbol{Y}'\boldsymbol{B}\boldsymbol{Y}$，则称**二次型** $f(x_1,x_2,\cdots,x_n)$ 与 $g(y_1,y_2,\cdots,y_n)$ **合同**.

✽ **定义 5.1.4** 设 $\boldsymbol{A},\boldsymbol{B}$ 是数域 F 上的两个 n 阶矩阵，若存在 F 上一个 n 阶可逆矩阵 $\boldsymbol{C}$，使 $\boldsymbol{B}=\boldsymbol{C}'\boldsymbol{A}\boldsymbol{C}$，则称矩阵 $\boldsymbol{A}$ 与 $\boldsymbol{B}$ 合同.

5.1.3 主要结论

二次型经非退化线性替换后仍是二次型，其矩阵会有什么变化?下面的定理回答了这个问题.

✽ **定理 5.1.1** 二次型(5.1.8)经过非退化线性替换(5.1.9)后仍是二次型：$f=\boldsymbol{Y}'\boldsymbol{B}\boldsymbol{Y}$，其中 $\boldsymbol{B}=\boldsymbol{C}'\boldsymbol{A}\boldsymbol{C}$ 也是对称矩阵.

证明 把非退化线性替换(5.1.9)：$\boldsymbol{X}=\boldsymbol{C}\boldsymbol{Y}$ 代入二次型(5.1.8)得

$$f(x_1,x_2,\cdots,x_n)=\boldsymbol{X}'\boldsymbol{A}\boldsymbol{X}=\boldsymbol{Y}'\boldsymbol{C}'\boldsymbol{A}\boldsymbol{C}\boldsymbol{Y}=\boldsymbol{Y}'\boldsymbol{B}\boldsymbol{Y}.$$

由于 $(\boldsymbol{C}'\boldsymbol{A}\boldsymbol{C})'=\boldsymbol{C}'\boldsymbol{A}'\boldsymbol{C}=\boldsymbol{C}'\boldsymbol{A}\boldsymbol{C}$，故 $\boldsymbol{C}'\boldsymbol{A}\boldsymbol{C}$ 是对称矩阵. 因此 $\boldsymbol{B}=\boldsymbol{C}'\boldsymbol{A}\boldsymbol{C}$ 是二次型 $\boldsymbol{Y}'\boldsymbol{B}\boldsymbol{Y}$ 的矩阵.

非退化线性变换把二次型变为合同的二次型. 由定理 5.1.1 知，两个合同二次型的矩阵有关系：$\boldsymbol{B}=\boldsymbol{C}'\boldsymbol{A}\boldsymbol{C}$.

矩阵合同具有以下一些性质：

性质 1 与对称矩阵合同的矩阵是对称矩阵.

性质 2 合同的矩阵具有相同的秩.

性质 3 矩阵合同满足：

(1) **反身性**：$\boldsymbol{A}=\boldsymbol{E}'\boldsymbol{A}\boldsymbol{E}$；

(2) **对称性**：若 $\boldsymbol{B}=\boldsymbol{C}'\boldsymbol{A}\boldsymbol{C}$，则 $\boldsymbol{A}=(\boldsymbol{C}^{-1})'\boldsymbol{B}\boldsymbol{C}^{-1}=\boldsymbol{P}'\boldsymbol{B}\boldsymbol{P}$；$(\boldsymbol{P}=\boldsymbol{C}^{-1})$

(3) **传递性**：若 $\boldsymbol{A}_1=\boldsymbol{C}_1{}'\boldsymbol{A}\boldsymbol{C}_1$，$\boldsymbol{A}_2=\boldsymbol{C}_2{}'\boldsymbol{A}_1\boldsymbol{C}_2$，则 $\boldsymbol{A}_2=(\boldsymbol{C}_1\boldsymbol{C}_2)'\boldsymbol{A}(\boldsymbol{C}_1\boldsymbol{C}_2)=\boldsymbol{Q}'\boldsymbol{A}\boldsymbol{Q}$.

✽ **定理 5.1.2** 数域 F 上两个二次型合同的充要条件是两个二次型的矩阵合同.

证明 设 $f=\boldsymbol{X}'\boldsymbol{A}\boldsymbol{X}$ 和 $g=\boldsymbol{Y}'\boldsymbol{B}\boldsymbol{Y}$ 是两个二次型，由 $f=\boldsymbol{X}'\boldsymbol{A}\boldsymbol{X}$ 与 $g=\boldsymbol{Y}'\boldsymbol{B}\boldsymbol{Y}$ 合同知，存在非退化线性替换 $\boldsymbol{X}=\boldsymbol{C}\boldsymbol{Y}$，使 $\boldsymbol{X}'\boldsymbol{A}\boldsymbol{X}=\boldsymbol{Y}'\boldsymbol{C}'\boldsymbol{A}\boldsymbol{C}\boldsymbol{Y}=\boldsymbol{Y}'\boldsymbol{B}\boldsymbol{Y}$，故 $\boldsymbol{B}=\boldsymbol{C}'\boldsymbol{A}\boldsymbol{C}$，即矩阵 $\boldsymbol{A}$ 与 $\boldsymbol{B}$ 合同. 反之，若矩阵 $\boldsymbol{A}$ 与 $\boldsymbol{B}$ 合同，则存在可逆矩阵 $\boldsymbol{C}$，使得 $\boldsymbol{B}=\boldsymbol{C}'\boldsymbol{A}\boldsymbol{C}$. 作非退化线性替换 $\boldsymbol{X}=\boldsymbol{C}\boldsymbol{Y}$，则 $f=\boldsymbol{X}'\boldsymbol{A}\boldsymbol{X}=\boldsymbol{Y}'\boldsymbol{C}'\boldsymbol{A}\boldsymbol{C}\boldsymbol{Y}=\boldsymbol{Y}'\boldsymbol{B}\boldsymbol{Y}=g$，故 $f=\boldsymbol{X}'\boldsymbol{A}\boldsymbol{X}$ 与 $g=\boldsymbol{Y}'\boldsymbol{B}\boldsymbol{Y}$ 合同.

这个定理表明，对二次型的讨论可转为对对称矩阵的讨论，因此，矩阵是研究二次型非常有力的工具.

5.1.4 例子剖析

问题 1 为什么要求线性替换是非退化的?

非退化线性替换 $\boldsymbol{X}=\boldsymbol{C}\boldsymbol{Y}$ 把二次型 $f=\boldsymbol{X}'\boldsymbol{A}\boldsymbol{X}$ 化为与之合同的二次型 $g=\boldsymbol{Y}'\boldsymbol{B}\boldsymbol{Y}$，则线性替换 $\boldsymbol{Y}=\boldsymbol{C}^{-1}\boldsymbol{X}$ 就把二次型 $g=\boldsymbol{Y}'\boldsymbol{B}\boldsymbol{Y}$ 化为二次型 $f=\boldsymbol{X}'\boldsymbol{A}\boldsymbol{X}$. 因此，由二次型 $g=\boldsymbol{Y}'\boldsymbol{B}\boldsymbol{Y}$

所得的结论就可推知，原二次型也具有相同的结论. 要求线性替换是非退化的，就保证转换后的二次型与转换前的二次型具有相同的结构和性质.

5.1.5　练习与探究

5.1.5.1　练习

1. 写出二次型 $f(x_1,x_2)=[x_1,x_2]\begin{bmatrix}2 & 2\\4 & 3\end{bmatrix}\begin{bmatrix}x_1\\x_2\end{bmatrix}$的矩阵.

2. 证明：$\begin{bmatrix}\lambda_1 & & & \\ & \lambda_2 & & \\ & & \ddots & \\ & & & \lambda_n\end{bmatrix}$与$\begin{bmatrix}\lambda_{i_1} & & & \\ & \lambda_{i_2} & & \\ & & \ddots & \\ & & & \lambda_{i_n}\end{bmatrix}$合同，其中 $i_1,i_2,\cdots,i_n$ 是 $1,2,\cdots,n$ 的一个排列.

3. 设 $\boldsymbol{A}$ 是一个 n 阶矩阵，证明：

(1)$\boldsymbol{A}$ 是反对称矩阵当且仅当对任一个 n 维向量 $\boldsymbol{X}$，有 $\boldsymbol{X}'\boldsymbol{A}\boldsymbol{X}=\boldsymbol{O}$；

(2) 如果 $\boldsymbol{A}$ 是对称矩阵，且对任一个 n 维向量 $\boldsymbol{X}$ 有 $\boldsymbol{X}'\boldsymbol{A}\boldsymbol{X}=\boldsymbol{O}$，那么 $\boldsymbol{A}=\boldsymbol{O}$.

5.1.5.2　探究

非退化线性替换把二次型变为合同的二次型，那么，一般二次型经非退化线性替换可化为怎样简单的二次型？能不能化为只含平方项的二次型？

具有相同的秩的两个对称矩阵一定合同吗？

5.2　化二次型为标准形

上一节提出，数域 F 上的二次型能否经非退化线性替换化为只含平方项的标准形？本节就来研究如何把 n 元二次型通过非退化线性替换化为只含平方项的标准形. 本节围绕以下问题展开讨论.

二次型的标准形上　　二次型的标准下

5.2.1　研究问题

(1) 用配方法化二次型为标准形.

(2) 用初等变换法化二次型为标准形.

5.2.2　基本概念

(1) 如果一个 n 元二次型只含平方项，例如为 $d_1x_1^2+d_2x_2^2+\cdots+d_nx_n^2$，则称这种二次型为标准二次型或标准形.

(2)$\operatorname{diag}\{d_1,\cdots,d_r,0,\cdots,0\}$表示 n 阶对角矩阵，其中对角线元素 $d_i\neq 0,i=1,\cdots,r$.

5.2.3 主要结论

问题 1 把二次型化为标准形,应该使用何种方法?

用配方法化二次型为标准形

✲ 定理 5.2.1 数域 F 上任意一个二次型

$$f(x_1,x_2,\cdots,x_n)=\sum_{i=1}^{n}\sum_{j=1}^{n}a_{ij}x_ix_j,(a_{ij}=a_{ji})$$

都可经非退化线性替换化为标准形.

证明 当 $f=0$ 时,已是标准形.下面只对 $f\neq 0$ 用归纳法进行证明.

当 $n=1$ 时,二次型 $f(x_1)=a_{11}x_1^2$,结论显然成立.

假设结论对 $n-1$ 元二次型成立,下面考虑 n 元二次型 $f(x_1,x_2,\cdots,x_n)\neq 0$.

(1) 若有某个 $a_{ii}\neq 0$,不妨设 $a_{11}\neq 0$.下面先对含 x_1 的项进行配方:

$$\begin{aligned}f(x_1,x_2,\cdots,x_n)&=a_{11}x_1^2+2(\sum_{j=2}^{n}a_{1j}x_j)x_1+\sum_{i=2}^{n}\sum_{j=2}^{n}a_{ij}x_ix_j\\&=a_{11}[x_1^2+2(\sum_{j=2}^{n}a_{1j}a_{11}^{-1}x_j)x_1+(\sum_{j=2}^{n}a_{1j}a_{11}^{-1}x_j)^2]\\&\quad-a_{11}^{-1}(\sum_{j=2}^{n}a_{1j}x_j)^2+\sum_{i=2}^{n}\sum_{j=2}^{n}a_{ij}x_ix_j\\&=a_{11}(x_1+a_{11}^{-1}\sum_{j=2}^{n}a_{1j}x_j)^2+f_1(x_2,x_3,\cdots,x_n)\end{aligned}$$

这里 $f(x_2,x_3,\cdots,x_n)=-a_{11}^{-1}(\sum_{j=2}^{n}a_{1j}x_j)^2+\sum_{i=2}^{n}\sum_{j=2}^{n}a_{ij}x_ix_j$ 是关于 $x_2,x_3,\cdots,x_n$ 的 $n-1$ 元二次型.作非退化线性替换:

$$\begin{cases}y_1=x_1+a_{11}^{-1}\sum_{j=2}^{n}a_{1j}x_j,\\y_2=x_2,\\\cdots\\y_n=x_n,\end{cases}\quad\text{此即}\begin{cases}x_1=y_1-a_{11}^{-1}\sum_{j=2}^{n}a_{1j}y_j,\\x_2=y_2,\\\cdots\\x_n=y_n,\end{cases}$$

则原二次型化为 $f(x_1,x_2,\cdots,x_n)=a_{11}y_1^2+f_2(y_2,\cdots,y_n)$.

由归纳假设知,对 $n-1$ 元二次型 $f_2(y_2,\cdots,y_n)$,存在非退化线性替换:

$$\begin{bmatrix}y_2\\\vdots\\y_n\end{bmatrix}=\begin{bmatrix}c_{22}&c_{23}&\cdots&c_{2n}\\\vdots&\vdots&\ddots&\vdots\\c_{n2}&c_{n3}&\cdots&c_{nn}\end{bmatrix}\begin{bmatrix}z_2\\\vdots\\z_n\end{bmatrix}=\boldsymbol{C}_{n-1}\begin{bmatrix}z_2\\\vdots\\z_n\end{bmatrix},$$

使
$$f_2(y_2,\cdots,y_n)=d_2z_2^2+\cdots+d_nz_n^2.$$

于是,作两次非退化线性替换:

$$\begin{bmatrix}x_1\\x_2\\\vdots\\x_n\end{bmatrix}=\begin{bmatrix}1&-a_{11}^{-1}a_{12}&\cdots&-a_{11}^{-1}a_{1n}\\0&1&\cdots&0\\\vdots&\vdots&\ddots&\vdots\\0&0&\cdots&1\end{bmatrix}\begin{bmatrix}y_1\\y_2\\\vdots\\y_n\end{bmatrix}$$

和
$$\begin{bmatrix} y_1 \\ \vdots \\ y_n \end{bmatrix} = \begin{bmatrix} 1 & \mathbf{0} \\ \mathbf{0} & \boldsymbol{C}_{n-1} \end{bmatrix} \begin{bmatrix} z_1 \\ \vdots \\ z_n \end{bmatrix},$$
就使
$$f(x_1, x_2, \cdots, x_n) = a_{11} z_1^2 + d_2 z_2^2 + \cdots + d_n z_n^2.$$

(2) 若 $a_{ii} = 0, i = 1, 2, \cdots, n$，但存在 $a_{ij} \neq 0 (i < j)$，不妨设 $a_{12} \neq 0$，这时
$$f(x_1, x_2, \cdots, x_n) = 2a_{12} x_1 x_2 + \cdots + 2a_{n-1,n} x_{n-1} x_n.$$
作非退化线性替换：
$$\begin{cases} x_1 = y_1 + y_2 \\ x_2 = y_1 - y_2 \\ x_3 = y_3 \\ \cdots \\ x_n = y_n \end{cases}，即 \begin{bmatrix} x_1 \\ x_2 \\ x_3 \\ \vdots \\ x_n \end{bmatrix} = \begin{bmatrix} 1 & 1 & 0 & \cdots & 0 \\ 1 & -1 & 0 & \cdots & 0 \\ 0 & 0 & 1 & \cdots & 0 \\ \vdots & \vdots & \vdots & \ddots & \vdots \\ 0 & 0 & 0 & \cdots & 1 \end{bmatrix} \begin{bmatrix} y_1 \\ y_2 \\ y_3 \\ \vdots \\ y_n \end{bmatrix}.$$
这时　$f(x_1, x_2, \cdots, x_n) = 2a_{12}(y_1 + y_2)(y_1 - y_2) + \cdots = 2a_{12} y_1^2 - 2a_{12} y_2^2 + \cdots$

这是关于 $y_1, y_2, \cdots, y_n$ 的二次型，且 y_1^2 项的系数 $2a_{12} \neq 0$，故由(1)知可经非退化线性替换 $\boldsymbol{Y} = \boldsymbol{DZ}$，使
$$f(x_1, x_2, \cdots, x_n) = d_1 z_1^2 + d_2 z_2^2 + \cdots + d_n z_n^2.$$
综合(1)、(2)知定理成立.

定理 5.2.1 的证法提供了化二次型为标准形的一种方法，这种方法就叫作配方法.

由定理 5.2.1 知，任一个 n 元二次型都可经非退化线性替换 $\boldsymbol{X} = \boldsymbol{CY}$ 化为标准形：
$$d_1 y_1^2 + d_2 y_2^2 + \cdots + d_r y_r^2,$$
其中 r 是二次型矩阵的秩. 这个结论用矩阵形式表示就是
$$f(x_1, x_2, \cdots, x_n) = \boldsymbol{X}'\boldsymbol{AX} = \boldsymbol{Y}'\boldsymbol{C}'\boldsymbol{ACY} = \boldsymbol{Y}' \begin{bmatrix} d_1 & & & & & \\ & \ddots & & & & \\ & & d_r & & & \\ & & & 0 & & \\ & & & & \ddots & \\ & & & & & 0 \end{bmatrix} \boldsymbol{Y}.$$

由于二次型与对称矩阵相对应，因此我们有下面的定理.

✲ 定理 5.2.2　设 $\boldsymbol{A}$ 是数域 F 上秩为 r 的 n 阶对称矩阵，则存在 F 上的 n 阶可逆矩阵 $\boldsymbol{C}$，使
$$\boldsymbol{C}'\boldsymbol{AC} = \mathrm{diag}\{d_1, \cdots, d_r, 0, \cdots, 0\}, d_i \neq 0, i = 1, \cdots, r.$$

本定理表明，F 上任一个 n 阶对称矩阵都合同于一个对角形矩阵，其对角线上非零项的个数等于矩阵 $\boldsymbol{A}$ 的秩. 由此可知，要化二次型为标准形，只要对其矩阵进行变换，若能找到一个可逆矩阵 $\boldsymbol{C}$，使 $\boldsymbol{C}'\boldsymbol{AC}$ 成对角形，则 $\boldsymbol{C}$ 就是所求的非退化线性替换的系数矩阵.

问题 2　如何求非退化线性替换的系数矩阵 $\boldsymbol{C}$?

设 $\boldsymbol{A}$ 是对称矩阵，若存在可逆矩阵 $\boldsymbol{C}$，使 $\boldsymbol{C}'\boldsymbol{AC}$ 成为对角形，矩阵 $\boldsymbol{C}$ 要如何寻找呢?

因为任意可逆矩阵 $\boldsymbol{C}$ 都可以表示为若干个初等矩阵的乘积，因此可设
$$\boldsymbol{C} = \boldsymbol{P}_1 \boldsymbol{P}_2 \cdots \boldsymbol{P}_m = \boldsymbol{E}\boldsymbol{P}_1 \boldsymbol{P}_2 \cdots \boldsymbol{P}_m, \boldsymbol{P}_i \text{ 为初等矩阵}, i = 1, \cdots, m. \tag{5.2.1}$$

于是

$$\begin{aligned} C'AC &= (P_1 P_2 \cdots P_m)'A(P_1 P_2 \cdots P_m) \\ &= P_m{}' \cdots P_2{}' P_1{}' A P_1 P_2 \cdots P_m \\ &= \mathrm{diag}\{d_1, \cdots, d_r, 0, \cdots, 0\}. \end{aligned} \tag{5.2.2}$$

在 A 的左边和右边分别乘上初等矩阵$P_i{}'$ 和P_i，相当于对 A 的行和列施行成对的初等变换，故由式(5.2.1) 和式(5.2.2) 可知，可以对 A 施行成对的行列初等变换，在把 A 化为对角矩阵的同时，相应的初等列变换就把单位矩阵化为要求的矩阵 C. 由此得化二次型为标准形的初等变换法如下：

作矩阵$\begin{bmatrix} A \\ E \end{bmatrix}$，对 A 施行成对的行列初等变换，在把 A 化为对角矩阵的同时，相应的列变换就把单位矩阵E化为矩阵C；或者作矩阵$[A,E]$，对A施行成对的行列初等变换，在把 A 化为对角矩阵的同时，相应的行变换就把单位矩阵 E 化为矩阵 C'.

由于二次型 $f \xleftrightarrow{\text{对应}} A$，而矩阵 A 与对角矩阵 $\mathrm{diag}\{d_1, \cdots, d_r, 0, \cdots, 0\}$合同，其中 $r = R(A)$，故得以下定理.

✲ 定理 5.2.3　数域 F 上任意一个二次型都可通过非退化线性替换化为标准形，标准形中平方项的个数等于二次型的秩.

5.2.4 例子剖析

5.2.4.1 用配方法化二次型为标准形

例 5.2.1　化二次型 $f(x_1, x_2, x_3) = x_1^2 + 2x_1x_2 + 2x_1x_3 + 2x_2^2 + 8x_2x_3 + 5x_3^2$ 为标准形.

解　由于 $a_{11} \neq 0$，先求含 x_1 项的配方：

$$\begin{aligned} f(x_1, x_2, x_3) &= x_1^2 + 2x_1(x_2 + x_3) + (x_2 + x_3)^2 - (x_2 + x_3)^2 + 2x_2^2 + 8x_2x_3 + 5x_3^2 \\ &= (x_1 + x_2 + x_3)^2 + x_2^2 + 6x_2x_3 + 4x_3^2; \end{aligned}$$

再求含 x_2 项的配方：$f(x_1, x_2, x_3) = (x_1 + x_2 + x_3)^2 + (x_2 + 3x_3)^2 - 5x_3^2$.

$$令\begin{cases} y_1 = x_1 + x_2 + x_3 \\ y_2 = x_2 + 3x_3 \\ y_3 = x_3 \end{cases}，即\begin{cases} x_1 = y_1 - y_2 + 2y_3 \\ x_2 = y_2 - 3y_3 \\ x_3 = y_3 \end{cases}.$$

经此非退化线性替换，原二次型化为标准形：$f = y_1^2 + y_2^2 - 5y_3^2$.

例 5.2.2　化二次型 $f(x_1, x_2, x_3) = 2x_1x_2 + 2x_1x_3 - 6x_2x_3$ 为标准形，并求所用的非退化线性替换.

解　因为 $a_{ii} = 0, i = 1,2,3$，但 $a_{12} \neq 0$，先作非退化线性替换

$$\begin{cases} x_1 = y_1 + y_2 \\ x_2 = y_1 - y_2, \\ x_3 = y_3. \end{cases}$$

则

$$f(x_1, x_2, x_3) = 2(y_1 + y_2)(y_1 - y_2) + 2(y_1 + y_2)y_3 - 6(y_1 - y_2)y_3$$

$$
\begin{aligned}
&= 2y_1^2 - 2y_2^2 - 4y_1y_3 + 8y_2y_3 \\
&= 2(y_1 - y_3)^2 - 2y_2^2 - 2y_3^2 + 8y_2y_3 \\
&= 2(y_1 - y_3)^2 - 2(y_2 - 2y_3)^2 + 6y_3^2.
\end{aligned}
$$

再作非退化线性替换：$\begin{cases} z_1 = y_1 - y_3, \\ z_2 = y_2 - 2y_3, \\ z_3 = y_3, \end{cases}$ 即 $\begin{cases} y_1 = z_1 + z_3, \\ y_2 = z_2 + 2z_3, \\ y_3 = z_3, \end{cases}$ 则二次型 $f(x_1, x_2, x_3)$ 化为标准形：$f = 2z_1^2 - 2z_2^2 + 6z_3^2$.

所用的非退化线性替换是

$$
\begin{bmatrix} x_1 \\ x_2 \\ x_3 \end{bmatrix} = \begin{bmatrix} 1 & 1 & 0 \\ 1 & -1 & 0 \\ 0 & 0 & 1 \end{bmatrix} \begin{bmatrix} y_1 \\ y_2 \\ y_3 \end{bmatrix} = \begin{bmatrix} 1 & 1 & 0 \\ 1 & -1 & 0 \\ 0 & 0 & 1 \end{bmatrix} \begin{bmatrix} 1 & 0 & 1 \\ 0 & 1 & 2 \\ 0 & 0 & 1 \end{bmatrix} \begin{bmatrix} z_1 \\ z_2 \\ z_3 \end{bmatrix},
$$

即

$$
\begin{bmatrix} x_1 \\ x_2 \\ x_3 \end{bmatrix} = \begin{bmatrix} 1 & 1 & 3 \\ 1 & -1 & -1 \\ 0 & 0 & 1 \end{bmatrix} \begin{bmatrix} z_1 \\ z_2 \\ z_3 \end{bmatrix}.
$$

上面利用配方法把二次型化为标准形，利用矩阵的初等变换也可把二次型化为标准形.

5.2.4.2　用初等变换法化二次型为标准形

例 5.2.3　用矩阵的初等变换把二次型 $f(x_1, x_2, x_3) = 2x_1x_2 + 2x_1x_3 - 6x_2x_3$ 化为标准形.

解　这个二次型的矩阵为 $\boldsymbol{A} = \begin{bmatrix} 0 & 1 & 1 \\ 1 & 0 & -3 \\ 1 & -3 & 0 \end{bmatrix}$.

$$
\begin{bmatrix} \boldsymbol{A} \\ \boldsymbol{E} \end{bmatrix} = \begin{bmatrix} 0 & 1 & 1 \\ 1 & 0 & -3 \\ 1 & -3 & 0 \\ 1 & 0 & 0 \\ 0 & 1 & 0 \\ 0 & 0 & 1 \end{bmatrix} \xrightarrow{[2\times(1)+1]} \begin{bmatrix} 1 & 1 & -2 \\ 1 & 0 & -3 \\ 1 & -3 & 0 \\ 1 & 0 & 0 \\ 0 & 1 & 0 \\ 0 & 0 & 1 \end{bmatrix} \xrightarrow{(2\times(1)+1)} \begin{bmatrix} 2 & 1 & -2 \\ 1 & 0 & -3 \\ -2 & -3 & 0 \\ 1 & 0 & 0 \\ 1 & 1 & 0 \\ 0 & 0 & 1 \end{bmatrix}
$$

$$
\xrightarrow[{[1\times(1)+3]}]{\left[1\times\left(-\frac{1}{2}\right)+2\right]} \begin{bmatrix} 2 & 1 & -2 \\ 0 & -\frac{1}{2} & -2 \\ 0 & -2 & -2 \\ 1 & 0 & 0 \\ 1 & 1 & 0 \\ 0 & 0 & 1 \end{bmatrix} \xrightarrow[{(1\times(1)+3)}]{\left(1\times\left(-\frac{1}{2}\right)+2\right)} \begin{bmatrix} 2 & 0 & 0 \\ 0 & -\frac{1}{2} & -2 \\ 0 & -2 & -2 \\ 1 & -\frac{1}{2} & 1 \\ 1 & \frac{1}{2} & 1 \\ 0 & 0 & 1 \end{bmatrix}
$$

$$\xrightarrow{[2\times(-4)+3]}\begin{bmatrix}2&0&0\\0&-\frac{1}{2}&-2\\0&0&6\\1&-\frac{1}{2}&1\\1&\frac{1}{2}&1\\0&0&1\end{bmatrix}\xrightarrow{(2\times(-4)+3)}\begin{bmatrix}2&0&0\\0&-\frac{1}{2}&0\\0&0&6\\1&-\frac{1}{2}&3\\1&\frac{1}{2}&-1\\0&0&1\end{bmatrix}$$

$$\xrightarrow{[2\times(2)]}\begin{bmatrix}2&0&0\\0&-1&0\\0&0&6\\1&-\frac{1}{2}&3\\1&\frac{1}{2}&-1\\0&0&1\end{bmatrix}\xrightarrow{(2\times(2))}\begin{bmatrix}2&0&0\\0&-2&0\\0&0&6\\1&-1&3\\1&1&-1\\0&0&1\end{bmatrix},$$

若取$C_1=\begin{bmatrix}1&-\frac{1}{2}&3\\1&\frac{1}{2}&-1\\0&0&1\end{bmatrix}$,则经非退化线性替换 $X=C_1Y$,原二次型可化为标准形：

$$f=2y_1^2-\frac{1}{2}y_2^2+6y_3^2;$$

若取 $C=\begin{bmatrix}1&-1&3\\1&1&-1\\0&0&1\end{bmatrix}$,则经非退化线性替换 $X=CY$,原二次型可化为标准形：

$$f=2y_1^2-2y_2^2+6y_3^2.$$

评注　比较例 5.2.2 和例 5.2.3 可知：

(1) 不同的线性替换可得到相同的标准形；

(2) 一个二次型的标准形未必唯一,但标准形中平方项个数是由二次型唯一确定的.

5.2.4.3　二次型的取值

$$f(x_1,x_2)=x_1^2+2x_1x_2+3x_2^2=X'\begin{bmatrix}1&1\\1&3\end{bmatrix}X$$

取 $X_0=(c_1,c_2)$

$$f(c_1,c_2)=c_1^2+2c_1c_2+3c_2^2=X_0'\begin{bmatrix}1&1\\1&3\end{bmatrix}X_0$$

例如,取 $X_0=(1,1)$

$$f(1,1)=1^2+2\cdot1\cdot1+3\cdot1^2=6=[1\quad1]\begin{bmatrix}1&1\\1&3\end{bmatrix}\begin{bmatrix}1\\1\end{bmatrix}$$

一般地：

$$f(x_1,x_2,\cdots,x_n)=\boldsymbol{X}'\boldsymbol{A}\boldsymbol{X}\xlongequal{\boldsymbol{X}=\boldsymbol{C}\boldsymbol{Y},\ |\boldsymbol{C}|\neq 0}(\boldsymbol{C}\boldsymbol{Y})'\boldsymbol{A}\boldsymbol{C}\boldsymbol{Y}=\boldsymbol{Y}'\boldsymbol{C}'\boldsymbol{A}\boldsymbol{C}\boldsymbol{Y}=g(y_1,y_2,\cdots,y_n)$$

从左至右：

$$\text{取 }\boldsymbol{X}_0=\begin{bmatrix}c_1\\c_2\\\vdots\\c_n\end{bmatrix}\rightarrow\text{令 }\boldsymbol{Y}_0=\boldsymbol{C}^{-1}\boldsymbol{X}_0=\begin{bmatrix}d_1\\d_2\\\vdots\\d_n\end{bmatrix}$$

其中 $\boldsymbol{X}_0\neq\boldsymbol{0}$，则 $\boldsymbol{Y}_0\neq\boldsymbol{0}(\boldsymbol{X}_0=\boldsymbol{C}\boldsymbol{Y}_0)$

$$f(c_1,c_2,\cdots,c_n)=\boldsymbol{X}_0'\boldsymbol{A}\boldsymbol{X}_0=(\boldsymbol{C}\boldsymbol{Y}_0)'\boldsymbol{A}\boldsymbol{C}\boldsymbol{Y}_0=\boldsymbol{Y}_0'(\boldsymbol{C}'\boldsymbol{A}\boldsymbol{C})\boldsymbol{Y}_0=g(d_1,d_2,\cdots,d_n)$$

$$f(x_1,x_2,\cdots,x_n)=\boldsymbol{X}'\boldsymbol{A}\boldsymbol{X}\xlongequal[|\boldsymbol{C}|\neq 0]{\boldsymbol{X}=\boldsymbol{C}\boldsymbol{Y}}(\boldsymbol{C}\boldsymbol{Y})'\boldsymbol{A}\boldsymbol{C}\boldsymbol{Y}=\boldsymbol{Y}'\boldsymbol{C}'\boldsymbol{A}\boldsymbol{C}\boldsymbol{Y}=g(y_1,y_2,\cdots,y_n)$$

从右至左：

$$\text{令 }\boldsymbol{X}_0=\boldsymbol{C}\boldsymbol{Y}_0=\begin{bmatrix}c_1\\c_2\\\vdots\\c_n\end{bmatrix}\leftarrow\text{取 }\boldsymbol{Y}_0=\begin{bmatrix}d_1\\d_2\\\vdots\\d_n\end{bmatrix}$$

其中 $\boldsymbol{Y}_0\neq\boldsymbol{0}$，则 $\boldsymbol{X}_0\neq\boldsymbol{0}(\boldsymbol{Y}_0=\boldsymbol{C}^{-1}\boldsymbol{X}_0)$

$$g(d_1,d_2,\cdots,d_n)=\boldsymbol{Y}_0'(\boldsymbol{C}'\boldsymbol{A}\boldsymbol{C})\boldsymbol{Y}_0=(\boldsymbol{C}\boldsymbol{Y}_0)'\boldsymbol{A}\boldsymbol{C}\boldsymbol{Y}_0=\boldsymbol{X}_0'\boldsymbol{A}\boldsymbol{X}_0=f(c_1,c_2,\cdots,c_n)$$

例 5.2.4　设 $\boldsymbol{A}$ 为一个 n 阶实对称矩阵，且 $|\boldsymbol{A}|<0$，证明：必存在 n 维实向量 $\boldsymbol{X}\neq 0$，使 $\boldsymbol{X}'\boldsymbol{A}\boldsymbol{X}<0$.

解　第一步，建立二次型.

$\boldsymbol{A}$ 实对称，$\boldsymbol{X}'\boldsymbol{A}\boldsymbol{X}$ 即为二次型，其中 $\boldsymbol{X}=\begin{bmatrix}x_1\\x_2\\\vdots\\x_n\end{bmatrix}$.

第二步，化为标准形.

$$\boldsymbol{X}'\boldsymbol{A}\boldsymbol{X}\xlongequal[|\boldsymbol{C}|\neq 0]{\boldsymbol{X}=\boldsymbol{C}\boldsymbol{Y}}\boldsymbol{Y}'\boldsymbol{C}'\boldsymbol{A}\boldsymbol{C}\boldsymbol{Y}=\boldsymbol{Y}'\underbrace{\begin{bmatrix}d_1&&&\\&d_2&&\\&&\ddots&\\&&&d_n\end{bmatrix}}_{D}\boldsymbol{Y}$$

$$=d_1y_1^2+\cdots+d_ny_n^2=g(y_1,y_2,\cdots,y_n)$$

$\boldsymbol{D}=\boldsymbol{C}'\boldsymbol{A}\boldsymbol{C}\quad\therefore|\boldsymbol{D}|=|\boldsymbol{C}'||\boldsymbol{A}||\boldsymbol{C}|=|\boldsymbol{C}|^2|\boldsymbol{A}|,|\boldsymbol{C}|\neq 0$

则 $|\boldsymbol{D}|$ 与 $|\boldsymbol{A}|$ 同号.

故 $|\boldsymbol{D}|<0$，$d_1d_2\cdots d_n<0$.

不妨设 $d_i<0$.

第三步，右边取值（找 $\boldsymbol{Y}_0\neq 0$，使 $\boldsymbol{Y}_0'\boldsymbol{D}\boldsymbol{Y}_0<0$）.

$$X'AX \xlongequal[|C|\neq 0]{X=CY} Y'C'ACY = Y'\underbrace{\begin{bmatrix} d_1 & & & \\ & d_2 & & \\ & & \ddots & \\ & & & d_n \end{bmatrix}}_{D}Y$$

$$= d_1y_1^2 + d_2y_2^2 + \cdots + d_ny_n^2 = g(y_1, y_2, \cdots, y_n)$$

取 $Y_0 = \begin{bmatrix} 0 \\ 0 \\ \vdots \\ 1 \\ 0 \\ \vdots \\ 0 \end{bmatrix}$（第 i 行），$Y_0 \neq 0$ $\quad Y_0{}'DY_0 = g(0 \quad \cdots \quad 0 \underset{(\text{第}i\text{行})}{1} 0 \quad \cdots \quad 0) = d_i < 0.$

第四步，左边取值.

$? \leftarrow$ 取 $Y_0 = \begin{bmatrix} 0 \\ 0 \\ \vdots \\ 1 \\ 0 \\ \vdots \\ 0 \end{bmatrix}$（第 i 行），$Y_0{}'DY_0 = d_i < 0$

取 $X_0 = CY_0$，则 $X_0 \neq \mathbf{0}$（若 $X_0 = \mathbf{0}$，则 $Y_0 = C^{-1}X_0 = \mathbf{0}$，矛盾）

$X_0{}'AX_0 = (CY_0)'ACY_0 = Y_0{}'C'ACY_0 = Y_0{}'DY_0 = d_i < 0.$

例 5.2.5 判断二次曲线 $x^2 + 4y^2 - 2 - 2xy + 2x = 0$ 的形状.

解 $f(x,y) = x^2 + 4y^2 - 2 - 2xy + 2x$

令 $g(x,y,z) = x^2 + 4y^2 - 2z^2 - 2xy + 2xz$

则 $f(x,y) = g(x,y,1)$ 实施非退化线性替换：

$$\begin{cases} x_1 = x - y + z, \\ y_1 = y + \dfrac{z}{3}, \\ z_1 = z, \end{cases} \quad \text{即} \begin{cases} x = x_1 + y_1 - \dfrac{4}{3}z_1, \\ y = y_1 - \dfrac{z_1}{3}, \\ z = z_1. \end{cases}$$

则 $g(x,y,z) = x_1^2 + 3y_1^2 - \dfrac{10}{3}z_1^2$，从而 $f(x,y) = g(x,y,1) = x_1^2 + 3y_1^2 - \dfrac{10}{3} = 0$，

即 $\dfrac{3}{10}x_1^2 + \dfrac{9}{10}y_1^2 = 1$，故曲线 $x^2 + 4y^2 - 2 - 2xy + 2x = 0$ 表示椭圆.

5.2.5　练习与探究

5.2.5.1　练习

1. 用非退化线性替换化下列二次型为标准形，并利用矩阵验算所得结果：

(1) $x_1^2+2x_1x_2+2x_2^2+4x_2x_3+4x_3^2$；

(2) $2x_1^2+x_3^2+2x_1x_2-4x_1x_3+6x_2x_3$.

2. 证明：秩等于 r 的对称矩阵可以表成 r 个秩等于 1 的对称矩阵之和.

5.2.5.2　探究

二次型的标准形未必唯一，与所作的非退化线性替换有关，其中哪些量与所作的非退化线性替换无关？能不能使之更简单且唯一？二次型不唯一的标准形有哪些是不变量？

5.3　C 与 R 上的二次型

前面讨论的二次型是指一般数域 F 上的二次型. 本节只讨论复数域和实数域上的二次型. 在复数域 **C** 和实数域 **R** 上，二次型能不能化为更简单的形式？本节讨论两个复二次型或两个实二次型合同的充要条件，围绕以下问题展开讨论.

5.3.1　研究问题

(1) 化 **C** 上的二次型为规范形.

(2) 化 **R** 上的二次型为规范形.

5.3.2　基本概念

复二次型和实二次型：系数在复数域 **C** 上的二次型称为复二次型；系数在实数域 **R** 上的二次型称为实二次型.

复规范形：只含平方项且平方项系数全为 1 的复二次型称为复规范形.

实规范形：只含平方项且平方项系数全为 1 或 −1 的实二次型称为实规范形.

✲ 定义 5.3.1　在实二次型的规范形中，正平方项的个数 p 称为二次型的**正惯性指数**，负平方项的个数 $r-p$ 称为**负惯性指数**，它们的差 $p-(r-p)=2p-r$ 称为二次型的**符号差**.

5.3.3　主要结论

5.3.3.1　C 上的二次型

由上节定理 5.2.2 知，二次型可经非退化线性替换化为标准形，且标准形中平方项的个数等于二次型矩阵的秩. 对于 **C** 上的二次型，这个结论可加强. 这就是下面的定理.

✲ 定理 5.3.1　任意一个秩为 r 的 **C** 上的二次型可经非退化线性替换化为复规范形：

$$z_1^2 + z_2^2 + \cdots + z_r^2, \tag{5.3.1}$$

复规范形是唯一的.

证明 设 $f(x_1, x_2, \cdots, x_n) = \boldsymbol{X}'\boldsymbol{A}\boldsymbol{X}$ 是 $\mathbf{C}$ 上的二次型，其秩为 r. 由定理 5.2.2 知，经非退化线性替换 $\boldsymbol{X} = \boldsymbol{C}\boldsymbol{Y}$ 可化为标准形：

$$d_1 y_1^2 + d_2 y_2^2 + \cdots + d_r y_r^2, d_i \neq 0, d_i \in \mathbf{C}, i = 1,2,\cdots,r. \tag{5.3.2}$$

对式(5.3.2) 再作一次非退化线性替换：

$$y_i = \frac{1}{\sqrt{d_i}} z_i, i = 1,2,\cdots,r; y_j = z_j, j = r+1,\cdots,n,$$

则式(5.3.2) 就化为规范形(5.3.1).

本定理用矩阵语言可叙述为：

定理 5.3.1′ $\mathbf{C}$ 上任一秩为 r 的 n 阶对称矩阵必合同于对角矩阵 $\begin{bmatrix} \boldsymbol{E}_r & \boldsymbol{O} \\ \boldsymbol{O} & \boldsymbol{O} \end{bmatrix}$.

推论 1 $\mathbf{C}$ 上两个对称矩阵合同的充要条件是它们的秩相等；或者说两个复二次型合同的充要条件是它们有相同的秩.

推论 2 $\mathbf{C}$ 上互不合同的 n 元二次型有 $n+1$ 类；或者说 $\mathbf{C}$ 上互不合同的 n 阶对称矩阵共有 $n+1$ 类.

5.3.3.2 R 上的二次型

✲ **定理 5.3.2(惯性定理)** 任一个秩为 r 的实二次型可经非退化线性替换化为实规范形：

$$z_1^2 + \cdots + z_p^2 - z_{p+1}^2 - \cdots - z_r^2; \tag{5.3.3}$$

实规范形是唯一的.

证明 设 $f(x_1, x_2, \cdots, x_n) = \boldsymbol{X}'\boldsymbol{A}\boldsymbol{X}$ 是 $\mathbf{R}$ 上的二次型，其秩为 r. 由定理 5.2.2 知，经非退化线性替换 $\boldsymbol{X} = \boldsymbol{C}\boldsymbol{Y}$ 可化为标准形：

$$\begin{gathered} d_1 y_1^2 + \cdots + d_p y_p^2 - d_{p+1} y_{p+1}^2 - \cdots - d_r y_r^2; \\ d_i > 0, d_i \in \mathbf{R}, i = 1,2,\cdots,r. \end{gathered} \tag{5.3.4}$$

对式(5.3.4) 再作一次非退化线性替换：

$$y_i = \frac{1}{\sqrt{d_i}} z_i, i = 1,2,\cdots,r;$$

$$y_j = z_j, j = r+1, r+2, \cdots, n,$$

则式(5.3.4) 就化为规范形(5.3.3).

为了证明规范形是唯一的，我们设实二次型 $f(x_1, x_2, \cdots, x_n)$ 经两个不同的非退化线性替换 $\boldsymbol{X} = \boldsymbol{B}\boldsymbol{Y}$ 和 $\boldsymbol{X} = \boldsymbol{C}\boldsymbol{Z}$ 分别化为以下实规范形：

$$f = \boldsymbol{Y}'\boldsymbol{B}'\boldsymbol{A}\boldsymbol{B}\boldsymbol{Y} = y_1^2 + \cdots + y_p^2 - y_{p+1}^2 - \cdots - y_r^2 \qquad ①$$

和

$$f = \boldsymbol{Z}'\boldsymbol{C}'\boldsymbol{A}\boldsymbol{C}\boldsymbol{Z} = z_1^2 + \cdots + z_q^2 - z_{q+1}^2 - \cdots - z_r^2. \qquad ②$$

为了证明 $p = q$，我们用反证法. 若 $p \neq q$，设 $p > q$，由于

$$y_1^2 + \cdots + y_p^2 - y_{p+1}^2 - \cdots - y_r^2 = z_1^2 + \cdots + z_q^2 - z_{q+1}^2 - \cdots - z_r^2, \qquad ③$$

为了导出矛盾，一个直观的想法是使 $y_1, \cdots, y_p$ 不全为零，而 $y_{p+1} = \cdots = y_n = 0$. 这时 ③ 式左边大于 0，又让 $z_1 = \cdots = z_q = 0$. 这时 ③ 式右边不大于 0. 于是需要寻找诸 y 与诸

z 的关系.

又

$$BY = CZ,$$

故

$$Z = C^{-1}BY = GY. \qquad ④$$

令$C^{-1}B = \begin{bmatrix} g_{11} & g_{12} & \cdots & g_{1n} \\ g_{21} & g_{22} & \cdots & g_{2n} \\ \vdots & \vdots & \ddots & \vdots \\ g_{n1} & g_{n2} & \cdots & g_{nn} \end{bmatrix}$,

于是 ④ 式可写成
$$\begin{cases} z_1 = g_{11}y_1 + g_{12}y_2 + \cdots + g_{1n}y_n \\ \cdots\cdots \\ z_q = g_{q1}y_1 + g_{q2}y_2 + \cdots + g_{qn}y_n, \\ \cdots\cdots \\ z_n = g_{n1}y_1 + g_{n2}y_2 + \cdots + g_{nn}y_n. \end{cases} \qquad ⑤$$

由于 $p > q$,根据上面的思想我们就构造一个关于 $y_1, y_2, \cdots, y_n$ 的齐次线性方程组

$$\begin{cases} g_{11}y_1 + g_{12}y_2 + \cdots + g_{1n}y_n = 0, \\ \cdots\cdots \\ g_{q1}y_1 + g_{q2}y_2 + \cdots + g_{qn}y_n = 0, \\ y_{p+1} = 0, \\ \cdots\cdots \\ y_n = 0. \end{cases} \qquad ⑥$$

方程组 ⑥ 含有 n 个未知量,但只含有 $q + (n - p) = n - (p - q) < n$ 个方程,故 ⑥ 有非零解,设为 $(y_1, \cdots, y_p, y_{p+1}, \cdots, y_n) = (k_1, \cdots, k_p, k_{p+1}, \cdots, k_n)$. 显然这时有 $k_{p+1} = \cdots = k_n = 0$,故 $k_1, \cdots, k_p$ 不全为零,把它代入 ③ 式的左端,得 $k_1^2 + \cdots + k_p^2 > 0$;而把它代入 ③ 式的右端,得 $-z_{q+1}^2 - \cdots - z_r^2 \leqslant 0$,这是一个矛盾。因此假设 $p > q$ 是不成立的。同理可证 $p < q$ 也不成立,从而有 $p = q$.

推论 3　实二次型的标准形中系数为正与负的平方项个数都是唯一确定的,它们分别等于正惯性指数与负惯性指数.

若用矩阵语言可把定理 5.3.2 表述为:

✲ 定理 5.3.2′　**R** 上任一秩为 r 的 n 阶对称矩阵必合同于对角矩阵:

$$\begin{bmatrix} 1 &&&&&&&& \\ & \ddots &&&&&&& \\ && 1 &&&&&& \\ &&& -1 &&&&& \\ &&&& \ddots &&&& \\ &&&&& -1 &&& \\ &&&&&& 0 && \\ &&&&&&& \ddots & \\ &&&&&&&& 0 \end{bmatrix},$$

其中主对角线元素有 p 个为 1，$r-p$ 个为 -1，$n-r$ 个为 0.

推论 4 两个实二次型合同的充要条件是它们有相同的秩和符号差；或者说 **R** 上的两个对称矩阵合同的充要条件是它们有相同的秩和符号差.

推论 5 **R** 上互不合同的 n 元二次型共有 $\dfrac{(n+1)(n+2)}{2}$ 类，或者说 **R** 上互不合同的 n 阶对称矩阵共有 $\dfrac{(n+1)(n+2)}{2}$ 类.

证明 对于 n 阶对称矩阵，其秩只可能是 $0,1,2,\cdots,n$，共有 $n+1$ 种可能，而对于任一个秩为 r 的 n 阶对称矩阵，其正惯性指数只可能是 $0,1,2,\cdots,r$，共有 $r+1$ 种可能. 当秩不相等或秩虽相等而正惯性指数不等时，n 阶对称矩阵并不合同. 可见，n 阶对称矩阵互不合同的类型共有 $0+1+2+\cdots+n+(n+1)=\dfrac{1}{2}(n+1)(n+2)$ 种.

5.3.4 例子剖析

例 5.3.1 设 $\boldsymbol{A}\in\mathbf{C}^{n\times n}$，$\boldsymbol{A}'=\boldsymbol{A}$，证明：存在 $\boldsymbol{B}\in\mathbf{C}^{n\times n}$，使 $\boldsymbol{A}=\boldsymbol{B}'\boldsymbol{B}$.

证明 设 $R(\boldsymbol{A})=r$，则存在可逆矩阵 $\boldsymbol{C}\in\mathbf{C}^{n\times n}$，

使 $\boldsymbol{C}'\boldsymbol{A}\boldsymbol{C}=\begin{bmatrix}\boldsymbol{E}_r & \boldsymbol{O}\\ \boldsymbol{O} & \boldsymbol{O}\end{bmatrix}=\boldsymbol{D}$，即 $\boldsymbol{A}=(\boldsymbol{C}^{-1})'\boldsymbol{D}\boldsymbol{C}^{-1}$.

又 $\boldsymbol{D}'=\boldsymbol{D}$，且 $\boldsymbol{D}^2=\begin{bmatrix}\boldsymbol{E}_r & \boldsymbol{O}\\ \boldsymbol{O} & \boldsymbol{O}\end{bmatrix}\begin{bmatrix}\boldsymbol{E}_r & \boldsymbol{O}\\ \boldsymbol{O} & \boldsymbol{O}\end{bmatrix}=\begin{bmatrix}\boldsymbol{E}_r & \boldsymbol{O}\\ \boldsymbol{O} & \boldsymbol{O}\end{bmatrix}=\boldsymbol{D}$

故 $\boldsymbol{A}=(\boldsymbol{C}^{-1})'\boldsymbol{D}^2\boldsymbol{C}^{-1}=(\boldsymbol{C}^{-1})'\boldsymbol{D}'\boldsymbol{D}\boldsymbol{C}^{-1}=(\boldsymbol{D}\boldsymbol{C}^{-1})'(\boldsymbol{D}\boldsymbol{C}^{-1})$

令 $\boldsymbol{B}=\boldsymbol{D}\boldsymbol{C}^{-1}$，则 $\boldsymbol{A}=\boldsymbol{B}'\boldsymbol{B}$.

例 5.3.2 把二次型 $f(x_1,x_2,x_3)=-4x_1x_2+2x_1x_3+2x_2x_3$ 化为标准形，再化为 **R** 与 **C** 上的规范形，并写出所用的非退化线性替换.

解

$$\begin{bmatrix}0 & -2 & 1\\ -2 & 0 & 1\\ 1 & 1 & 0\\ 1 & 0 & 0\\ 0 & 1 & 0\\ 0 & 0 & 1\end{bmatrix}\xrightarrow[{[3\times(2)+2]}]{[3\times(1)+1]}\begin{bmatrix}1 & -1 & 1\\ 0 & 2 & 1\\ 1 & 1 & 0\\ 1 & 0 & 0\\ 0 & 1 & 0\\ 0 & 0 & 1\end{bmatrix}\xrightarrow[(3\times(2)+2)]{(3\times(1)+1)}\begin{bmatrix}2 & 1 & 1\\ 1 & 4 & 1\\ 1 & 1 & 0\\ 1 & 0 & 0\\ 0 & 1 & 0\\ 1 & 2 & 1\end{bmatrix}\xrightarrow[{[1\times(-\frac{1}{2})+3]}]{[1\times(-\frac{1}{2})+2]}$$

$$\begin{bmatrix}2 & 1 & 1\\ 0 & \frac{7}{2} & \frac{1}{2}\\ 1 & \frac{1}{2} & -\frac{1}{2}\\ 1 & 0 & 0\\ 0 & 1 & 0\\ 1 & 2 & 1\end{bmatrix}\xrightarrow[(1\times(-\frac{1}{2})+3)]{(1\times(-\frac{1}{2})+2)}\begin{bmatrix}2 & 0 & 0\\ 0 & \frac{7}{2} & \frac{1}{2}\\ 0 & \frac{1}{2} & -\frac{1}{2}\\ 1 & -\frac{1}{2} & -\frac{1}{2}\\ 0 & 1 & 0\\ 1 & \frac{3}{2} & \frac{1}{2}\end{bmatrix}\xrightarrow[(3\times(1)+2)]{[3\times(1)+2]}\begin{bmatrix}2 & 0 & 0\\ 0 & 4 & 0\\ 0 & 0 & -\frac{1}{2}\\ 1 & -1 & -\frac{1}{2}\\ 0 & 1 & 0\\ 1 & 2 & \frac{1}{2}\end{bmatrix}$$

$$\xrightarrow[\left(1\times\left(\frac{1}{\sqrt{2}}\right)\right)]{\left[1\times\left(\frac{1}{\sqrt{2}}\right)\right]}\begin{bmatrix}1&0&0\\0&4&0\\0&0&-\frac{1}{2}\\\frac{1}{\sqrt{2}}&-1&-\frac{1}{2}\\0&1&0\\\frac{1}{\sqrt{2}}&2&\frac{1}{2}\end{bmatrix}\xrightarrow[\left(2\times\left(\frac{1}{2}\right)\right)]{\left[2\times\left(\frac{1}{2}\right)\right]}\begin{bmatrix}1&0&0\\0&1&0\\0&0&-\frac{1}{2}\\\frac{1}{\sqrt{2}}&-\frac{1}{2}&-\frac{1}{2}\\0&\frac{1}{2}&0\\\frac{1}{\sqrt{2}}&1&\frac{1}{2}\end{bmatrix}\xrightarrow[(3\times(\sqrt{2}))]{[3\times(\sqrt{2})]}$$

$$\begin{bmatrix}1&0&0\\0&1&0\\0&0&-1\\\frac{1}{\sqrt{2}}&-\frac{1}{2}&-\frac{\sqrt{2}}{2}\\0&\frac{1}{2}&0\\\frac{1}{\sqrt{2}}&1&\frac{\sqrt{2}}{2}\end{bmatrix}\xrightarrow[(3\times(\mathrm{i}))]{[3\times(\mathrm{i})]}\begin{bmatrix}1&0&0\\0&1&0\\0&0&1\\\frac{1}{\sqrt{2}}&-\frac{1}{2}&-\frac{\sqrt{2}\mathrm{i}}{2}\\0&\frac{1}{2}&0\\\frac{1}{\sqrt{2}}&1&\frac{\sqrt{2}\mathrm{i}}{2}\end{bmatrix}.$$

令
$$\boldsymbol{X}=\begin{bmatrix}1&-1&-\frac{1}{2}\\0&1&0\\1&2&\frac{1}{2}\end{bmatrix}\boldsymbol{Y},$$

则二次型化为标准形：$f=2y_1^2+4y_2^2-\frac{1}{2}y_3^2$；

令
$$\boldsymbol{X}=\begin{bmatrix}\frac{1}{\sqrt{2}}&-\frac{1}{2}&-\frac{\sqrt{2}}{2}\\0&\frac{1}{2}&0\\\frac{1}{\sqrt{2}}&1&\frac{\sqrt{2}}{2}\end{bmatrix}\boldsymbol{Y},$$

则二次型化为实规范形：$f=y_1^2+y_2^2-y_3^2$；

令
$$\boldsymbol{X}=\begin{bmatrix}\frac{1}{\sqrt{2}}&-\frac{1}{2}&-\frac{\sqrt{2}\mathrm{i}}{2}\\0&\frac{1}{2}&0\\\frac{1}{\sqrt{2}}&1&\frac{\sqrt{2}\mathrm{i}}{2}\end{bmatrix}\boldsymbol{Z},$$

则二次型化为复规范形：$f=y_1^2+y_2^2+y_3^2$.

5.3.5 练习与探究

5.3.5.1 练习

1. 把下列二次型化为实规范形和复规范形：

(1) $f(x_1,x_2,x_3,x_4)=x_1^2+2x_2^2+x_4^2+4x_1x_2+4x_1x_3+2x_1x_4+2x_2x_3+2x_2x_4+2x_3x_4$；

(2) $f(x_1,x_2,x_3,x_4)=x_1^2+x_2^2+x_3^2+x_4^2+2x_1x_2+2x_2x_3+2x_3x_4$.

2. 证明：一个实二次型可以分解成两个实系数的一次齐次多项式的乘积的充分必要条件是它的秩等于2和符号差等于0，或者秩等于1.

3. 设 $f(x_1,x_2,\cdots,x_n)=\boldsymbol{X}'\boldsymbol{A}\boldsymbol{X}$ 是实二次型，若存在实 n 维向量 $\boldsymbol{X}_1,\boldsymbol{X}_2$，使

$$\boldsymbol{X}_1'\boldsymbol{A}\boldsymbol{X}_1>0,\boldsymbol{X}_2'\boldsymbol{A}\boldsymbol{X}_2<0,$$

证明：必存在实 n 维向量 $\boldsymbol{X}_0\neq\boldsymbol{0}$，使 $\boldsymbol{X}_0'\boldsymbol{A}\boldsymbol{X}_0=0$.

5.3.5.2 探究

1. 设 $\boldsymbol{A}$ 是 $m\times n$ 阶矩阵，能否利用 $\boldsymbol{A}$ 构造一个秩与 $R(\boldsymbol{A})$ 相同的 m 阶对称矩阵和 n 阶对称矩阵，为什么？

2. 一个实可逆对称矩阵是否一定可与单位矩阵合同？若答案是否定的话，找出能与单位矩阵合同的条件.

3. 在实数域上，$\boldsymbol{E}_n$ 与 $-\boldsymbol{E}_n$ 是否合同？在复数域上呢？

5.4 正定二次型

在实二次型中，可以根据其取值情况把它分类，其中正定二次型是最重要的一类二次型. 本节围绕以下问题展开讨论.

5.4.1 研究问题

正定二次型上　正定二次型下

(1) 实二次型按取值分类.

(2) 正定二次型的性质和判定.

(3) 正定矩阵的性质和判定.

5.4.2 基本概念

一个实二次型 $f(x_1,x_2,\cdots,x_n)$ 按其取值情况可分为以下五类：

✻ **定义 5.4.1** 设 $f(x_1,x_2,\cdots,x_n)$ 为实二次型，对于任意一组不全为零的实数 $c_1,c_2,\cdots,c_n$：

(1) 如果都有 $f(c_1,c_2,\cdots,c_n)>0$，则称 $f(x_1,x_2,\cdots,x_n)$ 为**正定二次型**；

(2) 如果都有 $f(c_1,c_2,\cdots,c_n)\geqslant 0$，则称 $f(x_1,x_2,\cdots,x_n)$ 为**半正定二次型**；

(3) 如果都有 $f(c_1,c_2,\cdots,c_n)<0$,则称 $f(x_1,x_2,\cdots,x_n)$ 为**负定二次型**;

(4) 如果都有 $f(c_1,c_2,\cdots,c_n)\leqslant 0$,则称 $f(x_1,x_2,\cdots,x_n)$ 为**半负定二次型**;

(5) 如果 $f(c_1,c_2,\cdots,c_n)$ 既可能取正值,也可能取负值,则称 $f(x_1,x_2,\cdots,x_n)$ 为**不定二次型**;

注:$f(x_1,x_2,\cdots,x_n)=\boldsymbol{X}'\boldsymbol{A}\boldsymbol{X}$

实二次型 $\boldsymbol{X}'\boldsymbol{A}\boldsymbol{X}$ 正定 $\Leftrightarrow \forall \boldsymbol{X}\in\mathbf{R}^n$,若 $\boldsymbol{X}\neq\boldsymbol{0}$,则 $\boldsymbol{X}'\boldsymbol{A}\boldsymbol{X}>0$.

✽ **定义 5.4.2**　如果二次型 $\boldsymbol{X}'\boldsymbol{A}\boldsymbol{X}$ 正定,则称实对称矩阵 $\boldsymbol{A}$ 为**正定矩阵**.

✽ **定义 5.4.3**　n 阶矩阵 $\boldsymbol{A}=[a_{ij}]_{n\times n}$ 的子式

$$A_k=\begin{vmatrix} a_{11} & a_{12} & \cdots & a_{1k}\\ a_{21} & a_{22} & \cdots & a_{2k}\\ \vdots & \vdots & \ddots & \vdots\\ a_{k1} & a_{k2} & \cdots & a_{kk}\end{vmatrix},k=1,2,\cdots,n$$

称为 $\boldsymbol{A}$ 的 k 阶**顺序主子式**.

5.4.3　主要结论

正定二次型在实二次型中占有重要地位,下面讨论它的性质和判别条件.

5.4.3.1　正定二次型

✽ **定理 5.4.1**　实标准形 $f(x_1,x_2,\cdots,x_n)=d_1x_1^2+d_2x_2^2+\cdots+d_nx_n^2$ 是正定的充要条件是

$$d_i>0,i=1,2,\cdots,n.$$

证明　充分性显然. 下证必要性. 若 $f(x_1,x_2,\cdots,x_n)=d_1x_1^2+d_2x_2^2+\cdots+d_nx_n^2$ 正定,则对任意一组不全为零的实数 $c_1,c_2,\cdots,c_n$,$f(c_1,c_2,\cdots,c_n)>0$. 特别地,取 $c_i=1,c_j=0,j\neq i,i=1,2,\cdots,n$,则得 $f(c_1,c_2,\cdots,c_n)=d_i>0,i=1,2,\cdots,n$.

✽ **定理 5.4.2**　合同的实二次型有相同的正定性.

证明　设

$$f(x_1,x_2,\cdots,x_n)=\boldsymbol{X}'\boldsymbol{A}\boldsymbol{X},\boldsymbol{A}'=\boldsymbol{A} \quad ①$$

是实二次型,经非退化线性替换

$$\boldsymbol{X}=\boldsymbol{C}\boldsymbol{Y}, \quad ②$$

化为二次型

$$f(x_1,x_2,\cdots,x_n)=\boldsymbol{Y}'\boldsymbol{C}'\boldsymbol{A}\boldsymbol{C}\boldsymbol{Y}=\boldsymbol{Y}'\boldsymbol{B}\boldsymbol{Y}=g(y_1,y_2,\cdots,y_n). \quad ③$$

若 f 是正定的,则对任意一组不全为零的实数$(k_1,k_2,\cdots,k_n)$,令

$$\boldsymbol{Y}=(k_1,k_2,\cdots,k_n)',$$

代入 ② 得 $\boldsymbol{X}=\boldsymbol{C}\boldsymbol{Y}=(c_1,c_2,\cdots,c_n)'$,由于 $\boldsymbol{C}$ 可逆,故$(c_1,c_2,\cdots,c_n)$也不全为零. 于是

$$g(k_1,k_2,\cdots,k_n)=f(c_1,c_2,\cdots,c_n)>0,$$

故 $g(y_1,y_2,\cdots,y_n)$ 也是正定的.

反之,若 ③ 式经非退化线性替换 $\boldsymbol{Y}=\boldsymbol{C}^{-1}\boldsymbol{X}$ 变到二次型 ①,同理可证,若 g 正定,则 f 也正定.

✻定理5.4.3 n元实二次型$f(x_1,x_2,\cdots,x_n)$是正定的充要条件是它的正惯性指数为n.

证明 设$f(x_1,x_2,\cdots,x_n)$经非退化线性替换替换为标准形

$$d_1y_1^2+d_2y_2^2+\cdots+d_ny_n^2.$$

若$f(x_1,x_2,\cdots,x_n)$正定,由定理5.4.2知它的标准形也正定.故由定理5.4.1知$d_i>0,i=1,2,\cdots,n$,即$f(x_1,x_2,\cdots,x_n)$的正惯性指数为n.反之,若$f(x_1,x_2,\cdots,x_n)$的正惯性指数为n,即$d_i>0,i=1,2,\cdots,n$,则$d_1y_1^2+d_2y_2^2+\cdots+d_ny_n^2$正定,从而$f$也正定.

一个二次型的平方项系数全为正,并不能保证这个二次型是正定的;但是如果一个二次型的平方项系数有一个非正,则可立即判定这个二次型非正定.

✻定理5.4.4 实二次型$f(x_1,x_2,\cdots,x_n)=\sum_{i=1}^{n}\sum_{j=1}^{n}a_{ij}x_ix_j$中有某一个文字的平方项$a_{ii}x_i^2$的系数$a_{ii}\leqslant 0$,则$f(x_1,x_2,\cdots,x_n)$非正定.

只要取$x_i=1$,而其余的$x_j=0,j\neq i$,得$f(x_1,x_2,\cdots,x_n)\leqslant 0$,故$f$非正定.

推论1 一个实对称矩阵$\boldsymbol{A}$是正定的充要条件是它与单位矩阵合同.

事实上,$\boldsymbol{A}$正定,它所对应的二次型正定,它的正惯性指数为n,它的实规范形矩阵是单位矩阵.故$\boldsymbol{A}$与单位矩阵合同.这回答了上一节探究2提出的问题.

推论2 正定矩阵$\boldsymbol{A}$的行列式大于零.

证明 $\boldsymbol{A}$是正定矩阵,它与单位矩阵$\boldsymbol{E}$合同,故存在可逆矩阵$\boldsymbol{C}$,使$\boldsymbol{A}=\boldsymbol{C}'\boldsymbol{E}\boldsymbol{C}=\boldsymbol{C}'\boldsymbol{C}$,两边取行列式即知.

为了直接通过二次型的矩阵来判别它的正定性,需要应用顺序主子式的概念.

✻定理5.4.5 实二次型$f(x_1,x_2,\cdots,x_n)=\boldsymbol{X}'\boldsymbol{A}\boldsymbol{X}$正定的充要条件是其矩阵$\boldsymbol{A}$的顺序主子式全大于零.

证明 先证必要性.设实二次型

$$f(x_1,x_2,\cdots,x_n)=\boldsymbol{X}'\boldsymbol{A}\boldsymbol{X}=\sum_{i=1}^{n}\sum_{j=1}^{n}a_{ij}x_ix_j$$

是正定的.对于每个$k,1\leqslant k\leqslant n$,令$k$元二次型为

$$f_k(x_1,x_2,\cdots,x_k)=f(x_1,\cdots,x_k,0,\cdots,0)=\sum_{i=1}^{k}\sum_{j=1}^{k}a_{ij}x_ix_j,$$

其矩阵行列式恰好是$\boldsymbol{A}$的k阶顺序主子式.对任意一组不全为0的实数$c_1,c_2,\cdots,c_k$,因为

$$f_k(c_1,c_2,\cdots,c_k)=f(c_1,\cdots,c_k,0,\cdots,0)=\sum_{i=1}^{k}\sum_{j=1}^{k}a_{ij}c_ic_j>0,$$

故$f_k(x_1,x_2,\cdots,x_k)$是正定的.从而由推论2知,它的矩阵的行列式大于零,即

$$\begin{vmatrix} a_{11} & a_{12} & \cdots & a_{1k} \\ a_{21} & a_{22} & \cdots & a_{2k} \\ \vdots & \vdots & \ddots & \vdots \\ a_{k1} & a_{k2} & \cdots & a_{kk} \end{vmatrix}>0,k=1,2,\cdots,n.$$

再证充分性.对n利用数学归纳法:

当$n=1$时,$f(x)=a_{11}x_1^2$,因为$a_{11}>0$,故$f(x_1)$正定.

假设结论对 $n-1$ 元实二次型成立，下面证明结论对 n 元二次型也成立.

$$令\boldsymbol{A}_1=\begin{bmatrix} a_{11} & a_{12} & \cdots & a_{1,n-1} \\ a_{21} & a_{22} & \cdots & a_{2,n-1} \\ \vdots & \vdots & \ddots & \vdots \\ a_{n-1,1} & a_{n-1,2} & \cdots & a_{n-1,n-1} \end{bmatrix},\boldsymbol{\alpha}=\begin{bmatrix} a_{1n} \\ a_{2n} \\ \vdots \\ a_{n-1,n} \end{bmatrix}.$$

则矩阵 $\boldsymbol{A}$ 可写成分块矩阵 $\boldsymbol{A}=\begin{bmatrix} \boldsymbol{A}_1 & \boldsymbol{\alpha} \\ \boldsymbol{\alpha}' & a_{nn} \end{bmatrix}$. 由归纳假设知，$\boldsymbol{A}_1$ 是正定矩阵，由推论 1 知，存在 $n-1$ 阶可逆矩阵 $\boldsymbol{P}$，使 $\boldsymbol{A}_1=\boldsymbol{PP}'$. 又因为

$$\begin{bmatrix} \boldsymbol{E}_{n-1} & \boldsymbol{O} \\ -\boldsymbol{\alpha}'\boldsymbol{A}_1^{-1} & 1 \end{bmatrix}\begin{bmatrix} \boldsymbol{A}_1 & \boldsymbol{\alpha} \\ \boldsymbol{\alpha}' & a_{nn} \end{bmatrix}=\begin{bmatrix} \boldsymbol{A}_1 & \boldsymbol{\alpha} \\ \boldsymbol{O} & a_{nn}-\boldsymbol{\alpha}'\boldsymbol{A}_1^{-1}\boldsymbol{\alpha} \end{bmatrix},$$

两边取行列式，注意到左边第一个矩阵的行列式为 1，第二个矩阵的行列式为 $|\boldsymbol{A}|$，故

$$|\boldsymbol{A}|=|\boldsymbol{A}_1|(a_{nn}-\boldsymbol{\alpha}'\boldsymbol{A}_1^{-1}\boldsymbol{\alpha}).$$

由已知条件知 $|\boldsymbol{A}|>0$，$|\boldsymbol{A}_1|>0$，故 $b=a_{nn}-\boldsymbol{\alpha}'\boldsymbol{A}_1^{-1}\boldsymbol{\alpha}>0$，即

$$a_{nn}=b+\boldsymbol{\alpha}'\boldsymbol{A}_1^{-1}\boldsymbol{\alpha}>0.$$

于是

$$\boldsymbol{A}=\begin{bmatrix} \boldsymbol{A}_1 & \boldsymbol{\alpha} \\ \boldsymbol{\alpha}' & a_{nn} \end{bmatrix}=\begin{bmatrix} \boldsymbol{PP}' & \boldsymbol{\alpha} \\ \boldsymbol{\alpha}' & b+\boldsymbol{\alpha}'\boldsymbol{A}_1^{-1}\boldsymbol{\alpha} \end{bmatrix}=\begin{bmatrix} \boldsymbol{PP}' & \boldsymbol{\alpha} \\ \boldsymbol{\alpha}' & b+\boldsymbol{\alpha}'(\boldsymbol{PP}')^{-1}\boldsymbol{\alpha} \end{bmatrix}$$

$$=\begin{bmatrix} \boldsymbol{P} & \boldsymbol{O} \\ \boldsymbol{\alpha}'(\boldsymbol{P}')^{-1} & \sqrt{b} \end{bmatrix}\begin{bmatrix} \boldsymbol{P}' & \boldsymbol{P}^{-1}\boldsymbol{\alpha} \\ \boldsymbol{O} & \sqrt{b} \end{bmatrix}$$

显然，$\begin{bmatrix} \boldsymbol{P} & \boldsymbol{O} \\ \boldsymbol{\alpha}'(\boldsymbol{P}')^{-1} & \sqrt{b} \end{bmatrix}$是一个 n 阶实可逆矩阵，$\begin{bmatrix} \boldsymbol{P}' & \boldsymbol{P}^{-1}\boldsymbol{\alpha} \\ \boldsymbol{O} & \sqrt{b} \end{bmatrix}=\begin{bmatrix} \boldsymbol{P} & \boldsymbol{O} \\ \boldsymbol{\alpha}'(\boldsymbol{P}^{-1})' & \sqrt{b} \end{bmatrix}'$. 所以，$\boldsymbol{A}$ 与单位矩阵合同，故 $\boldsymbol{A}$ 是正定矩阵，从而相应的二次型也是正定的.

推论 3　实对称矩阵 $\boldsymbol{A}$ 正定的充要条件是 $\boldsymbol{A}$ 的顺序主子式全大于零.

5.4.4　例子剖析

例 5.4.1　判别下列二次型是否正定：

(1) $f(x_1,x_2,x_3)=x_1^2+3x_2^2+\frac{5}{2}x_3^2$；

(2) $f(x_1,x_2,x_3)=x_1^2+x_3^2+x_1x_3-2x_2x_3$；

(3) $f(x_1,x_2,x_3)=x_1^2-x_2^2+3x_3^2+x_1x_2+x_2x_3+x_1x_3$.

解　(1) 正定；(2) 由定理 5.4.4 知，非正定；(3) 非正定.

例 5.4.2　判别二次型 $f(x_1,x_2,x_3)=5x_1^2+x_2^2+5x_3^2+4x_1x_2-8x_1x_3-4x_2x_3$ 是否正定？

解法 1　$f(x_1,x_2,x_3)$ 对应的矩阵是 $\begin{bmatrix} 5 & 2 & -4 \\ 2 & 1 & -2 \\ -4 & -2 & 5 \end{bmatrix}$，它的顺序主子式分别为

$$5>0,\begin{vmatrix}5&2\\2&1\end{vmatrix}=1>0,\begin{vmatrix}5&2&-4\\2&1&-2\\-4&-2&5\end{vmatrix}=1>0,$$

所以 $f(x_1,x_2,x_3)$ 正定.

解法 2

$$\begin{aligned}f(x_1,x_2,x_3)&=x_1^2+4x_1^2+x_2^2+4x_3^2+4x_1x_2-8x_1x_3-4x_2x_3+x_3^2\\&=x_1^2+(2x_1+x_2-2x_3)^2+x_3^2,\end{aligned}$$

作非退化线性替换：

$$\begin{cases}x_1=y_1\\2x_1+x_2-2x_3=y_2,\\x_3=y_3\end{cases}$$

即

$$\begin{cases}x_1=y_1\\x_2=-2y_1+y_2+2y_3,\\x_3=y_3\end{cases}$$

则原二次型化为 $y_1^2+y_2^2+y_3^2$，所以 $f(x_1,x_2,x_3)$ 正定.

解法 3

$$\begin{bmatrix}\boldsymbol{A}\\\boldsymbol{E}\end{bmatrix}=\begin{bmatrix}5&2&-4\\2&1&-2\\-4&2&5\\1&0&0\\0&1&0\\0&0&1\end{bmatrix}\to\begin{bmatrix}1&0&0\\2&1&-2\\0&0&1\\1&0&0\\0&1&0\\0&0&1\end{bmatrix}\to\begin{bmatrix}1&0&0\\0&1&0\\0&0&1\\1&0&0\\-2&1&2\\0&0&1\end{bmatrix},$$

取 $\boldsymbol{C}=\begin{bmatrix}1&0&0\\-2&1&2\\0&0&1\end{bmatrix}$，则 $\boldsymbol{A}=\boldsymbol{C}'\boldsymbol{E}\boldsymbol{C}$，故二次型 $f(x_1,x_2,x_3)$ 正定.

例 5.4.3 判别二次型 $f(x_1,x_2,x_3)=3x_1^2+2x_2^2+4x_3^2+2x_1x_2-2x_1x_3-2x_2x_3$ 是否正定？

解法 1 $f(x_1,x_2,x_3)=(x_1+x_2-x_3)^2+2x_1^2+x_2^2+3x_3^2$，对任意不全为零的 $(x_1,x_2,x_3)=(c_1,c_2,c_3)$，有

$$f(c_1,c_2,c_3)=(c_1+c_2-c_3)^2+2c_1^2+c_2^2+3c_3^2>0.$$

故 $f(x_1,x_2,x_3)$ 正定.

解法 2 $f(x_1,x_2,x_3)$ 对应的矩阵是 $\begin{bmatrix}3&1&-1\\1&2&-1\\-1&-1&4\end{bmatrix}$，由于其顺序主子式

$$3>0,\begin{vmatrix}3&1\\1&2\end{vmatrix}=5>0,$$

$$\begin{vmatrix} 3 & 1 & -1 \\ 1 & 2 & -1 \\ -1 & -1 & 4 \end{vmatrix} = \begin{vmatrix} 0 & -5 & 2 \\ 1 & 2 & -1 \\ 0 & 1 & 3 \end{vmatrix} = -\begin{vmatrix} -5 & 2 \\ 1 & 3 \end{vmatrix} = 17 > 0,$$

故 $f(x_1, x_2, x_3)$ 正定.

例 5.4.4　判别二次型 $f(x_1, x_2, \cdots, x_n) = \sum_{i=1}^{n} x_i^2 + \sum_{1 \leqslant i < j \leqslant n} x_i x_j$ 是否正定?

解　$f(x_1, x_2, \cdots, x_n)$ 的矩阵 $\boldsymbol{A} = \begin{bmatrix} 1 & \frac{1}{2} & \cdots & \frac{1}{2} \\ \frac{1}{2} & 1 & \cdots & \frac{1}{2} \\ \vdots & \vdots & \ddots & \vdots \\ \frac{1}{2} & \frac{1}{2} & \cdots & 1 \end{bmatrix}$

$\boldsymbol{A}$ 的第 k 阶顺序主子式

$$P_k = \begin{vmatrix} 1 & \frac{1}{2} & \cdots & \frac{1}{2} \\ \frac{1}{2} & 1 & \cdots & \frac{1}{2} \\ \vdots & \vdots & \ddots & \vdots \\ \frac{1}{2} & \frac{1}{2} & \cdots & 1 \end{vmatrix}_k = \begin{vmatrix} 1+\frac{k-1}{2} & 1+\frac{k-1}{2} & \cdots & 1+\frac{k-1}{2} \\ \frac{1}{2} & 1 & \cdots & \frac{1}{2} \\ \vdots & \vdots & \ddots & \vdots \\ \frac{1}{2} & \frac{1}{2} & \cdots & 1 \end{vmatrix}$$

$$= \frac{k+1}{2} \begin{vmatrix} 1 & 1 & \cdots & 1 \\ 0 & \frac{1}{2} & \cdots & 0 \\ \vdots & \vdots & \ddots & \vdots \\ 0 & 0 & \cdots & \frac{1}{2} \end{vmatrix}$$

$$= \frac{k+1}{2} \left(\frac{1}{2}\right)^{k-1} = \frac{k+1}{2^k} > 0$$

其中 $k = 1, 2, \cdots, n$　故 $f(x_1, x_2, \cdots, x_n)$ 正定.

5.4.5　练习与探究

5.4.5.1　练习

1. 判别下列二次型是否正定:

(1) $99x_1^2 - 12x_1x_2 + 48x_1x_3 + 130x_2^2 - 60x_2x_3 + 71x_3^2$;

(2) $10x_1^2 + 8x_1x_2 + 24x_1x_3 + 2x_2^2 - 28x_2x_3 + x_3^2$.

2. t 取什么值时, 下列二次型是正定的?

(1) $x_1^2 + x_2^2 + 5x_3^2 + 2tx_1x_2 - 2x_1x_3 + 4x_2x_3$;

(2) $tx_1^2 + tx_2^2 + tx_3^2 + 2x_1x_2 - 2x_2x_3 - 2x_1x_3$.

3. 如果 $\boldsymbol{A},\boldsymbol{B}$ 都是 n 阶正定矩阵，证明：$\boldsymbol{A}+\boldsymbol{B}$ 也是正定矩阵.

4. 证明：如果 $\boldsymbol{A}$ 是正定矩阵，那么 $\boldsymbol{A}$ 的主子式全大于零. 所谓主子式就是行下标与列下标相同的子式.

5. 设 $\boldsymbol{A}$ 为 n 阶实矩阵，且 $|\boldsymbol{A}|\neq 0$，证明：$\boldsymbol{A}'\boldsymbol{A},\boldsymbol{A}\boldsymbol{A}'$ 都是正定矩阵.

6. 设 $\boldsymbol{A}$ 是 n 阶正定矩阵，证明：$\boldsymbol{A}^{-1},k\boldsymbol{A}(k>0),\boldsymbol{A}^*,\boldsymbol{A}^n$ 都是正定矩阵.

5.4.5.2 探究

1. 对于实二次型 $f(x_1,x_2,\cdots,x_n)=\boldsymbol{X}'\boldsymbol{A}\boldsymbol{X}$，其中 $\boldsymbol{A}$ 是实对称矩阵，证明下列条件等价：

(1) $f(x_1,x_2,\cdots,x_n)$ 是半正定的；

(2) 它的正惯性指数与秩相等；

(3) 有可逆实矩阵 $\boldsymbol{C}$，使 $\boldsymbol{C}'\boldsymbol{A}\boldsymbol{C}=\mathrm{diag}\{d_1,d_2,\cdots,d_n\}$，其中 $d_i\geqslant 0,i=1,2,\cdots,n$；

(4) 有实矩阵 $\boldsymbol{C}$ 使 $\boldsymbol{A}=\boldsymbol{C}'\boldsymbol{C}$；

(5) $\boldsymbol{A}$ 的所有主子式皆大于或等于零.

注意：在(5)中，仅有顺序主子式大于或等于零是不能保证半正定性的，比如

$$f(x_1,x_2)=-x_2^2=[x_1,x_2]\begin{bmatrix}0&0\\0&-1\end{bmatrix}\begin{bmatrix}x_1\\x_2\end{bmatrix}$$

就是一个反例.

2. 设 $\boldsymbol{A}$ 为 $m\times n$ 实矩阵，证明：$\boldsymbol{A}'\boldsymbol{A},\boldsymbol{A}\boldsymbol{A}'$ 都是半正定实矩阵.

二次型复习

第 6 章　线性空间

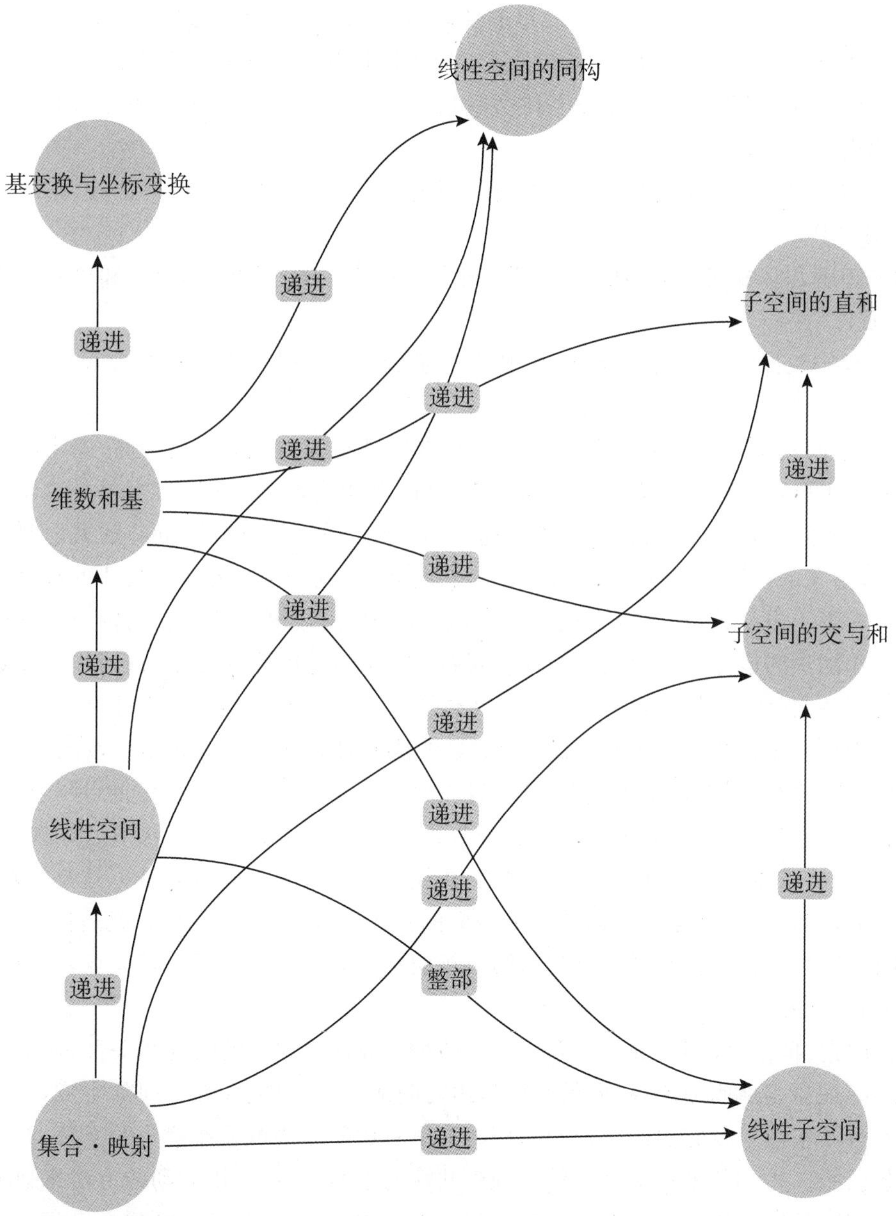

线性空间知识图谱

线性空间的理论是线性代数的中心内容，它在自然科学和工程技术的许多领域有着广泛的应用，线性空间的概念具体展示了代数的高度抽象性和应用的广泛性. 也正是这个原因，常使初学者感到困难，他们不习惯从概念出发进行推理，不注意与解析几何已经学过的内容进行联系，在学习中会暴露出他们在逻辑推理上的不少问题. 本章涉及概念较多，要在理解的基础上搞清概念间的联系. 因此学习本章对学生的逻辑思维能力的培养十分重要，希望学生在理解概念的基础上搞清概念间的联系. 本章的重点是线性空间的概念、基和维数；难点是线性空间、生成子空间、子空间的和、子空间的直和等概念和向量组的线性相关性. 本章的学习要求如下：

(1) 掌握线性空间的概念及其简单的性质，初步了解公理化的思想方法；

(2) 正确理解和掌握线性空间中向量组的线性相关性的概念和性质；

(3) 掌握有限维线性空间中基与维数的概念及其求法，理解基在线性空间理论中所起的重要作用；

(4) 掌握线性空间中向量坐标的概念及其意义、基变换及坐标变换公式、过渡矩阵的概念及其性质；

(5) 理解和掌握线性空间的子空间的概念和判别方法，子空间的交、和以及直和的概念和性质；

(6) 理解线性空间同构的概念、性质及重要意义，掌握有限维线性空间同构的充要条件.

线性空间实质上是一个定义了加法和数乘两种运算且满足八条运算规律的非空集合. 研究它主要是研究这种集合的运算性质. 把这种集合叫作"空间"，主要是由于它在数学形式上与通常的几何空间相似而借用这一名词以方便理解. 线性空间的概念是采用公理化方法定义的，具有高度的抽象性. 首先，它的元素是抽象的，就一个具体的线性空间来说，其元素不一定是数，它可以是向量、矩阵、多项式、函数等. 其次，它的两个运算也是抽象的，叫作加法的运算未必就是我们通常说的加法，更不必是数的加法；同样叫作数乘的运算，也不一定是通常的数量乘法，之所以这样称呼主要是因为它们所具有的运算规律(即定义中的八条规律)与通常的加法和数量乘法所具有的运算规律是一致的. 要判断一个集合对所给的运算能否作成线性空间，首先要证明加法及数量乘法是否封闭，初学者常常忽略这一点. 最后，要验证所给的加法和数乘是不是满足定义中的八条运算规则，初学者常常对怎样求零向量和负向量感到困难，往往错误地认为零向量就是0，这是不对的. 线性空间的零向量未必就是0，它随给定的空间的具体形式而变，该是什么就是什么. 在讨论向量组的线性相关性时，既要注意到与第3章向量空间中的讨论具有相同点，但也别忘了它们还有不同点.

在线性空间中，我们借助加法和数乘这两种运算确定向量的线性相关性，研究向量之间的关系、向量组之间的关系、向量与向量组之间的关系. 研究线性空间的生成，它的基和维数，线性子空间以及它们的交、和与直和，这里所用的方法可看作静止的方法，是从系统内部进行研究，得到的基本上是代数系统中共性的东西. 也可以用运动的方法来研究代数系统的结构，这时使用保持线性关系的双射，即同构映射. 利用它可以刻画出相互同构的线性空间具有相同的本质特征，这是从系统外部来研究代数系统. 例如，数域 F 上 n 维线

性空间与 F^n 同构，这样有限维线性空间的结构就可以认为是完全清楚了. 利用结构化方法研究代数系统，能使我们对代数系统的内部结构有更清晰的了解.

6.1　集合与映射

这一节讨论的主要问题是集合与映射的概念，熟悉这些基本概念不但对于代数的学习是必要的，而且对数学其他分支的学习也是重要的. 本节围绕以下问题展开讨论.

6.1.1　研究问题

(1) 集合的概念.
(2) 集合的运算.
(3) 映射的概念及几种重要映射.
(4) 双射和可逆映射的关系.

6.1.2　基本概念

6.1.2.1　集合和元素

集合是数学中最基本的概念之一，所谓集合就是指作为整体看的一堆东西，组成集合的东西称为这个集合的元素. 通常用大写字母 $A, B, \cdots$ 表示集合，用小写字母 $a, b, \cdots$ 表示元素.

(1) $a \in A$ 表示 a 是集合 A 的元素，读作：a 属于 A 或 A 包含 a；
(2) $a \notin A$ 表示 a 不是集合 A 的元素，读作：a 不属于 A 或 A 不包含 a；
(3) **有限集**：集合中的元素只有有限个；
(4) **无限集**：集合中的元素有无限个；
(5) 常见数集：$\mathbf{Z}, \mathbf{Q}, \mathbf{R}, \mathbf{C}$.

6.1.2.2　集合的表示

所谓给出一个集合就是规定这个集合是由哪些元素组成的. 因此，给出一个集合的方式不外乎两种，一种是列举法，即列举出它全部的元素；一种是描述法，即给出这个集合的元素所具有的特征性质.

(1) **列举法**：$A = \{1, 2, 3, 4, 5\}$；
(2) **描述法**：$A = \{a \mid a$ 具有某种性质$\}$. 例如，$A = \{x \mid x^2 - 2x + 1 = 0\}$.
(3) **空集**：不包含任何元素的集合称为空集，记作 $\varnothing$.

6.1.2.3　集合的包含和相等

(1) **集合的包含**：如果集合 A 的元素全是集合 B 的元素，即由 $a \in A \Rightarrow a \in B$，则称 A 是 B 的子集合，记为 $A \subset B$ 或 $B \supset A$；

(2) **集合的相等**:如果两个集合 A 与 B 含有完全相同的元素,即 $a \in A \Leftrightarrow a \in B$,则称集合 A 与 B 相等,记为 $A = B$.

要证 $A \subset B$,只要证 $\forall a \in A \Rightarrow a \in B$;要证 $A = B$,只要证 $A \subset B$ 且 $B \subset A$.

6.1.2.4 集合的运算

(1) **集合的交**:A 和 B 是两个集合,既属于 A 又属于 B 的全体元素所成的集合称为 A 与 B 的交,记为 $A \cap B$,即 $A \cap B = \{x \mid x \in A \text{ 且 } x \in B\}$;

(2) **集合的并**:A 和 B 是两个集合,属于集合 A 或者属于集合 B 的全体元素所成的集合称为 A 与 B 的并,记为 $A \cup B$,即 $A \cup B = \{x \mid x \in A \text{ 或 } x \in B\}$;

集合的交和并可推广到任意个集合的情况:

$$A_1 \cap A_2 \cap \cdots \cap A_n = \bigcap_{i=1}^{n} A_i,\ A_1 \cup A_2 \cup \cdots \cup A_n = \bigcup_{i=1}^{n} A_i.$$

(3) **集合的差**:A 和 B 是两个集合,属于集合 A 而不属于集合 B 的全体元素所成的集合称为 A 与 B 的差,记为 $A - B$. $A - B = \{x \mid x \in A \text{ 但 } x \notin B\}$;

(4) **集合的补**:若 $B \subset A$,则称 $A - B$ 为 B 关于 A 的补集;

(5) 几个运算规律:

① $A \cap (A \cup B) = A$;

② $A \cup (A \cap B) = A$;

③ $A \cap (B \cup C) = (A \cap B) \cup (A \cap C)$;

④ $A \cup (B \cap C) = (A \cup B) \cap (A \cup C)$.

6.1.2.5 特殊集合

(1) **笛卡尔积**:设 A 和 B 是两个集合,称集合

$$A \times B = \{(a,b) \mid a \in A, b \in B\}$$

为 A 与 B 的笛卡尔积,或称为集合 A 与 B 的直积.

(2) **幂集**:设 A 是一个集合,由 A 中所有子集所成的集合称为 A 的幂集,记为 2^A.

6.1.2.6 映射

✲ **定义 6.1.1** 设 A 和 B 是两个非空集合,若存在一个对应法则 σ,使对 A 中每一个元素 a,都有 B 中唯一确定的元素 b 与之对应,则称 σ 是 A 到 B 的一个映射,记为

$$\sigma: a \mapsto b;\text{或 } \sigma: A \to B;\text{或 } \sigma(a) = b.$$

b 称为 a 在映射 σ 下的像,而 a 称为 b 在映射 σ 下的一个原像.

关于 A 到 B 的映射 σ,应注意以下几点:

(1) A 与 B 可以相同,也可以不同;

(2) 对于 A 中每个元素 a,必有 B 中唯一确定的一个元素 b 与它对应;但对于 B 中元素,它在 A 中不一定有原像;

(3) A 中不相同元素的像可以相同;

(4) 两个集合之间可以建立多个映射;

(5) A 到 A 的映射,通常称为 A 到 A 的变换.

✽ **定义 6.1.2**　σ 与 τ 是集合 A 到集合 B 的两个映射，若 $\forall a \in A$，都有 $\sigma(a) = \tau(a)$，则称这两个映射相等，记为 $\sigma = \tau$.

映射的像集：设 σ 是 A 到 B 的映射，称 $\sigma(A) = \{\sigma(a) \mid a \in A\}$ 为映射 σ 的像集，且有 $\sigma(A) \subset B$.

6.1.2.7　几种重要的映射

(1) **恒等映射**：设 σ 是 A 到 A 的映射，且 $\forall a \in A$，有 $\sigma(a) = a$，则称 σ 是 A 到 A 的恒等映射，记为 I_A，即 $\forall a \in A, I_A(a) = a$.

(2) **满射**：设 σ 是集合 A 到 B 的映射，若 $\sigma(A) = B$，则称 σ 是集合 A 到 B 的满射.

要证 σ 是集合 A 到 B 的满射，只要证 $\forall b \in B, \exists a \in A$，使 $\sigma(a) = b$.

(3) **单射**：设 σ 是集合 A 到 B 的映射，$\forall a_1, a_2 \in A, a_1 \neq a_2$，都有 $\sigma(a_1) \neq \sigma(a_2)$，则称 σ 是集合 A 到 B 的单射.

要证 σ 是集合 A 到 B 的单射，只要证 $\forall a_1, a_2 \in A$，若有 $\sigma(a_1) = \sigma(a_2)$，则有 $a_1 = a_2$.

(4) **双射**：设 σ 是集合 A 到 B 的映射，若 σ 既是集合 A 到 B 的单射，又是集合 A 到 B 的满射，则称 σ 是集合 A 到 B 的双射.

(5) **映射的乘积**：设 σ 与 τ 分别是集合 A 到 B，B 到 C 的映射，乘积 $\tau\sigma$ 定义为

$$(\tau\sigma)(a) = \tau(\sigma(a)), \forall a \in A,$$

则称 $\tau\sigma$ 是 A 到 C 的一个映射，这个映射称为映射 σ 和 τ 的乘积.

(6) **可逆映射**：对于集合 A 到集合 B 的任何一个映射 σ，显然都有 $I_B\sigma = \sigma I_A = \sigma$. 能否找到集合 B 到 A 的一个映射 τ，使得 $\sigma\tau = I_B, \tau\sigma = I_A$？

✽ **定义 6.1.3**　设 σ 是集合 A 到 B 的映射，若存在集合 B 到 A 的一个映射 τ，使得

$$\sigma\tau = I_B, \tau\sigma = I_A,$$

则称 σ 是集合 A 到 B 的**可逆映射**，τ 是它的**逆映射**，记为 $\tau = \sigma^{-1}$.

6.1.2.8　代数运算

设 A 是一个集合，笛卡尔积 $A \times A$ 到 A 的一个映射就称为集合 A 的一个**代数运算**.

由此不难理解，为什么把加、减、乘、除、乘方和开方称为实数域上的代数运算；而 $\sin x, \cos x$ 不是 $\mathbf{R}$ 上的代数运算.

6.1.3　主要结论

映射的乘法满足结合律：设 σ, τ, φ 分别是集合 A 到 B，B 到 C，C 到 D 的映射，映射乘法的结合律就是

$$(\varphi\tau)\sigma = \varphi(\tau\sigma).$$

证明：显然上式两端都是 A 到 D 的映射，要证明它们相等，只需要证明它们对于 A 中每个元素的作用都相同，即

$$\varphi(\tau\sigma)(a) = (\varphi\tau)\sigma(a)，对于每个\ a \in A.$$

由定义

$$\varphi(\tau\sigma)(a) = \varphi((\tau\sigma)(a)) = \varphi(\tau(\sigma(a))),$$
$$(\varphi\tau)\sigma(a) = (\varphi\tau)(\sigma(a)) = \varphi(\tau(\sigma(a)))，证毕.$$

注意:映射的乘法不满足交换律,例如设 $f(x)=\sin x$,$g(x)=x+1$,则 $g(f(x))=\sin x+1$;$f(g(x))=\sin(x+1)$. 故 $gf\neq fg$.

✻ **定理 6.1.1** 设 σ 是集合 A 到 B 的一个映射,σ 是可逆变换的充要条件是:σ 是双射.

证明 若 σ 是 A 到 B 的双射,因为 σ 是满射,故 $\sigma(A)=B$. $\forall b\in B$,$\exists a\in A$,使 $\sigma(a)=b$. 于是可以定义 τ: $\forall b\in B$,$\tau(b)=a$(B 中元素在 τ 下的像是这个元素在 σ 下的原像)唯一确定,故 τ 是集合 B 到 A 的一个映射. $\forall a\in A$,$\tau\sigma(a)=\tau(b)=a$,所以 $\tau\sigma=I_A$;又 $\forall b\in B$,$\sigma\tau(b)=\sigma(a)=b$,所以 $\sigma\tau=I_B$. 可见 σ 是集合 A 到 B 的可逆映射,τ 是它的逆映射. 由此可知 σ 是可逆映射.

反之,若 σ 是可逆映射,则 σ 有逆映射 τ,满足 $\tau\sigma=I_A$,$\sigma\tau=I_B$. $\forall b\in B$,$\tau(b)=a\in A$,$\sigma(a)=\sigma\tau(b)=(\sigma\tau)b=I_B(b)=b$,故 σ 是满射;$\forall a_1,a_2\in A$,若 $\sigma(a_1)=\sigma(a_2)$,则有 $\tau\sigma(a_1)=\tau\sigma(a_2)\Rightarrow(\tau\sigma)a_1=(\tau\sigma)a_2\Rightarrow a_1=a_2$,所以 σ 是双射.

不难证明,如果 σ,τ 分别是 A 到 B,B 到 C 的双射,那么乘积 $\tau\sigma$ 就是 A 到 C 的一个双射.

6.1.4 例子剖析

例 6.1.1 $\mathbf{Z}$ 是全体整数的集合,$\mathbf{B}$ 是全体偶数的集合,定义

$$\sigma(n)=2n,n\in\mathbf{Z}.$$

这是整数集 $\mathbf{Z}$ 到偶数集 $\mathbf{B}$ 的一个映射.

例 6.1.2 $F^{n\times n}$ 是数域 F 上全体 n 阶矩阵的集合,定义

$$\sigma_1(\boldsymbol{A})=|\boldsymbol{A}|,\forall\boldsymbol{A}\in F^{n\times n}.$$

这是 $F^{n\times n}$ 到 F 的一个映射.

例 6.1.3 $F^{n\times n}$ 是数域 F 上全体 n 阶矩阵的集合,定义

$$\sigma_2(\boldsymbol{a})=\boldsymbol{aE},\forall\boldsymbol{a}\in F.$$

$\boldsymbol{E}$ 是 n 阶单位矩阵,这是 F 到 $F^{n\times n}$ 的一个映射.

例 6.1.4 对于 $f(x)\in F[x]$,定义

$$\sigma(f(x))=f'(x).$$

这是 $F[x]$到自身的一个映射.

例 6.1.5 设 A,B 是两个非空的集合,a_0 是 B 中一个固定的元素,定义

$$\sigma(a)=a_0,\forall a\in A.$$

这是 A 到 B 的一个映射.

例 6.1.6 对任意一个定义在全体实数上的函数:

$$y=f(x),\forall x\in\mathbf{R},$$

它是实数集合到自身的映射,因此函数可以认为是映射的特例.

6.1.5 练习与探究

1. 设 M,N,Q 都是集合,证明:

$$M\cap(N\cup Q)=(M\cap N)\cup(M\cap Q);$$
$$M\cup(N\cap Q)=(M\cup N)\cap(M\cup Q).$$

2. 设 $A=\mathbf{R}$，$B=\mathbf{R}^{+}$，$\forall x\in A$，$\sigma(x)=2^{x}$，证明：$\sigma(x)=2^{x}$ 是 A 到 B 的双射.

3. 设 $A=\mathbf{R}^{+}$，$B=\{x\,|\,0<x<1\}$，证明：$\forall x\in A$，$\sigma(x)=\dfrac{x}{1+x}$ 是 A 到 B 的可逆映射，并求 σ^{-1}.

6.2　线性空间的定义与性质

线性空间是线性代数最基本的概念之一，也是我们在代数学习上遇到的第一个抽象的概念. 本节要讨论线性空间的定义和它的简单性质. 本节围绕以下问题展开讨论.

6.2.1　研究问题

（1）线性空间的定义.

（2）线性空间的性质.

线性空间的定义上　线性空间的定义下

6.2.2　基本概念

在解析几何和向量空间中，我们已讨论过二维空间、三维空间和 n 维空间中向量的加法、数乘. 若向量用坐标表示，则两个向量的和就转化为对应坐标相加，数与向量相乘就转化为数与对应坐标相乘.

在矩阵运算中，两个矩阵相加是它们对应元素相加，数与矩阵相乘是数与对应元素相乘.

在多项式运算中，两个多项式相加就是把它们的同次项系数相加，数与多项式相乘就是用这个数乘多项式的每个系数.

考察这些例子，虽然它们涉及的对象完全不同，但是它们具有一些共同点，即都有加法和数乘两种运算，而且运算规则也基本相同. 抓住它们的共同点，就可以把它们统一起来加以研究. 为此，下面要引入线性空间的概念，把具有一些共同结构和性质的对象统一加以研究. 抽象的理论其价值就在于应用的广泛性，线性空间不但在线性代数中起重要作用，而且在自然科学和工程技术的许多领域中也有广泛的应用.

为了抓住以上列举的例子的共同点，我们先把它们的一些基本特点列出来.

（1）都有一个数域 F 和一个非空集合 V.

（2）在集合 V 上定义一个加法：$\forall\boldsymbol{\alpha},\boldsymbol{\beta}\in V$，有 $\boldsymbol{\alpha}+\boldsymbol{\beta}\in V$，在数域和集合之间定义一个数乘：$\forall\boldsymbol{\alpha}\in V$，$\forall k\in F$，有 $k\boldsymbol{\alpha}\in V$.

（3）加法满足四条运算规则：交换律成立，结合律成立，有零元，有负元. 数乘满足两条运算规律：$1\alpha=\alpha$，$k(l\alpha)=(kl)\alpha$. 数乘与加法满足两条运算规律：向量对数加法的分配律，数对向量加法的分配律.

下面不考虑所研究对象的具体性质和内容，只讨论那些与运算规律有关的性质，从而引出线性空间的公理化定义.

6.2.3 主要结论

✲ **定义 6.2.1** 令 V 是一个**非空集合**，F 是一个数域. 在集合 V 的元素之间定义了一种代数运算，叫作加法，即对 V 中任意两个元素 $\boldsymbol{\alpha}$ 和 $\boldsymbol{\beta}$，在 V 中都有唯一的一个元素 $\boldsymbol{\gamma}$ 与它们对应，称为 $\boldsymbol{\alpha}$ 与 $\boldsymbol{\beta}$ 的和，记为 $\boldsymbol{\gamma}=\boldsymbol{\alpha}+\boldsymbol{\beta}$. 在数域 F 与集合 V 的元素之间还定义了一种运算，叫作数量乘法，对于数域 F 中任一个数 k 与 V 中任一个元素 $\boldsymbol{\alpha}$，在 V 中都有唯一一个元素 $\boldsymbol{\delta}$ 与它们对应，称为 k 与 $\boldsymbol{\alpha}$ 的数量乘积，记为 $\boldsymbol{\delta}=k\boldsymbol{\alpha}$. 如果加法与数量乘法满足下述八条规则，那么 V 称为数域 F 上的**线性空间**.

加法满足下面四条规则：

(1) 交换律成立：$\forall \boldsymbol{\alpha},\boldsymbol{\beta}\in V,\boldsymbol{\alpha}+\boldsymbol{\beta}=\boldsymbol{\beta}+\boldsymbol{\alpha}$；

(2) 结合律成立：$\forall \boldsymbol{\alpha},\boldsymbol{\beta},\boldsymbol{\gamma}\in V,(\boldsymbol{\alpha}+\boldsymbol{\beta})+\boldsymbol{\gamma}=\boldsymbol{\alpha}+(\boldsymbol{\beta}+\boldsymbol{\gamma})$；

(3) 有零元 $\mathbf{0}$：$\forall \boldsymbol{\alpha}\in V,\boldsymbol{\alpha}+\mathbf{0}=\boldsymbol{\alpha}$；

(4) 有负元：$\forall \boldsymbol{\alpha}\in V,\exists \boldsymbol{\beta}\in V,\boldsymbol{\alpha}+\boldsymbol{\beta}=\mathbf{0}$.

数量乘法满足下面两条规则：

(5) $\forall \boldsymbol{\alpha}\in V,1\boldsymbol{\alpha}=\boldsymbol{\alpha}$；

(6) $\forall k,l\in F,\forall \boldsymbol{\alpha}\in V,k(l\boldsymbol{\alpha})=(kl)\boldsymbol{\alpha}$(结合律成立).

数量乘法与加法满足下面两条规则：

(7) $\forall k,l\in F,\forall \boldsymbol{\alpha}\in V,(k+l)\boldsymbol{\alpha}=k\boldsymbol{\alpha}+l\boldsymbol{\alpha}$(向量对数加法的分配律)；

(8) $\forall k\in F,\forall \boldsymbol{\alpha},\boldsymbol{\beta}\in V,k(\boldsymbol{\alpha}+\boldsymbol{\beta})=k\boldsymbol{\alpha}+k\boldsymbol{\beta}$(数对向量加法的分配律).

线性空间的元素也称为向量，这里的向量比几何中所谓向量的含义要广泛得多，因此线性空间有时也称为向量空间. 以下用小写希腊字母 $\boldsymbol{\alpha},\boldsymbol{\beta},\boldsymbol{\gamma},\cdots$ 代表线性空间 V 中的元素，用小写拉丁字母 $a,b,c,\cdots$ 代表数域 F 中的数.

线性空间的简单性质

设 V 是数域 F 上的线性空间，由线性空间的定义可得如下性质：

性质 1 V 中零向量是唯一的.

证明 设 $\mathbf{0}_1,\mathbf{0}_2$ 都是 V 中的零向量，则 $\mathbf{0}_1=\mathbf{0}_1+\mathbf{0}_2=\mathbf{0}_2$.

性质 2 V 中每个向量的负向量是唯一的.

证明 $\forall \boldsymbol{\alpha}\in V$，设 $\boldsymbol{\beta}_1,\boldsymbol{\beta}_2$ 都是向量 $\boldsymbol{\alpha}$ 的负向量，则

$$\boldsymbol{\beta}_1=\boldsymbol{\beta}_1+\mathbf{0}=\boldsymbol{\beta}_1+(\boldsymbol{\alpha}+\boldsymbol{\beta}_2)=(\boldsymbol{\beta}_1+\boldsymbol{\alpha})+\boldsymbol{\beta}_2=\mathbf{0}+\boldsymbol{\beta}_2=\boldsymbol{\beta}_2.$$

性质 3 在 V 中，$0\boldsymbol{\alpha}=\mathbf{0}$；$k\mathbf{0}=\mathbf{0}$；$k(-\boldsymbol{\alpha})=(-k)\boldsymbol{\alpha}=-k\boldsymbol{\alpha}$.

证明 $0\boldsymbol{\alpha}=0\boldsymbol{\alpha}+\mathbf{0}=0\boldsymbol{\alpha}+(0\boldsymbol{\alpha}-0\boldsymbol{\alpha})=(0+0)\boldsymbol{\alpha}-0\boldsymbol{\alpha}=0\boldsymbol{\alpha}-0\boldsymbol{\alpha}=\mathbf{0}$；

$$k\mathbf{0}+k\mathbf{0}=k(\mathbf{0}+\mathbf{0})=k\mathbf{0}\Rightarrow k\mathbf{0}=\mathbf{0};$$

$$k(-\boldsymbol{\alpha})+k\boldsymbol{\alpha}=k(-\boldsymbol{\alpha}+\boldsymbol{\alpha})=k\mathbf{0}=\mathbf{0}\Rightarrow k(-\boldsymbol{\alpha})=-k\boldsymbol{\alpha};$$

$$(-k)\boldsymbol{\alpha}+k\boldsymbol{\alpha}=(-k+k)\boldsymbol{\alpha}=0\boldsymbol{\alpha}=\mathbf{0}\Rightarrow(-k)\boldsymbol{\alpha}=-k\boldsymbol{\alpha}.$$

性质 4 在 V 中，如果 $k\boldsymbol{\alpha}=\mathbf{0}$，那么 $k=0$ 或者 $\boldsymbol{\alpha}=\mathbf{0}$.

证明 已知 $k\boldsymbol{\alpha}=\mathbf{0}$，若 $k=0$，则结论已成立；若 $k\neq 0$，则

$$\boldsymbol{\alpha}=\left(\frac{1}{k}k\right)\boldsymbol{\alpha}=\frac{1}{k}(k\boldsymbol{\alpha})=\mathbf{0}.$$

6.2.4 例子剖析

例 6.2.1　在解析几何里，平面或空间中由原点引出的一切向量对向量的加法和数与向量的乘法作成数域 F 上的线性空间.

例 6.2.2　数域 F 上一切 $m \times n$ 矩阵所成的集合 $F^{m\times n}$ 对于矩阵的加法和数与矩阵的乘法作成 F 上的线性空间. 特别地，$F^n = \{(a_1, a_2, \cdots, a_n) \mid a_i \in F\}$ 也作成 F 上的线性空间.

例 6.2.3　数域 F 上一元多项式环 $F[x]$ 按通常的多项式加法和数与多项式的乘法，作成数域 F 上的线性空间. 如果只考虑其中次数小于 n 的多项式，再添上零多项式也构成数域 F 上的一个线性空间，用 $F[x]_n$ 表示，即 $F[x]_n$ 也作成数域 F 上的线性空间.

例 6.2.4　全体实函数按函数加法和数与函数的数量乘法，构成一个实数域上的线性空间.

例 6.2.5　对于数的加法与乘法，复数域 $\mathbf{C}$ 构成实数域 $\mathbf{R}$ 上的线性空间.

例 6.2.6　单个零向量 $V = \{\mathbf{0}\}$ 对向量的加法与数乘作成数域 F 上的线性空间.

例 6.2.7　平面上全体向量所作成的集合 V，对于通常向量的加法和如下定义的数量乘法：$k\boldsymbol{\alpha} = \mathbf{0}, \forall k \in \mathbf{R}, \forall \boldsymbol{\alpha} \in V$ 是否作成数域 F 上的线性空间？

答：不构成数域 F 上的线性空间. 因为当 $\mathbf{0} \neq \boldsymbol{\alpha} \in V$ 时，$1\boldsymbol{\alpha} = \mathbf{0} \neq \boldsymbol{\alpha}$.

例 6.2.8　全体正实数 $\mathbf{R}^+$

1) 加法与数量乘法定义为：$\forall a, b \in \mathbf{R}^+, \forall k \in \mathbf{R}$

$a \oplus b = \log_a b \qquad k \circ a = a^k$

2) 加法与数量乘法定义为：$\forall a, b \in \mathbf{R}^+, \forall k \in \mathbf{R}$

$a \oplus b = ab \qquad k \circ a = a^k$

判断 $\mathbf{R}^+$ 是否构成实数域 $\mathbf{R}$ 上的线性空间.

解：

1) $\mathbf{R}^+$ 不构成实数域 $\mathbf{R}$ 上的线性空间.

$\oplus$ 不封闭，如 $2 \oplus \dfrac{1}{2} = \log_2 \dfrac{1}{2} = -1 \notin \mathbf{R}^+$.

2) $\mathbf{R}^+$ 构成实数域上的线性空间.

首先，$\mathbf{R}^+ \neq \varnothing$，且加法和数量乘法对 $\mathbf{R}^+$ 是封闭的.

事实上，$\forall a, b \in \mathbf{R}^+, a \oplus b = ab \in \mathbf{R}^+$，且 ab 唯一确定；

$\forall a \in \mathbf{R}^+, \forall k \in \mathbf{R}, k \circ a = a^k \in \mathbf{R}^+$，且 a^k 唯一确定.

其次，加法和数量乘法满足下列运算律：

① $a \oplus b = ab = ba = b \oplus a$

② $(a \oplus b) \oplus c = (ab) \oplus c = (ab)c = a(bc) = a \oplus (bc) = a \oplus (b \oplus c)$

③ $1 \in \mathbf{R}^+, \forall a \in \mathbf{R}^+, a \oplus 1 = a1 = a$，即 1 是零元；

④ $\forall a \in \mathbf{R}^+, \dfrac{1}{a} \in \mathbf{R}^+, a \oplus \dfrac{1}{a} = a\dfrac{1}{a} = 1$，即 a 的负元素是 $\dfrac{1}{a}$；

⑤ $\forall a \in \mathbf{R}^+, 1 \circ a = a^1 = a$；

⑥$k\circ(l\circ a)=k\circ a^l=(a^l)^k=a^{lk}=a^{kl}=(kl)\circ a$;

⑦$(k+l)\circ a=a^{k+l}=a^ka^l=a^k\oplus a^l=(k\circ a)\oplus(l\circ a)$

⑧$k\circ(a\oplus b)=k\circ(ab)=(ab)^k=a^kb^k=a^k\oplus b^k=(k\circ a)\oplus(k\circ b)$

故 $\mathbf{R}^+$ 构成实数域上的线性空间.

6.2.5 练习与探究

6.2.5.1 练习

1. 以下集合对于所指的线性运算是否构成实数域上的线性空间?

(1) 次数等于 $n(n\geqslant 1)$ 的实系数多项式的全体,对于多项式的加法和数量乘法;

(2) 平面上不平行于某一向量的全部向量所成的集合,对于向量的加法和数量乘法;

(3) 全体实数的二元数列,对于下面定义的运算:

$$(a_1,b_1)\oplus(a_2,b_2)=(a_1+a_2,b_1+b_2+a_1a_2)\ ,\ k\circ(a_1,b_1)=\left(ka_1,kb_1+\frac{k(k-1)}{2}a_1^2\right).$$

2. 在线性空间中,证明:$k(\boldsymbol{\alpha}-\boldsymbol{\beta})=k\boldsymbol{\alpha}-k\boldsymbol{\beta}$.

6.2.5.2 探究

下列集合 V 对于数的加法与乘法运算能构成数域 P 上的线性空间吗?

①$P=V=\mathbf{R}$; ②$P=\mathbf{Q},V=\mathbf{R}$; ③$P=\mathbf{C},V=\mathbf{R}$.

以上问题能否得出一般结论,即若 F,P 都是数域,何时 P 是 F 上的线性空间?何时 P 不是 F 上的线性空间?

6.3 基、维数与坐标

上一节定义的线性空间是第 3 章中向量空间的推广.在向量空间中,我们讨论过向量组的线性相关性及许多相关性质.这些关系在一般的线性空间中是否成立?另外,线性空间的基、维数和坐标又该如何定义?本节围绕以下问题展开讨论.

维数和基上　维数和基下

6.3.1 研究问题

(1) 向量组的线性相关性.

(2) 线性关系的简单性质.

(3) 基和维数的定义和性质.

6.3.2 基本概念

6.3.2.1 向量组的线性相关性

✲ **定义 6.3.1** 设 V 是数域 F 上的线性空间,$\boldsymbol{\alpha},\boldsymbol{\alpha}_1,\boldsymbol{\alpha}_2,\cdots,\boldsymbol{\alpha}_r(r\geqslant 1)$ 是 V 的一组向

量，如果存在数域 F 中的一组数 $k_1,k_2,\cdots,k_r$，使向量

$$\boldsymbol{\alpha}=k_1\boldsymbol{\alpha}_1+k_2\boldsymbol{\alpha}_2+\cdots+k_r\boldsymbol{\alpha}_r,$$

则称向量 $\boldsymbol{\alpha}$ 是向量组 $\boldsymbol{\alpha}_1,\boldsymbol{\alpha}_2,\cdots,\boldsymbol{\alpha}_r$ 的一个**线性组合**，或者说向量 $\boldsymbol{\alpha}$ 可由向量组 $\boldsymbol{\alpha}_1,\boldsymbol{\alpha}_2,\cdots,\boldsymbol{\alpha}_r$ **线性表出**.

✲ **定义 6.3.2**　线性空间 V 中的向量组 $\boldsymbol{\alpha}_1,\boldsymbol{\alpha}_2,\cdots,\boldsymbol{\alpha}_r(r\geqslant 1)$ 称为**线性相关**的，如果存在数域 F 中 r 个不全为零的数 $k_1,k_2,\cdots,k_r$，使

$$k_1\boldsymbol{\alpha}_1+k_2\boldsymbol{\alpha}_2+\cdots+k_r\boldsymbol{\alpha}_r=\mathbf{0};\tag{6.3.1}$$

向量组 $\boldsymbol{\alpha}_1,\boldsymbol{\alpha}_2,\cdots,\boldsymbol{\alpha}_r$ 称为**线性无关**的，如果等式(6.3.1)只在 $k_1=k_2=\cdots=k_r=0$ 时才成立.

✲ **定义 6.3.3**　设向量组(Ⅰ)：$\boldsymbol{\alpha}_1,\boldsymbol{\alpha}_2,\cdots,\boldsymbol{\alpha}_r$ 和向量组(Ⅱ)：$\boldsymbol{\beta}_1,\boldsymbol{\beta}_2,\cdots,\boldsymbol{\beta}_s$ 是向量空间中的两个向量组，如果向量组(Ⅰ)中的任一向量 $\boldsymbol{\alpha}_i$ 都可由 $\boldsymbol{\beta}_1,\boldsymbol{\beta}_2,\cdots,\boldsymbol{\beta}_s$ 线性表示，而向量组(Ⅱ)中的任一向量 $\boldsymbol{\beta}_j$ 也可由 $\boldsymbol{\alpha}_1,\boldsymbol{\alpha}_2,\cdots,\boldsymbol{\alpha}_r$ 线性表示，则称这两个**向量组等价**.

✲ **定义 6.3.4**　若向量组 $\boldsymbol{\alpha}_1,\boldsymbol{\alpha}_2,\cdots,\boldsymbol{\alpha}_n$ 的一个部分组：$\boldsymbol{\alpha}_1,\boldsymbol{\alpha}_2,\cdots,\boldsymbol{\alpha}_r$ 满足以下两个条件：

(1) $\boldsymbol{\alpha}_1,\boldsymbol{\alpha}_2,\cdots,\boldsymbol{\alpha}_r$ 线性无关；

(2) $\boldsymbol{\alpha}_1,\boldsymbol{\alpha}_2,\cdots,\boldsymbol{\alpha}_n$ 中任一向量可由 $\boldsymbol{\alpha}_1,\boldsymbol{\alpha}_2,\cdots,\boldsymbol{\alpha}_r$ 线性表示，

则称向量组 $\boldsymbol{\alpha}_1,\boldsymbol{\alpha}_2,\cdots,\boldsymbol{\alpha}_r$ 是向量组 $\boldsymbol{\alpha}_1,\boldsymbol{\alpha}_2,\cdots,\boldsymbol{\alpha}_n$ 的一个**极大线性无关组**，简称**极大无关组**.

✲ **定义 6.3.5**　一个向量组的极大线性无关组中所含向量的个数叫作这个**向量组的秩**.

评注　以上定义几乎就是向量空间中相应定义的翻版.

✲ **定义 6.3.6**　设 V 是数域 F 上的线性空间，如果 V 中向量 $\boldsymbol{\alpha}_1,\boldsymbol{\alpha}_2,\cdots,\boldsymbol{\alpha}_n$ 满足以下两个条件：

(1) $\boldsymbol{\alpha}_1,\boldsymbol{\alpha}_2,\cdots,\boldsymbol{\alpha}_n$ 线性无关；

(2) V 中任一向量可由 $\boldsymbol{\alpha}_1,\boldsymbol{\alpha}_2,\cdots,\boldsymbol{\alpha}_n$ 线性表示，

则称向量组 $\boldsymbol{\alpha}_1,\boldsymbol{\alpha}_2,\cdots,\boldsymbol{\alpha}_n$ 是线性空间 V 的一个**基**. V 的基中所含向量的个数 n 称为 V 的**维数**，记为 $\dim(V)=n$. 这时，V 称为 n **维线性空间**.

评注　在线性空间中，基和维数是同时定义的. 这在应用时是方便的. 定义 6.3.6 的标准用法：V 中任一向量可由 $\boldsymbol{\alpha}_1,\boldsymbol{\alpha}_2,\cdots,\boldsymbol{\alpha}_m$ 线性表示，找出 $\boldsymbol{\alpha}_1,\boldsymbol{\alpha}_2,\cdots,\boldsymbol{\alpha}_m$ 的一个极大线性无关组 $\boldsymbol{\alpha}_1,\boldsymbol{\alpha}_2,\cdots,\boldsymbol{\alpha}_t$，则 V 是 t 维的，$\boldsymbol{\alpha}_1,\boldsymbol{\alpha}_2,\cdots,\boldsymbol{\alpha}_t$ 是 V 的一组基.

如果线性空间 V 的基中只含有限多个线性无关的向量，则称 V 为有限维线性空间.

如果在 V 中可以找到任意多个线性无关的向量，则称 V 为无限维线性空间. 例如 $F[x]$ 就是一个无限维线性空间，$1,x,\cdots,x^n,\cdots$ 是 $F[x]$ 的一个基.

在高等代数中，我们主要研究有限维线性空间.

✲ **定义 6.3.7**　设 V 是数域 F 上的 n 维线性空间，$\boldsymbol{\alpha}_1,\boldsymbol{\alpha}_2,\cdots,\boldsymbol{\alpha}_n$ 是 V 的一个基，V 中任一向量 $\boldsymbol{\alpha}$ 都可以被基 $\boldsymbol{\alpha}_1,\boldsymbol{\alpha}_2,\cdots,\boldsymbol{\alpha}_n$ 线性表出：

$$\boldsymbol{\alpha}=k_1\boldsymbol{\alpha}_1+k_2\boldsymbol{\alpha}_2+\cdots+k_n\boldsymbol{\alpha}_n,$$

其中系数 $k_1,k_2,\cdots,k_n$ 是由向量 $\boldsymbol{\alpha}$ 和基 $\boldsymbol{\alpha}_1,\boldsymbol{\alpha}_2,\cdots,\boldsymbol{\alpha}_n$ 唯一确定的，这组数就称为 $\boldsymbol{\alpha}$ 在基 $\boldsymbol{\alpha}_1,\boldsymbol{\alpha}_2,\cdots,\boldsymbol{\alpha}_n$ 下的**坐标**，记为 $\langle a\rangle=(k_1,k_2,\cdots,k_n)$.

6.3.3 主要结论

单个向量$\boldsymbol{\alpha}$线性相关的充要条件是$\boldsymbol{\alpha}=\mathbf{0}$，两个以上的向量组$\boldsymbol{\alpha}_1,\boldsymbol{\alpha}_2,\cdots,\boldsymbol{\alpha}_r$线性相关的充要条件是其中有一个向量是其余向量的线性组合.

6.3.3.1 线性关系的简单性质

性质1 向量组$\boldsymbol{\alpha}_1,\boldsymbol{\alpha}_2,\cdots,\boldsymbol{\alpha}_r$中的每一向量$\boldsymbol{\alpha}_i$都可以由这一向量组线性表示.

性质2 如果向量$\boldsymbol{\gamma}$可由向量组$\boldsymbol{\alpha}_1,\boldsymbol{\alpha}_2,\cdots,\boldsymbol{\alpha}_r$线性表示，而每一个向量$\boldsymbol{\alpha}_i$又可由向量组$\boldsymbol{\beta}_1,\boldsymbol{\beta}_2,\cdots,\boldsymbol{\beta}_s$线性表示，则向量$\boldsymbol{\gamma}$可由向量组$\boldsymbol{\beta}_1,\boldsymbol{\beta}_2,\cdots,\boldsymbol{\beta}_s$线性表示.

性质3 如果向量组$\boldsymbol{\alpha}_1,\boldsymbol{\alpha}_2,\cdots,\boldsymbol{\alpha}_r$线性无关，则它的任一部分组也线性无关.

性质3′ 如果向量组$\boldsymbol{\alpha}_1,\boldsymbol{\alpha}_2,\cdots,\boldsymbol{\alpha}_r$有部分组线性相关，则向量组$\boldsymbol{\alpha}_1,\boldsymbol{\alpha}_2,\cdots,\boldsymbol{\alpha}_r$也线性相关.

性质4 设向量组$\boldsymbol{\alpha}_1,\boldsymbol{\alpha}_2,\cdots,\boldsymbol{\alpha}_r$线性无关，而向量组$\boldsymbol{\alpha}_1,\boldsymbol{\alpha}_2,\cdots,\boldsymbol{\alpha}_r,\boldsymbol{\beta}$线性相关，则$\boldsymbol{\beta}$一定可由$\boldsymbol{\alpha}_1,\boldsymbol{\alpha}_2,\cdots,\boldsymbol{\alpha}_r$线性表示，且表示法唯一.

6.3.3.2 向量组的等价和线性相关定理

向量组的等价满足以下三个性质：

(1) **反身性**：任何向量组均与自己等价；

(2) **对称性**：若$\boldsymbol{\alpha}_1,\boldsymbol{\alpha}_2,\cdots,\boldsymbol{\alpha}_r$与$\boldsymbol{\beta}_1,\boldsymbol{\beta}_2,\cdots,\boldsymbol{\beta}_s$等价，则$\boldsymbol{\beta}_1,\boldsymbol{\beta}_2,\cdots,\boldsymbol{\beta}_s$也与$\boldsymbol{\alpha}_1,\boldsymbol{\alpha}_2,\cdots,\boldsymbol{\alpha}_r$等价；

(3) **传递性**：若$\boldsymbol{\alpha}_1,\boldsymbol{\alpha}_2,\cdots,\boldsymbol{\alpha}_r$与$\boldsymbol{\beta}_1,\boldsymbol{\beta}_2,\cdots,\boldsymbol{\beta}_s$等价，而$\boldsymbol{\beta}_1,\boldsymbol{\beta}_2,\cdots,\boldsymbol{\beta}_s$与$\boldsymbol{\gamma}_1,\boldsymbol{\gamma}_2,\cdots,\boldsymbol{\gamma}_t$等价，则$\boldsymbol{\alpha}_1,\boldsymbol{\alpha}_2,\cdots,\boldsymbol{\alpha}_r$与$\boldsymbol{\gamma}_1,\boldsymbol{\gamma}_2,\cdots,\boldsymbol{\gamma}_t$等价.

等价向量组的极大无关组含有相同个数的向量. 特别地，一个向量组的两个极大无关组包含的向量个数相同.

✲定理6.3.1 设$\boldsymbol{\alpha}_1,\boldsymbol{\alpha}_2,\cdots,\boldsymbol{\alpha}_r$与$\boldsymbol{\beta}_1,\boldsymbol{\beta}_2,\cdots,\boldsymbol{\beta}_s$是两个向量组. 如果

1) 向量组$\boldsymbol{\alpha}_1,\boldsymbol{\alpha}_2,\cdots,\boldsymbol{\alpha}_r$可以经$\boldsymbol{\beta}_1,\boldsymbol{\beta}_2,\cdots,\boldsymbol{\beta}_s$线性表出；

2) $r>s$，

那么向量组$\boldsymbol{\alpha}_1,\boldsymbol{\alpha}_2,\cdots,\boldsymbol{\alpha}_r$必线性相关.

通俗地说，如果个数多的向量组能够被个数少的向量组线性表示，则个数多的向量组必线性相关.

推论1 如果向量组$\boldsymbol{\alpha}_1,\boldsymbol{\alpha}_2,\cdots,\boldsymbol{\alpha}_r$可以经向量组$\boldsymbol{\beta}_1,\boldsymbol{\beta}_2,\cdots,\boldsymbol{\beta}_s$线性表出，且$\boldsymbol{\alpha}_1,\boldsymbol{\alpha}_2,\cdots,\boldsymbol{\alpha}_r$线性无关，那么$r\leqslant s$.

直接应用定理6.3.1，即得.

推论2 任意$n+1$个n维向量必线性相关.

事实上，每个n维向量都可以被n维单位向量$\boldsymbol{\varepsilon}_1,\boldsymbol{\varepsilon}_2,\cdots,\boldsymbol{\varepsilon}_n$线性表出，且$n+1>n$，因而必线性相关.

由推论1，得

推论3 两个线性无关的等价的向量组，必含有相同个数的向量.

评注　这些结论与向量空间中的相应结论一样，且证法也一样.

6.3.3.3　关于基的结论

线性空间中的基不是唯一的.

结论 1　设 V 为 n 维线性空间，则 V 中任意 n 个线性无关的向量都是 V 的一个基.

证明要点：V 中任一向量可由这 n 个线性无关的向量线性表示.

6.3.4　例子剖析

例 6.3.1　证明：$p_1(x)=1+x, p_2(x)=1-x, p_3(x)=x+x^2$ 线性无关

证明：设有三个数 k_1, k_2, k_3 使

$k_1 p_1(x)+k_2 p_2(x)+k_3 p_3(x)=0$,

即　$k_1(1+x)+k_2(1-x)+k_3(x+x^2)=0$,

也即　$(k_1+k_2)\times 1+(k_1-k_2+k_3)x+k_3x^2=0$,

于是　$k_1+k_2=0; k_1-k_2+k_3=0; k_3=0$.

从而得 $k_1=k_2=k_3=0$. 证毕.

例 6.3.2　设有 $F^{2\times 2}$ 中的向量：

$$\boldsymbol{\alpha}=\begin{bmatrix}1&0\\2&3\end{bmatrix},\boldsymbol{\alpha}_1=\begin{bmatrix}1&2\\2&1\end{bmatrix},\boldsymbol{\alpha}_2=\begin{bmatrix}1&1\\3&0\end{bmatrix},\boldsymbol{\alpha}_3=\begin{bmatrix}2&2\\2&3\end{bmatrix},\boldsymbol{\alpha}_4=\begin{bmatrix}3&1\\1&2\end{bmatrix}.$$

试把向量 $\boldsymbol{\alpha}$ 表成向量 $\boldsymbol{\alpha}_1, \boldsymbol{\alpha}_2, \boldsymbol{\alpha}_3, \boldsymbol{\alpha}_4$ 的线性组合.

解　设 $\boldsymbol{\alpha}=k_1\boldsymbol{\alpha}_1+k_2\boldsymbol{\alpha}_2+k_3\boldsymbol{\alpha}_3+k_4\boldsymbol{\alpha}_4$，得方程组：

$$\begin{cases}k_1+k_2+2k_3+3k_4=1,\\2k_1+k_2+2k_3+k_4=0,\\2k_1+3k_2+2k_3+k_4=2,\\k_1+3k_3+2k_4=3,\end{cases}\text{解之得：}\begin{cases}k_1=-\dfrac{17}{7},\\k_2=1,\\k_3=\dfrac{16}{7},\\k_4=-\dfrac{5}{7}.\end{cases}$$

所以 $\boldsymbol{\alpha}=-\dfrac{17}{7}\boldsymbol{\alpha}_1+\boldsymbol{\alpha}_2+\dfrac{16}{7}\boldsymbol{\alpha}_3-\dfrac{5}{7}\boldsymbol{\alpha}_4$.

例 6.3.3　线性空间 $V=\{\mathbf{0}\}$ 的维数是 0.

例 6.3.4　若把复数域 **C** 看作是自身上的线性空间，它的维数是多少？并求其基；若把复数域 **C** 看作是实数域 **R** 上的线性空间，它的维数又是多少？并求其基.

解　把复数域 **C** 看作是自身上的线性空间，则它是一维的，数 1 就是 **C** 的一个基；若把复数域 **C** 看作是实数域 **R** 上的线性空间，那么它就是二维的，数 1 与 i 就是 **C** 的一个基.

这个例子告诉我们，线性空间的维数和所考虑的数域有关.

例 6.3.5　在 $F^{m\times n}$ 中，$\boldsymbol{E}_{ij}$，$i=1,\cdots,m$；$j=1,\cdots,n$ 线性无关，且 $F^{m\times n}$ 中每个向量可由它们线性表示，故它们是 $F^{m\times n}$ 的一个基，因此 $\dim F^{m\times n}=mn$.（$\boldsymbol{E}_{ij}$ 表示 (i,j) 位置上元素是 1，其余元素为零的 $m\times n$ 阶矩阵）

例 6.3.6　在 F^n 中，$\boldsymbol{\varepsilon}_1=(1,0,\cdots,0), \boldsymbol{\varepsilon}_2=(0,1,\cdots,0), \cdots, \boldsymbol{\varepsilon}_n=(0,0,\cdots,1)$ 线性无

关，且 F^n 中任一向量都可由它们线性表示，故$\boldsymbol{\varepsilon}_1,\boldsymbol{\varepsilon}_2,\cdots,\boldsymbol{\varepsilon}_n$ 是 F^n 的一个基. $\dim F^n=n$. 假设 $\boldsymbol{\alpha}=(a_1,a_2,\cdots,a_n)$，则 $\boldsymbol{\alpha}=a_1\boldsymbol{\varepsilon}_1+a_2\boldsymbol{\varepsilon}_2+\cdots+a_n\boldsymbol{\varepsilon}_n$，所以$(a_1,a_2,\cdots,a_n)$就是向量 $\boldsymbol{\alpha}$ 在这个基下的坐标. 又$\tilde{\boldsymbol{\varepsilon}}_1=(1,1,\cdots,1)$，$\tilde{\boldsymbol{\varepsilon}}_2=(0,1,\cdots,1)$，…，$\tilde{\boldsymbol{\varepsilon}}_n=(0,0,\cdots,1)$ 也是 F^n 的一个基，$\boldsymbol{\alpha}$ 在这个基下的坐标是$(a_1,a_2-a_1,\cdots,a_n-a_{n-1})$.

例 6.3.7　在 $F[x]_n$ 中，$1,x,\cdots,x^{n-1}$ 线性无关，且 $F[x]_n$ 中每个向量可由它们线性表示，故 $1,x,\cdots,x^{n-1}$ 是 $F[x]_n$ 的一个基，$\dim F[x]_n=n$. 设

$$f(x)=a_{n-1}x^{n-1}+\cdots+a_1x+a_0,$$

则 $f(x)$ 在这个基下的坐标是$\langle f(x)\rangle=(a_0,a_1,\cdots,a_{n-1})$. 又 $1,(x-a),\cdots,(x-a)^{n-1}$ 也是 $F[x]_n$ 的一个基，由泰勒展开式：$f(x)=f(a)+f'(a)(x-a)+\cdots+\dfrac{f^{(n-1)}(a)}{(n-1)!}(x-a)^{n-1}$，知 $f(x)$ 在这个基下的坐标是$\langle f(x)\rangle=\left(f(a),f'(a),\cdots,\dfrac{f^{(n-1)}(a)}{(n-1)!}\right)$.

由此可知，同一个向量在不同基下的坐标一般是不一样的，那么它们之间会有什么关系呢？

例 6.3.8　$V=\{(x_1,x_2,\cdots,x_n)\mid x_i\in\mathbf{R},1\leqslant i\leqslant n,x_1+\cdots+x_n=0\}$为 $\mathbf{R}$ 上线性空间，求 V 的维数与一组基.

解：$\forall\boldsymbol{\alpha}\in V$，则 $\boldsymbol{\alpha}=(a_1,a_2,\cdots,a_n)$且 $a_1+\cdots+a_n=0$，

故 $\boldsymbol{\alpha}=(a_1,a_2,\cdots,a_{n-1},-a_1-a_2-\cdots-a_{n-1})$.

$$=a_1\underbrace{(1,0,\cdots,-1)}_{\boldsymbol{\alpha}_1}+a_2\underbrace{(0,1,0,\cdots,-1)}_{\boldsymbol{\alpha}_2}+\cdots+a_{n-1}\underbrace{(0,\cdots,1,-1)}_{\boldsymbol{\alpha}_{n-1}}.$$

则 $\boldsymbol{\alpha}$ 可由$\boldsymbol{\alpha}_1,\boldsymbol{\alpha}_2,\cdots,\boldsymbol{\alpha}_{n-1}$ 线性表出.

下面找$\boldsymbol{\alpha}_1,\boldsymbol{\alpha}_2,\cdots,\boldsymbol{\alpha}_{n-1}$ 的极大线性无关组.

易知$\boldsymbol{\alpha}_1,\boldsymbol{\alpha}_2,\cdots,\boldsymbol{\alpha}_{n-1}$ 线性无关，

故$\boldsymbol{\alpha}_1,\boldsymbol{\alpha}_2,\cdots,\boldsymbol{\alpha}_{n-1}$ 的极大线性无关组是它自己.

所以 V 为 $n-1$ 维，$\boldsymbol{\alpha}_1,\boldsymbol{\alpha}_2,\cdots,\boldsymbol{\alpha}_{n-1}$ 为 V 的一组基.

6.3.5　练习与探究

1. 设$\boldsymbol{\alpha}_1=(1,5,4,1)'$，$\boldsymbol{\alpha}_2=(-1,0,1,1)'$，$\boldsymbol{\alpha}_3=(2,4,2,1)'$，$\boldsymbol{\alpha}_4=(1,2,0,1)'$，$\boldsymbol{\beta}=(1,3,1,0)'$. 证明$\boldsymbol{\alpha}_1,\boldsymbol{\alpha}_2,\boldsymbol{\alpha}_3,\boldsymbol{\alpha}_4$ 是 F^4 的一个基，求 $\boldsymbol{\beta}$ 在基$\boldsymbol{\alpha}_1,\boldsymbol{\alpha}_2,\boldsymbol{\alpha}_3,\boldsymbol{\alpha}_4$ 下的坐标.

2. 设$\boldsymbol{\alpha}_1=\begin{bmatrix}1&2\\1&0\end{bmatrix}$，$\boldsymbol{\alpha}_2=\begin{bmatrix}-1&1\\1&1\end{bmatrix}$，$\boldsymbol{\alpha}_3=\begin{bmatrix}2&-1\\0&1\end{bmatrix}$，$\boldsymbol{\alpha}_4=\begin{bmatrix}1&-1\\3&2\end{bmatrix}$，问：$\boldsymbol{\alpha}_1,\boldsymbol{\alpha}_2,\boldsymbol{\alpha}_3,\boldsymbol{\alpha}_4$ 是不是线性空间 $F^{2\times2}$ 的一个基？若是，求 $\boldsymbol{\beta}=\begin{bmatrix}1&0\\1&1\end{bmatrix}$在这个基下的坐标.

3. 求下列线性空间的维数与一个基：

(1)$F^{n\times n}$ 中全体对称矩阵作成数域 F 上的线性空间；

(2) 在全体正实数 $\mathbf{R}^+$ 上定义加法与数量乘法为：$a\oplus b=ab$，$k\circ a=a^k$ 的线性空间；

(3) 实数域上由矩阵 $\mathbf{A}$ 的全体实系数多项式组成的空间，其中

$$A=\begin{bmatrix}1&0&0\\0&\omega&0\\0&0&\omega^2\end{bmatrix},\omega=\frac{-1+\sqrt{3}\mathrm{i}}{2}.$$

6.4　基变换与坐标变换

在 n 维线性空间中，任意 n 个线性无关的向量都可以取作空间的基. 对于不同的基，由上节内容可知，同一个向量的坐标一般是不同的. 随着基的改变，向量的坐标是怎样变化的？本节围绕以下问题展开讨论.

6.4.1　研究问题

坐标

(1) 过渡矩阵的概念和性质.

(2) 坐标变换和基变换.

6.4.2　基本概念

过渡矩阵的概念和性质

✲ 定义 6.4.1　设 $\boldsymbol{\alpha}_1,\boldsymbol{\alpha}_2,\cdots,\boldsymbol{\alpha}_n$ 与 $\boldsymbol{\beta}_1,\boldsymbol{\beta}_2,\cdots,\boldsymbol{\beta}_n$ 是 n 维线性空间 V 中的两个基，设它们有如下关系：

$$\begin{cases}\boldsymbol{\beta}_1=a_{11}\boldsymbol{\alpha}_1+a_{21}\boldsymbol{\alpha}_2+\cdots+a_{n1}\boldsymbol{\alpha}_n\\ \boldsymbol{\beta}_2=a_{12}\boldsymbol{\alpha}_1+a_{22}\boldsymbol{\alpha}_2+\cdots+a_{n2}\boldsymbol{\alpha}_n\\ \qquad\cdots\cdots\\ \boldsymbol{\beta}_n=a_{1n}\boldsymbol{\alpha}_1+a_{2n}\boldsymbol{\alpha}_2+\cdots+a_{nn}\boldsymbol{\alpha}_n\end{cases},\tag{6.4.1}$$

令 $\boldsymbol{A}=\begin{bmatrix}a_{11}&a_{12}&\cdots&a_{1n}\\a_{21}&a_{22}&\cdots&a_{2n}\\\vdots&\vdots&\ddots&\vdots\\a_{n1}&a_{n2}&\cdots&a_{nn}\end{bmatrix}$，把向量组 $\boldsymbol{\alpha}_1,\boldsymbol{\alpha}_2,\cdots,\boldsymbol{\alpha}_n$ 和 $\boldsymbol{\beta}_1,\boldsymbol{\beta}_2,\cdots,\boldsymbol{\beta}_n$ 形式上写成 $1\times n$ 矩阵 $(\boldsymbol{\alpha}_1,\boldsymbol{\alpha}_2,\cdots,\boldsymbol{\alpha}_n)$ 和 $(\boldsymbol{\beta}_1,\boldsymbol{\beta}_2,\cdots,\boldsymbol{\beta}_n)$，则式(6.4.1) 可写成

$$(\boldsymbol{\beta}_1,\boldsymbol{\beta}_2,\cdots,\boldsymbol{\beta}_n)=(\boldsymbol{\alpha}_1,\boldsymbol{\alpha}_2,\cdots,\boldsymbol{\alpha}_n)\boldsymbol{A}.\tag{6.4.2}$$

称矩阵 $\boldsymbol{A}$ 为由基 $\boldsymbol{\alpha}_1,\boldsymbol{\alpha}_2,\cdots,\boldsymbol{\alpha}_n$ 到基 $\boldsymbol{\beta}_1,\boldsymbol{\beta}_2,\cdots,\boldsymbol{\beta}_n$ 的过渡矩阵.

6.4.3　主要结论

V 为数域 P 上的 n 维线性空间，$\boldsymbol{\alpha}_1,\boldsymbol{\alpha}_2,\cdots,\boldsymbol{\alpha}_n$ 为 V 中的一组向量，$\boldsymbol{\beta}\in V$，若 $\boldsymbol{\beta}=x_1\boldsymbol{\alpha}_1+x_2\boldsymbol{\alpha}_2+\cdots+x_n\boldsymbol{\alpha}_n$，则记作

$$\boldsymbol{\beta}=(\boldsymbol{\alpha}_1,\boldsymbol{\alpha}_2,\cdots,\boldsymbol{\alpha}_n)\begin{pmatrix}x_1\\x_2\\\vdots\\x_n\end{pmatrix}.$$

若$\boldsymbol{\alpha}_1,\boldsymbol{\alpha}_2,\cdots,\boldsymbol{\alpha}_n$ 线性无关，则

$$(\boldsymbol{\alpha}_1,\boldsymbol{\alpha}_2,\cdots,\boldsymbol{\alpha}_n)\begin{pmatrix}a_1\\a_2\\\vdots\\a_n\end{pmatrix}=(\boldsymbol{\alpha}_1,\boldsymbol{\alpha}_2,\cdots,\boldsymbol{\alpha}_n)\begin{pmatrix}b_1\\b_2\\\vdots\\b_n\end{pmatrix}\Leftrightarrow\begin{pmatrix}a_1\\a_2\\\vdots\\a_n\end{pmatrix}=\begin{pmatrix}b_1\\b_2\\\vdots\\b_n\end{pmatrix}.$$

设$\boldsymbol{\alpha}_1,\boldsymbol{\alpha}_2,\cdots,\boldsymbol{\alpha}_n$ 和$\boldsymbol{\beta}_1,\boldsymbol{\beta}_2,\cdots,\boldsymbol{\beta}_n$ 是 V 中两个向量组，$\boldsymbol{A}=[a_{ij}]$，$\boldsymbol{B}=[b_{ij}]$是两个 $n\times n$ 矩阵，那么以下关系式成立：

$((\boldsymbol{\alpha}_1,\boldsymbol{\alpha}_2,\cdots,\boldsymbol{\alpha}_n)\boldsymbol{A})\boldsymbol{B}=(\boldsymbol{\alpha}_1,\boldsymbol{\alpha}_2,\cdots,\boldsymbol{\alpha}_n)(\boldsymbol{AB})$；

$(\boldsymbol{\alpha}_1,\boldsymbol{\alpha}_2,\cdots,\boldsymbol{\alpha}_n)\boldsymbol{A}+(\boldsymbol{\alpha}_1,\boldsymbol{\alpha}_2,\cdots,\boldsymbol{\alpha}_n)\boldsymbol{B}=(\boldsymbol{\alpha}_1,\boldsymbol{\alpha}_2,\cdots,\boldsymbol{\alpha}_n)(\boldsymbol{A}+\boldsymbol{B})$；

$(\boldsymbol{\alpha}_1,\boldsymbol{\alpha}_2,\cdots,\boldsymbol{\alpha}_n)\boldsymbol{A}+(\boldsymbol{\beta}_1,\boldsymbol{\beta}_2,\cdots,\boldsymbol{\beta}_n)\boldsymbol{A}=(\boldsymbol{\alpha}_1+\boldsymbol{\beta}_1,\boldsymbol{\alpha}_2+\boldsymbol{\beta}_2,\cdots,\boldsymbol{\alpha}_n+\boldsymbol{\beta}_n)\boldsymbol{A}$.

✲ **定理 6.4.1** 设在 n 维线性空间 V 中，基$\boldsymbol{\alpha}_1,\boldsymbol{\alpha}_2,\cdots,\boldsymbol{\alpha}_n$ 到基$\boldsymbol{\beta}_1,\boldsymbol{\beta}_2,\cdots,\boldsymbol{\beta}_n$ 的过渡矩阵是 $\boldsymbol{A}$，则：

(1) 矩阵 $\boldsymbol{A}$ 是可逆矩阵；

(2) 基$\boldsymbol{\beta}_1,\boldsymbol{\beta}_2,\cdots,\boldsymbol{\beta}_n$ 到基$\boldsymbol{\alpha}_1,\boldsymbol{\alpha}_2,\cdots,\boldsymbol{\alpha}_n$ 的过渡矩阵是$\boldsymbol{A}^{-1}$；

(3) 任一个可逆矩阵都可以作为 n 维线性空间一个基到另一个基的过渡矩阵.

证明 设$(\boldsymbol{\beta}_1,\boldsymbol{\beta}_2,\cdots,\boldsymbol{\beta}_n)=(\boldsymbol{\alpha}_1,\boldsymbol{\alpha}_2,\cdots,\boldsymbol{\alpha}_n)\boldsymbol{A}$，$(\boldsymbol{\alpha}_1,\boldsymbol{\alpha}_2,\cdots,\boldsymbol{\alpha}_n)=(\boldsymbol{\beta}_1,\boldsymbol{\beta}_2,\cdots,\boldsymbol{\beta}_n)\boldsymbol{B}$，则有

$$(\boldsymbol{\alpha}_1,\boldsymbol{\alpha}_2,\cdots,\boldsymbol{\alpha}_n)=(\boldsymbol{\beta}_1,\boldsymbol{\beta}_2,\cdots,\boldsymbol{\beta}_n)\boldsymbol{B}=(\boldsymbol{\alpha}_1,\boldsymbol{\alpha}_2,\cdots,\boldsymbol{\alpha}_n)\boldsymbol{AB},$$

所以

$$\boldsymbol{AB}=\boldsymbol{E}.$$

这表明，矩阵 $\boldsymbol{A}$ 是可逆矩阵，且基$\boldsymbol{\beta}_1,\boldsymbol{\beta}_2,\cdots,\boldsymbol{\beta}_n$ 到基$\boldsymbol{\alpha}_1,\boldsymbol{\alpha}_2,\cdots,\boldsymbol{\alpha}_n$ 的过渡矩阵是$\boldsymbol{A}^{-1}$.

设 $\boldsymbol{C}=\begin{bmatrix}c_{11}&c_{12}&\cdots&c_{1n}\\c_{21}&c_{22}&\cdots&c_{2n}\\\vdots&\vdots&\ddots&\vdots\\c_{n1}&c_{n2}&\cdots&c_{nn}\end{bmatrix}$是可逆矩阵，$\boldsymbol{\alpha}_1,\boldsymbol{\alpha}_2,\cdots,\boldsymbol{\alpha}_n$ 是 n 维线性空间 V 的一个基，令

$\gamma_i=\sum\limits_{j=1}^{n}c_{ji}\boldsymbol{\alpha}_j$，$i=1,2,\cdots,n$，则$(\boldsymbol{\gamma}_1,\boldsymbol{\gamma}_2,\cdots,\boldsymbol{\gamma}_n)=(\boldsymbol{\alpha}_1,\boldsymbol{\alpha}_2,\cdots,\boldsymbol{\alpha}_n)\boldsymbol{C}$，故$\boldsymbol{\gamma}_1,\boldsymbol{\gamma}_2,\cdots,\boldsymbol{\gamma}_n$ 也是 V 的一个基，于是 $\boldsymbol{C}$ 是 n 维线性空间 V 中基$\boldsymbol{\alpha}_1,\boldsymbol{\alpha}_2,\cdots,\boldsymbol{\alpha}_n$ 到基$\boldsymbol{\gamma}_1,\boldsymbol{\gamma}_2,\cdots,\boldsymbol{\gamma}_n$ 的过渡矩阵.

坐标变换

设$\boldsymbol{\alpha}_1,\boldsymbol{\alpha}_2,\cdots,\boldsymbol{\alpha}_n$ 与$\boldsymbol{\beta}_1,\boldsymbol{\beta}_2,\cdots,\boldsymbol{\beta}_n$ 是 n 维线性空间 V 中的两个基，矩阵 $\boldsymbol{A}$ 是基$\boldsymbol{\alpha}_1,\boldsymbol{\alpha}_2,\cdots,\boldsymbol{\alpha}_n$ 到基$\boldsymbol{\beta}_1,\boldsymbol{\beta}_2,\cdots,\boldsymbol{\beta}_n$ 的过渡矩阵，即有

$$(\boldsymbol{\beta}_1,\boldsymbol{\beta}_2,\cdots,\boldsymbol{\beta}_n)=(\boldsymbol{\alpha}_1,\boldsymbol{\alpha}_2,\cdots,\boldsymbol{\alpha}_n)\boldsymbol{A},\boldsymbol{A}=[a_{ij}]_{n\times n}.$$

设向量 $\boldsymbol{\xi}$ 在这两组基下的坐标分别是$(x_1,x_2,\cdots,x_n)$ 与$(y_1,y_2,\cdots,y_n)$，于是

$$\boldsymbol{\xi}=(\boldsymbol{\alpha}_1,\boldsymbol{\alpha}_2,\cdots,\boldsymbol{\alpha}_n)\begin{bmatrix}x_1\\x_2\\\vdots\\x_n\end{bmatrix}=(\boldsymbol{\beta}_1,\boldsymbol{\beta}_2,\cdots,\boldsymbol{\beta}_n)\begin{bmatrix}y_1\\y_2\\\vdots\\y_n\end{bmatrix}=(\boldsymbol{\alpha}_1,\boldsymbol{\alpha}_2,\cdots,\boldsymbol{\alpha}_n)\boldsymbol{A}\begin{bmatrix}y_1\\y_2\\\vdots\\y_n\end{bmatrix},$$

故有$\begin{bmatrix} x_1 \\ x_2 \\ \vdots \\ x_n \end{bmatrix} = \begin{bmatrix} a_{11} & a_{12} & \cdots & a_{1n} \\ a_{21} & a_{22} & \cdots & a_{2n} \\ \vdots & \vdots & \ddots & \vdots \\ a_{n1} & a_{n2} & \cdots & a_{nn} \end{bmatrix} \begin{bmatrix} y_1 \\ y_2 \\ \vdots \\ y_n \end{bmatrix}$,或$\begin{bmatrix} y_1 \\ y_2 \\ \vdots \\ y_n \end{bmatrix} = \begin{bmatrix} a_{11} & a_{12} & \cdots & a_{1n} \\ a_{21} & a_{22} & \cdots & a_{2n} \\ \vdots & \vdots & \ddots & \vdots \\ a_{n1} & a_{n2} & \cdots & a_{nn} \end{bmatrix}^{-1} \begin{bmatrix} x_1 \\ x_2 \\ \vdots \\ x_n \end{bmatrix}$.

这就是同一个向量在不同基下的坐标变换公式.

6.4.4　例子剖析

例 6.4.1　在 6.3 节的例 6.3.2 中有

$$(\tilde{\boldsymbol{\varepsilon}}_1, \tilde{\boldsymbol{\varepsilon}}_2, \cdots, \tilde{\boldsymbol{\varepsilon}}_n) = (\boldsymbol{\varepsilon}_1, \boldsymbol{\varepsilon}_2, \cdots, \boldsymbol{\varepsilon}_n) \begin{bmatrix} 1 & 0 & \cdots & 0 \\ 1 & 1 & \cdots & 0 \\ \vdots & \vdots & \ddots & \vdots \\ 1 & 1 & \cdots & 1 \end{bmatrix}.$$

其中$\mathbf{A} = \begin{bmatrix} 1 & 0 & \cdots & 0 \\ 1 & 1 & \cdots & 0 \\ \vdots & \vdots & \ddots & \vdots \\ 1 & 1 & \cdots & 1 \end{bmatrix}$就是基$(\boldsymbol{\varepsilon}_1, \boldsymbol{\varepsilon}_2, \cdots, \boldsymbol{\varepsilon}_n)$到基$(\tilde{\boldsymbol{\varepsilon}}_1, \tilde{\boldsymbol{\varepsilon}}_2, \cdots, \tilde{\boldsymbol{\varepsilon}}_n)$的过渡矩阵.不难算得

$$\mathbf{A}^{-1} = \begin{bmatrix} 1 & 0 & 0 & \cdots & 0 \\ -1 & 1 & 0 & \cdots & 0 \\ 0 & -1 & 1 & \cdots & 0 \\ \vdots & \vdots & \vdots & \ddots & \vdots \\ 0 & 0 & 0 & \cdots & 1 \end{bmatrix}.$$

因此$\begin{bmatrix} y_1 \\ y_2 \\ y_3 \\ \vdots \\ y_n \end{bmatrix} = \begin{bmatrix} 1 & 0 & 0 & \cdots & 0 \\ -1 & 1 & 0 & \cdots & 0 \\ 0 & -1 & 1 & \cdots & 0 \\ \vdots & \vdots & \vdots & \ddots & \vdots \\ 0 & 0 & 0 & \cdots & 1 \end{bmatrix} \begin{bmatrix} x_1 \\ x_2 \\ x_3 \\ \vdots \\ x_n \end{bmatrix}$.

这也就是:$y_1 = x_1, y_i = x_i - x_{i-1}, i = 2, 3, \cdots, n$.这与 6.3 节所得出的结果是一致的.

例 6.4.2　取平面 $\mathbf{R}^2$ 上两个彼此正交的单位向量$\boldsymbol{\varepsilon}_1, \boldsymbol{\varepsilon}_2$,它们作成 $\mathbf{R}^2$ 的一个基.令$\boldsymbol{\varepsilon}_1', \boldsymbol{\varepsilon}_2'$ 分别是由$\boldsymbol{\varepsilon}_1, \boldsymbol{\varepsilon}_2$ 逆时针旋转角 θ 所得的向量,则$\boldsymbol{\varepsilon}_1', \boldsymbol{\varepsilon}_2'$ 也是 $\mathbf{R}^2$ 的一个基,且有

$$\begin{cases} \boldsymbol{\varepsilon}_1' = \boldsymbol{\varepsilon}_1 \cos\theta + \boldsymbol{\varepsilon}_2 \sin\theta, \\ \boldsymbol{\varepsilon}_2' = -\boldsymbol{\varepsilon}_1 \sin\theta + \boldsymbol{\varepsilon}_2 \cos\theta, \end{cases}$$

所以基$(\boldsymbol{\varepsilon}_1, \boldsymbol{\varepsilon}_2)$到基$(\boldsymbol{\varepsilon}_1', \boldsymbol{\varepsilon}_2')$的过渡矩阵是$\begin{bmatrix} \cos\theta & -\sin\theta \\ \sin\theta & \cos\theta \end{bmatrix}$.

设 $\mathbf{R}^2$ 中向量$\boldsymbol{\xi}$关于基$(\boldsymbol{\varepsilon}_1, \boldsymbol{\varepsilon}_2)$和基$(\boldsymbol{\varepsilon}_1', \boldsymbol{\varepsilon}_2')$的坐标分别为$(x_1, x_2)$与$(x_1', x_2')$,于是得

$$\begin{bmatrix} x_1 \\ x_2 \end{bmatrix} = \begin{bmatrix} \cos\theta & -\sin\theta \\ \sin\theta & \cos\theta \end{bmatrix} \begin{bmatrix} x_1' \\ x_2' \end{bmatrix},$$

即$\begin{cases} x_1 = x'_1\cos\theta - x'_2\sin\theta, \\ x_2 = x'_1\sin\theta + x'_2\cos\theta. \end{cases}$

这正是在平面解析几何里坐标轴逆时针旋转 θ 角后所得的坐标变换公式.

例 6.4.3 在 $P[x]_4$ 中取两组基

$\boldsymbol{\alpha}_1 = x^3+2x^2-x, \boldsymbol{\alpha}_2 = x^3-x^2+x+1, \boldsymbol{\alpha}_3 = -x^3+2x^2+x+1, \boldsymbol{\alpha}_4 = -x^3-x^2+1$;及

$\boldsymbol{\beta}_1 = 2x^3+x^2+1, \boldsymbol{\beta}_2 = x^2+2x+2, \boldsymbol{\beta}_3 = -2x^3+x^2+x+2, \boldsymbol{\beta}_4 = x^3+3x^2+x+2.$

求由基 $\boldsymbol{\alpha}_1,\boldsymbol{\alpha}_2,\boldsymbol{\alpha}_3,\boldsymbol{\alpha}_4$ 到基 $\boldsymbol{\beta}_1,\boldsymbol{\beta}_2,\boldsymbol{\beta}_3,\boldsymbol{\beta}_4$ 的过渡矩阵和坐标变换公式.

解:想要找 $\boldsymbol{C}$ 使得 $(\boldsymbol{\beta}_1,\boldsymbol{\beta}_2,\boldsymbol{\beta}_3,\boldsymbol{\beta}_4) = (\boldsymbol{\alpha}_1,\boldsymbol{\alpha}_2,\boldsymbol{\alpha}_3,\boldsymbol{\alpha}_4)\boldsymbol{C}$.

由 $(\boldsymbol{\alpha}_1,\boldsymbol{\alpha}_2,\boldsymbol{\alpha}_3,\boldsymbol{\alpha}_4) = (x^3,x^2,x,1)\boldsymbol{A}$,

$(\boldsymbol{\beta}_1,\boldsymbol{\beta}_2,\boldsymbol{\beta}_3,\boldsymbol{\beta}_4) = (x^3,x^2,x,1)\boldsymbol{B}$,

其中 $\boldsymbol{A} = \begin{pmatrix} 1 & 1 & -1 & -1 \\ 2 & -1 & 2 & -1 \\ -1 & 1 & 1 & 0 \\ 0 & 1 & 1 & 1 \end{pmatrix}, \boldsymbol{B} = \begin{pmatrix} 2 & 0 & -2 & 1 \\ 1 & 1 & 1 & 3 \\ 0 & 2 & 1 & 1 \\ 1 & 2 & 2 & 2 \end{pmatrix}$,

得 $(\boldsymbol{\beta}_1,\boldsymbol{\beta}_2,\boldsymbol{\beta}_3,\boldsymbol{\beta}_4) = (\boldsymbol{\alpha}_1,\boldsymbol{\alpha}_2,\boldsymbol{\alpha}_3,\boldsymbol{\alpha}_4)\boldsymbol{A}^{-1}\boldsymbol{B}$.

故过渡矩阵为 $\boldsymbol{A}^{-1}\boldsymbol{B}$,坐标变换公式为

$$\begin{pmatrix} x'_1 \\ x'_2 \\ x'_3 \\ x'_4 \end{pmatrix} = \boldsymbol{B}^{-1}\boldsymbol{A} \begin{pmatrix} x_1 \\ x_2 \\ x_3 \\ x_4 \end{pmatrix}.$$

6.4.5 练习与探究

1. 求 F^4 中基 $\boldsymbol{\alpha}_1 = (1,2,-1,0)', \boldsymbol{\alpha}_2 = (1,-1,1,1)', \boldsymbol{\alpha}_3 = (-1,2,1,1)', \boldsymbol{\alpha}_4 = (-1,-1,0,1)'$ 到基 $\boldsymbol{\eta}_1 = (2,1,0,1)', \boldsymbol{\eta}_2 = (0,1,2,2)', \boldsymbol{\eta}_3 = (-2,1,1,2)', \boldsymbol{\eta}_4 = (1,3,1,2)'$ 的过渡矩阵;求 $\boldsymbol{\xi} = (1,2,1,0)$ 在基 $\boldsymbol{\alpha}_1,\boldsymbol{\alpha}_2,\boldsymbol{\alpha}_3,\boldsymbol{\alpha}_4$ 下的坐标.

2. 设 $\boldsymbol{\alpha}_1 = (1,2,1)', \boldsymbol{\alpha}_2 = (1,1,2)', \boldsymbol{\alpha}_3 = (1,a,-1)', \boldsymbol{\beta} = (1,0,2)'$,问:

(1) 当 a 取何值时,$\boldsymbol{\alpha}_1,\boldsymbol{\alpha}_2,\boldsymbol{\alpha}_3$ 是 $\mathbf{R}^3$ 的一个基?

(2) 求 $\boldsymbol{\beta}$ 在这个基下的坐标.

6.5 线性子空间

在讨论线性空间的内部结构时,常常需要讨论其非空子集的结构,这样才能更深入、更全面地揭示出整个线性空间的性质. 例如 $F[x]$ 是 F 上的线性空间. $F[x]_n$ 是 $F[x]$ 的子集,它也是 F 上的线性空间,但 $F[x]$ 上的子集 $S_n[x]=$ {所有n次多项式的全体}就不是 F 上的线性空间,$F^{n\times n}$ 是 F 上的线性空间,其子集{实对称矩阵的全体}和{反对称矩阵的全体}都是 F 上的线性空间,但子集{可逆矩阵的全体}和{不可逆矩阵的全体}都不是

F 上的线性空间. 这就给我们提出了一个问题,如何判别线性空间 V 中的子集是不是 F 上的线性空间?首先要给出子空间的定义,然后给出子集是不是子空间的判别法则. 本节围绕以下问题展开讨论.

6.5.1　研究问题

线性子空间

(1) 子空间的定义及判别.

(2) 子空间的生成元与子空间的关系.

(3) 子空间基的扩充定理.

6.5.2　基本概念

✲ **定义 6.5.1**　设 W 是线性空间 V 的一个非空子集,如果 W 中的元素对于 V 的加法和数乘也作为 F 上的线性空间,则称 W 是 V 的一个**子空间**.

设 V 是数域 F 上的线性空间,$\boldsymbol{\alpha}_1,\boldsymbol{\alpha}_2,\cdots,\boldsymbol{\alpha}_n$ 是 V 中的一组向量,考虑 $\boldsymbol{\alpha}_1,\boldsymbol{\alpha}_2,\cdots,\boldsymbol{\alpha}_n$ 的一切线性组合 $k_1\boldsymbol{\alpha}_1+k_2\boldsymbol{\alpha}_2+\cdots+k_n\boldsymbol{\alpha}_n$ 所成的集合. 这个集合是非空的,且该集合中元素对加法和数乘是封闭的,且加法和数乘满足八条运算规律,因而它是 V 的一个子空间,记为 $L(\boldsymbol{\alpha}_1,\boldsymbol{\alpha}_2,\cdots,\boldsymbol{\alpha}_n)$.

$L(\boldsymbol{\alpha}_1,\boldsymbol{\alpha}_2\cdots,\boldsymbol{\alpha}_n)=\{k_1\boldsymbol{\alpha}_1+k_2\boldsymbol{\alpha}_2+\cdots+k_n\boldsymbol{\alpha}_n \mid k_i\in F,1\leqslant i\leqslant n\}$. 由于这个子空间是由向量组 $\boldsymbol{\alpha}_1,\boldsymbol{\alpha}_2,\cdots,\boldsymbol{\alpha}_n$ 生成的子空间. 因此把向量 $\boldsymbol{\alpha}_1,\boldsymbol{\alpha}_2,\cdots,\boldsymbol{\alpha}_n$ 称为 $L(\boldsymbol{\alpha}_1,\boldsymbol{\alpha}_2,\cdots,\boldsymbol{\alpha}_n)$ 的**生成元**.

$\{\boldsymbol{0}\}$,V 本身总是线性空间 V 的子空间,通常把它们称为平凡子空间. V 中其他子空间称为真正空间,或非平凡子空间.

由定义知,要判别数域 F 上线性空间 V 的一个非空子集 W 是不是 V 的子空间,既要验证 W 中任两个元素的和以及 F 中任一数与 W 中任一向量的数乘是否封闭,还要验证加法是否满足四条运算律,数乘是否满足两条运算律,最后加法与数乘是否满足两条分配律,实际上是否要这样做呢?

6.5.3 主要结论

✲ **定理 6.5.1**　设 W 是线性空间 V 的一个非空子集,W 作为 V 的一个子空间的充要条件是,$\forall\,\boldsymbol{\alpha},\boldsymbol{\beta}\in W$,$\forall\,k\in F$,有 $\boldsymbol{\alpha}+\boldsymbol{\beta},k\boldsymbol{\alpha}\in W$.

证明　必要性显然. 下证充分性. $\forall\,\boldsymbol{\alpha},\boldsymbol{\beta}\in W$ 及 $\forall\,k\in F$,有 $\boldsymbol{\alpha}+\boldsymbol{\beta},k\boldsymbol{\alpha}\in W$. 可见 W 中任两个元素的和以及 F 中任一数与 W 中任一向量的数乘是封闭的. 由于 W 中的向量仍为 V 中的向量,因此加法交换律和结合律显然成立. 又取 $k=0$ 知,$k\boldsymbol{\alpha}=\boldsymbol{0}\in W$,取 $k=-1$,$(-1)\boldsymbol{\alpha}=-\boldsymbol{\alpha}\in W$. 故零元和负元仍在 W 中. 于是得 W 中向量加法满足四条运算规律. 同样可得数乘满足两条运算规律,加法与数乘满足两条运算规律. 因此,W 是线性空间 V 的一个子空间.

推论　数域 F 上线性空间 V 的一个非空子集 W 作为 V 的子空间的充要条件是:对 W 中的任意向量 $\boldsymbol{\alpha},\boldsymbol{\beta}$ 及 F 中的任意数 k,l,都有 $k\boldsymbol{\alpha}+l\boldsymbol{\beta}\in W$.

评注　这是判别非空子集是不是子空间的常用方法.

V 中任一组向量 $\boldsymbol{\alpha}_1,\boldsymbol{\alpha}_2,\cdots,\boldsymbol{\alpha}_n$ 可生成 V 的一个子空间 $L(\boldsymbol{\alpha}_1,\boldsymbol{\alpha}_2,\cdots,\boldsymbol{\alpha}_n)$,那么 V 中任一

个子空间是否一定可由一组向量生成?对有限维线性空间 V,答案是肯定的.事实上,这时 V 的一个子空间 W 也是有限维的.设 $\boldsymbol{\alpha}_1,\boldsymbol{\alpha}_2,\cdots,\boldsymbol{\alpha}_r$ 是 W 的一个基,于是有

$$W=L(\boldsymbol{\alpha}_1,\boldsymbol{\alpha}_2,\cdots,\boldsymbol{\alpha}_n).$$

生成元与由它生成的子空间有以下关系:

✲ 定理 6.5.2 (1)$L(\boldsymbol{\alpha}_1,\boldsymbol{\alpha}_2,\cdots,\boldsymbol{\alpha}_r)=L(\boldsymbol{\beta}_1,\boldsymbol{\beta}_2,\cdots,\boldsymbol{\beta}_s)$ 的充要条件是:$\boldsymbol{\alpha}_1,\boldsymbol{\alpha}_2,\cdots,\boldsymbol{\alpha}_r$ 与 $\boldsymbol{\beta}_1,\boldsymbol{\beta}_2,\cdots,\boldsymbol{\beta}_s$ 等价.

(2)$L(\boldsymbol{\alpha}_1,\boldsymbol{\alpha}_2,\cdots,\boldsymbol{\alpha}_r)$ 的维数等于向量组 $\boldsymbol{\alpha}_1,\boldsymbol{\alpha}_2,\cdots,\boldsymbol{\alpha}_r$ 的秩.

证明 (1)若 $L(\boldsymbol{\alpha}_1,\boldsymbol{\alpha}_2,\cdots,\boldsymbol{\alpha}_r)=L(\boldsymbol{\beta}_1,\boldsymbol{\beta}_2,\cdots,\boldsymbol{\beta}_s)$,则 $\boldsymbol{\alpha}_i\in L(\boldsymbol{\beta}_1,\boldsymbol{\beta}_2,\cdots,\boldsymbol{\beta}_s)$,故 $\boldsymbol{\alpha}_i$ 可由 $\boldsymbol{\beta}_1,\boldsymbol{\beta}_2,\cdots,\boldsymbol{\beta}_s$ 线性表示,$i=1,2,\cdots,r$.同理,$\boldsymbol{\beta}_1,\boldsymbol{\beta}_2,\cdots,\boldsymbol{\beta}_s$ 中每个向量 $\boldsymbol{\beta}_j$ 可由 $\boldsymbol{\alpha}_1,\boldsymbol{\alpha}_2,\cdots,\boldsymbol{\alpha}_r$ 线性表示,$j=1,2,\cdots,s$.故 $\boldsymbol{\alpha}_1,\boldsymbol{\alpha}_2,\cdots,\boldsymbol{\alpha}_r$ 与 $\boldsymbol{\beta}_1,\boldsymbol{\beta}_2,\cdots,\boldsymbol{\beta}_s$ 等价.反之,若 $\boldsymbol{\alpha}_1,\boldsymbol{\alpha}_2,\cdots,\boldsymbol{\alpha}_r$ 与 $\boldsymbol{\beta}_1,\boldsymbol{\beta}_2,\cdots,\boldsymbol{\beta}_s$ 等价,$\forall\,\boldsymbol{\alpha}\in L(\boldsymbol{\alpha}_1,\boldsymbol{\alpha}_2,\cdots,\boldsymbol{\alpha}_r)$,则 $\boldsymbol{\alpha}$ 可由 $\boldsymbol{\beta}_1,\boldsymbol{\beta}_2,\cdots,\boldsymbol{\beta}_s$ 线性表示.因此 $\boldsymbol{\alpha}\in L(\boldsymbol{\beta}_1,\boldsymbol{\beta}_2,\cdots,\boldsymbol{\beta}_s)$,故 $L(\boldsymbol{\alpha}_1,\boldsymbol{\alpha}_2,\cdots,\boldsymbol{\alpha}_r)\subset L(\boldsymbol{\beta}_1,\boldsymbol{\beta}_2,\cdots,\boldsymbol{\beta}_s)$.同理有 $L(\boldsymbol{\beta}_1,\boldsymbol{\beta}_2,\cdots,\boldsymbol{\beta}_s)\subset L(\boldsymbol{\alpha}_1,\boldsymbol{\alpha}_2,\cdots,\boldsymbol{\alpha}_r)$,故

$$L(\boldsymbol{\alpha}_1,\boldsymbol{\alpha}_2,\cdots,\boldsymbol{\alpha}_r)=L(\boldsymbol{\beta}_1,\boldsymbol{\beta}_2,\cdots,\boldsymbol{\beta}_s).$$

(2)设 $\boldsymbol{\alpha}_1,\boldsymbol{\alpha}_2,\cdots,\boldsymbol{\alpha}_r$ 的秩为 p,$\boldsymbol{\alpha}_{i_1},\boldsymbol{\alpha}_{i_2},\cdots,\boldsymbol{\alpha}_{i_p}$ 是它的一个极大线性无关组,由(1)知 $L(\boldsymbol{\alpha}_1,\boldsymbol{\alpha}_2,\cdots,\boldsymbol{\alpha}_r)=L(\boldsymbol{\alpha}_{i_1},\boldsymbol{\alpha}_{i_2},\cdots,\boldsymbol{\alpha}_{i_p})$,$\dim L(\boldsymbol{\alpha}_{i_1},\boldsymbol{\alpha}_{i_2},\cdots,\alpha_{i_p})=p$,故 $L(\boldsymbol{\alpha}_1,\boldsymbol{\alpha}_2,\cdots,\boldsymbol{\alpha}_r)$ 的维数也是 p.

知道了 V 中子空间 W 的一个基,可以很容易地把它扩充为 V 的一个基,这就是下面的基扩充定理.

✲ 定理 6.5.3 设 W 是数域 F 上 n 维线性空间 V 的一个 m 维子空间,$\boldsymbol{\alpha}_1,\boldsymbol{\alpha}_2,\cdots,\boldsymbol{\alpha}_m$ 是 W 的一个基,则 $\boldsymbol{\alpha}_1,\boldsymbol{\alpha}_2,\cdots,\boldsymbol{\alpha}_m$ 可扩充为空间 V 的基,即可在 V 中找出 $n-m$ 个向量 $\boldsymbol{\alpha}_{m+1},\cdots,\boldsymbol{\alpha}_n$,使 $\boldsymbol{\alpha}_1,\cdots,\boldsymbol{\alpha}_m,\boldsymbol{\alpha}_{m+1},\cdots,\boldsymbol{\alpha}_n$ 成为 V 的一个基.

证明 (对维数差 $n-m$ 利用归纳法证明)

当 $n-m=0$ 时,结论显然成立.

假设当 $n-m=k$ 时,结论成立,即当 $m=n-k$ 时,$\boldsymbol{\alpha}_1,\boldsymbol{\alpha}_2,\cdots,\boldsymbol{\alpha}_{n-k}$ 是 W 的一个基,在 V 中可找出 k 个向量 $\boldsymbol{\alpha}_{n-k+1},\cdots,\boldsymbol{\alpha}_n$,使 $\boldsymbol{\alpha}_1,\cdots,\boldsymbol{\alpha}_{n-k},\boldsymbol{\alpha}_{n-k+1},\cdots,\boldsymbol{\alpha}_n$ 成为 V 的一个基.

现考虑 $n-m=k+1$ 的情况,这时 $\boldsymbol{\alpha}_1,\boldsymbol{\alpha}_2,\cdots,\boldsymbol{\alpha}_m$ 还不是 V 的一个基,但它们是线性无关的.由于 $\boldsymbol{\alpha}_1,\boldsymbol{\alpha}_2,\cdots,\boldsymbol{\alpha}_m$ 不是 V 的一个基,故在 V 中可找到向量 $\boldsymbol{\alpha}_{m+1}$,使 $\boldsymbol{\alpha}_{m+1}$ 不能被 $\boldsymbol{\alpha}_1,\boldsymbol{\alpha}_2,\cdots,\boldsymbol{\alpha}_m$ 线性表示,把 $\boldsymbol{\alpha}_{m+1}$ 添加进去知 $\boldsymbol{\alpha}_1,\boldsymbol{\alpha}_2,\cdots,\boldsymbol{\alpha}_m,\boldsymbol{\alpha}_{m+1}$ 也是线性无关的.由定理 6.5.2 知 $L(\boldsymbol{\alpha}_1,\boldsymbol{\alpha}_2,\cdots,\boldsymbol{\alpha}_m,\boldsymbol{\alpha}_{m+1})$ 是 $m+1$ 维的,这时 $n-(m+1)=k$,由归纳假设知,可以把 $L(\boldsymbol{\alpha}_1,\boldsymbol{\alpha}_2,\cdots,\boldsymbol{\alpha}_m,\boldsymbol{\alpha}_{m+1})$ 的基 $\boldsymbol{\alpha}_1,\boldsymbol{\alpha}_2,\cdots,\boldsymbol{\alpha}_{m+1}$ 扩充为 V 的一个基,故 $\boldsymbol{\alpha}_1,\boldsymbol{\alpha}_2,\cdots,\boldsymbol{\alpha}_m$ 可扩充成 V 的一个基.

评注 由这个定理知,如果子空间 $L(\boldsymbol{\alpha}_1,\boldsymbol{\alpha}_2,\cdots,\boldsymbol{\alpha}_r)$ 不是零空间,则总可以找出一组线性无关的向量,使之由这组极大线性无关组生成.特别地,当 $\boldsymbol{\alpha}_1,\boldsymbol{\alpha}_2,\cdots,\boldsymbol{\alpha}_n$ 是线性空间 V 的一个基时,则有 $V=L(\boldsymbol{\alpha}_1,\boldsymbol{\alpha}_2,\cdots,\boldsymbol{\alpha}_n)$.

6.5.4 例子剖析

生成子空间上　生成子空间下

例 6.5.1 验证 $W_1=\{(a,0)\mid a\in F\}$,$W_2=\{(0,b)\mid b\in F\}$ 都是 F^2 的子空间.

只要验证 W_1,W_2 对向量的加法和数乘封闭即可.

例 6.5.2　闭区间$[a,b]$上一切可微函数作成$\mathbf{C}[a,b]$的一个子空间.

例 6.5.3　齐次线性方程组$\begin{cases} a_{11}x_1+a_{12}x_2+\cdots+a_{1n}x_n=0 \\ a_{21}x_1+a_{22}x_2+\cdots+a_{2n}x_n=0 \\ \cdots\cdots \\ a_{n1}x_1+a_{n2}x_2+\cdots+a_{nn}x_n=0 \end{cases}$

的解向量的全体作成F^n的一个子空间,称之为**解空间**.方程组的基础解系就是解空间的基,它的维数等于$n-r$,其中r为系数矩阵的秩.

事实上,齐次线性方程组两个解向量的和仍是方程组的解,解向量的倍数也是方程组的解.

例 6.5.4　$F^n=L(\boldsymbol{\varepsilon}_1,\boldsymbol{\varepsilon}_2,\cdots,\boldsymbol{\varepsilon}_n)$.

例 6.5.5　$F[x]_n=L(1,x,\cdots,x^{n-1})$.

例 6.5.6　V_1,V_2均为线性空间V的子空间,且$V_1\subset V_2$,

证明:$\dim V_1=\dim V_2\Leftrightarrow V_1=V_2$.

证明　$\Leftarrow$ 显然;

$\Rightarrow$ 设$\dim V_1=\dim V_2=n$,设$\boldsymbol{\alpha}_1,\cdots,\boldsymbol{\alpha}_n$为$V_1$的一组基,且$V_1\subset V_2$,则$\{\boldsymbol{\alpha}_1,\cdots,\boldsymbol{\alpha}_n\}\subset V_2$,又$\dim V_2=n$,所以$\boldsymbol{\alpha}_1,\cdots,\boldsymbol{\alpha}_n$为$V_2$的一组基,$V_1=L(\boldsymbol{\alpha}_1,\cdots,\boldsymbol{\alpha}_n)=V_2$.

6.5.5　练习与探究

6.5.5.1　练习

1. 在F^4中,求由齐次方程组$\begin{cases} 3x_1+2x_2-x_3+4x_4=0 \\ x_1-x_2+3x_3-2x_4=0 \\ x_1+4x_2-7x_3+8x_4=0 \end{cases}$确定的解空间的基与维数.

2. 设$\boldsymbol{A}=\begin{bmatrix} 1 & 0 & 0 \\ 0 & 1 & 0 \\ 3 & 1 & 2 \end{bmatrix}$,求$F^{3\times 3}$中与$\boldsymbol{A}$可交换的全体矩阵所成子空间的基和维数.

3. 求由向量$\boldsymbol{\alpha}_1=(5,1,2,4)$,$\boldsymbol{\alpha}_2=(-4,1,-2,-3)$,$\boldsymbol{\alpha}_3=(7,5,2,6)$,$\boldsymbol{\alpha}_4=(-2,5,-2,-1)$生成的子空间的基与维数.

4. 如果$c_1\boldsymbol{\alpha}+c_2\boldsymbol{\beta}+c_3\boldsymbol{\gamma}=\mathbf{0}$,且$c_1c_3\neq 0$,证明:$L(\boldsymbol{\alpha},\boldsymbol{\beta})=L(\boldsymbol{\beta},\boldsymbol{\gamma})$.

5. 在P^4中,求由向量$\boldsymbol{\alpha}_i(i=1,2,3,4)$生成的子空间的基与维数.设

1)$\begin{cases} \boldsymbol{\alpha}_1=(2,1,3,1), \\ \boldsymbol{\alpha}_2=(1,2,0,1), \\ \boldsymbol{\alpha}_3=(-1,1,-3,0), \\ \boldsymbol{\alpha}_4=(1,1,1,1), \end{cases}$　　2)$\begin{cases} \boldsymbol{\alpha}_1=(2,1,3,-1), \\ \boldsymbol{\alpha}_2=(-1,1,-3,1), \\ \boldsymbol{\alpha}_3=(4,5,3,-1), \\ \boldsymbol{\alpha}_4=(1,5,-3,1). \end{cases}$

6.5.5.2　探究

$L(\boldsymbol{\alpha}_1,\cdots,\boldsymbol{\alpha}_r)$的另一种定义:$L(\boldsymbol{\alpha}_1,\cdots,\boldsymbol{\alpha}_r)=\bigcap\limits_{\substack{\{\alpha_1,\cdots,\alpha_r\}\subset V_i \\ V_i\text{为}V\text{的线性子空间}}} V_i$.

扩基定理

6.6 子空间的交与和

这一节要讨论子空间的两种运算:交与和,考虑子空间的交与和是否仍是子空间,同时考虑子空间交与和的维数与子空间维数的关系.本节围绕以下问题展开讨论.

6.6.1 研究问题

(1) 子空间交与和的概念.

(2) 子空间的交与和仍是子空间.

(3) 子空间交与和的维数定理.

子空间的交与和上　子空间的交与和下

6.6.2 基本概念

✲ 定义 6.6.1 设 V_1, V_2 是数域 F 上线性空间 V 的两个子空间,子空间 V_1 与 V_2 的交表示那些既属于 V_1 又属于 V_2 的向量的全体,记为 $V_1 \cap V_2$,即

$$V_1 \cap V_2 = \{\boldsymbol{\alpha} \mid \boldsymbol{\alpha} \in V_1 \text{ 且 } \boldsymbol{\alpha} \in V_2\}.$$

子空间 V_1 与 V_2 的和表示那些能表成 $\boldsymbol{\alpha}_1 + \boldsymbol{\alpha}_2, \boldsymbol{\alpha}_1 \in V_1, \boldsymbol{\alpha}_2 \in V_2$ 的向量的全体,记为 $V_1 + V_2$,即

$$V_1 + V_2 = \{\boldsymbol{\alpha}_1 + \boldsymbol{\alpha}_2 \mid \boldsymbol{\alpha}_1 \in V_1 \text{ 且 } \boldsymbol{\alpha}_2 \in V_2\}.$$

6.6.3 主要结论

子空间的交与和仍是 V 的子空间,这就是下面的定理.

✲ 定理 6.6.1 设 V_1, V_2 是数域 F 上线性空间 V 的两个子空间,则 $V_1 \cap V_2$ 和 $V_1 + V_2$ 都是 V 的子空间.

证明 因为 V_1, V_2 是 V 的子空间,所以 $\mathbf{0} \in V_1, \mathbf{0} \in V_2$,故 $\mathbf{0} \in V_1 \cap V_2$. $V_1 \cap V_2$ 非空.

$\forall \boldsymbol{\alpha}, \boldsymbol{\beta} \in V_1 \cap V_2$,则 $\boldsymbol{\alpha}, \boldsymbol{\beta} \in V_1$,且 $\boldsymbol{\alpha}, \boldsymbol{\beta} \in V_2$, $\forall k, l \in F$,因为 $k\boldsymbol{\alpha} + l\boldsymbol{\beta} \in V_1$, $k\boldsymbol{\alpha} + l\boldsymbol{\beta} \in V_2$,所以 $k\boldsymbol{\alpha} + l\boldsymbol{\beta} \in V_1 \cap V_2$,故 $V_1 \cap V_2$ 是 V 的子空间.

又因为 $\mathbf{0} \in V_1, \mathbf{0} \in V_2$,所以 $\mathbf{0} = \mathbf{0} + \mathbf{0} \in V_1 + V_2$.故 $V_1 + V_2$ 非空.

$\forall \boldsymbol{\alpha}, \boldsymbol{\beta} \in V_1 + V_2$, $\boldsymbol{\alpha} = \boldsymbol{\alpha}_1 + \boldsymbol{\alpha}_2$, $\boldsymbol{\beta} = \boldsymbol{\beta}_1 + \boldsymbol{\beta}_2$, $\boldsymbol{\alpha}_1, \boldsymbol{\beta}_1 \in V_1$, $\boldsymbol{\alpha}_2, \boldsymbol{\beta}_2 \in V_2$.

$\forall k, l \in F, k\boldsymbol{\alpha}_1 + l\boldsymbol{\beta}_1 \in V_1, k\boldsymbol{\alpha}_2 + l\boldsymbol{\beta}_2 \in V_2$,因此

$$k(\boldsymbol{\alpha}_1 + \boldsymbol{\alpha}_2) + l(\boldsymbol{\beta}_1 + \boldsymbol{\beta}_2) = (k\boldsymbol{\alpha}_1 + l\boldsymbol{\beta}_1) + (k\boldsymbol{\alpha}_2 + l\boldsymbol{\beta}_2) \in V_1 + V_2,$$

此即 $k\boldsymbol{\alpha} + l\boldsymbol{\beta} \in V_1 + V_2$.因此 $V_1 + V_2$ 也是 V 的子空间.

评注 两个子空间的交与集合的交的概念是一样的,但两个子空间的和与两个集合的和的概念是不同的.按照两个集合和(并)的运算法则,把两个子空间的向量放到一起,这样形成的集合称为两个子空间的并,但这样形成的集合不一定是 V 的子空间,设 $V_1 = \{(a, 0) \mid a \in F\}, V_2 = \{(0, b) \mid b \in F\}$, V_1 与 V_2 是 F^2 的子空间,但 V_1 与 V_2 的并是 $\{(a, 0), (0, b) \mid a, b \in F\}$,它不是 F^2 的子空间.

两个子空间的交与和的概念可以推广到多个子空间的交与和的情况.

设 $V_1, V_2, \cdots, V_n$ 是线性空间 V 的 n 个子空间,则

$$V_1 \cap V_2 \cap \cdots \cap V_n = \{\boldsymbol{\alpha} \mid \boldsymbol{\alpha} \in V_1, \boldsymbol{\alpha} \in V_2, \cdots, \boldsymbol{\alpha} \in V_n\};$$

$$V_1 + V_2 + \cdots + V_n = \{\boldsymbol{\alpha}_1 + \boldsymbol{\alpha}_2 + \cdots + \boldsymbol{\alpha}_n \mid \boldsymbol{\alpha}_i \in V_i, i = 1, \cdots, n\}.$$

可以证明,有限个子空间的交与和仍是 V 的子空间.

子空间的交与和满足交换律和结合律,即有

(1)$V_1 \cap V_2 = V_2 \cap V_1$;(2)$(V_1 \cap V_2) \cap V_3 = V_1 \cap (V_2 \cap V_3)$;

(3)$V_1 + V_2 = V_2 + V_1$;(4)$(V_1 + V_2) + V_3 = V_1 + (V_2 + V_3)$.

设 V_1, V_2, W 都是线性空间 V 的子空间,则由 $W \subset V_1$ 和 $W \subset V_2$ 可推出 $W \subset V_1 \cap V_2$,由 $W \supset V_1$ 和 $W \supset V_2$ 可推出 $W \supset V_1 \cap V_2$.

✲ 定理 6.6.2　设 V_1, V_2 是线性空间 V 的两个子空间,以下三个结论等价:

(1)$V_1 \subset V_2$;(2)$V_1 \cap V_2 = V_1$;(3)$V_1 + V_2 = V_2$.

证明　(1)⇒(2).若 $V_1 \subset V_2$,$\forall \boldsymbol{\alpha} \in V_1$,则 $\boldsymbol{\alpha} \in V_2$,因此 $\boldsymbol{\alpha} \in V_1 \cap V_2$,故 $V_1 \subset V_1 \cap V_2$,又 $V_1 \cap V_2 \subset V_1$,因此 $V_1 \cap V_2 = V_1$.

(2)⇒(3).若 $V_1 \cap V_2 = V_1$,则 $\forall \boldsymbol{\alpha} \in V_1 + V_2$,$\boldsymbol{\alpha} = \boldsymbol{\alpha}_1 + \boldsymbol{\alpha}_2$,$\boldsymbol{\alpha}_1 \in V_1$,$\boldsymbol{\alpha}_2 \in V_2$,由于 $\boldsymbol{\alpha}_1 \in V_1 \cap V_2$,所以 $\boldsymbol{\alpha}_1 \in V_2$,于是 $\boldsymbol{\alpha} \in V_2$,故 $V_1 + V_2 \subset V_2$.又 $\forall \boldsymbol{\alpha} \in V_2$,由于 $\mathbf{0} + \boldsymbol{\alpha} = \boldsymbol{\alpha} \in V_1 + V_2$,故 $V_2 \subset V_1 + V_2$,因此 $V_1 + V_2 = V_2$.

(3)⇒(1).若 $V_1 + V_2 = V_2$,则 $\forall \boldsymbol{\alpha} \in V_1$,$\boldsymbol{\alpha} + \mathbf{0} = \boldsymbol{\alpha} \in V_1 + V_2$,因此 $\boldsymbol{\alpha} \in V_2$,此即 $V_1 \subset V_2$.

✲ 定理 6.6.3　设 $\boldsymbol{\alpha}_1, \boldsymbol{\alpha}_2, \cdots, \boldsymbol{\alpha}_r$ 和 $\boldsymbol{\beta}_1, \boldsymbol{\beta}_2, \cdots, \boldsymbol{\beta}_s$ 分别是线性空间 V 中的两组向量,则

$$L(\boldsymbol{\alpha}_1, \boldsymbol{\alpha}_2, \cdots, \boldsymbol{\alpha}_r) + L(\boldsymbol{\beta}_1, \boldsymbol{\beta}_2, \cdots, \boldsymbol{\beta}_s) = L(\boldsymbol{\alpha}_1, \boldsymbol{\alpha}_2, \cdots, \boldsymbol{\alpha}_r, \boldsymbol{\beta}_1, \boldsymbol{\beta}_2, \cdots, \boldsymbol{\beta}_s).$$

证明　$\forall \gamma \in L(\boldsymbol{\alpha}_1, \boldsymbol{\alpha}_2, \cdots, \boldsymbol{\alpha}_r) + L(\boldsymbol{\beta}_1, \boldsymbol{\beta}_2, \cdots, \boldsymbol{\beta}_s)$,则

$$\gamma = \boldsymbol{\alpha} + \boldsymbol{\beta}, \boldsymbol{\alpha} \in L(\boldsymbol{\alpha}_1, \boldsymbol{\alpha}_2, \cdots, \boldsymbol{\alpha}_r), \boldsymbol{\beta} \in L(\boldsymbol{\beta}_1, \boldsymbol{\beta}_2, \cdots, \boldsymbol{\beta}_s).$$

于是 $\gamma = k_1 \boldsymbol{\alpha}_1 + k_2 \boldsymbol{\alpha}_2 + \cdots + k_r \boldsymbol{\alpha}_r + l_1 \boldsymbol{\beta}_1 + l_2 \boldsymbol{\beta}_2 + \cdots + l_s \boldsymbol{\beta}_s$.

因此 $\gamma \in L(\boldsymbol{\alpha}_1, \boldsymbol{\alpha}_2, \cdots, \boldsymbol{\alpha}_r, \boldsymbol{\beta}_1, \boldsymbol{\beta}_2, \cdots, \boldsymbol{\beta}_s)$,

故 $L(\boldsymbol{\alpha}_1, \boldsymbol{\alpha}_2, \cdots, \boldsymbol{\alpha}_r) + L(\boldsymbol{\beta}_1, \boldsymbol{\beta}_2, \cdots, \boldsymbol{\beta}_s) \subset L(\boldsymbol{\alpha}_1, \boldsymbol{\alpha}_2, \cdots, \boldsymbol{\alpha}_r, \boldsymbol{\beta}_1, \boldsymbol{\beta}_2, \cdots, \boldsymbol{\beta}_s)$.

又 $\forall \eta \in L(\boldsymbol{\alpha}_1, \boldsymbol{\alpha}_2, \cdots, \boldsymbol{\alpha}_r, \boldsymbol{\beta}_1, \boldsymbol{\beta}_2, \cdots, \boldsymbol{\beta}_s)$,$\eta = k_1 \boldsymbol{\alpha}_1 + \cdots + k_r \boldsymbol{\alpha}_r + l_1 \boldsymbol{\beta}_1 + \cdots + l_s \boldsymbol{\beta}_s$.

令 $\boldsymbol{\alpha} = k_1 \boldsymbol{\alpha}_1 + \cdots + k_r \boldsymbol{\alpha}_r$,$\boldsymbol{\beta} = l_1 \boldsymbol{\beta}_1 + \cdots + l_s \boldsymbol{\beta}_s$,则

$$\eta = \boldsymbol{\alpha} + \boldsymbol{\beta} \in L(\boldsymbol{\alpha}_1, \boldsymbol{\alpha}_2, \cdots, \boldsymbol{\alpha}_r) + L(\boldsymbol{\beta}_1, \boldsymbol{\beta}_2, \cdots, \boldsymbol{\beta}_s),$$

此即

$$L(\boldsymbol{\alpha}_1, \boldsymbol{\alpha}_2, \cdots, \boldsymbol{\alpha}_r, \boldsymbol{\beta}_1, \boldsymbol{\beta}_2, \cdots, \boldsymbol{\beta}_s) \subset L(\boldsymbol{\alpha}_1, \boldsymbol{\alpha}_2, \cdots, \boldsymbol{\alpha}_r) + L(\boldsymbol{\beta}_1, \boldsymbol{\beta}_2, \cdots, \boldsymbol{\beta}_s).$$

因此

$$L(\boldsymbol{\alpha}_1, \boldsymbol{\alpha}_2, \cdots, \boldsymbol{\alpha}_r) + L(\boldsymbol{\beta}_1, \boldsymbol{\beta}_2, \cdots, \boldsymbol{\beta}_s) = L(\boldsymbol{\alpha}_1, \boldsymbol{\alpha}_2, \cdots, \boldsymbol{\alpha}_r, \boldsymbol{\beta}_1, \boldsymbol{\beta}_2, \cdots, \boldsymbol{\beta}_s).$$

子空间交与和的维数与子空间的维数之间有什么关系?下面的定理揭示了它们之间的关系.

✲ 定理 6.6.4　设 V_1, V_2 是数域 F 上线性空间 V 的两个有限维子空间,则 $V_1 + V_2$ 也是有限维的,且有

$$\dim(V_1 + V_2) = \dim(V_1) + \dim(V_2) - \dim(V_1 \cap V_2).$$

证明　设 V_1, V_2 的维数分别为 n_1, n_2,由于 $V_1 \cap V_2 \subset V_1$,$V_1 \cap V_2 \subset V_2$,故

$$\dim(V_1 \cap V_2) = r \leqslant n_1, \dim(V_1 \cap V_2) = r \leqslant n_2.$$

取 $V_1 \cap V_2$ 的一个基为$\boldsymbol{\alpha}_1, \boldsymbol{\alpha}_2, \cdots, \boldsymbol{\alpha}_r$，由定理 6.5.3，它可以扩充为 V_1 的一个基：$\boldsymbol{\alpha}_1, \cdots, \boldsymbol{\alpha}_r, \boldsymbol{\beta}_1, \cdots, \boldsymbol{\beta}_{n_1-r}$，它也可以扩充为 V_2 的一个基：$\boldsymbol{\alpha}_1, \cdots, \boldsymbol{\alpha}_r, \boldsymbol{\gamma}_1, \cdots, \boldsymbol{\gamma}_{n_2-r}$. 下面只要证向量组$\boldsymbol{\alpha}_1, \cdots, \boldsymbol{\alpha}_r, \boldsymbol{\beta}_1, \cdots, \boldsymbol{\beta}_{n_1-r}, \boldsymbol{\gamma}_1, \cdots, \boldsymbol{\gamma}_{n_2-r}$ 是 $V_1 + V_2$ 的一个基，则结论成立.

设

$$V_1 = L(\boldsymbol{\alpha}_1, \cdots, \boldsymbol{\alpha}_r, \boldsymbol{\beta}_1, \cdots, \boldsymbol{\beta}_{n_1-r}), V_2 = L(\boldsymbol{\alpha}_1, \cdots, \boldsymbol{\alpha}_r, \boldsymbol{\gamma}_1, \cdots, \boldsymbol{\gamma}_{n_2-r}).$$

则由定理 6.6.3 知

$$V_1 + V_2 = L(\boldsymbol{\alpha}_1, \cdots, \boldsymbol{\alpha}_r, \boldsymbol{\beta}_1, \cdots, \boldsymbol{\beta}_{n_1-r}, \boldsymbol{\gamma}_1, \cdots, \boldsymbol{\gamma}_{n_2-r}).$$

设有等式

$$k_1 \boldsymbol{\alpha}_1 + \cdots + k_r \boldsymbol{\alpha}_r + l_1 \boldsymbol{\beta}_1 + \cdots + l_{n_1-r} \boldsymbol{\beta}_{n_1-r} + p_1 \boldsymbol{\gamma}_1 + \cdots + p_{n_2-r} \boldsymbol{\gamma}_{n_2-r} = \mathbf{0},$$

令 $\boldsymbol{\alpha} = k_1 \boldsymbol{\alpha}_1 + \cdots + k_r \boldsymbol{\alpha}_r + l_1 \boldsymbol{\beta}_1 + \cdots + l_{n_1-r} \boldsymbol{\beta}_{n_1-r} = -p_1 \boldsymbol{\gamma}_1 - \cdots - p_{n_2-r} \boldsymbol{\gamma}_{n_2-r}$，

则 $\boldsymbol{\alpha} \in V_1, \boldsymbol{\alpha} \in V_2$，故 $\boldsymbol{\alpha} \in V_1 \cap V_2$，于是

$$\boldsymbol{\alpha} = q_1 \boldsymbol{\alpha}_1 + \cdots + q_r \boldsymbol{\alpha}_r = -p_1 \boldsymbol{\gamma}_1 - \cdots - p_{n_2-r} \boldsymbol{\gamma}_{n_2-r}.$$

于是得 $q_1 \boldsymbol{\alpha}_1 + \cdots + q_r \boldsymbol{\alpha}_r + p_1 \boldsymbol{\gamma}_1 + \cdots + p_{n_2-r} \boldsymbol{\gamma}_{n_2-r} = \mathbf{0}$，

故 $q_1 = \cdots = q_r = p_1 = \cdots = p_{n_2-r} = 0$.

又由于 $k_1 \boldsymbol{\alpha}_1 + \cdots + k_r \boldsymbol{\alpha}_r + l_1 \boldsymbol{\beta}_1 + \cdots + l_{n_1-r} \boldsymbol{\beta}_{n_1-r} = \mathbf{0}$，

故得 $k_1 = \cdots = k_r = l_1 = \cdots = l_{n_1-r} = 0$.

这说明$\boldsymbol{\alpha}_1, \cdots, \boldsymbol{\alpha}_r, \boldsymbol{\beta}_1, \cdots, \boldsymbol{\beta}_{n_1-r}, \boldsymbol{\gamma}_1, \cdots, \boldsymbol{\gamma}_{n_2-r}$ 线性无关.

于是 $V_1 + V_2$ 也是有限维的，其维数为 $n_1 + n_2 - r$. 此即

$$\dim(V_1 + V_2) = \dim(V_1) + \dim(V_2) - \dim(V_1 \cap V_2)$$

评注 由维数定理可知，子空间和的维数往往要比子空间维数的和来得小. 如果两个子空间 V_1, V_2 的维数之和大于和空间 $V_1 + V_2$ 的维数，则子空间的交 $V_1 \cap V_2$ 必含有非零向量.

推论 若 V_1, V_2 是线性空间 V 中两个有限维的子空间，

$$\dim(V_1) + \dim(V_2) > \dim(V_1 + V_2),$$

则 $V_1 \cap V_2$ 含有非零的向量.

证明 由定理 6.6.4 知，有维数公式

$$\dim(V_1 + V_2) = \dim(V_1) + \dim(V_2) - \dim(V_1 \cap V_2),$$
$$\dim(V_1 \cap V_2) = \dim(V_1) + \dim(V_2) - \dim(V_1 + V_2) > 0,$$

故 $V_1 \cap V_2$ 中含有非零向量.

维数公式的探索及证明上

维数公式的探索及证明下

6.6.4 例子剖析

例 6.6.1 在 $\mathbf{R}^3$ 中用 V_1 表示一条通过原点的直线，V_2 表示一张通过原点且与 V_1 垂直的平面，V_1, V_2 都是 $\mathbf{R}^3$ 的子空间，这时 $V_1 \cap V_2 = \{\mathbf{0}\}, V_1 + V_2 = \mathbf{R}^3$.

例 6.6.2 设 $V_1 = \left\{ \begin{bmatrix} a & b \\ 0 & 0 \end{bmatrix} \middle| a, b \in F \right\}, V_2 = \left\{ \begin{bmatrix} a & 0 \\ b & 0 \end{bmatrix} \middle| a, b \in F \right\}$，$V_1$ 和 V_2 都是 $F^{2\times2}$ 的子空间，这时

$$V_1 \cap V_2 = \left\{ \begin{bmatrix} a & 0 \\ 0 & 0 \end{bmatrix} \middle| a \in F \right\}, V_1 + V_2 = \left\{ \begin{bmatrix} a & b \\ c & 0 \end{bmatrix} \middle| a,b,c \in F \right\}$$

都是 $F^{2\times 2}$ 的子空间.

例 6.6.3　在 P^4 中,设 $\boldsymbol{\alpha}_1=(1,2,1,0)$,$\boldsymbol{\alpha}_2=(-1,1,1,1)$,$\boldsymbol{\beta}_1=(2,-1,0,1)$,$\boldsymbol{\beta}_2=(1,-1,3,7)$.

1) 求 $L(\boldsymbol{\alpha}_1,\boldsymbol{\alpha}_2)\cap L(\boldsymbol{\beta}_1,\boldsymbol{\beta}_2)$ 的维数与一组基;

2) 求 $L(\boldsymbol{\alpha}_1,\boldsymbol{\alpha}_2)+L(\boldsymbol{\beta}_1,\boldsymbol{\beta}_2)$ 的维数与一组基.

解:1) 任取 $\boldsymbol{\gamma}\in L(\boldsymbol{\alpha}_1,\boldsymbol{\alpha}_2)\cap L(\boldsymbol{\beta}_1,\boldsymbol{\beta}_2)$

设 $\boldsymbol{\gamma}=x_1\boldsymbol{\alpha}_1+x_2\boldsymbol{\alpha}_2=y_1\boldsymbol{\beta}_1+y_2\boldsymbol{\beta}_2$,则有 $x_1\boldsymbol{\alpha}_1+x_2\boldsymbol{\alpha}_2-y_1\boldsymbol{\beta}_1-y_2\boldsymbol{\beta}_2=\mathbf{0}$,

即 $\begin{cases} x_1-x_2-2y_1-y_2=0, \\ 2x_1+x_2+y_1+y_2=0, \\ x_1+x_2-3y_2=0, \\ x_2-y_1-7y_2=0. \end{cases}$　　(*)

解(*)得 $\begin{cases} x_1=-t, \\ x_2=4t, \\ y_1=-3t, \\ y_2=t. \end{cases}$ (t 为任意数)

故 $\boldsymbol{\gamma}=t(-\boldsymbol{\alpha}_1+4\boldsymbol{\alpha}_2)=t(\boldsymbol{\beta}_2-3\boldsymbol{\beta}_1)$

令 $t=1$,则得 $L(\boldsymbol{\alpha}_1,\boldsymbol{\alpha}_2)\cap L(\boldsymbol{\beta}_1,\boldsymbol{\beta}_2)$ 的一组基.

$\boldsymbol{\gamma}=-\boldsymbol{\alpha}_1+4\boldsymbol{\alpha}_2=(-5,2,3,4)$

故 $L(\boldsymbol{\alpha}_1,\boldsymbol{\alpha}_2)\cap L(\boldsymbol{\beta}_1,\boldsymbol{\beta}_2)=L(\boldsymbol{\gamma})$ 为一维的.

2) $L(\boldsymbol{\alpha}_1,\boldsymbol{\alpha}_2)+L(\boldsymbol{\beta}_1,\boldsymbol{\beta}_2)=L(\boldsymbol{\alpha}_1,\boldsymbol{\alpha}_2,\boldsymbol{\beta}_1,\boldsymbol{\beta}_2)$

对以 $\boldsymbol{\alpha}_1,\boldsymbol{\alpha}_2,\boldsymbol{\beta}_1,\boldsymbol{\beta}_2$ 为列向量的矩阵 $\boldsymbol{A}$ 作初等行变换

$$\boldsymbol{A}=\begin{pmatrix} 1 & -1 & 2 & 1 \\ 2 & 1 & -1 & -1 \\ 1 & 1 & 0 & 3 \\ 0 & 1 & 1 & 7 \end{pmatrix} \to \begin{pmatrix} 1 & -1 & 2 & 1 \\ 0 & 3 & -5 & -3 \\ 0 & 2 & -2 & 2 \\ 0 & 1 & 1 & 7 \end{pmatrix} \to \begin{pmatrix} 1 & -1 & 2 & 1 \\ 0 & 0 & -2 & -6 \\ 0 & 1 & -1 & 1 \\ 0 & 0 & 2 & 6 \end{pmatrix} \to$$

$$\begin{pmatrix} 1 & -1 & 2 & 1 \\ 0 & 1 & -1 & 1 \\ 0 & 0 & 1 & 3 \\ 0 & 0 & 0 & 0 \end{pmatrix}=\boldsymbol{B}$$

由 $\boldsymbol{B}$ 知,$\boldsymbol{\alpha}_1,\boldsymbol{\alpha}_2,\boldsymbol{\beta}_1$ 为 $\boldsymbol{\alpha}_1,\boldsymbol{\alpha}_2,\boldsymbol{\beta}_1,\boldsymbol{\beta}_2$ 的一个极大无关组.

6.6.5　练习与探究

6.6.5.1　练习

1. 求由向量 $\boldsymbol{\alpha}_1=(1,1,3,1)$,$\boldsymbol{\alpha}_2=(-1,1,-1,3)$ 生成的子空间与向量 $\boldsymbol{\beta}_1=(-5,2,-7,9)$,$\boldsymbol{\beta}_2=(1,-3,-2,-7)$ 生成的子空间的交与和的基和维数,

2. 设 V 是数域 F 上的 n 维线性空间,V_1,V_2 是 V 的两个不同的 $n-1$ 维子空间,能否确定子空间 $V_1\cap V_2$ 的维数?请说明理由.

3. 设 V_1 与 V_2 分别是齐次方程组 $x_1+x_2+\cdots+x_n=0$ 与 $x_1=x_2=\cdots=x_n$ 的解空间，求：

(1)V_1 与 V_2 的基和维数；

(2) 这两个解空间的交空间与和空间的基和维数.

4. 已知 $\boldsymbol{A}\in P^{n\times n}$，设 $V_1=\{\boldsymbol{AX}\mid X\in P^n\}$，$V_2=\{X\mid X\in P^n,\boldsymbol{AX}=\boldsymbol{0}\}$

证明：(1)V_1，V_2 是 P^n 的子空间.

(2) 当$\boldsymbol{A}^2=\boldsymbol{A}$ 时，求 V_1+V_2.

5. 求由向量 $\boldsymbol{\alpha}_i\,(i=1,2,3)$ 生成的子空间与由向量 $\boldsymbol{\beta}_j\,(j=1,2)$ 生成的子空间的交的基与维数. 设

1) $\begin{cases}\boldsymbol{\alpha}_1=(1,2,1,0)\\ \boldsymbol{\alpha}_2=(-1,1,1,1)\end{cases}$ $\begin{cases}\boldsymbol{\beta}_1=(2,-1,0,1)\\ \boldsymbol{\beta}_2=(1,-1,3,7)\end{cases}$

2) $\begin{cases}\boldsymbol{\alpha}_1=(1,1,0,0)\\ \boldsymbol{\alpha}_2=(1,0,1,1)\end{cases}$ $\begin{cases}\boldsymbol{\beta}_1=(0,0,1,1)\\ \boldsymbol{\beta}_2=(0,1,1,0)\end{cases}$

3) $\begin{cases}\boldsymbol{\alpha}_1=(1,2,-1,-2)\\ \boldsymbol{\alpha}_2=(3,1,1,1)\\ \boldsymbol{\alpha}_3=(-1,0,1,-1)\end{cases}$ $\begin{cases}\boldsymbol{\beta}_1=(2,5,-6,-5)\\ \boldsymbol{\beta}_2=(-1,2,-7,3)\end{cases}$

6.6.5.2 探究

1. V 的两个子空间 V_1，V_2 的并 $V_1\cup V_2$ 不一定是 V 的子空间，试找出两个子空间的并是 V 的子空间的充要条件并证明之.

2. 设 V_1，V_2 是数域 F 上线性空间 V 的两个真子空间，证明：$V_1\cup V_2\neq V$.

3. 设 V_1，V_2，…，V_s 是线性空间 V 的 s 个非平凡的子空间，证明 V 中至少有一向量 $\boldsymbol{\alpha}$ 不属于 V_1，V_2，…，V_s 中的任何一个.

4. 证明：V 的任意一个真子空间都是若干 $n-1$ 维子空间的交.

6.7 子空间的直和

由上节的维数定理可知，子空间和的维数往往要比子空间维数的和来得小. 如果两个子空间 V_1，V_2 的维数之和等于和空间 V_1+V_2 的维数，则子空间的交 $V_1\cap V_2$ 就只含零向量. 这时两个子空间的和具有特别的意义. 本节围绕以下问题展开讨论.

子空间的直和

6.7.1 研究问题

(1) 两个子空间直和的定义与判定.

(2) 多个子空间的直和与判定.

6.7.2 基本概念

✲ **定义 6.7.1** 设 V_1，V_2 是线性空间 V 的子空间，如果和 V_1+V_2 中每个向量 $\boldsymbol{\alpha}$ 的

分解式 $\boldsymbol{\alpha}=\boldsymbol{\alpha}_1+\boldsymbol{\alpha}_2,\boldsymbol{\alpha}_i\in V_i,i=1,2$ 是唯一的，则称这个和为**直和**，记为 $V_1\oplus V_2$.

✲ **定义 6.7.2**　如果向量空间 V 能表成它的两个子空间 W 和 W' 的直和，即 $V=W\oplus W'$，则称 W' 为 W 的**余子空间**，W 也是 W' 的余子空间.

子空间直和的概念可以推广到多个子空间的情形.

✲ **定义 6.7.3**　设 $V_1,V_2,\cdots,V_s$ 都是线性空间 V 的子空间，如果和 $V_1+V_2+\cdots+V_s$ 中每个向量 $\boldsymbol{\alpha}$ 的分解式：$\boldsymbol{\alpha}=\boldsymbol{\alpha}_1+\boldsymbol{\alpha}_2+\cdots+\boldsymbol{\alpha}_s,\boldsymbol{\alpha}_i\in V_i,i=1,2,\cdots,s$ 是唯一的，则称这个和为直和，记为 $V_1\oplus V_2\oplus\cdots\oplus V_s$.

由上节可知，子空间和的维数不大于子空间维数的和. 当 $\dim(V_1\cap V_2)=0$ 时，有

$$\dim(V_1+V_2)=\dim(V_1)+\dim(V_2).$$

这种情况与直和有何关系？

6.7.3　主要结论

若子空间和的维数等于子空间维数的和，则这样的和就是直和. 下面的定理刻画子空间直和的几个等价条件.

✲ **定理 6.7.1**　设 V_1,V_2 是线性空间 V 的子空间，记 $V=V_1+V_2$，下面四个命题彼此等价.

(1)$V=V_1\oplus V_2$；(2) 零向量的表示法唯一；

(3)$V_1\cap V_2=\{\mathbf{0}\}$；(4)$\dim(V_1+V_2)=\dim(V_1)+\dim(V_2)$.

证明　(1)⇒(2)⇒(3)⇒(4)⇒(1).

(1)⇒(2). 若 $V=V_1\oplus V_2$，则 V 中每个向量 $\boldsymbol{\alpha}$ 的分解式 $\boldsymbol{\alpha}=\boldsymbol{\alpha}_1+\boldsymbol{\alpha}_2,\boldsymbol{\alpha}_i\in V_i,i=1,2$ 是唯一的. 故零向量的表示法也唯一.

(2)⇒(3). 若零向量的表法唯一，则 $\forall\boldsymbol{\alpha}\in V_1\cap V_2,\boldsymbol{\alpha}\in V_1,-\boldsymbol{\alpha}\in V_2,\mathbf{0}=\boldsymbol{\alpha}+(-\boldsymbol{\alpha})$. 由零向量的唯一性知 $\boldsymbol{\alpha}=\mathbf{0}$，故 $V_1\cap V_2=\{\mathbf{0}\}$.

(3)⇒(4). 若 $V_1\cap V_2=\{\mathbf{0}\}$，则 $\dim(V_1\cap V_2)=0$，因此

$$\dim(V_1+V_2)=\dim(V_1)+\dim(V_2).$$

(4)⇒(1). 由于 $\dim(V_1+V_2)=\dim(V_1)+\dim(V_2)$，因此 $\dim(V_1\cap V_2)=0$，因此 $V_1\cap V_2=\{\mathbf{0}\}$. $\forall\boldsymbol{\alpha}\in V=V_1+V_2,\boldsymbol{\alpha}=\boldsymbol{\alpha}_1+\boldsymbol{\alpha}_2,\boldsymbol{\alpha}_1\in V_1,\boldsymbol{\alpha}_2\in V_2$，若还有 $\boldsymbol{\alpha}=\boldsymbol{\beta}_1+\boldsymbol{\beta}_2,\boldsymbol{\beta}_1\in V_1,\boldsymbol{\beta}_2\in V_2$，则 $\boldsymbol{\alpha}_1-\boldsymbol{\beta}_1+\boldsymbol{\alpha}_2-\boldsymbol{\beta}_2=\mathbf{0},\boldsymbol{\alpha}_1-\boldsymbol{\beta}_1\in V_1,\boldsymbol{\alpha}_2-\boldsymbol{\beta}_2\in V_2$. 故 $\boldsymbol{\alpha}_1-\boldsymbol{\beta}_1\in V_1\cap V_2,\boldsymbol{\alpha}_1-\boldsymbol{\beta}_1=\mathbf{0}$，即 $\boldsymbol{\alpha}_1=\boldsymbol{\beta}_1$. 同理有 $\boldsymbol{\alpha}_2=\boldsymbol{\beta}_2$，故 V 中向量的分解式唯一，从而 $V=V_1\oplus V_2$.

✲ **定理 6.7.2**　设 U 是线性空间 V 的一个子空间，那么一定存在 V 的另一个子空间 W，使

$$V=U\oplus W.$$

证明　设 $\dim U=m$，取 U 的一个基 $\boldsymbol{\alpha}_1,\boldsymbol{\alpha}_2,\cdots,\boldsymbol{\alpha}_m$，把它扩充成 V 的一个基 $\boldsymbol{\alpha}_1,\cdots,\boldsymbol{\alpha}_m,\boldsymbol{\alpha}_{m+1},\cdots,\boldsymbol{\alpha}_n$. 令 $W=L(\boldsymbol{\alpha}_{m+1},\cdots,\boldsymbol{\alpha}_n)$，则有 $V=U\oplus W$.

✲ **定理 6.7.3**　设 $\boldsymbol{\varepsilon}_1,\boldsymbol{\varepsilon}_2,\cdots,\boldsymbol{\varepsilon}_r;\boldsymbol{\eta}_1,\boldsymbol{\eta}_2,\cdots,\boldsymbol{\eta}_s$ 分别是线性子空间 V_1,V_2 的一组基，则

V_1+V_2 是直和 $\Leftrightarrow\boldsymbol{\varepsilon}_1,\boldsymbol{\varepsilon}_2,\cdots,\boldsymbol{\varepsilon}_r;\boldsymbol{\eta}_1,\boldsymbol{\eta}_2,\cdots,\boldsymbol{\eta}_s$ 线性无关.

证明　由题设，

$V_1=L(\boldsymbol{\varepsilon}_1,\boldsymbol{\varepsilon}_2,\cdots,\boldsymbol{\varepsilon}_r),\dim=r$

$V_2=L(\boldsymbol{\eta}_1,\boldsymbol{\eta}_2,\cdots,\boldsymbol{\eta}_s),\dim=s$

故 $V_1+V_2=L(\boldsymbol{\varepsilon}_1,\boldsymbol{\varepsilon}_2,\cdots,\boldsymbol{\varepsilon}_r,\boldsymbol{\eta}_1,\boldsymbol{\eta}_2,\cdots,\boldsymbol{\eta}_s)$.

若$\boldsymbol{\varepsilon}_1$，$\boldsymbol{\varepsilon}_2$，…，$\boldsymbol{\varepsilon}_r$，$\boldsymbol{\eta}_1$，$\boldsymbol{\eta}_2$，…，$\boldsymbol{\eta}_s$ 线性无关，则它是 V_1+V_2 的一组基，从而有 $\dim(V_1+V_2)=r+s=\dim V_1+\dim(V_2)$

故 V_1+V_2 是直和.

反之，若 V_1+V_2 是直和，则 $\dim(V_1+V_2)=\dim V_1+\dim(V_2)=r+s$，从而$\boldsymbol{\varepsilon}_1,\boldsymbol{\varepsilon}_2,\cdots,\boldsymbol{\varepsilon}_r,\boldsymbol{\eta}_1,\boldsymbol{\eta}_2,\cdots,\boldsymbol{\eta}_s$ 的秩为 $r+s$.
所以$\boldsymbol{\varepsilon}_1,\boldsymbol{\varepsilon}_2,\cdots,\boldsymbol{\varepsilon}_r,\boldsymbol{\eta}_1,\boldsymbol{\eta}_2,\cdots,\boldsymbol{\eta}_s$ 线性无关.

定理 6.7.1 可以推广到多个子空间的情况.

✻ **定理 6.7.4** 设 $V_1,V_2,\cdots,V_s$ 是 V 的一些子空间，下面这些条件是等价的：

(1)$W=\sum\limits_i V_i$ 是直和；(2) 零向量的表示法唯一；

(3)$V_i\cap\sum\limits_{j\neq i}V_j=\{\mathbf{0}\},i=1,2,\cdots,s$;

(4)$\dim(W)=\sum\limits_i\dim(V_i)$.

证明 (1)⇒(2) 显然.

(2)⇒(3). 设 $\boldsymbol{\alpha}\in V_i\cap\sum\limits_{j\neq i}V_j,\boldsymbol{\alpha}=\boldsymbol{\alpha}_1+\cdots+\boldsymbol{\alpha}_{i-1}+\boldsymbol{\alpha}_{i+1}+\cdots+\boldsymbol{\alpha}_s,\boldsymbol{\alpha}\in V_i,\boldsymbol{\alpha}_j\in V_j$，$j\neq i$. 于是 $\mathbf{0}=\boldsymbol{\alpha}_1+\cdots+\boldsymbol{\alpha}_{i-1}+(-\boldsymbol{\alpha})+\boldsymbol{\alpha}_{i+1}+\cdots+\boldsymbol{\alpha}_s$.

由零向量的表法唯一知 $\boldsymbol{\alpha}=\mathbf{0}$. 故 $V_i\cap\sum\limits_{j\neq i}V_j=\{\mathbf{0}\}$.

(3)⇒(4). 设$\boldsymbol{\alpha}_{i_1},\cdots,\boldsymbol{\alpha}_{i_{r_i}}$ 是 V_i 的一个基，$V_i=L(\boldsymbol{\alpha}_{i1},\cdots,\boldsymbol{\alpha}_{ir_i}),i=1,2,\cdots,s$，则

$$W=\sum_i V_i=\sum_i L(\boldsymbol{\alpha}_{i1},\cdots,\boldsymbol{\alpha}_{ir_i})=L(\boldsymbol{\alpha}_{11},\cdots,\boldsymbol{\alpha}_{1r_1},\cdots,\boldsymbol{\alpha}_{j1},\cdots,\boldsymbol{\alpha}_{jr_j},\cdots,\boldsymbol{\alpha}_{s1},\cdots,\boldsymbol{\alpha}_{sr_s}).$$

设有 $\sum\limits_{i=1}^{s}(k_{i1}\boldsymbol{\alpha}_{i1}+\cdots+k_{ir_i}\boldsymbol{\alpha}_{ir_i})=\mathbf{0}$，得

$$k_{i1}\boldsymbol{\alpha}_{i1}+\cdots+k_{ir_i}\boldsymbol{\alpha}_{ir_i}=-\sum_{j\neq i}(k_{j1}\boldsymbol{\alpha}_{j1}+\cdots+k_{jr_j}\boldsymbol{\alpha}_{jr_j}).$$

因此 $k_{i1}\boldsymbol{\alpha}_{i1}+\cdots+k_{ir_i}\boldsymbol{\alpha}_{ir_i}\in V_i\cap\sum\limits_{j\neq i}V_j$，且 $k_{i1}\boldsymbol{\alpha}_{i1}+\cdots+k_{ir_i}\boldsymbol{\alpha}_{ir_i}=\mathbf{0}$，于是得

$$k_{i1}=\cdots=k_{ir_i}=0,i=1,2,\cdots,s.$$

故$\boldsymbol{\alpha}_{11},\cdots,\boldsymbol{\alpha}_{1r_1},\cdots,\boldsymbol{\alpha}_{j1},\cdots,\boldsymbol{\alpha}_{jr_j},\cdots,\boldsymbol{\alpha}_{s1},\cdots,\boldsymbol{\alpha}_{sr_s}$ 线性无关. 因此

$$\dim(W)=\sum_i\dim(V_i).$$

(4)⇒(1). 设$\boldsymbol{\alpha}_{i_1},\cdots,\boldsymbol{\alpha}_{i_{r_i}}$ 是 V_i 的一个基，$i=1,2,\cdots,s$，由于 $\dim(W)=\sum\limits_i\dim(V_i)$，又

$$W=\sum_i V_i=\sum_i L(\boldsymbol{\alpha}_{i1},\cdots,\boldsymbol{\alpha}_{ir_i})=L(\boldsymbol{\alpha}_{11},\cdots,\boldsymbol{\alpha}_{1r_1},\cdots,\boldsymbol{\alpha}_{j1},\cdots,\boldsymbol{\alpha}_{jr_j},\cdots,\boldsymbol{\alpha}_{s1},\cdots,\boldsymbol{\alpha}_{sr_s}).$$

故$\boldsymbol{\alpha}_{11},\cdots,\boldsymbol{\alpha}_{1r_1},\cdots,\boldsymbol{\alpha}_{j1},\cdots,\boldsymbol{\alpha}_{jr_j},\cdots,\boldsymbol{\alpha}_{s1},\cdots,\boldsymbol{\alpha}_{sr_s}$ 是 W 的一个基. 设 $\boldsymbol{\alpha}\in V_i\cap\sum\limits_{j\neq i}V_j,\boldsymbol{\alpha}\in V_i$，故 $\boldsymbol{\alpha}=k_{i1}\boldsymbol{\alpha}_{i1}+\cdots+k_{ir_i}\boldsymbol{\alpha}_{ir_i}$. 又 $\boldsymbol{\alpha}\in\sum\limits_{j\neq i}V_j,\boldsymbol{\alpha}=\sum\limits_{j\neq i}(k_{j1}\boldsymbol{\alpha}_{j1}+\cdots+k_{jr_j}\boldsymbol{\alpha}_{jr_j})$，于是

$$k_{i1}\boldsymbol{\alpha}_{i1}+\cdots+k_{ir_i}\boldsymbol{\alpha}_{ir_i}-\sum_{j\neq i}(k_{j1}\boldsymbol{\alpha}_{j1}+\cdots+k_{jr_j}\boldsymbol{\alpha}_{jr_j})=\mathbf{0},$$

故得 $k_{i1}=\cdots=k_{ir_i}=0\Rightarrow\boldsymbol{\alpha}=\mathbf{0}$.

设 $\boldsymbol{\alpha}$ 有两个表达式：

$$\boldsymbol{\alpha}=\sum_{i=1}^{s}\boldsymbol{\alpha}_i,\boldsymbol{\alpha}_i\in V_i,i=1,2,\cdots,s;$$

$$\boldsymbol{\alpha}=\sum_{i=1}^{s}\boldsymbol{\beta}_i,\boldsymbol{\beta}_i\in V_i,i=1,2,\cdots,s.$$

于是得 $\boldsymbol{\alpha}_i-\boldsymbol{\beta}_i=-\sum_{j\neq i}(\boldsymbol{\alpha}_j-\boldsymbol{\beta}_j)\in V_i\cap\sum_{j\neq i}V_j,i=1,2,\cdots,s,$

故有 $\boldsymbol{\alpha}_i-\boldsymbol{\beta}_i=\mathbf{0},i=1,2,\cdots,s$，此即 $\boldsymbol{\alpha}_i=\boldsymbol{\beta}_i,i=1,2,\cdots,s$. 故 $\boldsymbol{\alpha}$ 的表法唯一，$W=\sum_i V_i$ 是直和.

6.7.4　例子剖析

例 6.7.1　取 $V=\mathbf{R}^3=\{(a_1,a_2,a_3)\mid a_i\in\mathbf{R},i=1,2,3\}$，令

$$V_1=\{(a_1,a_2,0)\mid a_i\in\mathbf{R},i=1,2\},V_2=\{(0,0,a_3)\mid a_3\in\mathbf{R}\},$$

对于 V 中任意向量 $\boldsymbol{\alpha}=(a_1,a_2,a_3)$，$\boldsymbol{\alpha}$ 可表成

$$\boldsymbol{\alpha}=(a_1,a_2,0)+(0,0,a_3)=\boldsymbol{\alpha}_1+\boldsymbol{\alpha}_2,\boldsymbol{\alpha}_1\in V_1,\boldsymbol{\alpha}_2\in V_2.$$

这种表示法是唯一的，这时 $V_1\cap V_2=\{(0,0,0)\}$，$V_1+V_2=V$. 于是，

$$\dim(V_1+V_2)=\dim(V_1)+\dim(V_2).$$

例 6.7.1 中的 $V=V_1+V_2$ 是直和，且 V_1,V_2 互为余子空间.

例 6.7.2　设 $V=F^{n\times n}$，V_1,V_2 分别表示 F 上所有对称矩阵和反对称矩阵所组成的子空间，证明：$V=V_1\oplus V_2$.

证明　显然 $V_1+V_2\subset V$，$\forall\boldsymbol{A}\in V$，则 $\boldsymbol{A}$ 可分解成对称矩阵 $\boldsymbol{B}$ 和反对称矩阵 $\boldsymbol{C}$ 之和，即 $\boldsymbol{A}=\boldsymbol{B}+\boldsymbol{C}$，$\boldsymbol{B}\in V_1$，$\boldsymbol{C}\in V_2$，因此 $\boldsymbol{A}\in V_1+V_2$，即 $V\subset V_1+V_2$. 故 $V=V_1+V_2$.

$\forall\boldsymbol{A}\in V_1\cap V_2$，则 $\boldsymbol{A}\in V_1$，$\boldsymbol{A}\in V_2$. 因此 $\boldsymbol{A}'=\boldsymbol{A}$，$\boldsymbol{A}'=-\boldsymbol{A}$，故得 $\boldsymbol{A}=\boldsymbol{O}$. 于是 $V_1\cap V_2=\{\mathbf{0}\}$，所以 $V=V_1\oplus V_2$.

6.7.5　练习与探究

6.7.5.1　练习

1. 证明：如果 $V=V_1\oplus V_2$，$V_1=V_{11}\oplus V_{12}$，那么 $V=V_{11}\oplus V_{12}\oplus V_2$.

2. 证明：每一个 n 维线性空间都可以表示成 n 个一维子空间的直和.

3. 证明：和 $\sum_{i=1}^{s}V_i$ 是直和的充分必要条件是：

$$V_i\cap\sum_{j=1}^{i-1}V_j=\{\mathbf{0}\},i=2,\cdots,s.$$

6.7.5.2　探究

若 W 是 V 的一个子空间，$0<\dim W<n$，则 W 在 V 中的余子空间是否唯一？

命题：若 W 是 V 的一个子空间，$0<\dim W<n$，则 W 在 V 中有不止一个余子空间.

证明 设 $\dim W=r$，$\boldsymbol{\alpha}_1,\boldsymbol{\alpha}_2,\cdots,\boldsymbol{\alpha}_r$ 是 W 的一个基，把它扩充成 V 的一个基：$\boldsymbol{\alpha}_1,\boldsymbol{\alpha}_2,\cdots,\boldsymbol{\alpha}_r,\boldsymbol{\beta}_1,\cdots,\boldsymbol{\beta}_{n-r}$，令 $W_1=L(\boldsymbol{\beta}_1,\boldsymbol{\beta}_2\cdots,\boldsymbol{\beta}_{n-r})$，则有 $V=W\oplus W_1$.

又 $\boldsymbol{\alpha}_1+\boldsymbol{\beta}_1,\boldsymbol{\beta}_2\cdots,\boldsymbol{\beta}_{n-r}$ 线性无关，且 $\boldsymbol{\alpha}_1+\boldsymbol{\beta}_1,\boldsymbol{\beta}_2\cdots,\boldsymbol{\beta}_{n-r}$ 与 $\boldsymbol{\beta}_1,\boldsymbol{\beta}_2\cdots,\boldsymbol{\beta}_{n-r}$ 不等价，故

$$W_2=L(\boldsymbol{\alpha}_1+\boldsymbol{\beta}_1,\boldsymbol{\beta}_2\cdots,\boldsymbol{\beta}_{n-r})\neq W_1=L(\boldsymbol{\beta}_1,\boldsymbol{\beta}_2\cdots,\boldsymbol{\beta}_{n-r}),$$

而 $V=W\oplus W_2$，故 W 的余子空间不唯一.

6.8 线性空间的同构

从前面讨论中可知，线性空间的种类繁多、形式各异，要想全部把握它们实在有困难. 如果舍弃它们的具体背景，抓住它们的本质特征，用我们熟悉的线性空间作为代表，那么对我们更好地把握线性空间是大有好处的. 本节围绕以下问题展开讨论.

6.8.1 研究问题

线性空间的同构上 线性空间的同构下

(1) 同构的概念.

(2) 同构的性质.

(3) 同构空间的本质特征.

6.8.2 基本概念

设 $\boldsymbol{\alpha}_1,\boldsymbol{\alpha}_2,\cdots,\boldsymbol{\alpha}_n$ 是数域 F 上 n 维线性空间 V 的一个基，V 中任一向量 $\boldsymbol{\alpha}$ 可以用它们唯一地表示为

$$\boldsymbol{\alpha}=k_1\boldsymbol{\alpha}_1+k_2\boldsymbol{\alpha}_2+\cdots+k_n\boldsymbol{\alpha}_n.$$

在舍弃线性空间的具体背景之后，我们把线性空间 V 中的一个向量与确定的一个 n 元数组(即向量在这个基下的坐标) 对应起来.

作映射：

$$f:\boldsymbol{\alpha}\mapsto(k_1,k_2,\cdots,k_n)\in F^n,\ \forall\boldsymbol{\alpha}\in V. \tag{6.8.1}$$

这个映射是 V 到 F^n 的双射. 事实上，$\forall\boldsymbol{\alpha},\boldsymbol{\beta}\in V$，若 $\boldsymbol{\alpha}\neq\boldsymbol{\beta}$，则有 $f(\boldsymbol{\alpha})\neq f(\boldsymbol{\beta})$，故 f 是单射. 又 $\forall(l_1,l_2,\cdots,l_n)\in F^n$，存在 $\boldsymbol{\beta}=l_1\boldsymbol{\alpha}_1+l_2\boldsymbol{\alpha}_2+\cdots+l_n\boldsymbol{\alpha}_n\in V$，使 $f(\boldsymbol{\beta})=(l_1,l_2,\cdots,l_n)$，故 f 是满射. 因此，要研究线性空间 V 的结构和性质，我们希望通过研究 F^n 的结构和性质，从而把它们类比到线性空间 V 上，这种想法究竟行不行？为此引入两个线性空间同构的概念. 通过研究，我们发现 n 维线性空间 V 确与 F^n 同构.

✲ **定义 6.8.1** 设 V 和 W 是数域 F 上的两个线性空间，如果存在 V 到 W 的双射 φ，满足：

(1) $\forall\boldsymbol{\alpha},\boldsymbol{\beta}\in V$，有 $\varphi(\boldsymbol{\alpha}+\boldsymbol{\beta})=\varphi(\boldsymbol{\alpha})+\varphi(\boldsymbol{\beta})$；

(2) $\forall\boldsymbol{\alpha}\in V,k\in F$，有 $\varphi(k\boldsymbol{\alpha})=k\varphi(\boldsymbol{\alpha})$；

则称 φ 是 V 到 W 的一个同构映射.

若存在 V 到 W 的一个同构映射，则称线性空间 V 与 W **同构**，记为 $V\cong W$.

6.8.3　主要结论

✲ 定理 6.8.1　数域 F 上的任何一个 n 维线性空间 V 都与 F^n 同构，即 $V \cong F^n$.

证明　只要证明在 n 维线性空间 V 与 F^n 之间存在一个同构映射. 设 $\boldsymbol{\alpha}_1, \boldsymbol{\alpha}_2, \cdots, \boldsymbol{\alpha}_n$ 是数域 F 上 n 维线性空间 V 中的一个基，$\forall \boldsymbol{\alpha} \in V$，则有 $\boldsymbol{\alpha} = k_1\boldsymbol{\alpha}_1 + k_2\boldsymbol{\alpha}_2 + \cdots + k_n\boldsymbol{\alpha}_n$. 作映射

$$f: \boldsymbol{\alpha} \mapsto (k_1, k_2, \cdots, k_n) \in F^n, \forall \boldsymbol{\alpha} \in V.$$

下证 f 是线性空间 V 到 F^n 的一个同构映射.

前面已证 f 是线性空间 V 到 F^n 的双射. 下证 f 是同构映射.

(1) $\forall \boldsymbol{\alpha}, \boldsymbol{\beta} \in V$，设 $\boldsymbol{\alpha} = k_1\boldsymbol{\alpha}_1 + k_2\boldsymbol{\alpha}_2 + \cdots + k_n\boldsymbol{\alpha}_n$，$\boldsymbol{\beta} = l_1\boldsymbol{\alpha}_1 + l_2\boldsymbol{\alpha}_2 + \cdots + l_n\boldsymbol{\alpha}_n$. 于是有

$$f(\boldsymbol{\alpha}) = (k_1, k_2, \cdots, k_n), f(\boldsymbol{\beta}) = (l_1, l_2, \cdots, l_n),$$

因此

$$f(\boldsymbol{\alpha} + \boldsymbol{\beta}) = (k_1 + l_1, k_2 + l_2, \cdots, k_n + l_n) = f(\boldsymbol{\alpha}) + f(\boldsymbol{\beta}).$$

(2) $\forall \boldsymbol{\alpha} \in V, l \in F$，

$$f(l\boldsymbol{\alpha}) = (lk_1, lk_2, \cdots, lk_n) = l(k_1, k_2, \cdots, k_n) = lf(\boldsymbol{\alpha}).$$

故 f 是线性空间 V 到 F^n 的一个同构映射，即 $V \cong F^n$.

评注　上面(1)、(2) 表明：当向量用它们的坐标表示之后，它们的运算就归结为它们坐标的运算. 线性空间是一个带有加法和数乘的集合，对这个集合的元素究竟是什么，我们可能并不关心，我们更关心的是这两种运算是否封闭，具有一些什么性质，空间的结构如何. 通过建立上述同构映射我们发现，对 n 维线性空间 V 的讨论完全可以归结为对 F^n 的讨论，这说明如果我们抛开线性空间的具体元素而只是考虑 V 中向量的加法和数乘，则对同构的线性空间来说，它们本质上是一样的.

同构关系是一种等价关系，这就是下面的定理要表述的内容.

✲ 定理 6.8.2　数域 F 上线性空间的同构关系是一个等价关系，设 V, V', W 是 F 上的线性空间，则同构满足

(1) **反身性**：对任意线性空间 V，$V \cong V$；

(2) **对称性**：若 $V \cong V'$，则 $V' \cong V$；

(3) **传递性**：若 $V \cong W$，$W \cong V'$，则 $V \cong V'$.

证明　(1) 作 V 到 V 的恒等映射即知.

(2) 设 f 是 V 到 V' 的一个同构映射，则 f^{-1} 就是 V' 到 V 的一个同构映射. 事实上，$\forall \boldsymbol{\alpha}', \boldsymbol{\beta}' \in V'$，$\exists \boldsymbol{\alpha}, \boldsymbol{\beta} \in V$，使 $f(\boldsymbol{\alpha}) = \boldsymbol{\alpha}'$，$f(\boldsymbol{\beta}) = \boldsymbol{\beta}'$，于是

$f^{-1}(\boldsymbol{\alpha}' + \boldsymbol{\beta}') = f^{-1}(f(\boldsymbol{\alpha}) + f(\boldsymbol{\beta})) = f^{-1}[f(\boldsymbol{\alpha} + \boldsymbol{\beta})] = f^{-1}f(\boldsymbol{\alpha} + \boldsymbol{\beta}) = \boldsymbol{\alpha} + \boldsymbol{\beta} = f^{-1}(\boldsymbol{\alpha}') + f^{-1}(\boldsymbol{\beta}')$

$f^{-1}(k\boldsymbol{\alpha}') = f^{-1}(kf(\boldsymbol{\alpha})) = f^{-1}f(k\boldsymbol{\alpha}) = k\boldsymbol{\alpha} = kf^{-1}(\boldsymbol{\alpha}')$.

(3) 设 $f: V \to W$ 和 $g: W \to V'$ 是同构映射. 由映射的合成知 gf 是 V 到 V' 的双射，它们还是 V 到 V' 的同构映射，即 $\forall \boldsymbol{\alpha}, \boldsymbol{\beta} \in V, k \in F$，有

$$gf(\boldsymbol{\alpha} + \boldsymbol{\beta}) = g[f(\boldsymbol{\alpha}) + f(\boldsymbol{\beta})] = gf(\boldsymbol{\alpha}) + gf(\boldsymbol{\beta});$$

$$gf(k\boldsymbol{\alpha})=g[f(k\boldsymbol{\alpha})]=g[kf(\boldsymbol{\alpha})]=kgf(\boldsymbol{\alpha}).$$

同构映射保持线性空间 V 中向量的线性关系不变.

✲ 定理 6.8.3 设 φ 是 V 到 V' 的一个同构映射,则有

(1) $\varphi(\mathbf{0})=\mathbf{0}'$, $\mathbf{0}$, $\mathbf{0}'$ 分别是 V 和 V' 的零向量;

(2) $\varphi(-\boldsymbol{\alpha})=-\varphi(\boldsymbol{\alpha})$;

(3) $\varphi(k_1\boldsymbol{\alpha}_1+k_2\boldsymbol{\alpha}_2+\cdots+k_r\boldsymbol{\alpha}_r)=k_1\varphi(\boldsymbol{\alpha}_1)+k_2\varphi(\boldsymbol{\alpha}_2)+\cdots+k_r\varphi(\boldsymbol{\alpha}_r)$;

(4) $k_1\boldsymbol{\alpha}_1+k_2\boldsymbol{\alpha}_2+\cdots+k_r\boldsymbol{\alpha}_r=\mathbf{0}\Rightarrow k_1\varphi(\boldsymbol{\alpha}_1)+k_2\varphi(\boldsymbol{\alpha}_2)+\cdots+k_r\varphi(\boldsymbol{\alpha}_r)=\mathbf{0}'$.

证明 因为 φ 是 V 到 V' 的一个同构映射,故:

(1) $\forall\boldsymbol{\alpha}\in V, k\in F$,有 $\varphi(k\boldsymbol{\alpha})=k\varphi(\boldsymbol{\alpha})$,取 $k=0$,即知

$$\varphi(\mathbf{0})=\varphi(0\boldsymbol{\alpha})=0\varphi(\boldsymbol{\alpha})=\mathbf{0}';$$

(2) 在等式 $\varphi(k\boldsymbol{\alpha})=k\varphi(\boldsymbol{\alpha})$ 中,取 $k=-1$ 即知 $\varphi(-\boldsymbol{\alpha})=-\varphi(\boldsymbol{\alpha})$;

(3) 由归纳法即知;

(4) 由(3) 和(1) 即得.

由定理 6.8.3 可得以下推论.

推论 同构映射 φ 把 V 中的一个基映射成 V' 中的一个基.

✲ 定理 6.8.4 设 φ 是线性空间 V 到 V' 的一个同构映射,V_1 是 V 的一个子空间,则 V_1 在 φ 下的像集 $\varphi(V_1)=\{\varphi(\boldsymbol{\alpha})\mid\boldsymbol{\alpha}\in V_1\}$ 也是 V' 下的一个子空间,且 $\dim V_1=\dim[\varphi(V_1)]$.

证明 因为 $\mathbf{0}\in V_1$,所以 $\mathbf{0}'=\varphi(\mathbf{0})\in\varphi(V_1)$,$\varphi(V_1)$ 非空. $\varphi(V_1)\subset V'$. $\forall\boldsymbol{\beta}_1,\boldsymbol{\beta}_2\in\varphi(V_1), k,l\in F$, $\exists\,\boldsymbol{\alpha}_1,\boldsymbol{\alpha}_2\in V_1$,使 $\varphi(\boldsymbol{\alpha}_1)=\boldsymbol{\beta}_1$, $\varphi(\boldsymbol{\alpha}_2)=\boldsymbol{\beta}_2$,故

$$k\boldsymbol{\beta}_1+l\boldsymbol{\beta}_2=k\varphi(\boldsymbol{\alpha}_1)+l\varphi(\boldsymbol{\alpha}_2)=\varphi(k\boldsymbol{\alpha}_1+l\boldsymbol{\alpha}_2)\in\varphi(V_1),$$

即 $\varphi(V_1)$ 是 V' 的一个子空间.

同构空间的本质特征

✲ 定理 6.8.5 数域 F 上两个有限维线性空间 V 和 V' 同构的充要条件是它们的维数相同.

利用定理 6.8.1 和定理 6.8.2 之(3) 即知. 例 6.8.1 给出另一种证法.

在线性空间的抽象讨论中,可以不考虑线性空间中的元素是什么,也不考虑其中的运算是如何定义的,我们只考虑线性空间在所定义运算下的代数性质. 因此,从研究线性空间这一观点来看,同构的线性空间并没有本质的区别,维数是有限维线性空间的唯一本质特征. 因为数域 F 上任一 n 维线性空间 V 都与 F^n 同构,而同构的空间具有相同的性质,所以前面有关 n 元数组的所有结论,在一般线性空间也是成立的. 从代数的观点来看,n 维向量空间 F^n 可以代表 F 上所有的 n 维线性空间.

6.8.4 例子剖析

例 6.8.1 用构造法证明数域 F 上两个有限维线性空间 V 和 V' 同构的充要条件是它们的维数相同.

证明 若 $V\cong V'$,设 φ 是 V 到 V' 的同构映射. 如果 $\dim V=0$,即 $V=\{\mathbf{0}\}$,这时有 $V'=\{\mathbf{0}'\}$,因此 $\dim V'=0=\dim V$. 如果 $\dim V=n>0$,设 V 的一个基为 $\boldsymbol{\alpha}_1,\boldsymbol{\alpha}_2,\cdots,\boldsymbol{\alpha}_n$,

由定理6.8.3的推论知，$\varphi(\boldsymbol{\alpha}_1),\varphi(\boldsymbol{\alpha}_2),\cdots,\varphi(\boldsymbol{\alpha}_n)$ 也是 V' 的一个基，因而 $\dim V'=n$，于是

$$\dim V=\dim V'.$$

反之，若 $\dim V=\dim V'=n>0$，V 与 V' 的基分别为 $\boldsymbol{\alpha}_1,\boldsymbol{\alpha}_2,\cdots,\boldsymbol{\alpha}_n$ 与 $\boldsymbol{\beta}_1,\boldsymbol{\beta}_2,\cdots,\boldsymbol{\beta}_n$，$\forall\,\boldsymbol{\alpha}\in V$，$\boldsymbol{\alpha}=k_1\boldsymbol{\alpha}_1+k_2\boldsymbol{\alpha}_2+\cdots+k_n\boldsymbol{\alpha}_n$，定义

$$f:\boldsymbol{\alpha}\mapsto\boldsymbol{\alpha}'=\sum_{i=1}^{n}k_i\boldsymbol{\beta}_i,$$

易知 f 是 V 到 V' 的一个同构映射，因此 $V\cong V'$.

6.8.5　练习与探究

1. 证明：复数域 **C** 作为实数域 **R** 上的线性空间与 $\mathbf{R}^2$ 同构.

2. 找出线性空间 $F[x]$ 的一个真子空间，证明它与 $F[x]$ 同构.

3. 设 $\boldsymbol{\alpha}_1,\boldsymbol{\alpha}_2,\cdots,\boldsymbol{\alpha}_n$ 是 n 维线性空间 V 的一个基，$\boldsymbol{A}$ 是 $n\times s$ 矩阵，且

$$(\boldsymbol{\beta}_1,\boldsymbol{\beta}_2,\cdots,\boldsymbol{\beta}_s)=(\boldsymbol{\alpha}_1,\boldsymbol{\alpha}_2,\cdots,\boldsymbol{\alpha}_n)\boldsymbol{A}.$$

证明：$\dim L(\boldsymbol{\beta}_1,\boldsymbol{\beta}_2,\cdots,\boldsymbol{\beta}_s)=R(\boldsymbol{A})$.

4. 设 $f(x_1,x_2,\cdots,x_n)$ 是一秩为 n 的二次型，证明：有 $\mathbf{R}^n$ 的一个 $\frac{1}{2}(n-|s|)$ 维子空间 V_1（其中 s 为符号差），使对任一 $(x_1,x_2,\cdots,x_n)\in V_1$，有 $f(x_1,x_2,\cdots,x_n)=0$.

第 7 章　线性变换

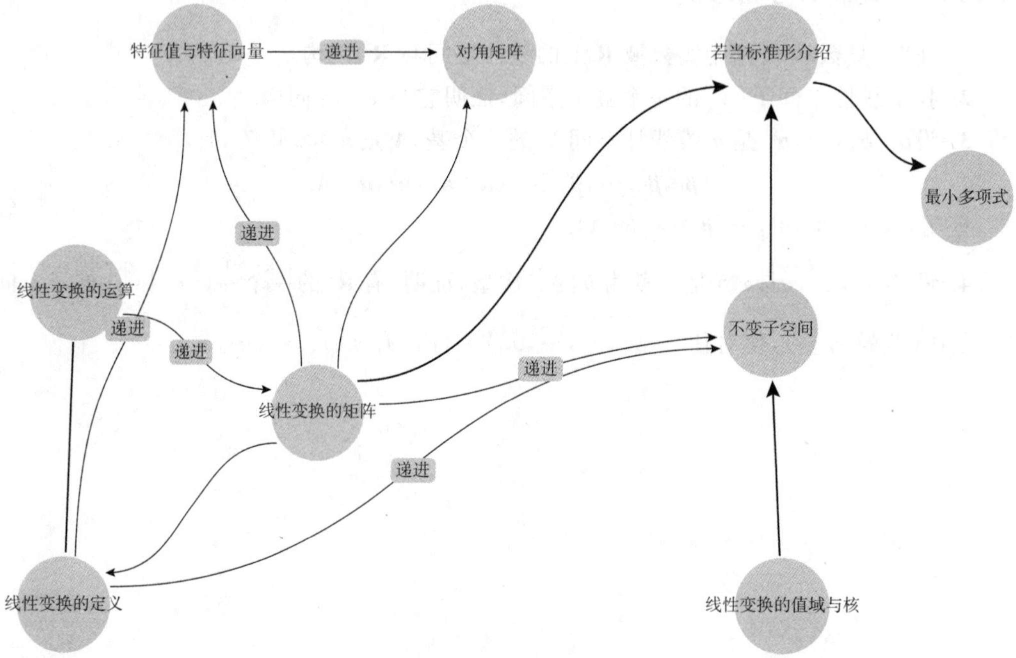

线性变换知识图谱

对于有限维空间来说，线性变换的理论与矩阵的相似理论是完全相当的. 因此，本章在介绍线性变换的定义、运算的基础上着重讨论有限维线性空间中线性变换与矩阵的关系.

线性变换是线性空间中最基本的变换，是线性代数研究的一个主要对象. 本章主要讨论有限维线性空间的线性变换及其运算、性质，线性变换的特征值与特征向量，线性变换的矩阵表示、线性变换的运算与矩阵运算的关系以及矩阵的相似与化简等. 要认识到线性变换与矩阵是同一事物的两种表现形式，进一步体会矩阵的重要作用. 本章的重点是：线性变换的概念及矩阵表示，n 阶矩阵可对角化的充要条件及方法；难点是：线性变换与矩阵一一对应关系的证明，n 阶矩阵可对角化的充要条件、化矩阵为对角形的方法. 本章的学习要求如下：

(1) 理解线性变换的概念，掌握它的运算及其简单的性质；

(2) 掌握线性变换的矩阵表示法；

(3) 掌握有限维线性空间线性变换的特征值、特征向量的概念与求法；

(4) 掌握有限维线性空间中线性变换与 n 阶方阵可对角化的定义、条件和方法；

(5) 掌握线性变换的值域、核的概念与性质；

(6) 理解不变子空间的概念及其在线性变换化简中的作用；

(7) 理解最小多项式的概念及其在线性变换可对角化中的作用.

在数域 F 上 n 维线性空间 V 的讨论中，我们利用 V 的基来刻画 V 的线性变换 σ，用线性变换 σ 的矩阵来表示变换. 引入线性变换的矩阵后，就把 $L(V)$ 中的线性变换与数域 F 上的矩阵联系起来，从而把讨论线性变换的问题转化为讨论矩阵的问题来处理. 于是，线性变换的和对应于矩阵的和；线性变换的数乘对应于矩阵的数乘；线性变换的乘积对应于矩阵的乘积；可逆的线性变换与可逆矩阵对应，且逆变换对应于逆矩阵. 通过矩阵来把握线性变换，就把抽象的研究对象化为具体的研究对象，把陌生的对象转化为熟悉的对象. 这样处理问题既具体又简单，从而降低了学习难度，同时提供了丰富的研究内容. 同学们在学习时要好好体会矩阵工具在解决抽象问题中的作用，深刻体会化抽象为具体这一转化思想的作用，同时还要领会抽象与具体的相互转化是双向的，有时把具体转化为抽象会收到意想不到的效果，正所谓“退一步海阔天空”.

线性变换是从系统内部通过运动来研究线性空间内元素之间的相互关系. 例如，在本章中讨论了一类特殊的向量 —— 特征向量，它们在线性变换(矩阵) 是否可对角化讨论中起重要作用；讨论了一类特殊的子空间 —— 不变子空间，它们在讨论线性变换何时可对角化的理论方面也起重要作用. 这是利用结构化方法来研究代数系统，使我们对代数系统的内部结构能有更清晰的了解. 在这方面，矩阵的理论起着重要的作用. 根据线性变换与矩阵的对应关系，通过研究矩阵什么时候可对角化，从而得出线性变换什么时候可对角化的条件. 反过来也一样.

线性变换的值域和核是两个重要概念，在今后的代数学习中常用到线性变换的值域和核的概念，但初学者常常不太容易理解. 线性变换 σ 的值域的维数与核的维数之和为 n，即有：$\dim\sigma(V)+\dim\mathrm{Ker}(\sigma)=\dim(V)$，但却未必有 $\sigma(V)+\mathrm{Ker}(\sigma)=V$，同学们应能举反例来加以说明.

7.1　线性变换的定义和性质

由 6.8 节知，数域 F 上任一个 n 维线性空间 V 都与 F^n 同构，因此，对有限维线性空间的结构可以说是完全清楚了. 但是研究线性空间不仅要从空间外部来研究，即研究空间与空间之间的相互联系，而且要从空间内部来研究，即研究向量与向量之间的相互联系，在线性空间中，向量与向量之间的联系就反映为线性空间内部的映射，通常把线性空间 V 到其自身的映射称为 V 的一个变换. 线性变换是线性空间内向量之间一种最基本、最重要的联系，它对于研究线性空间中向量之间的内在联系与空间结构方面有重要作用，也是普通几何空间中一类广泛的变换在一般线性空间上的推广. 本节围绕以下问题展开讨论.

7.1.1　研究问题

(1) 线性变换的定义.

(2) 线性变换的性质.

线性变化的定义上　线性变换的定义下

7.1.2　基本概念

✻ **定义 7.1.1**　设 V 与 W 是数域 F 上的线性空间，σ 是 V 到 W 的映射，如果下列两个条件被满足，则称 σ 是 V 到 W 的一个**线性映射**：

(1) $\forall \boldsymbol{\alpha},\boldsymbol{\beta} \in V$，都有 $\sigma(\boldsymbol{\alpha}+\boldsymbol{\beta}) = \sigma(\boldsymbol{\alpha}) + \sigma(\boldsymbol{\beta})$；

(2) $\forall k \in F, \boldsymbol{\alpha} \in V$，都有 $\sigma(k\boldsymbol{\alpha}) = k\sigma(\boldsymbol{\alpha})$.

特别地，当 $W = V$ 时，称 σ 为线性空间 V 的一个**线性变换**. 通常用希腊字母 $\sigma,\tau,\cdots$ 表示线性变换.

7.1.3 主要结论

线性变换的性质

性质 1　线性变换把线性空间的零向量变成零向量，即若 σ 是 V 的一个线性变换，则有 $\sigma(\boldsymbol{0}) = \boldsymbol{0}$.

性质 2　线性变换把线性空间的负向量变成像的负向量，即若 σ 是 V 的一个线性变换，则有 $\sigma(-\boldsymbol{\alpha}) = -\sigma(\boldsymbol{\alpha})$.

性质 3　设 σ 是 V 的一个变换，σ 是 V 的线性变换的充要条件是：$\forall \boldsymbol{\alpha},\boldsymbol{\beta} \in V, \forall k_1,k_2 \in F$，有 $\sigma(k_1\boldsymbol{\alpha} + k_2\boldsymbol{\beta}) = k_1\sigma(\boldsymbol{\alpha}) + k_2\sigma(\boldsymbol{\beta})$.

性质 4　线性变换保持线性组合与线性关系不变，即若 σ 是 V 的一个线性变换，而

$$\boldsymbol{\beta} = k_1\boldsymbol{\alpha}_1 + k_2\boldsymbol{\alpha}_2 + \cdots + k_r\boldsymbol{\alpha}_r,$$

则

$$\sigma(\boldsymbol{\beta}) = k_1\sigma(\boldsymbol{\alpha}_1) + k_2\sigma(\boldsymbol{\alpha}_2) + \cdots + k_r\sigma(\boldsymbol{\alpha}_r).$$

特别地，线性变换把线性相关的向量组映射成线性相关的向量组. 但线性变换可能把线性无关的向量组映射成线性相关的向量组，例如零变换.

✻ **定理 7.1.1**　设 U,V 和 W 都是 F 上的线性空间，$\tau: U \to V, \sigma: V \to W$ 都是线性映射，则 $\sigma\tau: U \to W$ 也是线性映射. 特别地，若 τ,σ 都是 V 上的线性变换，则 $\sigma\tau$ 也是 V 上的线性变换.

7.1.4　例子剖析

例 7.1.1　在 $\mathbf{R}^2$ 中，对 $\forall (x,y) \in \mathbf{R}^2$，定义 $\sigma(x,y) = (2x - y, x)$，则 σ 是 $\mathbf{R}^2$ 的一个线性变换.

证明　(1) 先证 σ 是 $\mathbf{R}^2$ 到 $\mathbf{R}^2$ 的变换. $\forall (x,y) \in \mathbf{R}^2, \sigma(x,y) = (2x - y, x) \in \mathbf{R}^2$ 唯一确定，故 σ 是 $\mathbf{R}^2$ 到 $\mathbf{R}^2$ 的变换.

(2) 再证 σ 满足线性变换中的两条. $\forall (x_1,y_1),(x_2,y_2) \in \mathbf{R}^2, \forall k \in F$,

$$\begin{aligned}\sigma((x_1,y_1)+(x_2,y_2)) &= \sigma(x_1+x_2, y_1+y_2)\\ &= (2(x_1+x_2)-(y_1+y_2), x_1+x_2)\\ &= (2x_1-y_1, x_1)+(2x_2-y_2, x_2)\\ &= \sigma(x_1,y_1)+\sigma(x_2,y_2);\end{aligned}$$

$$\begin{aligned}\sigma(k(x_1,y_1)) &= \sigma(kx_1, ky_1) = (2kx_1 - ky_1, kx_1)\\ &= k(2x_1 - y_1, x_1) = k\sigma(x_1 - y_1)\end{aligned}$$

故 σ 是 $\mathbf{R}^2$ 的一个线性变换.

例 7.1.2　在平面几何中,有一个坐标旋转变换,设平面上一个向量 $\boldsymbol{\alpha}$ 的坐标是 (x,y),把平面围绕原点反时针旋转:φ 角之后的新坐标是 (x',y'),则有公式

$$\begin{bmatrix} x' \\ y' \end{bmatrix} = \begin{bmatrix} \cos\varphi & -\sin\varphi \\ \sin\varphi & \cos\varphi \end{bmatrix} \begin{bmatrix} x \\ y \end{bmatrix}$$

这个变换也是线性变换.

例 7.1.3　设 V 是数域 F 上的线性空间,$k \in F$ 是一固定数,定义 $\sigma(\boldsymbol{\alpha}) = k\boldsymbol{\alpha}$,$\forall \boldsymbol{\alpha} \in V$,则 σ 是 V 的一个线性变换,这个变换叫**数乘变换或位似变换**.

特别地,当 $k=1$ 时,$\sigma(\boldsymbol{\alpha}) = \boldsymbol{\alpha}$,$\forall \boldsymbol{\alpha} \in V$. σ 称为**恒等变换或单位变换**,用 $\boldsymbol{I}$ 表示;

当 $k=0$ 时,$\sigma(\boldsymbol{\alpha}) = \mathbf{0}$,$\forall \boldsymbol{\alpha} \in V$. σ 称为零变换,记为 $\mathbf{0}$.

例 7.1.4　在 $F[x]$(或 $F[x]_n$)中,$\forall f(x) \in F[x](F[x]_n)$,定义 $D(f(x)) = f'(x)$,则 D 是 $F[x](F[x]_n)$ 的一个线性变换,或称**微商变换**.

例 7.1.5　$\forall f(x) \in \mathbf{C}[a,b]$,定义 $J(f(x)) = \int_a^x f(x)\mathrm{d}t$,则 J 是 $\mathbf{C}[a,b]$ 上的线性变换,或称**积分变换**.

例 7.1.6　设 $\boldsymbol{A}$ 是数域 F 上的一个 n 阶矩阵,$\forall \boldsymbol{\alpha} = (x_1,\cdots,x_n)' \in F^n$,定义 $\sigma(\boldsymbol{\alpha}) = \boldsymbol{A\alpha}$,则 σ 是 F^n 的一个线性变换. 特别地,取

$$\boldsymbol{A} = \begin{bmatrix} \cos\varphi & -\sin\varphi \\ \sin\varphi & \cos\varphi \end{bmatrix}, \boldsymbol{\alpha} = \begin{bmatrix} x \\ y \end{bmatrix},$$

则

$$\sigma(\boldsymbol{\alpha}) = \boldsymbol{A\alpha} = \begin{bmatrix} \cos\varphi & -\sin\varphi \\ \sin\varphi & \cos\varphi \end{bmatrix} \begin{bmatrix} x \\ y \end{bmatrix} = \begin{bmatrix} x' \\ y' \end{bmatrix}$$

是坐标绕原点反时针旋转 φ 角的旋转变换.

7.1.5　练习与探究

7.1.5.1　练习

1. 判别下面所定义的变换,哪些是线性的,哪些不是.

(1) 在线性空间 V 中,$\forall \boldsymbol{\xi} \in V$,$\sigma\boldsymbol{\xi} = \boldsymbol{\xi} + \boldsymbol{\alpha}$,其中 $\boldsymbol{\alpha} \in V$ 是一固定的向量;

(2) 在 F^3 中,$\sigma(x_1,x_2,x_3) = (x_1^2, x_2+x_3, x_3^2)$;

(3) 在 $F[x]$ 中,$\sigma f(x) = f(x+1)$;

(4) 把复数域看作复数域上的线性空间,$\sigma\boldsymbol{\xi} = \overline{\boldsymbol{\xi}}$;

(5) 在 $F^{n\times n}$ 中,$\sigma(\boldsymbol{X}) = \boldsymbol{BXC}$,其中 $\boldsymbol{B},\boldsymbol{C} \in F^{n\times n}$ 是两个固定的矩阵.

2. 设 $a_1,a_2,\cdots,a_n$ 是 F 中 n 个固定的数,$\forall \boldsymbol{\alpha} = (x_1,x_2,\cdots,x_n)' \in F^n$,定义 $\sigma(\boldsymbol{\alpha}) = \sum_{i=1}^{n} a_i x_i$,证明:$\sigma$ 是 F^n 到 F 的一个线性映射.

7.1.5.2　探究

1. 设 V 是 F 上的线性空间,U,W 是 V 的两个子空间,且有 $V = U \oplus W$. 任取 $\boldsymbol{\alpha} \in V$,

则 $\boldsymbol{\alpha}=\boldsymbol{\alpha}_1+\boldsymbol{\alpha}_2,\boldsymbol{\alpha}_1\in U,\boldsymbol{\alpha}_2\in W$. 作映射 $P_U:\boldsymbol{\alpha}\mapsto\boldsymbol{\alpha}_1$.

证明:(1)P_U 是 V 的一个线性变换,称 P_U 是 V 在 U 上的投影变换;

(2)$P_U^2=P_U$.

2. 设 V 为 F 上 3 维线性空间,σ 为 V 的一个线性变换. 由 σ 我们可以找到某一个矩阵与之对应吗?反之,$\boldsymbol{A}$ 为一固定的 F 上的 3×3 矩阵,我们可以由 $\boldsymbol{A}$ 得到一个线性变换吗?

7.2 线性变换的运算

我们用 $L(V)$ 表示线性空间 V 中所有线性变换组成的集合. 显然 $L(V)$ 不空,因为至少 $\boldsymbol{I},\boldsymbol{0}\in L(V)$. 本节讨论线性变换的运算及其简单性质,$L(V)$ 在给定的加法和数乘下作成一个正线性空间. 本节围绕以下问题展开讨论.

7.2.1 研究问题

线性变换的运算

(1) 线性变换的加法.
(2) 线性变换的数乘.
(3) 线性变换的乘法.
(4) 可逆的线性变换.
(5) 线性变换的多项式.

7.2.2 基本概念

✽ 定义 7.2.1 设 $\sigma,\tau\in L(V)$, $\forall\boldsymbol{\alpha}\in V$,定义**线性变换**的和 $\sigma+\tau$ 为

$$(\sigma+\tau)\boldsymbol{\alpha}=\sigma\boldsymbol{\alpha}+\tau\boldsymbol{\alpha}.$$

✽ 定义 7.2.2 设 $\sigma\in L(V)$, $m\in F$, $\forall\boldsymbol{\alpha}\in V$,定义**线性变换**的数乘 $m\sigma$ 为

$$(m\sigma)\boldsymbol{\alpha}=m(\sigma\boldsymbol{\alpha}).$$

✽ 定义 7.2.3 设 $\sigma,\tau\in L(V)$, $\forall\boldsymbol{\alpha}\in V$,定义**线性变换的乘积** $\sigma\tau$ 为

$$\sigma\tau(\boldsymbol{\alpha})=\sigma(\tau(\boldsymbol{\alpha})).$$

✽ 定义 7.2.4 设 $\sigma\in L(V)$,若存在 $\tau\in L(V)$,使得 $\sigma\tau=\tau\sigma=\boldsymbol{I}$,则称 σ 是 V 的可逆线性变换.

7.2.3 主要结论

7.2.3.1 线性变换的加法和数乘

结论 1 设 $\sigma,\tau\in L(V)$,则 $\sigma+\tau\in L(V)$.

证明 $\forall\boldsymbol{\alpha},\boldsymbol{\beta}\in V,k,l\in F$,

$$\begin{aligned}(\sigma+\tau)(k\boldsymbol{\alpha}+l\boldsymbol{\beta})&=\sigma(k\boldsymbol{\alpha}+l\boldsymbol{\beta})+\tau(k\boldsymbol{\alpha}+l\boldsymbol{\beta})\\&=\sigma(k\boldsymbol{\alpha})+\sigma(l\boldsymbol{\beta})+\tau(k\boldsymbol{\alpha})+\tau(l\boldsymbol{\beta})\\&=k(\sigma+\tau)(\boldsymbol{\alpha})+l(\sigma+\tau)(\boldsymbol{\beta}),\end{aligned}$$

故 $\sigma+\tau \in L(V)$.

结论 2　设 $\sigma \in L(V)$, $m \in F$, 则 $m\sigma \in L(V)$.

证明　$\forall \boldsymbol{\alpha},\boldsymbol{\beta} \in V, k,l \in F$,

$$\begin{aligned}(m\sigma)(k\boldsymbol{\alpha}+l\boldsymbol{\beta}) &= m\sigma(k\boldsymbol{\alpha}+l\boldsymbol{\beta}) = m(k\sigma(\boldsymbol{\alpha})+l\sigma(\boldsymbol{\beta})) \\ &= k(m\sigma)(\boldsymbol{\alpha})+l(m\sigma)(\boldsymbol{\beta}),\end{aligned}$$

故 $m\sigma \in L(V)$.

特别地,取 $m=-1$,有 $(-\sigma)\boldsymbol{\alpha}=-\sigma(\boldsymbol{\alpha})$, $-\sigma \in L(V)$.

结论 3　$L(V)$ 对以上定义的加法与数乘作成 F 上的一个线性空间.

证明　$L(V)$ 中有如上定义的线性变换的加法与数乘,且由结论 1 和结论 2 知运算封闭.

(1) 线性变换的加法满足以下四条: $\forall \sigma,\tau,\rho \in L(V)$,有

①$\sigma+\tau=\tau+\sigma$;　　②$(\sigma+\tau)+\rho=\sigma+(\tau+\rho)$;

③$\mathbf{0}+\sigma=\sigma$;　　④$\sigma+(-\sigma)=\mathbf{0}$.

(2) 线性变换的数乘满足以下两条: $\forall \sigma \in L(V), k,l \in F$,有

⑤$(kl)\sigma=k(l\sigma)$;　　⑥$1\cdot\sigma=\sigma$.

(3) 乘法与加法满足以下分配律: $\forall \sigma,\tau \in L(V), k,l \in F$,有

⑦$k(\sigma+\tau)=k\sigma+k\tau$;　　⑧$(k+l)\sigma=k\sigma+l\sigma$.

故 $L(V)$ 对以上定义的加法与数乘作成 F 上的一个线性空间.

7.2.3.2　线性变换的乘法

结论 4　V 中任意两个线性变换的乘积还是 V 的线性变换.

证明　$\forall \boldsymbol{\alpha},\boldsymbol{\beta} \in V, k,l \in F$,

$$\begin{aligned}\sigma\tau(k\boldsymbol{\alpha}+l\boldsymbol{\beta}) &= \sigma(\tau(k\boldsymbol{\alpha}+l\boldsymbol{\beta})) = \sigma(k\tau(\boldsymbol{\alpha})+l\tau(\boldsymbol{\beta})) \\ &= k\sigma(\tau(\boldsymbol{\alpha}))+l\sigma(\tau(\boldsymbol{\beta})) = k(\sigma\tau)(\boldsymbol{\alpha})+l(\sigma\tau)(\boldsymbol{\beta}),\end{aligned}$$

故 $\sigma\tau \in L(V)$.

线性变换的乘法适合以下运算律, $\forall \sigma,\tau,\rho \in L(V), k \in F$,有:

(1) 分配律成立,即 $\rho(\sigma+\tau)=\rho\sigma+\rho\tau$;　$(\sigma+\tau)\rho=\sigma\rho+\tau\rho$.

(2) 结合律成立,即 $\rho(\sigma\tau)=(\rho\sigma)\tau$,　$k(\sigma\tau)=(k\sigma)\tau=\sigma(k\tau)$.

由于映射的合成不满足交换律,所以线性变换的乘法也不满足交换律.

7.2.3.3　可逆线性变换

结论 5　若 σ 是 V 的可逆变换,则 σ 的逆变换是唯一的,记为 σ^{-1}, σ^{-1} 也是 V 的线性变换.

证明　设 τ,ρ 都是 σ 的逆变换,即有 $\sigma\tau=\tau\sigma=\boldsymbol{I}$, $\sigma\rho=\rho\sigma=\boldsymbol{I}$. 于是

$\tau=\tau\boldsymbol{I}=\tau(\sigma\rho)=(\tau\sigma)\rho=\rho$. 故 σ 的逆变换是唯一的,记为 σ^{-1}.

$\forall \boldsymbol{\alpha},\boldsymbol{\beta} \in V, k \in F$,有

$$\begin{aligned}\sigma^{-1}(\boldsymbol{\alpha}+\boldsymbol{\beta}) &= \sigma^{-1}[(\sigma\sigma^{-1})\boldsymbol{\alpha}+(\sigma\sigma^{-1})\boldsymbol{\beta}] \\ &= (\sigma^{-1}\sigma)[\sigma^{-1}(\boldsymbol{\alpha})+\sigma^{-1}(\boldsymbol{\beta})]\end{aligned}$$

$$= \sigma^{-1}(\boldsymbol{\alpha}) + \sigma^{-1}(\boldsymbol{\beta});$$

$$\sigma^{-1}(k\boldsymbol{\alpha}) = \sigma^{-1}[k(\sigma\sigma^{-1})\boldsymbol{\alpha}]$$

$$= \sigma^{-1}[\sigma k\sigma^{-1}(\boldsymbol{\alpha})] = k\sigma^{-1}(\boldsymbol{\alpha}).$$

故 σ^{-1} 也是 V 的线性变换.

可逆线性变换具有以下简单性质：

(1) $(\sigma^{-1})^{-1} = \sigma$；　　　(2) $(\sigma\tau)^{-1} = \tau^{-1}\sigma^{-1}$.

7.2.3.4　线性变换的多项式

设 $\sigma \in L(V)$，由于线性变换的乘法满足结合律，因而对取定的正整数 n，乘积 $\overbrace{\sigma\sigma\cdots\sigma}^{n}$ 是一个确定的线性变换，记为 σ^n.

若 σ 是可逆的，定义 $\sigma^{-n} = (\sigma^{-1})^n, n \in \mathbf{N}$. 规定 $\sigma^0 = \boldsymbol{I}, \forall \sigma \in L(V)$，根据线性变换幂的定义，可以推出以下指数法则：

$$\sigma^{m+n} = \sigma^m\sigma^n, (\sigma^m)^n = \sigma^{mn}, m, n \in N.$$

当 σ 可逆时，上述法则对任意整数 m,n 都成立. 要注意的是，由于线性变换的乘积不满足变换律，因此 $(\sigma\tau)^n \neq \sigma^n\tau^n$.

有了以上的准备，就可以定义线性变换的多项式.

设 $f(x) = a_nx^n + a_{n-1}x^{n-1} + \cdots + a_1x + a_0 \in F[x], \forall \sigma \in L(V)$，定义

$$f(\sigma) = a_n\sigma^n + a_{n-1}\sigma^{n-1} + \cdots + a_1\sigma + a_0I,$$

称 $f(\sigma)$ 是线性变换 σ 的多项式，$f(\sigma) \in L(V)$.

若 $f(x), g(x) \in F[x]$，且有 $u(x) = f(x) + g(x), v(x) = f(x)g(x)$，则有

$$u(\sigma) = f(\sigma) + g(\sigma), v(\sigma) = f(\sigma)g(\sigma).$$

7.2.4　例子剖析

例 7.2.1　$\forall (x,y) \in \mathbf{R}^2$，定义 $\sigma(x,y) = (y,x), \tau(x,y) = (0,x)$. (1) 证明：$\sigma,\tau$ 是 $\mathbf{R}^2$ 中的线性变换；(2) 求 $\sigma+\tau, \sigma\tau, \tau\sigma, 3\sigma-2\tau$ 的表达式.

解　易知 σ,τ 是 $\mathbf{R}^2$ 中的线性变换.

$\forall (x,y) \in \mathbf{R}^2, (\sigma+\tau)(x,y) = \sigma(x,y) + \tau(x,y) = (y,2x)$；

$\forall (x,y) \in \mathbf{R}^2, \sigma\tau(x,y) = \sigma[\tau(x,y)] = \sigma(0,x) = (x,0)$；

$\forall (x,y) \in \mathbf{R}^2, \tau\sigma(x,y) = \tau[\sigma(x,y)] = \tau(y,x) = (0,y)$；

$\forall (x,y) \in \mathbf{R}^2, (3\sigma-2\tau)(x,y) = 3\sigma(x,y) - 2\tau(x,y) = 3(y,x) - 2(0,x) = (3y,x)$.

例 7.2.2　$\forall \mathbf{A} \in F^{2\times 2}$，定义 $\sigma(\mathbf{A}) = \mathbf{A}\begin{bmatrix} 1 & 0 \\ 0 & 2 \end{bmatrix}, \tau(\mathbf{A}) = \begin{bmatrix} 5 & 0 \\ 0 & 3 \end{bmatrix}\mathbf{A}$，证明 σ,τ 是 $F^{2\times 2}$ 的线性变换，并求 $\sigma+\tau$ 和 $\sigma\tau$.

证明　$\forall \mathbf{A}, \mathbf{B} \in F^{2\times 2}, k, l \in F$，

$$\sigma(k\mathbf{A} + l\mathbf{B}) = (k\mathbf{A} + l\mathbf{B})\begin{bmatrix} 1 & 0 \\ 0 & 2 \end{bmatrix} = k\mathbf{A}\begin{bmatrix} 1 & 0 \\ 0 & 2 \end{bmatrix} + l\mathbf{B}\begin{bmatrix} 1 & 0 \\ 0 & 2 \end{bmatrix}$$

$$= k\sigma(\mathbf{A}) + l\sigma(\mathbf{B}),$$

故 σ 是 $F^{2\times 2}$ 的线性变换. 同理可证 τ 也是 $F^{2\times 2}$ 的线性变换.

$$\forall \boldsymbol{A} \in F^{2\times 2}, (\sigma+\tau)\boldsymbol{A} = \sigma(\boldsymbol{A}) + \tau(\boldsymbol{A}) = \boldsymbol{A}\begin{bmatrix}1 & 0\\ 0 & 2\end{bmatrix} + \begin{bmatrix}5 & 0\\ 0 & 3\end{bmatrix}\boldsymbol{A};$$

$$\sigma\tau(\boldsymbol{A}) = \sigma(\tau(\boldsymbol{A})) = \sigma\left[\begin{bmatrix}5 & 0\\ 0 & 3\end{bmatrix}\boldsymbol{A}\right] = \begin{bmatrix}5 & 0\\ 0 & 3\end{bmatrix}\boldsymbol{A}\begin{bmatrix}1 & 0\\ 0 & 2\end{bmatrix}.$$

例 7.2.3　设 $\sigma \in L(\mathbf{R}^2)$，已知 $\sigma(3,1) = (2,-4)$，$\sigma(1,1) = (0,2)$，求 $\sigma(a,b)$ 的表达式.

解　设 $\boldsymbol{\alpha}_1 = (3,1)$，$\boldsymbol{\alpha}_2 = (1,1)$，它们是 $\mathbf{R}^2$ 的一个基，$\forall (a,b) \in \mathbf{R}^2$，

$$(a,b) = k_1\boldsymbol{\alpha}_1 + k_2\boldsymbol{\alpha}_2 = k_1(3,1) + k_2(1,1) = (3k_1+k_2, k_1+k_2).$$

由于 $\begin{cases}3k_1+k_2 = a,\\ k_1+k_2 = b,\end{cases}$ 故 $\begin{cases}k_1 = (a-b)/2,\\ k_2 = (-a+3b)/2.\end{cases}$

$$\begin{aligned}\sigma(a,b) &= \sigma(k_1\boldsymbol{\alpha}_1 + k_2\boldsymbol{\alpha}_2) = k_1\sigma\boldsymbol{\alpha}_1 + k_2\sigma\boldsymbol{\alpha}_2\\ &= k_1(2,-4) + k_2(0,2)\\ &= \frac{1}{2}(a-b)(2,-4) + \left(-\frac{1}{2}a + \frac{3}{2}b\right)(0,2)\\ &= (a-b, 5b-3a).\end{aligned}$$

7.2.5　练习与探究

7.2.5.1　练习

1. $\forall f(x) \in F[x]$，定义 $\sigma f(x) = f'(x)$，$\tau f(x) = xf(x)$，证明：

$$\sigma\tau - \tau\sigma = \boldsymbol{I}.$$

2. 设 σ,τ 是线性变换，如果 $\sigma\tau - \tau\sigma = \boldsymbol{I}$，证明：

$$\sigma^k\tau - \tau\sigma^k = k\sigma^{k-1}, k > 1.$$

3. 设 $\boldsymbol{\alpha}_1, \boldsymbol{\alpha}_2, \cdots, \boldsymbol{\alpha}_n$ 是线性空间 V 的一个基，σ 是 V 上的线性变换，证明：σ 可逆当且仅当 $\sigma\boldsymbol{\alpha}_1, \sigma\boldsymbol{\alpha}_2, \cdots, \sigma\boldsymbol{\alpha}_n$ 线性无关.

7.2.5.2　探究

1. 基 $\boldsymbol{\alpha}_1, \boldsymbol{\alpha}_2, \cdots, \boldsymbol{\alpha}_n$ 在线性变换 σ 下的像 $\sigma\boldsymbol{\alpha}_1, \sigma\boldsymbol{\alpha}_2, \cdots, \sigma\boldsymbol{\alpha}_n$ 与基 $\boldsymbol{\alpha}_1, \boldsymbol{\alpha}_2, \cdots, \boldsymbol{\alpha}_n$ 有何关系？

2. $L(V)$ 的维数是多少？

3. 设 σ 是数域 P 上 n 维线性空间 V 的一个线性变换，证明：

(1) 在 $P[x]$ 中有一次数 $\leqslant n^2$ 的多项式 $f(x)$，使 $f(\sigma) = \boldsymbol{0}$；

(2) 如果 $f(\sigma) = \boldsymbol{0}$，$g(\sigma) = \boldsymbol{0}$ 那么 $d(\sigma) = \boldsymbol{0}$，这里 $d(x)$ 是 $f(x)$ 与 $g(x)$ 的最大公因式.

(3) σ 可逆的充分必要条件是：有一常数项不为零的多项式 $f(x)$ 使 $f(\sigma) = \boldsymbol{0}$.

7.3　线性变换和矩阵

线性变换是抽象的，要把握它并不容易. 能否用具体的、我们熟悉的对象来刻画它，这

是我们的研究任务.本节围绕以下问题展开讨论.

7.3.1 研究问题

线性变换的矩阵

(1) 线性变换的矩阵.

(2)$L(V)$ 与 $F^{n\times n}$ 是同构的.

(3) 矩阵的相似.

7.3.2 基本概念

线性变换的矩阵

设 V 是数域 F 上的一个 n 维线性空间,σ 是 V 的一个线性变换,$\boldsymbol{\alpha}_1,\boldsymbol{\alpha}_2,\cdots,\boldsymbol{\alpha}_n$ 是 V 的一个基,基中向量的像 $\sigma(\boldsymbol{\alpha}_i)$ 仍在 V 中,当然可以用 $\boldsymbol{\alpha}_1,\boldsymbol{\alpha}_2,\cdots,\boldsymbol{\alpha}_n$ 线性表示,即有

$$\sigma(\boldsymbol{\alpha}_i)=a_{1i}\boldsymbol{\alpha}_1+a_{2i}\boldsymbol{\alpha}_2+\cdots+a_{ni}\boldsymbol{\alpha}_n,i=1,2,\cdots,n,$$

于是在向量组 $\sigma(\boldsymbol{\alpha}_1),\sigma(\boldsymbol{\alpha}_2),\cdots,\sigma(\boldsymbol{\alpha}_n)$ 与基 $\boldsymbol{\alpha}_1,\boldsymbol{\alpha}_2,\cdots,\boldsymbol{\alpha}_n$ 之间建立起联系,这种联系与矩阵有关.

✻ **定义 7.3.1** 设 σ 是数域 F 上 n 维线性空间 V 的一个线性变换,$\boldsymbol{\alpha}_1,\boldsymbol{\alpha}_2,\cdots,\boldsymbol{\alpha}_n$ 是 V 的一个基.设

$$\begin{cases}\sigma(\boldsymbol{\alpha}_1)=a_{11}\boldsymbol{\alpha}_1+a_{21}\boldsymbol{\alpha}_2+\cdots+a_{n1}\boldsymbol{\alpha}_n,\\ \sigma(\boldsymbol{\alpha}_2)=a_{12}\boldsymbol{\alpha}_1+a_{22}\boldsymbol{\alpha}_2+\cdots+a_{n2}\boldsymbol{\alpha}_n,\\ \quad\cdots\cdots\\ \sigma(\boldsymbol{\alpha}_n)=a_{1n}\boldsymbol{\alpha}_1+a_{2n}\boldsymbol{\alpha}_2+\cdots+a_{nn}\boldsymbol{\alpha}_n.\end{cases}\tag{7.3.1}$$

记 $\sigma(\boldsymbol{\alpha}_1,\boldsymbol{\alpha}_2,\cdots,\boldsymbol{\alpha}_n)=(\sigma\boldsymbol{\alpha}_1,\sigma\boldsymbol{\alpha}_2,\cdots,\sigma\boldsymbol{\alpha}_n)$,于是方程组(7.3.1)可用矩阵表示如下:

$$\sigma(\boldsymbol{\alpha}_1,\boldsymbol{\alpha}_2,\cdots,\boldsymbol{\alpha}_n)=(\sigma\boldsymbol{\alpha}_1,\sigma\boldsymbol{\alpha}_2,\cdots,\sigma\boldsymbol{\alpha}_n)=(\boldsymbol{\alpha}_1,\boldsymbol{\alpha}_2,\cdots,\boldsymbol{\alpha}_n)\boldsymbol{A},$$

其中 $\boldsymbol{A}=\begin{bmatrix}a_{11}&a_{12}&\cdots&a_{1n}\\a_{21}&a_{22}&\cdots&a_{2n}\\\vdots&\vdots&&\vdots\\a_{n1}&a_{n2}&\cdots&a_{nn}\end{bmatrix}$ 称为**线性变换** σ 在基 $\boldsymbol{\alpha}_1,\boldsymbol{\alpha}_2,\cdots,\boldsymbol{\alpha}_n$ 下的**矩阵**.矩阵 $\boldsymbol{A}$ 中第 j 列元素就是 $\sigma(\boldsymbol{\alpha}_j)$ 在基 $\boldsymbol{\alpha}_1,\boldsymbol{\alpha}_2,\cdots,\boldsymbol{\alpha}_n$ 下的坐标(注意**基下的矩阵**与**过渡矩阵**的联系与区别).

✻ **定义 7.3.2** 设 $\boldsymbol{A},\boldsymbol{B}$ 是数域 F 上的两个 n 阶矩阵,如果可以找到数域 F 上的 n 阶可逆矩阵 $\boldsymbol{C}$,使得 $\boldsymbol{B}=\boldsymbol{C}^{-1}\boldsymbol{A}\boldsymbol{C}$,则说矩阵 $\boldsymbol{A}$ 与 $\boldsymbol{B}$ **相似**,记为 $\boldsymbol{A}\sim\boldsymbol{B}$.

7.3.3 主要结论

基向量的像与线性变换的矩阵在刻画 V 中每个向量 $\boldsymbol{\alpha}$ 的像 $\sigma(\boldsymbol{\alpha})$ 的坐标时有重要作用.

(1) 只要知道基向量的像,则线性空间 V 中任一向量 $\boldsymbol{\alpha}$ 的像也就知道了.

设 $\boldsymbol{\alpha}\in V,\boldsymbol{\alpha}=k_1\boldsymbol{\alpha}_1+k_2\boldsymbol{\alpha}_2+\cdots+k_n\boldsymbol{\alpha}_n$,则有

$$\sigma(\boldsymbol{\alpha})=k_1\sigma(\boldsymbol{\alpha}_1)+k_2\sigma(\boldsymbol{\alpha}_2)+\cdots+k_n\sigma(\boldsymbol{\alpha}_n).$$

(2)V 中任一向量 $\boldsymbol{\alpha}$ 的像的坐标可以用 $\boldsymbol{\alpha}$ 的坐标和线性变换的矩阵 $\boldsymbol{A}$ 来确定.

设 σ 是 n 维线性空间 V 的一个线性变换，$\boldsymbol{A}$ 是 σ 在基 $\boldsymbol{\alpha}_1,\boldsymbol{\alpha}_2,\cdots,\boldsymbol{\alpha}_n$ 下的矩阵，$\boldsymbol{\alpha}\in V$ 在这个基下的坐标是 $(x_1,x_2,\cdots,x_n)$，$\sigma(\boldsymbol{\alpha})$ 在这个基下的坐标是 $(y_1,y_2,\cdots,y_n)$，则有

$$\begin{bmatrix} y_1 \\ \vdots \\ y_n \end{bmatrix} = \boldsymbol{A}\begin{bmatrix} x_1 \\ \vdots \\ x_n \end{bmatrix}.$$

证明　由已知得 $\sigma(\boldsymbol{\alpha}_1,\boldsymbol{\alpha}_2,\cdots,\boldsymbol{\alpha}_n)=(\boldsymbol{\alpha}_1,\boldsymbol{\alpha}_2,\cdots,\boldsymbol{\alpha}_n)\boldsymbol{A}$，

$$\sigma(\boldsymbol{\alpha})=(\boldsymbol{\alpha}_1,\boldsymbol{\alpha}_2,\cdots,\boldsymbol{\alpha}_n)\begin{bmatrix} y_1 \\ y_2 \\ \vdots \\ y_n \end{bmatrix},\quad \boldsymbol{\alpha}=(\boldsymbol{\alpha}_1,\boldsymbol{\alpha}_2,\cdots,\boldsymbol{\alpha}_n)\begin{bmatrix} x_1 \\ x_2 \\ \vdots \\ x_n \end{bmatrix}.$$

于是

$$\sigma(\boldsymbol{\alpha})=\sigma(\boldsymbol{\alpha}_1,\boldsymbol{\alpha}_2,\cdots,\boldsymbol{\alpha}_n)\begin{bmatrix} x_1 \\ x_2 \\ \vdots \\ x_n \end{bmatrix}=(\boldsymbol{\alpha}_1,\boldsymbol{\alpha}_2,\cdots,\boldsymbol{\alpha}_n)\boldsymbol{A}\begin{bmatrix} x_1 \\ x_2 \\ \vdots \\ x_n \end{bmatrix}.$$

由坐标的唯一性知 $\begin{bmatrix} y_1 \\ \vdots \\ y_n \end{bmatrix} = \boldsymbol{A}\begin{bmatrix} x_1 \\ \vdots \\ x_n \end{bmatrix}$.

为了研究第二个问题，即确定 $L(V)$ 的维数是多少，按常规方法是先求 $L(V)$ 的基，但在这个问题上若要求 $L(V)$ 的基似乎是“山重水复疑无路”，但如果我们另寻其他的途径，即在 $L(V)$ 与 $F^{n\times n}$ 之间建立同构映射，则问题就呈现出“柳暗花明又一村”的情景.

$L(V)$ 与 $F^{n\times n}$ 是同构的

在下面的讨论过程中，基 $\boldsymbol{\alpha}_1,\boldsymbol{\alpha}_2,\cdots,\boldsymbol{\alpha}_n$ 是确定的. 由于对每个 $\sigma(\boldsymbol{\alpha}_i)$，它在基下的坐标是唯一确定的，因此在取定 V 的一个基 $\boldsymbol{\alpha}_1,\boldsymbol{\alpha}_2,\cdots,\boldsymbol{\alpha}_n$ 后，对 V 中每个线性变换 σ，就有 $F^{n\times n}$ 中唯一确定的矩阵 $\boldsymbol{A}$ 与之对应，于是在 $L(V)$ 和 $F^{n\times n}$ 之间可以建立一种对应：

$$f:\sigma\mapsto\boldsymbol{A}\in F^{n\times n},\ \forall\sigma\in L(V). \tag{7.3.2}$$

这是 $L(V)$ 到 $F^{n\times n}$ 的一个映射.

(1) 由上面式(7.3.2)确定的映射 f 是 $L(V)$ 到 $F^{n\times n}$ 的单射.

分析　设 $\sigma_1,\sigma_2\in L(V)$，在给定 V 的基 $\boldsymbol{\alpha}_1,\boldsymbol{\alpha}_2,\cdots,\boldsymbol{\alpha}_n$ 的条件下，设它们分别对应矩阵 $\boldsymbol{A}_1,\boldsymbol{A}_2$，要证明 f 是单射，只要证明当 $f(\sigma_1)=f(\sigma_2)$，即 $\boldsymbol{A}_1=\boldsymbol{A}_2$ 时，有 $\sigma_1=\sigma_2$ 即可. 当 $\boldsymbol{A}_1=\boldsymbol{A}_2$ 时，$(\sigma_1\boldsymbol{\alpha}_1,\sigma_1\boldsymbol{\alpha}_2,\cdots,\sigma_1\boldsymbol{\alpha}_n)=(\sigma_2\boldsymbol{\alpha}_1,\sigma_2\boldsymbol{\alpha}_2,\cdots,\sigma_2\boldsymbol{\alpha}_n)$，故只要证明在 $\sigma_1(\boldsymbol{\alpha}_i)=\sigma_2(\boldsymbol{\alpha}_i)$，$i=1,2,\cdots,n$ 下，有 $\sigma_1=\sigma_2$ 即可.

✲ 定理 7.3.1　设 $\boldsymbol{\alpha}_1,\boldsymbol{\alpha}_2,\cdots,\boldsymbol{\alpha}_n$ 是线性空间 V 的一个基，如果线性变换 σ_1 与 σ_2 对这个基的作用相同，即有 $\sigma_1(\boldsymbol{\alpha}_i)=\sigma_2(\boldsymbol{\alpha}_i)$，$i=1,2,\cdots,n$，则有 $\sigma_1=\sigma_2$.

证明　$\forall\boldsymbol{\alpha}\in V$，设 $\boldsymbol{\alpha}=k_1\boldsymbol{\alpha}_1+k_2\boldsymbol{\alpha}_2+\cdots+k_n\boldsymbol{\alpha}_n$，于是

$$\sigma_1(\boldsymbol{\alpha})=k_1\sigma_1(\boldsymbol{\alpha}_1)+k_2\sigma_1(\boldsymbol{\alpha}_2)+\cdots+k_n\sigma_1(\boldsymbol{\alpha}_n),$$
$$\sigma_2(\boldsymbol{\alpha})=k_1\sigma_2(\boldsymbol{\alpha}_1)+k_2\sigma_2(\boldsymbol{\alpha}_2)+\cdots+k_n\sigma_2(\boldsymbol{\alpha}_n),$$

因为 $\sigma_1(\boldsymbol{\alpha}_i)=\sigma_2(\boldsymbol{\alpha}_i)$，$i=1,\cdots,n$，所以 $\sigma_1(\boldsymbol{\alpha})=\sigma_2(\boldsymbol{\alpha})$ 对任意 $\alpha\in V$ 成立，故 $\sigma_1=\sigma_2$.

评注　基向量的像在刻画 V 中向量的像方面有重要作用：一个线性变换完全被它在

一个基上的作用所决定.

(2) 由上面式(7.3.2) 确定的映射 f 是 $L(V)$ 到 $F^{n\times n}$ 的满射.

分析 要证 f 是满射,只要证 $\forall \boldsymbol{A}\in F^{n\times n}$ 均能找到 $\sigma\in L(V)$,使 $f(\sigma)=\boldsymbol{A}$. 又由于 $(\boldsymbol{\alpha}_1,\boldsymbol{\alpha}_2,\cdots,\boldsymbol{\alpha}_n)\boldsymbol{A}=(\boldsymbol{\beta}_1,\boldsymbol{\beta}_2,\cdots,\boldsymbol{\beta}_n)=\sigma(\boldsymbol{\alpha}_1,\boldsymbol{\alpha}_2,\cdots,\boldsymbol{\alpha}_n)$,故只要证明对任意一组向量 $\boldsymbol{\beta}_1,\boldsymbol{\beta}_2,\cdots,\boldsymbol{\beta}_n$ 存在一个 $\sigma\in L(V)$,使 $\sigma(\boldsymbol{\alpha}_i)=\boldsymbol{\beta}_i,i=1,2,\cdots,n$ 即可.

✽ 定理 7.3.2 设 $\boldsymbol{\alpha}_1,\boldsymbol{\alpha}_2,\cdots,\boldsymbol{\alpha}_n$ 是线性空间 V 的一个基, $\boldsymbol{\beta}_1,\boldsymbol{\beta}_2,\cdots,\boldsymbol{\beta}_n$ 是 V 中任意 n 个向量,则存在唯一的 $\sigma\in L(V)$,使得 $\sigma(\boldsymbol{\alpha}_i)=\boldsymbol{\beta}_i,i=1,2,\cdots,n.$

证明 $\forall \boldsymbol{\alpha}\in V,\boldsymbol{\alpha}=k_1\boldsymbol{\alpha}_1+\cdots+k_n\boldsymbol{\alpha}_n=\sum_{i=1}^{n}k_i\boldsymbol{\alpha}_i$,定义 V 中变换 σ 为

$$\sigma(\boldsymbol{\alpha})=k_1\boldsymbol{\beta}_1+k_2\boldsymbol{\beta}_2+\cdots+k_n\boldsymbol{\beta}_n=\sum_{i=1}^{n}k_i\boldsymbol{\beta}_i.$$

这样定义的 σ 是 V 中的线性变换. 这是因为 $\forall \boldsymbol{\alpha},\boldsymbol{\beta}\in V,k\in F$,设 $\boldsymbol{\alpha}=\sum k_i\boldsymbol{\alpha}_i,\boldsymbol{\beta}=\sum l_i\boldsymbol{\alpha}_i$,有

$$\boldsymbol{\alpha}+\boldsymbol{\beta}=\sum(k_i+l_i)\boldsymbol{\alpha}_i,k\boldsymbol{\beta}=\sum kl_i\boldsymbol{\alpha}_i,$$

故

$$\begin{aligned}\sigma(\boldsymbol{\alpha}+\boldsymbol{\beta})&=\sum(k_i+l_i)\boldsymbol{\beta}_i=\sum k_i\boldsymbol{\beta}_i+\sum l_i\boldsymbol{\beta}_i,\\&=\sigma(\boldsymbol{\alpha})+\sigma(\boldsymbol{\beta}),\\ \sigma(k\boldsymbol{\beta})&=\sum kl_i\boldsymbol{\beta}_i=k\sum l_i\boldsymbol{\beta}_i=k\sigma(\boldsymbol{\beta}).\end{aligned}$$

因此 σ 是 V 中的一个线性变换. 又由于

$$\boldsymbol{\alpha}_i=0\boldsymbol{\alpha}_1+\cdots+0\boldsymbol{\alpha}_{i-1}+1\boldsymbol{\alpha}_i+0\boldsymbol{\alpha}_{i+1}+\cdots+0\boldsymbol{\alpha}_n,$$

于是

$$\sigma(\boldsymbol{\alpha}_i)=\boldsymbol{\beta}_i,\quad i=1,2,\cdots,n.$$

由定理 7.3.1 知,满足 $\sigma(\boldsymbol{\alpha}_i)=\boldsymbol{\beta}_i$ 的线性变换是唯一的.

评注 基向量的像可根据需要,通过选择适当的线性变换任意确定.

可见 $\forall \boldsymbol{A}\in F^{n\times n}$,令 $(\boldsymbol{\beta}_1,\boldsymbol{\beta}_2,\cdots,\boldsymbol{\beta}_n)=(\boldsymbol{\alpha}_1,\boldsymbol{\alpha}_2,\cdots,\boldsymbol{\alpha}_n)\boldsymbol{A}$,则由定理 7.3.2 确定的变换 σ 在 $\boldsymbol{\alpha}_1,\boldsymbol{\alpha}_2,\cdots,\boldsymbol{\alpha}_n$ 下的矩阵就是 $\boldsymbol{A}$.

综上所述,在取定一个基后,映射 f 是 $L(V)$ 到 $F^{n\times n}$ 的一个双射. 下面的定理表明,这个映射 f 还保持线性运算不变.

✽ 定理 7.3.3 设 $\boldsymbol{\alpha}_1,\boldsymbol{\alpha}_2,\cdots,\boldsymbol{\alpha}_n$ 是 n 维线性空间 V 的一个基,$\sigma,\tau\in L(V)$,若 σ,τ 在基 $\boldsymbol{\alpha}_1,\boldsymbol{\alpha}_2,\cdots,\boldsymbol{\alpha}_n$ 下的矩阵分别是 $\boldsymbol{A},\boldsymbol{B}$,则有:

(1) $\sigma+\tau$ 在此基下的矩阵为 $\boldsymbol{A}+\boldsymbol{B}$;

(2) $\sigma\tau$ 在此基下的矩阵为 $\boldsymbol{AB}$;

(3) $k\sigma$ 在此基下的矩阵为 $k\boldsymbol{A}$;

(4) σ 可逆的充要条件是 $\boldsymbol{A}$ 可逆,且 σ^{-1} 在此基下的矩阵为 $\boldsymbol{A}^{-1}$.

证明 因为 $\sigma,\tau\in L(V)$,且 σ,τ 在基 $\boldsymbol{\alpha}_1,\boldsymbol{\alpha}_2,\cdots,\boldsymbol{\alpha}_n$ 下的矩阵分别是 $\boldsymbol{A},\boldsymbol{B}$,故有

$$\sigma(\boldsymbol{\alpha}_1,\boldsymbol{\alpha}_2,\cdots,\boldsymbol{\alpha}_n)=(\boldsymbol{\alpha}_1,\boldsymbol{\alpha}_2,\cdots,\boldsymbol{\alpha}_n)\boldsymbol{A},$$

$$\tau(\boldsymbol{\alpha}_1,\boldsymbol{\alpha}_2,\cdots,\boldsymbol{\alpha}_n)=(\boldsymbol{\alpha}_1,\boldsymbol{\alpha}_2,\cdots,\boldsymbol{\alpha}_n)\boldsymbol{B}.$$

$$\begin{aligned}(1)(\sigma+\tau)(\boldsymbol{\alpha}_1,\boldsymbol{\alpha}_2,\cdots,\boldsymbol{\alpha}_n)&=\sigma(\boldsymbol{\alpha}_1,\boldsymbol{\alpha}_2,\cdots,\boldsymbol{\alpha}_n)+\tau(\boldsymbol{\alpha}_1,\boldsymbol{\alpha}_2,\cdots,\boldsymbol{\alpha}_n)\\&=(\boldsymbol{\alpha}_1,\boldsymbol{\alpha}_2,\cdots,\boldsymbol{\alpha}_n)\boldsymbol{A}+(\boldsymbol{\alpha}_1,\boldsymbol{\alpha}_2,\cdots,\boldsymbol{\alpha}_n)\boldsymbol{B}\end{aligned}$$

$$= (\boldsymbol{\alpha}_1,\boldsymbol{\alpha}_2,\cdots,\boldsymbol{\alpha}_n)(\boldsymbol{A}+\boldsymbol{B}).$$

故 $\sigma+\tau$ 在基 $\boldsymbol{\alpha}_1,\boldsymbol{\alpha}_2,\cdots,\boldsymbol{\alpha}_n$ 下的矩阵为 $\boldsymbol{A}+\boldsymbol{B}$.

(2) $\sigma\tau(\boldsymbol{\alpha}_1,\boldsymbol{\alpha}_2,\cdots,\boldsymbol{\alpha}_n) = \sigma[\tau(\boldsymbol{\alpha}_1,\boldsymbol{\alpha}_2,\cdots,\boldsymbol{\alpha}_n)]$

$$= \sigma[(\boldsymbol{\alpha}_1,\boldsymbol{\alpha}_2,\cdots,\boldsymbol{\alpha}_n)\boldsymbol{B}] = (\boldsymbol{\alpha}_1,\boldsymbol{\alpha}_2,\cdots,\boldsymbol{\alpha}_n)\boldsymbol{AB}.$$

故 $\sigma\tau$ 在基 $\boldsymbol{\alpha}_1,\boldsymbol{\alpha}_2,\cdots,\boldsymbol{\alpha}_n$ 下的矩阵为 $\boldsymbol{AB}$.

(3) $k\sigma(\boldsymbol{\alpha}_1,\boldsymbol{\alpha}_2,\cdots,\boldsymbol{\alpha}_n) = k(\boldsymbol{\alpha}_1,\boldsymbol{\alpha}_2,\cdots,\boldsymbol{\alpha}_n)\boldsymbol{A}$

$$= (\boldsymbol{\alpha}_1,\boldsymbol{\alpha}_2,\cdots,\boldsymbol{\alpha}_n)k\boldsymbol{A}.$$

故 $k\sigma$ 在基 $\boldsymbol{\alpha}_1,\boldsymbol{\alpha}_2,\cdots,\boldsymbol{\alpha}_n$ 下的矩阵为 $k\boldsymbol{A}$.

(4) 若 σ 可逆，则存在 $\sigma^{-1}\in L(V)$，使 $\sigma\sigma^{-1}=\sigma^{-1}\sigma=\boldsymbol{I}$. 设 σ,σ^{-1} 在基 $\boldsymbol{\alpha}_1,\boldsymbol{\alpha}_2,\cdots,\boldsymbol{\alpha}_n$ 下的矩阵分别是 $\boldsymbol{A},\boldsymbol{B}$，由(2)知 $\boldsymbol{AB}=\boldsymbol{BA}=\boldsymbol{E}$，故 $\boldsymbol{A}$ 可逆，且 σ^{-1} 的矩阵为 $\boldsymbol{A}^{-1}$. 反之，若 $\boldsymbol{A}$ 可逆，则存在 $\boldsymbol{A}^{-1}$，使 $\boldsymbol{AA}^{-1}=\boldsymbol{A}^{-1}\boldsymbol{A}=\boldsymbol{E}$. 由定理 7.3.2 知，存在 $\tau\in L(V)$，使 τ 在这个基下的矩阵是 $\boldsymbol{A}^{-1}$. 因此 $\sigma\tau=\tau\sigma=\boldsymbol{I}$，即 σ 可逆.

结论 1　设 V 是数域 F 上的 n 维线性空间，$\boldsymbol{A}$ 是线性变换 σ 在基 $\boldsymbol{\alpha}_1,\boldsymbol{\alpha}_2,\cdots,\boldsymbol{\alpha}_n$ 下的矩阵，则 $f:\sigma\mapsto\boldsymbol{A}$ 是 V 上的线性变换空间 $L(V)$ 到 $F^{n\times n}$ 的一个同构映射. 故 $L(V)\cong F^{n\times n}$，因此 $\dim L(V)=n^2$.

这样，我们就圆满地解决了前面提出的问题.

评注　线性变换是抽象的，线性变换组成的空间就更抽象了，而矩阵是具体的，$F^{n\times n}$ 空间也是具体的，通过同构映射 f，我们在抽象的线性变换空间和具体的 n 阶矩阵空间之间建立了一一对应关系. 由结论 1 知，$L(V)$ 与 $F^{n\times n}$ 同构，因此研究线性空间 V 的线性变换与研究 $F^{n\times n}$ 中的矩阵没有什么本质的不同，今后将根据需要把线性变换的讨论归结为矩阵的讨论. 由于矩阵运算很具体，常使问题容易解决. 但有时也需把矩阵的讨论化为线性变换的讨论，从这里可以体会到具体与抽象的辩证关系.

矩阵的相似

✲ 定理 7.3.4　设 $\sigma\in L(V)$，$\boldsymbol{\alpha}_1,\boldsymbol{\alpha}_2,\cdots,\boldsymbol{\alpha}_n$ 和 $\boldsymbol{\beta}_1,\boldsymbol{\beta}_2,\cdots,\boldsymbol{\beta}_n$ 是线性空间 V 的两个基，σ 在基 $\boldsymbol{\alpha}_1,\boldsymbol{\alpha}_2,\cdots,\boldsymbol{\alpha}_n$ 下的矩阵为 $\boldsymbol{A}$，σ 在基 $\boldsymbol{\beta}_1,\boldsymbol{\beta}_2,\cdots,\boldsymbol{\beta}_n$ 下的矩阵为 $\boldsymbol{B}$，又设基 $\boldsymbol{\alpha}_1,\boldsymbol{\alpha}_2,\cdots,\boldsymbol{\alpha}_n$ 到基 $\boldsymbol{\beta}_1,\boldsymbol{\beta}_2,\cdots,\boldsymbol{\beta}_n$ 的过渡矩阵是 $\boldsymbol{C}$，则有 $\boldsymbol{B}=\boldsymbol{C}^{-1}\boldsymbol{AC}$.

证明　由题设知 $\sigma(\boldsymbol{\alpha}_1,\boldsymbol{\alpha}_2,\cdots,\boldsymbol{\alpha}_n)=(\boldsymbol{\alpha}_1,\boldsymbol{\alpha}_2,\cdots,\boldsymbol{\alpha}_n)\boldsymbol{A}$，

$$\sigma(\boldsymbol{\beta}_1,\boldsymbol{\beta}_2,\cdots,\boldsymbol{\beta}_n)=(\boldsymbol{\beta}_1,\boldsymbol{\beta}_2,\cdots,\boldsymbol{\beta}_n)\boldsymbol{B},$$

而
$$(\boldsymbol{\beta}_1,\boldsymbol{\beta}_2,\cdots,\boldsymbol{\beta}_n)=(\boldsymbol{\alpha}_1,\boldsymbol{\alpha}_2,\cdots,\boldsymbol{\alpha}_n)\boldsymbol{C},$$

因此
$$\begin{aligned}\sigma(\boldsymbol{\beta}_1,\boldsymbol{\beta}_2,\cdots,\boldsymbol{\beta}_n)&=\sigma(\boldsymbol{\alpha}_1,\boldsymbol{\alpha}_2,\cdots,\boldsymbol{\alpha}_n)\boldsymbol{C}\\&=(\boldsymbol{\alpha}_1,\boldsymbol{\alpha}_2,\cdots,\boldsymbol{\alpha}_n)\boldsymbol{AC}\\&=(\boldsymbol{\beta}_1,\boldsymbol{\beta}_2,\cdots,\boldsymbol{\beta}_n)\boldsymbol{C}^{-1}\boldsymbol{AC},\end{aligned}$$

故
$$\boldsymbol{B}=\boldsymbol{C}^{-1}\boldsymbol{AC}.$$

这表明，同一个线性变换 σ 在不同基下的矩阵是相似的. 矩阵的相似关系是等价关系，即有以下三个性质：

(1) **反身性**：每一个 n 阶矩阵都与自己相似. 因为有 $\boldsymbol{A}=\boldsymbol{E}^{-1}\boldsymbol{AE}$.

(2) **对称性**：若 $\boldsymbol{A}\sim\boldsymbol{B}$，则 $\boldsymbol{B}\sim\boldsymbol{A}$，因为若有 $\boldsymbol{B}=\boldsymbol{P}^{-1}\boldsymbol{AP}$，则有 $\boldsymbol{A}=(\boldsymbol{P}^{-1})^{-1}\boldsymbol{BP}^{-1}=\boldsymbol{PBP}^{-1}$.

(3) **传递性**:若 $\boldsymbol{A} \sim \boldsymbol{B}, \boldsymbol{B} \sim \boldsymbol{C}$,则 $\boldsymbol{A} \sim \boldsymbol{C}$. 因为 $\boldsymbol{A} \sim \boldsymbol{B}$,故存在 $\boldsymbol{P}$,使 $\boldsymbol{B} = \boldsymbol{P}^{-1}\boldsymbol{A}\boldsymbol{P}$,又 $\boldsymbol{B} \sim \boldsymbol{C}$,存在 $\boldsymbol{Q}$,使 $\boldsymbol{C} = \boldsymbol{Q}^{-1}\boldsymbol{B}\boldsymbol{Q}$,故 $\boldsymbol{C} = \boldsymbol{Q}^{-1}\boldsymbol{P}^{-1}\boldsymbol{A}\boldsymbol{P}\boldsymbol{Q} = (\boldsymbol{P}\boldsymbol{Q})^{-1}\boldsymbol{A}(\boldsymbol{P}\boldsymbol{Q})$.

对于两个相似的矩阵,也可以把它们看作同一个线性变换在 V 中两个不同基下的矩阵.

事实上,若 $\boldsymbol{A} \sim \boldsymbol{B}$,则存在可逆矩阵 $\boldsymbol{P}$,使 $\boldsymbol{B} = \boldsymbol{P}^{-1}\boldsymbol{A}\boldsymbol{P}$. 取 V 的基 $\boldsymbol{\alpha}_1, \boldsymbol{\alpha}_2, \cdots, \boldsymbol{\alpha}_n$,则存在 $\sigma \in L(V)$,使 $\sigma(\boldsymbol{\alpha}_1, \boldsymbol{\alpha}_2, \cdots, \boldsymbol{\alpha}_n) = (\boldsymbol{\alpha}_1, \boldsymbol{\alpha}_2, \cdots, \boldsymbol{\alpha}_n)\boldsymbol{A}$.

因为 $(\boldsymbol{\beta}_1, \boldsymbol{\beta}_2, \cdots, \boldsymbol{\beta}_n) = (\boldsymbol{\alpha}_1, \boldsymbol{\alpha}_2, \cdots, \boldsymbol{\alpha}_n)\boldsymbol{P}$ 也是 V 的一个基,则

$$\begin{aligned}\sigma(\boldsymbol{\beta}_1, \boldsymbol{\beta}_2, \cdots, \boldsymbol{\beta}_n) &= \sigma(\boldsymbol{\alpha}_1, \boldsymbol{\alpha}_2, \cdots, \boldsymbol{\alpha}_n)\boldsymbol{P} = (\boldsymbol{\alpha}_1, \boldsymbol{\alpha}_2, \cdots, \boldsymbol{\alpha}_n)\boldsymbol{A}\boldsymbol{P} \\ &= (\boldsymbol{\beta}_1, \boldsymbol{\beta}_2, \cdots, \boldsymbol{\beta}_n)\boldsymbol{P}^{-1}\boldsymbol{A}\boldsymbol{P} = (\boldsymbol{\beta}_1, \boldsymbol{\beta}_2, \cdots, \boldsymbol{\beta}_n)\boldsymbol{B},\end{aligned}$$

故 $\boldsymbol{A}, \boldsymbol{B}$ 分别是 σ 在基 $\boldsymbol{\alpha}_1, \boldsymbol{\alpha}_2, \cdots, \boldsymbol{\alpha}_n$ 和基 $\boldsymbol{\beta}_1, \boldsymbol{\beta}_2, \cdots, \boldsymbol{\beta}_n$ 下的矩阵.

根据矩阵相似可以得到以下性质:

(1) 若 $\boldsymbol{B} = \boldsymbol{C}^{-1}\boldsymbol{A}\boldsymbol{C}$,则 $\boldsymbol{B}^k = \boldsymbol{C}^{-1}\boldsymbol{A}^k\boldsymbol{C}$.

(2) 设 $f(x)$ 是数域 F 上的一个多项式,$f(x) = a_n x^n + \cdots + a_1 x + a_0$,则

$$f(\boldsymbol{B}) = a_n\boldsymbol{B}^n + \cdots + a_1\boldsymbol{B} + a_0\boldsymbol{E}, f(\boldsymbol{A}) = a_n\boldsymbol{A}^n + \cdots + a_1\boldsymbol{A} + a_0\boldsymbol{E},$$

且有

$$f(\boldsymbol{B}) = \boldsymbol{C}^{-1} f(\boldsymbol{A})\boldsymbol{C}.$$

7.3.4 例子剖析

例 7.3.1 在 $\mathbf{R}^2$ 中,绕原点逆时针旋转 φ 角的旋转变换 σ 是 $\mathbf{R}^2$ 的线性变换,取 $\boldsymbol{\varepsilon}_1, \boldsymbol{\varepsilon}_2$ 为互相垂直的单位向量,它们构成 $\mathbf{R}^2$ 的基,求 σ 关于基 $\boldsymbol{\varepsilon}_1, \boldsymbol{\varepsilon}_2$ 的矩阵;若 $\boldsymbol{\alpha} = x_1\boldsymbol{\varepsilon}_1 + x_2\boldsymbol{\varepsilon}_2$,求 $\sigma(\boldsymbol{\alpha})$ 的坐标.

解 因为 $\sigma(\boldsymbol{\varepsilon}_1) = \boldsymbol{\varepsilon}_1\cos\varphi + \boldsymbol{\varepsilon}_2\sin\varphi, \sigma(\boldsymbol{\varepsilon}_2) = -\boldsymbol{\varepsilon}_1\sin\varphi + \boldsymbol{\varepsilon}_2\cos\varphi$,

故有

$$\sigma(\boldsymbol{\varepsilon}_1, \boldsymbol{\varepsilon}_2) = (\boldsymbol{\varepsilon}_1, \boldsymbol{\varepsilon}_2)\begin{bmatrix}\cos\varphi & -\sin\varphi \\ \sin\varphi & \cos\varphi\end{bmatrix}.$$

若

$$\alpha = (\boldsymbol{\varepsilon}_1, \boldsymbol{\varepsilon}_2)\begin{bmatrix}x_1 \\ x_2\end{bmatrix},$$

则

$$\sigma\boldsymbol{\alpha} = \sigma(\boldsymbol{\varepsilon}_1, \boldsymbol{\varepsilon}_2)\begin{bmatrix}x_1 \\ x_2\end{bmatrix} = (\boldsymbol{\varepsilon}_1, \boldsymbol{\varepsilon}_2)\begin{bmatrix}\cos\varphi & -\sin\varphi \\ \sin\varphi & \cos\varphi\end{bmatrix}\begin{bmatrix}x_1 \\ x_2\end{bmatrix},$$

故 $\sigma(\boldsymbol{\alpha})$ 的坐标是 $(x_1\cos\varphi - x_2\sin\varphi, x_1\sin\varphi + x_2\cos\varphi)$.

例 7.3.2 证明例 7.3.1 中的旋转变换 σ 是可逆的,并求 σ^{-1} 关于 $\boldsymbol{\varepsilon}_1, \boldsymbol{\varepsilon}_2$ 的矩阵.

证明 σ 关于 $\boldsymbol{\varepsilon}_1, \boldsymbol{\varepsilon}_2$ 的矩阵为 $\boldsymbol{A} = \begin{bmatrix}\cos\theta & -\sin\theta \\ \sin\theta & \cos\theta\end{bmatrix}$,因为 $|\boldsymbol{A}| = 1 \neq 0$,故 $\boldsymbol{A}$ 是可逆的,即 σ 可逆. 故 $\boldsymbol{A}^{-1} = \begin{bmatrix}\cos\theta & \sin\theta \\ -\sin\theta & \cos\theta\end{bmatrix}$ 是 σ^{-1} 关于 $\boldsymbol{\varepsilon}_1, \boldsymbol{\varepsilon}_2$ 的矩阵.

例 7.3.3 设 $\mathbf{R}^2$ 上的线性变换为 $\sigma, \forall (x_1, x_2) \in \mathbf{R}^2, \sigma(x_1, x_2) = (x_1 + x_2, x_1 - x_2)$,求 σ 在基 $\boldsymbol{\varepsilon}_1 = (1,0), \boldsymbol{\varepsilon}_2 = (0,1)$ 和基 $\boldsymbol{\alpha}_1 = (1,-1), \boldsymbol{\alpha}_2 = (1,1)$ 下的矩阵.

解 因为

$$\begin{aligned}\sigma\boldsymbol{\varepsilon}_1 &= \sigma(1,0) = (1,1) = \boldsymbol{\varepsilon}_1 + \boldsymbol{\varepsilon}_2, \\ \sigma\boldsymbol{\varepsilon}_2 &= \sigma(0,1) = (1,-1) = \boldsymbol{\varepsilon}_1 - \boldsymbol{\varepsilon}_2,\end{aligned}$$

所以
$$\sigma(\boldsymbol{\varepsilon}_1,\boldsymbol{\varepsilon}_2)=(\sigma\boldsymbol{\varepsilon}_1,\sigma\boldsymbol{\varepsilon}_2)=(\boldsymbol{\varepsilon}_1,\boldsymbol{\varepsilon}_2)\begin{bmatrix}1 & 1\\ 1 & -1\end{bmatrix},$$

又因为
$$\sigma\boldsymbol{\alpha}_1=\sigma(1,-1)=(0,2)=-\boldsymbol{\alpha}_1+\boldsymbol{\alpha}_2,$$
$$\sigma\boldsymbol{\alpha}_2=\sigma(1,1)=(2,0)=\boldsymbol{\alpha}_1+\boldsymbol{\alpha}_2,$$

所以
$$\sigma(\boldsymbol{\alpha}_1,\boldsymbol{\alpha}_2)=(\sigma\boldsymbol{\alpha}_1,\sigma\boldsymbol{\alpha}_2)=(\boldsymbol{\alpha}_1,\boldsymbol{\alpha}_2)\begin{bmatrix}-1 & 1\\ 1 & 1\end{bmatrix}.$$

由例 7.3.3 知，同一个线性变换在 V 的不同基下的矩阵一般是不相同的，如果给出基 $\boldsymbol{\varepsilon}_1,\boldsymbol{\varepsilon}_2$ 到基 $\boldsymbol{\alpha}_1,\boldsymbol{\alpha}_2$ 的过渡矩阵：
$$(\boldsymbol{\alpha}_1,\boldsymbol{\alpha}_2)=(\boldsymbol{\varepsilon}_1,\boldsymbol{\varepsilon}_2)\begin{bmatrix}1 & 1\\ -1 & 1\end{bmatrix},$$

则
$$\begin{aligned}\sigma(\boldsymbol{\alpha}_1,\boldsymbol{\alpha}_2)&=\sigma(\boldsymbol{\varepsilon}_1,\boldsymbol{\varepsilon}_2)\begin{bmatrix}1 & 1\\ -1 & 1\end{bmatrix}=(\boldsymbol{\varepsilon}_1,\boldsymbol{\varepsilon}_2)\begin{bmatrix}1 & 1\\ 1 & -1\end{bmatrix}\begin{bmatrix}1 & 1\\ -1 & 1\end{bmatrix}\\&=(\boldsymbol{\alpha}_1,\boldsymbol{\alpha}_2)\begin{bmatrix}1 & 1\\ -1 & 1\end{bmatrix}^{-1}\begin{bmatrix}1 & 1\\ 1 & -1\end{bmatrix}\begin{bmatrix}1 & 1\\ -1 & 1\end{bmatrix},\end{aligned}$$

于是有
$$\begin{bmatrix}-1 & 1\\ 1 & 1\end{bmatrix}=\begin{bmatrix}1 & 1\\ -1 & 1\end{bmatrix}^{-1}\begin{bmatrix}1 & 1\\ 1 & -1\end{bmatrix}\begin{bmatrix}1 & 1\\ -1 & 1\end{bmatrix}.$$

这里用实例说明同一个线性变换在不同基下的矩阵是相似的.

7.3.5　练习与探究

7.3.5.1　练习

1. 在 n 维线性空间 V 中，设有线性变换 σ 与向量 $\boldsymbol{\xi}\neq\mathbf{0}$，使得 $\sigma^{n-1}\boldsymbol{\xi}\neq\mathbf{0}$，但 $\sigma^n\boldsymbol{\xi}=\mathbf{0}$.

求证：σ 在某个基下的矩阵是 $\mathbf{A}=\begin{bmatrix}0 & 0 & \cdots & 0 & 0\\ 1 & 0 & \cdots & 0 & 0\\ 0 & 1 & \cdots & 0 & 0\\ \vdots & \vdots & & \vdots & \vdots\\ 0 & 0 & \cdots & 1 & 0\end{bmatrix}$.

2. 设 $\boldsymbol{\alpha}_1,\boldsymbol{\alpha}_2,\boldsymbol{\alpha}_3,\boldsymbol{\alpha}_4$ 是四维线性空间 V 的一组基，已知线性变换 σ 在这组基下的矩阵为
$$\begin{bmatrix}2 & 0 & 2 & 1\\ -2 & 4 & 4 & 1\\ 1 & 2 & -2 & 1\\ 2 & -1 & 1 & -1\end{bmatrix},$$
求 σ 在基 $\boldsymbol{\eta}_1=\boldsymbol{\alpha}_1-\boldsymbol{\alpha}_2+\boldsymbol{\alpha}_4$，$\boldsymbol{\eta}_2=2\boldsymbol{\alpha}_2+\boldsymbol{\alpha}_3-\boldsymbol{\alpha}_4$，$\boldsymbol{\eta}_3=\boldsymbol{\alpha}_3+2\boldsymbol{\alpha}_4$，$\boldsymbol{\eta}_4=\boldsymbol{\alpha}_4$ 下的矩阵.

3. 向量组 $\boldsymbol{\alpha}_1=(1,0,1)$，$\boldsymbol{\alpha}_2=(2,1,0)$，$\boldsymbol{\alpha}_3=(1,1,1)$ 和 $\boldsymbol{\eta}_1=(2,4,-2)$，$\boldsymbol{\eta}_2=(4,4,-2)$，$\boldsymbol{\eta}_3=(4,-2,-2)$ 都是 F^3 的基. 定义线性变换 $\sigma:\sigma\boldsymbol{\alpha}_i=\boldsymbol{\eta}_i,i=1,2,3$. 求：

(1) 由基 $\boldsymbol{\alpha}_1,\boldsymbol{\alpha}_2,\boldsymbol{\alpha}_3$ 到基 $\boldsymbol{\eta}_1,\boldsymbol{\eta}_2,\boldsymbol{\eta}_3$ 的过渡矩阵；

(2) σ 在基 $\boldsymbol{\alpha}_1,\boldsymbol{\alpha}_2,\boldsymbol{\alpha}_3$ 下的矩阵；

(3) σ 在基 $\boldsymbol{\eta}_1,\boldsymbol{\eta}_2,\boldsymbol{\eta}_3$ 下的矩阵.

4. 如果 $\boldsymbol{A}$ 与 $\boldsymbol{B}$ 相似，$\boldsymbol{C}$ 与 $\boldsymbol{D}$ 相似，证明 $\begin{bmatrix}\boldsymbol{A} & \boldsymbol{O}\\ \boldsymbol{O} & \boldsymbol{C}\end{bmatrix}$ 与 $\begin{bmatrix}\boldsymbol{B} & \boldsymbol{O}\\ \boldsymbol{O} & \boldsymbol{D}\end{bmatrix}$ 相似.

7.3.5.2 探究

利用矩阵相似的性质可简化矩阵的运算.

设 V 是 $\mathbf{R}$ 上的一个线性空间，$\boldsymbol{\varepsilon}_1,\boldsymbol{\varepsilon}_2$ 是 V 的一个基，线性变换 σ 在 $\boldsymbol{\varepsilon}_1,\boldsymbol{\varepsilon}_2$ 下的矩阵为 $\begin{bmatrix}2 & 1\\ -1 & 0\end{bmatrix}$；设 V 的另一个基为 $\boldsymbol{\eta}_1,\boldsymbol{\eta}_2$，$\boldsymbol{\varepsilon}_1,\boldsymbol{\varepsilon}_2$ 到 $\boldsymbol{\eta}_1,\boldsymbol{\eta}_2$ 的过渡矩阵为 $\begin{bmatrix}1 & -1\\ -1 & 2\end{bmatrix}$.

(1) 求 σ 在 $\boldsymbol{\eta}_1,\boldsymbol{\eta}_2$ 下的矩阵；(2) 求 $\begin{bmatrix}2 & 1\\ -1 & 0\end{bmatrix}^k$.

解 (1) 因为 $(\boldsymbol{\eta}_1,\boldsymbol{\eta}_2)=(\boldsymbol{\varepsilon}_1,\boldsymbol{\varepsilon}_2)\begin{bmatrix}1 & -1\\ -1 & 2\end{bmatrix}$，而 $\sigma(\boldsymbol{\varepsilon}_1,\boldsymbol{\varepsilon}_2)=(\boldsymbol{\varepsilon}_1,\boldsymbol{\varepsilon}_2)\begin{bmatrix}2 & 1\\ -1 & 0\end{bmatrix}$，所以

$$\begin{aligned}\sigma(\boldsymbol{\eta}_1,\boldsymbol{\eta}_2)&=\sigma(\boldsymbol{\varepsilon}_1,\boldsymbol{\varepsilon}_2)\begin{bmatrix}1 & -1\\ -1 & 2\end{bmatrix}\\&=(\boldsymbol{\varepsilon}_1,\boldsymbol{\varepsilon}_2)\begin{bmatrix}2 & 1\\ -1 & 0\end{bmatrix}\begin{bmatrix}1 & -1\\ -1 & 2\end{bmatrix}\\&=(\boldsymbol{\eta}_1,\boldsymbol{\eta}_2)\begin{bmatrix}1 & -1\\ -1 & 2\end{bmatrix}^{-1}\begin{bmatrix}2 & 1\\ -1 & 0\end{bmatrix}\begin{bmatrix}1 & -1\\ -1 & 2\end{bmatrix},\end{aligned}$$

即 σ 在 $\boldsymbol{\eta}_1,\boldsymbol{\eta}_2$ 下的矩阵为

$$\begin{aligned}&\begin{bmatrix}1 & -1\\ -1 & 2\end{bmatrix}^{-1}\begin{bmatrix}2 & 1\\ -1 & 0\end{bmatrix}\begin{bmatrix}1 & -1\\ -1 & 2\end{bmatrix}\\=&\begin{bmatrix}2 & 1\\ 1 & 1\end{bmatrix}\begin{bmatrix}2 & 1\\ -1 & 0\end{bmatrix}\begin{bmatrix}1 & -1\\ -1 & 2\end{bmatrix}=\begin{bmatrix}1 & 1\\ 0 & 1\end{bmatrix}.\end{aligned}$$

(2) 由于 $$\begin{bmatrix}2 & 1\\ -1 & 0\end{bmatrix}=\begin{bmatrix}1 & -1\\ -1 & 2\end{bmatrix}\begin{bmatrix}1 & 1\\ 0 & 1\end{bmatrix}\begin{bmatrix}1 & -1\\ -1 & 2\end{bmatrix}^{-1},$$

根据相似矩阵的性质，有

$$\begin{aligned}\begin{bmatrix}2 & 1\\ -1 & 0\end{bmatrix}^k&=\begin{bmatrix}1 & -1\\ -1 & 2\end{bmatrix}\begin{bmatrix}1 & 1\\ 0 & 1\end{bmatrix}^k\begin{bmatrix}1 & -1\\ -1 & 2\end{bmatrix}^{-1}\\&=\begin{bmatrix}1 & -1\\ -1 & 2\end{bmatrix}\begin{bmatrix}1 & k\\ 0 & 1\end{bmatrix}\begin{bmatrix}2 & 1\\ 1 & 1\end{bmatrix}\\&=\begin{bmatrix}k+1 & k\\ -k & -k+1\end{bmatrix}.\end{aligned}$$

7.4 特征值与特征向量

在有限维线性空间 V 中，设 $\sigma\in L(V)$，在取定 V 的一个基 $\boldsymbol{\alpha}_1,\boldsymbol{\alpha}_2,\cdots,\boldsymbol{\alpha}_n$ 后，则有 $\sigma(\boldsymbol{\alpha}_1,\boldsymbol{\alpha}_2,\cdots,\boldsymbol{\alpha}_n)=(\boldsymbol{\alpha}_1,\boldsymbol{\alpha}_2,\cdots,\boldsymbol{\alpha}_n)\boldsymbol{A}$，于是存在 V 与 $F^{n\times n}$ 的一个同构映射，因此，可以利用矩阵

来研究线性变换. 对任意 $\sigma \in L(V)$，它在不同基下的矩阵是不相同的，我们感兴趣的问题是：能否找到这样一个基，使 σ 在这个基下的矩阵最简单，或说具有对角形？若不能，可退而求其次，能否具有准对角形式？为了研究这样的问题，需要引入新的工具. 找一些特殊的向量：特征向量以及相应的特征值，它们对于线性变换的研究具有基本的重要性. 本节围绕以下问题展开讨论.

7.4.1　研究问题

（1）特征值和特征向量的定义.

（2）特征值和特征向量的求法.

（3）特征多项式的性质.

特征值、特征向量的定义上

特征值、特征向量的定义下

7.4.2　基本概念

✲ 定义 7.4.1　设 V 是 F 上的线性空间，$\sigma \in L(V)$，$\lambda \in F$，若存在 $\mathbf{0} \neq \boldsymbol{\xi} \in V$，使

$$\sigma\boldsymbol{\xi} = \lambda\boldsymbol{\xi}, \tag{7.4.1}$$

则称 λ 是 σ 的一个特征值，$\boldsymbol{\xi}$ 为 σ 的属于特征值 λ 的特征向量.

$\boldsymbol{I}$ 是线性空间 V 的恒等变换，$\forall \boldsymbol{\alpha} \in V, \boldsymbol{\alpha} \neq \mathbf{0}$，有 $\boldsymbol{I}(\boldsymbol{\alpha}) = \boldsymbol{\alpha}$，故 1 是 $\boldsymbol{\varepsilon}$ 的一个特征值，V 中任意非零向量都是恒等变换属于特征值 1 的特征向量.

$\mathbf{0} \in L(V)$，$\forall \boldsymbol{\alpha} \in V, \boldsymbol{\alpha} \neq \mathbf{0}, \mathbf{0}(\boldsymbol{\alpha}) = 0\boldsymbol{\alpha}$. 故 0 是 $\mathbf{0}$ 的一个特征值，V 中非零向量都是零变换属于特征值 0 的特征向量. 从这个例子可以看出：

（1）属于特征值的特征向量不是唯一的. 一般地，$\forall \sigma \in L(V)$，若 $\boldsymbol{\alpha} \neq \mathbf{0}$ 是 σ 的属于特征值 λ 的特征向量，即 $\sigma\boldsymbol{\alpha} = \lambda\boldsymbol{\alpha}$，则 $\forall k \in F, k \neq 0$，$k\boldsymbol{\alpha}$ 也是属于 λ 的特征向量，即

$$\sigma(k\boldsymbol{\alpha}) = k\sigma\boldsymbol{\alpha} = k(\lambda\boldsymbol{\alpha}) = \lambda(k\boldsymbol{\alpha}).$$

（2）特征值是由特征向量唯一确定的. 事实上，若 $\sigma \in L(V)$，$\boldsymbol{\alpha} \in V$，$\boldsymbol{\alpha} \neq \mathbf{0}$，有 $\sigma\boldsymbol{\alpha} = \lambda\boldsymbol{\alpha}$，若还有 $\mu \in F$，使 $\sigma\boldsymbol{\alpha} = \mu\boldsymbol{\alpha}$，则 $\mu = \lambda$. 这是因为，若 $\sigma\boldsymbol{\alpha} = \lambda\boldsymbol{\alpha} = \mu\boldsymbol{\alpha}$，则 $(\lambda - \mu)\boldsymbol{\alpha} = \mathbf{0}$，由于 $\boldsymbol{\alpha} \neq \mathbf{0}$，得 $\lambda - \mu = 0$，此即 $\mu = \lambda$.

（3）并非任一线性变换均有特征值，见后面的例 7.4.1.

✲ 定义 7.4.2　设 $\boldsymbol{A} = (a_{ij})_{n\times n}$ 是数域 F 上的一个 n 阶方阵，λ 是一个文字，称矩阵

$$\lambda\boldsymbol{E} - \boldsymbol{A} = \begin{bmatrix} \lambda - a_{11} & -a_{12} & \cdots & -a_{1n} \\ -a_{21} & \lambda - a_{22} & \cdots & -a_{2n} \\ \vdots & \vdots & \ddots & \vdots \\ -a_{n1} & -a_{n2} & \cdots & \lambda - a_{nn} \end{bmatrix}$$

为 $\boldsymbol{A}$ 的**特征矩阵**，称 $f(\lambda) = |\lambda\boldsymbol{E} - \boldsymbol{A}|$ 为矩阵 $\boldsymbol{A}$ 的特征多项式，它是 F 上关于 λ 的一个 n 次多项式. 特征多项式 $|\lambda\boldsymbol{E} - \boldsymbol{A}|$ 在求 σ 的特征值与特征向量中具有基本的重要性.

✲ 定义 7.4.3　设 $\boldsymbol{A}$ 是 n 阶矩阵，则把 $\boldsymbol{A}$ 的主对角线上的元素之和称为 $\boldsymbol{A}$ 的**迹**，记为 $\mathrm{tr}(\boldsymbol{A})$，即 $\mathrm{tr}(\boldsymbol{A}) = \sum\limits_{i=1} a_{ii}$.

7.4.3 主要结论

7.4.3.1 特征值和特征向量的求法

✲ 定理 7.4.1 设 $\boldsymbol{\alpha}_1,\boldsymbol{\alpha}_2,\cdots,\boldsymbol{\alpha}_n$ 是数域 F 上 n 维线性空间 V 的一个基，$\sigma\in L(V)$，σ 在这个基下的矩阵为 $\boldsymbol{A}=(a_{ij})_{n\times n}$，则数域 F 中数 λ 是 σ 的特征的充要条件是：λ 是 $\boldsymbol{A}$ 的特征多项式 $f(\lambda)=|\lambda\boldsymbol{E}-\boldsymbol{A}|$ 的一个根.

证明 由已知得 $\sigma(\boldsymbol{\alpha}_1,\boldsymbol{\alpha}_2,\cdots,\boldsymbol{\alpha}_n)=(\boldsymbol{\alpha}_1,\boldsymbol{\alpha}_2,\cdots,\boldsymbol{\alpha}_n)\boldsymbol{A}$.

必要性. 设 λ 是 σ 的特征值，$\boldsymbol{\xi}$ 是 σ 的属于 λ 的特征向量，$\boldsymbol{\xi}\neq\boldsymbol{0}$，即有 $\sigma\boldsymbol{\xi}=\lambda\boldsymbol{\xi}$.

又设
$$\boldsymbol{\xi}=(\boldsymbol{\alpha}_1,\boldsymbol{\alpha}_2,\cdots,\boldsymbol{\alpha}_n)\begin{bmatrix}x_1\\x_2\\\vdots\\x_n\end{bmatrix}，于是有$$

$$\sigma\boldsymbol{\xi}=\sigma(\boldsymbol{\alpha}_1,\boldsymbol{\alpha}_2,\cdots,\boldsymbol{\alpha}_n)\begin{bmatrix}x_1\\x_2\\\vdots\\x_n\end{bmatrix}=(\boldsymbol{\alpha}_1,\boldsymbol{\alpha}_2,\cdots,\boldsymbol{\alpha}_n)\boldsymbol{A}\begin{bmatrix}x_1\\x_2\\\vdots\\x_n\end{bmatrix}$$

$$=\lambda\boldsymbol{\xi}=(\boldsymbol{\alpha}_1,\boldsymbol{\alpha}_2,\cdots,\boldsymbol{\alpha}_n)\lambda\begin{bmatrix}x_1\\x_2\\\vdots\\x_n\end{bmatrix}.$$

于是得
$$\boldsymbol{A}\begin{bmatrix}x_1\\x_2\\\vdots\\x_n\end{bmatrix}=\lambda\begin{bmatrix}x_1\\x_2\\\vdots\\x_n\end{bmatrix},\qquad 或(\lambda\boldsymbol{E}-\boldsymbol{A})\begin{bmatrix}x_1\\x_2\\\vdots\\x_n\end{bmatrix}=\boldsymbol{0}.$$

这表明，若特征向量 $\boldsymbol{\xi}$ 是 σ 的属于 λ 的特征向量，则 ξ 在基 $\boldsymbol{\alpha}_1,\boldsymbol{\alpha}_2,\cdots,\boldsymbol{\alpha}_n$ 下的坐标 $(x_1,x_2,\cdots,x_n)$ 就是齐次线性方程组 $(\lambda\boldsymbol{E}-\boldsymbol{A})\boldsymbol{X}=\boldsymbol{0}$ 的非零解，因此 $|\lambda\boldsymbol{E}-\boldsymbol{A}|=0$，即 λ 是 $\boldsymbol{A}$ 的特征多项式 $f(\lambda)=|\lambda\boldsymbol{E}-\boldsymbol{A}|$ 的一个根.

反之，若 $|\lambda\boldsymbol{E}-\boldsymbol{A}|=0$，则 $(\lambda\boldsymbol{E}-\boldsymbol{A})\boldsymbol{X}=\boldsymbol{0}$ 有非零解，设为 $(x_1,x_2,\cdots,x_n)$，则 $\boldsymbol{\xi}=x_1\boldsymbol{\alpha}_1+\cdots+x_n\boldsymbol{\alpha}_n$ 就是 σ 的属于 λ 的特征向量，于是有 $\sigma\boldsymbol{\xi}=\lambda\boldsymbol{\xi}$. 可见，$\lambda$ 是 σ 的特征值.

由此可知，求线性变换 σ 的特征值和特征向量的步骤如下：

(1) 在线性空间 V 中取定一个基 $\boldsymbol{\alpha}_1,\boldsymbol{\alpha}_2,\cdots,\boldsymbol{\alpha}_n$，写出 σ 在这个基下的矩阵 $\boldsymbol{A}$.

(2) 求出 $\boldsymbol{A}$ 的特征多项式 $f(\lambda)=|\lambda\boldsymbol{E}-\boldsymbol{A}|$ 在 F 中的所有根，它们就是线性变换 σ 在 F 中的所有特征值.

(3) 把所求得的特征值逐个代入方程组 $(\lambda\boldsymbol{E}-\boldsymbol{A})\boldsymbol{X}=\boldsymbol{0}$ 中，求出相应的基础解系，它们就是属于这个特征值的所有线性无关的特征向量在这个基下的坐标，这样就求出属于每个特征值的全部线性无关的特征向量.

7.4.3.2　特征多项式的性质

特征多项式在线性变换的研究中是重要的，下面对它作进一步的研究. 设 $\boldsymbol{A} = (a_{ij})_{n\times n}$，则

$$f(\lambda) = |\lambda\boldsymbol{E} - \boldsymbol{A}| = \begin{vmatrix} \lambda - a_{11} & -a_{12} & \cdots & -a_{1n} \\ -a_{21} & \lambda - a_{22} & \cdots & -a_{2n} \\ \vdots & \vdots & \ddots & \vdots \\ -a_{n1} & -a_{n2} & \cdots & \lambda - a_{nn} \end{vmatrix}$$
$$= \lambda^n - (a_{11} + a_{22} + \cdots + a_{nn})\lambda^{n-1} + \cdots + (-1)^n\,|\boldsymbol{A}|. \tag{7.4.2}$$

这是因为在 $|\lambda\boldsymbol{E} - \boldsymbol{A}|$ 的展开式中，主对角线元素的连乘积是 $(\lambda - a_{11})(\lambda - a_{22})\cdots(\lambda - a_{nn})$，而展开式的其余各项至多包含 $n-2$ 个主对角线上的元素，它关于 λ 的次数至多是 $n-2$ 次. 因此特征多项式中含 λ 的 n 次项和 $n-1$ 次项只能在主对角线上元素的连乘积中出现，它们是 $\lambda^n - (a_{11} + a_{22} + \cdots + a_{nn})\lambda^{n-1}$. 在特征多项式中令 $\lambda = 0$，得 $|-\boldsymbol{A}| = (-1)^n\,|\boldsymbol{A}|$，这是常数项.

由于 $f(x)$ 是关于 λ 的 n 次多项式，设 $f(\lambda)$ 在复数域上的根为 $\lambda_1, \lambda_2, \cdots, \lambda_n$，由根与系数的关系知

$$\lambda_1 + \lambda_2 + \cdots + \lambda_n = a_{11} + a_{22} + \cdots + a_{nn},$$
$$\lambda_1\lambda_2\cdots\lambda_n = |\boldsymbol{A}|.$$

由此可得以下定理：

✲ **定理 7.4.2**　设 $\lambda_1, \lambda_2, \cdots, \lambda_n$ 是特征多项式 $f(\lambda) = |\lambda\boldsymbol{E} - \boldsymbol{A}|$ 的全部特征根，则有

$$\mathrm{tr}(\boldsymbol{A}) = \sum_{i=1}^{n}\lambda_i, \quad |\boldsymbol{A}| = \prod_{i=1}^{n}\lambda_i.$$

前面我们知道，一个线性变换 σ 在不同基下的矩阵是不同的. 那么，线性变换 σ 在不同基下的特征多项式是否相同？

设 $\boldsymbol{\alpha}_1, \boldsymbol{\alpha}_2, \cdots, \boldsymbol{\alpha}_n$ 和 $\boldsymbol{\beta}_1, \boldsymbol{\beta}_2, \cdots, \boldsymbol{\beta}_n$ 分别是 n 维线性空间 V 的基，$\sigma \in L(V)$，σ 在这两个基下的矩阵分别是 $\boldsymbol{A}$ 和 $\boldsymbol{B}$，基 $\boldsymbol{\alpha}_1, \boldsymbol{\alpha}_2, \cdots, \boldsymbol{\alpha}_n$ 到基 $\boldsymbol{\beta}_1, \boldsymbol{\beta}_2, \cdots, \boldsymbol{\beta}_n$ 的过渡矩阵为 $\boldsymbol{C}$，这时 $\boldsymbol{A}, \boldsymbol{B}$ 是相似的，即有 $\boldsymbol{B} = \boldsymbol{C}^{-1}\boldsymbol{A}\boldsymbol{C}$.

由于

$$\begin{aligned} f(\lambda) &= |\lambda\boldsymbol{E} - \boldsymbol{B}| = |\lambda\boldsymbol{E} - \boldsymbol{C}^{-1}\boldsymbol{A}\boldsymbol{C}| \\ &= |\boldsymbol{C}^{-1}(\lambda\boldsymbol{E} - \boldsymbol{A})\boldsymbol{C}| = |\boldsymbol{C}^{-1}|\,|\lambda\boldsymbol{E} - \boldsymbol{A}|\,|\boldsymbol{C}| \\ &= |\lambda\boldsymbol{E} - \boldsymbol{A}|, \end{aligned}$$

这就表明同一个线性变换在不同基下的特征多项式相等.

✲ **定理 7.4.3**　相似的矩阵有相同的特征多项式，即若有 $\boldsymbol{B} = \boldsymbol{C}^{-1}\boldsymbol{A}\boldsymbol{C}$. 则有

$$|\lambda\boldsymbol{E} - \boldsymbol{B}| = |\lambda\boldsymbol{E} - \boldsymbol{A}|.$$

因为同一线性变换在不同基下的矩阵的特征多项式完全相同，因此可以把特征多项式称为线性变换的特征多项式，但要注意的是，定理 7.4.3 的逆是不成立的，即若两个矩阵的特征多项式相同，并不能说这两个矩阵相似.

例如：设 $A=\begin{bmatrix}1&0\\0&1\end{bmatrix}$，$B=\begin{bmatrix}1&1\\0&1\end{bmatrix}$，这时有 $|\lambda E-A|=(\lambda-1)^2=|\lambda E-B|$，但 A 与 B 不能相似，因为对任一可逆阵 C，$C^{-1}AC=E\neq B$.

上面我们有 $f(\lambda)=\lambda^n-(a_{11}+a_{22}+\cdots+a_{nn})\lambda^{n-1}+\cdots+(-1)^n|A|$. 若把矩阵 A 代入，可得矩阵多项式 $f(A)=A^n-(a_{11}+a_{22}+\cdots+a_{nn})A^{n-1}+\cdots+(-1)^n|A|E$，这时必有 $f(A)=O$. 这是哈密尔顿 - 凯莱定理所揭示的有关矩阵特征多项式的一个重要性质.

✻ 定理 7.4.4(哈密尔顿 - 凯莱定理)　设 A 是数域 F 上一个 n 阶矩阵，

$$f(\lambda)=|\lambda E-A|=\lambda^n-(a_{11}+\cdots+a_{nn})\lambda^{n-1}+\cdots+(-1)^n|A|$$

是 A 的特征多项式，则

$$f(A)=A^n-(a_{11}+\cdots+a_{nn})A^{n-1}+\cdots+(-1)^n|A|E=O.$$

证明　设 $B(\lambda)$ 是 $\lambda E-A$ 的伴随矩阵，根据行列式性质，有

$$B(\lambda)(\lambda E-A)=|\lambda E-A|E=f(\lambda)E.$$

伴随矩阵 $B(\lambda)$ 的元素是 $\lambda E-A$ 各个元素的代数余子式，都是 λ 的多项式，其次数不超过 $n-1$，由矩阵的运算性质知，$B(\lambda)$ 可以写成

$$B(\lambda)=\lambda^{n-1}B_0+\lambda^{n-2}B_1+\cdots+B_{n-1},$$

其中 $B_0,B_1,\cdots,B_{n-1}$ 都是 $n\times n$ 数字矩阵. 又设

$$f(\lambda)=\lambda^n+a_1\lambda^{n-1}+\cdots+a_{n-1}\lambda+a_n,$$

则

$$f(\lambda)E=\lambda^nE+a_1\lambda^{n-1}E+\cdots+a_{n-1}\lambda E+a_nE,\tag{7.4.3}$$

$$\begin{aligned}B(\lambda)(\lambda E-A)&=(\lambda^{n-1}B_0+\lambda^{n-2}B_1+\cdots+B_{n-1})(\lambda E-A)\\&=\lambda^nB_0+\lambda^{n-1}(B_1-B_0A)+\lambda^{n-2}(B_2-B_1A)\\&\quad+\cdots+\lambda(B_{n-1}-B_{n-2}A)-B_{n-1}A.\end{aligned}\tag{7.4.4}$$

比较式(7.4.3)与式(7.4.4)两边系数，得

$$\begin{cases}B_0=E,\\B_1-B_0A=a_1E,\\B_2-B_1A=a_2E\\\cdots\cdots\\B_{n-1}-B_{n-2}A=a_{n-1}E,\\-B_{n-1}A=a_nE.\end{cases}\tag{7.4.5}$$

分别用 $A^n,A^{n-1},\cdots,A,E$ 依次右乘式(7.4.5)的各个等式得

$$\begin{cases}B_0A^n=A^n\\B_1A^{n-1}-B_0A^n=a_1A^{n-1}\\B_2A^{n-2}-B_1A^{n-1}=a_2A^{n-2}\\\cdots\cdots\\B_{n-1}A-B_{n-2}A^2=a_{n-1}A\\-B_{n-1}A=a_nE\end{cases}\tag{7.4.6}$$

把式(7.4.6)中的 $n+1$ 个式子加到一起，即得

$$f(A)=A^n+a_1A^{n-1}+a_2A^{n-2}+\cdots+a_{n-1}A+a_nE=O.$$

由于线性变换与矩阵的对应保持线性运算，因此有下面的推论.

推论 1　设 σ 是有限维线性空间 V 的线性变换，$f(\lambda)$ 是 σ 的特征多项式，则有

$$f(\sigma)=\mathbf{0}.$$

推论 2　对任意 n 阶矩阵 $\boldsymbol{A}$，存在一个 n 次多项式 $f(x)$，使 $f(\boldsymbol{A})=\boldsymbol{O}$.

令 $f(x)=|x\boldsymbol{E}-\boldsymbol{A}|$，这是一个 n 次多项式，且有 $f(\boldsymbol{A})=\boldsymbol{O}$.

7.4.4　例子剖析

例 7.4.1　设 $V=F[x]$，$\forall f(x)\in F[x]$，$\sigma f(x)=xf(x)$，σ 是线性变换. 但不存在属于 σ 的特征值.

$\forall\lambda\in F$，$\forall f(x)\in F[x]$，设 $f(x)\neq 0$，但 $\sigma f(x)=xf(x)\neq\lambda f(x)$.

例 7.4.2　设 σ 在 $\boldsymbol{\alpha}_1,\boldsymbol{\alpha}_2,\boldsymbol{\alpha}_3$ 下的矩阵为 $\boldsymbol{A}=\begin{bmatrix}5&0&0\\0&3&-2\\0&-2&3\end{bmatrix}$，求 σ 的特征值和特征向量.

解　$f(\lambda)=|\lambda\boldsymbol{E}-\boldsymbol{A}|$

$$=\begin{vmatrix}\lambda-5&0&0\\0&\lambda-3&2\\0&2&\lambda-3\end{vmatrix}=(\lambda-5)^2(\lambda-1),$$

故 σ 的特征值为 $\lambda_1=1,\lambda_2=\lambda_3=5$.

把 $\lambda=1$ 代入方程组 $(\lambda\boldsymbol{E}-\boldsymbol{A})\boldsymbol{X}=\mathbf{0}$，得

$$\begin{cases}-4x_1=0,\\-2x_2+2x_3=0,\\2x_2-2x_3=0.\end{cases}$$

其基础解系为 $\boldsymbol{\eta}_1=(0,1,1)$，故 σ 的属于 $\lambda=1$ 的线性无关的特征向量是 $\boldsymbol{\xi}=\boldsymbol{\alpha}_2+\boldsymbol{\alpha}_3$. 属于 $\lambda=1$ 的所有特征向量是 $\boldsymbol{a}=k\boldsymbol{\xi},k\neq 0$.

把 $\lambda=5$ 代入方程组 $(\lambda\boldsymbol{E}-\boldsymbol{A})\boldsymbol{X}=\mathbf{0}$，得

$$\begin{cases}0x_1=0,\\2x_2+2x_3=0,\\2x_2+2x_3=0.\end{cases}$$

其基础解系为 $\boldsymbol{\eta}_2=(1,0,0)$，$\boldsymbol{\eta}_3=(0,1,-1)$. 故 σ 的属于 $\lambda=5$ 的线性无关的特征向量是

$$\boldsymbol{\xi}_1=\boldsymbol{\alpha}_1,\boldsymbol{\xi}_2=\boldsymbol{\alpha}_2-\boldsymbol{\alpha}_3.$$

属于 $\lambda=5$ 的所有特征向量是 $\boldsymbol{\alpha}=k_1\boldsymbol{\xi}_1+k_2\boldsymbol{\xi}_2$，$k_1,k_2$ 不同时为 0.

例 7.4.3　$\forall f(x)\in F[x]_n$，定义 $D(f(x))=f'(x)$，求微分变换 D 的特征值和特征向量.

解　D 在基 $1,x,\dfrac{x^2}{2},\cdots,\dfrac{x^{n-1}}{(n-1)!}$ 下的矩阵为

$$A=\begin{bmatrix}0&1&0&\cdots&0\\0&0&1&\cdots&0\\\vdots&\vdots&\vdots&\ddots&\vdots\\0&0&0&\cdots&1\\0&0&0&\cdots&0\end{bmatrix}.$$

由 $|\lambda E-A|=\lambda^n=0$，得 $\lambda=0$，故 σ 的特征值只有 0. 把 $\lambda=0$ 代入方程组

$$(\lambda E-A)X=\mathbf{0},$$

解得基础解系为 $\boldsymbol{\eta}=(1,0,\cdots,0)$，故属于 0 的线性无关的特征向量为 $\boldsymbol{\alpha}=\boldsymbol{\eta}$. 属于 $\lambda=0$ 的所有特征向量是 $\boldsymbol{\alpha}=k\boldsymbol{\eta}, k\neq 0$.

7.4.5 练习与探究

7.4.5.1 练习

1. 已知线性变换 σ 在复数域上线性空间 V 的一个基 $\boldsymbol{\alpha}_1,\boldsymbol{\alpha}_2,\boldsymbol{\alpha}_3$ 下的矩阵如下，求线性变换 σ 的特征值与特征向量.

(1) $A=\begin{bmatrix}3&1&0\\-4&-1&0\\4&-8&-2\end{bmatrix}$；　　(2) $A=\begin{bmatrix}5&6&-3\\-1&0&1\\1&2&1\end{bmatrix}$.

2. 设 $A=\begin{bmatrix}1&4&2\\0&-3&4\\0&4&3\end{bmatrix}$，求 A^k.

3. 已知向量 $X=(1,k,1)'$ 是矩阵 $A=\begin{bmatrix}2&1&1\\1&2&1\\1&1&2\end{bmatrix}$ 的逆矩阵的特征向量，求 k.

4. 设 λ_1,λ_2 是线性变换 σ 的两个不同特征值，$\boldsymbol{\xi}_1,\boldsymbol{\xi}_2$ 是分别属于 λ_1,λ_2 的特征向量，又 $ab\neq 0$，证明：$a\boldsymbol{\xi}_1+b\boldsymbol{\xi}_2$ 不是 σ 的特征向量.

5. 设 V 是数域 F 上的 n 维线性空间，证明：V 的全体线性变换可以交换的线性变换是数乘变换.

6. 设 σ 是线性空间 V 上的可逆线性变换.

(1) 证明：σ 的特征值一定不为 0；

(2) 证明：如果 λ 是 σ 的特征值，那么 $\frac{1}{\lambda}$ 是 σ^{-1} 的特征值.

7.4.5.2 探究

1. 已知二次型 $f(x_1,x_2,x_3)=5x_1^2+5x_2^2+ax_3^2-2x_1x_2+6x_1x_3-6x_2x_3$ 的秩为 2，求参数 a 及此二次型对应矩阵的特征值.

2. 设二次型 $f(x_1,x_2,x_3)=ax_1^2+2x_2^2-2x_3^2+2bx_1x_3, b>0$，若此二次型对应矩阵的特征值之和为 1，特征值之积为 -12，求：(1) a,b 的值；(2) 此二次型对应矩阵的特征值.

7.5　线性变换的对角化

究竟哪一些线性变换的矩阵在一个适当的基下可以是对角矩阵，或者说，n 阶矩阵在什么时候可以与一个对角矩阵相似，本节就来讨论这个问题.

7.5.1　研究问题

(1) 线性变换可对角化(矩阵可对角化)的条件.

(2) 特征子空间与矩阵的对角化.

(3) 矩阵对角化的方法.

7.5.2　基本概念

✲ **定义 7.5.1**　设 σ 是数域 F 上 n 维线性空间 V 的一个线性变换，如果存在 V 的一个基，使 σ 在这个基下的矩阵是对角形矩阵，则称**线性变换 σ 可对角化**.

本定义用矩阵语言可叙述为：

定义 7.5.1′　设 $\boldsymbol{A}$ 是数域 F 上的一个 n 阶矩阵，如果 $\boldsymbol{A}$ 与 F 上的对角矩阵相似(即存在可逆阵 $\boldsymbol{T}$，使 $\boldsymbol{T}^{-1}\boldsymbol{AT}$ 为对角阵)，则称**矩阵 $\boldsymbol{A}$** 在 F 上**可对角化**.

不是任一个矩阵都可以对角化，例如 $\begin{bmatrix} 1 & 1 \\ 0 & 1 \end{bmatrix}$ 就不能对角化.

设 $\sigma \in L(V)$，$\lambda \in F$ 是 σ 的一个特征值，则集合

$$V_\lambda = \{\boldsymbol{\xi} \mid \boldsymbol{\xi} \in V, \lambda \in F, \sigma(\boldsymbol{\xi}) = \lambda\boldsymbol{\xi}\}$$

称为 σ 的属于特征值 λ 的**特征子空间**.

7.5.3　主要结论

若 σ 可对角化，则对角矩阵中对角线上的元素都是 σ 的特征值. 由此可知：

✲ **定理 7.5.1**　设 σ 是 F 上 n 维线性空间 V 的一个线性变换，则 σ 可对角化的充要条件是 σ 有 n 个线性无关的特征向量.

证明　充分性显然.

必要性. 设 σ 可对角化，则存在 V 的一个基 $\boldsymbol{\alpha}_1, \boldsymbol{\alpha}_2, \cdots, \boldsymbol{\alpha}_n$，使得

$$\sigma(\boldsymbol{\alpha}_1, \boldsymbol{\alpha}_2, \cdots, \boldsymbol{\alpha}_n) = (\boldsymbol{\alpha}_1, \boldsymbol{\alpha}_2, \cdots, \boldsymbol{\alpha}_n) \begin{bmatrix} \lambda_1 & & & \\ & \lambda_2 & & \\ & & \ddots & \\ & & & \lambda_n \end{bmatrix},$$

因此有 $\sigma\boldsymbol{\alpha}_i = \lambda_i\boldsymbol{\alpha}_i$，即 $\boldsymbol{\alpha}_i$ 是 σ 的属于 λ_i 的特征向量，$i = 1, 2, \cdots, n$.

定理 7.5.1 用矩阵语言可以叙述为：

✲ **定理 7.5.1′**　数域 F 上的一个 n 阶矩阵 $\boldsymbol{A}$ 可以对角化的充要条件是：矩阵 $\boldsymbol{A}$ 在 F^n 中有 n 个线性无关的特征向量.

可对角化的条件 1　σ 有 n 个线性无关的特征向量.

属于不同特征值的特征向量之间是线性相关还是线性无关?下面的定理给予回答.

✲ **定理 7.5.2**　属于不同特征值的特征向量必线性无关.

证明　(对特征值的个数用归纳法证明).

当 $m=1$,即特征值只有一个时,由于特征向量不为零,所以单个特征向量必线性无关.

现假设属于 $m-1$ 个不同特征值的特征向量 $\boldsymbol{\xi}_1,\boldsymbol{\xi}_2,\cdots,\boldsymbol{\xi}_{m-1}$ 线性无关.下面我们来证明属于 m 个不同特征值 $\lambda_1,\lambda_2,\cdots,\lambda_m$ 的特征向量 $\boldsymbol{\xi}_1,\boldsymbol{\xi}_2,\cdots,\boldsymbol{\xi}_{m-1},\boldsymbol{\xi}_m$ 也线性无关.假设有关系式:

$$k_1\boldsymbol{\xi}_1+k_2\boldsymbol{\xi}_2+\cdots+k_{m-1}\boldsymbol{\xi}_{m-1}+k_m\boldsymbol{\xi}_m=\mathbf{0},\tag{7.5.1}$$

对式(7.5.1)两边同时施行变换 σ,得

$$k_1\sigma\boldsymbol{\xi}_1+k_2\sigma\boldsymbol{\xi}_2+\cdots+k_{m-1}\sigma\boldsymbol{\xi}_{m-1}+k_m\sigma\boldsymbol{\xi}_m=\mathbf{0},$$

于是得

$$k_1\lambda_1\boldsymbol{\xi}_1+k_2\lambda_2\boldsymbol{\xi}_2+\cdots+k_{m-1}\lambda_{m-1}\boldsymbol{\xi}_{m-1}+k_m\lambda_m\boldsymbol{\xi}_m=\mathbf{0}.\tag{7.5.2}$$

用 λ_m 乘式(7.5.1)两边,得

$$k_1\lambda_m\boldsymbol{\xi}_1+k_2\lambda_m\boldsymbol{\xi}_2+\cdots+k_{m-1}\lambda_m\boldsymbol{\xi}_{m-1}+k_m\lambda_m\boldsymbol{\xi}_m=\mathbf{0}.\tag{7.5.3}$$

用式(7.5.2)减去式(7.5.3),得

$$k_1(\lambda_1-\lambda_m)\boldsymbol{\xi}_1+k_2(\lambda_2-\lambda_m)\boldsymbol{\xi}_2+\cdots+k_{m-1}(\lambda_{m-1}-\lambda_m)\boldsymbol{\xi}_{m-1}=\mathbf{0}.$$

由假设知,$\boldsymbol{\xi}_1,\boldsymbol{\xi}_2,\cdots,\boldsymbol{\xi}_{m-1}$ 线性无关,故得

$$k_i(\lambda_i-\lambda_m)=0,\quad i=1,2,\cdots,m-1,$$

又由于 $\lambda_i\neq\lambda_m,i=1,2,\cdots,m-1$,故得 $k_i=0,i=1,2,\cdots,m-1$.代入式(7.5.1)得 $k_m\boldsymbol{\xi}_m=\mathbf{0}$,又 $\boldsymbol{\xi}_m\neq\mathbf{0}$,故 $k_m=0$.因此 $\boldsymbol{\xi}_1,\boldsymbol{\xi}_2,\cdots,\boldsymbol{\xi}_m$ 线性无关.

由此可得以下推论:

推论 1　在 n 维线性空间 V 中,若线性变换 σ 的特征多项式在 F 内有 n 个单根,则 σ 可以对角化.

可对角化的条件 2　σ 的特征多项式在 F 中有 n 个单根.该条件用矩阵语言可叙述为:

推论 1′　设 $\mathbf{A}$ 是数域 F 上的一个 n 阶矩阵,如果 $\mathbf{A}$ 的特征多项式在 F 内有 n 个单根,则 $\mathbf{A}$ 可对角化.

推论 2　设 σ 是复数域上 n 维线性空间 V 的一个线性变换,如果 σ 的特征多项式没有重根,则 σ 可以对角化.

可对角化的条件 3　在 $\mathbf{C}$ 上,σ 的特征多项式没有重根.

推论 2′　设 $\mathbf{A}$ 是 $\mathbf{C}$ 上的 n 阶矩阵,若 $\mathbf{A}$ 的特征多项式在 $\mathbf{C}$ 内没有重根,则 $\mathbf{A}$ 可对角化.

当线性变换 σ 有 n 个不同特征值时,σ 可对角化的问题已得到圆满解决.但在线性变换没有 n 个不同特征值的情况下,判别这个线性变换能不能对角化的问题该如何解决呢?

特征子空间与矩阵的对角化

特征值 λ 的特征子空间 V_λ 是 V 的子空间.事实上,V_λ 非空,它包含了属于 λ 的全部特征向量和零向量,$\forall\,\boldsymbol{\alpha},\boldsymbol{\beta}\in V_\lambda$,$\forall\,k,l\in F$,有

$$\sigma(k\boldsymbol{a}+l\boldsymbol{\beta})=k\sigma(\boldsymbol{a})+l\sigma(\boldsymbol{\beta})=k\lambda\boldsymbol{a}+l\lambda\boldsymbol{\beta}=\lambda(k\boldsymbol{a}+l\boldsymbol{\beta}),$$

故 $k\boldsymbol{\alpha}+\mu\boldsymbol{\beta}\in V_\lambda$.

V_λ 的维数等于属于 λ 的线性无关的特征向量的个数. 具体来说，若 σ 在 n 维线性空间 V 的某组基下的矩阵为 $\boldsymbol{A}$，则

$$\dim V_\lambda=n-R(\lambda\boldsymbol{E}-\boldsymbol{A})$$

即特征子空间 V_λ 的维数等于齐次线性方程组

$$(\lambda\boldsymbol{E}-\boldsymbol{A})\boldsymbol{X}=\boldsymbol{0} \tag{*}$$

的解空间的维数，且由方程组(*)得到的属于 λ 的全部线性无关的特征向量就是 V_λ 的一组基.

✻ 定理 7.5.3　设 V 是 n 维线性空间，如果 $\lambda_1,\cdots,\lambda_s$ 是 $L(V)$ 中线性变换 σ 的全部不同特征值，而 $\boldsymbol{\alpha}_{k1},\cdots,\boldsymbol{\alpha}_{kt_k}$ 是属于特征值 λ_k 的线性无关的特征向量 $(k=1,2,\cdots,s)$，$t_i=\dim V_{\lambda i}$，$i=1,2,\cdots,s$，则

(1) 向量组 $\boldsymbol{\alpha}_{11},\cdots,\boldsymbol{\alpha}_{1t_1},\cdots,\boldsymbol{\alpha}_{s1},\cdots,\boldsymbol{\alpha}_{st_s}$ 线性无关.

(2) 若 $\dim V=t_1+t_2+\cdots+t_s$，则 σ 可对角化；若 $t_1+t_2+\cdots+t_s<\dim V$，则 σ 不可对角化.

证明　(1) 当 $k=1$ 时，$\boldsymbol{\alpha}_{11},\cdots,\boldsymbol{\alpha}_{1t_1}$ 是属于特征值 λ_1 的线性无关的特征向量，结论显然成立.

假设当 $k=s-1$ 时，结论成立，则当 $k=s$ 时，$\boldsymbol{\alpha}_{k1},\cdots,\boldsymbol{\alpha}_{kt_k}$ 是属于特征值 λ_k 的线性无关的特征向量，$k=1,2,\cdots,s$.

设

$$k_{11}\boldsymbol{\alpha}_{11}+\cdots+k_{1t_1}\boldsymbol{\alpha}_{1t_1}+\cdots+k_{s1}\boldsymbol{\alpha}_{s1}+\cdots+k_{st_s}\boldsymbol{\alpha}_{st_s}=\boldsymbol{0}, \tag{7.5.4}$$

两边同时施行线性变换 σ 得

$$k_{11}\lambda_1\boldsymbol{\alpha}_{11}+\cdots+k_{1t_1}\lambda_1\boldsymbol{\alpha}_{1t_1}+\cdots+k_{s1}\lambda_s\boldsymbol{\alpha}_{s1}+\cdots+k_{st_s}\lambda_s\boldsymbol{\alpha}_{st_s}=\boldsymbol{0}. \tag{7.5.5}$$

把式(7.5.4)两边同乘以 λ_s 得

$$k_{11}\lambda_s\boldsymbol{\alpha}_{11}+\cdots+k_{1t_1}\lambda_s\boldsymbol{\alpha}_{1t}+\cdots+k_{s1}\lambda_s\boldsymbol{\alpha}_{s1}+\cdots+k_{st_s}\lambda_s\boldsymbol{\alpha}_{st_s}=\boldsymbol{0}, \tag{7.5.6}$$

式(7.5.5)与式(7.5.6)相减，得

$$\begin{aligned}&k_{11}(\lambda_1-\lambda_s)\boldsymbol{\alpha}_{11}+\cdots+k_{1t_1}(\lambda_1-\lambda_s)\boldsymbol{\alpha}_{1t_1}+\cdots\\&+k_{(s-1)1}(\lambda_{s-1}-\lambda_s)\boldsymbol{\alpha}_{(s-1)1}+\cdots+k_{(s-1)t_{s-1}}(\lambda_{s-1}-\lambda_s)\boldsymbol{\alpha}_{(s-1)t_{s-1}}=\boldsymbol{0}.\end{aligned}$$

由归纳假设知 $\boldsymbol{\alpha}_{11},\cdots,\boldsymbol{\alpha}_{1t_1},\cdots,\boldsymbol{\alpha}_{(s-1)1},\cdots,\boldsymbol{\alpha}_{(s-1)t_{s-1}}$ 线性无关，

故

$$k_{ij}(\lambda_i-\lambda_s)=0,i=1,2,\cdots,s-1,j=1,2,\cdots,t_i.$$

由于 $\lambda_i\neq\lambda_s$，$i=1,2,\cdots,s-1$，于是 $k_{ij}=0$，$i=1,2,\cdots,s-1$，$j=1,2,\cdots,t_i$，因此得

$$k_{s1}\boldsymbol{\alpha}_{s1}+\cdots+k_{st_s}\boldsymbol{\alpha}_{st_s}=\boldsymbol{0}.$$

又由 $\boldsymbol{\alpha}_{s1},\cdots,\boldsymbol{\alpha}_{st_s}$ 线性无关，得 $k_{s1}=\cdots=k_{st_s}=0$，因此当 $k=s$ 时，$\boldsymbol{\alpha}_{11},\cdots,\boldsymbol{\alpha}_{1t_1},\cdots,\boldsymbol{\alpha}_{s1},\cdots,\boldsymbol{\alpha}_{st_s}$ 线性无关，结论成立.

(2) 若 $t_1+t_2+\cdots+t_s=n$，取 $\boldsymbol{\alpha}_{11},\cdots,\boldsymbol{\alpha}_{1t_1},\cdots,\boldsymbol{\alpha}_{s1},\cdots,\boldsymbol{\alpha}_{st_s}$，则它们就是 V 的一个基. σ 在此基下的矩阵为对角矩阵；若 $t_1+\cdots+t_s<n$，则 σ 没有 n 个线性无关的特征向量，由定理 7.5.1 知，σ 不能对角化.

✻ 定理 7.5.4　如果线性变换 σ 可对角化，那么与 σ 相应的对角矩阵主对角线上的元素除次序排列外是唯一确定的，它们正是 σ 的特征多项式的全部根(重根按重数计算).

矩阵对角化的方法

若矩阵 $\boldsymbol{A}$ 可以对角化;则存在可逆矩阵 $\boldsymbol{T}$,使

$$\boldsymbol{T}^{-1}\boldsymbol{A}\boldsymbol{T}=\begin{bmatrix}\lambda_1 & & & \\ & \lambda_2 & & \\ & & \ddots & \\ & & & \lambda_n\end{bmatrix}\text{或}\boldsymbol{A}\boldsymbol{T}=\boldsymbol{T}\begin{bmatrix}\lambda_1 & & & \\ & \lambda_2 & & \\ & & \ddots & \\ & & & \lambda_n\end{bmatrix},$$

把 $\boldsymbol{T}$ 按列分块得 $\boldsymbol{T}=(\boldsymbol{T}_1,\boldsymbol{T}_2,\cdots,\boldsymbol{T}_n)$,则

$$\boldsymbol{A}(\boldsymbol{T}_1,\boldsymbol{T}_2,\cdots,\boldsymbol{T}_n)=(\boldsymbol{T}_1,\boldsymbol{T}_2,\cdots,\boldsymbol{T}_n)\begin{bmatrix}\lambda_1 & & & \\ & \lambda_2 & & \\ & & \ddots & \\ & & & \lambda_n\end{bmatrix}.$$

于是得 $\boldsymbol{A}\boldsymbol{T}_i=\lambda_i\boldsymbol{T}_i,i=1,2,\cdots,n$,即 λ_i 是 $\boldsymbol{A}$ 的特征值. 而矩阵 $\boldsymbol{T}$ 的第 i 列就是 $\boldsymbol{A}$ 的属于特征根 λ_i 的一个特征向量,于是,数域 F 上 n 阶矩阵对角化的方法如下:

(1) 求出矩阵 $\boldsymbol{A}$ 的全部特征根;

(2) 如果 $\boldsymbol{A}$ 的特征根全在 F 内,则对每一特征值 λ,求齐次线性方程组 $(\lambda\boldsymbol{E}-\boldsymbol{A})\boldsymbol{X}=\boldsymbol{0}$ 的一个基础解系;

(3) 如果对于每一特征值 λ 来说,相应齐次线性方程组的基础解系所含解向量的个数等于 λ 的重数,则 $\boldsymbol{A}$ 可对角化;

(4) 以这些解向量为列作成一个 n 阶矩阵 $\boldsymbol{T}$,则 $\boldsymbol{T}^{-1}\boldsymbol{A}\boldsymbol{T}$ 就是对角形矩阵且对角线上的元素就是相应的特征值.

可对角化条件 4 设 $\lambda_1,\cdots,\lambda_s$ 是 $\boldsymbol{A}$ 的全部不同特征值,记 $t_i=\dim V_{\lambda_i},i=1,2,\cdots,s$. 若 $\dim V=\sum\limits_{i=1}^{s}t_i$,则 $\boldsymbol{A}$ 可对角化.

7.5.4 例子剖析

例 7.5.1 判断 $\mathbf{C}$ 上的矩阵 $\boldsymbol{A}=\begin{bmatrix}3 & 0 & 0\\ 0 & 2 & -5\\ 0 & 1 & -2\end{bmatrix}$ 能不能对角化.

解 $\boldsymbol{A}$ 的特征多项式

$$f(\lambda)=|\lambda\boldsymbol{E}-\boldsymbol{A}|=\begin{vmatrix}\lambda-3 & 0 & 0\\ 0 & \lambda-2 & 5\\ 0 & -1 & \lambda+2\end{vmatrix}=(\lambda-3)(\lambda^2+1),$$

由于 $f(\lambda)$ 在 $\mathbf{C}$ 上没有重根,故 σ 可以对角化.

例 7.5.2 $\mathbf{R}$ 上的矩阵 $\boldsymbol{A}=\begin{bmatrix}0 & 0 & 1\\ 0 & 1 & 0\\ 1 & 0 & 0\end{bmatrix}$ 能否对角化?若能对角化,求出可逆方阵 $\boldsymbol{T}$,使 $\boldsymbol{T}^{-1}\boldsymbol{A}\boldsymbol{T}$ 为对角形.

解　$|\lambda E-A|=\begin{vmatrix}\lambda & 0 & -1\\0 & \lambda-1 & 0\\-1 & 0 & \lambda\end{vmatrix}=(\lambda-1)^2(\lambda+1).$

得特征值：　$\lambda_1=\lambda_2=1,\lambda_3=-1.$

把 $\lambda=1$ 代入得方程组 $\begin{cases}x_1-x_3=0,\\-x_1+x_3=0,\end{cases}$ 其基础解系为

$$\eta_1=\begin{bmatrix}1\\0\\1\end{bmatrix},\quad \eta_2=\begin{bmatrix}0\\1\\0\end{bmatrix};$$

把 $\lambda=-1$ 代入方程组 $\begin{cases}-x_1-x_3=0,\\-2x_2=0,\\-x_1-x_3=0,\end{cases}$ 其基础解系为 $\eta_3=\begin{bmatrix}1\\0\\-1\end{bmatrix}$.

故 A 可对角化，令 $T=\begin{bmatrix}1 & 0 & 1\\0 & 1 & 0\\1 & 0 & -1\end{bmatrix}$，则 $T^{-1}AT=\begin{bmatrix}1 & & \\ & 1 & \\ & & -1\end{bmatrix}$.

例 7.5.3　设 $A=\begin{bmatrix}3 & 2 & -1\\-2 & -2 & 2\\3 & 6 & -1\end{bmatrix}$，$A$ 能否对角化？若能对角化，求可逆矩阵 T，使 $T^{-1}AT$ 为对角形.

解　$|\lambda E-A|=\begin{vmatrix}\lambda-3 & -2 & 1\\2 & \lambda+2 & -2\\-3 & -6 & \lambda+1\end{vmatrix}=(\lambda-2)^2(\lambda+4)=0,$

得特征值 $\lambda_1=\lambda_2=2,\lambda_3=-4.$

把 $\lambda=2$ 代入，得方程组 $\begin{bmatrix}-1 & -2 & 1\\2 & 4 & -2\\-3 & -6 & 3\end{bmatrix}\begin{bmatrix}x_1\\x_2\\x_3\end{bmatrix}=\begin{bmatrix}0\\0\\0\end{bmatrix}$，其基础解系为 $\eta_1=\begin{bmatrix}-2\\1\\0\end{bmatrix}$，$\eta_2=\begin{bmatrix}1\\0\\1\end{bmatrix}$.

把 $\lambda=-4$ 代入，得方程组 $\begin{bmatrix}-7 & -2 & 1\\2 & -2 & -2\\-3 & -6 & -3\end{bmatrix}\begin{bmatrix}x_1\\x_2\\x_3\end{bmatrix}=\begin{bmatrix}0\\0\\0\end{bmatrix}$，其基础解系为 $\eta_3=\begin{bmatrix}1\\-2\\3\end{bmatrix}$.

故 A 可对角化，令 $T=\begin{bmatrix}-2 & 1 & 1\\1 & 0 & -2\\0 & 1 & 3\end{bmatrix}$，则 $T^{-1}AT=\begin{bmatrix}2 & 0 & 0\\0 & 2 & 0\\0 & 0 & -4\end{bmatrix}$.

7.5.5 练习与探究

7.5.5.1 练习

1. 设 $\boldsymbol{\alpha}_1,\boldsymbol{\alpha}_2,\boldsymbol{\alpha}_3,\boldsymbol{\alpha}_4$ 是四维线性空间 V 的一组基,线性变换 σ 在这组基下的矩阵为

$$\boldsymbol{A}=\begin{bmatrix}5 & -2 & -4 & 3\\ 3 & -1 & -3 & 2\\ -3 & 1/2 & 9/2 & -5/2\\ -10 & 3 & 11 & -7\end{bmatrix},$$

(1) 求 σ 在基 $\boldsymbol{\eta}_1=\boldsymbol{\alpha}_1+2\boldsymbol{\alpha}_2+\boldsymbol{\alpha}_3+\boldsymbol{\alpha}_4,\boldsymbol{\eta}_2=2\boldsymbol{\alpha}_1+3\boldsymbol{\alpha}_2+\boldsymbol{\alpha}_3,\boldsymbol{\eta}_3=\boldsymbol{\alpha}_3,\boldsymbol{\eta}_4=\boldsymbol{\alpha}_4$ 下的矩阵;

(2) 求 σ 的特征值与特征向量;

(3) 求可逆矩阵 $\boldsymbol{T}$,使 $\boldsymbol{T}^{-1}\boldsymbol{A}\boldsymbol{T}$ 是对角矩阵.

2. 设 $\boldsymbol{A}=\begin{bmatrix}1 & -2 & 2\\ -2 & -2 & 4\\ 2 & 4 & -2\end{bmatrix}$,求可逆矩阵 $\boldsymbol{T}$,使 $\boldsymbol{T}^{-1}\boldsymbol{A}\boldsymbol{T}$ 是对角矩阵.

3. 设 $\boldsymbol{A}=\begin{bmatrix}1 & -1 & 1\\ 2 & 4 & -2\\ -3 & -3 & a\end{bmatrix},\boldsymbol{B}=\begin{bmatrix}2 & 0 & 0\\ 0 & 2 & 0\\ 0 & 0 & b\end{bmatrix}$,且 $\boldsymbol{A}$ 与 $\boldsymbol{B}$ 相似.

(1) 试求 a,b 的值;(2) 求可逆矩阵 $\boldsymbol{T}$,使 $\boldsymbol{T}^{-1}\boldsymbol{A}\boldsymbol{T}=\boldsymbol{B}$.

4. 设 $\boldsymbol{A},\boldsymbol{B}$ 都是 n 阶矩阵,且 $\boldsymbol{A}$ 有 n 个互不相同的特征值,又 $\boldsymbol{AB}=\boldsymbol{BA}$,试证存在可逆矩阵 $\boldsymbol{T}$,使 $\boldsymbol{T}^{-1}\boldsymbol{A}\boldsymbol{T}$ 和 $\boldsymbol{T}^{-1}\boldsymbol{B}\boldsymbol{T}$ 都是对角矩阵.

5. (1) 设 λ_1,λ_2 是线性变换 σ 的两个不同特征值,$\boldsymbol{\varepsilon}_1,\boldsymbol{\varepsilon}_2$ 是分别属于 λ_1,λ_2 的特征向量,证明:$\boldsymbol{\varepsilon}_1+\boldsymbol{\varepsilon}_2$ 不是 σ 的特征向量;

(2) 证明:如果线性空间 V 的线性变换 σ 以 V 中每个非零向量作为它的特征向量,那么 σ 是数乘变换.

7.5.5.2 探究

1. 已知 $\boldsymbol{\xi}=(1,1,-1)'$ 是矩阵 $\boldsymbol{A}=\begin{bmatrix}2 & -1 & 2\\ 5 & a & 3\\ -1 & b & -2\end{bmatrix}$ 的一个特征向量.(1) 试确定参数 a,b 及特征向量 $\boldsymbol{\xi}$ 所对应的特征值;(2)$\boldsymbol{A}$ 能否相似于对角阵?为什么?

2. 设三阶实对称矩阵 $\boldsymbol{A}$ 的秩是 2,$\lambda_1=\lambda_2=3$ 是 $\boldsymbol{A}$ 的二重特征值.若 $\boldsymbol{a}_1=(1,1,0)'$,$\boldsymbol{a}_2=(2,1,1)',\boldsymbol{a}_3=(-1,2,-3)'$ 都是 $\boldsymbol{A}$ 的属于特征值 3 的特征向量:(1) 求 $\boldsymbol{A}$ 的另一特征值和对应的特征向量;(2) 求矩阵 $\boldsymbol{A}$.

3. 设 $\boldsymbol{A}$ 是一个 n 阶下三角矩阵,证明:

(1) 如果 $a_{ii}\neq a_{jj}$ 当 $i\neq j,i,j=1,2,\cdots,n$,那么 $\boldsymbol{A}$ 相似于一对角矩阵;

(2) 如果 $a_{11}=a_{22}=\cdots=a_{nn}$,而至少有一 $a_{i_0j_0}\neq 0(i_0>j_0)$,那么 $\boldsymbol{A}$ 不与对角矩阵相似.

7.6 线性变换的值域与核

本节研究线性变换所得的两个特殊的子空间：线性变换的值域与核，围绕以下问题展开讨论.

线性变换的值域与核

7.6.1 研究问题

(1) 值域与核的概念.

(2) 值域与核的性质.

7.6.2 基本概念

设 $\sigma \in L(V)$，线性空间 V 中全体向量在 σ 下像的全体称为 σ 的**值域**，记为 $\sigma(V)$，即 $\sigma(V)=\{\sigma(\boldsymbol{\alpha}) \mid \boldsymbol{\alpha} \in V\}$. $\sigma(V)$ 也常记为 $\mathrm{Im}(\sigma)$. 所有被 σ 变为零向量的原像的全体称为 σ 的核，记为 $\sigma^{-1}(\mathbf{0})$，即 $\sigma^{-1}(\mathbf{0})=\{\boldsymbol{\alpha} \mid \sigma(\boldsymbol{\alpha})=\mathbf{0}, \boldsymbol{\alpha} \in V\}$. 核 $\sigma^{-1}(\mathbf{0})$ 也常记为 $\mathrm{Ker}(\sigma)$.

7.6.3 主要结论

✲ **定理 7.6.1**　$\sigma(V)$ 和 $\sigma^{-1}(\mathbf{0})$ 都是 V 的子空间.

证明　(1) 因为 $\sigma(\mathbf{0})=\mathbf{0} \in \sigma(V)$，所以 $\sigma(V)$ 不空.

$$\forall\, \boldsymbol{\xi}, \boldsymbol{\eta} \in \sigma(V),\ \exists\, \boldsymbol{\alpha}, \boldsymbol{\beta} \in V, \text{使 } \sigma(\boldsymbol{\alpha})=\boldsymbol{\xi}, \sigma(\boldsymbol{\beta})=\boldsymbol{\eta},$$

故 $$\boldsymbol{\xi}+\boldsymbol{\eta}=\sigma(\boldsymbol{\alpha})+\sigma(\boldsymbol{\beta})=\sigma(\boldsymbol{\alpha}+\boldsymbol{\beta}) \in \sigma(V), k\boldsymbol{\xi}=k\sigma(\boldsymbol{\alpha})=\sigma(k\boldsymbol{\alpha}) \in \sigma(V).$$

即 $\sigma(V)$ 是 V 的子空间.

(2) 因为 $\sigma(\mathbf{0})=\mathbf{0}$，所以 $\mathbf{0} \in \sigma^{-1}(\mathbf{0})$，$\sigma^{-1}(\mathbf{0})$ 不空.

$$\forall\, \boldsymbol{\xi}, \boldsymbol{\eta} \in \sigma^{-1}(\mathbf{0}), \text{有 } \sigma(\boldsymbol{\xi})=\sigma(\boldsymbol{\eta})=\mathbf{0}.$$

由于 $$\sigma(\boldsymbol{\xi}+\boldsymbol{\eta})=\sigma(\boldsymbol{\xi})+\sigma(\boldsymbol{\eta})=\mathbf{0}, \text{故 } \boldsymbol{\xi}+\boldsymbol{\eta} \in \sigma^{-1}(\mathbf{0}).$$

又 $$\sigma(k\boldsymbol{\xi})=k\sigma\boldsymbol{\xi}=\mathbf{0}, \text{故 } k\boldsymbol{\xi} \in \sigma^{-1}(\mathbf{0}).$$

因此 $\sigma^{-1}(\mathbf{0})$ 也是 V 的子空间.

称 $\sigma(V)$ 的维数为 σ 的**秩**，$\sigma^{-1}(\mathbf{0})$ 的维数为 σ 的**零度**.

✲ **定理 7.6.2**　设 $\sigma \in L(V)$，$\boldsymbol{\alpha}_1, \boldsymbol{\alpha}_2 \cdots, \boldsymbol{\alpha}_n$ 是 V 的一个基，σ 在这个基下的矩阵是 $\boldsymbol{A}$，则：(1)$\sigma(V)=L(\sigma(\boldsymbol{\alpha}_1), \sigma(\boldsymbol{\alpha}_2), \cdots, \sigma(\boldsymbol{\alpha}_n))$；(2)$\dim(\sigma(V))=R(\boldsymbol{A})$.

证明　(1) $\forall\, \boldsymbol{\xi} \in \sigma(V)$，$\exists\, \alpha \in V$，使 $\sigma\boldsymbol{\alpha}=\xi$.

因为　$\boldsymbol{\alpha}=k_1\boldsymbol{\alpha}_1+k_2\boldsymbol{\alpha}_2+\cdots+k_n\boldsymbol{\alpha}_n$，

所以

$$\boldsymbol{\xi}=\sigma(\boldsymbol{\alpha})=k_1\sigma(\boldsymbol{\alpha}_1)+k_2\sigma(\boldsymbol{\alpha}_2)+\cdots+k_n\sigma(\boldsymbol{\alpha}_n) \in L(\sigma(\boldsymbol{\alpha}_1), \sigma(\boldsymbol{\alpha}_2), \cdots, \sigma(\boldsymbol{\alpha}_n)).$$

因此 $\sigma(V) \subset L(\sigma(\boldsymbol{\alpha}_1), \sigma(\boldsymbol{\alpha}_2), \cdots, \sigma(\boldsymbol{\alpha}_n))$.

又 $$\forall\, \boldsymbol{\xi} \in L(\sigma(\boldsymbol{\alpha}_1), \sigma(\boldsymbol{\alpha}_2), \cdots, \sigma(\boldsymbol{\alpha}_n)),$$

$$\begin{aligned}\boldsymbol{\xi} &= k_1\sigma(\boldsymbol{\alpha}_1)+k_2\sigma(\boldsymbol{\alpha}_2)+\cdots+k_n\sigma(\boldsymbol{\alpha}_n)\\ &= \sigma(k_1\boldsymbol{\alpha}_1+k_2\boldsymbol{\alpha}_2+\cdots+k_n\boldsymbol{\alpha}_n),\end{aligned}$$

$$k_1\boldsymbol{\alpha}_1+k_2\boldsymbol{\alpha}_2+\cdots+k_n\boldsymbol{\alpha}_n\in V,\boldsymbol{\xi}\in\sigma(V),$$

于是
$$L(\sigma(\boldsymbol{\alpha}_1),\sigma(\boldsymbol{\alpha}_2),\cdots,\sigma(\boldsymbol{\alpha}_n))\subset\sigma(V),$$

故
$$\sigma(V)=L(\sigma(\boldsymbol{\alpha}_1),\sigma(\boldsymbol{\alpha}_2),\cdots,\sigma(\boldsymbol{\alpha}_n)).$$

(2) 由 (1) 知 $\dim\sigma(V)=\dim L(\sigma(\boldsymbol{\alpha}_1),\sigma(\boldsymbol{\alpha}_2),\cdots,\sigma(\boldsymbol{\alpha}_n))$，又 $\sigma(\boldsymbol{\alpha}_1,\boldsymbol{\alpha}_2,\cdots,\boldsymbol{\alpha}_n)=(\sigma(\boldsymbol{\alpha}_1),\sigma(\boldsymbol{\alpha}_2),\cdots,\sigma(\boldsymbol{\alpha}_n))=(\boldsymbol{\alpha}_1,\boldsymbol{\alpha}_2,\cdots,\boldsymbol{\alpha}_n)\boldsymbol{A}$，故矩阵$\boldsymbol{A}$的第$i$个列向量正是$\sigma(\boldsymbol{\alpha}_i)$在基$\boldsymbol{\alpha}_1,\boldsymbol{\alpha}_2,\cdots,\boldsymbol{\alpha}_n$ 下的坐标.

在 6.8 节中我们知道，在 n 维线性空间中取定一个基之后，V 中每个向量与它的坐标对应. 这个对应是 V 到 F^n 的一个同构映射，由于同构映射保持向量组的一切线性关系，$\sigma\boldsymbol{\alpha}_1,\sigma\boldsymbol{\alpha}_2,\cdots,\sigma\boldsymbol{\alpha}_n$ 中的极大无关组对应$\boldsymbol{A}$ 中列向量的极大无关组，因此 $R(\sigma\boldsymbol{\alpha}_1,\sigma\boldsymbol{\alpha}_2,\cdots,\sigma\boldsymbol{\alpha}_n)=R(\boldsymbol{A})$，于是 $\dim(\sigma(V))=R(\boldsymbol{A})$.

✽定理 7.6.3　设$\sigma\in L(V)$，则 $\sigma(V)$ 的一个基的原像与 $\sigma^{-1}(\mathbf{0})$ 的一个基合起来是 V 的一个基，因此有：$\dim(\sigma(V))+\dim(\sigma^{-1}(\mathbf{0}))=n$.

证明　设$\sigma(V)$ 的一个基是 $\boldsymbol{\xi}_1,\boldsymbol{\xi}_2,\cdots,\boldsymbol{\xi}_r$，它们的原像是 $\boldsymbol{\alpha}_1,\boldsymbol{\alpha}_2,\cdots,\boldsymbol{\alpha}_r$，即有 $\sigma(\boldsymbol{\alpha}_i)=\boldsymbol{\xi}_i,i=1,2,\cdots,r$. 又取 $\sigma^{-1}(\mathbf{0})$ 的一个基为 $\boldsymbol{\alpha}_{r+1},\cdots,\boldsymbol{\alpha}_s$，下面证 $\boldsymbol{\alpha}_1,\cdots,\boldsymbol{\alpha}_r,\boldsymbol{\alpha}_{r+1},\cdots,\boldsymbol{\alpha}_s$ 是V 的一个基.

设有
$$l_1\boldsymbol{\alpha}_1+\cdots+l_r\boldsymbol{\alpha}_r+l_{r+1}\boldsymbol{\alpha}_{r+1}+\cdots+l_s\boldsymbol{\alpha}_s=\mathbf{0},$$

于是
$$\sigma(l_1\boldsymbol{\alpha}_1+\cdots+l_r\boldsymbol{\alpha}_r+l_{r+1}\boldsymbol{\alpha}_{r+1}+\cdots+l_s\boldsymbol{\alpha}_s)$$
$$=l_1\sigma\boldsymbol{\alpha}_1+\cdots+l_r\sigma\boldsymbol{\alpha}_r+l_{r+1}\sigma\boldsymbol{\alpha}_{r+1}+\cdots+l_s\sigma\boldsymbol{\alpha}_s=\mathbf{0}$$

由于
$$\sigma\boldsymbol{\alpha}_i=\mathbf{0},j=r+1,\cdots,s,$$

故有
$$l_1\sigma\boldsymbol{\alpha}_1+\cdots+l_r\sigma\boldsymbol{\alpha}_r=l_1\boldsymbol{\xi}_1+\cdots+l_r\boldsymbol{\xi}_r=\mathbf{0}$$

因为 $\boldsymbol{\xi}_1,\cdots,\boldsymbol{\xi}_r$ 线性无关，所以 $l_1=\cdots=l_r=0$.

于是有
$$l_{r+1}\boldsymbol{\alpha}_{r+1}+\cdots+l_s\boldsymbol{\alpha}_s=\mathbf{0}.$$

又 $\boldsymbol{\alpha}_{r+1},\cdots,\boldsymbol{\alpha}_s$ 线性无关，所以 $l_{r+1}=\cdots=l_s=0$，即 $\boldsymbol{\alpha}_1,\cdots,\boldsymbol{\alpha}_r,\boldsymbol{\alpha}_{r+1},\cdots,\boldsymbol{\alpha}_s$ 线性无关.

下证它是V 的一个基. $\forall\boldsymbol{\alpha}\in V,\sigma(\boldsymbol{\alpha})\in\sigma(V)$，有

$$\sigma(\boldsymbol{\alpha})=k_1\boldsymbol{\xi}_1+\cdots+k_r\boldsymbol{\xi}_r=k_1\sigma\boldsymbol{\alpha}_1+\cdots+k_r\sigma\boldsymbol{\alpha}_r=\sigma(k_1\boldsymbol{\alpha}_1+\cdots+k_r\boldsymbol{\alpha}_r),$$

于是
$$\sigma(\boldsymbol{\alpha}-k_1\boldsymbol{\alpha}_1-k_2\boldsymbol{\alpha}_2+\cdots-k_r\boldsymbol{\alpha}_r)=\mathbf{0}.$$

这说明
$$\boldsymbol{\alpha}-k_1\boldsymbol{\alpha}_1-k_2\boldsymbol{\alpha}_2-\cdots-k_r\boldsymbol{\alpha}_r\in\sigma^{-1}(\mathbf{0}).$$

于是
$$\boldsymbol{\alpha}-k_1\boldsymbol{\alpha}_1-k_2\boldsymbol{\alpha}_2-\cdots-k_r\boldsymbol{\alpha}_r=k_{r+1}\boldsymbol{\alpha}_{r+1}+\cdots+k_s\boldsymbol{\alpha}_s,$$
$$\boldsymbol{\alpha}=k_1\boldsymbol{\alpha}_1+\cdots+k_r\boldsymbol{\alpha}_r+k_{r+1}\boldsymbol{\alpha}_{r+1}+\cdots+k_s\boldsymbol{\alpha}_s,$$

所以 $\boldsymbol{\alpha}_1,\cdots,\boldsymbol{\alpha}_r,\boldsymbol{\alpha}_{r+1},\cdots,\boldsymbol{\alpha}_s$ 是V 的一个基. 又V 是n 维的，故 $s=n$. 由于 $\dim(\sigma(V))=r$，$\dim(\sigma^{-1}(\mathbf{0}))=s-r=n-r$，因此 $\dim(\sigma(V))+\dim(\sigma^{-1}(\mathbf{0}))=n$.

推论　设$\sigma\in L(V)$，则：

(1)σ 是单射的充要条件是 $\sigma^{-1}(\mathbf{0})=\{\mathbf{0}\}$；

(2) 如果V 是有限维，那么 σ 是满射的充要条件是 σ 为单射.

证明　(1) 若 σ 是单射 $\Rightarrow\sigma$ 把零向量变为零向量，但任一非零向量不能变为零向量 $\Rightarrow\sigma^{-1}(\mathbf{0})=\{\mathbf{0}\}$；反之，若 $\sigma^{-1}(\mathbf{0})=\{\mathbf{0}\}$，$\forall\boldsymbol{\alpha},\boldsymbol{\beta}\in V$，若 $\sigma\boldsymbol{\alpha}=\sigma\boldsymbol{\beta}\Rightarrow\sigma(\boldsymbol{\alpha}-\boldsymbol{\beta})=0\Rightarrow\boldsymbol{\alpha}-\boldsymbol{\beta}\in\sigma^{-1}(\mathbf{0})\Rightarrow\boldsymbol{\alpha}=\boldsymbol{\beta}\Rightarrow\sigma$ 是单射.

(2) 若 σ 是满射，$\sigma(V)=V$，则 $\dim(\sigma(V))=\dim(V)=n$，由定理 7.6.3 知

$\dim(\sigma^{-1}(\mathbf{0}))=\mathbf{0}$，故 $\sigma^{-1}(\mathbf{0})=\{\mathbf{0}\}$ 是单射，反之，若 σ 是单射，则 $\sigma^{-1}(\mathbf{0})=\{\mathbf{0}\}$，因此 $\dim(\sigma(V))=n$，故 $\sigma(V)=V$，σ 是满射.

值得注意的是，虽然 $\dim(\sigma(V))+\dim\sigma^{-1}(\mathbf{0})=n$，但却未必有 $\sigma(V)+\sigma^{-1}(\mathbf{0})=V$，例 7.6.2 就是一个例子. 当 $\sigma(V)\cap\sigma^{-1}(\mathbf{0})=\{\mathbf{0}\}$ 时，必有 $\sigma(V)+\sigma^{-1}(\mathbf{0})=V$，且为直和.

7.6.4　例子剖析

例 7.6.1　令线性变换 σ 是三维空间 $\mathbf{R}^3$ 在 xOy 平面上的正射影，求 $\sigma(V)$ 和 $\sigma^{-1}(\mathbf{0})$.

解　易知 $\sigma(V)=xOy$ 平面，$\sigma^{-1}(\mathbf{0})=z$ 轴.

例 7.6.2　在 $F[x]_n$ 中，令 $D(f(x))=f'(x)$，求 D 的值域和核.

解　$\forall f(x)\in F[x]_n$，则 $D(f(x))=f'(x)\in F[x]_{n-1}$，故 $D(V)\subset F[x]_{n-1}$. $\forall g(x)\in F[x]_{n-1}$，存在 $\int_0^x g(t)\mathrm{d}t=f(x)\in F[x]_n$，使 $D(f(x))=g(x)$，$g(x)\in D(V)$，故 $F[x]_{n-1}\subset D(V)$，因此 $D(V)=F[x]_{n-1}$.

$\forall \boldsymbol{a}\in F$，$D\boldsymbol{a}=\mathbf{0}$，有 $\boldsymbol{a}\in D^{-1}(\mathbf{0})$，$F\subset D^{-1}(\mathbf{0})$；又 $\forall\boldsymbol{\alpha}\in D^{-1}(\mathbf{0})$，$D\boldsymbol{\alpha}=\mathbf{0}$，则

$$\boldsymbol{\alpha}=\int\mathbf{0}\mathrm{d}x=\boldsymbol{c}\in F,\text{故 } D^{-1}(\mathbf{0})\subset F,D^{-1}(\mathbf{0})=F.$$

例 7.6.3　设 $\boldsymbol{A}$ 是一个 n 阶矩阵，且 $\boldsymbol{A}^2=\boldsymbol{A}$. 证明：$\boldsymbol{A}$ 相似于对角矩阵 $\begin{bmatrix}\boldsymbol{E}_r & \boldsymbol{O}\\ \boldsymbol{O} & \boldsymbol{O}\end{bmatrix}$. 其中 $r=R(\boldsymbol{A})$.

证法 1　取一 n 维线性空间 V 及 V 的一个基 $\boldsymbol{\alpha}_1,\boldsymbol{\alpha}_2,\cdots,\boldsymbol{\alpha}_n$，定义线性变换 σ 如下：

$$\sigma(\boldsymbol{\alpha}_1,\boldsymbol{\alpha}_2,\cdots,\boldsymbol{\alpha}_n)=(\boldsymbol{\alpha}_1,\boldsymbol{\alpha}_2,\cdots,\boldsymbol{\alpha}_n)\boldsymbol{A}.$$

由于 $\boldsymbol{A}^2=\boldsymbol{A}$，故 $\sigma^2=\sigma$，取 $\sigma(V)$ 的一个基 $\boldsymbol{\xi}_1,\boldsymbol{\xi}_2,\cdots,\boldsymbol{\xi}_r$，它们的原像是 $\boldsymbol{\alpha}_1,\boldsymbol{\alpha}_2,\cdots,\boldsymbol{\alpha}_r$，即 $\sigma\boldsymbol{\alpha}_i=\boldsymbol{\xi}_i$，于是 $\sigma^2\boldsymbol{\alpha}_i=\sigma\boldsymbol{\xi}_i=\sigma\boldsymbol{\alpha}_i=\boldsymbol{\xi}_i$，$i=1,\cdots,r$. 这说明 $\alpha\boldsymbol{\xi}_i=\boldsymbol{\xi}_i$，$i=1,\cdots,r$. 在 $\sigma^{-1}(\mathbf{0})$ 中取一个基 $\boldsymbol{\xi}_{r+1},\cdots,\boldsymbol{\xi}_n$，由定理 7.6.3 知，$\boldsymbol{\xi}_1,\cdots,\boldsymbol{\xi}_r,\boldsymbol{\xi}_{r+1},\cdots,\boldsymbol{\xi}_n$ 是 V 的一个基，在这个基下，$\boldsymbol{\xi}_1,\cdots,\boldsymbol{\xi}_r$ 是 σ 的属于 $\lambda=1$ 的线性无关的特征向量，$\boldsymbol{\xi}_{r+1},\cdots,\boldsymbol{\xi}_n$，是 σ 的属于 0 的线性无关的特征向量. 故 $\boldsymbol{A}$ 相似于对角矩阵 $\begin{bmatrix}\boldsymbol{E}_r & \boldsymbol{O}\\ \boldsymbol{O} & \boldsymbol{O}\end{bmatrix}$，其中 $r=R(\boldsymbol{A})$.

证法 2　设 $\boldsymbol{A}$ 的特征值为 λ，属于 λ 的特征向量为 $\boldsymbol{\xi}$. 由于 $\boldsymbol{A\xi}=\lambda\boldsymbol{\xi}$，$\boldsymbol{A}^2\boldsymbol{\xi}=\lambda^2\boldsymbol{\xi}$，又 $\boldsymbol{A}^2=\boldsymbol{A}$，即 $\lambda^2\boldsymbol{\xi}=\lambda\boldsymbol{\xi}$，故得 $\lambda=1$ 或 $\lambda=0$，即 $\boldsymbol{A}$ 的特征值只能为 1 和 0. 由于 $\boldsymbol{A}(\boldsymbol{E}-\boldsymbol{A})=\mathbf{0}$，故 $R(\boldsymbol{A})+R(\boldsymbol{E}-\boldsymbol{A})=n$. 因为 $R(\boldsymbol{A})=r$，故 $R(\boldsymbol{E}-\boldsymbol{A})=n-r$，于是方程组 $(\boldsymbol{E}-\boldsymbol{A})\boldsymbol{X}=\mathbf{0}$ 的基础解系有 r 个，设为 $\boldsymbol{\xi}_1,\cdots,\boldsymbol{\xi}_r$，它们是属于 $\lambda=1$ 的线性无关的特征向量. 同理属于 $\lambda=0$ 的线性无关的特征向量有 $n-r$ 个，设为 $\boldsymbol{\xi}_{r+1},\cdots,\boldsymbol{\xi}_n$. 因为 $\boldsymbol{\xi}_1,\cdots,\boldsymbol{\xi}_r,\boldsymbol{\xi}_{r+1},\cdots,\boldsymbol{\xi}_n$ 线性无关，令 $\boldsymbol{T}=(\boldsymbol{\xi}_1,\boldsymbol{\xi}_2,\cdots,\boldsymbol{\xi}_n)$，则 $\boldsymbol{T}$ 是可逆矩阵，于是有

$$\boldsymbol{T}^{-1}\boldsymbol{AT}=\begin{bmatrix}\boldsymbol{E}_r & \boldsymbol{O}\\ \boldsymbol{O} & \boldsymbol{O}\end{bmatrix}.$$

7.6.5　练习与探究

7.6.5.1　练习

1. 设$\sigma \in L(\mathbf{R}^2)$，$\forall (x_1, x_2) \in \mathbf{R}^2$，$\sigma(x_1, x_2) = (x_1 + x_2, x_1 - x_2)$，求$\sigma(V)$和$\sigma^{-1}(\mathbf{0})$.

2. 设σ是$\mathbf{R}^3$的线性变换，且$\sigma(x_1, x_2, x_3) = (x_1 + 2x_2 - x_3, x_2 + x_3, x_1 + x_2 - 2x_3)$.

(1) 求$\sigma(\mathbf{R}^3)$的基和维数；

(2) 求$\sigma^{-1}(\mathbf{0})$的基和维数.

3. 设$\boldsymbol{\alpha}_1, \boldsymbol{\alpha}_2, \boldsymbol{\alpha}_3, \boldsymbol{\alpha}_4$是四维线性空间$V$的一个基，线性变换$\sigma$在这个基下的矩阵为

$$\boldsymbol{A} = \begin{bmatrix} 1 & 0 & 2 & 1 \\ -1 & 2 & 1 & 3 \\ 1 & 2 & 5 & 5 \\ 2 & -2 & 1 & -2 \end{bmatrix}.$$

(1) 求σ的核与值域；(2) 在σ的核中选一个基，把它扩充成V的一个基，并求σ在这个基下的矩阵；(3) 在σ的值域中选一个基，把它扩充成V的一个基，并求σ在这个基下的矩阵.

7.6.5.2　探究

1. 设V是F上的线性空间，σ是V的一个线性变换. 若σ是V的幂等变换，证明：

$$V = \sigma^{-1}(\mathbf{0}) \oplus \sigma(V).$$

2. 设σ, τ都是数域F上的线性空间V的幂等变换，证明：(1) σ与τ有相同值域的充要条件是：$\sigma\tau = \tau, \tau\sigma = \sigma$；(2) σ与τ有相同核的充要条件是：$\sigma\tau = \sigma, \tau\sigma = \tau$.

3. 设σ, τ是n维线性空间V的两个线性变换，证明：σ, τ的秩$\geqslant \sigma$的秩$+ \tau$的秩$- n$.

4. 设σ是有限维线性空间V的线性变换，W是V的子空间. σW表示由W中向量的像组成的子空间，证明：$\dim(\sigma W) + \dim(\sigma^{-1}(0) \cap W) = \dim(W)$.

5. 如果$\sigma_1, \sigma_2, \cdots, \sigma_s$是线性空间$V$的$s$个两两不同的线性变换，那么在$V$中必存在向量$\boldsymbol{\alpha}$，使$\sigma_1\boldsymbol{\alpha}, \sigma_2\boldsymbol{\alpha}, \cdots, \sigma_s\boldsymbol{\alpha}$也两两不同.

7.7　不变子空间

同一个线性变换在不同基下的矩阵是相似的，因此，我们希望通过选择适当的基，使线性变换的矩阵在这个基下的矩阵尽可能简单. 前一节我们研究了线性变换在何条件下可对角化的问题. 同时我们也知道，并不是对每一个线性变换都存在一个基，使它在这个基下的矩阵为对角形. 在线性变换不能对角化的情况下，线性变换的矩阵能简化到什么程度？为了研究这个问题，下面引进不变子空间的概念. 本节围绕以下问题展开讨论.

7.7.1　研究问题

(1) 不变子空间的概念和性质.

(2) 不变子空间与矩阵的化简.

不变子空间

7.7.2 基本概念

定义 7.7.1 设σ是数域F上n维线性空V的一个线性变换,W是V的一个子空间,如果$\forall \boldsymbol{\alpha} \in W$,仍有$\sigma\boldsymbol{\alpha} \in W$,则称$W$是$\sigma$的一个**不变子空间**,简称$\sigma$-**子空间**.

线性空间V和$\{\boldsymbol{0}\}$都是σ-子空间,这两个子空间称为σ的**平凡不变子空间**.其他子空间称为**非平凡不变子空间**.

定义 7.7.2 $\sigma \in L(V)$,若σ在某个基下的矩阵是准对角矩阵,则称线性变换σ**可分解**.相应地,若n阶矩阵$\boldsymbol{A}$可以与准对角矩阵相似,则称矩阵$\boldsymbol{A}$可分解.

设σ是线性空间V的线性变换,W是σ-子空间,由于W中向量在σ的作用下其像仍在W中,这使得我们可以不必在整个空间V中考虑σ的作用,而只在不变子空间W中考虑σ,即把σ看作是W的一个线性变换,这个变换被称为线性变换σ在W**上的限制**,记作$\sigma \mid W$.因此,$\forall \boldsymbol{\alpha} \in W$,$(\sigma \mid W)\boldsymbol{\alpha} = \sigma\boldsymbol{\alpha}$.而对$V$中那些不属于$W$的向量$\boldsymbol{\alpha}$来说,$(\sigma \mid W)\boldsymbol{\alpha}$是没有意义的.

7.7.3 主要结论

不变子空间的性质

性质 1 设σ,τ都是线性空间V的线性变换,若$\sigma\tau = \tau\sigma$,则$\mathrm{Im}(\tau)$和$\mathrm{Ker}(\tau)$都是σ-子空间,同样,$\mathrm{Im}(\sigma)$和$\mathrm{Ker}(\sigma)$都是τ-子空间.

证明 $\forall \boldsymbol{\alpha} \in \mathrm{Im}(\tau)$,则存在$\boldsymbol{\alpha}_1 \in V$,使$\tau(\boldsymbol{\alpha}_1) = \boldsymbol{\alpha}$,于是

$\sigma\boldsymbol{\alpha} = \sigma(\tau\boldsymbol{\alpha}_1) = (\sigma\tau)(\boldsymbol{\alpha}_1) = (\tau\sigma)\boldsymbol{\alpha}_1 = \tau(\sigma\boldsymbol{\alpha}_1) \in \mathrm{Im}(\tau)$,所以$\mathrm{Im}(\tau)$是$\sigma$-子空间,

$\forall \boldsymbol{\beta} \in \mathrm{Ker}(\tau)$,$\tau(\boldsymbol{\beta}) = \boldsymbol{0}$,又$\tau(\sigma\boldsymbol{\beta}) = (\tau\sigma)\boldsymbol{\beta} = (\sigma\tau)\boldsymbol{\beta} = \sigma(\tau\boldsymbol{\beta}) = \sigma(\boldsymbol{0}) = \boldsymbol{0}$,所以$\sigma\boldsymbol{\beta} \in \mathrm{Ker}(\tau)$,故$\mathrm{Ker}(\tau)$也是$\sigma$-子空间.

同理可证另两个结论.

性质 2 设W_1,W_2都是σ-子空间,则子空间W_1+W_2,$W_1 \cap W_2$也是σ-子空间.

证明 $\forall \boldsymbol{\alpha} \in W_1+W_2$,$\boldsymbol{\alpha} = \boldsymbol{\alpha}_1+\boldsymbol{\alpha}_2$,$\boldsymbol{\alpha}_i \in W_i$,$i=1,2$,所以$\sigma\boldsymbol{\alpha}_i \in W_i$,$i=1,2$.于是$\sigma\boldsymbol{\alpha} = \sigma\boldsymbol{\alpha}_1+\sigma\boldsymbol{\alpha}_2 \in W_1+W_2$,所以$W_1+W_2$是$\sigma$-子空间.

$\forall \boldsymbol{\alpha} \in W_1 \cap W_2$,$\boldsymbol{\alpha} \in W_1$且$\boldsymbol{\alpha} \in W_2$,因此$\sigma\boldsymbol{\alpha} \in W_1$且$\sigma\boldsymbol{\alpha} \in W_2$,$\sigma\boldsymbol{\alpha} \in W_1 \cap W_2$,所以$W_1 \cap W_2$是$\sigma$-子空间.

性质 3 设W是σ-子空间,又是τ-子空间,则W是$\sigma+\tau$-子空间,W也是$\sigma\tau$-子空间.

证明请读者完成.

性质 4 设W是σ-子空间,若σ是可逆的,则W也是σ^{-1}-子空间.

证明请读者完成.

定理 7.7.1 设σ是数域F上n维线性空间V的一个线性变换,若σ有一个非平凡不变子空间W,则σ在某个基下的矩阵是$\boldsymbol{A} = \begin{bmatrix} \boldsymbol{A}_1 & \boldsymbol{A}_2 \\ \boldsymbol{O} & \boldsymbol{A}_3 \end{bmatrix}$,其中$\boldsymbol{A}_1$是$\sigma \mid W$在$W$的某个基下的矩阵.

证明 设W是r维的非平凡σ-子空间,在W中取一个基$\boldsymbol{\alpha}_1,\boldsymbol{\alpha}_2,\cdots,\boldsymbol{\alpha}_r$,$0<r<n$.

把它扩充为V的一个基$\boldsymbol{\alpha}_1,\cdots,\boldsymbol{\alpha}_r,\boldsymbol{\alpha}_{r+1},\cdots,\boldsymbol{\alpha}_n$，由于$W$是$\sigma$-子空间，$\sigma(\boldsymbol{\alpha}_1),\cdots,\sigma(\boldsymbol{\alpha}_r)\in W$，于是有

$$\begin{cases}\sigma(\boldsymbol{\alpha}_1)=a_{11}\boldsymbol{\alpha}_1+\cdots+a_{r1}\boldsymbol{\alpha}_r,\\ \sigma(\boldsymbol{\alpha}_2)=a_{12}\boldsymbol{\alpha}_1+\cdots+a_{r2}\boldsymbol{\alpha}_r,\\ \quad\cdots\cdots\\ \sigma(\boldsymbol{\alpha}_r)=a_{1r}\boldsymbol{\alpha}_1+\cdots+a_{rr}\boldsymbol{\alpha}_r,\\ \sigma(\boldsymbol{\alpha}_{r+1})=a_{1,r+1}\boldsymbol{\alpha}_1+\cdots+a_{r,r+1}\boldsymbol{\alpha}_r+a_{r+1,r+1}\boldsymbol{\alpha}_{r+1}+\cdots+a_{n,r+1}\boldsymbol{\alpha}_n,\\ \quad\cdots\cdots\\ \sigma(\boldsymbol{\alpha}_n)=a_{1,n}\boldsymbol{\alpha}_1+\cdots+a_{r,n}\boldsymbol{\alpha}_r+a_{r+1,n}\boldsymbol{\alpha}_{r+1}+\cdots+a_{n,n}\boldsymbol{\alpha}_n.\end{cases}$$

因而σ在基$\boldsymbol{\alpha}_1,\cdots,\boldsymbol{\alpha}_r,\boldsymbol{\alpha}_{r+1},\cdots,\boldsymbol{\alpha}_n$下的矩阵为

$$\boldsymbol{A}=\begin{bmatrix}a_{11}&\cdots&a_{1r}&a_{1,r+1}&\cdots&a_{1n}\\ \vdots&\ddots&\vdots&\vdots&\ddots&\vdots\\ a_{r1}&\cdots&a_{rr}&a_{r,r+1}&\cdots&a_{rn}\\ 0&\cdots&0&a_{r+1,r+1}&\cdots&a_{r+1,n}\\ \vdots&\ddots&\vdots&\vdots&\ddots&\vdots\\ 0&\cdots&0&a_{n,r+1}&\cdots&a_{nn}\end{bmatrix},$$

令

$$\boldsymbol{A}_1=\begin{bmatrix}a_{11}&\cdots&a_{1r}\\ \vdots&\ddots&\vdots\\ a_{r1}&\cdots&a_{rr}\end{bmatrix},\boldsymbol{A}_2=\begin{bmatrix}a_{1,r+1}&\cdots&a_{1n}\\ \vdots&\ddots&\vdots\\ a_{r,r+1}&\cdots&a_{rn}\end{bmatrix},$$

$$\boldsymbol{A}_3=\begin{bmatrix}a_{r+1,r+1}&\cdots&a_{r+1,n}\\ \vdots&\ddots&\vdots\\ a_{n,r+1}&\cdots&a_{nn}\end{bmatrix},$$

则$\boldsymbol{A}=\begin{bmatrix}\boldsymbol{A}_1&\boldsymbol{A}_2\\ \boldsymbol{O}&\boldsymbol{A}_3\end{bmatrix}$，其中$\boldsymbol{A}_1$是$\sigma\mid W$在基$\boldsymbol{\alpha}_1,\cdots,\boldsymbol{\alpha}_r$下的矩阵.

推论1 设σ是数域F上n维线性空间V的线性变换，如果σ有两个非平凡不变子空间W_1,W_2，使$V=W_1\oplus W_2$，则存在V的一个基，使σ在这个基下的矩阵是$\boldsymbol{A}=\begin{bmatrix}\boldsymbol{A}_1&\boldsymbol{O}\\ \boldsymbol{O}&\boldsymbol{A}_2\end{bmatrix}$. 其中$\boldsymbol{A}_1,\boldsymbol{A}_2$分别是$\sigma|W_1$和$\sigma|W_2$在$W_1,W_2$某个基下的矩阵.

证明 因为$W_1\oplus W_2=V$，设W_1的一个基是$\boldsymbol{\alpha}_1,\boldsymbol{\alpha}_2,\cdots,\boldsymbol{\alpha}_r$，则$W_1=L(\boldsymbol{\alpha}_1,\boldsymbol{\alpha}_2,\cdots,\boldsymbol{\alpha}_r)$，$W_2$的一个基是$\boldsymbol{\alpha}_{r+1},\cdots,\boldsymbol{\alpha}_n$，则$W_2=L(\boldsymbol{\alpha}_{r+1},\cdots,\boldsymbol{\alpha}_n)$. 因为$\boldsymbol{\alpha}_1,\cdots,\boldsymbol{\alpha}_r,\boldsymbol{\alpha}_{r+1},\cdots,\boldsymbol{\alpha}_n$是$V$的一个基，因此，$\sigma$在这个基下的矩阵就是$\boldsymbol{A}=\begin{bmatrix}\boldsymbol{A}_1&\boldsymbol{O}\\ \boldsymbol{O}&\boldsymbol{A}_2\end{bmatrix}$.

推论2 设σ是数域F上n维线性空间V的线性变换，如果σ有k个非平凡不变子空间$W_1,W_2,\cdots,W_k$，使$V=W_1\oplus W_2\oplus\cdots\oplus W_k$，则存在$V$的一个基，使$\sigma$在这个基下的矩阵为

$$A=\begin{bmatrix}A_1 & & & \\ & A_2 & & \\ & & \ddots & \\ & & & A_k\end{bmatrix},$$

其中 $A_1,A_2,\cdots,A_k$ 分别是 $\sigma\mid W_1,\sigma\mid W_2,\cdots,\sigma\mid W_k$ 在 $W_1,W_2,\cdots,W_k$ 中某个基下的矩阵.

证明　取 W_i 的一个基为 $\alpha_{i1},\alpha_{i2},\cdots,\alpha_{ir_i}$，$i=1,2,\cdots,k$，由于 $V=W_1\oplus W_2\oplus\cdots\oplus W_k$，故 $\alpha_{11},\alpha_{12},\cdots,\alpha_{1r_1},\cdots,\alpha_{k1},\alpha_{k2},\cdots,\alpha_{kr_k}$ 是 V 的一个基，$W_1,W_2,\cdots,W_k$ 都是 σ-子空间，故 σ 在这个基下的矩阵是

$$A=\begin{bmatrix}A_1 & & & \\ & A_2 & & \\ & & \ddots & \\ & & & A_k\end{bmatrix},$$

其中 $A_1,A_2,\cdots,A_k$ 分别是 $\sigma\mid W_1,\sigma\mid W_2,\cdots,\sigma\mid W_k$ 在 $W_1,\cdots,W_k$ 的基 $\alpha_{11},\alpha_{12},\cdots,\alpha_{1r_1}$；$\cdots$；$\alpha_{k1},\alpha_{k2},\cdots,\alpha_{kr_k}$ 下的矩阵.

推论 3　设 σ 是数域 F 上 n 维线性空间 V 的线性变换，如果 V 可分解为 n 个关于 σ 的一维不变子空间的直和，则可选择适当的基，使 σ 在这个基下的矩阵为对角形.

由以上分析可知，矩阵分解为准对角形与空间分解为不变子空间的直和是相当的，下面的定理告诉我们，什么时候可把线性空间 V 分解成不变子空间的直和.

✻ 定理 7.7.2　若线性变换 σ 的特征多项式 $f(\lambda)$ 可分解成以下一次因式的乘积：

$$f(\lambda)=(\lambda-\lambda_1)^{r_1}(\lambda-\lambda_2)^{r_2}\cdots(\lambda-\lambda_s)^{r_s},$$

则 V 可分解成不变子空间的直和：

$$V=V_1\oplus V_2\oplus\cdots\oplus V_s.$$

其中 $V_i=\{\xi\mid(\sigma-\lambda_i I)^{r_i}\xi=\mathbf{0},\xi\in V\}$，$i=1,2,\cdots,s$.

证明　令 $f_i(\lambda)=f(\lambda)/(\lambda-\lambda_i)^{r_i}$

$$=(\lambda-\lambda_1)^{r_1}\cdots(\lambda-\lambda_{i-1})^{r_{i-1}}(\lambda-\lambda_{i+1})^{r_{i+1}}\cdots(\lambda-\lambda_s)^{r_s}.$$

又令 $V_i=f_i(\sigma)V$，即 V_i 是 $f_i(\sigma)$ 的值域，由不变子空间的性质 1 知，V_i 是 σ 的不变子空间，且 V_i 满足 $(\sigma-\lambda_i I)^{r_i}V_i=f(\sigma)V=\mathbf{0}$.

要证 $V=V_1\oplus V_2\oplus\cdots\oplus V_s$，只要证 V 中每个向量 α 可表为 $\alpha=\alpha_1+\alpha_2+\cdots+\alpha_s$，$\alpha_i\in V_i$，$i=1,2,\cdots,s$，且表法唯一.

由于 $(f_1(\lambda),f_2(\lambda),\cdots,f_s(\lambda))=1$，因此存在 $u_1(\lambda),u_2(\lambda),\cdots,u_s(\lambda)$，使

$$f_1(\lambda)u_1(\lambda)+f_2(\lambda)u_2(\lambda)+\cdots+f_s(\lambda)u_s(\lambda)=1,$$

于是

$$f_1(\sigma)u_1(\sigma)+f_2(\sigma)u_2(\sigma)+\cdots+f_s(\sigma)u_s(\sigma)=I.$$

$\forall\alpha\in V$，

$$\alpha=I\alpha=f_1(\sigma)u_1(\sigma)\alpha+f_2(\sigma)u_2(\sigma)\alpha+\cdots+f_s(\sigma)u_s(\sigma)\alpha,$$

令

$$\alpha_i=f_i(\sigma)u_i(\sigma)\alpha\in f_i(\sigma)V=V_i\quad i=1,2,\cdots,s,$$

于是有

$$\alpha=\alpha_1+\alpha_2+\cdots+\alpha_s,\quad\alpha_i\in V_i,\quad i=1,2,\cdots,s.$$

要证表法唯一，只要证零向量的分解是唯一的.

设有

$$\beta_1+\beta_2+\cdots+\beta_s=\mathbf{0},\quad\beta_i\in V_i,i=1,2,\cdots,s,\tag{1}$$

其中 $\boldsymbol{\beta}_i$ 满足 $$(\sigma-\lambda_i\boldsymbol{I})^{r_i}\boldsymbol{\beta}_i=\boldsymbol{0},\quad i=1,2,\cdots,s. \tag{2}$$
由于 $$(\lambda-\lambda_j)^{r_j}\mid f_i(\lambda),j\neq i,$$
故 $$f_i(\sigma)\boldsymbol{\beta}_i=(\sigma-\lambda_1\boldsymbol{I})^{r_1}\cdots(\sigma-\lambda_j\boldsymbol{I})^{r_j}\cdots(\sigma-\lambda_s\boldsymbol{I})^{r_s}\boldsymbol{\beta}_j=\boldsymbol{0},\quad j\neq i.$$
于是用 $f_i(\sigma)$ 作用于 ① 式两边得 $f_i(\sigma)\boldsymbol{\beta}_i=\boldsymbol{0}$.
又$(f_i(\lambda),(\lambda-\lambda_i)^{r_i})=1$,故存在多项式 $u(\lambda),v(\lambda)$,使
$$f_i(\lambda)u(\lambda)+(\lambda-\lambda_i)^{r_i}v(\lambda)=1.$$
于是 $$\boldsymbol{\beta}_i=f_i(\sigma)u(\sigma)\boldsymbol{\beta}_i+(\sigma-\lambda_i\boldsymbol{I})^{r_i}v(\sigma)\boldsymbol{\beta}_i=\boldsymbol{0},i=1,2,\cdots,s.$$
由此可知 $$V=V_1\oplus V_2\oplus\cdots\oplus V_s.$$

最后证 V_i 就是变换$(\sigma-\lambda_i\boldsymbol{I})^{r_i}$ 的核.

设 $\boldsymbol{\alpha}\in(\sigma-\lambda_i\boldsymbol{I})^{r_i}$ 的核,把 $\boldsymbol{\alpha}$ 表为
$$\boldsymbol{\alpha}=\boldsymbol{\alpha}_1+\boldsymbol{\alpha}_2+\cdots+\boldsymbol{\alpha}_s,\quad \boldsymbol{\alpha}_i\in V_i,i=1,2,\cdots,s.$$
于是有 $\boldsymbol{\alpha}_1+\boldsymbol{\alpha}_2+\cdots+(\boldsymbol{\alpha}_i-\boldsymbol{\alpha})+\cdots+\boldsymbol{\alpha}_s=\boldsymbol{0}$.
令 $$\boldsymbol{\beta}_j=\boldsymbol{\alpha}_j,j\neq i,\quad \boldsymbol{\beta}_i=\boldsymbol{\alpha}_i-\boldsymbol{\alpha},$$
则 $\boldsymbol{\beta}_1,\boldsymbol{\beta}_2,\cdots,\boldsymbol{\beta}_s$ 是满足(1) 和(2) 的向量,故 $\boldsymbol{\beta}_1=\boldsymbol{\beta}_2=\cdots=\boldsymbol{\beta}_s=\boldsymbol{0}$,因此 $\boldsymbol{\alpha}=\boldsymbol{\alpha}_i\in V_i$,故
$$\mathrm{Ker}\{(\sigma-\lambda_i\boldsymbol{I})^{r_i}\}\subset V_i,$$
又$(\sigma-\lambda_i\boldsymbol{I})^{r_i}V_i=f(\sigma)V=\{0\},V_i\subset\mathrm{Ker}\{(\sigma-\lambda_i\boldsymbol{I})^{r_i}\}$,
故 $$V_i=\{\boldsymbol{\xi}\mid(\sigma-\lambda_i\boldsymbol{I})^{r_i}\boldsymbol{\xi}=\boldsymbol{0},\boldsymbol{\xi}\in V\},i=1,2,\cdots,s.$$

7.7.4 例子剖析

例 7.7.1 线性变换 σ 的值域和核 $\sigma^{-1}(\boldsymbol{0})$ 都是 σ-子空间.

证明 $\forall\boldsymbol{\alpha}\in\sigma(V),\exists\boldsymbol{\beta}\in V$ 使$\sigma\boldsymbol{\beta}=\boldsymbol{\alpha}\in V,\sigma\boldsymbol{\alpha}=\sigma(\sigma\boldsymbol{\beta})\in\sigma(V)$,故 $\sigma(V)$ 是 σ-子空间,$\forall\boldsymbol{\alpha}\in\sigma^{-1}(\boldsymbol{0}),\sigma\boldsymbol{\alpha}=\boldsymbol{0}\in\sigma^{-1}(\boldsymbol{0})$,故 $\sigma^{-1}(\boldsymbol{0})$ 是 σ-子空间.

例 7.7.2 $V_\lambda=\{\boldsymbol{\alpha}\mid\sigma\boldsymbol{\alpha}=\lambda\boldsymbol{\alpha},\boldsymbol{\alpha}\in V\}$ 是 σ-子空间.

证明 $\forall\boldsymbol{\alpha}\in V_\lambda,\sigma\boldsymbol{\alpha}=\lambda\boldsymbol{\alpha},\sigma(\sigma\boldsymbol{\alpha})=\sigma(\lambda\boldsymbol{\alpha})=\lambda\sigma\boldsymbol{\alpha}$,所以 $\sigma\boldsymbol{\alpha}\in V_\lambda$,即 V_λ 是σ-子空间.

例 7.7.3 $\boldsymbol{\alpha}\neq\boldsymbol{0},W=L(\boldsymbol{\alpha})$ 是一维 σ-子空间的充要条件是:$\sigma\boldsymbol{\alpha}=\lambda_0\boldsymbol{\alpha}$.

证明 若 $W=L(\boldsymbol{\alpha})$ 是 σ-子空间,则 $\sigma\boldsymbol{\alpha}\in W$,故 $\sigma\boldsymbol{\alpha}=\lambda_0\boldsymbol{\alpha}$.

又若 $\sigma\boldsymbol{\alpha}=\lambda_0\boldsymbol{\alpha},\forall\boldsymbol{\beta}\in W,\boldsymbol{\beta}=k\boldsymbol{\alpha},\sigma\boldsymbol{\beta}=\sigma(k\boldsymbol{\alpha})=k\sigma\boldsymbol{\alpha}=(k\lambda_0)\boldsymbol{\alpha}\in W$,故 W 是σ-子空间.

例 7.7.4 任一线性变换 σ 在它核上的限制是零变换.

设 $W=\mathrm{Ker}(\sigma),\forall\boldsymbol{\alpha}\in W,\sigma\boldsymbol{\alpha}=\boldsymbol{0},(\sigma\mid W)\boldsymbol{\alpha}=\sigma(\boldsymbol{\alpha})=\boldsymbol{0}=\boldsymbol{0}(\alpha)$,故 $\sigma\mid W=\boldsymbol{0}$.

例 7.7.5 σ 在 V_λ 上的限制 $\sigma\mid V_\lambda$ 在 V_λ 的任一个基下的矩阵为 $\lambda\boldsymbol{E}_r$,这里 $r=\dim(V_\lambda)$.

解 因为 $r=\dim(V_\lambda)$,设 $\boldsymbol{\alpha}_1,\boldsymbol{\alpha}_2,\cdots,\boldsymbol{\alpha}_r$ 是 V_λ 的一个基,由于
$$(\sigma\mid V_\lambda)\boldsymbol{\alpha}_i=\sigma\boldsymbol{\alpha}_i=\lambda\boldsymbol{\alpha}_i,i=1,2,\cdots,r,$$
故 $$\sigma(\boldsymbol{\alpha}_1,\boldsymbol{\alpha}_2,\cdots,\boldsymbol{\alpha}_r)=(\boldsymbol{\alpha}_1,\boldsymbol{\alpha}_2,\cdots,\boldsymbol{\alpha}_r)\begin{bmatrix}\lambda & & & \\ & \lambda & & \\ & & \ddots & \\ & & & \lambda\end{bmatrix}.$$
$$=(\boldsymbol{\alpha}_1,\boldsymbol{\alpha}_2,\cdots,\boldsymbol{\alpha}_r)\lambda\boldsymbol{E}$$

7.7.5 练习与探究

1. 设 V 是复数域上的 n 维线性空间，$\sigma\tau$ 是 V 的线性变换，且 $\sigma\tau=\tau\sigma$.

证明：(1) 如果 λ_0 是 σ 的特征值，那么 V_{λ_0} 是 τ 的不变子空间；

(2) σ,τ 至少有一个公共的特征向量.

2. 证明性质 3：设 W 是 σ - 子空间，又是 τ - 子空间，则 W 是 $\sigma+\tau$ - 子空间，W 也是 $\sigma\tau$ - 子空间.

3. 证明性质 4：设 W 是 σ - 子空间，若 σ 是可逆的，则 W 也是 σ^{-1} - 子空间.

7.8 若当标准形简介

从前面的讨论可知，并非对每一个线性变换都存在一个基，使它在这个基下的矩阵是对角形. 又由上节知，线性变换在一个基下的矩阵能否是对角矩阵或准对角矩阵，就看线性空间 V 是否能分解成一些不变子空间的直和，这些不变子空间的维数越小，准对角矩阵就越接近对角矩阵. 若 V 能分解成 n 个一维不变子空间的直和，则准对角矩阵就变为对角矩阵.

如果考虑复数域上的线性空间，由上节定理 7.7.2 知，这时线性空间 V 必能分解成不变子空间的直和. 这时 V 上线性变换 σ 在某个基下的矩阵就是准对角矩阵，我们要问，在这种情况下，准对角阵中每个小矩阵的形状如何？为此我们引入若当(Jordan) 矩阵的概念. 本节围绕以下问题展开讨论.

7.8.1 研究问题

(1) 若当矩阵.

(2) 若当矩阵标准形.

7.8.2 基本概念

✲ 定义 7.8.1　形如

$$\boldsymbol{J}(\lambda,t)=\begin{bmatrix}\lambda & 0 & \cdots & 0 & 0 & 0\\ 1 & \lambda & \cdots & 0 & 0 & 0\\ \vdots & \vdots & & \vdots & \vdots & \vdots\\ 0 & 0 & \cdots & 1 & \lambda & 0\\ 0 & 0 & \cdots & 0 & 1 & \lambda\end{bmatrix}_{t\times t}$$

的矩阵称为**若当块**，其中 λ 是复数. 由若干个若当块组成的准对角矩阵就是**若当矩阵**，其一般形式为 $\begin{bmatrix}\boldsymbol{A}_1 & & & \\ & \boldsymbol{A}_2 & & \\ & & \ddots & \\ & & & \boldsymbol{A}_s\end{bmatrix}$，其中 $\boldsymbol{A}_i=\begin{bmatrix}\lambda_i & & & \\ 1 & \lambda_i & & \\ & \ddots & \ddots & \\ & & 1 & \lambda_i\end{bmatrix}=\boldsymbol{J}(\lambda_i,t_i)$，$i=1,2,\cdots,s$.

例如，$\begin{bmatrix}1&0&0\\1&1&0\\0&1&1\end{bmatrix}$，$\begin{bmatrix}0&0&0&0\\1&0&0&0\\0&1&0&0\\0&0&1&0\end{bmatrix}$，$\begin{bmatrix}i&0\\1&i\end{bmatrix}$都是若当块，

$$\begin{bmatrix}1&0&0&0&0&0\\1&1&0&0&0&0\\0&0&i&0&0&0\\0&0&1&i&0&0\\0&0&0&0&0&0\\0&0&0&0&1&0\end{bmatrix}$$

是一个若当矩阵，对角矩阵是若当矩阵的特例.

7.8.3 主要结论

对于复数域中线性空间 V 中的线性变换 σ 来说，可以在 V 中找到一个基，使 σ 在这个基下的矩阵为若当矩阵，这就是下面的定理，它回答了前面提出的问题.

✽ 定理 7.8.1 设 σ 是 $\mathbf{C}$ 上 n 维线性空间 V 的一个线性变换，在 V 中必存在一个基，使 σ 在这个基下的矩阵是若当形矩阵，且这个若当矩阵除去其中若当块的排列次序外，是由 σ 唯一决定的，它称为 σ 的若当标准形.

这个结论用矩阵的语言可叙述为：

✽ 定理 7.8.1′ 每个 n 阶复数矩阵 $\boldsymbol{A}$ 都与一个若当矩阵相似，这个若当矩阵除去其中若当块的排列次序外被矩阵 $\boldsymbol{A}$ 唯一确定，它称为 $\boldsymbol{A}$ 的若当标准形.

由于若当标准形是下三角形矩阵，因此，它的特征根正是主对角线上的元素. 由于相似矩阵有相同的特征多项式，故若一个线性变换 σ 的矩阵是若当标准形，则这个若当标准形中主对角线上的元素正是变换 σ 的特征多项式的全部根(重根按重数计算).

关于定理 7.8.1 的证明，有兴趣的读者可通过进一步学习自行解决.

7.8.4 例子剖析

例 7.8.1 设 V 是复数域上的 n 维线性空间，而线性变换 σ 在基 $\boldsymbol{\alpha}_1,\boldsymbol{\alpha}_2,\cdots,\boldsymbol{\alpha}_n$ 下的矩阵是一若当块.

证明：(1) V 中包含 $\boldsymbol{\alpha}_1$ 的 σ-子空间只有 V 自身；(2) V 中任一非零 σ-子空间都包含 $\boldsymbol{\alpha}_n$；(3) V 不能分解成两个非平凡的 σ-子空间的直和.

证明 (1) 设 σ 在基 $\boldsymbol{\alpha}_1,\boldsymbol{\alpha}_2,\cdots,\boldsymbol{\alpha}_n$ 下的矩阵是

$$\boldsymbol{A}=\begin{bmatrix}\lambda&0&\cdots&0&0&0\\1&\lambda&\cdots&0&0&0\\\vdots&\vdots&\ddots&\vdots&\vdots&\vdots\\0&0&\cdots&1&\lambda&0\\0&0&\cdots&0&1&\lambda\end{bmatrix}$$

于是得 $\sigma(\boldsymbol{\alpha}_1)=\lambda\boldsymbol{\alpha}_1+\boldsymbol{\alpha}_2,\sigma(\boldsymbol{\alpha}_2)=\lambda\boldsymbol{\alpha}_2+\boldsymbol{\alpha}_3,\cdots,\sigma(\boldsymbol{\alpha}_{n-1})=\lambda\boldsymbol{\alpha}_{n-1}+\boldsymbol{\alpha}_n,\sigma(\boldsymbol{\alpha}_n)=\lambda\boldsymbol{\alpha}_n$.

(1) 设 W 是 V 中包含 $\boldsymbol{\alpha}_1$ 的 σ - 子空间，于是 $\sigma(\boldsymbol{\alpha}_1),\lambda\boldsymbol{\alpha}_1 \in W \Rightarrow \boldsymbol{\alpha}_2 \in W$. 又由 $\sigma(\boldsymbol{\alpha}_2),\lambda\boldsymbol{\alpha}_2 \in W \Rightarrow \boldsymbol{\alpha}_3 \in W$，如此继续下去可得 $\boldsymbol{\alpha}_1,\boldsymbol{\alpha}_2,\cdots,\boldsymbol{\alpha}_n$ 都属于 W，故 $W = V$.

(2) 设 W 是 V 中非零 σ - 子空间，则有 $\boldsymbol{\beta} \in W, \boldsymbol{\beta} \neq \mathbf{0}$. 设 $\beta = k_1\boldsymbol{\alpha}_1 + k_2\boldsymbol{\alpha}_2 + \cdots + k_n\boldsymbol{\alpha}_n$，且 k_i 是其中第一个非零系数，于是 $\boldsymbol{\beta} = k_i\boldsymbol{\alpha}_i + k_{i+1}\boldsymbol{\alpha}_{i+1} + \cdots + k_n\boldsymbol{\alpha}_n$. 由于 $\sigma\boldsymbol{\beta} - \lambda\boldsymbol{\beta} \in W$，此即 $\boldsymbol{\beta}_1 = \sigma\boldsymbol{\beta} - \lambda\boldsymbol{\beta} = k_i\boldsymbol{\alpha}_{i+1} + k_{i+1}\boldsymbol{\alpha}_{i+2} + \cdots + k_{n-1}\boldsymbol{\alpha}_n \in W$，同理 $\boldsymbol{\beta}_2 = \sigma\boldsymbol{\beta}_1 - \lambda\boldsymbol{\beta}_1 = k_i\boldsymbol{\alpha}_{i+2} + k_{i+1}\boldsymbol{\alpha}_{i+3} + \cdots + k_{n-2}\boldsymbol{\alpha}_n \in W$，于是至多经 $n-i$ 步可得 $\boldsymbol{\beta}_{n-i} = k_i\boldsymbol{\alpha}_n \in W \Rightarrow \boldsymbol{\alpha}_n \in W$.

(3) 设 V 能分解成两个非平凡的 σ - 子空间 V_1 和 V_2 的直和，由(2) 知 $\boldsymbol{\alpha}_n \in V_1, \boldsymbol{\alpha}_n \in V_2$，于是 $\boldsymbol{\alpha}_n \in V_1 \cap V_2$，这和 $V_1 \cap V_2 = \{\mathbf{0}\}$ 矛盾. 故 V 不能分解成两个非平凡的 σ - 子空间的直和.

7.8.5　练习与探究

1. 设 n 维线性空间 V 上的线性变换 σ 满足 $\sigma^m = \mathbf{0}(m > 1)$. 证明：$\sigma$ 不能对角化.

2. 设 n 维线性空间 V 上的线性变换 σ 满足 $\sigma^m = \mathbf{0}(m > 1)$，问：能否找到 V 的一个基，使 σ 在这个基下的矩阵为若当矩阵？为什么？

7.9　最小多项式

要判断一个矩阵能否对角化，前面已经给出一些判定条件. 例如：(1) 若矩阵 $\boldsymbol{A}$ 有 n 个线性无关的特征向量，则 $\boldsymbol{A}$ 可对角化；(2) 若矩阵 $\boldsymbol{A}$ 的特征多项式在 F 中有 n 个单根，则 $\boldsymbol{A}$ 可对角化；(3) 在 $\mathbf{C}$ 上，若矩阵 $\boldsymbol{A}$ 的特征多项式没有重根，则 $\boldsymbol{A}$ 可对角化；(4) 若 $\boldsymbol{A}$ 的所有特征根都属于 F，而每个特征子空间的维数等于这个特征根的重数，则 $\boldsymbol{A}$ 可对角化；(5) 若线性空间 V 可分解成 n 个一维不变子空间的直和，则 $\boldsymbol{A}$ 可对角化.

本节要介绍另一个判断矩阵能否对角化的方法，为此引进最小多项式的概念. 本节围绕以下问题展开讨论.

7.9.1　研究问题

(1) 最小多项式的概念和性质.

(2) 最小多项式与矩阵的对角化.

7.9.2　基本概念

✲ **定义 7.9.1**　设 $f(x) \in F[x], \boldsymbol{A} \in F^{n\times n}$，若有 $f(\boldsymbol{A}) = \boldsymbol{O}$，则称 $f(x)$ 以 $\boldsymbol{A}$ 为根. 称以 $\boldsymbol{A}$ 为根的多项式中次数最低且首项系数为 1 的多项式为 $\boldsymbol{A}$ 的**最小多项式**.

对数域 F 上的任一个 n 阶矩阵 $\boldsymbol{A}$，由哈密尔顿 - 凯莱定理知，总存在 F 上一个多项式 $f(x)$，使 $f(\boldsymbol{A}) = \boldsymbol{O}$，故对任一个 n 阶矩阵 $\boldsymbol{A}$，它的最小多项式是存在的.

7.9.3　主要结论

最小多项式有以下性质：

性质 1 矩阵 $\boldsymbol{A}$ 的最小多项式是唯一的.

证明 设 $g_1(x)$ 和 $g_2(x)$ 都是 $\boldsymbol{A}$ 的最小多项式,由带余除法知:

$$g_1(x) = q(x)g_2(x) + r(x),$$

其中 $r(x) = 0$ 或 $\partial(r(x)) < \partial(g_2(x))$,于是有

$$g_1(\boldsymbol{A}) = q(\boldsymbol{A})g_2(\boldsymbol{A}) + r(\boldsymbol{A}) = \boldsymbol{O}.$$

因此 $r(\boldsymbol{A}) = \boldsymbol{O}$. 由于 $g_2(x)$ 是 $\boldsymbol{A}$ 的最小多项式,故 $r(x) = 0$,从而有 $g_2(x) \mid g_1(x)$. 同理可证 $g_1(x) \mid g_2(x)$,因此 $g_2(x) = ag_1(x)$. 但由于 $g_1(x)$ 和 $g_2(x)$ 都是首一多项式,故 $g_1(x) = g_2(x)$.

性质 2 设 $g(x)$ 是矩阵 $\boldsymbol{A}$ 的最小多项式,则 $f(x)$ 以 $\boldsymbol{A}$ 为根的充要条件是:$g(x) \mid f(x)$.

证明 充分性.

若 $g(x) \mid f(x)$,则 $\exists q(x)$,使 $f(x) = g(x)q(x)$,于是 $f(\boldsymbol{A}) = g(\boldsymbol{A})q(\boldsymbol{A}) = \boldsymbol{O}$,故 $f(x)$ 以 $\boldsymbol{A}$ 为根.

若 $f(x)$ 以 $\boldsymbol{A}$ 为根,设 $f(x) = g(x)q(x) + r(x)$,$r(x) = 0$ 或 $\partial(r(x)) < \partial(g(x))$,由于 $f(\boldsymbol{A}) = g(\boldsymbol{A})q(\boldsymbol{A}) + r(\boldsymbol{A}) = \boldsymbol{O}$,故 $r(\boldsymbol{A}) = \boldsymbol{O}$. 由于 $g(x)$ 是 $\boldsymbol{A}$ 的最小多项式,故 $r(x) = 0$. 于是有 $g(x) \mid f(x)$.

由这个性质可知,矩阵 $\boldsymbol{A}$ 的最小多项式必定是 $\boldsymbol{A}$ 的特征多项式的一个因式.

性质 3 相似矩阵有相同的最小多项式.

证明 设矩阵 $\boldsymbol{A}$ 与 $\boldsymbol{B}$ 相似,于是存在可逆矩阵 $\boldsymbol{T}$,使

$$\boldsymbol{B} = \boldsymbol{T}^{-1}\boldsymbol{A}\boldsymbol{T}.$$

对任一多项式 $f(x)$,由于

$$f(\boldsymbol{B}) = \boldsymbol{T}^{-1}f(\boldsymbol{A})\boldsymbol{T},$$

因此

$$f(\boldsymbol{B}) = \boldsymbol{O} \Leftrightarrow f(\boldsymbol{A}) = \boldsymbol{O}.$$

由此可得矩阵 $\boldsymbol{A}$ 与 $\boldsymbol{B}$ 有相同的最小多项式.

注意相反的结论不成立,即当两个矩阵有相同的最小多项式时,这两个矩阵未必相似,见下面的例 7.9.2.

性质 4 t 阶若当块 $\boldsymbol{J}(\lambda,t) = \begin{bmatrix} \lambda & & & \\ 1 & \lambda & & \\ & \ddots & \ddots & \\ & & 1 & \lambda \end{bmatrix}$ 的最小多项式为 $(x-\lambda)^t$.

事实上,$\boldsymbol{J}(\lambda,t)$ 的特征多项式为 $(x-\lambda)^t$,因此 $\boldsymbol{J}(\lambda,t)$ 的最小多项式是 $(x-\lambda)^t$ 的因式,但

$$\boldsymbol{J} - \lambda\boldsymbol{E} = \begin{bmatrix} 0 & & & \\ 1 & \ddots & & \\ & \ddots & \ddots & \\ & & 1 & 0 \end{bmatrix} \neq \boldsymbol{O}, \cdots,$$

$$(\boldsymbol{J}-\lambda\boldsymbol{E})^{t-1}=\begin{bmatrix}0&0&\cdots&0\\ \vdots&\vdots&\ddots&\vdots\\ 0&0&\cdots&0\\ 1&0&\cdots&0\end{bmatrix}\neq\boldsymbol{O},$$

故 $\boldsymbol{J}(\lambda,t)$ 的最小多项式为 $(x-\lambda)^t$.

对于准对角矩阵 $\boldsymbol{A}$ 来说,$\boldsymbol{A}$ 的最小多项式与其中的各小块矩阵的最小多项式有没有联系?这是我们感兴趣的问题,下面的定理回答这个问题.

✲ 定理 7.9.1　设 $\boldsymbol{A}$ 是一个准对角矩阵,形如

$$\boldsymbol{A}=\begin{bmatrix}\boldsymbol{A}_1&\boldsymbol{O}\\ \boldsymbol{O}&\boldsymbol{A}_2\end{bmatrix},$$

设 $\boldsymbol{A}_1,\boldsymbol{A}_2$ 的最小多项式分别是 $g_1(x),g_2(x)$,则 $\boldsymbol{A}$ 的最小多项式为 $g_1(x),g_2(x)$ 的最小公倍式 $[g_1(x),g_2(x)]$.

证明　记 $g(x)=[g_1(x),g_2(x)]$,由于 $\boldsymbol{A}^n=\begin{bmatrix}\boldsymbol{A}_1^n&\boldsymbol{O}\\ \boldsymbol{O}&\boldsymbol{A}_2^n\end{bmatrix},n\geqslant 1$,

$$k\boldsymbol{A}=\begin{bmatrix}k\boldsymbol{A}_1&\boldsymbol{O}\\ \boldsymbol{O}&k\boldsymbol{A}_2\end{bmatrix},$$

所以

$$g(\boldsymbol{A})=\begin{bmatrix}g(\boldsymbol{A}_1)&\boldsymbol{O}\\ \boldsymbol{O}&g(\boldsymbol{A}_2)\end{bmatrix}=\boldsymbol{O},$$

因此 $g(x)$ 是以 $\boldsymbol{A}$ 为根的首一多项式. 设有 $h(x)$,使 $h(\boldsymbol{A})=\boldsymbol{O}$,则

$$h(\boldsymbol{A})=\begin{bmatrix}h(\boldsymbol{A}_1)&\boldsymbol{O}\\ \boldsymbol{O}&h(\boldsymbol{A}_2)\end{bmatrix}=\boldsymbol{O},$$

即 $h(\boldsymbol{A}_1)=\boldsymbol{O},h(\boldsymbol{A}_2)=\boldsymbol{O}$,因此 $g_1(x)\mid h(x),g_2(x)\mid h(x)$. 于是有 $g(x)\mid h(x)$,又 $g(x)$ 是首一多项式,故 $g(x)$ 是 $\boldsymbol{A}$ 的最小多项式.

这个定理可推广到一般情况,即当

$$\boldsymbol{A}=\begin{bmatrix}\boldsymbol{A}_1&&&\\ &\boldsymbol{A}_2&&\\ &&\ddots&\\ &&&\boldsymbol{A}_s\end{bmatrix},$$

而 $\boldsymbol{A}_i$ 的最小多项式是 $g_i(x),i=1,2,\cdots,s$ 时,$\boldsymbol{A}$ 的最小多项式为

$$[g_1(x),g_2(x),\cdots,g_s(x)].$$

✲ 定理 7.9.2　数域 F 上 n 阶矩阵 $\boldsymbol{A}$ 与对角矩阵相似的充要条件是:$\boldsymbol{A}$ 的最小多项式是 F 上互素的一次因式的乘积.

证明　必要性. 若 $\boldsymbol{A}$ 与对角矩阵相似,则对角矩阵主对角线上的元素为 $\boldsymbol{A}$ 的特征值,对每个特征值来说,由定理 7.9.1 的推广知,每个最小多项式是一次因式,因此,$\boldsymbol{A}$ 的最小多项式是一次因式的乘积,它们是互素的.

充分性. 设线性变换 σ 与矩阵 $\boldsymbol{A}$ 对应,因此线性变换 σ 的最小多项式,就对应矩阵 $\boldsymbol{A}$ 的最小多项式. 即线性变换 σ 的最小多项式 $g(x)$ 是 F 上互素的一次因式的乘积:$g(x)=$

$\prod_{i=1}^{l}(x-\lambda_i)$，由于 $g(\boldsymbol{A})=\boldsymbol{O}$，故 $g(\sigma)=\boldsymbol{0}$，因此 $g(\sigma)V=\{\boldsymbol{0}\}$，由定理 7.7.2 中的证法可知 $V=V_1\oplus\cdots\oplus V_l$，其中 $V_i=\{\boldsymbol{\xi}\mid(\sigma-\lambda_i\boldsymbol{I})\boldsymbol{\xi}=\boldsymbol{0},\boldsymbol{\xi}\in V\}$，$i=1,\cdots,l$. 把 $V_1,\cdots,V_l$ 各自的基合起来组成 V 的基，每个基向量都属于 V_i，因而是 σ 的特征向量. σ 在这个基下的矩阵就是对角矩阵，故 $\boldsymbol{A}$ 与对角矩阵相似.

本定理用线性变换的语言可叙述如下：

✲ 定理 7.9.2′ 设 σ 是 n 维线性空间 V 上的线性变换，则 σ 可对角化的充要条件是：σ 的最小多项式在 $F[x]$ 中能分解成互素的一次因式的乘积.

7.9.4 例子剖析

例 7.9.1 求 $\boldsymbol{A}=\begin{bmatrix}1&1&0\\0&1&0\\0&0&1\end{bmatrix}$ 的最小多项式.

解 $\boldsymbol{A}$ 的特征多项式为 $f(\lambda)=|\lambda\boldsymbol{E}-\boldsymbol{A}|=(\lambda-1)^3$. 故 $\boldsymbol{A}$ 的最小多项式是 $(x-1)^3$ 的因式，又由于 $\boldsymbol{A}-\boldsymbol{E}\neq\boldsymbol{O}$，而 $(\boldsymbol{A}-\boldsymbol{E})^2=\boldsymbol{O}$，因此 $\boldsymbol{A}$ 的最小多项式为 $(x-1)^2$.

例 7.9.2 设 $\boldsymbol{A}=\begin{bmatrix}1&1&0&0\\0&1&0&0\\0&0&1&0\\0&0&0&2\end{bmatrix}$，$\boldsymbol{B}=\begin{bmatrix}1&1&0&0\\0&1&0&0\\0&0&2&0\\0&0&0&2\end{bmatrix}$，$\boldsymbol{A}$ 与 $\boldsymbol{B}$ 的最小多项式都是 $(x-1)^2(x-2)$，但是它们的特征多项式并不相等，因此 $\boldsymbol{A}$ 和 $\boldsymbol{B}$ 不相似.

例 7.9.3 求矩阵 $\boldsymbol{A}=\begin{bmatrix}1&1&\cdots&1\\1&1&\cdots&1\\\vdots&\vdots&\ddots&\vdots\\1&1&\cdots&1\end{bmatrix}$ 的最小多项式.

解 $\boldsymbol{A}$ 的特征多项式

$$f(x)=|\lambda\boldsymbol{E}-\boldsymbol{A}|=\begin{vmatrix}x-1&-1&\cdots&1\\-1&x-1&\cdots&1\\\vdots&\vdots&\ddots&\vdots\\-1&-1&\cdots&x-1\end{vmatrix}$$

$$=(x-n)x^{n-1},$$

又 $\boldsymbol{A}\neq\boldsymbol{O}$，$\boldsymbol{A}-n\boldsymbol{E}\neq\boldsymbol{O}$，$\boldsymbol{A}^2\neq\boldsymbol{O}$，

而 $\boldsymbol{A}(\boldsymbol{A}-n\boldsymbol{E})=\boldsymbol{O}$，

故 $\boldsymbol{A}$ 的最小多项式为 $x(x-n)$.

7.9.5　练习与探究

7.9.5.1　练习

1. 求下列矩阵的最小多项式：

(1) $\boldsymbol{A}=\begin{bmatrix}0 & 0 & 1\\ 0 & 1 & 0\\ 1 & 0 & 0\end{bmatrix}$；　　(2) $\boldsymbol{B}=\begin{bmatrix}3 & -1 & -3 & 1\\ -1 & 3 & 1 & -3\\ 3 & -1 & -3 & 1\\ -1 & 3 & 1 & -3\end{bmatrix}$.

2. 利用最小多项式理论证明：(1) 若 $\boldsymbol{A}$ 是幂等矩阵，则 $\boldsymbol{A}$ 一定可以对角化；(2) 若 $\boldsymbol{A}$ 是幂零矩阵且指数大于 1，则 $\boldsymbol{A}$ 一定不可以对角化.

3. 若 n 阶矩阵 $\boldsymbol{A}$ 满足关系式：$\boldsymbol{A}^3-\boldsymbol{A}^2=4\boldsymbol{A}-4\boldsymbol{E}$，$\boldsymbol{A}$ 能否对角化？

7.9.5.2　探究

1. 设 V 是数域 F 上的三维线性空间，V 上线性变换 σ 在基 $\boldsymbol{\alpha}_1,\boldsymbol{\alpha}_2,\boldsymbol{\alpha}_3$ 下的矩阵 $\boldsymbol{A}$ 是

$$\boldsymbol{A}=\begin{bmatrix}1 & 0 & 0\\ 1 & 2 & 1\\ -1 & 0 & 1\end{bmatrix}.$$

(1) 求 $\boldsymbol{A}$ 的最小多项式 $g(x)$；(2) 对应于 $g(x)$ 的因式分解式，写出 V 的直和分解式，并求分解式中出现的每个子空间的一个基.

2. 若数域 F 上的 n 阶矩阵 $\boldsymbol{A}$ 与 $\boldsymbol{B}$ 都是可对角化的，且 $\boldsymbol{AB}=\boldsymbol{BA}$，证明：存在数域 F 上的 n 阶可逆矩阵 $\boldsymbol{T}$，使 $\boldsymbol{T}^{-1}\boldsymbol{AT}$，$\boldsymbol{T}^{-1}\boldsymbol{BT}$ 都是对角矩阵.

第 8 章　欧几里得空间

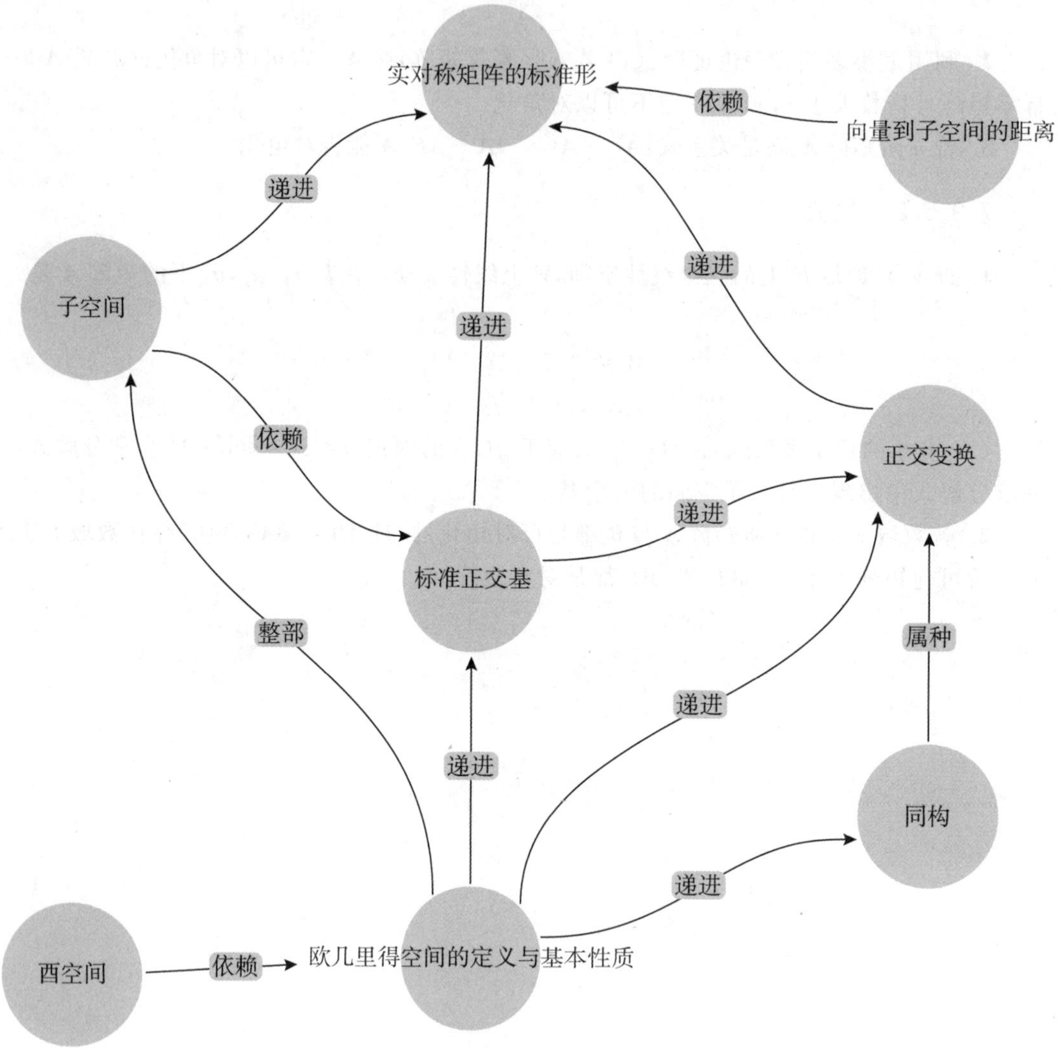

欧几里得空间知识图谱

在线性空间中,向量之间的运算只有加法和乘法这两种运算. 若以几何空间 $\mathbf{R}^3$ 作为线性空间的一个具体模型,我们就会发现:几何空间中向量的度量性质(如长度、夹角等)在线性空间中没有得到反映,而这些度量性质在许多问题中具有特殊的地位,因此,有必要在线性空间中引入向量的长度、夹角等度量概念. 在解析几何中,向量的长度和夹角等度量是通过向量的内积来表示的.因此,在一般线性空间的讨论中,我们也取内积作为基本概念,从而可以合理地定义向量的长度和向量的夹角等概念,如果在 $\mathbf{R}$ 上的线性空间中引进内积,则这个空间就称为欧几里得空间(简称欧氏空间).如果在 $\mathbf{C}$ 上的线性空间中引进内积,则这个空间就称为酉空间.

欧氏空间是实数域上具有一个内积的线性空间,是通常几何空间的推广.它是在实数域上线性空间中引入"内积",从而合理地定义向量的长度和两个向量的夹角,使空间具有的性质更接近解析几何中讨论的空间.另一方面,在空间中引入"内积"也给我们开辟了新的研究领域,比如对二次型理论的进一步研究.本章主要介绍欧氏空间的概念、标准正交基和正交变换、对称变换等.本章重点是欧氏空间的概念与标准正交基;难点是正交变换及其几何意义.本章的学习要求如下:

(1) 理解内积、欧氏空间的定义,向量的长度、夹角、距离等概念;

(2) 掌握标准正交基的概念及其求法,理解标准正交基的作用;

(3) 理解正交子空间、正交补的概念及其在实践中的意义;

(4) 理解欧氏空间同构的概念及同构的充要条件;

(5) 理解和掌握正交变换和正交矩阵的概念、性质和关系;

(6) 理解和掌握对称变换的概念及其与实对称矩阵的关系;

(7) 理解最小二乘法的思想方法;

(8) 了解酉空间.

内积和欧氏空间是本章中的两个重要概念.两个向量的内积是采用公理化方法定义的,定义中并没有给出具体法则,而只是给出它们要满足的四个条件.内积本质上是 $V\times V$ 到 $\mathbf{R}$ 的一个映射,它是一个二元实函数.因此,欧氏空间是一个带有内积的线性空间,对于线性空间的一些基本概念如向量的线性相关性,基、维数、坐标、子空间以及其他有关的一些性质对欧氏空间都适用.欧氏空间的维数就是线性空间的维数,欧氏空间的基就是线性空间的基,此外,它还有一个内积运算,也就是说欧氏空间中有三种运算:加法、数乘和内积运算,它们共满足 12 条运算规律.需要指出的是,欧氏空间是对指定的内积而言的,在同一个实线性空间中可以引进不同的内积,从而得到不同的欧氏空间.

讨论欧氏空间的线性变换,我们最感兴趣的是那些和内积有某种关系的线性变换,正交变换就是其中之一,它是解析几何中旋转变换在欧氏空间中的推广.正交变换有以下几种等价形式,希望同学们注意掌握.

设 σ 是欧氏空间 V 的线性变换,下列命题等价:

(1)σ 是正交变换(保持向量长度不变);

(2)σ 保持向量的内积不变;

(3)σ 把 V 的标准正交基变为标准正交基;

(4)σ 关于 V 的任意标准正交基的矩阵是正交矩阵,

与内积有关的线性变换还有对称变换,利用对称变换可把二次型中的结论进一步深化,对任意实对称矩阵 $\boldsymbol{A}$,存在正交实矩阵 $\boldsymbol{T}$,使 $\boldsymbol{T}^{-1}\boldsymbol{A}\boldsymbol{T}=\boldsymbol{T}'\boldsymbol{A}\boldsymbol{T}=\boldsymbol{D}$,$\boldsymbol{D}$ 是对角矩阵且对角线上的元素全是 $\boldsymbol{A}$ 的特征值.

8.1 欧氏空间的定义和性质

在线性空间中,向量之间的基本运算只有加法与数量乘法.但若从通常的二维或三维几何空间来看,就会发现向量的长度、夹角和距离等度量在线性空间中没有得到反映.而这些度量性质在许多问题的研究中有很大的作用.本节围绕以下问题展开讨论.

8.1.1 研究问题

(1) 向量的内积;

(2) 向量的长度和夹角;

(3) 向量的正交;

(4) 度量矩阵.

欧几里得空间的定义上　欧几里得空间的定义下

8.1.2 基本概念

向量的内积

在几何空间 $\mathbf{R}^3$ 中,两个向量 $\boldsymbol{\alpha},\boldsymbol{\beta}$ 的内积是用向量的长度和夹角来定义的,即两个非零向量 $\boldsymbol{\alpha}$ 与 $\boldsymbol{\beta}$ 的内积定义为如下一个实数:

$$(\boldsymbol{\alpha},\boldsymbol{\beta}) = |\boldsymbol{\alpha}||\boldsymbol{\beta}|\cos\varphi \tag{8.1.1}$$

式中 $|\boldsymbol{\alpha}|,|\boldsymbol{\beta}|$ 分别表示向量 $\boldsymbol{\alpha},\boldsymbol{\beta}$ 的长度,φ 是 $\boldsymbol{\alpha}$ 与 $\boldsymbol{\beta}$ 的夹角.

当 $\boldsymbol{\alpha},\boldsymbol{\beta}$ 中有一个是零向量时,定义 $(\boldsymbol{\alpha},\boldsymbol{\beta})=0$,有了内积的定义式(8.1.1),我们可以把向量的长度和两非零向量的夹角表示如下:

$$|\boldsymbol{\alpha}| = \sqrt{(\boldsymbol{\alpha},\boldsymbol{\alpha})},\quad \varphi = \arccos\frac{(\boldsymbol{\alpha},\boldsymbol{\beta})}{|\boldsymbol{\alpha}||\boldsymbol{\beta}|}. \tag{8.1.2}$$

由于在一般的线性空间中没有长度和向量间夹角的概念,因此我们不能用式(8.1.1)来定义内积.但如果我们有了内积定义,则可以用式(8.1.2)来定义向量的长度和向量间的夹角.

由于几何空间 $\mathbf{R}^3$ 是一般线性空间的特例,因此在一般线性空间中所定义的内积一定要具备几何空间 $\mathbf{R}^3$ 中内积的性质,下面先考虑几何空间中内积的性质.在几何空间中,向量内积定义式(8.1.1)具有以下性质:

(1) $(\boldsymbol{\alpha},\boldsymbol{\beta}) = (\boldsymbol{\beta},\boldsymbol{\alpha})$;

(2) $(\boldsymbol{\alpha}+\boldsymbol{\beta},\boldsymbol{\gamma}) = (\boldsymbol{\alpha},\boldsymbol{\gamma}) + (\boldsymbol{\beta},\boldsymbol{\gamma})$;

(3) $(k\boldsymbol{\alpha},\boldsymbol{\beta}) = k(\boldsymbol{\alpha},\boldsymbol{\beta})$;

(4) $(\boldsymbol{\alpha},\boldsymbol{\alpha}) \geqslant 0,(\boldsymbol{\alpha},\boldsymbol{\alpha}) = 0 \Leftrightarrow \boldsymbol{\alpha} = \mathbf{0}$.

上述四条性质是内积的本质属性,因此,我们把这四条性质作为一般向量空间内积应满足的条件.

✽ **定义 8.1.1**　设 V 是 $\mathbf{R}$ 上一个线性空间,$\forall\,\boldsymbol{\alpha},\boldsymbol{\beta}\in V$,若有唯一确定的一个实数 $(\boldsymbol{\alpha},\boldsymbol{\beta})$ 与之对应,且满足以下四个条件:

(1) 可交换性：$(\boldsymbol{\alpha},\boldsymbol{\beta})=(\boldsymbol{\beta},\boldsymbol{\alpha})$；

(2) 可加性：$(\boldsymbol{\alpha}+\boldsymbol{\beta},\boldsymbol{\gamma})=(\boldsymbol{\alpha},\boldsymbol{\gamma})+(\boldsymbol{\beta},\boldsymbol{\gamma})$；

(3) 齐性：$(k\boldsymbol{\alpha},\boldsymbol{\beta})=k(\boldsymbol{\alpha},\boldsymbol{\beta})$；

(4) 正定性：当 $\boldsymbol{\alpha}\neq\mathbf{0}$ 时，$(\boldsymbol{\alpha},\boldsymbol{\alpha})>0$，当且仅当 $\boldsymbol{\alpha}=\mathbf{0}$ 时，$(\boldsymbol{\alpha},\boldsymbol{\alpha})=0$；

则称$(\boldsymbol{\alpha},\boldsymbol{\beta})$为向量 $\boldsymbol{\alpha},\boldsymbol{\beta}$ 的内积. 称具有内积的线性空间 V 为**欧几里得空间**（简称**欧氏空间**）.

由定义知：

(1) 内积是定义在 $V\times V$ 上而取值在 $\mathbf{R}$ 内的一个函数（映射）；

(2) 在几何空间中是先定义向量的长度和夹角再定义内积，而在一般向量空间却是先定义内积后定义向量的长度和夹角.

由内积定义的非负性，可以引入向量长度的概念.

✲ **定义 8.1.2**　$\forall\,\boldsymbol{\alpha}\in V$，向量 $\boldsymbol{\alpha}$ 的**长度**定义为 $|\boldsymbol{\alpha}|=\sqrt{(\boldsymbol{\alpha},\boldsymbol{\alpha})}$. 这样，欧氏空间中每一个向量都有一个确定的长度.

由长度的定义知，$\forall\,\boldsymbol{\alpha}\in V,k\in\mathbf{R}$，

$$|k\boldsymbol{\alpha}|=\sqrt{(k\boldsymbol{\alpha},k\boldsymbol{\alpha})}=\sqrt{k^2(\boldsymbol{\alpha},\boldsymbol{\alpha})}=|k|\,|\boldsymbol{\alpha}|.$$

若 $|\boldsymbol{\alpha}|=1$，则称 $\boldsymbol{\alpha}$ 为单位向量.

$\forall\,\boldsymbol{\alpha}\in V,\boldsymbol{\alpha}\neq\mathbf{0}$，$\dfrac{\boldsymbol{\alpha}}{|\boldsymbol{\alpha}|}$ 就是一个单位向量，通常称之为把 $\boldsymbol{\alpha}$ **单位化**.

我们可以推出：$\left|\dfrac{(\boldsymbol{\alpha},\boldsymbol{\beta})}{|\boldsymbol{\alpha}|\,|\boldsymbol{\beta}|}\right|\leqslant 1$，故 $\cos\varphi=\dfrac{(\boldsymbol{\alpha},\boldsymbol{\beta})}{|\boldsymbol{\alpha}|\,|\boldsymbol{\beta}|}$ 有意义.

✲ **定义 8.1.3**　设 $\boldsymbol{\alpha}$ 与 $\boldsymbol{\beta}$ 是欧氏空间 V 的两个非零向量，$\boldsymbol{\alpha}$ 与 $\boldsymbol{\beta}$ 的**夹角**规定为

$$\varphi=\arccos\frac{(\boldsymbol{\alpha},\boldsymbol{\beta})}{|\boldsymbol{\alpha}|\,|\boldsymbol{\beta}|},0\leqslant\varphi\leqslant\pi.$$

有了角度概念之后，当欧氏空间两个非零向量的夹角是 $\dfrac{\pi}{2}$ 时，很自然地称它们是正交的，于是有下面的定义.

✲ **定义 8.1.4**　对欧氏空间两个向量 $\boldsymbol{\alpha}$ 与 $\boldsymbol{\beta}$，如果它们的内积 $(\boldsymbol{\alpha},\boldsymbol{\beta})=0$，就称 $\boldsymbol{\alpha}$ 与 $\boldsymbol{\beta}$ 正交或互相垂直，记作 $\boldsymbol{\alpha}\perp\boldsymbol{\beta}$.

由于零向量与任意向量的内积均为 0，故零向量与任意向量都正交. 两个非零向量正交当且仅当它们的夹角是 $\dfrac{\pi}{2}$.

事实上，$\varphi=\dfrac{\pi}{2}\Leftrightarrow\cos\varphi=\dfrac{(\boldsymbol{\alpha},\boldsymbol{\beta})}{|\boldsymbol{\alpha}|\,|\boldsymbol{\beta}|}=0\Leftrightarrow(\boldsymbol{\alpha},\boldsymbol{\beta})=0$.

8.1.3　主要结论

向量内积的简单性质：

性质 1　$(\mathbf{0},\boldsymbol{\alpha})=0$.

性质 2　$(\boldsymbol{\alpha},\boldsymbol{\beta}+\boldsymbol{\gamma})=(\boldsymbol{\alpha},\boldsymbol{\beta})+(\boldsymbol{\alpha},\boldsymbol{\gamma})$.

性质 3　$(\boldsymbol{\alpha},k\boldsymbol{\beta})=k(\boldsymbol{\alpha},\boldsymbol{\beta})$.

性质4 $\forall \boldsymbol{\alpha}_1,\boldsymbol{\alpha}_2,\cdots,\boldsymbol{\alpha}_n,\boldsymbol{\beta}_1,\boldsymbol{\beta}_2,\cdots,\boldsymbol{\beta}_m \in V, k_1,k_2,\cdots,k_n,l_1,l_2,\cdots,l_m \in \mathbf{R}$，则有

$$\left(\sum_{i=1}^{n} k_i\boldsymbol{\alpha}_i, \sum_{i=1}^{m} l_i\boldsymbol{\beta}_i\right) = \sum_{i=1}^{n}\sum_{j=1}^{m} k_i l_i(\boldsymbol{\alpha}_i,\boldsymbol{\beta}_j).$$

✻**定理8.1.1** **(柯西-希涅柯夫斯基不等式)** 对于欧氏空间V中任意向量$\boldsymbol{\alpha},\boldsymbol{\beta}$，恒有

$$|(\boldsymbol{\alpha},\boldsymbol{\beta})| \leqslant |\boldsymbol{\alpha}||\boldsymbol{\beta}|, \tag{8.1.3}$$

当且仅当$\boldsymbol{\alpha}$与$\boldsymbol{\beta}$线性相关时，等号才成立.

证明 当$\boldsymbol{\beta}=\mathbf{0}$时，式(8.1.3)显然成立.

当$\boldsymbol{\beta}\neq\mathbf{0}$时，令$t$是一个实变数，作向量$\boldsymbol{\gamma}=\boldsymbol{\alpha}+t\boldsymbol{\beta}$，由内积定义知

$$(\boldsymbol{\gamma},\boldsymbol{\gamma}) = (\boldsymbol{\alpha}+t\boldsymbol{\beta},\boldsymbol{\alpha}+t\boldsymbol{\beta}) = (\boldsymbol{\alpha},\boldsymbol{\alpha})+2(\boldsymbol{\alpha},\boldsymbol{\beta})t+(\boldsymbol{\beta},\boldsymbol{\beta})t^2 \geqslant 0. \tag{8.1.4}$$

上式是关于t的一个一元二次函数，又$(\boldsymbol{\beta},\boldsymbol{\beta})>0$，故$\Delta\leqslant 0$，即

$$4(\boldsymbol{\alpha},\boldsymbol{\beta})^2-4(\boldsymbol{\alpha},\boldsymbol{\alpha})(\boldsymbol{\beta},\boldsymbol{\beta})\leqslant 0.$$

此即$(\boldsymbol{\alpha},\boldsymbol{\beta})^2\leqslant(\boldsymbol{\alpha},\boldsymbol{\alpha})(\boldsymbol{\beta},\boldsymbol{\beta})$，故有$|(\boldsymbol{\alpha},\boldsymbol{\beta})|\leqslant|\boldsymbol{\alpha}||\boldsymbol{\beta}|$.

若$\boldsymbol{\alpha}$与$\boldsymbol{\beta}$线性相关，则有$\boldsymbol{\alpha}=k\boldsymbol{\beta}$，此时$|(\boldsymbol{\alpha},\boldsymbol{\beta})|=|(k\boldsymbol{\beta},\boldsymbol{\beta})|=|k||\boldsymbol{\beta}|^2=|k\boldsymbol{\beta}||\boldsymbol{\beta}|=|\boldsymbol{\alpha}||\boldsymbol{\beta}|$.

若$|(\boldsymbol{\alpha},\boldsymbol{\beta})|=|\boldsymbol{\alpha}||\boldsymbol{\beta}|$，则有$(\boldsymbol{\alpha},\boldsymbol{\beta})^2=(\boldsymbol{\alpha},\boldsymbol{\alpha})(\boldsymbol{\beta},\boldsymbol{\beta})$，$\Delta=0$. 因此，式(8.1.4)中的二次三项式有重根. 当$t=\dfrac{-(\boldsymbol{\alpha},\boldsymbol{\beta})}{(\boldsymbol{\beta},\boldsymbol{\beta})}$时，$\boldsymbol{\gamma}=\mathbf{0}$，因此$\boldsymbol{\alpha}=\dfrac{(\boldsymbol{\alpha},\boldsymbol{\beta})}{(\boldsymbol{\beta},\boldsymbol{\beta})}\boldsymbol{\beta}$，即$\boldsymbol{\alpha}$与$\boldsymbol{\beta}$线性相关：$\boldsymbol{\alpha}=k\boldsymbol{\beta}$，$k=\dfrac{(\boldsymbol{\alpha},\boldsymbol{\beta})}{(\boldsymbol{\beta},\boldsymbol{\beta})}$.

✻**定理8.1.2** 在一个欧氏空间中，如果向量$\boldsymbol{\alpha}$与$\boldsymbol{\beta}_1,\boldsymbol{\beta}_2,\cdots,\boldsymbol{\beta}_r$中每一个都正交，那么$\boldsymbol{\alpha}$与$\boldsymbol{\beta}_1,\boldsymbol{\beta}_2,\cdots,\boldsymbol{\beta}_r$的任意一个线性组合也正交.

证明 由于$(\boldsymbol{\alpha},\boldsymbol{\beta}_i)=0$，$i=1,2,\cdots,r$，对$\boldsymbol{\beta}_1,\boldsymbol{\beta}_2,\cdots,\boldsymbol{\beta}_r$的任意一个线性组合$\sum\limits_{i=1}^{r}k_i\boldsymbol{\beta}_i$，$(\boldsymbol{\alpha},\sum\limits_{i=1}^{r}k_i\boldsymbol{\beta}_i)=\sum\limits_{i=1}^{r}k_i(\boldsymbol{\alpha},\boldsymbol{\beta}_i)=0$.

长度的三角不等式：设$\boldsymbol{\alpha},\boldsymbol{\beta}$是欧氏空间$V$中两向量，由定理8.1.1有

$$\begin{aligned}|\boldsymbol{\alpha}+\boldsymbol{\beta}|^2 &= (\boldsymbol{\alpha}+\boldsymbol{\beta},\boldsymbol{\alpha}+\boldsymbol{\beta}) = (\boldsymbol{\alpha},\boldsymbol{\alpha})+2(\boldsymbol{\alpha},\boldsymbol{\beta})+(\boldsymbol{\beta},\boldsymbol{\beta})\\ &\leqslant |\boldsymbol{\alpha}|^2+2|\boldsymbol{\alpha}||\boldsymbol{\beta}|+|\boldsymbol{\beta}|^2=(|\boldsymbol{\alpha}|+|\boldsymbol{\beta}|)^2.\end{aligned}$$

由于$|\boldsymbol{\alpha}+\boldsymbol{\beta}|$与$|\boldsymbol{\alpha}|+|\boldsymbol{\beta}|$都是非负实数，故有$|\boldsymbol{\alpha}+\boldsymbol{\beta}|\leqslant|\boldsymbol{\alpha}|+|\boldsymbol{\beta}|$.

在解析几何中，这个不等式的意义就是：三角形两边之和大于第三边.

当$\boldsymbol{\alpha},\boldsymbol{\beta}$是欧氏空间$V$中两个正交向量时，即$(\boldsymbol{\alpha},\boldsymbol{\beta})=0$，我们有

$$(\boldsymbol{\alpha}+\boldsymbol{\beta},\boldsymbol{\alpha}+\boldsymbol{\beta})=(\boldsymbol{\alpha},\boldsymbol{\alpha})+(\boldsymbol{\beta},\boldsymbol{\beta})$$

从而有

$$|\boldsymbol{\alpha}+\boldsymbol{\beta}|^2=|\boldsymbol{\alpha}|^2+|\boldsymbol{\beta}|^2.$$

勾股定理：当$\boldsymbol{\alpha},\boldsymbol{\beta}$正交时，$|\boldsymbol{\alpha}+\boldsymbol{\beta}|^2=|\boldsymbol{\alpha}|^2+|\boldsymbol{\beta}|^2$.

推广 如果向量组$\boldsymbol{\alpha}_1,\boldsymbol{\alpha}_2,\cdots,\boldsymbol{\alpha}_m$两两正交，那么

$$|\boldsymbol{\alpha}_1+\boldsymbol{\alpha}_2+\cdots+\boldsymbol{\alpha}_m|^2=|\boldsymbol{\alpha}_1|^2+|\boldsymbol{\alpha}_2|^2+\cdots+|\boldsymbol{\alpha}_m|^2.$$

因为

$$\begin{aligned}&(\boldsymbol{\alpha}_1+\boldsymbol{\alpha}_2+\cdots+\boldsymbol{\alpha}_m,\boldsymbol{\alpha}_1+\boldsymbol{\alpha}_2+\cdots+\boldsymbol{\alpha}_m)\\ &=(\boldsymbol{\alpha}_1,\boldsymbol{\alpha}_1)+(\boldsymbol{\alpha}_2,\boldsymbol{\alpha}_2)+\cdots+(\boldsymbol{\alpha}_m,\boldsymbol{\alpha}_m),\end{aligned}$$

所以

$$|\boldsymbol{\alpha}_1+\boldsymbol{\alpha}_2+\cdots+\boldsymbol{\alpha}_m|^2=|\boldsymbol{\alpha}_1|^2+|\boldsymbol{\alpha}_2|^2+\cdots+|\boldsymbol{\alpha}_m|^2.$$

设 V 是一个 n 维欧几里得空间，在 V 中取一个基 $\boldsymbol{\alpha}_1,\boldsymbol{\alpha}_2,\cdots,\boldsymbol{\alpha}_n$，对于 V 中任意两个向量 $\boldsymbol{\alpha},\boldsymbol{\beta}$，设

$$\boldsymbol{\alpha}=x_1\boldsymbol{\alpha}_1+x_2\boldsymbol{\alpha}_2+\cdots+x_n\boldsymbol{\alpha}_n,\quad \boldsymbol{\beta}=y_1\boldsymbol{\alpha}_1+y_2\boldsymbol{\alpha}_2+\cdots+y_n\boldsymbol{\alpha}_n,$$

由内积的性质得

$$\begin{aligned}(\boldsymbol{\alpha},\boldsymbol{\beta})&=(x_1\boldsymbol{\alpha}_1+x_2\boldsymbol{\alpha}_2+\cdots+x_n\boldsymbol{\alpha}_n,y_1\boldsymbol{\alpha}_1+y_2\boldsymbol{\alpha}_2+\cdots+y_n\boldsymbol{\alpha}_n)\\&=\sum_{i=1}^{n}\sum_{j=1}^{n}(\boldsymbol{\alpha}_i,\boldsymbol{\alpha}_j)x_iy_j.\end{aligned}$$

令

$$a_{ij}=(\boldsymbol{\alpha}_i,\boldsymbol{\alpha}_j),\quad i,j=1,2,\cdots,n,$$

则有

$$a_{ij}=a_{ji},\quad i,j=1,2,\cdots,n.$$

于是

$$(\boldsymbol{\alpha},\boldsymbol{\beta})=\sum_{i=1}^{n}\sum_{j=1}^{n}a_{ij}x_iy_j.\tag{8.1.5}$$

利用矩阵，可以把$(\boldsymbol{\alpha},\boldsymbol{\beta})$写成：

$$(\boldsymbol{\alpha},\boldsymbol{\beta})=\boldsymbol{X}'\boldsymbol{A}\boldsymbol{Y}.\tag{8.1.6}$$

其中 $\boldsymbol{X}=(x_1,x_2,\cdots,x_n)'$，$\boldsymbol{Y}=(y_1,y_2,\cdots,y_n)'$，$\boldsymbol{A}=(a_{ij})_{n\times n}$. 称矩阵 $\boldsymbol{A}=(a_{ij})_{n\times n}$ 为基 $\boldsymbol{\alpha}_1,\boldsymbol{\alpha}_2,\cdots,\boldsymbol{\alpha}_n$ 的度量矩阵. 上面的讨论表明，在知道了一个基的度量矩阵之后，任意两个向量的内积都可以通过其坐标按式(8.1.5)或式(8.1.6)来计算，因而度量矩阵完全确定了向量的内积.

设 $\boldsymbol{\beta}_1,\boldsymbol{\beta}_2,\cdots,\boldsymbol{\beta}_n$ 是欧氏空间 V 的另外一个基，而由基 $\boldsymbol{\alpha}_1,\boldsymbol{\alpha}_2,\cdots,\boldsymbol{\alpha}_n$，到基 $\boldsymbol{\beta}_1,\boldsymbol{\beta}_2,\cdots,\boldsymbol{\beta}_n$ 的过渡矩阵为 $\boldsymbol{C}$，即

$$(\boldsymbol{\beta}_1,\boldsymbol{\beta}_2,\cdots,\boldsymbol{\beta}_n)=(\boldsymbol{\alpha}_1,\boldsymbol{\alpha}_2,\cdots,\boldsymbol{\alpha}_n)\boldsymbol{C}.$$

于是可以算出，基 $\boldsymbol{\beta}_1,\boldsymbol{\beta}_2,\cdots,\boldsymbol{\beta}_n$ 的度量矩阵是

$$\boldsymbol{B}=(b_{ij})=((\boldsymbol{\beta}_i,\boldsymbol{\beta}_j))=\boldsymbol{C}'\boldsymbol{A}\boldsymbol{C}.\tag{8.1.7}$$

这表明，不同基下的度量矩阵是合同的.

根据关系式(8.1.6)，对于非零向量 $\boldsymbol{\alpha}$，即 $\boldsymbol{X}=(x_1,x_2,\cdots,x_n)'\neq\boldsymbol{0}$，有

$$(\boldsymbol{\alpha},\boldsymbol{\alpha})=\boldsymbol{X}'\boldsymbol{A}\boldsymbol{X}>0.$$

因此，度量矩阵是正定的.

反之，给定一个 n 阶正定矩阵 $\boldsymbol{A}$ 及 n 维实线性空间 V 的一个基 $\boldsymbol{\alpha}_1,\boldsymbol{\alpha}_2,\cdots,\boldsymbol{\alpha}_n$，可以规定 V 上的内积，使它成为欧几里得空间，并且基的 $\boldsymbol{\alpha}_1,\boldsymbol{\alpha}_2,\cdots,\boldsymbol{\alpha}_n$ 度量矩阵是 $\boldsymbol{A}$.

8.1.4　例子剖析

例 8.1.1　普通的二维和三维空间是欧氏空间.

由式(8.1.1)知：$(\boldsymbol{\alpha},\boldsymbol{\beta})=|\boldsymbol{\alpha}||\boldsymbol{\beta}|\cos\varphi$，满足条件(1)～(4)，因此几何空间 $\mathbf{R}^2$ 或 $\mathbf{R}^3$ 是欧氏空间.

例 8.1.2　在 $\mathbf{R}^n$ 中，对任意两个向量 $\boldsymbol{\alpha}=(a_1,a_2,\cdots,a_n)$，$\boldsymbol{\beta}=(b_1,b_2,\cdots,b_n)$，定义：

$$(\boldsymbol{\alpha},\boldsymbol{\beta})=a_1b_1+a_2b_2+\cdots+a_nb_n,$$

不难验证这样定义的映射满足条件(1)～(4)，故 $\mathbf{R}^n$ 对这样定义的内积作成一个欧氏空间.

例 8.1.3　在 $\mathbf{R}^n$ 中，对任意两个向量 $\boldsymbol{\alpha}=(a_1,a_2,\cdots,a_n)$，$\boldsymbol{\beta}=(b_1,b_2,\cdots,b_n)$，定义：

$$(\boldsymbol{\alpha},\boldsymbol{\beta})=a_1b_1+2a_2b_2+\cdots+na_nb_n,$$

不难验证这样定义的映射也满足条件(1)～(4)，故 $\mathbf{R}^n$ 对这样定义的内积也作成一个欧氏空间.

评注 由例 8.1.2 和例 8.1.3 知，同一个线性空间可以引入不同的内积，使它成为不同的欧氏空间. 但在以后讨论欧氏空间 $\mathbf{R}^n$ 时，如不加说明，则其上的内积是指例 8.1.2 中所作的内积定义.

例 8.1.4 $\mathbf{C}[a,b]$ 是闭区间 $[a,b]$ 上一切连续实函数所成的空间，对其上任意 $f(x)$，$g(x)$，定义二元函数为 $(f(x),g(x))=\int_a^b f(x)g(x)\mathrm{d}x$，则 $\mathbf{C}[a,b]$ 成一个欧氏空间.

解 $\forall f(x),g(x)\in\mathbf{C}[a,b]$，定义映射为

$$(f(x),g(x))=\int_a^b f(x)g(x)\mathrm{d}x,$$

则由定积分的性质知，这样定义的映射满足条件(1)～(4)，故 $(f(x),g(x))$ 是 $\mathbf{C}[a,b]$ 上的一个内积. $\mathbf{C}[a,b]$ 是一个欧氏空间，且是一个无限维欧氏空间.

特别地，$\mathbf{R}[x]$ 和 $\mathbf{R}[x]_n$ 对于如上定义的内积也作成欧氏空间.

例 8.1.5 令 $\mathbf{R}^n$ 是例 8.1.2 中的欧氏空间，$\forall\boldsymbol{\alpha}\in V$，$\boldsymbol{\alpha}=(a_1,a_2,\cdots,a_n)$，其长度为

$$|\boldsymbol{\alpha}|=\sqrt{(\boldsymbol{\alpha},\boldsymbol{\alpha})}=\sqrt{a_1^2+a_2^2+\cdots+a_n^2}.$$

例 8.1.6 考虑例 8.1.2 的欧氏空间 $\mathbf{R}^n$，由不等式(8.1.3)知，对任意实数 $a_1,a_2,\cdots,a_n,b_1,b_2,\cdots,b_n$，令 $\boldsymbol{\alpha}=(a_1,a_2,\cdots,a_n)$，$\boldsymbol{\beta}=(b_1,b_2,\cdots,b_n)$，由 $|(\boldsymbol{\alpha},\boldsymbol{\beta})|\leqslant|\boldsymbol{\alpha}||\boldsymbol{\beta}|$，得

$$|a_1b_1+a_2b_2+\cdots+a_nb_n|\leqslant\sqrt{a_1^2+a_1^2+\cdots+a_n^2}\ \sqrt{b_1^2+b_2^2+\cdots+b_n^2}\quad(8.1.8)$$

不等式(8.1.8)即为**柯西不等式**.

例 8.1.7 考虑例 8.1.4 的欧氏空间 $\mathbf{C}[a,b]$，$\forall f(x),g(x)\in\mathbf{C}[a,b]$，由 $|(\boldsymbol{\alpha},\boldsymbol{\beta})|\leqslant|\boldsymbol{\alpha}||\boldsymbol{\beta}|$，得

$$\left|\int_a^b f(x)g(x)\mathrm{d}x\right|\leqslant\sqrt{\int_a^b f^2(x)\mathrm{d}x}\ \sqrt{\int_a^b g^2(x)\mathrm{d}x}.\qquad(8.1.9)$$

不等式(8.1.9)称为**施瓦兹不等式**.

例 8.1.8 在欧氏空间 $\mathbf{R}^3$ 中，取向量 $\boldsymbol{\alpha}=(1,0,0)$，$\boldsymbol{\beta}=(1,1,0)$，则 $|\boldsymbol{\alpha}|=1$，$|\boldsymbol{\beta}|=\sqrt{2}$，$(\boldsymbol{\alpha},\boldsymbol{\beta})=1$，于是 $\cos\varphi=\dfrac{(\boldsymbol{\alpha},\boldsymbol{\beta})}{|\boldsymbol{\alpha}||\boldsymbol{\beta}|}=\dfrac{1}{\sqrt{2}}$，得 $\varphi=\dfrac{\pi}{4}$，即向量 $\boldsymbol{\alpha}$ 与 $\boldsymbol{\beta}$ 间的夹角为 $\dfrac{\pi}{4}$.

例 8.1.9 在欧氏空间 $\mathbf{R}^n$ 中，n 个单位向量

$$\boldsymbol{\varepsilon}_1=(1,0,\cdots,0),\boldsymbol{\varepsilon}_2=(0,1,\cdots,0),\cdots,\boldsymbol{\varepsilon}_n=(0,0,\cdots,1)$$

显然是两两正交的，且 $|\boldsymbol{\varepsilon}_i|=1$，$i=1,2,\cdots,n$.

8.1.5 练习与探究

1. 设 $\boldsymbol{A}=(a_{ij})$ 是一个 n 阶正定矩阵，而

$$\boldsymbol{\alpha}=(x_1,x_2,\cdots,x_n),\boldsymbol{\beta}=(y_1,y_2,\cdots,y_n).$$

在 $\mathbf{R}^n$ 中定义 $(\boldsymbol{\alpha},\boldsymbol{\beta})$ 为 $(\boldsymbol{\alpha},\boldsymbol{\beta})=\boldsymbol{\alpha}\boldsymbol{A}\boldsymbol{\beta}'$.

(1) 证明在这个定义之下，$\mathbf{R}^n$ 成一欧氏空间；

(2) 求单位向量 $\boldsymbol{\varepsilon}_1=(1,0,\cdots,0)$，$\boldsymbol{\varepsilon}_2=(0,1,\cdots,0)$，$\cdots$，$\boldsymbol{\varepsilon}_n=(0,0,\cdots,1)$ 的度量

矩阵；

(3) 具体写出这个空间中的柯西－布涅柯夫斯基不等式.

2. 在 $\mathbf{R}^4$ 中，求 $(\boldsymbol{\alpha},\boldsymbol{\beta})$ 之间的夹角 φ（内积按通常定义）. 设：

(1) $\boldsymbol{\alpha}=(2,1,3,2)$，$\boldsymbol{\beta}=(1,2,-2,1)$；

(2) $\boldsymbol{\alpha}=(1,2,2,3)$，$\boldsymbol{\beta}=(3,1,5,1)$.

3. 在 $\mathbf{R}^4$ 中求一单位向量与 $(1,1,-1,1)$，$(1,-1,-1,1)$，$(2,1,1,3)$ 正交.

8.2　标准正交基

在解析几何里，我们通常选取两个或三个彼此正交的单位向量作成 $\mathbf{R}^2$ 或 $\mathbf{R}^3$ 的一个基，这个基对应于直角坐标系. 由于直角坐标系用起来很方便，我们就想，在 n 维欧氏空间 V 中，是否也能找到一组两两正交的单位向量，使之构成 V 的一个基，其作用就如同“直角坐标系”中彼此正交的单位向量那样. 这种基有没有？本节围绕以下问题展开讨论.

8.2.1　研究问题

(1) 标准正交基的定义及性质.

(2) 标准正交基的求法.

(3) 正交矩阵.

标准正交基上　标准正交基下

8.2.2　基本概念

✲ 定义 8.2.1　欧氏空间 V 的一组两两正交的非零向量称为 V 的一个正交组. 如果一个正交组的每一个向量都是单位向量，那么这样的向量组称为标准正交组.

为讨论方便起见，我们规定，单独一个非零向量也叫作一个正交组.

✲ 定义 8.2.2　在欧氏空间 V 中，由正交组构成的基称为正交基，由标准正交组构成的基称为标准正交基.

✲ 定义 8.2.3　n 阶实矩阵 $\boldsymbol{A}$ 若满足 $\boldsymbol{A}'\boldsymbol{A}=\boldsymbol{E}$，则称 $\boldsymbol{A}$ 是正交矩阵.

8.2.3　主要结论

结论 1　欧氏空间 V 中的正交组 $\boldsymbol{\alpha}_1,\boldsymbol{\alpha}_2,\cdots,\boldsymbol{\alpha}_s$ 必线性无关.

证明　设 $\sum\limits_{i=1}^{s}k_i\boldsymbol{\alpha}_i=\mathbf{0}$，两边同时与 $\boldsymbol{\alpha}_i$ 作内积得 $k_i(\boldsymbol{\alpha}_i,\boldsymbol{\alpha}_i)=0$. 因为 $(\boldsymbol{\alpha}_i,\boldsymbol{\alpha}_i)>0$，于是得 $k_i=0$，$i=1,2,\cdots,s$，故 $\boldsymbol{\alpha}_1,\boldsymbol{\alpha}_2,\cdots,\boldsymbol{\alpha}_s$ 线性无关.

评注　n 维欧氏空间 V 中的正交组所含向量的个数不大于 n. 正交组必线性无关，但反之却不一定成立.

标准正交基具有以下性质：

结论 2　设 $\boldsymbol{\eta}_1,\boldsymbol{\eta}_2,\cdots,\boldsymbol{\eta}_n$ 是 n 维欧氏空间 V 的一个标准正交基，则有

(1) $(\boldsymbol{\eta}_i,\boldsymbol{\eta}_j)=\begin{cases}1, & i=j,\\ 0, & i\neq j;\end{cases}$

(2) $\forall \boldsymbol{\alpha}\in V$,设 $\boldsymbol{\alpha}=k_1\boldsymbol{\eta}_1+k_2\boldsymbol{\eta}_2+\cdots+k_n\boldsymbol{\eta}_n$,则 $k_i=(\boldsymbol{\alpha},\boldsymbol{\eta}_i),i=1,2,\cdots,n$;

(3) 若 $\boldsymbol{\alpha}=\sum\limits_{i=1}^{n}k_i\boldsymbol{\eta}_i,\boldsymbol{\beta}=\sum\limits_{i=1}^{n}l_j\boldsymbol{\eta}_j$,则 $(\boldsymbol{\alpha},\boldsymbol{\beta})=\sum\limits_{i=1}^{n}k_il_i$;

(4) 若 $\boldsymbol{\alpha}=\sum\limits_{i=1}^{n}k_i\boldsymbol{\eta}_i$,则 $|\boldsymbol{\alpha}|=\sqrt{k_1^2+k_2^2+\cdots+k_n^2}$,

$$|\boldsymbol{\alpha}-\boldsymbol{\beta}|=\sqrt{(k_1-l_1)^2+(k_2-l_2)^2+\cdots+(k_n-l_n)^2}.$$

证明 (1) 由定义可得.

(2) $(\boldsymbol{\alpha},\boldsymbol{\eta}_i)=(\sum k_i\boldsymbol{\eta}_i,\boldsymbol{\eta}_i)=k_i(\boldsymbol{\eta}_i,\boldsymbol{\eta}_i)=k_i,i=1,2,\cdots,n.$

(3)
$$\begin{aligned}(\boldsymbol{\alpha},\boldsymbol{\beta})&=(\sum k_i\boldsymbol{\eta}_i,\sum l_i\boldsymbol{\eta}_i)\\&=l_1(\sum k_i\boldsymbol{\eta}_i,\boldsymbol{\eta}_1)+\cdots+l_n(\sum k_i\boldsymbol{\eta}_i,\boldsymbol{\eta}_n)\\&=k_1l_1+k_2l_2+\cdots+k_nl_n.\end{aligned}$$

(4) 因为 $(\boldsymbol{\alpha},\boldsymbol{\alpha})=\sum\limits_{i=1}^{n}k_i^2$,所以 $|\boldsymbol{\alpha}|=\sqrt{\sum k_i^2}$.

$$\boldsymbol{\alpha}-\boldsymbol{\beta}=\sum_{i=1}^{n}(k_i-l_i)\boldsymbol{\eta}_i,\ |\boldsymbol{\alpha}-\boldsymbol{\beta}|=\sqrt{\sum_{i=1}^{n}(k_i-l_i)^2}.$$

评注 (1) 一个基为标准正交基的充要条件是:它的度量矩阵为单位矩阵.

(2) 在欧氏空间的标准正交基下,任一向量在这个基下的坐标的第 i 个分量等于 $\boldsymbol{\alpha}$ 与基中第 i 个基向量的内积,即有

$$\boldsymbol{\alpha}=(\boldsymbol{\alpha},\boldsymbol{\eta}_1)\boldsymbol{\eta}_1+(\boldsymbol{\alpha},\boldsymbol{\eta}_2)\boldsymbol{\eta}_2+\cdots+(\boldsymbol{\alpha},\boldsymbol{\eta}_n)\boldsymbol{\eta}_n$$

(3) 任两个向量的内积等于这两个向量在标准正交基下的坐标对应分量乘积的和.

(4) 任一向量的长度等于这个向量在标准正交基下的坐标平方和的算术根;两向量之差的长度等于这两个向量在标准正交基下对应坐标之差的平方和的算术根.

以上这些结论正是解析几何里我们熟知的公式的推广,从中可以看出在欧氏空间中引入标准正交基所带来的好处,使用标准正交基有许多优点,那么,如何求欧氏空间的标准基呢?

标准正交基的求法

在回答上述问题之前,我们先看一个简单的例子. $\boldsymbol{\alpha}_1=(1,2),\boldsymbol{\alpha}_2=(3,1)$ 是 $\mathbf{R}^2$ 中两个线性无关的向量组,能否由 $\boldsymbol{\alpha}_1,\boldsymbol{\alpha}_2$ 出发找出 $\mathbf{R}^2$ 的一个标准正交组?

首先,单个向量 $\boldsymbol{\alpha}_1$ 是一个正交组,但 $(\boldsymbol{\alpha}_1,\boldsymbol{\alpha}_2)\neq 0$,如何找向量 $\boldsymbol{\beta}$,使 $(\boldsymbol{\alpha}_1,\boldsymbol{\beta})=0$,令

$$\boldsymbol{\beta}=\boldsymbol{\alpha}_2+k\boldsymbol{\alpha}_1,$$

$$(\boldsymbol{\alpha}_1,\boldsymbol{\beta})=(\boldsymbol{\alpha}_1,\boldsymbol{\alpha}_2+k\boldsymbol{\alpha}_1)=(\boldsymbol{\alpha}_1,\boldsymbol{\alpha}_2)+k(\boldsymbol{\alpha}_1,\boldsymbol{\alpha}_2)=0,$$

得 $k=-\dfrac{(\boldsymbol{\alpha}_1,\boldsymbol{\alpha}_2)}{(\boldsymbol{\alpha}_1,\boldsymbol{\alpha}_1)}$.

于是令 $\boldsymbol{\beta}=\boldsymbol{\alpha}_2-\dfrac{(\boldsymbol{\alpha}_1,\boldsymbol{\alpha}_2)}{(\boldsymbol{\alpha}_1,\boldsymbol{\alpha}_1)}\boldsymbol{\alpha}_1$. $\boldsymbol{\alpha}_1$ 与 $\boldsymbol{\beta}$ 正交. 但 $\boldsymbol{\alpha}_1$ 与 $\boldsymbol{\beta}$ 长度不为 1. 故令 $\boldsymbol{\beta}_1=\dfrac{\boldsymbol{\alpha}_1}{|\boldsymbol{\alpha}_1|},\boldsymbol{\beta}_2=\dfrac{\boldsymbol{\beta}}{|\boldsymbol{\beta}|}$,则 $\boldsymbol{\beta}_1,\boldsymbol{\beta}_2$ 就是 $\mathbf{R}^2$ 的一个标准正交基,这里介绍的方法可以推广到 n 维欧氏空间中去.

✲ 定理 8.2.1　设 $\boldsymbol{\alpha}_1,\boldsymbol{\alpha}_2,\cdots,\boldsymbol{\alpha}_m$ 是欧氏空间 V 的一组线性无关的向量，那么可以找出 V 的一个正交组 $\boldsymbol{\beta}_1,\boldsymbol{\beta}_2,\cdots,\boldsymbol{\beta}_m$，使得 $\boldsymbol{\beta}_k$ 可由 $\boldsymbol{\alpha}_1,\boldsymbol{\alpha}_2,\cdots,\boldsymbol{\alpha}_k$ 线性表示，$k=1,2,\cdots,m$. 特别地，若 $\boldsymbol{\alpha}_1,\boldsymbol{\alpha}_2,\cdots,\boldsymbol{\alpha}_n$ 是 V 的一个基，则正交向量组 $\boldsymbol{\beta}_1,\boldsymbol{\beta}_2,\cdots,\boldsymbol{\beta}_n$ 是 V 的一个正交基.

证明　先取 $\boldsymbol{\beta}_1=\boldsymbol{\alpha}_1$，则 $\boldsymbol{\beta}_1$ 是 $\boldsymbol{\alpha}_1$ 的线性组合，且 $\boldsymbol{\beta}_1\neq\mathbf{0}$. 其次，取 $\boldsymbol{\beta}_2=\boldsymbol{\alpha}_2-\dfrac{(\boldsymbol{\alpha}_2,\boldsymbol{\beta}_1)}{(\boldsymbol{\beta}_1,\boldsymbol{\beta}_1)}\boldsymbol{\beta}_1$，则 $\boldsymbol{\beta}_2$ 是 $\boldsymbol{\alpha}_1,\boldsymbol{\alpha}_2$ 的线性组合，$\boldsymbol{\beta}_2\neq 0$ 且 $(\boldsymbol{\beta}_1,\boldsymbol{\beta}_2)=0$.

假设对于 $n\leqslant k-1$ 时结论成立，即满足定理要求的 $\boldsymbol{\beta}_1,\boldsymbol{\beta}_2,\cdots,\boldsymbol{\beta}_{k-1}$ 已作出：

$$\boldsymbol{\beta}_1=\boldsymbol{\alpha}_1,$$

$$\boldsymbol{\beta}_2=\boldsymbol{\alpha}_2-\frac{(\boldsymbol{\alpha}_2,\boldsymbol{\beta}_1)}{(\boldsymbol{\beta}_1,\boldsymbol{\beta}_1)}\boldsymbol{\beta}_1,$$

……

$$\boldsymbol{\beta}_{k-1}=\boldsymbol{\alpha}_{k-1}-\frac{(\boldsymbol{\alpha}_{k-1},\boldsymbol{\beta}_1)}{(\boldsymbol{\beta}_1,\boldsymbol{\beta}_1)}\boldsymbol{\beta}_1-\cdots-\frac{(\boldsymbol{\alpha}_{k-1},\boldsymbol{\beta}_{k-2})}{(\boldsymbol{\beta}_{k-2},\boldsymbol{\beta}_{k-2})}\boldsymbol{\beta}_{k-2},$$

$\boldsymbol{\beta}_1,\boldsymbol{\beta}_2,\cdots,\boldsymbol{\beta}_{k-1}$ 两两正交，且 $\boldsymbol{\beta}_i$ 可由 $\boldsymbol{\alpha}_1,\boldsymbol{\alpha}_2,\cdots,\boldsymbol{\alpha}_i$ 线性表示，取

$$\boldsymbol{\beta}_k=\boldsymbol{\alpha}_k-\frac{(\boldsymbol{\alpha}_k,\boldsymbol{\beta}_1)}{(\boldsymbol{\beta}_1,\boldsymbol{\beta}_1)}\boldsymbol{\beta}_1-\cdots-\frac{(\boldsymbol{\alpha}_k,\boldsymbol{\beta}_{k-2})}{(\boldsymbol{\beta}_{k-2},\boldsymbol{\beta}_{k-2})}\boldsymbol{\beta}_{k-2}-\frac{(\boldsymbol{\alpha}_k,\boldsymbol{\beta}_{k-1})}{(\boldsymbol{\beta}_{k-1},\boldsymbol{\beta}_{k-1})}\boldsymbol{\beta}_{k-1},$$

则

$$(\boldsymbol{\beta}_k,\boldsymbol{\beta}_i)=(\boldsymbol{\alpha}_k,\boldsymbol{\beta}_i)-\frac{(\boldsymbol{\alpha}_k,\boldsymbol{\beta}_i)}{(\boldsymbol{\beta}_i,\boldsymbol{\beta}_i)}(\boldsymbol{\beta}_i,\boldsymbol{\beta}_i)=0,\quad i=1,2,\cdots,k-1.$$

故 $\boldsymbol{\beta}_1,\boldsymbol{\beta}_2,\cdots,\boldsymbol{\beta}_k$ 两两正交，且 $\boldsymbol{\beta}_k$ 可由 $\boldsymbol{\alpha}_1,\boldsymbol{\alpha}_2,\cdots,\boldsymbol{\alpha}_k$ 线性表示.

本定理的证明方法实际上给出了把线性无关向量组正交化的方法，这种方法在文献上称为施密特正交化方法. 它使我们可以从欧氏空间中任意一组线性无关的向量出发，求出一组两两正交的正交向量组来.

如果 V 是一个 n 维欧氏空间，$\boldsymbol{\alpha}_1,\boldsymbol{\alpha}_2,\cdots,\boldsymbol{\alpha}_n$ 是 V 的一个基，利用以上正交化方法，我们可以得到 V 的一个正交基 $\boldsymbol{\beta}_1,\boldsymbol{\beta}_2,\cdots,\boldsymbol{\beta}_n$，再把 $\boldsymbol{\beta}_i$ 单位化，即令 $\boldsymbol{\eta}_i=\boldsymbol{\beta}_i/|\boldsymbol{\beta}_i|$，$i=1,\cdots,n$，则 $\boldsymbol{\eta}_1,\boldsymbol{\eta}_2,\cdots,\boldsymbol{\eta}_n$ 就是 V 的一个标准正交基. 于是我们得到下面的结论.

结论　任意 n 维欧氏空间一定有正交基，从而有标准正交基.

✲ 定理 8.2.2　在欧氏空间中，标准正交基到标准正交基的过渡矩阵是正交矩阵；反之，如果第一个基是标准正交基，过渡矩阵是正交矩阵，那么第二个基也是标准正交基.

证明　设 $\boldsymbol{\alpha}_1,\boldsymbol{\alpha}_2,\cdots,\boldsymbol{\alpha}_n$ 与 $\boldsymbol{\beta}_1,\boldsymbol{\beta}_2,\cdots,\boldsymbol{\beta}_n$ 是欧氏空间 V 的两个标准正交基，即有

$$(\boldsymbol{\alpha}_i,\boldsymbol{\alpha}_j)=\begin{cases}1, & i=j,\\ 0, & i\neq j,\end{cases}\quad (\boldsymbol{\beta}_i,\boldsymbol{\beta}_j)=\begin{cases}1, & i=j,\\ 0, & i\neq j.\end{cases}$$

设它们的过渡矩阵为 $\boldsymbol{A}=(a_{ij})_{n\times n}$，即有

$$(\boldsymbol{\beta}_1,\boldsymbol{\beta}_2,\cdots,\boldsymbol{\beta}_n)=(\boldsymbol{\alpha}_1,\boldsymbol{\alpha}_2,\cdots,\boldsymbol{\alpha}_n)\begin{bmatrix}a_{11} & a_{12} & \cdots & a_{1n}\\ a_{21} & a_{22} & \cdots & a_{2n}\\ \vdots & \vdots & \ddots & \vdots\\ a_{n1} & a_{n2} & \cdots & a_{nn}\end{bmatrix}.$$

于是 $\boldsymbol{\beta}_k(k=1,2,\cdots,n)$ 在标准正交基下的坐标即为 $\boldsymbol{A}$ 的第 k 列，

即

$$\boldsymbol{\beta}_k=a_{1k}\boldsymbol{\alpha}_1+a_{2k}\boldsymbol{\alpha}_2+\cdots+a_{nk}\boldsymbol{\alpha}_n,\quad k=1,2,\cdots,n,$$

$$(\boldsymbol{\beta}_i,\boldsymbol{\beta}_j)=a_{1i}a_{1j}+a_{2i}a_{2j}+\cdots+a_{ni}a_{nj}=\begin{cases}1, & i=j,\\ 0, & i\neq j,\end{cases}$$

此即
$$\boldsymbol{A}'\boldsymbol{A}=\boldsymbol{E}.$$

反之，若 $\boldsymbol{\alpha}_1,\boldsymbol{\alpha}_2,\cdots,\boldsymbol{\alpha}_n$ 是标准正交基，$\boldsymbol{A}$ 是正交矩阵，则

$$(\boldsymbol{\beta}_1,\boldsymbol{\beta}_2,\cdots,\boldsymbol{\beta}_n)=(\boldsymbol{\alpha}_1,\boldsymbol{\alpha}_2,\cdots,\boldsymbol{\alpha}_n)\boldsymbol{A}$$

由于
$$(\boldsymbol{\beta}_i,\boldsymbol{\beta}_j)=\begin{cases}1, & i=j,\\ 0, & i\neq j,\end{cases}$$

故 $\boldsymbol{\beta}_1,\boldsymbol{\beta}_2,\cdots,\boldsymbol{\beta}_n$ 也是标准正交基.

正交矩阵的几种判别方法

✲ 定理 8.2.3 设 $\boldsymbol{A}=(a_{ij})_{n\times n}$ 是一个 n 阶实矩阵，则下列几个结论互相等价：

(1)$\boldsymbol{A}$ 是正交矩阵，即 $\boldsymbol{A}'\boldsymbol{A}=\boldsymbol{E}$；

(2)$\boldsymbol{A}\boldsymbol{A}'=\boldsymbol{E}$；

(3)$\boldsymbol{A}$ 的列向量组是标准正交基，即

$$a_{1i}a_{1j}+a_{2i}a_{2j}+\cdots+a_{ni}a_{nj}=\begin{cases}1, & i=j,\\ 0, & i\neq j;\end{cases}$$

(4)$\boldsymbol{A}$ 的行向量是标准正交基，即

$$a_{i1}a_{j1}+a_{i2}a_{j2}+\cdots+a_{in}a_{jn}=\begin{cases}1, & i=j,\\ 0, & i\neq j;\end{cases}$$

(5)$\boldsymbol{A}'=\boldsymbol{A}^{-1}$.

8.2.4 例子剖析

例 8.2.1 向量 $\boldsymbol{\alpha}_1=(0,1,0)$，$\boldsymbol{\alpha}_2=\left(\frac{1}{\sqrt{2}},0,\frac{1}{\sqrt{2}}\right)$，$\boldsymbol{\alpha}_3=\left(\frac{1}{\sqrt{2}},0,-\frac{1}{\sqrt{2}}\right)$是 $\mathbf{R}^3$ 的一个标准正交基.

容易验证$(\boldsymbol{\alpha}_1,\boldsymbol{\alpha}_2)=(\boldsymbol{\alpha}_2,\boldsymbol{\alpha}_3)=(\boldsymbol{\alpha}_3,\boldsymbol{\alpha}_1)=0$，又 $|\boldsymbol{\alpha}_1|=|\boldsymbol{\alpha}_2|=|\boldsymbol{\alpha}_3|=1$，故结论成立.

例 8.2.2 欧氏空间 $\mathbf{R}^n$ 中的标准基 $\boldsymbol{\varepsilon}_1=(1,0,\cdots,0),\cdots,\boldsymbol{\varepsilon}_n=(0,0,\cdots,1)$ 是 $\mathbf{R}^n$ 中的一个标准正交基.

$\mathbf{R}^n$ 中的标准正交基是不唯一的，例如：

$$\boldsymbol{\alpha}_1=\left(\frac{1}{\sqrt{2}},\frac{1}{\sqrt{2}},0,\cdots,0\right),\boldsymbol{\alpha}_2=\left(-\frac{1}{\sqrt{2}},\frac{1}{\sqrt{2}},0,\cdots,0\right),\boldsymbol{\varepsilon}_3,\cdots,\boldsymbol{\varepsilon}_n$$

也是 $\mathbf{R}^n$ 的一个标准正交基.

例 8.2.3 对 $\mathbf{R}^3$ 中的一个基 $\boldsymbol{\alpha}_1=(1,1,1)$，$\boldsymbol{\alpha}_2=(0,1,2)$，$\boldsymbol{\alpha}_3=(2,0,3)$ 施行正交化方法，求出一个标准正交基.

解
$$\boldsymbol{\beta}_1=\boldsymbol{\alpha}_1=(1,1,1),$$

$$\boldsymbol{\beta}_2=\boldsymbol{\alpha}_2-\frac{(\boldsymbol{\alpha}_2,\boldsymbol{\beta}_1)}{(\boldsymbol{\beta}_1,\boldsymbol{\beta}_1)}\boldsymbol{\beta}_1=(0,1,2)-\frac{1+2}{3}(1,1,1)=(-1,0,1),$$

$$\boldsymbol{\beta}_3=\boldsymbol{\alpha}_3-\frac{(\boldsymbol{\alpha}_3,\boldsymbol{\beta}_1)}{(\boldsymbol{\beta}_1,\boldsymbol{\beta}_1)}\boldsymbol{\beta}_1-\frac{(\boldsymbol{\alpha}_3,\boldsymbol{\beta}_2)}{(\boldsymbol{\beta}_2,\boldsymbol{\beta}_2)}\boldsymbol{\beta}_2$$

$$= (2,0,3) - \frac{5}{3}(1,1,1) - \frac{1}{2}(-1,0,1)$$

$$= \left(\frac{5}{6}, \frac{-5}{3}, \frac{5}{6}\right).$$

再把 $\boldsymbol{\beta}_1, \boldsymbol{\beta}_2, \boldsymbol{\beta}_3$ 单位化：

$$\boldsymbol{\eta}_1 = \frac{\boldsymbol{\beta}_1}{|\boldsymbol{\beta}_1|} = \left(\frac{1}{\sqrt{3}}, \frac{1}{\sqrt{3}}, \frac{1}{\sqrt{3}}\right), \quad \boldsymbol{\eta}_2 = \frac{\boldsymbol{\beta}_2}{|\boldsymbol{\beta}_2|} = \left(-\frac{1}{\sqrt{2}}, 0, \frac{1}{\sqrt{2}}\right)$$

$$\boldsymbol{\eta}_3 = \frac{\boldsymbol{\beta}_3}{|\boldsymbol{\beta}_3|} = \left(\frac{1}{\sqrt{6}}, -\frac{2}{\sqrt{6}}, \frac{1}{\sqrt{6}}\right)$$

要注意的是：若先把向量组单位化，再正交化，则所得结果不一定是标准正交的.

下面这个例子是对定理 8.2.3 的直观验证.

例 8.2.4　设 $\boldsymbol{A} = \begin{bmatrix} a_{11} & a_{12} & a_{13} \\ a_{21} & a_{22} & a_{23} \\ a_{31} & a_{32} & a_{33} \end{bmatrix}$是三阶正交矩阵，则有

$$\boldsymbol{A}'\boldsymbol{A} = \begin{bmatrix} a_{11} & a_{21} & a_{31} \\ a_{12} & a_{22} & a_{32} \\ a_{13} & a_{23} & a_{33} \end{bmatrix} \begin{bmatrix} a_{11} & a_{12} & a_{13} \\ a_{21} & a_{22} & a_{23} \\ a_{31} & a_{32} & a_{33} \end{bmatrix}$$

$$= \begin{bmatrix} a_{11}^2 + a_{21}^2 + a_{31}^2 & a_{11}a_{12} + a_{21}a_{22} + a_{31}a_{12} & a_{11}a_{13} + a_{21}a_{23} + a_{31}a_{33} \\ a_{11}a_{12} + a_{21}a_{22} + a_{31}a_{12} & a_{12}^2 + a_{22}^2 + a_{32}^2 & a_{12}a_{13} + a_{22}a_{23} + a_{32}a_{33} \\ a_{11}a_{13} + a_{21}a_{23} + a_{31}a_{33} & a_{12}a_{13} + a_{22}a_{23} + a_{32}a_{33} & a_{13}^2 + a_{23}^2 + a_{33}^2 \end{bmatrix}$$

$$= \begin{bmatrix} 1 & 0 & 0 \\ 0 & 1 & 0 \\ 0 & 0 & 1 \end{bmatrix},$$

故得 $a_{1i}a_{1j} + a_{2i}a_{2j} + a_{3i}a_{3j} = \begin{cases} 1, & i = j, \\ 0, & i \neq j. \end{cases}$

8.2.5　练习与探究

1. 设 $\boldsymbol{\alpha}_1, \boldsymbol{\alpha}_2, \cdots, \boldsymbol{\alpha}_n$ 是欧氏空间 V 的一个基，证明：

(1) 如果存在 $\boldsymbol{\gamma} \in V$，使$(\boldsymbol{\gamma}, \boldsymbol{\alpha}_i) = 0, i = 1,2,\cdots,n$，那么 $\boldsymbol{\gamma} = \boldsymbol{0}$；

(2) 如果存在 $\boldsymbol{\gamma}_1, \boldsymbol{\gamma}_2 \in V$，使对任一 $\boldsymbol{\alpha} \in V$，有$(\boldsymbol{\gamma}_1, \boldsymbol{\alpha}) = (\boldsymbol{\gamma}_2, \boldsymbol{\alpha})$，那么 $\boldsymbol{\gamma}_1 = \boldsymbol{\gamma}_1$.

2. 设 $\boldsymbol{\alpha}_1, \boldsymbol{\alpha}_2, \boldsymbol{\alpha}_3, \boldsymbol{\alpha}_4, \boldsymbol{\alpha}_5$ 是五维欧氏空间 V 的一个标准正交基，$V_1 = L(\boldsymbol{\beta}_1, \boldsymbol{\beta}_2, \boldsymbol{\beta}_3)$，其中 $\boldsymbol{\beta}_1 = \boldsymbol{\alpha}_1 + \boldsymbol{\alpha}_5, \boldsymbol{\beta}_2 = \boldsymbol{\alpha}_1 - \boldsymbol{\alpha}_2 + \boldsymbol{\alpha}_4, \boldsymbol{\beta}_3 = 2\boldsymbol{\alpha}_1 + \boldsymbol{\alpha}_2 + \boldsymbol{\alpha}_3$，求 V_1 的一个标准正交基.

3. 求齐次线性方程组$\begin{cases} 2x_1 + x_2 - x_3 + x_4 - 3x_5 = 0 \\ x_1 + x_2 - x_3 + x_5 = 0 \end{cases}$的解空间的一个标准正交基.

4. 在 $\mathbf{R}[x]_4$ 中定义内积为$(\boldsymbol{f}, \boldsymbol{g}) = \int_{-1}^{1} f(x)g(x)\mathrm{d}x$ 由基 $1, x, x^2, x^3$ 出发作正交化，求 $\mathbf{R}[x]_4$ 的一个标准正交基.

5. 设 V 是一个欧氏空间，$\boldsymbol{\alpha}, \boldsymbol{\beta} \in V$，且 $|\boldsymbol{\alpha}| = |\boldsymbol{\beta}|$，则 $\boldsymbol{\alpha} + \boldsymbol{\beta}$ 与 $\boldsymbol{\alpha} - \boldsymbol{\beta}$ 正交.

6. 设 $\boldsymbol{A}, \boldsymbol{B}$ 都是正交矩阵，且 $|\boldsymbol{A}| + |\boldsymbol{B}| = 0$，试证 $|\boldsymbol{A} + \boldsymbol{B}| = 0$.

8.3　欧氏空间的同构

为了更好地掌握欧氏空间，必须研究欧氏空间的同构问题. 本节围绕以下问题展开讨论.

8.3.1　研究问题

(1) 欧氏空间的同构.

(2) 同构的性质.

8.3.2　基本概念

✲ **定义 8.3.1**　设 V 与 V' 都是 $\mathbf{R}$ 上的欧氏空间，如果满足以下两条：

(1) 存在 V 到 V' 的一个同构映射 σ；

(2) $\forall \boldsymbol{\alpha},\boldsymbol{\beta} \in V$，有 $(\sigma\boldsymbol{\alpha},\sigma\boldsymbol{\beta}) = (\boldsymbol{\alpha},\boldsymbol{\beta})$（映射 σ 保持内积不变），则称欧氏空间 V 与 V' 同构.

8.3.3　主要结论

✲ **定理 8.3.1**　两个有限维欧氏空间 V 与 V' 同构的充要条件是：它们的维数相等.

证明　必要性显然，即若欧氏空间 V 与 V' 同构，则作为 $\mathbf{R}$ 上的线性空间，V 与 V' 同构，故 V 与 V' 的维数相等.

充分性. 若 V 与 V' 的维数相等，设 $\dim V = \dim V' = n$. 若 $n = 0$，因为零空间的内积均为零，则 V 与 V' 同构；若 $n > 0$，设 V 与 V' 的标准正交基分别为 $\boldsymbol{\alpha}_1,\boldsymbol{\alpha}_2,\cdots,\boldsymbol{\alpha}_n$ 与 $\boldsymbol{\eta}_1,\boldsymbol{\eta}_2,\cdots,\boldsymbol{\eta}_n$，$\forall \boldsymbol{\alpha} \in V$，设 $\boldsymbol{\alpha} = k_1\boldsymbol{\alpha}_1 + k_2\boldsymbol{\alpha}_2 + \cdots + k_n\boldsymbol{\alpha}_n$，定义 σ 如下：

$$\sigma(\boldsymbol{\alpha}) = k_1\boldsymbol{\eta}_1 + k_2\boldsymbol{\eta}_2 + \cdots + k_n\boldsymbol{\eta}_n \in V',$$

则易知 σ 是线性空间 V 到 V' 的一个同构映射.

事实上，$\forall \boldsymbol{\alpha},\boldsymbol{\beta} \in V$，设 $\boldsymbol{\alpha} = k_1\boldsymbol{\alpha}_1 + k_2\boldsymbol{\alpha}_2 + \cdots + k_n\boldsymbol{\alpha}_n$，$\boldsymbol{\beta} = l_1\boldsymbol{\alpha}_1 + l_2\boldsymbol{\alpha}_2 + \cdots + l_n\boldsymbol{\alpha}_n$. 若 $\sigma\boldsymbol{\alpha} = \sigma\boldsymbol{\beta}$，即有

$$k_1\boldsymbol{\eta}_1 + k_2\boldsymbol{\eta}_2 + \cdots + k_n\boldsymbol{\eta}_n = l_1\boldsymbol{\eta}_1 + l_2\boldsymbol{\eta}_2 + \cdots + l_n\boldsymbol{\eta}_n,$$

则有 $k_i = l_i, i = 1,2,\cdots,n$，故 $\boldsymbol{\alpha} = \boldsymbol{\beta}$，$\sigma$ 是单射.

$\forall \boldsymbol{a}' \in V'$，有 $\boldsymbol{\alpha}' = k_1\boldsymbol{\eta}_1 + k_2\boldsymbol{\eta}_2 + \cdots + k_n\boldsymbol{\eta}_n$，故存在 $\boldsymbol{\alpha} = k_1\boldsymbol{\alpha}_1 + k_2\boldsymbol{\alpha}_2 + \cdots + k_n\boldsymbol{\alpha}_n \in V$，使 $\sigma\boldsymbol{\alpha} = \boldsymbol{\alpha}'$，故 σ 是满射. 从而 σ 是 V 到 V' 的双射. 又

$$\begin{aligned}\sigma(\boldsymbol{\alpha} + \boldsymbol{\beta}) &= (k_1 + l_1)\boldsymbol{\eta}_1 + (k_2 + l_2)\boldsymbol{\eta}_2 + \cdots + (k_n + l_n)\boldsymbol{\eta}_n \\ &= k_1\boldsymbol{\eta}_1 + k_2\boldsymbol{\eta}_2 + \cdots + k_n\boldsymbol{\eta}_n + l_1\boldsymbol{\eta}_1 + l_2\boldsymbol{\eta}_2 + \cdots + l_n\boldsymbol{\eta}_n \\ &= \sigma(\boldsymbol{\alpha}) + \sigma(\boldsymbol{\beta}),\end{aligned}$$

$$\sigma(k\boldsymbol{\alpha}) = kk_1\boldsymbol{\alpha}_1 + kk_2\boldsymbol{\alpha}_2 + \cdots + kk_n\boldsymbol{\alpha}_n = k(\sigma\boldsymbol{\alpha}),$$

故 σ 是线性空间 V 到 V' 的一个同构映射.

$$\forall \boldsymbol{\alpha},\boldsymbol{\beta} \in V, \sigma\boldsymbol{\alpha} = \sum_{i=1}^{n} k_i \boldsymbol{\eta}_i, \sigma\boldsymbol{\beta} = \sum_{i=1}^{n} l_i \boldsymbol{\eta}_i,$$

$$(\sigma\boldsymbol{\alpha}, \sigma\boldsymbol{\beta}) = \sum_{i=1}^{n} k_i l_i = (\boldsymbol{\alpha}, \boldsymbol{\beta}),$$

因此欧氏空间 V 与 V' 同构.

推论 1　任意 n 维欧氏空间都与 $\mathbf{R}^n$ 同构.

定理 8.3.1 表明,从抽象的观点看,欧氏空间的结构完全由它的维数决定.

欧氏空间之间的同构是一种等价关系.

欧氏空间的同构具有以下性质:

(1) **反身性**:V 与 V 同构;

(2) **对称性**:若 V 与 V' 同构,则 V' 与 V 同构;

(3) **传递性**:若 V 与 W 同构,W 与 Z 同构,则 V 与 Z 同构.

证明　(1) 恒等映射是欧氏空间 V 与 V 的一个同构映射.

(2) 若 V 与 V' 同构,即存在 V 与 V' 的一个同构映射 σ,则 σ^{-1} 是 V' 与 V 的一个同构映射. 首先,σ^{-1} 是线性空间 V' 与 V 的一个同构,又 $\forall \boldsymbol{\alpha},\boldsymbol{\beta} \in V'$ 有

$$(\boldsymbol{\alpha},\boldsymbol{\beta}) = (\sigma\sigma^{-1}\boldsymbol{\alpha}, \sigma\sigma^{-1}\boldsymbol{\beta}) = (\sigma(\sigma^{-1}\boldsymbol{\alpha}), \sigma(\sigma^{-1}\boldsymbol{\beta})) = (\sigma^{-1}\boldsymbol{\alpha}, \sigma^{-1}\boldsymbol{\beta}),$$

故 σ^{-1} 是欧氏空间 V' 与 V 的同构映射,V' 与 V 同构.

(3) 设 V 与 W 同构,W 与 Z 同构,于是存在 V 到 W 的一个同构映射 σ,W 到 Z 的一个同构映射 τ,下面证明 $\tau\sigma$ 是 V 到 Z 的一个同构映射. $\forall \boldsymbol{\alpha},\boldsymbol{\beta} \in V$,$(\sigma\boldsymbol{\alpha},\sigma\boldsymbol{\beta}) = (\boldsymbol{\alpha},\boldsymbol{\beta})$,又 $(\tau(\sigma\boldsymbol{\alpha}),\tau(\sigma\boldsymbol{\beta})) = (\sigma\boldsymbol{\alpha},\sigma\boldsymbol{\beta})$,故 $(\tau(\sigma\boldsymbol{\alpha}),\tau(\sigma\boldsymbol{\beta})) = (\boldsymbol{\alpha},\boldsymbol{\beta})$. 因此,$\tau\sigma$ 是欧氏空间 V 到 Z 的一个同构映射,V 与 Z 同构.

8.3.4　例子剖析

例 8.3.1　证明:n 维欧氏空间 V 与 V' 同构的充要条件是,存在 V 到 V' 的双射 σ,且 $\forall \boldsymbol{\alpha},\boldsymbol{\beta} \in V$,有 $(\boldsymbol{\alpha},\boldsymbol{\beta}) = (\sigma(\boldsymbol{\alpha}),\sigma(\boldsymbol{\beta}))$.

证明　必要性显然,要证充分性,只要证由 $\forall \boldsymbol{\alpha},\boldsymbol{\beta} \in V$,$(\boldsymbol{\alpha},\boldsymbol{\beta}) = (\sigma(\boldsymbol{\alpha}),\sigma(\boldsymbol{\beta}))$ 可推出 σ 保持线性关系不变,先证 $\forall \boldsymbol{\alpha},\boldsymbol{\beta} \in V$,$\sigma(\boldsymbol{\alpha}+\boldsymbol{\beta}) = \sigma\boldsymbol{\alpha} + \sigma\boldsymbol{\beta}$. 由于

$$\begin{aligned}
&(\sigma(\boldsymbol{\alpha}+\boldsymbol{\beta}) - \sigma\boldsymbol{\alpha} - \sigma\boldsymbol{\beta}, \sigma(\boldsymbol{\alpha}+\boldsymbol{\beta}) - \sigma\boldsymbol{\alpha} - \sigma\boldsymbol{\beta})\\
&= (\sigma(\boldsymbol{\alpha}+\boldsymbol{\beta}), \sigma(\boldsymbol{\alpha}+\boldsymbol{\beta})) - 2(\sigma(\boldsymbol{\alpha}+\boldsymbol{\beta}), \sigma\boldsymbol{\alpha}) - 2(\sigma(\boldsymbol{\alpha}+\boldsymbol{\beta}), \sigma\boldsymbol{\beta})\\
&\quad + (\sigma\boldsymbol{\alpha}, \sigma\boldsymbol{\alpha}) + (\sigma\boldsymbol{\beta}, \sigma\boldsymbol{\beta}) + 2(\sigma\boldsymbol{\alpha}, \sigma\boldsymbol{\beta})\\
&= (\boldsymbol{\alpha}+\boldsymbol{\beta}, \boldsymbol{\alpha}+\boldsymbol{\beta}) - 2(\boldsymbol{\alpha}+\boldsymbol{\beta}, \boldsymbol{\alpha}) - 2(\boldsymbol{\alpha}+\boldsymbol{\beta}, \boldsymbol{\beta}) + (\boldsymbol{\alpha}, \boldsymbol{\alpha})\\
&\quad + (\boldsymbol{\beta}, \boldsymbol{\beta}) + 2(\boldsymbol{\alpha}, \boldsymbol{\beta}) = 0
\end{aligned}$$

故 $\sigma(\boldsymbol{\alpha}+\boldsymbol{\beta}) = \sigma\boldsymbol{\alpha} + \sigma\boldsymbol{\beta}$.

同理可证:$\forall k \in \mathbf{R}$,$\sigma(k\boldsymbol{\alpha}) = k(\sigma\boldsymbol{\alpha})$. 因此,$\sigma$ 是线性变换,从而 σ 是同构映射,又保持内积不变,故欧氏空间 V 与 V' 同构.

例 8.3.2　设 σ,τ 是欧氏空间 V 的两个线性变换,$\forall \boldsymbol{\alpha} \in V$,$(\sigma\boldsymbol{\alpha},\sigma\boldsymbol{\alpha}) = (\tau\boldsymbol{\alpha},\tau\boldsymbol{\alpha})$,证明:$\sigma(V)$ 和 $\tau(V)$ 作为欧氏空间是同构的.

证明　$\sigma(V)$ 和 $\tau(V)$ 均为 V 的子空间,且对 V 的内积也作成欧氏空间. 作对应:

$$f:\sigma(\boldsymbol{\alpha}) \mapsto \tau(\boldsymbol{\alpha}), \forall \boldsymbol{\alpha} \in V,$$

则 f 是一个映射. $\forall \boldsymbol{\alpha},\boldsymbol{\beta} \in V$,若 $\sigma(\boldsymbol{\alpha}) \neq \sigma(\boldsymbol{\beta})$,则 $\sigma(\boldsymbol{\alpha}-\boldsymbol{\beta}) \neq 0$,故

$$(\tau(\boldsymbol{\alpha}-\boldsymbol{\beta}),\tau(\boldsymbol{\alpha}-\boldsymbol{\beta})) = (\sigma(\boldsymbol{\alpha}-\boldsymbol{\beta}),\sigma(\boldsymbol{\alpha}-\boldsymbol{\beta})) \neq 0.$$

可见 $\tau(\boldsymbol{\alpha}) \neq \tau(\boldsymbol{\beta}) f$ 是单射. 显然 f 是满射,故 f 是双射.

$\forall \boldsymbol{\alpha},\boldsymbol{\beta} \in V, \forall k \in \mathbf{R}$,

$$\begin{aligned} f(\sigma(\boldsymbol{\alpha})+\sigma(\boldsymbol{\beta})) &= f(\sigma(\boldsymbol{\alpha}+\boldsymbol{\beta})) = \tau(\boldsymbol{\alpha}+\boldsymbol{\beta}) = \tau(\boldsymbol{\alpha})+\tau(\boldsymbol{\beta}) \\ &= f(\sigma(\boldsymbol{\alpha}))+f(\sigma(\boldsymbol{\beta})); \end{aligned}$$

$$f(k\sigma(\boldsymbol{\alpha})) = f(\sigma(k\boldsymbol{\alpha})) = \tau(k\boldsymbol{\alpha}) = k\tau(\boldsymbol{\alpha}) = kf(\sigma(\boldsymbol{\alpha})).$$

f 是 V 的一个同构映射. $\forall \boldsymbol{\alpha},\boldsymbol{\beta} \in V$,

$$\begin{aligned} (\sigma(\boldsymbol{\alpha}+\boldsymbol{\beta}),\sigma(\boldsymbol{\alpha}+\boldsymbol{\beta})) &= (\sigma\boldsymbol{\alpha},\sigma\boldsymbol{\alpha})+2(\sigma\boldsymbol{\alpha},\sigma\boldsymbol{\beta})+(\sigma\boldsymbol{\alpha},\sigma\boldsymbol{\beta}) \\ = (\tau(\boldsymbol{\alpha}+\boldsymbol{\beta}),\tau(\boldsymbol{\alpha}+\boldsymbol{\beta})) &= (\tau\boldsymbol{\alpha},\tau\boldsymbol{\alpha})+2(\tau\boldsymbol{\alpha},\tau\boldsymbol{\beta})+(\tau\boldsymbol{\beta},\tau\boldsymbol{\beta}). \end{aligned}$$

由此可得

$$(\sigma\boldsymbol{\alpha},\sigma\boldsymbol{\beta}) = (\tau\boldsymbol{\alpha},\tau\boldsymbol{\beta}).$$

于是$(f(\sigma\boldsymbol{\alpha}),f(\sigma\boldsymbol{\beta})) = (\tau\boldsymbol{\alpha},\boldsymbol{\alpha}) = (\sigma\boldsymbol{\alpha},\sigma\boldsymbol{\beta})$. 因此,$\sigma(V)$ 和 $\tau(V)$ 作为欧氏空间是同构的.

8.4 正交变换与正交矩阵

线性空间的线性变换,实际上是保持向量线性运算的变换. 在欧氏空间中,除了向量的线性运算外,还有向量的度量性质,因此有必要讨论保持度量关系不变的线性变换. 其中保持向量长度不变的线性变换无疑是重要的,这种线性变换就是本节要研究的正交变换. 本节围绕以下问题展开讨论.

8.4.1 研究问题

(1) 正交变换的定义.

(2) 正交变换的性质.

正交变换

8.4.2 基本概念

✲ **定义 8.4.1** 欧氏空间 V 的一个线性变换 σ 叫作**正交变换**,如果它保持向量的长度不变,即 $\forall \boldsymbol{\alpha} \in V$,有 $|\sigma\boldsymbol{\alpha}| = |\boldsymbol{\alpha}|$.

设 σ 是欧氏空间 V 的一个正交变换,σ 在 V 中某一**标准正交基**下的矩阵的行列式为 1,这时,我们称 σ 是**第一类正交变换**或**旋转变换**. 若 σ 在某一标准正交基下的矩阵的行列式为 -1,则称 σ 是**第二类正交变换**.

8.4.3 主要结论

下列定理刻画了正交变换的一些性质.

✲ **定理 8.4.1** 设 σ 是 n 维欧氏空间 V 的一个线性变换. 下列命题等价:

(1)σ 是正交变换(即 $|\sigma\boldsymbol{\alpha}| = |\boldsymbol{\alpha}|$);

(2)σ 保持向量的内积不变(即 $\forall \boldsymbol{\alpha},\boldsymbol{\beta} \in V,(\sigma\boldsymbol{\alpha},\sigma\boldsymbol{\beta}) = (\boldsymbol{\alpha},\boldsymbol{\beta})$);

(3)σ 把 V 的标准正交基变为标准正交基；

(4)σ 关于 V 的任意标准正交基的矩阵是正交矩阵.

证明　使用循环证法：(1)⇒(2)⇒(3)⇒(4)⇒(1)，

(1)⇒(2). 若 σ 是正交变换，则 σ 保持向量长度不变. 故 $\forall \boldsymbol{\alpha},\boldsymbol{\beta}\in V$，有

$$(\sigma\boldsymbol{\alpha},\sigma\boldsymbol{\alpha})=(\boldsymbol{\alpha},\boldsymbol{\alpha}),(\sigma\boldsymbol{\beta},\sigma\boldsymbol{\beta})=(\boldsymbol{\beta},\boldsymbol{\beta}),(\sigma(\boldsymbol{\alpha}+\boldsymbol{\beta}),\sigma(\boldsymbol{\alpha}+\boldsymbol{\beta}))=(\boldsymbol{\alpha}+\boldsymbol{\beta},\boldsymbol{\alpha}+\boldsymbol{\beta})$$

此即
$$(\sigma\boldsymbol{\alpha},\sigma\boldsymbol{\alpha})+2(\sigma\boldsymbol{\alpha},\sigma\boldsymbol{\beta})+(\sigma\boldsymbol{\beta},\sigma\boldsymbol{\beta})=(\boldsymbol{\alpha},\boldsymbol{\alpha})+2(\boldsymbol{\alpha},\boldsymbol{\beta})+(\boldsymbol{\beta},\boldsymbol{\beta}),$$

于是
$$(\sigma\boldsymbol{\alpha},\sigma\boldsymbol{\alpha})=(\boldsymbol{\alpha},\boldsymbol{\beta}).$$

(2)⇒(3). 设 $\boldsymbol{\alpha}_1,\boldsymbol{\alpha}_2,\cdots,\boldsymbol{\alpha}_n$ 是 V 的一个标准正交基，则由(2) 知

$$(\sigma\boldsymbol{\alpha}_i,\sigma\boldsymbol{\alpha}_j)=(\boldsymbol{\alpha}_i,\boldsymbol{\alpha}_j)=\begin{cases}1, & i=j,\\ 0, & i\neq j.\end{cases}$$

因此 $\sigma\boldsymbol{\alpha}_1,\sigma\boldsymbol{\alpha}_2,\cdots,\sigma\boldsymbol{\alpha}_n$ 也是 V 的一个标准正交基.

(3)⇒(4). 任取 V 的一个标准正交基 $\boldsymbol{\alpha}_1,\boldsymbol{\alpha}_2,\cdots,\boldsymbol{\alpha}_n$，设 σ 关于这个基的矩阵为 $\boldsymbol{A}$，即

$$(\sigma\boldsymbol{\alpha}_1,\sigma\boldsymbol{\alpha}_2,\cdots,\sigma\boldsymbol{\alpha}_n)=(\boldsymbol{\alpha}_1,\boldsymbol{\alpha}_2,\cdots,\boldsymbol{\alpha}_n)\boldsymbol{A},$$

由(3) 知，$\sigma\boldsymbol{\alpha}_1,\sigma\boldsymbol{\alpha}_2,\cdots,\sigma\boldsymbol{\alpha}_n$ 也是 V 的一个标准正交基. 上式表明 $\boldsymbol{A}$ 可以看作是由标准正交基 $\boldsymbol{\alpha}_1,\boldsymbol{\alpha}_2,\cdots,\boldsymbol{\alpha}_n$ 到另一个标准正交基 $\sigma\boldsymbol{\alpha}_1,\sigma\boldsymbol{\alpha}_2,\cdots,\sigma\boldsymbol{\alpha}_n$ 的过渡矩阵，由定理 8.2.2 知 $\boldsymbol{A}$ 是正交矩阵.

(4)⇒(1). 任取 V 的一个标准正交基 $\boldsymbol{\alpha}_1,\boldsymbol{\alpha}_2,\cdots,\boldsymbol{\alpha}_n$，由(4) 知 σ 关于这个基的矩阵 $\boldsymbol{A}=(a_{ij})$ 是一个正交矩阵. $\sigma(\boldsymbol{\alpha}_j)=\sum\limits_{i=1}^{n}a_{ij}\alpha_i$，$j=1,2,\cdots,n$.

$$(\sigma(\boldsymbol{\alpha}_i),\sigma(\boldsymbol{\alpha}_j))=\left(\sum_{k=1}^{n}\alpha_{ki}\boldsymbol{\alpha}_k,\sum_{l=1}^{n}\alpha_{lj}\boldsymbol{\alpha}_l\right)$$
$$=\sum_{k=1}^{n}\sum_{l=1}^{n}a_{ki}a_{lj}(\boldsymbol{\alpha}_k,\boldsymbol{\alpha}_l)=\sum_{k=1}^{n}a_{ki}a_{kj}=\begin{cases}1, & i=j,\\ 0, & i\neq j.\end{cases}$$

故 $\sigma\boldsymbol{\alpha}_1,\sigma\boldsymbol{\alpha}_2,\cdots,\sigma\boldsymbol{\alpha}_n$ 也是 V 的一个标准正交基.

$$\forall\boldsymbol{\alpha}\in V,\boldsymbol{\alpha}=\sum_{i=1}^{n}k_i\boldsymbol{\alpha}_i,\text{则 }\sigma\boldsymbol{\alpha}=\sum_{i=1}^{n}k_i\sigma\boldsymbol{\alpha}_i,\text{于是有 }|\sigma\boldsymbol{\alpha}|=\sqrt{\sum_{i=1}^{n}k_i^2}=|\boldsymbol{\alpha}|.$$

故 σ 是正交变换.

根据此定理可知，欧氏空间的正交变换可用这四个结论中的任何一个来定义. 不少教材是用第(2) 个结论作为正交变换的定义.

正交变换保持向量的角度不变，这就是下面推论的内容.

推论 1　设 σ 是欧氏空间 V 的一个正交变换，$\boldsymbol{\alpha}$ 与 $\boldsymbol{\beta}$ 是 V 中任意两个非零向量，则 σ 保持 $\boldsymbol{\alpha}$ 与 $\boldsymbol{\beta}$ 的夹角不变，即 $\sigma\boldsymbol{\alpha}$ 与 $\sigma\boldsymbol{\beta}$ 的夹角等于 $\boldsymbol{\alpha}$ 与 $\boldsymbol{\beta}$ 的夹角.

证明　设 φ_1 是 $\boldsymbol{\alpha},\boldsymbol{\beta}$ 的夹角，即有 $\varphi_1=\arccos\dfrac{(\boldsymbol{\alpha},\boldsymbol{\beta})}{|\boldsymbol{\alpha}||\boldsymbol{\beta}|}$. φ_2 是 $\sigma\boldsymbol{\alpha},\sigma\boldsymbol{\beta}$ 的夹角，即 $\varphi_2=\arccos\dfrac{(\sigma\boldsymbol{\alpha},\sigma\boldsymbol{\beta})}{|\sigma\boldsymbol{\alpha}||\sigma\boldsymbol{\beta}|}$. 由于

$$(\sigma\boldsymbol{\alpha},\sigma\boldsymbol{\beta})=(\boldsymbol{\alpha},\boldsymbol{\beta}),\ |\sigma\boldsymbol{\alpha}|=|\boldsymbol{\alpha}|,\ |\sigma\boldsymbol{\beta}|=|\boldsymbol{\beta}|,$$

故 $\varphi_1=\varphi_2$.

本结论之逆不一定成立，即保角变换不一定是正交变换，见例 8.4.3.

8.4.4 例子剖析

例 8.4.1 在 $\mathbf{R}^2$ 中，把每一个向量逆时针旋转角 φ 的线性变换是 $\mathbf{R}^2$ 的一个正交变换.

例 8.4.2 $\forall (x,y,z)\in\mathbf{R}^3,\sigma(x,y,z)=(x,y,-z)$，则 σ 是 $\mathbf{R}^3$ 的正交变换.

证明 首先 σ 是 $\mathbf{R}^3$ 的一个变换，且 $\forall (x_1,y_1,z_1),(x_2,y_2,z_2)\in\mathbf{R}^3,k,l\in\mathbf{R}$，

$$\begin{aligned}\sigma[k(x_1,y_1,z_1)+l(x_2,y_2,z_2)]&=\sigma(kx_1+lx_2,ky_1+ly_2,kz_1+lz_2)\\&=(kx_1+lx_2,ky_1+ly_2,-kz_1-lz_2)=k(x_1,y_1,-z_1)\\&\quad+l(x_2,y_2,-z_2)=k\sigma(x_1,y_1,z_1)+l\sigma(x_2,y_2,z_2).\end{aligned}$$

又 $|\sigma(x,y,z)|=|(x,y,-z)|=\sqrt{x^2+y^2+z^2}=|(x,y,z)|$，故 σ 是 $\mathbf{R}^3$ 的正交变换.

例 8.4.3 $\forall \boldsymbol{\alpha}\in V,\sigma\boldsymbol{\alpha}=k\boldsymbol{\alpha},k\neq\pm1$，$\sigma$ 保持向量的角度不变，但 σ 不是正交变换.

例 8.4.4 欧氏空间 V 的两个正交变换 σ 与 τ 的乘积 $\sigma\tau$ 仍是正交变换.

首先 $\sigma\tau$ 是 V 的线性变换，又 $\forall\boldsymbol{\alpha}\in V,((\sigma\tau)\boldsymbol{\alpha},(\sigma\tau)\boldsymbol{\alpha})=(\sigma(\tau\boldsymbol{\alpha}),\sigma(\tau\boldsymbol{\alpha}))=(\tau\boldsymbol{\alpha},\tau\boldsymbol{\alpha})=(\boldsymbol{\alpha},\boldsymbol{\alpha})$. 故 $\sigma\tau$ 是正交变换.

例 8.4.5 欧氏空间 V 的任一正交变换 σ 都是可逆变换，且 σ^{-1} 仍是 V 的一个正交变换.

正交变换 σ 在任一标准正交基下的矩阵是正交矩阵，而正交矩阵是可逆的，所以 σ 是可逆变换. 又 $\forall\boldsymbol{\alpha}\in V$，有

$$|\boldsymbol{\alpha}|^2=(\boldsymbol{\alpha},\boldsymbol{\alpha})=(\sigma(\sigma^{-1}\boldsymbol{\alpha})),$$
$$(\sigma(\sigma^{-1}\boldsymbol{\alpha}))=(\sigma^{-1}\boldsymbol{\alpha},\sigma^{-1}\boldsymbol{\alpha})=|\sigma^{-1}\boldsymbol{\alpha}|^2,$$

故 σ^{-1} 是正交变换.

这两个例子也可由欧氏空间的同构映射的性质推得，正交变换是 V 到 V 的同构映射.

例 8.4.6 $\mathbf{R}^2$ 的正交变换或者是旋转变换，或者是关于一条过原点直线的反射变换，前者属于第一类正交变换，后者属于第二类正交变换.

证明 设 σ 是 $\mathbf{R}^2$ 的正交变换，它关于标准正交基 $\boldsymbol{\varepsilon}_1,\boldsymbol{\varepsilon}_2$ 的正交矩阵为 $\mathbf{A}=\begin{bmatrix}a&b\\c&d\end{bmatrix}$.
由 $\mathbf{A}'\mathbf{A}=\mathbf{E}$ 得 $a^2+c^2=1,b^2+d^2=1,ab+cd=0$. 由前两个等式，令 $a=\cos\theta,c=\sin\theta$，$b=\sin\varphi,d=\cos\varphi$，代入第三个式子得：$\cos\theta\sin\varphi+\sin\theta\cos\varphi=0$，此即 $\sin(\theta+\varphi)=0$. 从而有 $\theta+\varphi=k\pi,k\in\mathbf{Z}$. 于是

$$\sin\varphi=\sin(k\pi-\theta)=\mp\sin\theta,\cos\varphi=\pm\cos\theta,$$

故有
$$\mathbf{A}=\begin{bmatrix}\cos\theta&-\sin\theta\\\sin\theta&\cos\theta\end{bmatrix},\quad\text{或 }\mathbf{A}=\begin{bmatrix}\cos\theta&\sin\theta\\\sin\theta&-\cos\theta\end{bmatrix}.$$

在前一情形，σ 是把 $\mathbf{R}^2$ 的每一个向量旋转 θ 角的正交变换. $|\mathbf{A}|=1$，属于第一类正交变换.

在后一情形，设 σ 把 (x,y) 变为 (x_1,y_1)，即有

$$\begin{bmatrix}x_1\\y_1\end{bmatrix}=\begin{bmatrix}\cos\theta&\sin\theta\\\sin\theta&-\cos\theta\end{bmatrix}\begin{bmatrix}x\\y\end{bmatrix}=\begin{bmatrix}x\cos\theta+y\sin\theta\\x\sin\theta-y\cos\theta\end{bmatrix},$$

令 $x=\rho\cos\varphi, y=\rho\sin\varphi$，则

$$x_1 = x\cos\theta + y\sin\theta = \rho\cos(\varphi-\theta) = \rho\cos(\theta-\varphi),$$
$$y_1 = x\sin\theta - y\cos\theta = \rho\sin(\theta-\varphi),$$

即 σ 把极坐标为 (ρ,φ) 的向量变为极坐标为 $(\rho,\theta-\varphi)$ 的向量，σ 是关于直线 $y=\left(\tan\dfrac{\theta}{2}\right)x$ 的反射. 又 $|\boldsymbol{A}|=-1$，因此 σ 是第二类正交变换.

8.4.5　练习与探究

8.4.5.1　练习

1. 证明：上三角形的正交矩阵必为对角矩阵，且对角线上的元素为 $+1$ 或 -1.

2. 设 $\boldsymbol{\eta}$ 是 n 维欧氏空间 V 中一单位向量，定义变换 σ：

$$\sigma(\boldsymbol{\alpha}) = \boldsymbol{\alpha} - 2(\boldsymbol{\eta},\boldsymbol{\alpha})\boldsymbol{\eta}$$

证明：(1) σ 是正交变换，这样的正交变换称为镜面反射；

(2) σ 是第二类的；

(3) 如果 n 维欧氏空间中，正交变换 σ 以 1 作为一个特征值，且属于特征值 1 的特征子空间 V_1 的维数为 $n-1$，那么 σ 是镜面反射.

8.4.5.2　探究

1. 证明：$\mathbf{R}^2$ 的第二类正交变换在某一标准正交基下的矩阵为 $\begin{bmatrix}1 & 0\\ 0 & -1\end{bmatrix}$.

证明　在例 8.4.6 的证明过程中知 $\mathbf{R}^2$ 的第二类正交变换是关于直线 $y=\left(\tan\dfrac{\theta}{2}\right)x$ 的反射. 取该直线上的一个单位向量为 $\boldsymbol{e}_1$，它与该直线互相垂直的直线上的单位向量 $\boldsymbol{e}_2$ 做成 $\mathbf{R}^2$ 的一个标准正交基，则 $\forall \boldsymbol{\alpha}\in\mathbf{R}^2, \boldsymbol{\alpha}=x\boldsymbol{e}_1+y\boldsymbol{e}_2$，于是

$$\sigma(x,y)=(x,-y), \sigma(\boldsymbol{e}_1)=\boldsymbol{e}_1, \sigma(\boldsymbol{e}_2)=-\boldsymbol{e}_2,$$

因此

$$(\sigma(\boldsymbol{e}_1),\sigma(\boldsymbol{e}_2)) = (\boldsymbol{e}_1,\boldsymbol{e}_2)\begin{bmatrix}1 & 0\\ 0 & -1\end{bmatrix}.$$

可见 $\mathbf{R}^2$ 的第二类正交变换在这个标准正交基下的矩阵为 $\begin{bmatrix}1 & 0\\ 0 & -1\end{bmatrix}$.

2. 设 σ 是 $\mathbf{R}^3$ 的正交变换. σ 关于 $\mathbf{R}^3$ 的标准正交基的矩阵有多少种类型？试确定之.

8.5　正交子空间

本节围绕以下问题展开讨论.

8.5.1　研究问题

(1) 子空间正交的定义和性质.

(2) 子空间的正交补.

8.5.2 基本概念

子空间正交的定义

✲ 定义 8.5.1 设 V_1, V_2 是欧氏空间 V 中的两个子空间，如果 $\forall \boldsymbol{\alpha} \in V_1, \boldsymbol{\beta} \in V_2$，恒有 $(\boldsymbol{\alpha}, \boldsymbol{\beta}) = 0$，则称子空间 V_1 与 V_2 正交. 记为 $V_1 \perp V_2$. 若存在向量 $\boldsymbol{\alpha}$，使 $\forall \boldsymbol{\beta} \in V_1$，恒有 $(\boldsymbol{\alpha}, \boldsymbol{\beta}) = 0$，则称向量 $\boldsymbol{\alpha}$ 与子空间 V_1 正交，记为 $\boldsymbol{\alpha} \perp V_1$.

✲ 定义 8.5.2 设 V_1 是欧氏空间 V 的子空间，若存在 V 的子空间 V_2，满足 $V_1 \perp V_2$ 且 $V_1 + V_2 = V$，则称 V_2 是子空间 V_1 的正交补.

8.5.3 主要结论

子空间正交的性质：

性质 1 与自己正交的向量只能是零向量.

设有 $\boldsymbol{\alpha} \in V$，若有 $(\boldsymbol{\alpha}, \boldsymbol{\alpha}) = 0$，则 $\boldsymbol{\alpha} = \mathbf{0}$.

性质 2 若两个子空间 V_1 与 V_2 正交，则 $V_1 + V_2$ 是直和.

证明 $\forall \boldsymbol{\alpha} \in V_1 \cap V_2$，则 $\boldsymbol{\alpha} \in V_1$ 且 $\boldsymbol{\alpha} \in V_2$，于是有 $(\boldsymbol{\alpha}, \boldsymbol{\alpha}) = 0$，故 $\boldsymbol{\alpha} = \mathbf{0}$. 所以 $V_1 \cap V_2 = \{0\}$，从而 $V_1 + V_2$ 是直和.

性质 3 若子空间 $V_1, V_2, \cdots, V_s$ 两两正交，则和 $V_1 + V_2 + \cdots + V_s$ 是直和.

证明 设 $\boldsymbol{\alpha}_i \in V_i, i = 1, 2, \cdots, s$，若 $\boldsymbol{\alpha}_1 + \boldsymbol{\alpha}_2 + \cdots + \boldsymbol{\alpha}_s = \mathbf{0}$，用 $\boldsymbol{\alpha}_i$ 与等式两边作内积，由于 $(\boldsymbol{\alpha}_i, \boldsymbol{\alpha}_j) = 0, i \neq j$，则 $(\boldsymbol{\alpha}_i, \boldsymbol{\alpha}_i) = 0$，因此 $\boldsymbol{\alpha}_i = \mathbf{0}, i = 1, 2, \cdots, s$. 这说明和 $V_1 + V_2 + \cdots + V_s$ 是直和.

子空间的正交补

由定义知，若 V_2 是 V_1 的正交补，则 V_1 也是 V_2 的正交补. 一个子空间的正交补是否唯一，下面的定理能够回答.

✲ 定理 8.5.1 欧氏空间 V 的每个子空间 V_1 都有唯一的正交补.

证明 (1) 若 $V_1 \neq \{\mathbf{0}\}$，则 V 是 V_1 的正交补，且是唯一的.

(2) 若 $V_1 = \{\mathbf{0}\}$，设 $\dim(V_1) = m$，欧氏空间的子空间 V_1 在所定义的内积之下也是一个欧氏空间. 在 V_1 中取正交基 $\boldsymbol{\alpha}_1, \boldsymbol{\alpha}_2, \cdots, \boldsymbol{\alpha}_m$，由定理 8.2.1 知可以把它扩充成 V 的正交基，即存在 $\boldsymbol{\alpha}_{m+1}, \cdots, \boldsymbol{\alpha}_n$，使 $\boldsymbol{\alpha}_1, \cdots, \boldsymbol{\alpha}_m, \boldsymbol{\alpha}_{m+1}, \cdots, \boldsymbol{\alpha}_n$ 是 V 的一个正交基. 令 $V_2 = L(\boldsymbol{\alpha}_{m+1}, \cdots, \boldsymbol{\alpha}_n)$，则有 $V_2 \perp V_1$，且 $V_1 + V_2 = V$. 故 V_2 是 V_1 的一个正交补.

下证唯一性. 设 V_2, V_3 都是 V_1 的正交补，于是有

$$V = V_1 \oplus V_2, \quad V = V_1 \oplus V_3.$$

设 $\boldsymbol{\alpha} \in V_2$，由于 $\boldsymbol{\alpha} \in V$，故由上面第二式知

$$\boldsymbol{\alpha} = \boldsymbol{\alpha}_1 + \boldsymbol{\alpha}_3, \quad \boldsymbol{\alpha}_1 \in V_1, \quad \boldsymbol{\alpha}_3 \in V_3.$$

由于 $\boldsymbol{\alpha} \perp \boldsymbol{\alpha}_1$，故 $(\boldsymbol{\alpha}, \boldsymbol{\alpha}_1) = (\boldsymbol{\alpha}_1 + \boldsymbol{\alpha}_3, \boldsymbol{\alpha}_1) = (\boldsymbol{\alpha}_1, \boldsymbol{\alpha}_1) = 0, \boldsymbol{\alpha}_1 = \mathbf{0}$. 于是得 $\boldsymbol{\alpha} = \boldsymbol{\alpha}_3 \in V_3$，此即 $V_2 \subset V_3$. 同理可证 $V_3 \subset V_2$，故有 $V_3 = V_2$.

记 V_1 的正交补为 $V_1^{\perp}$，由于 $V = V_1 \oplus V_1^{\perp}$，故

$$\dim(V_1) + \dim(V_1^{\perp}) = n.$$

推论 1 $V_1^{\perp}$ 恰由所有与 V_1 正交的向量组成，即

$$V_1^{\perp} = \{\boldsymbol{\alpha} \mid \boldsymbol{\alpha} \perp V_1, \boldsymbol{\alpha} \in V\}.$$

证明 由于 $V_1^{\perp} \perp V_1$，且 $V_1^{\perp} \oplus V_1 = V$，设 $\dim V_1 = m$，在 V_1 中取一正交基 $\boldsymbol{\alpha}_1, \cdots,$

$\boldsymbol{\alpha}_m$，在 $V_1^{\perp}$ 中取一个正交基 $\boldsymbol{\alpha}_{m+1},\cdots,\boldsymbol{\alpha}_n$，则 $\boldsymbol{\alpha}_1,\cdots,\boldsymbol{\alpha}_m,\boldsymbol{\alpha}_{m+1},\cdots,\boldsymbol{\alpha}_n$ 是 V 的一个正交基. $\forall \boldsymbol{\alpha} \in V, \boldsymbol{\alpha} \perp V_1$，由于 $\boldsymbol{\alpha} = k_1\boldsymbol{\alpha}_1 + \cdots + k_m\boldsymbol{\alpha}_m + k_{m+1}\boldsymbol{\alpha}_{m+1} + \cdots + k_n\boldsymbol{\alpha}_n$，用 $\boldsymbol{\alpha}_i, i = 1,\cdots,m$ 分别与 $\boldsymbol{\alpha}$ 作内积得

$$(\boldsymbol{\alpha},\boldsymbol{\alpha}_i) = k_i(\boldsymbol{\alpha}_i,\boldsymbol{\alpha}_i) = 0, \text{故 } k_i = 0, i = 1,2,\cdots,m,$$

即 $\boldsymbol{\alpha} = k_{m+1}\boldsymbol{\alpha}_{m+1} + \cdots + k_n\boldsymbol{\alpha}_n \in V_1^{\perp}$. 又由 $V_1^{\perp}$ 的定义知，$V_1^{\perp}$ 中的任一向量与 V_1 正交，故 $V_1^{\perp}$ 恰由所有与 V_1 正交的向量组成.

由于 $V = V_1 \oplus V_1^{\perp}$，对于 $\boldsymbol{\alpha} \in V, \boldsymbol{\alpha} = \boldsymbol{\alpha}_1 + \boldsymbol{\alpha}_2, \boldsymbol{\alpha}_1 \in V_1, \boldsymbol{\alpha}_2 \in V_1^{\perp}$，这时我们称向量 $\boldsymbol{\alpha}_1$ 为向量 $\boldsymbol{\alpha}$ 在子空间 V_1 上的内射影.

8.5.4　例子剖析

例 8.5.1　若 σ 是 n 维欧氏空间的正交变换，则 σ 的不变子空间的正交补也是 σ 的不变子空间.

证明　设 W 是 σ 的不变子空间，$W^{\perp}$ 是 W 的正交补. 因正交变换是可逆变换，故 $\sigma W = W$. $\forall \boldsymbol{\alpha} \in W, \exists \boldsymbol{\alpha}' \in W$，使 $\sigma\boldsymbol{\alpha}' = \boldsymbol{\alpha}$. 于是 $\forall \boldsymbol{\beta} \in W^{\perp}, (\boldsymbol{\alpha},\sigma\boldsymbol{\beta}) = (\sigma\boldsymbol{\alpha}',\sigma\boldsymbol{\beta}) = (\boldsymbol{\alpha}',\boldsymbol{\beta}) = 0$，所以 $\sigma\boldsymbol{\beta} \in W^{\perp}$，因此 $W^{\perp}$ 也是 σ 的不变子空间.

8.5.5　练习与探究

1. 设 V 是一 n 维欧氏空间，$\boldsymbol{\alpha} \neq \mathbf{0}$ 是 V 中一固定向量.

证明：(1) $V_1 = \{\boldsymbol{x} \mid (\boldsymbol{x},\boldsymbol{\alpha}) = 0, \boldsymbol{x} \in V\}$ 是 V 的一个子空间；(2) V_1 的维数等于 $n-1$.

2. 设 V_1, V_2 是欧氏空间 V 的两个子空间.

证明：(1) $(V_1 + V_2)^{\perp} = V_1^{\perp} \cap V_2^{\perp}$；(2) $(V_1 \cap V_2)^{\perp} = V_1^{\perp} + V_2^{\perp}$.

8.6　对称变换与实对称矩阵的对角化

欧氏空间中的另一类重要的线性变换是对称变换，这是应用很广的一类线性变换. 本节讨论有限维欧氏空间的对称变换及其性质. 对称变换对应实对称矩阵，它们都是可对角化的，本节要利用正交矩阵来实现实对称矩阵的对角化，这时，对角矩阵主对角线上的元素是实对称矩阵的特征值. 本节围绕以下问题展开讨论.

8.6.1　研究问题

(1) 对称变换的定义.

(2) 对称变换的性质.

(3) 实对称变换的对角化.

8.6.2　基本概念

✲ **定义 8.6.1**　设 σ 是欧氏空间 V 的一个线性变换，如果 σ 在 V 中任一个标准正交基下的矩阵都是对称矩阵，则称 σ 是一个**对称变换**.

8.6.3 主要结论

以下定理刻画了对称变换的本质特征：

✲ 定理 8.6.1 n 维欧氏空间 V 的线性变换 σ 为对称变换的充要条件是：对任意 $\boldsymbol{\alpha},\boldsymbol{\beta}\in V$，都有 $(\sigma\boldsymbol{\alpha},\boldsymbol{\beta})=(\boldsymbol{\alpha},\sigma\boldsymbol{\beta})$.

证明 设 $\boldsymbol{\alpha}_1,\boldsymbol{\alpha}_2,\cdots,\boldsymbol{\alpha}_n$ 是欧氏空间 V 的一个标准正交基，σ 在这个基下的矩阵是 $\boldsymbol{A}=(a_{ij})_{n\times n}$，即有

$$\sigma(\boldsymbol{\alpha}_1,\boldsymbol{\alpha}_2,\cdots,\boldsymbol{\alpha}_n)=(\boldsymbol{\alpha}_1,\boldsymbol{\alpha}_2,\cdots,\boldsymbol{\alpha}_n)\boldsymbol{A}$$

于是
$$\sigma(\boldsymbol{\alpha}_i)=\sum_{k=1}^{n}a_{ki}\boldsymbol{\alpha}_k,\quad i=1,2,\cdots,n.$$

充分性. 若对任意 $\boldsymbol{\alpha},\boldsymbol{\beta}\in V$，都有 $(\sigma\boldsymbol{\alpha},\boldsymbol{\beta})=(\boldsymbol{\alpha},\sigma\boldsymbol{\beta})$，则有

$$a_{ji}=(\sigma(\boldsymbol{\alpha}_i),\boldsymbol{\alpha}_j)=(\boldsymbol{\alpha}_i,\sigma(\boldsymbol{\alpha}_j))=a_{ij},\quad i=1,2,\cdots,n,j=1,2,\cdots,n,$$

故 $\boldsymbol{A}$ 是对称矩阵，线性变换 σ 是对称变换.

必要性. 若矩阵 $\boldsymbol{A}=(a_{ij})$ 为对称矩阵，则有

$$(\sigma(\boldsymbol{\alpha}_i),\boldsymbol{\alpha}_j)=a_{ji}=a_{ij}=(\boldsymbol{\alpha}_i,\sigma(\boldsymbol{\alpha}_j)),i=1,2,\cdots,n,j=1,2,\cdots,n$$

于是，对任意 $\boldsymbol{\alpha},\boldsymbol{\beta}\in V$，设 $\boldsymbol{\alpha}=\sum_{i=1}^{n}x_i\boldsymbol{\alpha}_i,\boldsymbol{\beta}=\sum_{i=1}^{n}y_i\boldsymbol{\alpha}_i$，则有

$$\begin{aligned}(\sigma\boldsymbol{\alpha},\boldsymbol{\beta})&=\Big(\sum_{i=1}^{n}x_i\sigma\boldsymbol{\alpha}_i,\sum_{j=1}^{n}y_j\boldsymbol{\alpha}_j\Big)=\sum_{i,j=1}^{n}x_iy_j(\sigma\boldsymbol{\alpha}_i,\boldsymbol{\alpha}_j)\\&=\sum_{i,j=1}^{n}x_iy_j(\boldsymbol{\alpha}_i,\sigma\boldsymbol{\alpha}_j)=\Big(\sum_{i=1}^{n}x_i\boldsymbol{\alpha}_i,\sum_{j=1}^{n}y_j\sigma\boldsymbol{\alpha}_j\Big)=(\boldsymbol{\alpha},\sigma\boldsymbol{\beta}).\end{aligned}$$

评注 这个特征也可以作为对称变换的定义.

✲ 定理 8.6.2 设 σ 是 n 维欧氏空间 V 的一个对称变换，则属于 σ 的不同特征值的特征向量彼此正交.

证明 设 σ 是 V 的一个对称变换，λ,μ 是 σ 的特征值且 $\lambda\neq\mu$. 向量 $\boldsymbol{\alpha},\boldsymbol{\beta}$ 是分别属于 λ,μ 的特征向量，即 $\sigma\boldsymbol{\alpha}=\lambda\boldsymbol{\alpha},\sigma\boldsymbol{\beta}=\mu\boldsymbol{\beta}$. 于是有

$$(\sigma\boldsymbol{\alpha},\boldsymbol{\beta})=(\lambda\boldsymbol{\alpha},\boldsymbol{\beta})=\lambda(\boldsymbol{\alpha},\boldsymbol{\beta}),(\boldsymbol{\alpha},\sigma\boldsymbol{\beta})=(\boldsymbol{\alpha},\mu\boldsymbol{\beta})=\mu(\boldsymbol{\alpha},\boldsymbol{\beta}),$$

由于
$$(\sigma\boldsymbol{\alpha},\boldsymbol{\beta})=(\boldsymbol{\alpha},\sigma\boldsymbol{\beta}),\text{故 }\lambda(\boldsymbol{\alpha},\boldsymbol{\beta})=\mu(\boldsymbol{\alpha},\boldsymbol{\beta}),$$

但 $\lambda\neq\mu$，故只有 $(\boldsymbol{\alpha},\boldsymbol{\beta})=0$，这说明 $\boldsymbol{\alpha},\boldsymbol{\beta}$ 彼此正交.

✲ 定理 8.6.3 对称变换的特征值只能是实数.

证明 设 σ 是 V 的一个对称变换，由定义知对称变换在某个标准正交基下的矩阵是对称矩阵 $\boldsymbol{A}$. 设 λ 是属于 $\boldsymbol{A}$ 的特征值，$\boldsymbol{\alpha}$ 是属于特征值 λ 的特征向量，则有

$$\boldsymbol{A}\boldsymbol{\alpha}=\lambda\boldsymbol{\alpha}.$$

令 $\boldsymbol{\alpha}=\begin{bmatrix}x_1\\ \vdots\\ x_n\end{bmatrix}$，则 $\overline{\boldsymbol{\alpha}}=\begin{bmatrix}\overline{x}_1\\ \vdots\\ \overline{x}_n\end{bmatrix}$，$\overline{x}_i$ 是 x_i 的共轭复数. 于是

$$\overline{\boldsymbol{A}\boldsymbol{\alpha}}=\overline{\lambda\boldsymbol{\alpha}}=\overline{\lambda}\,\overline{\boldsymbol{\alpha}}=\overline{\boldsymbol{A}}\,\overline{\boldsymbol{\alpha}}=\boldsymbol{A}\overline{\boldsymbol{\alpha}},$$
$$\lambda\overline{\boldsymbol{\alpha}}'\boldsymbol{\alpha}=\overline{\boldsymbol{\alpha}}'\boldsymbol{A}\boldsymbol{\alpha}=\overline{\boldsymbol{\alpha}}'\boldsymbol{A}'\boldsymbol{\alpha}=(\boldsymbol{A}\overline{\boldsymbol{\alpha}})'\boldsymbol{\alpha}=\overline{\lambda\boldsymbol{\alpha}}'\boldsymbol{\alpha}=\overline{\lambda}\,\overline{\boldsymbol{\alpha}}'\boldsymbol{\alpha}.$$

故有
$$\lambda\overline{\boldsymbol{\alpha}}'\boldsymbol{\alpha}=\overline{\lambda}\,\overline{\boldsymbol{\alpha}}'\boldsymbol{\alpha}.$$
因为
$$\overline{\boldsymbol{\alpha}}'\boldsymbol{\alpha}=\overline{x}_1x_1+\overline{x}_2x_2+\cdots+\overline{x}_nx_n\neq 0,$$
所以 $\overline{\lambda}=\lambda$,即 λ 是实数.

评注　由于对称变换对应于对称矩阵,故定理8.6.3用矩阵叙述就是:实对称矩阵的特征值都是实数.既然实对称矩阵的特征值都是实数,由二次型的知识得:实对称矩阵与对角矩阵合同,我们把结论加强为:实对称矩阵与对角矩阵相似.

由于对称变换与实对称矩阵是相互对应的,因此可以对实对称矩阵进行讨论,然后把所得结论平移到对称变换上.

✲ **定理 8.6.4**　设 $\boldsymbol{A}$ 为 n 阶实对称矩阵,则存在 n 阶正交矩阵 $\boldsymbol{T}$,使
$$\boldsymbol{T}^{-1}\boldsymbol{A}\boldsymbol{T}=\boldsymbol{T}'\boldsymbol{A}\boldsymbol{T}=\begin{bmatrix}\lambda_1 & & & \\ & \lambda_2 & & \\ & & \ddots & \\ & & & \lambda_n\end{bmatrix}.$$
其中 $\lambda_1,\lambda_2,\cdots,\lambda_n$ 为 $\boldsymbol{A}$ 的全部特征值.

证明　对阶数 n 用数学归纳法.

当 $n=1$ 时,定理显然成立.

假设结论对 $n-1$ 阶实对称矩阵成立,即若 $\boldsymbol{B}$ 是 $n-1$ 阶实对称矩阵,则存在正交矩阵 $\boldsymbol{S}$,使
$$\boldsymbol{S}^{-1}\boldsymbol{B}\boldsymbol{S}=\boldsymbol{S}'\boldsymbol{B}\boldsymbol{S}=\begin{bmatrix}r_1 & & & \\ & r_2 & & \\ & & \ddots & \\ & & & r_{n-1}\end{bmatrix}.$$

现设 $\boldsymbol{A}$ 是 n 阶实对称矩阵,λ_1 是 $\boldsymbol{A}$ 的特征根,$\boldsymbol{\xi}_1$ 是属于 λ_1 的特征向量,即有 $\boldsymbol{A}\boldsymbol{\xi}_1=\lambda_1\boldsymbol{\xi}_1$,取 $\boldsymbol{\alpha}_1=\dfrac{\boldsymbol{\xi}_1}{|\boldsymbol{\xi}_1|}$,则 $\boldsymbol{A}\boldsymbol{\alpha}_1=\lambda_1\boldsymbol{\alpha}_1$,$\boldsymbol{\alpha}_1$ 是单位向量.

把 $\boldsymbol{\alpha}_1$ 扩充成 $\mathbf{R}^n$ 的一个标准正交基 $\boldsymbol{\alpha}_1,\boldsymbol{\alpha}_2,\cdots,\boldsymbol{\alpha}_n$,令
$$\mathbf{R}^n=L(\boldsymbol{\alpha}_1)\oplus L(\boldsymbol{\alpha}_2,\cdots,\boldsymbol{\alpha}_n)=L(\boldsymbol{\alpha}_1)+L^{\perp}(\boldsymbol{\alpha}_1).$$
设
$$\boldsymbol{A}\boldsymbol{\alpha}_i=b_{1i}\boldsymbol{\alpha}_1+b_{2i}\boldsymbol{\alpha}_2+\cdots+b_{ni}\boldsymbol{\alpha}_n,i=2,\cdots,n,$$
令 $\boldsymbol{T}_1=(\boldsymbol{\alpha}_1,\boldsymbol{\alpha}_2,\cdots,\boldsymbol{\alpha}_n)$,则 $\boldsymbol{T}_1$ 是 n 阶正交矩阵.于是
$$\boldsymbol{A}(\boldsymbol{\alpha}_1,\boldsymbol{\alpha}_2,\cdots,\boldsymbol{\alpha}_n)=(\boldsymbol{\alpha}_1,\boldsymbol{\alpha}_2,\cdots,\boldsymbol{\alpha}_n)\begin{bmatrix}\lambda_1 & b_{12} & \cdots & b_{1n}\\ 0 & b_{22} & \cdots & b_{2n}\\ \vdots & \vdots & \ddots & \vdots\\ 0 & b_{n2} & \cdots & b_{nn}\end{bmatrix},$$
即有
$$\boldsymbol{T}_1^{-1}\boldsymbol{A}\boldsymbol{T}_1=\boldsymbol{T}_1'\boldsymbol{A}\boldsymbol{T}_1=\begin{bmatrix}\lambda_1 & b_{12} & \cdots & b_{1n}\\ 0 & b_{22} & \cdots & b_{2n}\\ \vdots & \vdots & \ddots & \vdots\\ 0 & b_{n2} & \cdots & b_{nn}\end{bmatrix}=\boldsymbol{Q}.$$
因为 $\boldsymbol{Q}$ 是对称矩阵,故 $b_{12}=\cdots=b_{1n}=0$.

由于 $B=\begin{bmatrix} b_{22} & \cdots & b_{2n} \\ \vdots & \ddots & \vdots \\ b_{n2} & \cdots & b_{nn} \end{bmatrix}$ 是 $n-1$ 阶对称矩阵，由归纳假设知，存在 $n-1$ 阶正交矩阵 S，使 $S^{-1}BS=S'BS=\begin{bmatrix} \lambda_2 & & & \\ & \lambda_3 & & \\ & & \ddots & \\ & & & \lambda_n \end{bmatrix}$.

作矩阵 $T_2=\begin{bmatrix} 1 & 0 \\ 0 & S \end{bmatrix}$，$T_2$ 是正交矩阵，则有

$$T_2^{-1}QT_2=T_2'QT_2=\begin{bmatrix} \lambda_1 & & & \\ & \lambda_2 & & \\ & & \ddots & \\ & & & \lambda_n \end{bmatrix}$$

于是令 $T=T_1T_2$，则 T 是正交矩阵，且有

$$T'AT=T^{-1}AT=(T_1T_2)^{-1}A(T_1T_2)=T_2^{-1}T_1^{-1}AT_1T_2$$

$$=T_2^{-1}QT_2=\begin{bmatrix} \lambda_1 & & & \\ & \lambda_2 & & \\ & & \ddots & \\ & & & \lambda_n \end{bmatrix}.$$

评注　定理 8.6.4 告诉我们，任一 n 阶实对称矩阵 A 一定可对角化，即可找到正交矩阵 T，使 $T^{-1}AT$ 成对角形. 求正交矩阵 T 的步骤如下：

(1) 求出 A 的所有不同的特征值 $\lambda_1,\lambda_2,\cdots,\lambda_r(r\leqslant n)$；

(2) 将 λ_i 代入齐次线性方程组得 $(\lambda_iE-A)X=0,i=1,2,\cdots,r$，求各方程组的基础解系. 它们是属于 λ_i 的线性无关的特征向量；

(3) 对求出的基础解系分别进行正交化和单位化；

(4) 所有已正交化和单位化的特征向量按列排成的矩阵就是所求的正交矩阵.

✻定理 8.6.5　对 n 维欧氏空间任意一个对称变换 σ，存在一个标准正交基，使 σ 在这个标准正交基下的矩阵是对角阵.

证明　只要证明对称变换 σ 有 n 个特征向量，作成标准正交基即可，对空间的维数 n 作归纳法.

当 $n=1$ 时，结论显然成立.

假设结论对 $n-1$ 维空间成立，考虑 n 维欧氏空间 $\mathbf{R}^n$，σ 有一特征向量 $\boldsymbol{\alpha}_1$，设其特征值为实数 λ_1，把 $\boldsymbol{\alpha}_1$ 单位化，为方便还是用 $\boldsymbol{\alpha}_1$ 表示. 作 $L(\boldsymbol{\alpha}_1)$ 的正交补 $L^{\perp}(\boldsymbol{\alpha}_1)=V_1$，由本节练习 4 知 V_1 是 σ 的不变子空间，其维数为 $n-1$. 又 $\sigma|V_1$ 也是对称变，由归纳假设，有 $n-1$ 个特征向量 $\boldsymbol{\alpha}_2,\cdots,\boldsymbol{\alpha}_n$ 作成 V_1 的标准正交基，从而 $\boldsymbol{\alpha}_1,\boldsymbol{\alpha}_2,\cdots,\boldsymbol{\alpha}_n$ 是 V 的标准正交基. σ 在这个标准正交基下的矩阵是对角阵.

8.6.4　例子剖析

例 8.6.1　在 $\mathbf{R}^3$ 中，线性变换 $\sigma(a_1,a_2,a_3)=(a_1,0,0)$ 是对称变换.

解　取 $\boldsymbol{\alpha}=(a_1,a_2,a_3)$，$\boldsymbol{\beta}=(b_1,b_2,b_3)$，则 $\sigma\boldsymbol{\alpha}=(a_1,0,0)$，$\sigma\boldsymbol{\beta}=(b_1,0,0)$. 于是 $(\sigma\boldsymbol{\alpha},\boldsymbol{\beta})=a_1b_1$，$(\boldsymbol{\alpha},\sigma\boldsymbol{\beta})=a_1b_1$. 故 $(\sigma\boldsymbol{\alpha},\boldsymbol{\beta})=(\boldsymbol{\alpha},\sigma\boldsymbol{\beta})$，$\sigma$ 是对称变换.

例 8.6.2　恒等变换是对称变换.

由 $(\boldsymbol{I\alpha},\boldsymbol{\beta})=(\boldsymbol{\alpha},\boldsymbol{\beta})=(\boldsymbol{\alpha},\boldsymbol{I\beta})$ 即知.

例 8.6.3　σ,τ 是 n 维欧氏空间 V 的两个对称变换. 问：(1) $\sigma+\tau$ 是不是 V 的对称变换？(2) $k\sigma$ 是不是 V 的对称变换？(3) $\sigma\tau$ 是不是 V 的对称变换？

解　$\forall\,\boldsymbol{\alpha},\boldsymbol{\beta}\in V$，$\sigma,\tau$ 是对称变换，故有 $(\sigma\boldsymbol{\alpha},\boldsymbol{\beta})=(\boldsymbol{\alpha},\sigma\boldsymbol{\beta})$，$(\pi\boldsymbol{\alpha\beta})=(\boldsymbol{\alpha},\tau\boldsymbol{\beta})$.

$$\begin{aligned}(1)\ ((\sigma+\tau)\boldsymbol{\alpha},\boldsymbol{\beta})&=(\sigma\boldsymbol{\alpha}+\tau\boldsymbol{\alpha},\boldsymbol{\beta})=(\sigma\boldsymbol{\alpha},\boldsymbol{\beta})+(\tau\boldsymbol{\alpha},\boldsymbol{\beta})\\&=(\boldsymbol{\alpha},\sigma\boldsymbol{\beta})+(\boldsymbol{\alpha},\tau\boldsymbol{\beta})=(\boldsymbol{\alpha},\sigma\boldsymbol{\beta}+\tau\boldsymbol{\beta})=(\boldsymbol{\alpha},(\sigma+\tau)\boldsymbol{\beta}),\end{aligned}$$

故 $\sigma+\tau$ 是 V 的对称变换，

$$\begin{aligned}(2)\ ((k\sigma)\boldsymbol{\alpha},\boldsymbol{\beta})&=(k(\sigma\boldsymbol{\alpha}),\boldsymbol{\beta})=k(\sigma\boldsymbol{\alpha},\boldsymbol{\beta})=k(\boldsymbol{\alpha},\sigma\boldsymbol{\beta})=(\boldsymbol{\alpha},k\sigma\boldsymbol{\beta})\\&=(\boldsymbol{\alpha},(k\sigma)\boldsymbol{\beta}),\end{aligned}$$

故 $k\sigma$ 是 V 的对称变换，

$$(3)\ ((\sigma\tau)\boldsymbol{\alpha},\boldsymbol{\beta})=(\sigma(\tau\boldsymbol{\alpha}),\boldsymbol{\beta})=(\tau\boldsymbol{\alpha},\sigma\boldsymbol{\beta})=(\boldsymbol{\alpha},\tau(\sigma\boldsymbol{\beta}))=(\boldsymbol{\alpha},(\tau\sigma)\boldsymbol{\beta}),$$

由此知，要证 $\sigma\tau$ 是对称变换，必须有 $\sigma\tau=\tau\sigma$，故 σ,τ 是对称变换，当 $\sigma\tau=\tau\sigma$ 时，$\sigma\tau$ 是对称变换；当 $\sigma\tau\neq\tau\sigma$ 时，$\sigma\tau$ 不一定是对称变换.

例如：设 $\boldsymbol{\varepsilon}_1,\boldsymbol{\varepsilon}_2$ 是 $\mathbf{R}^2$ 的标准正交基. 定义变换 σ,τ 如下：

$$\sigma(\boldsymbol{\varepsilon}_1,\boldsymbol{\varepsilon}_2)=(\boldsymbol{\varepsilon}_1,\boldsymbol{\varepsilon}_2)\boldsymbol{A},\tau(\boldsymbol{\varepsilon}_1,\boldsymbol{\varepsilon}_2)=(\boldsymbol{\varepsilon}_1,\boldsymbol{\varepsilon}_2)\boldsymbol{B}.$$

其中 $\boldsymbol{A}=\begin{bmatrix}1&2\\2&3\end{bmatrix}$，$\boldsymbol{B}=\begin{bmatrix}1&-2\\-2&3\end{bmatrix}$. 因此 σ,τ 是对称变换.

由于

$$\sigma\tau(\boldsymbol{\varepsilon}_1,\boldsymbol{\varepsilon}_2)=\sigma(\boldsymbol{\varepsilon}_1,\boldsymbol{\varepsilon}_2)\boldsymbol{B}=(\boldsymbol{\varepsilon}_1,\boldsymbol{\varepsilon}_2)\boldsymbol{AB},$$

$$\tau\sigma(\boldsymbol{\varepsilon}_1,\boldsymbol{\varepsilon}_2)=\tau(\boldsymbol{\varepsilon}_1,\boldsymbol{\varepsilon}_2)\boldsymbol{A}=(\boldsymbol{\varepsilon}_1,\boldsymbol{\varepsilon}_2)\boldsymbol{BA},$$

$$\boldsymbol{AB}=\begin{bmatrix}1&2\\2&3\end{bmatrix}\begin{bmatrix}1&-2\\-2&3\end{bmatrix}=\begin{bmatrix}-3&4\\-4&5\end{bmatrix},$$

$$\boldsymbol{BA}=\begin{bmatrix}1&-2\\-2&3\end{bmatrix}\begin{bmatrix}1&2\\2&3\end{bmatrix}=\begin{bmatrix}-3&-4\\4&5\end{bmatrix},$$

故 $\sigma\tau,\tau\sigma$ 都不是对称变换，且 $\sigma\tau\neq\tau\sigma$.

例 8.6.4　设 $\boldsymbol{A}=\begin{bmatrix}4&2&2\\2&4&2\\2&2&4\end{bmatrix}$，求正交矩阵 $\boldsymbol{T}$，使 $\boldsymbol{T}^{-1}\boldsymbol{AT}=\boldsymbol{T}'\boldsymbol{AT}$ 成对角矩阵.

解　求 $\boldsymbol{A}$ 全部特征根，由

$$|\lambda\boldsymbol{E}-\boldsymbol{A}|=\begin{vmatrix}\lambda-4&-2&-2\\-2&\lambda-4&-2\\-2&-2&\lambda-4\end{vmatrix}=(\lambda-2)^2(\lambda-8),$$

得 $\boldsymbol{A}$ 的特征根为 $\lambda_1=\lambda_2=2$，$\lambda_3=8$.

把 $\lambda_2=2$ 代入齐次线性方程组得 $\begin{bmatrix}-2 & -2 & -2\\ -2 & -2 & -2\\ -2 & -2 & -2\end{bmatrix}\begin{bmatrix}x_1\\ x_2\\ x_3\end{bmatrix}=\begin{bmatrix}0\\ 0\\ 0\end{bmatrix}$，

其基础解析为：$\boldsymbol{\alpha}_1=\begin{bmatrix}-1\\ 1\\ 0\end{bmatrix}$，$\boldsymbol{\alpha}_2=\begin{bmatrix}-1\\ 0\\ 1\end{bmatrix}$.

把 $\boldsymbol{\alpha}_1,\boldsymbol{\alpha}_2$ 正交化得：$\boldsymbol{\beta}_1=\boldsymbol{\alpha}_1$，$\boldsymbol{\beta}_2=\boldsymbol{\alpha}_2-\dfrac{(\boldsymbol{\alpha}_2,\boldsymbol{\beta}_1)}{(\boldsymbol{\beta}_1,\boldsymbol{\beta}_1)}\boldsymbol{\beta}_1=\dfrac{1}{2}\begin{bmatrix}-1\\ -1\\ 2\end{bmatrix}$，

再单位化得：$\boldsymbol{\eta}_1=\dfrac{1}{\sqrt{2}}\begin{bmatrix}-1\\ 1\\ 0\end{bmatrix}$，$\boldsymbol{\eta}_2=\dfrac{1}{\sqrt{6}}\begin{bmatrix}-1\\ -1\\ 2\end{bmatrix}$.

把 $\lambda_3=8$ 代入齐次线性方程组得 $\begin{bmatrix}4 & -2 & -2\\ -2 & 4 & -2\\ -2 & -2 & 4\end{bmatrix}\begin{bmatrix}x_1\\ x_2\\ x_3\end{bmatrix}=\begin{bmatrix}0\\ 0\\ 0\end{bmatrix}$，

其基础解系为：$\boldsymbol{\alpha}_3=\begin{bmatrix}1\\ 1\\ 1\end{bmatrix}$，把它单位化得 $\boldsymbol{\eta}_3=\dfrac{1}{\sqrt{3}}\begin{bmatrix}1\\ 1\\ 1\end{bmatrix}$.

把 $\boldsymbol{\eta}_1,\boldsymbol{\eta}_2,\boldsymbol{\eta}_3$ 作为列构成正交矩阵：$\boldsymbol{T}=\begin{bmatrix}-\frac{1}{\sqrt{2}} & -\frac{1}{\sqrt{6}} & \frac{1}{\sqrt{3}}\\ \frac{1}{\sqrt{2}} & -\frac{1}{\sqrt{6}} & \frac{1}{\sqrt{3}}\\ 0 & \frac{2}{\sqrt{6}} & \frac{1}{\sqrt{3}}\end{bmatrix}$，

则有
$$\boldsymbol{T}^{-1}\boldsymbol{A}\boldsymbol{T}=\begin{bmatrix}2 & & \\ & 2 & \\ & & 8\end{bmatrix}.$$

8.6.5 练习与探究

8.6.5.1 练习

1. 求正交矩阵 $\boldsymbol{T}$ 使 $\boldsymbol{T}'\boldsymbol{A}\boldsymbol{T}$ 成对角形，其中 $\boldsymbol{A}$ 为：

(1) $\begin{bmatrix}2 & -2 & 0\\ -2 & 1 & -2\\ 0 & -2 & 0\end{bmatrix}$； (2) $\begin{bmatrix}2 & 2 & -2\\ 2 & 5 & -4\\ -2 & -4 & 5\end{bmatrix}$.

2. 用正交线性替换，化下列二次型为标准形：

(1) $f(x_1,x_2,x_3)=x_1^2+2x_2^2+3x_3^2-4x_1x_2-4x_2x_3$；

(2) $f(x_1,x_2,x_3)=x_1^2-2x_2^2-2x_3^2-4x_1x_2+4x_1x_3+8x_2x_3$.

3. 设 $\boldsymbol{A}$ 是 n 阶实对称矩阵，证明：$\boldsymbol{A}$ 正定的充分必要条件是 $\boldsymbol{A}$ 的特征多项式的根全大

于零.

4. 设 $\boldsymbol{A},\boldsymbol{B}$ 都是 n 阶实对称矩阵,证明:存在正交矩阵 $\boldsymbol{T}$ 使 $\boldsymbol{T}^{-1}\boldsymbol{A}\boldsymbol{T}=\boldsymbol{B}$ 的充分必要条件是 $\boldsymbol{A},\boldsymbol{B}$ 的特征多项式的根全部相同.

5. 设 V_1 是欧氏空间 V 的对称变换 σ 的不变子空间,则 $V_1^{\perp}$ 也是 σ 的不变子空间.

6. 设 $\boldsymbol{A}$ 为一个 n 阶实矩阵,且 $|\boldsymbol{A}|\neq 0$.

(1) 证明:$\boldsymbol{A}$ 可以分解成 $\boldsymbol{A}=\boldsymbol{Q}\boldsymbol{T}$,其中 $\boldsymbol{Q}$ 是正交矩阵,$\boldsymbol{T}=(t_{ij})$ 是一上三角形矩阵,且 $t_{ii}>0,i=1,2,\cdots,n$. 这个分解式是唯一的.

(2) 若 $\boldsymbol{A}$ 是 n 阶正定矩阵,证明存在一个上三角形矩阵 $\boldsymbol{T}$,使

$$\boldsymbol{A}=\boldsymbol{T}'\boldsymbol{T}.$$

8.6.5.2　探究

1. 利用正交变换化二次曲面的一般方程为标准方程:

$$a_{11}x_1^2+a_{22}x_2^2+a_{33}x_3^2+2a_{12}x_1x_2+2a_{13}x_1x_3+2a_{23}x_2x_3+2b_1x_1+2b_2x_2+2b_3x_3+d=0.$$

解　令 $\boldsymbol{A}=\begin{bmatrix}a_{11}&a_{12}&a_{13}\\a_{21}&a_{22}&a_{23}\\a_{31}&a_{32}&a_{33}\end{bmatrix}$, $\boldsymbol{X}=\begin{bmatrix}x_1\\x_2\\x_3\end{bmatrix}$, $\boldsymbol{B}=\begin{bmatrix}b_1\\b_2\\b_3\end{bmatrix}$,

则二次曲面方程可写成方程:$\boldsymbol{X}'\boldsymbol{A}\boldsymbol{X}+2\boldsymbol{B}'\boldsymbol{X}+d=0.$　①

作变换 $\boldsymbol{X}=\boldsymbol{C}\boldsymbol{Y}$,其中 $\boldsymbol{C}=\begin{bmatrix}c_{11}&c_{12}&c_{13}\\c_{21}&c_{22}&c_{23}\\c_{31}&c_{32}&c_{33}\end{bmatrix}$是正交矩阵,且 $|\boldsymbol{C}|=1$,$\boldsymbol{Y}=(y_1,y_2,y_3)'$,使

$$\boldsymbol{C}'\boldsymbol{A}\boldsymbol{C}=\begin{bmatrix}\lambda_1&&\\&\lambda_2&\\&&\lambda_3\end{bmatrix}.$$

这时方程 ① 变成:$\boldsymbol{Y}'(\boldsymbol{C}'\boldsymbol{A}\boldsymbol{C})\boldsymbol{Y}+2(\boldsymbol{B}'\boldsymbol{C})\boldsymbol{Y}+d=0$,即

$$\lambda_1y_1^2+\lambda_2y_2^2+\lambda_3y_3^2+2k_1y_1+2k_2y_2+2k_3y_3+d=0 \qquad ②$$

其中$(k_1,k_2,k_3)=(b_1,b_2,b_3)\boldsymbol{C}$. 当 $\lambda_1,\lambda_2,\lambda_3$ 全不为零时,对 ② 整理得

$$\lambda_1\left(y_1+\frac{k_1}{\lambda_1}\right)^2+\lambda_2\left(y_2+\frac{k_2}{\lambda_2}\right)^2+\lambda_3\left(y_3+\frac{k_3}{\lambda_3}\right)^2+d-\frac{k_1^2}{\lambda_1}-\frac{k_2^2}{\lambda_2}-\frac{k_3^2}{\lambda_3}=0.$$

令$\begin{cases}z_1=y_1+\dfrac{k_1}{\lambda_1}\\z_2=y_2+\dfrac{k_2}{\lambda_2}\\z_3=y_3+\dfrac{k_3}{\lambda_3}\end{cases}$,即$\begin{cases}y_1=z_1-\dfrac{k_1}{\lambda_1}\\y_2=z_2-\dfrac{k_2}{\lambda_2}\\y_3=z_3-\dfrac{k_3}{\lambda_3}\end{cases}$,又令 $l=d-\dfrac{k_1^2}{\lambda_1}-\dfrac{k_2^2}{\lambda_2}-\dfrac{k_3^2}{\lambda_3}$,

则 ② 式变成 $\lambda_1 z_1^2 + \lambda_2 z_2^2 + \lambda_3 z_3^2 + l = 0.$

2. 证明：若 $\forall \boldsymbol{\alpha},\boldsymbol{\beta} \in V, (\boldsymbol{\alpha},\boldsymbol{\beta}) = -(\boldsymbol{\alpha},\sigma\boldsymbol{\beta})$，则称欧氏空间 V 中的线性变换 σ 为反对称矩阵.

证明 (1)σ 为反对称的充分必要条件是 σ 在一组标准正交基下的矩阵为反对称矩阵.

(2) 如果 V_1 是反对称线性变换的不变子空间，则 $V_1^{\perp}$ 也是.

3. σ,τ 是 n 维欧氏空间 V 的两个对称变换，证明：$\sigma\tau$ 是 V 的对称变换的充要条件是 $\sigma\tau = \tau\sigma$.

4. 设 $f(x_1,x_2,\cdots,x_n) = \boldsymbol{X}'\boldsymbol{A}\boldsymbol{X}$ 是一实二次型，$\lambda_1,\lambda_2,\cdots,\lambda_n$ 是 $\boldsymbol{A}$ 的特征多项式的根，且 $\lambda_1 \leqslant \lambda_2 \leqslant \cdots \leqslant \lambda_n$。证明：对任意一个 $\boldsymbol{X} \in \mathbf{R}^n$，有 $\lambda_1 \boldsymbol{X}'\boldsymbol{X} \leqslant \boldsymbol{X}'\boldsymbol{A}\boldsymbol{X} \leqslant \lambda_n \boldsymbol{X}'\boldsymbol{X}$.

8.7 向量到子空间的距离

在解析几何中我们知道，一个点到直线或平面上所有点的距离中以垂线最短，这个结果能不能推广到欧氏空间中?本节围绕以下问题展开讨论.

8.7.1 研究问题

(1) 向量到子空间的距离.

(2) 最小二乘法.

8.7.2 基本概念

在解析几何中，两个点 $\boldsymbol{\alpha} = (x_1,y_1,z_1)$ 和 $\boldsymbol{\beta} = (x_2,y_2,z_2)$ 的距离等于向量 $\boldsymbol{\alpha}-\boldsymbol{\beta}$ 的长度，即有

$$|\boldsymbol{\alpha}-\boldsymbol{\beta}| = \sqrt{(x_1-x_2)^2+(y_1-y_2)^2+(z_1-z_2)^2}.$$

✲ **定义 8.7.1** 在欧氏空间 V 中，两个向量 $\boldsymbol{\alpha}$ 与 $\boldsymbol{\beta}$ 之间的距离是指向量 $\boldsymbol{\alpha}-\boldsymbol{\beta}$ 的长度 $|\boldsymbol{\alpha}-\boldsymbol{\beta}|$，记作 $d(\boldsymbol{\alpha},\boldsymbol{\beta})$，即有 $d(\boldsymbol{\alpha},\boldsymbol{\beta}) = |\boldsymbol{\alpha}-\boldsymbol{\beta}|$.

✲ **定义 8.7.2** 设 W 是欧氏空间 V 的一个子空间，且有 $W = L(\boldsymbol{\alpha}_1,\boldsymbol{\alpha}_2,\cdots,\boldsymbol{\alpha}_r)$. 若向量 $\boldsymbol{\alpha}$ 与 W 中任意一个向量都正交，则称向量 $\boldsymbol{\alpha}$ 垂直于子空间 W，或者说向量与子空间正交.

✲ **定义 8.7.3** 对给定的向量 $\boldsymbol{\beta}$，设 $\boldsymbol{\gamma}$ 是 W 中的向量，若 $\boldsymbol{\beta}-\boldsymbol{\gamma}$ 垂直于 W，则称 $|\boldsymbol{\beta}-\boldsymbol{\gamma}|$ 是向量 $\boldsymbol{\beta}$ 到子空间 W 的垂线.

8.7.3 主要结论

8.7.3.1 距离的性质

(1)$d(\boldsymbol{\alpha},\boldsymbol{\beta}) \geqslant 0$，当且仅当 $\boldsymbol{\alpha} = \boldsymbol{\beta}$ 时等号才成立；

因为 $\boldsymbol{\alpha}-\boldsymbol{\beta} \neq \mathbf{0}$，故 $|\boldsymbol{\alpha}-\boldsymbol{\beta}| = (\boldsymbol{\alpha}-\boldsymbol{\beta},\boldsymbol{\alpha}-\boldsymbol{\beta}) > 0$.

(2) $d(\boldsymbol{\alpha},\boldsymbol{\beta}) = d(\boldsymbol{\beta},\boldsymbol{\alpha})$；

$$\begin{aligned} d(\boldsymbol{\alpha},\boldsymbol{\beta}) &= |\boldsymbol{\alpha}-\boldsymbol{\beta}| = \sqrt{(\boldsymbol{\alpha}-\boldsymbol{\beta},\boldsymbol{\alpha}-\boldsymbol{\beta})} = \sqrt{(\boldsymbol{\beta}-\boldsymbol{\alpha},\boldsymbol{\beta}-\boldsymbol{\alpha})} \\ &= |\boldsymbol{\beta}-\boldsymbol{\alpha}| = d(\boldsymbol{\beta},\boldsymbol{\alpha}). \end{aligned}$$

(3) $d(\boldsymbol{\alpha},\boldsymbol{\beta}) \leqslant d(\boldsymbol{\alpha},\boldsymbol{\gamma}) + d(\boldsymbol{\gamma},\boldsymbol{\beta})$.

$$\begin{aligned} d(\boldsymbol{\alpha},\boldsymbol{\beta}) &= |\boldsymbol{\alpha}-\boldsymbol{\beta}| = |(\boldsymbol{\alpha}-\boldsymbol{\gamma})+(\boldsymbol{\gamma}-\boldsymbol{\beta})| \\ &\leqslant |\boldsymbol{\alpha}-\boldsymbol{\gamma}| + |\boldsymbol{\gamma}-\boldsymbol{\beta}| = d(\boldsymbol{\alpha},\boldsymbol{\gamma}) + d(\boldsymbol{\gamma},\boldsymbol{\beta}). \end{aligned}$$

反之，由性质(3)也可推出三角不等式；

$$\begin{aligned} |\boldsymbol{\alpha}+\boldsymbol{\beta}| &= |\boldsymbol{\alpha}+\boldsymbol{\beta}-\mathbf{0}| = d(\boldsymbol{\alpha}+\boldsymbol{\beta},\mathbf{0}) \leqslant d(\boldsymbol{\alpha}+\boldsymbol{\beta},\boldsymbol{\alpha}) + d(\boldsymbol{\alpha},\mathbf{0}) \\ &= |\boldsymbol{\beta}| + |\boldsymbol{\alpha}|. \end{aligned}$$

由此可知，三角不等式与性质(3)等价.

结论 1　设 $W = L(\boldsymbol{\alpha}_1,\boldsymbol{\alpha}_2,\cdots,\boldsymbol{\alpha}_r)$，向量 $\boldsymbol{\alpha}$ 垂直于 W 的充要条件是：$\boldsymbol{\alpha}$ 与每个 $\boldsymbol{\alpha}_i$ 垂直，$i = 1,2,\cdots,r$.

证明　$\boldsymbol{\alpha}$ 直于 W，即 $\boldsymbol{\alpha}$ 与 W 中每一个向量垂直，故 $\boldsymbol{\alpha}$ 与每个 $\boldsymbol{\alpha}_i$ 垂直，$i = 1,2,\cdots,r$.

反之，若 $\boldsymbol{\alpha}$ 与每个 $\boldsymbol{\alpha}_i$ 垂直，即有 $(\boldsymbol{\alpha},\boldsymbol{\alpha}_i) = 0, i = 1,2,\cdots,r$. $\forall \boldsymbol{\xi} \in W, \boldsymbol{\xi} = \sum_{i=1}^{r} k_i\boldsymbol{\alpha}_i$，则

$(\boldsymbol{\alpha},\boldsymbol{\xi}) = (\boldsymbol{\alpha},\sum k_i\boldsymbol{\alpha}_i) = \sum_{i=1}^{r} k_i(\boldsymbol{\alpha},\boldsymbol{\alpha}_i) = 0$. 故 $\boldsymbol{\alpha}$ 与 W 中任意一个向量垂直.

在解析几何中我们知道，一个点到直线或平面上所有点的距离中以垂线最短，这个结果可以推广到欧氏空间中，即一个向量到一个子空间上所有向量的距离中也是以垂线最短.

结论 2　向量 $\boldsymbol{\beta}$ 到 W 中各向量的距离中以垂线最短.

证明　$\forall \boldsymbol{\delta} \in W$，$|\boldsymbol{\beta}-\boldsymbol{\delta}|$ 表示向量 $\boldsymbol{\beta}$ 与 $\boldsymbol{\delta}$ 的距离. 由于 $\boldsymbol{\beta}-\boldsymbol{\delta} = (\boldsymbol{\beta}-\boldsymbol{\gamma})+(\boldsymbol{\gamma}-\boldsymbol{\delta})$，其中 $\boldsymbol{\gamma} \in W$，故 $\boldsymbol{\gamma}-\boldsymbol{\delta} \in W$.

若 $\boldsymbol{\beta}-\boldsymbol{\gamma}$ 垂直于 W，则 $\boldsymbol{\beta}-\boldsymbol{\gamma}$ 垂直于 $\boldsymbol{\gamma}-\boldsymbol{\delta}$，由欧氏空间中的勾股定理，有 $|\boldsymbol{\beta}-\boldsymbol{\gamma}|^2 + |\boldsymbol{\gamma}-\boldsymbol{\delta}|^2 = |\boldsymbol{\beta}-\boldsymbol{\delta}|^2$，故 $|\boldsymbol{\beta}-\boldsymbol{\gamma}| \leqslant |\boldsymbol{\beta}-\boldsymbol{\delta}|$. 此不等式说明向量 $\boldsymbol{\beta}$ 到 W 中各向量的距离垂线 $|\boldsymbol{\beta}-\boldsymbol{\gamma}|$ 最短，如图 8.1 所示.

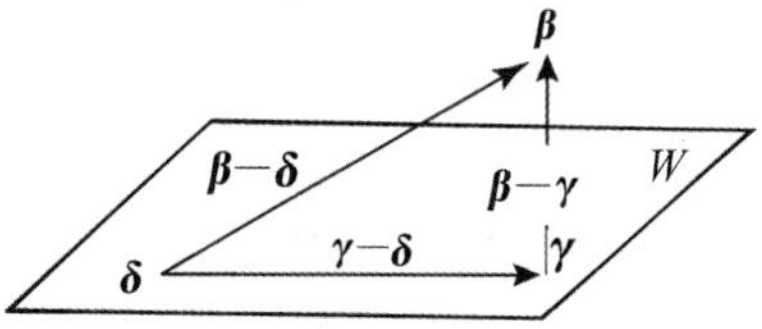

图 8.1

8.7.3.2　最小二乘法

利用向量到子空间向量的距离中以垂线最短这个事实，可以解决应用上遇到的一些实际问题.

设有实系数的线性方程组：

$$\begin{cases} a_{11}x_1 + a_{12}x_2 + \cdots + a_{1n}x_n = b_1, \\ a_{21}x_1 + a_{22}x_2 + \cdots + a_{2n}x_n = b_2, \\ \cdots\cdots \\ a_{m1}x_1 + a_{m2}x_2 + \cdots + a_{mn}x_n = b_m. \end{cases} \tag{8.7.1}$$

线性方程组(8.7.1)可能无解,即不存在 $x_1,x_2,\cdots,x_n$ 的一组实数,使方程组(8.7.1)两边相等.这时我们只能退而求其次,即找出 $x_1,x_2,\cdots,x_n$ 的一组实数,使方程两边的差值最小,也就是寻找 $x_1^{\circ},x_2^{\circ},\cdots,x_n^{\circ}$,使下式成立:

$$\begin{aligned} &\sum_{i=1}^{m} |a_{i1}x_1^{\circ} + a_{i2}x_2^{\circ} + \cdots + a_{in}x_n^{\circ} - b_i| \\ &= \min \sum_{i=1}^{m} |a_{i1}x_1 + a_{i2}x_2 + \cdots + a_{in}x_n - b_i|. \end{aligned} \tag{8.7.2}$$

由于绝对值符号在实际运算中不好处理,故在应用中我们寻找 $x_1^{\circ},x_2^{\circ},\cdots,x_n^{\circ}$,使下式成立:

$$\begin{aligned} &\sum_{i=1}^{n} (a_{i1} + a_{i2} + \cdots + a_{in} - b_i)^2 \\ &= \min \sum_{i=1}^{n} (a_{i1}x_1 + a_{i2}x_2 + \cdots + a_{in}x_n - b_i)^2. \end{aligned} \tag{8.7.3}$$

这样的一组实数 $x_1^{\circ},x_2^{\circ},\cdots,x_n^{\circ}$ 称为方程(8.7.1)的最小二乘解,这种问题就称为最小二乘问题.

下面利用欧氏空间中的概念来表示最小二乘问题,并给出求最小二乘解的方法.

令
$$\boldsymbol{A} = \begin{bmatrix} a_{11} & a_{12} & \cdots & a_{1n} \\ a_{21} & a_{22} & \cdots & a_{2n} \\ \vdots & \vdots & \ddots & \vdots \\ a_{m1} & a_{m2} & \cdots & a_{nm} \end{bmatrix}, \boldsymbol{B} = \begin{bmatrix} b_1 \\ b_2 \\ \vdots \\ b_m \end{bmatrix}, \boldsymbol{X} = \begin{bmatrix} x_1 \\ x_2 \\ \vdots \\ x_n \end{bmatrix},$$

则
$$\boldsymbol{Y} = \boldsymbol{AX} = \begin{bmatrix} \sum_{j=1}^{n} a_{1j}x_j \\ \sum_{j=1}^{n} a_{2j}x_j \\ \vdots \\ \sum_{j=1}^{n} a_{mj}x_j \end{bmatrix} \tag{8.7.4}$$

这时
$$|\boldsymbol{B} - \boldsymbol{Y}_0|^2 = \sum_{i=1}^{m} \left(\sum_{j=1}^{n} a_{ij}x_j^{\circ} - b_i\right)^2.$$

把 **A** 的各个列向量分别记为 $\boldsymbol{\alpha}_1,\boldsymbol{\alpha}_2,\cdots,\boldsymbol{\alpha}_n$,由它们生成的子空间是

$$W = L(\boldsymbol{\alpha}_1,\boldsymbol{\alpha}_2,\cdots,\boldsymbol{\alpha}_n).$$

由于
$$\boldsymbol{Y} = x_1\boldsymbol{\alpha}_1 + x_2\boldsymbol{\alpha}_2 + \cdots + x_n\boldsymbol{\alpha}_n,$$

故
$$\boldsymbol{Y} \in W.$$

在式(8.7.3)中，我们找 $\boldsymbol{X}_0$，使式(8.7.3)最小，这相当于在 W 中找向量 $\boldsymbol{Y}_0$，使得向量 $\boldsymbol{B}$ 到它的距离比到子空间 W 中其他向量的距离都短.

由前面介绍的结论，要找 $\boldsymbol{Y}_0$，实际上就是找 $\boldsymbol{C}_0 = \boldsymbol{B} - \boldsymbol{Y}_0 = \boldsymbol{B} - \boldsymbol{A}\boldsymbol{X}_0$，使 $\boldsymbol{C}_0 = \boldsymbol{B} - \boldsymbol{Y}_0$ 垂直于子空间 W. 而 $\boldsymbol{\alpha}_1, \boldsymbol{\alpha}_2, \cdots, \boldsymbol{\alpha}_n$ 是 W 的生成元，故必须且只须
$$(\boldsymbol{C}_0, \boldsymbol{\alpha}_1) = (\boldsymbol{C}_0, \boldsymbol{\alpha}_2) = \cdots = (\boldsymbol{C}_0, \boldsymbol{\alpha}_n) = 0,$$

由于在 $\mathbf{R}^n$ 中向量的内积就是 n 元数组对应元素相乘积的和，即是
$$\boldsymbol{\alpha}'_1\boldsymbol{C}_0 = \boldsymbol{\alpha}'_2\boldsymbol{C}_0 = \cdots = \boldsymbol{\alpha}'_n\boldsymbol{C}_0 = 0, \tag{8.7.5}$$
故方程(8.7.5)可写成矩阵方程的形式：
$$\boldsymbol{A}'(\boldsymbol{B} - \boldsymbol{A}\boldsymbol{X}_0) = \boldsymbol{O} \text{ 或 } \boldsymbol{A}'\boldsymbol{A}\boldsymbol{X}_0 = \boldsymbol{A}'\boldsymbol{B},$$
其中 $\boldsymbol{A} = (\boldsymbol{\alpha}_1, \boldsymbol{\alpha}_2, \cdots, \boldsymbol{\alpha}_n)$，这就是最小二乘解应满足的代数方程.

若 $R(\boldsymbol{A}'\boldsymbol{A}) = n$，即 $\boldsymbol{A}'\boldsymbol{A}$ 是可逆矩阵时，则
$$\boldsymbol{X}_0 = (\boldsymbol{A}'\boldsymbol{A})^{-1}\boldsymbol{A}'\boldsymbol{B} \tag{8.7.6}$$
当 $\boldsymbol{A}'\boldsymbol{A}$ 是退化矩阵时，$\boldsymbol{X}_0 = (\boldsymbol{A}'\boldsymbol{A})^{-}\boldsymbol{A}'\boldsymbol{B}$. $(\boldsymbol{A}'\boldsymbol{A})^{-}$ 表示 $\boldsymbol{A}'\boldsymbol{A}$ 的广义逆.

8.7.4　例子剖析

例 8.7.1　某材料在生产过程中的废品率 y 与某种化学成分 x 有关. 下表记载的是某工厂生产中 y 与相应的 x 的几次数值：

y(%)	1.00	0.90	0.90	0.81	0.60	0.56	0.35
x(%)	3.60	3.70	3.80	3.90	4.00	4.10	4.20

求 y 与 x 的关系.

解　先在 xOy 平面上描出这 7 个点，我们发现它们的变化趋势近似于一条直线，因此我们选用 x 的一次式 $y = ax + b$ 来表示它们之间的关系. 由观察到的数值，我们得到以下线性方程组：
$$\begin{cases} 3.6a + b = 1.00, \\ 3.7a + b = 0.90, \\ 3.8a + b = 0.90, \\ 3.9a + b = 0.81, \\ 4.0a + b = 0.60, \\ 4.1a + b = 0.56, \\ 4.2a + b = 0.35. \end{cases}$$

由于 x 与 y 之间的关系并非线性关系，因此要选择 a, b，使上面各式的误差平方和最小，这里的误差平方和就是前面介绍的二乘法，在这里

$$A=\begin{bmatrix}3.6&1\\3.7&1\\3.8&1\\3.9&1\\4.0&1\\4.1&1\\4.2&1\end{bmatrix},B=\begin{bmatrix}1.00\\0.90\\0.90\\0.81\\0.60\\0.56\\0.35\end{bmatrix}.$$

根据前面的结论，求系数 a，b，就是求最小二乘解 $\begin{bmatrix}a_0\\b_0\end{bmatrix}$. 由式(8.7.6)得

$$\begin{bmatrix}a_0\\b_0\end{bmatrix}=[\boldsymbol{A'A}]^{-1}[\boldsymbol{A'B}]=\begin{bmatrix}106.75&27.3\\27.3&7\end{bmatrix}^{-1}\begin{bmatrix}19.675\\5.12\end{bmatrix}=\begin{bmatrix}-1.05\\4.81\end{bmatrix}.$$

也可以直接解方程：$\begin{cases}106.75a+27.3b=19.675,\\27.3a+7b=5.12,\end{cases}$

得：$a_0=-1.05$，$b_0=4.81$. 故所得的方程是：$y=-1.05x+4.81$.

设线性方程组为(8.7.1)，要求 $x_1,x_2,\cdots,x_n$ 的一组解，使

$$\sum_{i=1}^{n}(a_{i1}+a_{i2}+\cdots+a_{in}-b_i)^2$$
$$=\min\sum_{i=1}^{n}(a_{i1}x_1+a_{i2}x_2+\cdots+a_{in}x_n-b_i)^2,$$

也可以用微分法求解. 令

$$f(x_1,x_2,\cdots,x_n)=\sum_{i=1}^{n}(a_{i1}x_1+a_{i2}x_2+\cdots+a_{i2}x_n-b_i)^2,$$

$$\frac{\partial f}{\partial x_j}=2\sum_{i=1}^{n}(a_{i1}x_1+a_{i2}x_2+\cdots+a_{in}x_n-b_i)a_{ij}\overset{令}{=}0,j=1,2,\cdots,n.$$

于是得 $\sum_{i=1}^{m}b_ia_{ij}=\sum_{i=1}^{m}\sum_{k=1}^{n}a_{ij}a_{ik}x_k=\sum_{k=1}^{n}(\sum_{i=1}^{m}a_{ij}a_{2k})x_k,j=1,2,\cdots,n$. 利用前面的记号，用矩阵和向量形式表示上式，可得

$$(\boldsymbol{A'A})\boldsymbol{X}_0=\boldsymbol{A'B},$$

若 $R(\boldsymbol{A'A})=n$，同样可得 $\boldsymbol{X}_0=(\boldsymbol{A'A})^{-1}\boldsymbol{A'B}$.

8.7.5 练习与探究

1. 证明：向量 $\boldsymbol{\beta}\in V_1$ 是向量 $\boldsymbol{\alpha}$ 在子空间 V_1 上内射影的充分必要条件是：$\forall\,\boldsymbol{\xi}\in V_1$，有 $|\boldsymbol{\alpha}-\boldsymbol{\beta}|\leqslant|\boldsymbol{\alpha}-\boldsymbol{\xi}|$.

2. 求下列方程的最小二乘解：$\begin{cases}0.39x-1.89y=1,\\0.61x-1.80y=1,\\0.93x-1.68y=1,\\1.35x-1.50y=1.\end{cases}$

8.8　酉空间简介

欧氏空间是针对实数域上的线性空间而定义的，酉空间实际上就是复数域上的欧氏空间. 本节围绕以下问题展开讨论.

8.8.1　研究问题

(1) 酉空间的基本概念.

(2) 酉空间的主要结论.

8.8.2　基本概念

✽ **定义 8.8.1**　设 V 是复数域 $\mathbf{C}$ 上的线性空间，在 V 上定义一个二元复函数，称为内积，记作 $(\boldsymbol{\alpha},\boldsymbol{\beta})$. 它具有以下性质：

(1) $(\boldsymbol{\alpha},\boldsymbol{\beta})=\overline{(\boldsymbol{\beta},\boldsymbol{\alpha})}$；

(2) $(k\boldsymbol{\alpha},\boldsymbol{\beta})=k(\boldsymbol{\alpha},\boldsymbol{\beta})$；

(3) $(\boldsymbol{\alpha}+\boldsymbol{\beta},\boldsymbol{\gamma})=(\boldsymbol{\alpha},\boldsymbol{\gamma})+(\boldsymbol{\beta},\boldsymbol{\gamma})$；

(4) $(\boldsymbol{\alpha},\boldsymbol{\alpha})\geqslant 0$，当且仅当 $\boldsymbol{\alpha}=\mathbf{0}$ 时，$(\boldsymbol{\alpha},\boldsymbol{\alpha})=0$.

这里 $\boldsymbol{\alpha},\boldsymbol{\beta},\boldsymbol{\gamma}$ 是 V 中任意向量，$k\in\mathbf{C}$. 这样的线性空间称为**酉空间**.

评注　有了 $(\boldsymbol{\alpha},\boldsymbol{\beta})=\overline{(\boldsymbol{\beta},\boldsymbol{\alpha})}$，$(\boldsymbol{\alpha},\boldsymbol{\alpha})$ 才为实数，第(4) 条才有意义.

✽ **定义 8.8.2**　在 n 维酉空间中，n 个两两正交的向量组 $\boldsymbol{\alpha}_1,\boldsymbol{\alpha}_2,\cdots,\boldsymbol{\alpha}_n$ 称为 V 的正交基. 每个向量长度为 1 的正交基 $\boldsymbol{\alpha}_1,\boldsymbol{\alpha}_2,\cdots,\boldsymbol{\alpha}_n$ 称为 n 维酉空间的标准正交基.

✽ **定义 8.8.3**　对 n 阶复矩阵 $\boldsymbol{A}$，用 $\overline{\boldsymbol{A}}$ 表示以 $\boldsymbol{A}$ 的元素的共轭复数为元素的矩阵，若有

$$\overline{\boldsymbol{A}}'\boldsymbol{A}=\boldsymbol{A}\overline{\boldsymbol{A}}'=\boldsymbol{E},$$

则称 $\boldsymbol{A}$ 为**酉矩阵**.

酉矩阵类似于欧氏空间的正交矩阵.

✽ **定义 8.8.4**　设 σ 是酉空间的一个线性变换，$\forall\,\boldsymbol{\alpha},\boldsymbol{\beta}\in V$，若有 $(\sigma\boldsymbol{\alpha},\sigma\boldsymbol{\beta})=(\boldsymbol{\alpha},\boldsymbol{\beta})$，则称 σ 为 V 的一个**酉变换**.

酉变换类似于欧氏空间的正交变换.

✽ **定义 8.8.5**　若 n 阶复矩阵满足关系 $\overline{\boldsymbol{A}}'=\boldsymbol{A}$，则称 $\boldsymbol{A}$ 为**厄米特矩阵**.

厄米特矩阵类似于欧氏空间的对称矩阵.

✽ **定义 8.8.6**　设 σ 是酉空间 V 的一个线性变换，$\forall\,\boldsymbol{\alpha},\boldsymbol{\beta}\in V$，若有 $(\sigma\boldsymbol{\alpha},\boldsymbol{\beta})=(\boldsymbol{\alpha},\sigma\boldsymbol{\beta})$，则称 σ 是**厄米特变换**.

厄米特变换类似于欧氏空间的对称变换.

8.8.3　主要结论

比较酉空间与欧氏空间的定义，可以发现它们之间的重要差别在于定义中的条件

(1),故在欧氏空间中,凡与内积交换无关的性质、定理,在酉空间中也成立,而与(1)有关的性质、定理则要作相应的修改.

酉空间的讨论与欧氏空间的讨论很相似.内积的简单性质如下:

(1) $(\boldsymbol{\alpha},k\boldsymbol{\beta})=\bar{k}(\boldsymbol{\alpha},\boldsymbol{\beta})$;
$(\boldsymbol{\alpha},k\boldsymbol{\beta})=\overline{(k\boldsymbol{\beta},\boldsymbol{\alpha})}=\overline{k(\boldsymbol{\beta},\boldsymbol{\alpha})}=\bar{k}(\alpha,\beta)$.

(2) $(\boldsymbol{\alpha},\boldsymbol{\beta}+\boldsymbol{\gamma})=(\boldsymbol{\alpha},\boldsymbol{\beta})+(\boldsymbol{\alpha},\boldsymbol{\gamma})$;
$(\boldsymbol{\alpha},\boldsymbol{\beta}+\boldsymbol{\gamma})=\overline{(\boldsymbol{\beta}+\boldsymbol{\gamma},\boldsymbol{\alpha})}=\overline{(\boldsymbol{\beta},\boldsymbol{\alpha})}+\overline{(\boldsymbol{\gamma},\boldsymbol{\alpha})}=(\boldsymbol{\alpha},\boldsymbol{\beta})+(\boldsymbol{\alpha},\boldsymbol{\gamma})$.

(3) 由于$(\boldsymbol{\alpha},\boldsymbol{\alpha})\geqslant 0$,故定义向量$\boldsymbol{\alpha}$的长度为$|\boldsymbol{\alpha}|=\sqrt{(\boldsymbol{\alpha},\boldsymbol{\alpha})}$.

(4) 在酉空间中,柯西-布涅柯夫斯基不等式仍然成立,即对任意向量$\boldsymbol{\alpha},\boldsymbol{\beta}$,恒有

$$|(\boldsymbol{\alpha},\boldsymbol{\beta})|\leqslant|\boldsymbol{\alpha}||\boldsymbol{\beta}|.$$

当且仅当$\boldsymbol{\alpha},\boldsymbol{\beta}$线性相关时,等式成立.

证明 由于$(\boldsymbol{\alpha}+t\boldsymbol{\beta},\boldsymbol{\alpha}+t\boldsymbol{\beta})=(\boldsymbol{\alpha},\boldsymbol{\alpha})+\bar{t}(\boldsymbol{\alpha},\boldsymbol{\beta})+t\,\overline{(\boldsymbol{\alpha},\boldsymbol{\beta})}+t\bar{t}(\boldsymbol{\beta},\boldsymbol{\beta})\geqslant 0$,对任意的$t$成立,取$t=-\dfrac{(\boldsymbol{\alpha},\boldsymbol{\beta})}{(\boldsymbol{\beta},\boldsymbol{\beta})}$,则

$$(\boldsymbol{\alpha},\boldsymbol{\alpha})-(\boldsymbol{\alpha},\boldsymbol{\beta})\frac{\overline{(\boldsymbol{\alpha},\boldsymbol{\beta})}}{(\boldsymbol{\beta},\boldsymbol{\beta})}-\frac{(\boldsymbol{\alpha},\boldsymbol{\beta})\,\overline{(\boldsymbol{\alpha},\boldsymbol{\beta})}}{(\boldsymbol{\beta},\boldsymbol{\beta})}+\frac{(\boldsymbol{\alpha},\boldsymbol{\beta})\,\overline{(\boldsymbol{\alpha},\boldsymbol{\beta})}}{(\boldsymbol{\beta},\boldsymbol{\beta})}\geqslant 0.$$

此即
$$(\boldsymbol{\alpha},\boldsymbol{\alpha})(\boldsymbol{\beta},\boldsymbol{\beta})\geqslant(\boldsymbol{\alpha},\boldsymbol{\beta})\,\overline{(\boldsymbol{\alpha},\boldsymbol{\beta})},$$
因此
$$|(\boldsymbol{\alpha},\boldsymbol{\beta})|\leqslant|\boldsymbol{\alpha}||\boldsymbol{\beta}|$$

(5) 在酉空间中,夹角无定义.但当两个向量$\boldsymbol{\alpha},\boldsymbol{\beta}$的内积为0,即$(\boldsymbol{\alpha},\boldsymbol{\beta})=0$时,称向量$\boldsymbol{\alpha}$与$\boldsymbol{\beta}$正交或互相垂直.

(6) 任意一组线性无关的向量都可以用施密特方法正交化,并扩充成一个标准正交基.

(7) 酉矩阵的行列式的模为1.

由于$\overline{\boldsymbol{A}}'\boldsymbol{A}=\boldsymbol{A}\overline{\boldsymbol{A}}'=\boldsymbol{E}$,故$|\overline{\boldsymbol{A}}'||\boldsymbol{A}|=|\overline{\boldsymbol{A}}||\boldsymbol{A}|=|\boldsymbol{E}|=1$.

(8) 酉空间V中,两个标准正交基的过渡矩阵是酉矩阵.

证明 设$\boldsymbol{\alpha}_1,\boldsymbol{\alpha}_2,\cdots,\boldsymbol{\alpha}_n$和$\boldsymbol{\beta}_1,\boldsymbol{\beta}_2,\cdots,\boldsymbol{\beta}_n$是酉空间$V$中的两个标准正交基,$\boldsymbol{\alpha}_1,\boldsymbol{\alpha}_2,\cdots,\boldsymbol{\alpha}_n$到$\boldsymbol{\beta}_1,\boldsymbol{\beta}_2,\cdots,\boldsymbol{\beta}_n$的过渡矩阵为$\boldsymbol{C}$,即有

$$(\boldsymbol{\beta}_1,\boldsymbol{\beta}_2,\cdots,\boldsymbol{\beta}_n)=(\boldsymbol{\alpha}_1,\boldsymbol{\alpha}_2,\cdots,\boldsymbol{\alpha}_n)\boldsymbol{C}.$$

设$\boldsymbol{C}=\begin{bmatrix}c_{11}&c_{12}&\cdots&c_{1n}\\c_{21}&c_{22}&\cdots&c_{2n}\\\vdots&\vdots&\ddots&\vdots\\c_{n1}&c_{n2}&\cdots&c_{n}\end{bmatrix}$,则$\boldsymbol{\beta}_i=\sum\limits_{k=1}^{n}c_{ki}\boldsymbol{\alpha}_k,\boldsymbol{\beta}_j=\sum\limits_{l=1}^{n}c_{lj}\boldsymbol{\alpha}_l$.

于是
$$(\boldsymbol{\beta}_i,\boldsymbol{\beta}_j)=\sum_{k=1}^{n}\sum_{l=1}^{n}c_{ki}\bar{c}_{lj}(\boldsymbol{\alpha}_k,\boldsymbol{\alpha}_l)=\sum_{k=1}^{n}c_{ki}\bar{c}_{kj}=\begin{cases}1, & i=j,\\0, & i\neq j,\end{cases}$$

此即$\overline{\boldsymbol{C}}\boldsymbol{C}'=\boldsymbol{E}$,故$\boldsymbol{C}$是酉矩阵.

(9) 酉变换和酉矩阵.

酉变换在V中一个标准正交基下的矩阵是酉矩阵.

设σ是V的一个酉变换,$\boldsymbol{\alpha}_1,\boldsymbol{\alpha}_2,\cdots,\boldsymbol{\alpha}_n$是$V$的一个标准正交基,于是

$$(\sigma\boldsymbol{\alpha}_i,\sigma\boldsymbol{\alpha}_j)=(\boldsymbol{\alpha}_i,\boldsymbol{\alpha}_j)=\begin{cases}1, & i=j,\\0, & i\neq j,\end{cases}$$

故 $\sigma\boldsymbol{\alpha}_1,\sigma\boldsymbol{\alpha}_2,\cdots,\sigma\boldsymbol{\alpha}_n$ 也是一个标准正交基. 设

$$\sigma(\boldsymbol{\alpha}_1,\cdots,\boldsymbol{\alpha}_n)=(\boldsymbol{\alpha}_1,\cdots,\boldsymbol{\alpha}_n)\boldsymbol{A},\boldsymbol{A}=(a_{ij})_{n\times n},$$

则

$$\sigma\boldsymbol{\alpha}_i=\sum_{k=1}^{n}a_{ki}\boldsymbol{\alpha}_k,\quad i=1,2,\cdots,n,$$

于是

$$(\sigma\boldsymbol{\alpha}_i,\sigma\boldsymbol{\alpha}_j)=\sum_{k=1}^{n}\sum_{l=1}^{n}a_{ki}\overline{a}_{lj}(\boldsymbol{\alpha}_k,\boldsymbol{\alpha}_l)=\sum_{k=1}^{n}a_{ki}\overline{a}_{kj}=\begin{cases}1, & i=j,\\0, & i\neq j.\end{cases}$$

此即 $\overline{\boldsymbol{A}}'\boldsymbol{A}=\boldsymbol{E}$,$\boldsymbol{A}$ 是酉矩阵.

✲定理 8.8.1　设 σ 是酉空间 V 的一个线性变换,以下各条件均为 σ 是酉变换的充要条件:

(1)σ 保持向量长度不变,即 $\forall\,\boldsymbol{\alpha}\in V$, $|\sigma\boldsymbol{\alpha}|=|\boldsymbol{\alpha}|$;

(2)σ 把 V 的一个标准正交基变为标准正交基;

(3)σ 在任一标准正交基下的矩阵 $\boldsymbol{U}$ 为酉矩阵;

(4)$\boldsymbol{U}$ 的 n 个列向量是 $\mathbf{C}^n$ 的标准正交基.

证明　(1) 设 σ 是酉变换,$\forall\,\boldsymbol{\alpha},\boldsymbol{\beta}\in V$,$(\sigma\boldsymbol{\alpha},\sigma\boldsymbol{\beta})=(\boldsymbol{\alpha},\boldsymbol{\beta})$,于是$(\sigma\boldsymbol{\alpha},\sigma\boldsymbol{\alpha})=(\boldsymbol{\alpha},\boldsymbol{\alpha})$,此即 $|\sigma\boldsymbol{\alpha}|=|\boldsymbol{\alpha}|$.

反之,若 $\forall\,\boldsymbol{\alpha}\in V$,有 $|\sigma\boldsymbol{\alpha}|=|\boldsymbol{\alpha}|$,即$(\sigma\boldsymbol{\alpha},\sigma\boldsymbol{\alpha})=(\boldsymbol{\alpha},\boldsymbol{\alpha})$. 于是 $\forall\,\boldsymbol{\alpha},\boldsymbol{\beta}\in V$,由$(\sigma(\boldsymbol{\alpha}+\boldsymbol{\beta}),\sigma(\boldsymbol{\alpha}+\boldsymbol{\beta}))=(\boldsymbol{\alpha}+\boldsymbol{\beta},\boldsymbol{\beta}+\boldsymbol{\alpha})$,得$(\sigma\boldsymbol{\alpha},\boldsymbol{\beta})+(\sigma\boldsymbol{\beta},\sigma\boldsymbol{\alpha})=(\boldsymbol{\alpha},\boldsymbol{\beta})+(\boldsymbol{\beta},\boldsymbol{\alpha})$;

由$(\sigma\boldsymbol{\alpha},\mathrm{i}\boldsymbol{\beta}),\sigma(\boldsymbol{\alpha}+\mathrm{i}\boldsymbol{\beta})=(\boldsymbol{\alpha}+\mathrm{i}\boldsymbol{\beta},\boldsymbol{\alpha}+\mathrm{i}\boldsymbol{\beta})$,得$(\sigma\boldsymbol{\alpha},\sigma\boldsymbol{\beta})-(\boldsymbol{\alpha}\boldsymbol{\beta},\boldsymbol{\alpha})=(\boldsymbol{\alpha},\boldsymbol{\beta})-(\boldsymbol{\beta},\boldsymbol{\alpha})$,

于是得$(\sigma\boldsymbol{\alpha},\sigma\boldsymbol{\beta})=(\boldsymbol{\alpha},\boldsymbol{\beta})$,

故 σ 是酉变换.

(2) 设 $\boldsymbol{\alpha}_1,\boldsymbol{\alpha}_2,\cdots,\boldsymbol{\alpha}_n$ 是 V 的一个标准正交基,则有

$$(\boldsymbol{\alpha}_i,\boldsymbol{\alpha}_j)=\begin{cases}1, & i=j,\\0, & i\neq j.\end{cases}$$

若 σ 是酉变换,则有

$$(\sigma\boldsymbol{\alpha}_i,\sigma\boldsymbol{\alpha}_j)=(\boldsymbol{\alpha}_i,\boldsymbol{\alpha}_j)=\begin{cases}1, & i=j,\\0, & i\neq j.\end{cases}$$

故 $\sigma\boldsymbol{\alpha}_1,\sigma\boldsymbol{\alpha}_2,\cdots,\sigma\boldsymbol{\alpha}_n$ 也是 V 的一个标准正交基. 若 σ 把 V 的标准正交基变为标准正交基,即 $\sigma\boldsymbol{\alpha}_1,\sigma\boldsymbol{\alpha}_2,\cdots,\sigma\boldsymbol{\alpha}_n$ 也是 V 的标准正交基,则 $\forall\,\boldsymbol{\alpha},\boldsymbol{\beta}\in V$,设 $\boldsymbol{\alpha}=\sum_{i=1}^{n}k_i\boldsymbol{\alpha}_i$,$\boldsymbol{\beta}=\sum_{i=1}^{n}l_i\boldsymbol{\alpha}_i$,$(\sigma\boldsymbol{\alpha},\sigma\boldsymbol{\beta})=\sum k_il_i=(\boldsymbol{\alpha},\boldsymbol{\beta})$.

故 σ 是酉变换. (3)、(4) 的证明请读者完成.

厄米特矩阵和厄米特变换

✲定理 8.8.2　在酉空间 V 中,厄米特变换在标准正交基下的矩阵为厄米特矩阵.

证明　设 $\boldsymbol{\alpha}_1,\boldsymbol{\alpha}_2,\cdots,\boldsymbol{\alpha}_n$ 是酉空间 V 的一个标准正交基,σ 是酉空间 V 的一个厄米特变换,即 $\sigma(\boldsymbol{\alpha}_1,\boldsymbol{\alpha}_2,\cdots,\boldsymbol{\alpha}_n)=(\boldsymbol{\alpha}_1,\boldsymbol{\alpha}_2,\cdots,\boldsymbol{\alpha}_n)\boldsymbol{A}$.

设
$$A=\begin{bmatrix}a_{11}&a_{12}&\cdots&a_{1n}\\a_{21}&a_{22}&\cdots&a_{2n}\\\vdots&\vdots&\ddots&\vdots\\a_{n1}&a_{n2}&\cdots&a_{nn}\end{bmatrix},$$
则
$$\sigma\boldsymbol{\alpha}_i=a_{1i}\boldsymbol{\alpha}_1+a_{2i}\boldsymbol{\alpha}_2+\cdots+a_{ni}\boldsymbol{\alpha}_n,\sigma\boldsymbol{\alpha}_j=a_{1j}\boldsymbol{\alpha}_1+a_{2j}\boldsymbol{\alpha}_2+\cdots+a_{nj}\boldsymbol{\alpha}_n.$$
$$(\sigma\boldsymbol{\alpha}_i,\boldsymbol{\alpha}_j)=a_{ij}=(\boldsymbol{\alpha}_i,\sigma\boldsymbol{\alpha}_j)=\overline{a}_{ij},i,j=1,2,\cdots,n.$$
于是得
$$A=\begin{bmatrix}a_{11}&a_{12}&\cdots&a_{1n}\\a_{21}&a_{22}&\cdots&a_{2n}\\\vdots&\vdots&\ddots&\vdots\\a_{n1}&a_{n2}&\cdots&a_{m}\end{bmatrix}=\begin{bmatrix}\overline{a}_{11}&\overline{a}_{21}&\cdots&\overline{a}_{n1}\\\overline{a}_{12}&\overline{a}_{22}&\cdots&\overline{a}_{n2}\\\vdots&\vdots&\ddots&\vdots\\\overline{a}_{1n}&\overline{a}_{2n}&\cdots&\overline{a}_{nn}\end{bmatrix}=\overline{A}'.$$
故 A 是厄米特矩阵.

✲ **定理 8.8.3** 厄米特矩阵的特征值是实数.

证明 设 λ 为厄米特矩阵 A 的特征值,ξ 为对应于 λ 的属于 A 的特征向量,则有
$$A\xi=\lambda\xi,(A\xi)'=\xi'A'=(\lambda\xi)'=\lambda\xi'.$$
由于 $\overline{A}'=A$,因此 $\overline{\lambda\xi}'=\overline{\xi}'\overline{A}'=\overline{\xi}'A$,
$$\overline{\lambda\xi}'\xi=\overline{\xi}'A\xi=\overline{\xi}'\lambda\xi=\lambda\overline{\xi}'\xi,$$
于是得 $(\overline{\lambda}-\lambda)\overline{\xi}'\xi=0$. 因为 $\overline{\xi}'\xi'$ 为非零正数,所以 $\overline{\lambda}=\lambda$,即 λ 是实数.

设 A 是厄米特矩阵,二次型
$$f(x_1,x_2,\cdots,x_n)=\sum_{j=1}^{n}\sum_{i=1}^{n}a_{ij}x_i\overline{x}_j=\overline{X}'AX$$
叫作厄米特二次型. 厄米特二次型可通过非退化线性替换化为标准形,即存在酉矩阵 C,当 $X=CY$ 时,厄米特二次型化为以下标准形:
$$f(x_1,x_2,\cdots,x_n)=\overline{X}'AX=\overline{Y}'\,\overline{C}'ACY=\overline{Y}'\begin{bmatrix}\lambda_1&&&\\&\lambda_2&&\\&&\ddots&\\&&&\lambda_n\end{bmatrix}Y$$
$$=\lambda_1y_1\overline{y}_1+\lambda_2y_2\overline{y}_2+\cdots+\lambda_ny_n\overline{y}_n.$$

8.8.4 例子剖析

例 8.8.1 在线性空间 $\mathbf{C}^n$ 中,$\forall\boldsymbol{\alpha}=(a_1,a_2,\cdots,a_n),\boldsymbol{\beta}=(b_1,b_2,\cdots,b_n)\in\mathbf{C}^n$,定义内积为
$$(\boldsymbol{\alpha},\boldsymbol{\beta})=a_1\overline{b_1}+a_2\overline{b_2}+\cdots+a_n\overline{b_n}.$$
这样定义的二元函数满足内积定义 1 中的 4 条,故称之为 $\mathbf{C}^n$ 上的内积,从而 $\mathbf{C}^n$ 就成为一个酉空间.

例 8.8.2 设 A 是厄米特矩阵,则存在酉矩阵 C,使

$$C^{-1}AC=\overline{C}'AC=\begin{bmatrix}\lambda_1 & & & \\ & \lambda_2 & & \\ & & \ddots & \\ & & & \lambda_n\end{bmatrix}.$$

证明　由于复数域上厄米特变换 σ 与厄米特矩阵 $\boldsymbol{A}$ 存在对应关系，设在酉空间 V 的一个标准正交基 $\boldsymbol{\alpha}_1,\boldsymbol{\alpha}_2,\cdots,\boldsymbol{\alpha}_n$ 下，厄米特变换 σ 的矩阵是厄米特矩阵 $\boldsymbol{A}$. 现对空间的维数 n 作归纳法.

当 $n=1$ 时，结论显然成立.

假设结论对 $n-1$ 维酉空间成立，则对 n 维酉空间 V，厄米特变换 σ 有一特征值 λ_1 为实数，$\boldsymbol{\beta}_1$ 是属于 λ_1 的特征向量. 把 $\boldsymbol{\beta}_i$ 单位化，还用 $\boldsymbol{\beta}_1$ 表示. 作 $L(\boldsymbol{\beta}_1)$ 的正交补空间 $V_1^{\perp}$，$V_1^{\perp}$ 是 σ 的不变子空间，其维数为 $n-1$. 又 $\sigma\mid V_1^{\perp}$ 显然也是 $V_1^{\perp}$ 上的厄米特变换，由归纳假设知，$\sigma\mid V_1^{\perp}$ 有 $n-1$ 个特征向量 $\boldsymbol{\beta}_2,\cdots,\boldsymbol{\beta}_n$ 作成 $V_1^{\perp}$ 的标准正交基，从而 $\boldsymbol{\beta}_1,\boldsymbol{\beta}_2,\cdots,\boldsymbol{\beta}_n$ 作成 V 的标准正交基. 它们又是 σ 的 n 个特征向量，故 σ 在基 $\boldsymbol{\beta}_1,\boldsymbol{\beta}_2,\cdots,\boldsymbol{\beta}_n$ 下的矩阵是对角矩阵：

$$\sigma(\boldsymbol{\beta}_1,\boldsymbol{\beta}_2,\cdots,\boldsymbol{\beta}_n)=(\boldsymbol{\beta}_1,\boldsymbol{\beta}_2,\cdots,\boldsymbol{\beta}_n)\begin{bmatrix}\lambda_1 & & & \\ & \lambda_2 & & \\ & & \ddots & \\ & & & \lambda_n\end{bmatrix}.$$

又设基 $\boldsymbol{\alpha}_1,\boldsymbol{\alpha}_2,\cdots,\boldsymbol{\alpha}_n$ 到 $\boldsymbol{\beta}_1,\boldsymbol{\beta}_2,\cdots,\boldsymbol{\beta}_n$ 的过渡矩阵是 $\boldsymbol{C}$，$\boldsymbol{C}$ 是酉矩阵，

即
$$(\boldsymbol{\beta}_1,\boldsymbol{\beta}_2,\cdots,\boldsymbol{\beta}_n)=(\boldsymbol{\alpha}_1,\boldsymbol{\alpha}_2,\cdots,\boldsymbol{\alpha}_n)\boldsymbol{C},$$

于是有
$$\begin{aligned}\sigma(\boldsymbol{\beta}_1,\boldsymbol{\beta}_2,\cdots,\boldsymbol{\beta}_n)&=\sigma(\boldsymbol{\alpha}_1,\boldsymbol{\alpha}_2,\cdots,\boldsymbol{\alpha}_n)\boldsymbol{C}\\&=(\boldsymbol{\alpha}_1,\boldsymbol{\alpha}_2,\cdots,\boldsymbol{\alpha}_n)\boldsymbol{AC}\\&=(\boldsymbol{\beta}_1,\boldsymbol{\beta}_2,\cdots,\boldsymbol{\beta}_n)\boldsymbol{C}^{-1}\boldsymbol{AC},\end{aligned}$$

故
$$C^{-1}AC=\overline{C}'AC=\begin{bmatrix}\lambda_1 & & & \\ & \lambda_2 & & \\ & & \ddots & \\ & & & \lambda_n\end{bmatrix}.$$

8.8.5　练习与探究

1. 厄米特矩阵的特征值的模为 1.

2. 厄米特矩阵中属于不同特征值的特征向量必正交.

3. 证明定理 8.8.1 中的充要条件(3) 和(4).

4. 证明：酉空间中两组标准正交基的过渡矩阵是酉矩阵.

第 9 章　双线性函数

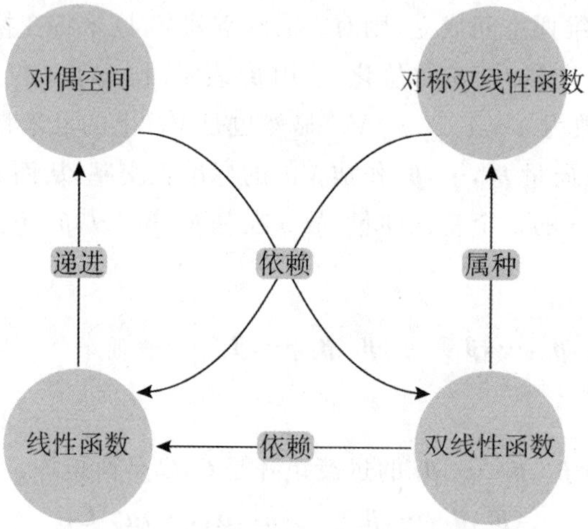

双线性函数知识图谱

学习本章的目的就是要把以前学过的散布于各章的有关内容统一到双线性函数的概念之下，用统一的观点来研究背景不同但实质相同的研究对象. 本章重点是线性函数的性质、对偶基及双线性函数在基下的度量矩阵的理论与应用，难点是实数域上线性空间 V 中的双线性函数及关于对偶空间 V^* 的有关结论及应用. 本章的学习要求如下：

(1) 掌握线性函数的概念和判断，并能熟练求出满足一定条件的线性函数.

(2) 掌握对偶空间的概念，了解线性空间的两个基和它们的对偶基之间的关系；能求 V 的一个基的对偶基及求 V^* 中的元素.

(3) 掌握双线性函数的概念及度量矩阵的概念，能熟练判断双线性.

(4) 掌握对称双线性函数的概念，了解对称双线性函数与对称矩阵的关系；理解反对称双线性函数的概念.

9.1　线性函数

在线性变换一节中我们介绍过线性映射，设 V 与 W 是数域 F 上的线性空间，σ 是 V 到 W 的映射，如果满足下列两个条件：

(1) $\forall \boldsymbol{\alpha},\boldsymbol{\beta} \in V$，都有 $\sigma(\boldsymbol{\alpha}+\boldsymbol{\beta}) = \sigma(\boldsymbol{\alpha}) + \sigma(\boldsymbol{\beta})$；

(2) $\forall k \in F, \boldsymbol{\alpha} \in V$，都有 $\sigma(k\boldsymbol{\alpha}) = k\sigma(\boldsymbol{\alpha})$，

则称 σ 是 V 到 W 的一个线性映射.

当 $W = F$ 时，情况又如何呢?本节围绕以下问题对此展开讨论.

9.1.1　研究问题

(1) 何谓线性函数.

(2) 线性函数的简单性质.

(3) 线性函数的确定.

9.1.2　基本概念

✼ **定义 9.1.1**　设 V 是数域 F 上的一个线性空间，f 是 V 到 F 的一个映射，如果 $\forall \boldsymbol{\alpha}, \boldsymbol{\beta} \in V, k \in F$，$f$ 满足以下两条：

(1) $f(\boldsymbol{\alpha} + \boldsymbol{\beta}) = f(\boldsymbol{\alpha}) + f(\boldsymbol{\beta})$；

(2) $f(k\boldsymbol{\alpha}) = kf(\boldsymbol{\alpha})$，

则称 f 为 V 上的一个线性函数.

9.1.3　主要结论

线性函数 f 具有以下两个简单性质：

(1) $f(\mathbf{0}) = 0, f(-\boldsymbol{\alpha}) = -f(\boldsymbol{\alpha})$；

(2) $f(\sum k_i \boldsymbol{\alpha}_i) = \sum k_i f(\boldsymbol{\alpha}_i)$.

结论 1　只需知道基向量的函数值，V 中任一向量的函数值就可求得.

本结论说明，任一向量的函数值由基向量的函数值唯一确定.

事实上，设 V 是 F 上的一个 n 维线性空间，$\boldsymbol{\alpha}_1, \boldsymbol{\alpha}_2, \cdots, \boldsymbol{\alpha}_n$ 是 V 的一个基，f 是 V 上的线性函数. $\forall \boldsymbol{\alpha} \in V$，有 $\boldsymbol{\alpha} = k_1 \boldsymbol{\alpha}_1 + k_2 \boldsymbol{\alpha}_2 + \cdots + k_n \boldsymbol{\alpha}_n$，于是

$$f(\boldsymbol{\alpha}) = k_1 f(\boldsymbol{\alpha}_1) + k_2 f(\boldsymbol{\alpha}_2) + \cdots + k_n f(\boldsymbol{\alpha}_n).$$

结论 2　基向量的像(函数值)可以是任意的. 这就是以下定理所刻画的意思：

✼ **定理 9.1.1**　设 V 是 F 上的一个 n 维线性空间，$\boldsymbol{\alpha}_1, \boldsymbol{\alpha}_2, \cdots, \boldsymbol{\alpha}_n$ 是 V 的一个基，$a_1, a_2, \cdots, a_n$ 是 F 中任意 n 个数，则存在 V 上唯一的线性函数 f，使 $f(\boldsymbol{\alpha}_i) = a_i, i = 1, 2, \cdots, n$.

证明　设 $\boldsymbol{\alpha}_1, \boldsymbol{\alpha}_2, \cdots, \boldsymbol{\alpha}_n$ 是 V 的一个基，$a_1, a_2, \cdots, a_n$ 是 F 中任意 n 个数，$\forall \boldsymbol{\beta} \in V$，则有 $\boldsymbol{\beta} = k_1 \boldsymbol{\alpha}_1 + k_2 \boldsymbol{\alpha}_2 + \cdots + k_n \boldsymbol{\alpha}_n$. 定义

$$f: f(\boldsymbol{\beta}) = k_1 a_1 + k_2 a_2 + \cdots + k_n a_n \in F \text{ 是唯一确定的,}$$

则这就是 V 到 F 的一个映射. 又 $\forall \boldsymbol{\beta}, \boldsymbol{\gamma} \in V, t \in F$，由上述定义知

$$f(\boldsymbol{\beta} + \boldsymbol{\gamma}) = f(\boldsymbol{\beta}) + f(\boldsymbol{\gamma}), f(t\boldsymbol{\beta}) = tf(\boldsymbol{\beta}),$$

因此，f 是 V 的一个线性函数，且满足条件：$f(\boldsymbol{\alpha}_i) = a_i, i = 1, 2, \cdots, n$. 存在性得证.

再证唯一性. 假设 g 也是 V 上的一个线性函数，且有 $g(\boldsymbol{\alpha}_i) = a_i, i = 1, 2, \cdots, n$，则 $\forall \boldsymbol{\beta} = k_1 \boldsymbol{\alpha}_1 + k_2 \boldsymbol{\alpha}_2 + \cdots + k_n \boldsymbol{\alpha}_n \in V$，

$$g(\boldsymbol{\beta}) = k_1 g(\boldsymbol{\alpha}_1) + k_2 g(\boldsymbol{\alpha}_2) + \cdots + k_n g(\boldsymbol{\alpha}_n) = k_1 a_1 + k_2 a_2 + \cdots + k_n a_n,$$

故 $g(\boldsymbol{\beta}) = k_1 a_1 + k_2 a_2 + \cdots + k_n a_n = f(\boldsymbol{\beta}), \forall \boldsymbol{\beta} \in V$，

即 $f = g$.

9.1.4 例子剖析

例 9.1.1 设 $a_i \in F, i=1,2,\cdots,n, \forall \boldsymbol{X}=(x_1,\cdots,x_n)' \in F^n$,定义

$$f(\boldsymbol{X})=(a_1,a_2,\cdots,a_n)\boldsymbol{X}=\sum a_i x_i,$$

则 f 是 F^n 上的线性函数.

事实上,令 $\boldsymbol{\alpha}=(a_1,a_2,\cdots,a_n)', \forall \boldsymbol{X},\boldsymbol{Y} \in F^n$,

$$f(\boldsymbol{X}+\boldsymbol{Y})=\boldsymbol{\alpha}'(\boldsymbol{X}+\boldsymbol{Y})=\boldsymbol{\alpha}'\boldsymbol{X}+\boldsymbol{\alpha}'\boldsymbol{Y}=f(\boldsymbol{X})+f(\boldsymbol{Y}),$$
$$f(k\boldsymbol{X})=\boldsymbol{\alpha}'(k\boldsymbol{X})=k(\boldsymbol{\alpha}'\boldsymbol{X})=kf(\boldsymbol{X}),$$

故 f 是 F^n 上的一个线性函数.

评注 (1) 当 $\boldsymbol{\alpha}=\boldsymbol{0}$ 时,$f(\boldsymbol{X})=0$ 是零函数;

(2)F^n 上任一线性函数 $f(\boldsymbol{X})$ 都可以表示成这种形式:$(a_1,a_2,\cdots,a_n)\boldsymbol{X}$.

证明 设 $f(\boldsymbol{X})$ 是 F^n 上的一个线性函数,$\forall \boldsymbol{X},\boldsymbol{Y} \in F^n, k \in F$,则有

$$f(\boldsymbol{X}+\boldsymbol{Y})=f(\boldsymbol{X})+f(\boldsymbol{Y}), f(k\boldsymbol{X})=kf(\boldsymbol{X}).$$

令$\boldsymbol{\varepsilon}_1=(1,0,\cdots,0)', \boldsymbol{\varepsilon}_2=(0,1,\cdots,0)',\cdots,\boldsymbol{\varepsilon}_n=(0,0,\cdots,1)'$,则$\boldsymbol{\varepsilon}_1,\boldsymbol{\varepsilon}_2,\cdots,\boldsymbol{\varepsilon}_n$ 是F^n 的一个基.设

$$f(\boldsymbol{\varepsilon}_i)=a_i, i=1,2,\cdots,n, a_i \in F,$$

$\forall \boldsymbol{X} \in F^n$,再设 $\boldsymbol{X}=(x_1,\cdots,x_n)', \boldsymbol{X}=x_1\boldsymbol{\varepsilon}_1+x_2\boldsymbol{\varepsilon}_2+\cdots+x_n\boldsymbol{\varepsilon}_n$,于是

$$f(\boldsymbol{X})=x_1 f(\boldsymbol{\varepsilon}_1)+x_2 f(\boldsymbol{\varepsilon}_2)+\cdots+x_n f(\boldsymbol{\varepsilon}_n)=(a_1,a_2,\cdots,a_n)\boldsymbol{X}.$$

例 9.1.2 $\boldsymbol{A}=[a_{ij}]$是数域F 上一个 n 阶矩阵,则 $\boldsymbol{A}$ 的迹:

$$\mathrm{tr}(\boldsymbol{A})=a_{11}+a_{22}+\cdots+a_{nn}$$

是线性空间 $F^{n\times n}$ 上的一个线性函数.

证明 显然 $\mathrm{tr}(\boldsymbol{A})=\sum\limits_{i=1}^{n} a_{ii}$ 是 $F^{n\times n}$ 上 n 阶矩阵$\boldsymbol{A}$ 到 $\boldsymbol{F}$ 的一个映射. $\forall \boldsymbol{A},\boldsymbol{B} \in F^{n\times n}, k \in F$,设 $\boldsymbol{A}=[a_{ij}]_{n\times n}, \boldsymbol{B}=[b_{ij}]_{n\times n}$,则

$$\mathrm{tr}(\boldsymbol{A}+\boldsymbol{B})=\sum_{i=1}^{n}(a_{ii}+b_{ii})=\sum_{i=1}^{n}a_{ii}+\sum_{i=1}^{n}b_{ii}=\mathrm{tr}(\boldsymbol{A})+\mathrm{tr}(\boldsymbol{B}),$$
$$\mathrm{tr}(k\boldsymbol{A})=\sum_{i=1}^{n}ka_{ii}=k\sum_{i=1}^{n}a_{ii}=k\mathrm{tr}(\boldsymbol{A}),$$

故 $\mathrm{tr}(\boldsymbol{A})=\sum\limits_{i=1}^{n}a_{ii}$ 是线性空间 $F^{n\times n}$ 上的一个线性函数.

设$\boldsymbol{X}_0=(x_{01},x_{02},\cdots,x_{0n})' \in F^n$ 固定,$\forall \boldsymbol{A} \in F^{n\times n}$,则 $f(\boldsymbol{A})=\boldsymbol{X}'_0\boldsymbol{A}\boldsymbol{X}_0 \in F$.容易验证,这样定义的 $f(\boldsymbol{A})$ 是 $F^{n\times n}$ 的一个线性函数.

例 9.1.3 设 $V=F[x]$,t 是 F 中取定的数,定义 $F[x]$上的函数 L_t 为

$$\forall f(x) \in F[x], L_t(f(x))=f(t) \in F,$$

则 $L_t(f(x))$ 是 $F[x]$上的线性函数.

证明 $\forall f(x),g(x) \in F[x], k \in F$,令 $u(x)=f(x)+g(x), v(x)=kf(x)$,则

$$L_t(f(x)+g(x))=L_t(u(x))=u(t)=f(t)+g(t)=L_t(f(x))+L_t(g(x)),$$
$$L_t(kf(x))=L_t(v(x))=v(t)=kf(t)=kL_t(f(x)).$$

故知 $L_t(f(x))$ 是 $F[x]$ 上的线性函数.

9.1.5 练习与探究

9.1.5.1 练习

1. 设 $V=\mathbf{C}[a,b]$, $h(x)$ 是 V 上一个固定的函数, $\forall f(x)\in V$, 定义

$$\sigma(f(x))=\int_a^b f(x)h(x)\mathrm{d}x,$$

σ 是不是 V 上的线性函数?为什么?

2. V 是数域 F 上一个三维线性空间, $\boldsymbol{\alpha}_1,\boldsymbol{\alpha}_2,\boldsymbol{\alpha}_3$ 是它的一个基, f 是 V 上的一个线性函数,已知 $f(\boldsymbol{\alpha}_1+\boldsymbol{\alpha}_2)=2$, $f(\boldsymbol{\alpha}_2-2\boldsymbol{\alpha}_3)=-3$, $f(\boldsymbol{\alpha}_1-\boldsymbol{\alpha}_2)=4$, 求 $f(x_1\boldsymbol{\alpha}_1+x_2\boldsymbol{\alpha}_2+x_3\boldsymbol{\alpha}_3)$.

3. V 与 $\boldsymbol{\alpha}_1,\boldsymbol{\alpha}_2,\boldsymbol{\alpha}_3$ 同上题,试找出一个线性函数 f, 使

$$f(2\boldsymbol{\alpha}_1+\boldsymbol{\alpha}_2)=0,f(\boldsymbol{\alpha}_2-2\boldsymbol{\alpha}_3)=1,f(\boldsymbol{\alpha}_1+\boldsymbol{\alpha}_2)=2.$$

9.1.5.2 探究

设 V 是 F 上的一个线性空间, $f_1,f_2,\cdots,f_t$ 是 V 上 t 个线性函数,证明:集合

$$W=\{\boldsymbol{\alpha}\in V\mid f_i(\boldsymbol{\alpha})=0,i=1,\cdots,t\}$$

是 V 的一个子空间.这样的子空间称为 $f_1,f_2,\cdots,f_t$ 的零化子空间.

9.2 对偶空间

设 V 是数域 F 上一个 n 维线性空间, V 上全体线性函数组成的集合,记为 $L(V,F)$,显然 $L(V,F)$ 非空,例如零函数在其中.在 $L(V,F)$ 上定义适当的加法和数乘, $L(V,F)$ 能否成为 F 上的线性空间?这个空间与原空间 V 有何关系?本节围绕以下问题展开讨论.

9.2.1 研究问题

(1) 线性函数的加法和数乘.

(2) 线性空间 $L(V,F)$ 的基和维数.

(3) 对偶空间和对偶基.

9.2.2 基本概念

✲ 定义 9.2.1　设 $\forall f,g\in L(V,F)$, 线性函数 f 与 g 的和 $f+g$ 定义为: $\forall\boldsymbol{\alpha}\in V$, $(f+g)(\boldsymbol{\alpha})=f(\boldsymbol{\alpha})+g(\boldsymbol{\alpha})$.

✲ 定义 9.2.2　$\forall f\in L(V,F)$, $k\in F$, 线性函数 f 与 k 的数乘 kf 定义为: $\forall\boldsymbol{\alpha}\in V$, $(kf)(\boldsymbol{\alpha})=k(f(\boldsymbol{\alpha}))$.

9.2.3 主要结论

结论 1　$f+g$ 是线性函数,即 $f+g\in L(V,F)$.

证明 $\forall \boldsymbol{\alpha},\boldsymbol{\beta} \in V, k \in F$,

$$\begin{aligned}(f+g)(\boldsymbol{\alpha}+\boldsymbol{\beta}) &= f(\boldsymbol{\alpha}+\boldsymbol{\beta})+g(\boldsymbol{\alpha}+\boldsymbol{\beta}) \\ &= f(\boldsymbol{\alpha})+f(\boldsymbol{\beta})+g(\boldsymbol{\alpha})+g(\boldsymbol{\beta}) \\ &= (f+g)(\boldsymbol{\alpha})+(f+g)(\boldsymbol{\beta}),\end{aligned}$$

$$(f+g)(k\boldsymbol{\alpha}) = f(k\boldsymbol{\alpha})+g(k\boldsymbol{\alpha}) = kf(\boldsymbol{\alpha})+kg(\boldsymbol{\alpha}) = k(f+g)(\boldsymbol{\alpha}).$$

故 $f+g \in L(V,F)$.

结论 2 kf 是线性函数,即 $kf \in L(V,F)$.

在这样定义的加法和数乘下,$L(V,F)$ 成为数域 F 上的线性空间.

问题 1 这个线性空间的维数是多少?它的基又是什么?

取定 V 的一个基$\boldsymbol{\alpha}_1,\boldsymbol{\alpha}_2,\cdots,\boldsymbol{\alpha}_n$,作 V 上 n 个线性函数 $f_1,f_2,\cdots,f_n$ 如下:

$$f_i(\boldsymbol{\alpha}_j) = \begin{cases}1, j = i \\ 0, j \neq i\end{cases}, i,j = 1,2,\cdots,n. \tag{9.2.1}$$

由定理 9.1.1 知 f_i 是 V 的线性函数,$i = 1,2,\cdots,n$.

$\forall \boldsymbol{\alpha} \in V, \boldsymbol{\alpha} = k_1\boldsymbol{\alpha}_1+k_2\boldsymbol{\alpha}_2+\cdots+k_n\boldsymbol{\alpha}_n$,则 $f_i(\boldsymbol{\alpha}) = k_i, i = 1,2,\cdots,n$,即 $f_i(\boldsymbol{\alpha})$ 的值是 $\boldsymbol{\alpha}$ 的第 i 个坐标的值,$i = 1,2,\cdots,n$. 故

$$\boldsymbol{\alpha} = \sum_{i=1}^{n} f_i(\boldsymbol{\alpha})\boldsymbol{\alpha}_i.$$

$L(V,F)$ 中任一线性函数可由 $f_1,f_2,\cdots,f_n$ 线性表示.

$\forall f \in L(V,F)$, $\sum_{i=1}^{n} f(\boldsymbol{\alpha}_i)f_i$ 也是 V 的线性函数. $\forall \boldsymbol{\alpha} \in V$,由于

$$f(\boldsymbol{\alpha}) = \sum_{i=1}^{n} f(\boldsymbol{\alpha}_i)f_i(\boldsymbol{\alpha}) = (\sum_{i=1}^{n} f(\boldsymbol{\alpha}_i)f_i)(\boldsymbol{\alpha}),$$

故
$$f = \sum_{i=1}^{n} f(\boldsymbol{\alpha}_i)f_i. \tag{9.2.2}$$

可见 $L(V,F)$ 中的任一线性函数 f 可由 $f_1,f_2,\cdots,f_n$ 线性表示.

✲ 定理 9.2.1 设$\boldsymbol{\alpha}_1,\boldsymbol{\alpha}_2,\cdots,\boldsymbol{\alpha}_n$ 是 V 的一个基,由式(9.2.1) 定义的 $f_1,f_2,\cdots,f_n$ 是 $L(V,F)$ 的一个基,因此,$\dim L(V,F) = \dim V$.

证明 设 $k_1f_1+k_2f_2+\cdots+k_nf_n = 0, k_i \in F, i = 1,2,\cdots,n$. 用上式对$\boldsymbol{\alpha}_i$ 作用得

$$k_if_i(\boldsymbol{\alpha}_i) = k_i = 0, i = 1,2,\cdots,n.$$

故 $f_1,f_2,\cdots,f_n$ 线性无关

由式(9.2.2) 知,$L(V,F)$ 中任一线性函数可由 $f_1,f_2,\cdots,f_n$ 线性表示,故 $f_1,f_2,\cdots,f_n$ 是 V 的一个基.

因此,$\dim L(V,F) = n = \dim V$.

我们把线性空间 $L(V,F)$ 称为线性空间 V 的**对偶空间**. 设$\boldsymbol{\alpha}_1,\boldsymbol{\alpha}_2,\cdots,\boldsymbol{\alpha}_n$ 是 V 的一个基,把由式(9.2.1) 确定的 $L(V,F)$ 的基 $f_1,f_2,\cdots,f_n$ 称为$\boldsymbol{\alpha}_1,\boldsymbol{\alpha}_2,\cdots,\boldsymbol{\alpha}_n$ 的**对偶基**.

为方便起见,把 V 的对偶空间记作 V^*.

问题 2 V 的两个基的对偶基之间有什么关系?下面的定理回答了这个问题.

✲ 定理 9.2.2 设$\boldsymbol{\alpha}_1,\boldsymbol{\alpha}_2,\cdots,\boldsymbol{\alpha}_n$ 与$\boldsymbol{\beta}_1,\boldsymbol{\beta}_2,\cdots,\boldsymbol{\beta}_n$ 是线性空间 V 的两个基,它们的对偶

基分别是 $f_1,f_2,\cdots,f_n$ 与 $g_1,g_2,\cdots,g_n$，若 $\boldsymbol{\alpha}_1,\boldsymbol{\alpha}_2,\cdots,\boldsymbol{\alpha}_n$ 到 $\boldsymbol{\beta}_1,\boldsymbol{\beta}_2,\cdots,\boldsymbol{\beta}_n$ 的过渡矩阵为 $\boldsymbol{A}$，则有 $f_1,f_2,\cdots,f_n$ 到 $g_1,g_2,\cdots,g_n$ 的过渡矩阵为 $(\boldsymbol{A}')^{-1}$.

证明　设 V 是数域 F 上一个 n 维线性空间，$\boldsymbol{\alpha}_1,\boldsymbol{\alpha}_2,\cdots,\boldsymbol{\alpha}_n$ 与 $\boldsymbol{\beta}_1,\boldsymbol{\beta}_2,\cdots,\boldsymbol{\beta}_n$ 是 V 的两个基. 它们的对偶基分别是 $f_1,f_2,\cdots,f_n$ 与 $g_1,g_2,\cdots,g_n$，则有

$$(\boldsymbol{\beta}_1,\boldsymbol{\beta}_2,\cdots,\boldsymbol{\beta}_n)=(\boldsymbol{\alpha}_1,\boldsymbol{\alpha}_2,\cdots,\boldsymbol{\alpha}_n)\boldsymbol{A},$$
$$(g_1,g_2,\cdots,g_n)=(f_1,f_2,\cdots,f_n)\boldsymbol{B}.$$

其中 $\boldsymbol{A}=\begin{bmatrix}a_{11} & a_{12} & \cdots & a_{1n}\\ a_{21} & a_{22} & \cdots & a_{2n}\\ \vdots & \vdots & \ddots & \vdots\\ a_{n1} & a_{n2} & \cdots & a_{nn}\end{bmatrix}$，$\boldsymbol{B}=\begin{bmatrix}b_{11} & b_{12} & \cdots & b_{1n}\\ b_{21} & b_{22} & \cdots & b_{2n}\\ \vdots & \vdots & \ddots & \vdots\\ b_{n1} & b_{n2} & \cdots & b_{nn}\end{bmatrix}$.

由假设知

$$\boldsymbol{\beta}_i=a_{1i}\boldsymbol{\alpha}_1+a_{2i}\boldsymbol{\alpha}_2+\cdots+a_{ni}\boldsymbol{\alpha}_n,i=1,2,\cdots,n,$$
$$g_j=b_{1j}f_1+b_{2j}f_2+\cdots+b_{nj}f_n,j=1,2,\cdots,n.$$

因为

$$f_i(\boldsymbol{\alpha}_j)=\begin{cases}1,j=i\\0,j\neq i\end{cases},i,j=1,2,\cdots,n,$$

$$g_j(\boldsymbol{\beta}_i)=\begin{cases}1,i=j\\0,i\neq j\end{cases},i,j=1,2,\cdots,n.$$

故 $g_j(\boldsymbol{\beta}_i)=\sum\limits_{k=1}^{n}b_{kj}f_k(\sum\limits_{t=1}^{n}a_{ti}\boldsymbol{\alpha}_t)=b_{1j}a_{1i}+b_{2j}a_{2i}+\cdots+b_{nj}a_{ni}=\begin{cases}1,i=j\\0,i\neq j\end{cases},i,j=1,2,\cdots,n.$

这表明：$\boldsymbol{B}'\boldsymbol{A}=\boldsymbol{E}$，故 $\boldsymbol{B}'=\boldsymbol{A}^{-1}$，即 $\boldsymbol{B}=(\boldsymbol{A}^{-1})'=(\boldsymbol{A}')^{-1}$.

问题 3　线性空间 V 的对偶空间 V^* 是 V 的线性函数全体组成的线性空间，那么，线性空间 V^* 的线性函数的全体组成的空间与 V 有何关系？

设 V 是 F 上一个线性空间，$V^*=L(V,F)$ 是 V 的对偶空间，取定 V 中一个向量 $\boldsymbol{X}$，$\forall f\in V^*$，定义 V^* 上的一个函数 $\boldsymbol{X}^{**}$ 如下：

$$\boldsymbol{X}^{**}(f)=f(\boldsymbol{X})\in F(\text{唯一确定}),$$

$\boldsymbol{X}^{**}$ 是 V^* 上的一个线性函数.

事实上，$\forall f,g\in V^*,k\in F$，

$$\boldsymbol{X}^{**}(f+g)=(f+g)(\boldsymbol{X})=f(\boldsymbol{X})+g(\boldsymbol{X})=\boldsymbol{X}^{**}(f)+\boldsymbol{X}^{**}(g),$$
$$\boldsymbol{X}^{**}(kf)=(kf)(\boldsymbol{X})=k(f(\boldsymbol{X}))=k\boldsymbol{X}^{**}(f).$$

故有 $\boldsymbol{X}^{**}\in(V^*)^*=V^{**}=L(V^*,F)$.

由此，我们可以在 V 与 V^{**} 之间建立一个映射 φ：

$\forall\boldsymbol{X}\in V$，定义 $\varphi:\boldsymbol{X}\mapsto\boldsymbol{X}^{**}$　　(9.2.3)

下面要证 φ 是 V 与 V^{**} 之间的一个同构映射.

✻ 定理 9.2.3　设 V 是一个线性空间，V^{**} 是 V 的对偶空间的对偶空间，则由(9.2.3)式定义的 V 到 V^{**} 的映射 $\varphi:\boldsymbol{X}\mapsto\boldsymbol{X}^{**}$ 是 V 到 V^{**} 的一个同构映射，故 $V\cong V^{**}$.

证明　先证 φ 保持线性关系对应. $\forall\ \boldsymbol{X}_1,\boldsymbol{X}_2\in V,f\in V^*$，

$(\boldsymbol{X}_1+\boldsymbol{X}_2)^{**}(f)=f(\boldsymbol{X}_1+\boldsymbol{X}_2)=f(\boldsymbol{X}_1)+f(\boldsymbol{X}_2)=\boldsymbol{X}_1{}^{**}(f)+\boldsymbol{X}_2{}^{**}(f)=(\boldsymbol{X}_1{}^{**}$

$+\boldsymbol{X}_2^{**})(f)$，

故$(\boldsymbol{X}_1+\boldsymbol{X}_2)^{**}=\boldsymbol{X}_1^{**}+\boldsymbol{X}_2^{**}$，此即$\varphi(\boldsymbol{X}_1+\boldsymbol{X}_2)=\varphi(\boldsymbol{X}_1)+\varphi(\boldsymbol{X}_2)$.

又$(k\boldsymbol{X}_1)^{**}(f)=f(k\boldsymbol{X}_1)=kf(\boldsymbol{X}_1)=k\boldsymbol{X}_1^{**}(f)$，故$(k\boldsymbol{X}_1)^{**}=k\boldsymbol{X}_1^{**}$.

此即$\varphi(k\boldsymbol{X}_1)=k\varphi(\boldsymbol{X}_1)$. 因此$\varphi$保持向量加法与数乘不变.

再证φ是双射. $\forall \boldsymbol{X},\boldsymbol{Y}\in V$，则$\varphi(\boldsymbol{X})=\boldsymbol{X}^{**}$，$\varphi(\boldsymbol{Y})=\boldsymbol{Y}^{**}$. 若$\varphi(\boldsymbol{X})=\varphi(\boldsymbol{Y})$，则$\varphi(\boldsymbol{X})-\varphi(\boldsymbol{Y})=\varphi(\boldsymbol{X}-\boldsymbol{Y})=\boldsymbol{0}$.

要证$\boldsymbol{X}-\boldsymbol{Y}=\boldsymbol{0}$，只要证：若$\varphi(\boldsymbol{X})=\boldsymbol{0}$，则有$\boldsymbol{X}=\boldsymbol{0}$.

若$\varphi(\boldsymbol{X})=\boldsymbol{0}$，又$\varphi(\boldsymbol{X})=\boldsymbol{X}^{**}$，则$\boldsymbol{X}^{**}=\boldsymbol{0}$. 于是$\forall f\in V^*$，有$\boldsymbol{X}^{**}(f)=f(\boldsymbol{X})=\boldsymbol{0}$.

设$\boldsymbol{\alpha}_1,\boldsymbol{\alpha}_2,\cdots,\boldsymbol{\alpha}_n$是$V$的一个基，$f_1,f_2,\cdots,f_n$是$\boldsymbol{\alpha}_1,\boldsymbol{\alpha}_2,\cdots,\boldsymbol{\alpha}_n$的对偶基，则有

$$f_i(\boldsymbol{\alpha}_j)=\begin{cases}1,j=i\\0,j\neq i\end{cases},i,j=1,2,\cdots,n.$$

由于

$$\boldsymbol{X}=k_1\boldsymbol{\alpha}_1+k_2\boldsymbol{\alpha}_2+\cdots+k_n\boldsymbol{\alpha}_n=f_1(\boldsymbol{X})\boldsymbol{\alpha}_1+f_2(\boldsymbol{X})\boldsymbol{\alpha}_2+\cdots+f_n(\boldsymbol{X})\boldsymbol{\alpha}_n,$$

又$\boldsymbol{X}^{**}(f_i)=f_i(\boldsymbol{X})=\boldsymbol{0}$，故$\boldsymbol{X}=\boldsymbol{0}$.

可见，由$\varphi(\boldsymbol{X})-\varphi(\boldsymbol{Y})=\varphi(\boldsymbol{X}-\boldsymbol{Y})=\boldsymbol{0}$，得$\boldsymbol{X}-\boldsymbol{Y}=\boldsymbol{0}$，即$\boldsymbol{X}=\boldsymbol{Y}$. 因此，$\varphi$是单射. 下证$\varphi(\boldsymbol{\alpha}_1)$，$\varphi(\boldsymbol{\alpha}_2),\cdots,\varphi(\boldsymbol{\alpha}_n)$也是$V^{**}$的一个基.

事实上，设

$$l_1\varphi(\boldsymbol{\alpha}_1)+l_2\varphi(\boldsymbol{\alpha}_2)+\cdots+l_n\varphi(\boldsymbol{\alpha}_n)=\varphi(\sum l_i\boldsymbol{\alpha}_i)=\boldsymbol{0},$$

由上面知，$\sum l_i\boldsymbol{\alpha}_i=\boldsymbol{0}$.

因为$\boldsymbol{\alpha}_1,\boldsymbol{\alpha}_2,\cdots,\boldsymbol{\alpha}_n$是一个基，故$l_1=\cdots=l_n=0$，即$\varphi(\boldsymbol{\alpha}_1),\varphi(\boldsymbol{\alpha}_2),\cdots,\varphi(\boldsymbol{\alpha}_n)$线性无关. 又$V^{**}$是$n$维的，故$\varphi(\boldsymbol{\alpha}_1),\varphi(\boldsymbol{\alpha}_2),\cdots,\varphi(\boldsymbol{\alpha}_n)$是$V^{**}$的一个基.

$$\forall\boldsymbol{\beta}\in V^{**},\boldsymbol{\beta}=\sum t_i\varphi(\boldsymbol{\alpha}_i)=\varphi(\sum t_i\boldsymbol{\alpha}_i).$$

令$\boldsymbol{X}=\sum t_i\boldsymbol{\alpha}_i\in V$，则有$\varphi(\boldsymbol{X})=\boldsymbol{\beta}$. 所以$\varphi$是满射，从而$\varphi$是$V$到$V^{**}$的一个同构映射. 因此，$V\cong V^{**}$.

评注　由这个定理知，从同构的意义上说，线性空间V也可看作是V^*的线性函数空间，因而V与V^*实际上是互为线性函数空间，这就是对偶空间这个名词的来历.

9.2.4 例子剖析

例 9.2.1　对n维线性空间$V=\mathbf{R}[x]_n$，求V的对偶空间V^*的基.

解　先确定V的基. 考虑$\mathbf{R}$上n维线性空间$V=\mathbf{R}[x]_n$. 对任意取定的n个不同实数$a_1,a_2,\cdots,a_n$，由拉格朗日插值公式得n个多项式：

$$P_i(x)=\frac{(x-a_1)\cdots(x-a_{i-1})(x-a_{i+1})\cdots(x-a_n)}{(a_i-a_1)\cdots(a_i-a_{i-1})(a_i-a_{i+1})\cdots(a_i-a_n)},i=1,2,\cdots,n,$$

满足$P_i(a_j)=\begin{cases}1,j=i\\0,j\neq i\end{cases},i,j=1,2,\cdots,n.$

(1)$P_1(x),P_2(x),\cdots,P_n(x)$是线性无关的.

事实上，由$k_1P_1(x)+k_2P_2(x)+\cdots+k_nP_n(x)=\boldsymbol{0}$，并把$\boldsymbol{\alpha}_i$代入得

$$\sum_{j=1}^{n} k_j P_j(\boldsymbol{\alpha}_i) = k_i P_i(\boldsymbol{\alpha}_i) = k_i = 0, i = 1,2,\cdots,n,$$

由于 V 是 n 维的，故 $P_1(x), P_2(x), \cdots, P_n(x)$ 是 V 的一个基.

(2) 求 $L(V,R)$ 的一个基. 定义 $\mathbf{R}[x]_n$ 上的函数 L_{a_i} 如下：

$$\forall P(x) \in V, L_{a_i}(P(x)) = P(a_i), i = 1,2,\cdots,n.$$

把 L_{a_i} 简记为 L_i，则线性函数 L_i 对 V 中的一个基 $P_1(x), P_2(x), \cdots, P_n(x)$ 有以下关系：

$$L_i(P_j(x)) = P_j(a_i) = \begin{cases} 1, j = i \\ 0, j \neq i \end{cases}, i, j = 1,2,\cdots,n.$$

则 $L_1, L_2, \cdots, L_n$ 是 $V^* = L(V,R)$ 的一个基.

事实上，设 $k_1 L_1 + k_2 L_2 + \cdots + k_n L_n = 0$，用此式对 $P_i(x)$ 作用得

$$k_i L_i(P_i(x)) = k_i P_i(a_i) = k_i = 0, i = 1,2,\cdots,n.$$

故 $L_1, L_2, \cdots, L_n$ 线性无关.

$\forall f \in L(V,R), \forall P(x) \in F[x]$，

$$P(x) = k_1 P_1(x) + k_2 P_2(x) + \cdots + k_n P_n(x),$$

$$L_i[P(x)] = P(a_i) = k_i P_i(a_i) = k_i, i = 1,2,\cdots,n.$$

故有 $f[P(x)] = f(\sum_{i=1}^{n} L_i[P(x)] P_i(x)) = \sum_{i=1}^{n} f[P_i(x)] L_i[P(x)]$.

因此 $f = \sum_{i=1}^{n} f[P_i(x)] L_i$，可见 $L_1, L_2, \cdots, L_n$ 是 V^* 的一个基.

9.2.5　练习与探究

9.2.5.1　练习

1. 设 $\boldsymbol{\alpha}_1, \boldsymbol{\alpha}_2, \boldsymbol{\alpha}_3$ 是线性空间 V 的一组基，f_1, f_2, f_3 是它的对偶基，$\boldsymbol{\beta}_1 = 2\boldsymbol{\alpha}_1 + 2\boldsymbol{\alpha}_2 + 3\boldsymbol{\alpha}_3$，$\boldsymbol{\beta}_2 = \boldsymbol{\alpha}_1 - \boldsymbol{\alpha}_2$，$\boldsymbol{\beta}_3 = -\boldsymbol{\alpha}_1 + 2\boldsymbol{\alpha}_2 + \boldsymbol{\alpha}_3$. 试证：$\boldsymbol{\beta}_1, \boldsymbol{\beta}_2, \boldsymbol{\beta}_3$ 是 V 的一个基，并求它的对偶基（用 f_1, f_2, f_3 表出）.

2. $V = \mathbf{R}[x]_3$，对 $p(x) = a_0 + a_1 x + a_2 x^2 \in V$，定义：

$$f_1(p(x)) = \int_0^1 p(x)\mathrm{d}x, f_2(p(x)) = \int_0^2 p(x)\mathrm{d}x, f_3(p(x)) = \int_0^{-1} p(x)\mathrm{d}x.$$

证明：f_1, f_2, f_3 是 V^* 的一个基，并求出 V 的一组基 $p_1(x), p_2(x), p_3(x)$，使 f_1, f_2, f_3 是它的对偶基.

9.2.5.2　探究

1. 设 V 是一个线性空间，$f_1, f_2, \cdots, f_s$ 是 V^* 中的非零向量，试证：存在 $\alpha \in V$，使 $f_i(\boldsymbol{\alpha}) \neq 0, i = 1,2,\cdots,s$.

2. 设 $\boldsymbol{\alpha}_1, \boldsymbol{\alpha}_2, \cdots, \boldsymbol{\alpha}_s$ 是线性空间 V 中的非零向量，证明：存在 $f \in V^*$，使 $f(\boldsymbol{\alpha}_i) \neq 0, i = 1,2,\cdots,s$.

9.3 双线性函数

在 n 维欧氏空间 $\mathbf{R}^n$ 中,内积$(\boldsymbol{\alpha},\boldsymbol{\beta})$ 是 $\mathbf{R}^n$ 上的二元实函数,$\forall\ \boldsymbol{\alpha}_1,\boldsymbol{\alpha}_2,\boldsymbol{\beta}_1,\boldsymbol{\beta}_2\in V$,$\forall k_1,k_2\in F$,满足以下关系:

$$(k_1\boldsymbol{\alpha}_1+k_2\boldsymbol{\alpha}_2,\boldsymbol{\beta})=k_1(\boldsymbol{\alpha}_1,\boldsymbol{\beta})+k_2(\boldsymbol{\alpha}_2,\boldsymbol{\beta});$$
$$(\boldsymbol{\alpha},k_1\boldsymbol{\beta}_1+k_2\boldsymbol{\beta}_2)=k_1(\boldsymbol{\alpha},\boldsymbol{\beta}_1)+k_2(\boldsymbol{\alpha},\boldsymbol{\beta}_2).$$

9.3.1 研究问题

(1) 何谓双线性函数.

(2) 双线性函数的度量矩阵.

(3) 非退化双线性函数及其判别.

9.3.2 基本概念

✲ **定义 9.3.1** 设 V 是数域 F 上的一个线性空间,$f(\boldsymbol{\alpha},\boldsymbol{\beta})$ 是 V 上的一个二元函数,即 $\forall\alpha,\beta\in V$,根据 f 存在唯一确定的数 $f(\boldsymbol{\alpha},\boldsymbol{\beta})\in F$ 与之对应. 若 $f(\boldsymbol{\alpha},\boldsymbol{\beta})$ 满足下列两点:

(1) $f(\boldsymbol{\alpha},k_1\boldsymbol{\beta}_1+k_2\boldsymbol{\beta}_2)=k_1f(\boldsymbol{\alpha},\boldsymbol{\beta}_1)+k_2f(\boldsymbol{\alpha},\boldsymbol{\beta}_2)$;

(2) $f(k_1\boldsymbol{\alpha}_1+k_2\boldsymbol{\alpha}_2,\boldsymbol{\beta})=k_1f(\boldsymbol{\alpha}_1,\boldsymbol{\beta})+k_2f(\boldsymbol{\alpha}_2,\boldsymbol{\beta})$;

其中 $\boldsymbol{\alpha},\boldsymbol{\alpha}_1,\boldsymbol{\alpha}_2,\boldsymbol{\beta},\boldsymbol{\beta}_1,\boldsymbol{\beta}_2$ 是 V 中任意向量,k_1,k_2 是 F 中任意数,则称 $f(\boldsymbol{\alpha},\boldsymbol{\beta})$ 为 V 上的一个**双线性函数**.

所谓双线性函数是这样的一个二元函数 $f(\boldsymbol{\alpha},\boldsymbol{\beta})$:它对每个变元都是线性函数.

✲ **定义 9.3.2** 设 $f(\boldsymbol{\alpha},\boldsymbol{\beta})$ 是 F 上 n 维线性空间 V 中的一个双线性函数,$\boldsymbol{\alpha}_1,\boldsymbol{\alpha}_2,\cdots,\boldsymbol{\alpha}_n$ 是 V 的基,称矩阵

$$\mathbf{A}=\begin{bmatrix} f(\boldsymbol{\alpha}_1,\boldsymbol{\alpha}_1) & f(\boldsymbol{\alpha}_1,\boldsymbol{\alpha}_2) & \cdots & f(\boldsymbol{\alpha}_1,\boldsymbol{\alpha}_n)\\ f(\boldsymbol{\alpha}_2,\boldsymbol{\alpha}_1) & f(\boldsymbol{\alpha}_2,\boldsymbol{\alpha}_2) & \cdots & f(\boldsymbol{\alpha}_2,\boldsymbol{\alpha}_n)\\ \vdots & \vdots & \ddots & \vdots\\ f(\boldsymbol{\alpha}_n,\boldsymbol{\alpha}_1) & f(\boldsymbol{\alpha}_n,\boldsymbol{\alpha}_2) & \cdots & f(\boldsymbol{\alpha}_n,\boldsymbol{\alpha}_n)\end{bmatrix}$$

为 $f(\boldsymbol{\alpha},\boldsymbol{\beta})$ 在基$\boldsymbol{\alpha}_1,\boldsymbol{\alpha}_2,\cdots,\boldsymbol{\alpha}_n$ 下的**度量矩阵**.

✲ **定义 9.3.3** 设 $f(\boldsymbol{\alpha},\boldsymbol{\beta})$ 是线性空间 V 上的一个双线性函数,若从 $f(\boldsymbol{\alpha},\boldsymbol{\beta})=0$ 对任意 $\boldsymbol{\beta}\in V$ 成立可推出 $\boldsymbol{\alpha}=\mathbf{0}$,则称 f 是**非退化的**.

9.3.3 主要结论

用 $L(V\times V,F)$ 表示 V 中双线性函数的全体. $\forall f\in L(V\times V,F)$,在取定 V 中一个基 $\boldsymbol{\alpha}_1,\boldsymbol{\alpha}_2,\cdots,\boldsymbol{\alpha}_n$ 后,每个双线性函数 f 都对应唯一一个 n 阶矩阵 $\mathbf{A}$,这个矩阵就是 f 在基$\boldsymbol{\alpha}_1,\boldsymbol{\alpha}_2,\cdots,\boldsymbol{\alpha}_n$ 下的度量矩阵. 作映射

$$\varphi: f\mapsto \mathbf{A}\in F^{n\times n}\text{(唯一确定)}. \tag{9.3.1}$$

问题 1 φ 是否为 $L(V\times V,F)$ 到 $F^{n\times n}$ 的一个双射?

结论 1　φ 是 $L(V\times V,F)$ 到 $F^{n\times n}$ 的一个双射.

(1)φ 是单射. $\forall f,g\in L(V\times V,F)$,若 $\varphi(f)=\varphi(g)=\boldsymbol{A}$, $\forall\boldsymbol{\alpha},\boldsymbol{\beta}\in V$,设 $\boldsymbol{\alpha}=(\boldsymbol{\alpha}_1,\boldsymbol{\alpha}_2,\cdots,\boldsymbol{\alpha}_n)X$, $\boldsymbol{\beta}=(\boldsymbol{\alpha}_1,\boldsymbol{\alpha}_2,\cdots,\boldsymbol{\alpha}_n)Y$,则 $f(\boldsymbol{\alpha},\boldsymbol{\beta})=\boldsymbol{X}'\boldsymbol{A}\boldsymbol{Y}=g(\boldsymbol{\alpha},\boldsymbol{\beta})$,故 $f=g$.

(2)φ 是满射. 对于 $F^{n\times n}$ 中的任意矩阵 $\boldsymbol{A}=(a_{ij})$ 及 V 中任意向量 $\boldsymbol{\alpha}=(\boldsymbol{\alpha}_1,\boldsymbol{\alpha}_2,\cdots,\boldsymbol{\alpha}_n)\boldsymbol{X}$, $\boldsymbol{\beta}=(\boldsymbol{\alpha}_1,\boldsymbol{\alpha}_2,\cdots,\boldsymbol{\alpha}_n)\boldsymbol{Y}$,其中 $\boldsymbol{X}=(x_1,x_2,\cdots,x_n)'$, $\boldsymbol{Y}=(y_1,y_2,\cdots,y_n)'$,定义

$$f(\boldsymbol{\alpha},\boldsymbol{\beta})=\boldsymbol{X}'\boldsymbol{A}\boldsymbol{Y}=\sum_{i=1}^{n}\sum_{j=1}^{n}a_{ij}x_iy_j,$$

则 $f(\boldsymbol{\alpha},\boldsymbol{\beta})$ 是 V 上的一个双线性函数. 而 $f(\boldsymbol{\alpha},\boldsymbol{\beta})$ 在 $\boldsymbol{\alpha}_1,\boldsymbol{\alpha}_2,\cdots,\boldsymbol{\alpha}_n$ 下的度量矩阵就是 $\boldsymbol{A}$,故有 $\varphi(f)=\boldsymbol{A}$,即 φ 是 $L(V\times V,F)$ 到 $F^{n\times n}$ 的一个双射.

在欧氏空间中我们知道,不同基下的度量矩阵是合同的. 由例 9.3.1 知,欧氏空间中的内积是 V 上的线性函数. 因此我们要问:

问题 2　在不同基下,同一个双线性函数的度量矩阵一般是不相同的,它们之间有何关系?

结论 2　双线性函数在不同基下的度量矩阵是合同的.

证明　设 $\boldsymbol{\alpha}_1,\boldsymbol{\alpha}_2,\cdots,\boldsymbol{\alpha}_n$ 与 $\boldsymbol{\beta}_1,\boldsymbol{\beta}_2,\cdots,\boldsymbol{\beta}_n$ 是线性空间 V 的两个基,且有

$$(\boldsymbol{\beta}_1,\boldsymbol{\beta}_2,\cdots,\boldsymbol{\beta}_n)=(\boldsymbol{\alpha}_1,\boldsymbol{\alpha}_2,\cdots,\boldsymbol{\alpha}_n)\boldsymbol{C}.$$

又设 $\boldsymbol{\alpha},\boldsymbol{\beta}$ 是 V 中任意两个向量,则

$$\boldsymbol{\alpha}=(\boldsymbol{\alpha}_1,\boldsymbol{\alpha}_2,\cdots,\boldsymbol{\alpha}_n)\boldsymbol{X}=(\boldsymbol{\beta}_1,\boldsymbol{\beta}_2,\cdots,\boldsymbol{\beta}_n)\boldsymbol{X}_1=(\boldsymbol{\alpha}_1,\boldsymbol{\alpha}_2,\cdots,\boldsymbol{\alpha}_n)\boldsymbol{C}\boldsymbol{X}_1,$$

$$\boldsymbol{\beta}=(\boldsymbol{\alpha}_1,\boldsymbol{\alpha}_2,\cdots,\boldsymbol{\alpha}_n)\boldsymbol{Y}=(\boldsymbol{\beta}_1,\boldsymbol{\beta}_2,\cdots,\boldsymbol{\beta}_n)\boldsymbol{Y}_1=(\boldsymbol{\alpha}_1,\boldsymbol{\alpha}_2,\cdots,\boldsymbol{\alpha}_n)\boldsymbol{C}\boldsymbol{Y}_1,$$

因此 $\boldsymbol{X}=\boldsymbol{C}\boldsymbol{X}_1$, $\boldsymbol{Y}=\boldsymbol{C}\boldsymbol{Y}_1$.

又设 V 上双线性函数 $f(\boldsymbol{\alpha},\boldsymbol{\beta})$ 在 $\boldsymbol{\alpha}_1,\boldsymbol{\alpha}_2,\cdots,\boldsymbol{\alpha}_n$ 及 $\boldsymbol{\beta}_1,\boldsymbol{\beta}_2,\cdots,\boldsymbol{\beta}_n$ 下的度量矩阵分别为 $\boldsymbol{A}$, $\boldsymbol{B}$,则有

$$f(\boldsymbol{\alpha},\boldsymbol{\beta})=\boldsymbol{X}'\boldsymbol{A}\boldsymbol{Y}=\boldsymbol{X}'_1\boldsymbol{C}'\boldsymbol{A}\boldsymbol{C}\boldsymbol{Y}_1=\boldsymbol{X}'_1\boldsymbol{B}\boldsymbol{Y}_1.$$

故 $\boldsymbol{B}=\boldsymbol{C}'\boldsymbol{A}\boldsymbol{C}$.

这表明:同一个双线性函数在不同基下的度量矩阵是合同的.

问题 3　如何判断一个双线性函数 f 是否为非退化的?

要判断双线性函数 f 是否非退化,可以利用 f 在 V 中一个基下的度量矩阵来判断.

结论 3　双线性函数 $f(\boldsymbol{\alpha},\boldsymbol{\beta})$ 是非退化的充要条件是:其度量矩阵 $\boldsymbol{A}$ 非退化.

证明　设 V 上双线性函数 $f(\boldsymbol{\alpha},\boldsymbol{\beta})$ 在基 $\boldsymbol{\alpha}_1,\boldsymbol{\alpha}_2,\cdots,\boldsymbol{\alpha}_n$ 下的度量矩阵为 $\boldsymbol{A}$, $\forall\boldsymbol{\alpha},\boldsymbol{\beta}\in V$, $\boldsymbol{\alpha}=(\boldsymbol{\alpha}_1,\boldsymbol{\alpha}_2,\cdots,\boldsymbol{\alpha}_n)\boldsymbol{X}$, $\boldsymbol{\beta}=(\boldsymbol{\alpha}_1,\boldsymbol{\alpha}_2,\cdots,\boldsymbol{\alpha}_n)\boldsymbol{Y}$,故有 $f(\boldsymbol{\alpha},\boldsymbol{\beta})=\boldsymbol{X}'\boldsymbol{A}\boldsymbol{Y}$.

若有向量 $\boldsymbol{\alpha}$,使 $\forall\boldsymbol{\beta}\in V$,都有 $f(\boldsymbol{\alpha},\boldsymbol{\beta})=0$,此即 $\boldsymbol{X}'\boldsymbol{A}\boldsymbol{Y}=0$,对任意 $\boldsymbol{Y}\in F^{n\times n}$ 成立. 取 $\boldsymbol{Y}=(1,0,\cdots,0),(0,1,\cdots,0),\cdots,(0,0,\cdots,1)$ 可得:$\boldsymbol{X}'\boldsymbol{A}=\boldsymbol{O}$ 或 $\boldsymbol{A}'\boldsymbol{X}=\boldsymbol{O}$.

上述方程组只有零解的充要条件是:$\boldsymbol{A}$ 是非退化矩阵. 因此,双线性函数 $f(\boldsymbol{\alpha},\boldsymbol{\beta})$ 是非退化的充要条件是其度量矩阵 $\boldsymbol{A}$ 非退化.

9.3.4　例子剖析

例 9.3.1　欧氏空间 V 的内积是 V 上的双线性函数.

证明　$\forall\boldsymbol{\alpha},\boldsymbol{\beta}\in V$, $(\boldsymbol{\alpha},\boldsymbol{\beta})\in\mathbf{R}$ 是 V 上的内积. 令 $f(\boldsymbol{\alpha},\boldsymbol{\beta})=(\boldsymbol{\alpha},\boldsymbol{\beta})$,则 $f(\boldsymbol{\alpha},\boldsymbol{\beta})$ 是 V 上

的双线性函数.

事实上，$\forall \boldsymbol{\alpha},\boldsymbol{\alpha}_1,\boldsymbol{\alpha}_2,\boldsymbol{\beta},\boldsymbol{\beta}_1,\boldsymbol{\beta}_2 \in V, k_1,k_2 \in F$，有

$$f(k_1\boldsymbol{\alpha}_1+k_2\boldsymbol{\alpha}_2,\boldsymbol{\beta})=(k_1\boldsymbol{\alpha}_1+k_2\boldsymbol{\alpha}_2,\boldsymbol{\beta})=k_1(\boldsymbol{\alpha}_1,\boldsymbol{\beta})+k_2(\boldsymbol{\alpha}_2,\boldsymbol{\beta})=k_1f(\boldsymbol{\alpha}_1,\boldsymbol{\beta})+k_2f(\boldsymbol{\alpha}_2,\boldsymbol{\beta}),$$

$$f(\boldsymbol{\alpha},k_1\boldsymbol{\beta}_1+k_2\boldsymbol{\beta}_2)=(\boldsymbol{\alpha},k_1\boldsymbol{\beta}_1+k_2\boldsymbol{\beta}_2)=k_1(\boldsymbol{\alpha},\boldsymbol{\beta}_1)+k_2(\boldsymbol{\alpha},\boldsymbol{\beta}_2)=k_1f(\boldsymbol{\alpha},\boldsymbol{\beta}_1)+k_2f(\boldsymbol{\alpha},\boldsymbol{\beta}_2).$$

故欧氏空间 V 的内积是 V 上的双线性函数.

例 9.3.2 设 $\forall \boldsymbol{\alpha}\in V$，$f_1(\boldsymbol{\alpha})$，$f_2(\boldsymbol{\alpha})$ 都是线性空间 V 上的线性函数. $\forall \boldsymbol{\alpha},\boldsymbol{\beta}\in V$，定义 $f(\boldsymbol{\alpha},\boldsymbol{\beta})=f_1(\boldsymbol{\alpha})f_2(\boldsymbol{\beta})$，则 $f(\boldsymbol{\alpha},\boldsymbol{\beta})$ 是 V 上的一个双线性函数.

解 $\forall \boldsymbol{\alpha},\boldsymbol{\alpha}_1,\boldsymbol{\alpha}_2,\boldsymbol{\beta},\boldsymbol{\beta}_1,\boldsymbol{\beta}_2 \in V, k_1,k_2 \in F$，

$$\begin{aligned}f(k_1\boldsymbol{\alpha}_1+k_2\boldsymbol{\alpha}_2,\beta)&=f_1(k_1\boldsymbol{\alpha}_1+k_2\boldsymbol{\alpha}_2)f_2(\boldsymbol{\beta})=[k_1f_1(\boldsymbol{\alpha}_1)+k_2f_1(\boldsymbol{\alpha}_2)]f_2(\boldsymbol{\beta})\\&=k_1f(\boldsymbol{\alpha}_1,\boldsymbol{\beta})+k_2f(\boldsymbol{\alpha}_2,\boldsymbol{\beta}).\end{aligned}$$

又

$$\begin{aligned}f(\boldsymbol{\alpha},k_1\boldsymbol{\beta}_1+k_2\boldsymbol{\beta}_2)&=f_1(\boldsymbol{\alpha})f_2(k_1\boldsymbol{\beta}_1+k_2\boldsymbol{\beta}_2)=f_1(\boldsymbol{\alpha})[k_1f_2(\boldsymbol{\beta}_1)+k_2f_2(\boldsymbol{\beta}_2)]\\&=k_1f(\boldsymbol{\alpha},\boldsymbol{\beta}_1)+k_2f(\boldsymbol{\alpha},\boldsymbol{\beta}_2).\end{aligned}$$

故 $f(\boldsymbol{\alpha},\boldsymbol{\beta})$ 是 V 上的双线性函数.

例 9.3.3 $\forall \boldsymbol{X},\boldsymbol{Y}\in F^n$，$\boldsymbol{A}\in F^{n\times n}$ 固定. 令

$$f(\boldsymbol{X},\boldsymbol{Y})=\boldsymbol{X}'\boldsymbol{A}\boldsymbol{Y},\tag{9.3.2}$$

则 $f(\boldsymbol{\alpha},\boldsymbol{\beta})$ 是 F^n 上的一个双线性函数.

解 $\forall \boldsymbol{X},\boldsymbol{X}_1,\boldsymbol{X}_2,\boldsymbol{Y},\boldsymbol{Y}_1,\boldsymbol{Y}_2\in F^n, k_1,k_2\in F$，有

$$\begin{aligned}f(\boldsymbol{X},k_1\boldsymbol{Y}_1+k_2\boldsymbol{Y}_2)&=\boldsymbol{X}'\boldsymbol{A}(k_1\boldsymbol{Y}_1+k_2\boldsymbol{Y}_2)=k_1\boldsymbol{X}'\boldsymbol{A}\boldsymbol{Y}_1+k_2\boldsymbol{X}'\boldsymbol{A}\boldsymbol{Y}_2\\&=k_1f(\boldsymbol{X},\boldsymbol{Y}_1)+k_2f(\boldsymbol{X},\boldsymbol{Y}_2).\end{aligned}$$

$$\begin{aligned}f(k_1\boldsymbol{X}_1+k_2\boldsymbol{X}_2,\boldsymbol{Y})&=(k_1\boldsymbol{X}_1+k_2\boldsymbol{X}_2)'\boldsymbol{A}\boldsymbol{Y}=k_1(\boldsymbol{X}'_1\boldsymbol{A}\boldsymbol{Y})+k_2(\boldsymbol{X}'_2\boldsymbol{A}\boldsymbol{Y})\\&=k_1f(\boldsymbol{X}_1,\boldsymbol{Y})+k_2f(\boldsymbol{X}_2,\boldsymbol{Y}).\end{aligned}$$

进一步，若设 $\boldsymbol{X}=(x_1,x_2,\cdots,x_n)'$，$\boldsymbol{Y}=(y_1,y_2,\cdots,y_n)'$，

$$\boldsymbol{A}=\begin{bmatrix}a_{11}&a_{12}&\cdots&a_{1n}\\a_{21}&a_{22}&\cdots&a_{2n}\\\vdots&\vdots&\ddots&\vdots\\a_{n1}&a_{n2}&\cdots&a_{nn}\end{bmatrix},$$

则

$$\begin{aligned}f(\boldsymbol{X},\boldsymbol{Y})=\boldsymbol{X}'\boldsymbol{A}\boldsymbol{Y}&=(x_1,x_2,\cdots,x_n)\begin{bmatrix}\sum_{j=1}^{n}a_{1j}y_j\\\sum_{j=1}^{n}a_{2j}y_j\\\vdots\\\sum_{j=1}^{n}a_{nj}y_j\end{bmatrix}\\&=\sum_{j=1}^{n}a_{1j}x_1y_j+\sum_{j=1}^{n}a_{2j}x_2y_j+\cdots+\sum_{j=1}^{n}a_{nj}x_ny_j\end{aligned}$$

$$= \sum_{i=1}^{n}\sum_{j=1}^{n} a_{ij}x_iy_j = \sum_{i,j=1}^{n} a_{ij}x_iy_j.$$

反之，由例 9.3.3 知，设$\boldsymbol{\alpha}_1, \boldsymbol{\alpha}_2, \cdots, \boldsymbol{\alpha}_n$ 是线性空间 V 的一个基，令 $a_{ij} = f(\boldsymbol{\alpha}_i, \boldsymbol{\alpha}_j), i, j = 1, 2, \cdots, n$，

$$\boldsymbol{A} = \begin{bmatrix} a_{11} & a_{12} & \cdots & a_{1n} \\ a_{21} & a_{22} & \cdots & a_{2n} \\ \vdots & \vdots & \ddots & \vdots \\ a_{n1} & a_{n2} & \cdots & a_{nn} \end{bmatrix},$$

则有 $f(\boldsymbol{\alpha}, \boldsymbol{\beta}) = \sum_{i,j=1}^{n} a_{ij}x_iy_i = \boldsymbol{X}'\boldsymbol{A}\boldsymbol{Y}$.

评注　由此知，一个矩阵 $\boldsymbol{A}$ 可导出 F^n 上的一个双线性函数；而对 V 中任一个双线性函数，也可导出 $F^{n\times n}$ 上一个矩阵 $\boldsymbol{A}$，这样产生的矩阵就是度量矩阵.

9.3.5　练习与探究

9.3.5.1　练习

1. 设 $\boldsymbol{A}$ 是 F 上一个 m 阶矩阵. 定义 $F^{m\times n}$ 上一个二元函数：

$$f(\boldsymbol{X}, \boldsymbol{Y}) = \operatorname{tr}(\boldsymbol{X}'\boldsymbol{A}\boldsymbol{Y}), \forall \boldsymbol{X}, \boldsymbol{Y} \in F^{m\times n}.$$

(1) 证明 $f(\boldsymbol{X}, \boldsymbol{Y})$ 是 $F^{m\times n}$ 上的双线性函数.

(2) 求 $f(\boldsymbol{X}, \boldsymbol{Y})$ 在基$\boldsymbol{E}_{11}, \boldsymbol{E}_{12}, \cdots, \boldsymbol{E}_{1n}, \boldsymbol{E}_{21}, \boldsymbol{E}_{22}, \cdots, \boldsymbol{E}_{2n}, \boldsymbol{E}_{m1}, \boldsymbol{E}_{m2}, \cdots, \boldsymbol{E}_{mn}$ 下的度量矩阵. ($\boldsymbol{E}_{ij}$ 表示 i 行 j 列的元素为 1，而其余元素全为零的 $m\times n$ 矩阵)

2. 在 F^4 中定义一个双线性函数 $f(\boldsymbol{X}, \boldsymbol{Y})$，对 $\boldsymbol{X} = (x_1, x_2, x_3, x_4), \boldsymbol{Y} = (y_1, y_2, y_3, y_4)$，$f(\boldsymbol{X}, \boldsymbol{Y}) = 3x_1y_2 - 5x_2y_1 + x_3y_4 - 4x_4y_3$.

(1) 给定 F^4 的一个基：$\boldsymbol{\alpha}_1 = (1, -2, -1, 0), \boldsymbol{\alpha}_2 = (1, -1, 1, 0), \boldsymbol{\alpha}_3 = (-1, 2, 1, 1), \boldsymbol{\alpha}_4 = (-1, -1, 0, 1)$，求 $f(\boldsymbol{X}, \boldsymbol{Y})$ 在这个基下的度量矩阵；

(2) 另取一个基$\boldsymbol{\eta}_1, \boldsymbol{\eta}_2, \boldsymbol{\eta}_3, \boldsymbol{\eta}_4$：$(\boldsymbol{\eta}_1, \boldsymbol{\eta}_2, \boldsymbol{\eta}_3, \boldsymbol{\eta}_4) = (\boldsymbol{\alpha}_1, \boldsymbol{\alpha}_2, \boldsymbol{\alpha}_3, \boldsymbol{\alpha}_4)\boldsymbol{T}$，其中

$$\boldsymbol{T} = \begin{bmatrix} 1 & 1 & 1 & 1 \\ 1 & 1 & -1 & -1 \\ 1 & -1 & 1 & -1 \\ 1 & -1 & -1 & 1 \end{bmatrix}.$$

求 $f(\boldsymbol{X}, \boldsymbol{Y})$ 在$\boldsymbol{\eta}_1, \boldsymbol{\eta}_2, \boldsymbol{\eta}_3, \boldsymbol{\eta}_4$ 下的度量矩阵.

9.3.5.2　探究

双线性函数 $f(\boldsymbol{\alpha}, \boldsymbol{\beta})$ 在 V 中一个基下的度量矩阵是不是对称矩阵？

9.4　对称双线性函数

由于 $f(\boldsymbol{\alpha}, \boldsymbol{\beta}) \neq f(\boldsymbol{\beta}, \boldsymbol{\alpha})$，故双线性函数 $f(\boldsymbol{\alpha}, \boldsymbol{\beta})$ 在 V 中一个基下的度量矩阵不一定是

对称矩阵.若有双线性函数满足 $f(\boldsymbol{\alpha},\boldsymbol{\beta})=f(\boldsymbol{\beta},\boldsymbol{\alpha})$,则这样的双线性函数是重要的.这就是下面要研究的对称双线性函数.

9.4.1 研究问题

(1) 对称双线性函数的定义和判定.

(2) 反对称双线性函数的定义和判定.

(3) 对称双线性函数与二次齐次函数的标准化.

9.4.2 基本概念

✽ **定义 9.4.1** 设 $f(\boldsymbol{\alpha},\boldsymbol{\beta})$ 是线性空间 V 上的一个双线性函数,若对 V 中任意两个向量 $\boldsymbol{\alpha},\boldsymbol{\beta}$ 都有 $f(\boldsymbol{\alpha},\boldsymbol{\beta})=f(\boldsymbol{\beta},\boldsymbol{\alpha})$,则称 $f(\boldsymbol{\alpha},\boldsymbol{\beta})$ 为**对称双线性函数**.若对 V 中任两个向量 $\boldsymbol{\alpha}$,$\boldsymbol{\beta}$,都有 $f(\boldsymbol{\alpha},\boldsymbol{\beta})=-f(\boldsymbol{\beta},\boldsymbol{\alpha})$,则称 $f(\boldsymbol{\alpha},\boldsymbol{\beta})$ 为**反对称双线性函数**.

✽ **定义 9.4.2** 设 V 是数域 F 上的线性空间,$f(\boldsymbol{\alpha},\boldsymbol{\beta})$ 是 V 上的双线性函数.当 $\boldsymbol{\alpha}=\boldsymbol{\beta}$ 时,V 上的函数 $f(\boldsymbol{\alpha},\boldsymbol{\alpha})$ 称为与 $f(\boldsymbol{\alpha},\boldsymbol{\beta})$ 对应的**二次齐次函数**.

9.4.3 主要结论

结论 1 双线性函数是对称的充要条件是:它在任一个基下的度量矩阵是对称矩阵.

证明 若 $f(\boldsymbol{\alpha},\boldsymbol{\beta})$ 是线性空间 V 上的一个对称双线性函数,对 V 的任一个基 $\boldsymbol{\alpha}_1,\boldsymbol{\alpha}_2,\cdots,\boldsymbol{\alpha}_n$,由于有 $f(\boldsymbol{\alpha}_i,\boldsymbol{\alpha}_j)=f(\boldsymbol{\alpha}_j,\boldsymbol{\alpha}_i)$,故 $f(\boldsymbol{\alpha},\boldsymbol{\beta})$ 在基 $\boldsymbol{\alpha}_1,\boldsymbol{\alpha}_2,\cdots,\boldsymbol{\alpha}_n$ 下的度量矩阵是对称的.反之,若一个双线性函数 $f(\boldsymbol{\alpha},\boldsymbol{\beta})$ 在基 $\boldsymbol{\alpha}_1,\boldsymbol{\alpha}_2,\cdots,\boldsymbol{\alpha}_n$ 下的度量矩阵是对称的,则对 V 中任意两个向量 $\boldsymbol{\alpha}=(\boldsymbol{\alpha}_1,\boldsymbol{\alpha}_2,\cdots,\boldsymbol{\alpha}_n)\boldsymbol{X}$,$\boldsymbol{\beta}=(\boldsymbol{\alpha}_1,\boldsymbol{\alpha}_2,\cdots,\boldsymbol{\alpha}_n)\boldsymbol{Y}$,都有

$$f(\boldsymbol{\alpha},\boldsymbol{\beta})=\boldsymbol{X}'\boldsymbol{A}\boldsymbol{Y}=\boldsymbol{Y}'\boldsymbol{A}'\boldsymbol{X}=\boldsymbol{Y}'\boldsymbol{A}\boldsymbol{X}=f(\boldsymbol{\beta},\boldsymbol{\alpha}),$$

因此 $f(\boldsymbol{\alpha},\boldsymbol{\beta})$ 是对称的.

结论 2 双线性函数是反对称的充要条件是:它在任一个基下的度量矩阵是反对称矩阵.

双线性函数在不同基下的度量矩阵合同.由于对称双线性函数在一个基下的度量矩阵是对称矩阵,而对称矩阵与对角矩阵合同,因此有下面的定理成立.

✽ **定理 9.4.1** 设 V 是数域 F 上的 n 维线性空间,$f(\boldsymbol{\alpha},\boldsymbol{\beta})$ 是 V 上一个对称双线性函数,则存在 V 的一个基 $\boldsymbol{\alpha}_1,\boldsymbol{\alpha}_2,\cdots,\boldsymbol{\alpha}_n$,使 $f(\boldsymbol{\alpha},\boldsymbol{\beta})$ 在这个基下的度量矩阵为对角矩阵.

证明 设 $f(\boldsymbol{\alpha},\boldsymbol{\beta})$ 是 V 上一个对称双线性函数,$\boldsymbol{\beta}_1,\boldsymbol{\beta}_2,\cdots,\boldsymbol{\beta}_n$ 是 V 的一个基,$f(\boldsymbol{\alpha},\boldsymbol{\beta})$ 在 $\boldsymbol{\beta}_1,\boldsymbol{\beta}_2,\cdots,\boldsymbol{\beta}_n$ 下的度量矩阵为 $\boldsymbol{B}$.由于 $\boldsymbol{B}$ 是对称矩阵,于是存在可逆矩阵 $\boldsymbol{C}$,使 $\boldsymbol{C}'\boldsymbol{B}\boldsymbol{C}=\boldsymbol{A}$,$\boldsymbol{A}$ 为对角矩阵.令

$$(\boldsymbol{\alpha}_1,\boldsymbol{\alpha}_2,\cdots,\boldsymbol{\alpha}_n)=(\boldsymbol{\beta}_1,\boldsymbol{\beta}_2,\cdots,\boldsymbol{\beta}_n)\boldsymbol{C},$$

则 $\boldsymbol{\alpha}_1,\boldsymbol{\alpha}_2,\cdots,\boldsymbol{\alpha}_n$ 也是 V 的一个基,于是 $f(\boldsymbol{\alpha},\boldsymbol{\beta})$ 在这个基下的度量矩阵是对角矩阵 $\boldsymbol{A}$.

设 $\boldsymbol{\alpha}=(\boldsymbol{\alpha}_1,\boldsymbol{\alpha}_2,\cdots,\boldsymbol{\alpha}_n)\boldsymbol{X}$,$\boldsymbol{\beta}=(\boldsymbol{\alpha}_1,\boldsymbol{\alpha}_2,\cdots,\boldsymbol{\alpha}_n)\boldsymbol{Y}$,因

$$\boldsymbol{\alpha}=(\boldsymbol{\alpha}_1,\boldsymbol{\alpha}_2,\cdots,\boldsymbol{\alpha}_n)\boldsymbol{X}=(\boldsymbol{\beta}_1,\boldsymbol{\beta}_2,\cdots,\boldsymbol{\beta}_n)\boldsymbol{X}_1=(\boldsymbol{\beta}_1,\boldsymbol{\beta}_2,\cdots,\boldsymbol{\beta}_n)\boldsymbol{C}\boldsymbol{X},$$

故 $\boldsymbol{X}_1=\boldsymbol{C}\boldsymbol{X}$.

因 $\boldsymbol{\beta}=(\boldsymbol{\alpha}_1,\boldsymbol{\alpha}_2,\cdots,\boldsymbol{\alpha}_n)\boldsymbol{Y}=(\boldsymbol{\beta}_1,\boldsymbol{\beta}_2,\cdots,\boldsymbol{\beta}_n)\boldsymbol{Y}_1=(\boldsymbol{\beta}_1,\boldsymbol{\beta}_2,\cdots,\boldsymbol{\beta}_n)\boldsymbol{C}\boldsymbol{Y}$,

故$\boldsymbol{Y}_1 = \boldsymbol{CY}$. 于是

$$f(\boldsymbol{\alpha},\boldsymbol{\beta}) = \boldsymbol{X'}_1\boldsymbol{B}\boldsymbol{Y}_1 = (\boldsymbol{CX})'\boldsymbol{B}(\boldsymbol{CY}) = \boldsymbol{X'C'BCY} = \boldsymbol{X'AY}.$$

评注　从定理 9.4.1 可知,V 上的对称双线性函数 $f(\boldsymbol{\alpha},\boldsymbol{\beta})$ 如果是非退化的,则有 V 的一组基$\boldsymbol{\alpha}_1,\boldsymbol{\alpha}_2,\cdots,\boldsymbol{\alpha}_n$ 满足

$$\begin{cases} f(\boldsymbol{\alpha}_i,\boldsymbol{\alpha}_i) \neq 0, i = 1,2,\cdots,n \\ f(\boldsymbol{\alpha}_i,\boldsymbol{\alpha}_j) = 0, j \neq i \end{cases}.$$

前面的不等式是非退化条件保证的,这样的基叫作 V 的对于 $f(\boldsymbol{\alpha},\boldsymbol{\beta})$ 的正交基.

结论 3　若 $f(\boldsymbol{\alpha},\boldsymbol{\beta})$ 是 V 上的对称双线性函数,则存在 V 中一个基$\boldsymbol{\alpha}_1,\boldsymbol{\alpha}_2,\cdots,\boldsymbol{\alpha}_n$,使得 $\forall\, \boldsymbol{\alpha} = (\boldsymbol{\alpha}_1,\boldsymbol{\alpha}_2,\cdots,\boldsymbol{\alpha}_n)\boldsymbol{X}, \boldsymbol{\beta} = (\boldsymbol{\alpha}_1,\boldsymbol{\alpha}_2,\cdots,\boldsymbol{\alpha}_n)\boldsymbol{Y}$,有

$$f(\boldsymbol{\alpha},\boldsymbol{\beta}) = \boldsymbol{X'AY} = d_1x_1y_1 + d_2x_2y_2 + \cdots + d_rx_ry_r, 0 \leqslant r \leqslant n.$$

证明　由定理 9.4.1 知,若 $f(\boldsymbol{\alpha},\boldsymbol{\beta})$ 是 V 上的对称双线性函数,则存在 V 中一个基$\boldsymbol{\alpha}_1$, $\boldsymbol{\alpha}_2,\cdots,\boldsymbol{\alpha}_n$,使 $f(\boldsymbol{\alpha},\boldsymbol{\beta})$ 在这个基下的度量矩阵为对角矩阵,设为

$$\boldsymbol{A} = \mathrm{diag}(d_1,d_2,\cdots,d_r,0,\cdots,0), 0 \leqslant r \leqslant n.$$

于是,$\forall\, \boldsymbol{\alpha} = (\boldsymbol{\alpha}_1,\boldsymbol{\alpha}_2,\cdots,\boldsymbol{\alpha}_n)\boldsymbol{X}, \boldsymbol{\beta} = (\boldsymbol{\alpha}_1,\boldsymbol{\alpha}_2,\cdots,\boldsymbol{\alpha}_n)\boldsymbol{Y}$,有

$$f(\boldsymbol{\alpha},\boldsymbol{\beta}) = \boldsymbol{X'AY} = d_1x_1y_1 + d_2x_2y_2 + \cdots + d_rx_ry_r, 0 \leqslant r \leqslant n.$$

推论 1　设 V 是复数域上的 n 维线性空间,$f(\boldsymbol{\alpha},\boldsymbol{\beta})$ 是 V 上的对称双线性函数,则存在 V 中一个基$\boldsymbol{\alpha}_1,\boldsymbol{\alpha}_2,\cdots,\boldsymbol{\alpha}_n$,使对 V 中任意向量

$$\boldsymbol{\alpha} = (\boldsymbol{\alpha}_1,\boldsymbol{\alpha}_2,\cdots,\boldsymbol{\alpha}_n)\boldsymbol{X}, \boldsymbol{\beta} = (\boldsymbol{\alpha}_1,\boldsymbol{\alpha}_2,\cdots,\boldsymbol{\alpha}_n)\boldsymbol{Y},$$

有

$$f(\boldsymbol{\alpha},\boldsymbol{\beta}) = x_1y_1 + x_2y_2 + \cdots + x_ry_r, 0 \leqslant r \leqslant n.$$

若取 $\boldsymbol{\beta} = \boldsymbol{\alpha}$,则有 $f(\boldsymbol{\alpha},\boldsymbol{\alpha}) = x_1^2 + x_2^2 + \cdots + x_r^2, 0 \leqslant r \leqslant n$.

推论 2　设 V 是实数域上的 n 维线性空间,$f(\boldsymbol{\alpha},\boldsymbol{\beta})$ 是 V 上的对称双线性函数,则存在 V 中一个基$\boldsymbol{\alpha}_1,\boldsymbol{\alpha}_2,\cdots,\boldsymbol{\alpha}_n$,使对 V 中任意向量

$$\boldsymbol{\alpha} = (\boldsymbol{\alpha}_1,\boldsymbol{\alpha}_2,\cdots,\boldsymbol{\alpha}_n)\boldsymbol{X}, \boldsymbol{\beta} = (\boldsymbol{\alpha}_1,\boldsymbol{\alpha}_2,\cdots,\boldsymbol{\alpha}_n)\boldsymbol{Y},$$

有

$$f(\boldsymbol{\alpha},\boldsymbol{\beta}) = x_1y_1 + \cdots + x_py_p - x_{p+1}y_{p+1} - \cdots - x_ry_r, 0 \leqslant p \leqslant r \leqslant n.$$

若取 $\boldsymbol{\beta} = \boldsymbol{\alpha}$,则有 $f(\boldsymbol{\alpha},\boldsymbol{\alpha}) = x_1^2 + \cdots + x_p^2 - x_{p+1}^2 - \cdots - x_r^2, 0 \leqslant p \leqslant r \leqslant n$.

设线性空间 V 上的双线性函数为 $f(\boldsymbol{\alpha},\boldsymbol{\beta})$,$\boldsymbol{\alpha}_1,\boldsymbol{\alpha}_2,\cdots,\boldsymbol{\alpha}_n$ 是 V 的一个基,$f(\boldsymbol{\alpha},\boldsymbol{\beta})$ 在这个基下的度量矩阵为 $\boldsymbol{A} = (a_{ij})$. 对 V 中任一个向量 $\boldsymbol{\alpha}$,有

$$\boldsymbol{\alpha} = \sum_{i=1}^{n} x_i\boldsymbol{\alpha}_i = (\boldsymbol{\alpha}_1,\boldsymbol{\alpha}_2,\cdots,\boldsymbol{\alpha}_n)\boldsymbol{X},$$

$$f(\boldsymbol{\alpha},\boldsymbol{\alpha}) = \boldsymbol{X'AX} = \sum_{j=1}^{n}\sum_{i=1}^{n} a_{ij}x_ix_j.$$

由于 $\boldsymbol{A}$ 未必为对称矩阵,故这时 $f(\boldsymbol{\alpha},\boldsymbol{\alpha})$ 是二次齐次函数,但它与 $\boldsymbol{A}$ 并非一一对应,即不同的度量矩阵可以对应同一个二次齐次函数. 这只要设 $\boldsymbol{A} = (a_{ij})$,$\boldsymbol{B} = (b_{ij})$,若 $\boldsymbol{A}$,$\boldsymbol{B}$ 中元素有关系:$a_{ij} + a_{ji} = b_{ij} + b_{ji}$,即知结论成立.

若 $f(\boldsymbol{\alpha},\boldsymbol{\beta})$ 是 V 上的对称双线性函数,则 $f(\boldsymbol{\alpha},\boldsymbol{\beta})$ 在基下的度量矩阵 $\boldsymbol{A}$ 为对称矩阵,这时 $f(\boldsymbol{\alpha},\boldsymbol{\alpha}) = \boldsymbol{X'AX}$,$\boldsymbol{A'} = \boldsymbol{A}$. 这就是以前学过的二次型,$f$ 与对称矩阵是一一对应的. 这个

对称矩阵就是唯一的与这个二次齐次函数对应的对称双线性函数的度量矩阵.

对于反对称双线性函数有以下定理:

✻ **定理 9.4.2** 设 $f(\boldsymbol{\alpha},\boldsymbol{\beta})$ 是 n 维线性空间 V 上的反对称双线性函数,则存在 V 的一组基 $\boldsymbol{\alpha}_1,\boldsymbol{\alpha}_{-1},\cdots,\boldsymbol{\alpha}_r,\boldsymbol{\alpha}_{-r},\boldsymbol{\eta}_1,\cdots,\boldsymbol{\eta}_s$,使

$$\begin{cases} f(\boldsymbol{\alpha}_i,\boldsymbol{\alpha}_{-i}) = 1, i = 1,2,\cdots,r \\ f(\boldsymbol{\alpha}_i,\boldsymbol{\alpha}_j) = 0, i+j \neq 0 \\ f(\boldsymbol{\alpha},\boldsymbol{\eta}_k) = 0, \boldsymbol{\alpha} \in V, k = 1,2,\cdots,s \end{cases}$$

评注 从定理 9.4.2 可知,V 上的反对称双线性函数 $f(\boldsymbol{\alpha},\boldsymbol{\beta})$ 如果是非退化的,则有 V 的一组基 $\boldsymbol{\alpha}_1,\boldsymbol{\alpha}_{-1},\cdots,\boldsymbol{\alpha}_r,\boldsymbol{\alpha}_{-r}$,使

$$\begin{cases} f(\boldsymbol{\alpha}_i,\boldsymbol{\alpha}_{-i}) = 1, i = 1,2,\cdots,r \\ f(\boldsymbol{\alpha}_i,\boldsymbol{\alpha}_j) = 0, i+j \neq 0 \end{cases}$$

由于非退化的条件,定理 9.4.2 中的 $\boldsymbol{\eta}_1,\cdots,\boldsymbol{\eta}_s$ 不可能出现. 因此,具有非退化反对称双线性函数的线性空间一定是偶数维的.

对于具有非退化的对称、反对称双线性函数的线性空间 V,还可以把这些双线性函数看成 V 上的一个"内积",仿照欧氏空间来讨论它的度量性质,讨论"正交性"和"正交基",以及保持这个双线性函数的线性变换等.

9.4.4 例子剖析

例 9.4.1 欧氏空间 V 中的内积 $(\boldsymbol{\alpha},\boldsymbol{\beta})$ 是对称双线性函数,且它在 V 中任一个基下的度量矩阵是正定矩阵.

由例 9.3.1 知,欧氏空间 V 中的内积 $(\boldsymbol{\alpha},\boldsymbol{\beta})$ 是双线性函数. $\forall \boldsymbol{\alpha},\boldsymbol{\beta} \in V$ 有 $(\boldsymbol{\alpha},\boldsymbol{\beta}) = (\boldsymbol{\beta},\boldsymbol{\alpha})$,故欧氏空间 V 中的内积 $(\boldsymbol{\alpha},\boldsymbol{\beta})$ 是对称双线性函数.

例 9.4.2 在 $\mathbf{R}^2$ 中,设 $\boldsymbol{\alpha} = (x_1,x_2)$,$\boldsymbol{\beta} = (y_1,y_2)$,定义 $f(\boldsymbol{\alpha},\boldsymbol{\beta}) = x_1y_2 + x_2y_1$,则 $f(\boldsymbol{\alpha},\boldsymbol{\beta})$ 是对称双线性函数;定义 $g(\boldsymbol{\alpha},\boldsymbol{\beta}) = x_1y_2 - x_2y_1$,则 $g(\boldsymbol{\alpha},\boldsymbol{\beta})$ 是反对称双线性函数.

9.4.5 练习与探究

9.4.5.1 练习

1. 设 $V = \mathbf{C}[a,b]$,$\forall g(x),h(x) \in V$,令

$$f(g(x),h(x)) = \int_a^b g(x)h(x)\mathrm{d}x.$$

f 是否是 V 上的对称双线性函数?为什么?

2. 设 V 是复数域上的线性空间,其维数 $n \geqslant 2$,$f(\boldsymbol{\alpha},\boldsymbol{\beta})$ 是 V 上一个对称双线性函数.

(1) 证明:V 中有非零向量 $\boldsymbol{\xi}$,使 $f(\boldsymbol{\xi},\boldsymbol{\xi}) = 0$;

(2) 如果 $f(\boldsymbol{\alpha},\boldsymbol{\beta})$ 是非退化的,则必有线性无关的向量 $\boldsymbol{\xi},\boldsymbol{\eta}$ 满足 $f(\boldsymbol{\xi},\boldsymbol{\eta}) = 1$,且 $f(\boldsymbol{\xi},\boldsymbol{\xi}) = f(\boldsymbol{\eta},\boldsymbol{\eta}) = 0$.

3. 试证:线性空间 V 上的双线性函数 $f(\boldsymbol{\alpha},\boldsymbol{\beta})$ 为反对称的充要条件是:对任意 $\boldsymbol{\alpha} \in V$,都有 $f(\boldsymbol{\alpha},\boldsymbol{\alpha}) = 0$.

9.4.5.2　探究

设 V 是数域 F 上的线性空间，在 V 上定义一个对称双线性函数 f，则称 V 为一个正交空间，记为 (V,f).

对称双线性函数 f 可以看作是内积的一个推广，但由于没有要求 f 具有正交性，因此虽然 f 可以看作 V 上的一个"内积"或度量，但却无法在正交空间中引入长度、夹角和距离等度量概念. 在正交空间仍可引入正交的概念：在正交空间 (V,f) 中，$\forall \boldsymbol{\alpha},\boldsymbol{\beta} \in V$，若有 $f(\boldsymbol{\alpha},\boldsymbol{\beta}) = 0$，称 $\boldsymbol{\alpha}$ 与 $\boldsymbol{\beta}$ 正交. 这样一来，正交空间与欧氏空间既有一些相同的性质，也有一些不同的性质. 下面几个问题值得思考探究：

1. 能否在正交空间中找到非零向量，使之能与自身相交？

2. 能否在正交空间中找到两个正交的向量，但它们是线性相关的.

3. 设 W 是正交空间 (V,f) 的一个子集，集合 $\{\boldsymbol{\alpha} \in V \mid f(\boldsymbol{\alpha},\boldsymbol{\beta}) = 0, \forall \boldsymbol{\beta} \in W\}$ 称为 W 的正交补，记为 $W^{\perp}$. 能否证明：① $\dim W + \dim W^{\perp} = \dim V$；② $(W^{\perp})^{\perp} = W$.

参考文献

[1] 北京大学数学系前代数小组. 高等代数[M]. 王萼芳,石生明,修订. 5版. 北京:高等教育出版社,2019.

[2] 陈建龙,周建华,张小向,等. 线性代数[M].2版.北京:科学出版社,2016.

[3] 陈希镇. 高等代数[M]. 成都:四川大学出版社,2007.

[4] 陈志杰. 高等代数与解析几何[M].2版.北京:高等教育出版社,2008.

[5] David C L. Linear Algebra and Its Applications[M] . 6th ed. New York:Pearson Education,Inc,2020.

[6] 丁南庆,刘公祥,纪庆忠,等. 高等代数[M]. 北京:科学出版社,2022.

[7] 杜妮,林亚南,林鹭,等. 高等代数[M]. 2版.北京:高等教育出版社,2022.

[8] Gilbert Strang. Introduction to Linear Algebra[M] . 4th ed. Massachusetts: MIT Prers,2009.

[9] 蓝以中. 高等代数简明教程[M]. 2版. 北京:北京大学出版社,2007.

[10] 黄正达,李方,温道伟,等.高等代数:上册[M].杭州:浙江大学出版社,2013.

[11] 李方,黄正达,温道伟,等.高等代数:下册[M].杭州:浙江大学出版社,2013.

[12] 钱吉林. 高等代数解题精粹[M]. 北京:中央民族大学出版社,2002.

[13] 丘维声. 高等代数[M].北京:科学出版社,2013.

[14] 谢启鸿,姚慕生,吴泉水.高等代数学[M].4版.上海:复旦大学出版社,2022.

[15] 张贤科,许甫华.高等代数学[M].2版.北京:清华大学出版社,2017.

[16] 庄瓦金. 三十年来中国《高等代数》教材(教学)之管见[J]. 数学教育学报,2009,18(3):91-95.